EXPOSITION UNIVERSELLE INTERNATIONALE DE 1889

A PARIS

CATALOGUE GÉNÉRAL

OFFICIEL

TOME SIXIÈME

GROUPE VI.

OUTILLAGE & PROCÉDÉS DES INDUSTRIES MÉCANIQUES. — ÉLECTRICITÉ.

CLASSE 48,
et CLASSES 50 à 66.

LILLE

IMPRIMERIE L. DANEL

M DCCC LXXXIX

SPÉCIALITÉS :
MÉTIERS UNIS
Et à Boîtes montantes
pour tisser les Laines,
les Laines filées,
le Coton & la Soie
EN TOUTES LARGEURS
jusqu'à 2m85 au peigne
16 MÉDAILLES & 3 DIPLOMES D'HONNEUR
Exposition du Collège technique de Bradford
Le Jury exprime sa haute appréciation des Machines exposées par M. George Hodgson, mais comme sa position officielle le met hors concours, il regrette de ne pouvoir accorder la récompense due à l'excellence marquée de ces Machines. Le Jury, cependant, propose qu'un Diplôme d'Honneu: soit offert à M. George Hodgson.
SPÉCIALITÉS :
MÉTIERS REVOLVER
A Boîtes sautantes
POUR SIX NAVETTES.
MÉTIERS REVOLVER
Duite à Duite.
GEORGE HODGSON
Chevalier de l'Ordre de Léopold
MÉTIERS
POUR
LASTING
ET
SERGE DE BERRIE
d'après les principes brevetés
LES PLUS NOUVEAUX
LAYCOCK'S MILLS BRADFORD
Yorkshire Angleterre
OBTENUS POUR SES DERNIERS PERFECTIONNEMTS DANS LES MÉTIERS A TISSER A VAPEUR
MÉTIERS
A
BOÎTES MONTANTES
POUR
LES DRAPS
d'après les procédés brevetés
LES PLUS NOUVEAUX

CATALOGUE OFFICIEL

TOME VI

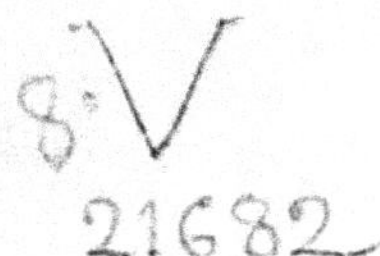

Exposition Universelle Internationale de 1889
A PARIS

CATALOGUE GÉNÉRAL
OFFICIEL

TOME SIXIÈME

GROUPE VI.

OUTILLAGE ET PROCÉDÉS DES INDUSTRIES MÉCANIQUES. — ÉLECTRICITÉ.

CLASSES 48 à 66.

LILLE
IMPRIMERIE L. DANEL

M DCCC LXXXIX

Papiers de Alamigeon, Chambard et Josserand, à Paris.

———

Encres de Ch. Lorilleux et Cie, à Paris.

CLASSIFICATION GÉNÉRALE

———

TOME QUATRIÈME.

Groupe IV. — **Tissus, vêtements et accessoires.**

CLASSES.

———

TOME CINQUIÈME.

Groupe V. — **Industries extractives. Produits bruts et ouvrés.**

CLASSES.

43. Produits de la chasse. Produits, engins et instruments de la pêche et des cueillettes.

44. Produits agricoles non alimentaires.

45. Produits chimiques et pharmaceutiques.

46. Procédés chimiques de blanchiment, de teinture, d'impression et d'apprêt.

47. Cuirs et peaux.

TOME SIXIÈME.

GROUPE VI. — **Outillage et procédés des industries mécaniques. — Électricité.**

48. Matériel et procédés de l'exploitation des mines et de la métallurgie.

49. Matériel et procédés des exploitations rurales et forestières (¹).

50. Matériel et procédés des usines agricoles et des industries alimentaires.

51. Matériel des arts chimiques, de la pharmacie et de la tannerie.

52. Machines et appareils de la mécanique générale.

53. Machines-outils.

54. Matériel et procédés de la filature et de la corderie.

55. Matériel et procédés du tissage.

56. Matériel et procédés de la couture et de la confection des vêtements.

57. Matériel et procédés de la confection des objets de mobilier et d'habitation.

58. Matériel et procédés de la papeterie, des teintures et des impressions.

59. Machines, instruments et procédés usités dans divers travaux.

60. Carrosserie et charronnage, bourrellerie et sellerie.

61. Matériel des chemins de fer.

62. Électricité.

63. Matériel et procédés du génie civil, des travaux publics et de l'architecture.

64. Hygiène et assistance publique.

65. Matériel de la navigation et du sauvetage.

66. Matériel et procédés de l'art militaire.

---

(1) La classe 49 est cataloguée avec le Groupe VIII (agriculture, viticulture et pisciculture) et le Groupe IX (horticulture) formant le VIIIᵉ volume.

GROUPE VI.

OUTILLAGE ET PROCÉDÉS DES INDUSTRIES MÉCANIQUES. ÉLECTRICITÉ.

Classe 48.

Matériel et procédés de l'exploitation des mines et de la métallurgie.

FRANCE.

1. Anciens Établissements CAIL, (Société des), à Paris, quai de Grenelle 15. — Ventilateurs et perforateurs. Matériel des usines métallurgiques. Machines soufflantes etc. **(PARC.)**

Société anonyme, capital : 20 millions.
Succursales à Denain et à Douai.
Récompenses : 2 Grands Prix et 7 Médailles à Paris, 1878. — 3 Diplômes d'honneur, 1 Médaille d'or à Amsterdam, 1883. — 6 Diplômes d'honneur, 3 Médailles d'or à Anvers, 1885.
Chevalets d'extraction pour mines. — Machines soufflantes. — Dessins.
Pavillon d'Exposition de la Société, près du Palais des Machines, côté La Bourdonnais.

2. ANTHONAY (Léon d'), à Paris, rue Berthollet, 30. — Ventilateurs pour mines, brasseries, forges, filatures, séchage, élévateurs, battages d'étoffes. **(PALAIS.)**

3. ARRAULT (A.-Paulin), Successeur de **Mulot, Saint-Just et Léon Dru,** à Paris, rue Rochechouart, 69. — Matériel et outils de sondage. **(PALAIS.)**

Maison fondée en 1825. Puits artésiens de la Ville de Paris : Grenelle, Raffinerie Say, Butte-aux-Cailles. Eaux minérales : Enghien, Spa, Vichy, Pierrefonds, la Bourboule. Captage de sources. Recherches de mines, houille, sel gemme, pétrole, soufre, ardoise. Forages pour paratonnerres, ascenseurs, descente de pilotis. Sondages pour études de terrains, chemins de fer, ponts, écluses, canaux. Reprises de fondations en sous-œuvre, avec injection de ciment par voie de sondage. Matériel et outils de sondage, sondes sous-marines, appareils spéciaux pour missions scientifiques et les colonies. Modèles d'appareils et d'installation pour les écoles du Gouvernement, Chambres de commerce et des États étrangers. Exposition universelle de Londres 1851-1862, trois premières médailles. Paris, 1845, première récompense, Méd. or ; 1867, Méd. or; 1878, rappel de Méd. or; Amsterdam 1883, Diplôme d'honneur.

4. BARBIER-VIVEZ & Cie, Successeurs de **A. Enfer Jeune,** à Paris, rue du Buisson-St-Louis, 16. — Forges fixes et portatives, soufflets fixes et portatifs. **(PALAIS.)**

5.   BEAUME (Léon), à Boulogne-sur-Seine (Seine), avenue de la Reine, 66. — Pompes d'épuisement. Moteurs à vent, pulsomètres.   **(PALAIS.)**

6.   BECOT (Henri-J.-L.), à Paris, rue La Quintinie, 25. — Outils de sondage pour puits forés ordinaires, puits artésiens, recherches de mines, puits absorbants **(PALAIS.)**

Captage de sources minérales. Tubes de sondage de types divers. Matériel spécial pour les colonies ou missions scientifiques.

7.   BERNARD Frères, à Paris, rue Vézelay, 15. — Aluminium pur et alliages.
(PALAIS.)

Procédés électrolytiques de M. Adolphe Minet.
Brevets en France et à l'étranger. Usine à Creil (Oise).

8.   BIÉTRIX (V.) & Cie, Forges & Ateliers de la Chaléassiere, à Saint-Étienne (Loire). — Machines à agglomérer.   **(PALAIS.)**

Machines à agglomérer les houilles et minerais, système Coufﬁnhal breveté s. g. d. g.
162 installations de ces machines, dont 44 à l'Étranger, ont été faites depuis dix ans.

9.   BODARD (Joseph), à Commentry (Allier). — Album des appareils, engins, outillages et installations pour l'exploitation de houillères.   **(PALAIS.)**

10. BORNET (Camille), à Paris, rue Faraday, 19. — Types de perforatrices, système Cantin, mues à bras ou au moteur pour mines et travaux publics. **(PALAIS.)**

Perforatrices rotatives. Brevetées en France S. G. D. G. et à l'étranger.
« La Cantin » perfectionnée pour roches très dures.
« La Charbonnière » pour roches 1/2 dures.
« Le Jubilé » pour roches tendres.
250 applications en 1888. Licences et brevets étrangers à vendre.
Aciers spéciaux pour forage des roches dures par rotation et par percussion.

11. BOURDIN (Charles-L.), à Paris, avenue de la République, 13. — Emmanchements rapides à vis, pouvant forer en tous sens, sans boulons ni clavettes et autres instruments de sondages.   **(PALAIS.)**

Cheminée poêle mobile. Feu de 25 à 60 heures sans manipulation ni perte, nu, grillagé ou à volonté ; retour de flamme dans le foyer, chauffant par circulation et rayonnement. Mention honorable et médaille de bronze, Paris 1878.

12. BOURRY (C.-F.), à Paris, rue Taitbout, 80. — Four à recuire les fils de fer.
(PALAIS.)

Médaille de bronze, Exposition universelle de 1878. (Voir classes 20, 51 et 64).

13. BOUVAIS (Mme), à Bordeaux (Gironde), rue Sainte-Catherine, 146. — Outils de plâtriers, de mouleurs en sablerie, cimenteurs, couvreurs et différents outils.
(PALAIS.)

14. BRIARD-FOUCAULT, à Saint-Samson-la-Poterie (Oise). — Creusets pour fondre les métaux.   **(PALAIS.)**

15. BRIN (L.-Q.), à Paris, rue Wilhem, 6. — Appareils divers pour la fabrication de l'acier d'aluminium et pour l'extraction de l'or.   **(PALAIS.)**

16. CAILLET (Édouard), à Paris, rue Balzac, 3. — Perforateur radial pour mines et carrières.   **(PALAIS.)**

17. CHAGOT (J) & Cie, (Mines de houille de Blanzy), à Paris, boulevard Haussmann, 69. — Plans en relief de l'exploitation avec utilisation de l'air comprimé comme force motrice.   **(PALAIS.)**

Divers appareils : treuils, haveuses, bossoyeuses, ventilateurs, pompes, etc. Médaille d'or à l'Exposition 1878.

18. CHAMPIGNY (Armand), à Paris, rue de Berne, 11. — Mécanismes de plans inclinés automoteurs pour mines et carrières avec poulie Champigny à grande adhérence.   **(PALAIS.)**

Brevets S. G. D. G.
Cette poulie évite tout glissement des câbles et permet de faire les manœuvres des wagons avec une grande vitesse ; elle est en usage aux mines de Lens, Liévin, Bruay, etc.
Médaille d'argent, Barcelone 1888.

19. CHOUANARD (J.) & Fils (Aux Forges de Vulcain), à Paris, rue Saint-Denis, 3. — Sondes et outils de mineurs.   **(PALAIS.)**

20. CLÉCHET & KINSMEN, à Seyssel (Ain). — Mèches de sûreté pour mineurs.   **(PALAIS.)**

21. COCHARD (Henri-G.), à Paris, rue Oberkampf, 6. — Appareil de sondages. Outillage pour mines et carrières. Matériel d'entrepreneurs. Outillage pour chemins de fer. Lampes de sûreté.   **(PALAIS.)**

Lampes de sûreté, pelles, pioches, pinces, pics, masses, massettes, barres à mine, pistolets de mine, fleurets, bourroirs, brouettes, manches d'outils, crics, verins, treuils, moufles, palans différentiels, chaînes, diables à harder les pierres.
Récompenses 1867, Paris ; 1878, Paris.

22. Compagnie anglaise de Mèches de Sûreté pour Mines, à Villeurbanne (Rhône), route de Vaulx, 112, 114. — Mèches de sûreté pour mines.   **(PALAIS.)**
Médailles aux Expositions universelles de Paris 1867. — Vienne (Autriche) 1873.

23. Compagnie anonyme des Forges de Châtillon et Commentry, à Paris, rue de La Rochefoucauld, 19. — Plans des houillères. Plans en relief des procédés d'exploitation.   **(PALAIS.)**

24. Compagnie continentale d'Exploitation des Locomotives sans foyer, (Directeur : **M. Léon Francq**), à Paris, avenue Kléber, 15. — Locomotives à vapeur sans foyer, alimentées par des générateurs fixes. (Dessins).   **(PALAIS)**

25. Compagnie des Mines de l'Escarpelle, à Flers-lez-Douai (Nord). — Modèles et plans relatifs à l'exploitation houillère.   **(PALAIS.)**

26. Compagnie des Chemins de fer de Paris à Lyon et à la Méditerranée, à Paris, rue Saint-Lazare, 88. — Machine à agglomérer les charbons en petites briquettes de 250 grammes.   **(PALAIS.)**

27. Compagnie des Fonderies et Forges de l'Horme, (Chantiers de la Buire), à Lyon, rue Rachais, 32. — Fours et gazogènes.   **(PARC.)**

Machines et matériel pour l'exploitation des mines, machines d'extraction et d'épuisement, machines soufflantes, cadres métalliques pour galeries de mines. Machines à agglomérer à boulets ovoïdes, système Robert (breveté S. G. D. G.). Concessionnaires pour le Midi de la France. Marteaux-pilons jusqu'à 10 tonnes. Trains de laminoirs, cylindres, grosses cisailles et tout l'outillage de la métallurgie. Convertisseurs et laminoirs spéciaux pour la métallurgie du cuivre. Pièces de forge de toutes sortes pour l'artillerie.
Trois Médailles d'or à l'Exposition universelle de Paris de 1878.

28. Compagnie des Forges d'Alais. Houillères de Trélys et du Martinet, (Directeur : **M. de Villiers**), à Paris, rue de la Chaussée-d'Antin, 58 bis. — Plans et dessins relatifs aux exploitations houillères, échantillons, fossiles, etc.
(E. C.) (PALAIS.)

29. Compagnie des Mines d'Aniche, Directeur : **M. E. Vuillemin**, à Aniche (Nord). — Modèle, plans et coupes de l'installation extérieure d'un puits d'extraction.
(PARC.)

30. Compagnie des Mines d'Anzin, à Anzin (Nord). — Modèles réduits de deux fosses d'exploitation munies de leur matériel ; plans divers, échantillons de produits de l'exploitation.   **(PALAIS.)**

31. Compagnie des Mines de Béthune, à Bully-Grenay (Pas-de-Calais). — Modèles et plans relatifs à l'exploitation houillère.   **(PALAIS.)**

32. Compagnie des Mines de Bruay, (Directeur : **M. Leroy**), à Bruay (Pas-de-Calais). — Modèles et plans relatifs à l'exploitation houillère.   **(PALAIS.)**

33. Compagnie des Mines de Courrières, (Directeur : **M. Portier**), à Billy-Montigny (Pas-de-Calais). — Plans relatifs à l'exploitation houillère.   **(PALAIS.)**
Plan en relief de la veine Sainte-Barbe du faisceau des houilles grasses flambantes.

34. Compagnie des Mines de Douchy, à Lourches (Nord). — Plans d'installations. Diagrammes et tableaux statistiques. Échantillons des produits (cokes et charbons lavés). **(PALAIS.)**

35. Compagnie des Mines de Dourges, à Hénin-Liétard (Pas-de-Calais).— Modèles et plans relatifs à l'exploitation houillère. Spécimens des produits de cette industrie. **(PALAIS.)**

36. Compagnie des mines de la Grand-Combe (Directeur : **M. Graffin),** à Paris, rue Laffitte, 17. — Dessins et plans relatifs aux exploitations houillères. Lampe Fumat. **(E. C.) (PALAIS.)**

37. Compagnie des Mines de la Villeder, à Paris, rue de Londres, 19. — Plan-relief des mines de la Villeder. **(PALAIS.)**

38. Compagnie des Mines de Roche-la-Molière et Firminy, (Directeur : **M. Verny),** à Firminy (Loire). — Houilles et cokes, plans et modèles d'exploitation. **(PALAIS.)**

    H. Voisin, ingénieur en chef.

39. Compagnie des Mines de Vicoigne et Nœux, à Nœux-les-Mines (Pas-de-Calais). — Modèles et plans relatifs à l'exploitation houillère. **(PALAIS.)**

40. Compagnie houillère de Bessèges (Directeur : **M. F. Chalmeton),** à Bessèges (Gard). — Parachute amovible, lampe Marsaut, plans et modèles relatifs aux exploitations houillères. **(E. C.) (PALAIS.)**

41. Compagnie minière de Mokta-el-Hadid (Directeur : **M. A. Parran),** à Paris, avenue de l'Opéra, 26. — Plans et dessins relatifs aux exploitations des houillères de Cessous et de Salles-de-Gagnières, etc. **(E. C.) (PALAIS.)**

42. Corderie mécanique de la Commission des Ardoisières, (Gérant : **G. Larivière),** à Angers (Maine-et-Loire), boulevard du Château, 34. — Câbles métalliques ronds et plats. **(PALAIS.)**

    Médaille d'argent, Exposition 1867 ; Médaille d'or, Exposition 1878.
    Fournisseur de la Marine Nationale.
    Représentant à Paris, Ch. Fouinat, quai de Jemmapes, 170.

43. COSSET-DUBRULLE, Fils, à Lille (Nord), rue de Toul, 3. — Lampes de sûreté. **(PALAIS.)**

    Maison fondée en 1840.
    Lampes de sûreté pour mineurs, gaziers, à usage domestique, pour manufactures de produits chimiques et en général pour toute industrie où il y a danger d'inflammation de gaz.
    Lampes à feu nu.
    Disques, reverbères, lanternes marines.
    Mèches pour tous systèmes de lampes, toiles métalliques.
    Accessoires divers pour éclairage.
    Récompenses : Paris 1855, 1867, 1878.
    Amsterdam 1883 ; Philadelphie 1875.
    Sydney 1880 ; Anvers 1885.

44. CUAU Aîné & Cie, à Paris, rue Championnet, 234. — Pulsomètres, éjecteurs, ventilateurs, extracteurs à jet, Injecteurs automatiques, auto-injecteurs. **(PALAIS.)**

    Pulsomètre à lames pour l'épuisement des eaux dans les mines.
    Ventilateur pour l'aération des mines, rendement considérable à faible vitesse.
    Éjecteur à air pour la ventilation des fosses de mines.
    Injecteurs pour l'alimentation des chaudières des puits d'extraction.

45. CURAUDEAU (Henri-A.), à Paris, rue Saint-Maur, 174. — Cadre contenant des outils de mouleurs comprenant : acier, bronze et bois pour la fonderie.

(PALAIS.)

46. DAVEY, BICKFORD, WATSON & Cie, à Rouen (Seine-Inférieure), rue Nationale, 1. — Mèches de mineurs et cartouches en poudre comprimée pour mines.   **(PALAIS.)**

Succursales à Marseille (Bes-du-Rh.), Clermont-Ferrand (P.-de-D.), Bilbao (Esp.), Marcinelle, près Charleroi (Belg.). — *Fusées de sûreté; Mèches de mineurs* pour travaux à ciel ouvert ou en galerie, à sec ou sous l'eau : mèches ordinaires goudronnées, blanches ou jaunes, mèches à ruban blanches spéciales pour mines à grisou, mèches à ruban goudronnées, mèches en gutta-percha, mèches sous-marines, mèches imperméables pour l'armée, mèches instantanées pour génie militaire. *Multiplicateurs* pour tirage simultané de nombreux coups de mines. *Cartouches en poudre comprimée* pour mines. *Sacs imperméables* pour charges de mines. *Capsules-amorces. Porte-feux.* — Princip. recomp.: Londres 1851; Paris 1855, br.; Londres 1862; Paris 1867, br.; Vienne 1873, Mérite; Philadelphie 1876, br.; Paris 1878, arg.; Anvers 1885, arg. — Seuls agents en France pour la vente des *dynamites* de la *Société française des Explosifs.*

47. DAVID (Adolphe), à Charleville (Ardennes). — Forges portatives, soufflets, outils de forge.   **(PALAIS.)**

48. DELMAS (Guillaume), à Souillac (Lot). — Colle métallique ou matière à souder les fers et les aciers sans les mettre en fusion. L' « Indispensable, » griffe arrache-pointe.   **(PALAIS.)**

49. DESEILLIGNY (F.-Gustave-P.), à Paris, avenue de Messine, 6. — Modèle d'un puits d'extraction de schistes bitumineux.   **(PALAIS.)**

50. DESMARQUEST-LEBLOND (A.-Alfred-E.), à St-Samson-la-Poterie (Oise). — Creusets de toutes grandeurs pour fonte d'or, d'argent, de cuivre, de bronze, de nickel et d'autres métaux.   **(PALAIS.)**

51. DIOT & LIERMAN, à Paris, quai de la Marne, 48. — Creusets en fer forgé.   **(PALAIS.)**

52. DUPUY (Th.) & Fils, à Paris, rue des Petits-Hôtels, 22. — Machines à agglomérer la houille en briquettes ou en boulets pleins ou perforés.   **(PALAIS.)**

53. ENFER & ses Fils, à Paris, rue de Rambouillet, 10. — Forges portatives, soufflets et tuyères, foyers de forges, pompe à air, etc.   **(PALAIS.)**

Maison fondée en 1834. Soufflets de forges à double vent, bâtis de forges pour 1, 2 et 4 feux, tuyères, outils divers. Médailles aux expositions françaises et étrangères : Londres 1851; Paris 1855, 1867, 1878, médailles d'argent ; Vienne 1873, médaille de progrès ; Barcelone 1888, médaille d'or.

54. EVRARD (Maximilien), à Saint-Etienne (Loire). — Dessin d'un lavoir à palettes pour charbons et minerais.   **(PALAIS.)**

55. FARCOT Fils (E.-F.), à Paris, rue Lafayette, 189. — Ventilateurs pour mines, système E. Farcot.   **(PALAIS.)**

Machines pour ventilation mécanique. Ventilateur aspirant et soufflant pour mines avec machine à action directe, système E. D. Farcot. Ventilateur aspirant et soufflant de 1m00. Ventilateur à bras ; machine à air chaud, etc. Récompenses : Médaille d'argent, Paris 1867-1878.

56. FERRARI Aîné (Jean), à Paris, rue Mandar, 10. — Spécialité de fours et fourneaux à fondre et à recuire l'or et l'argent, chauffés au coke et au gaz.   **(PALAIS.)**

Maison fondée en 1840. — Entreprise générale de Fumisterie. — Chauffage et Ventilation. Fourneaux et tables de manipulations pour la chimie. — Fournisseur du Muséum d'histoire naturelle, de la ville de Paris et du Comptoir Lyon-Alemand. — Mention honorable, Exposition 1878. — (Voir Classe 51 et aux annonces).

57. FOURNIER & CORNU, à Génelard (Saône-et-Loire). — Chaudière verticale, treuils et appareils pour l'exploitation des mines.   **(PALAIS.)**

58. FREMONT (L.-Charles), à Paris, rue de Clignancourt, 124. — Matériel et outillage de forges.   **(PALAIS.)**

59. FROMENTEL (L.-Édouard), à Gray (Haute-Saône). — Ventilateur aspirant.   **(PALAIS.)**

60. GARD (Exposition collective des Houillères du), Représentant **M. Marsaut,** à Bessèges (Gard). — Relief géologique du bassin houiller d'Alais.   **(PALAIS.)**

Bessèges.	Mokta-el-Hadid.	Rochebelle.
Grand-Combe.	Portes & Sénéchas.	Trélys & le Martinet.

61.   GARDETTE (Henri de la), à Bollène (Vaucluse). — Modèles de briques pour haut-fourneau, cubilot et four à chaux; tuyaux en terre cuite pour conduite d'eau et de gaz.   **(PALAIS.)**

62.   GENESTE HERSCHER & Cie, à Paris, rue du Chemin-Vert, 42. — Dessins de ventilateurs.   **(PALAIS.)**

Spécimens en nature et fonctionnant au Pavillon spécial, classe d'Hygiène, à l'Esplanade des Invalides.

Ventilateurs de mines, ateliers, fonderies et forges. — Moteurs à air comprimé et moteurs électriques actionnant des ventilateurs.

Installations réalisées, études, expériences, appareils divers.

63.   GENTEUR (D.-Arthur), à Asnières (Seine), rue du Maine, 18. — Scies à rubans à nervures ; ressorts nervés et rainés pour moteurs ; poulies spéciales avec courroies métallo-dynamiques.   **(PALAIS.)**

Spécialité de laminage d'aciers pour ressorts de Télégraphe. — Ressorts dynamoteurs, nervés et sans frottement, scies à rubans nervées, inoxydables, courroies métalliques et polies dynamiques, etc. Usine à Paris.

64.   GODILLOT (ALEXIS), à Paris, rue d'Anjou, 50. — Appareils fumivores.   **(PALAIS.)**

Fondation : 1884. — Utilisation des mauvais combustibles. — Foyers réalisant combustion méthodique, brûlant les combustibles ligneux ou minéraux ténus, pauvres, humides, les matières encombrantes, résidus de fabrication. — Chargement mécanique du combustible. Fumivorité complète. — Treize foyers en marche au Champ de Mars brûlant anthracite, coke, houille, à l'état de poussière, douze cents chevaux, chaudières Roser, Pille Dayde (Force motrice) Chaudières Davey Paxman Société Gramme).

Récompense : Médaille d'or, 1885 Anvers ;

65.   GOUPIL (J.-B. M. Adolphe), à Paris, rue Chaptal, 9. — Lavages d'alluvions aurifères.   **(PALAIS.)**

66.   GUYENET (Constant), à Paris, boulevard Magenta, 83. — Nouvel appareil en briques pour le chauffage du vent des hauts-fourneaux. Appareil réunissant les qualités des Whitwell et des Cowper.   **(PALAIS.)**

Appareil de disposition nouvelle présentant une surface de chauffe très développée et entièrement nettoyable sans la chaleur rouge.

Les appareils Whitwell ont obtenu une médaille d'or, à Paris en 1878. M. Guyenet a obtenu une médaille d'argent à Paris en 1878 ; et à Barcelone, en 1888.

67.   HAMÉLIUS (Édouard), à Paris, rue Taitbout, 31. — Cubilot avec combustion de l'oxyde de carbone dans la cuve, soufflante rotative de précision, machine à jet de sable, machine à mouler.   **(PALAIS.)**

68.   HÉBERT (Parfait), à Paris, rue Balagny, 37. — Forges portatives à ventilateur, ventilateurs pour aérages et autres industries.   **(PALAIS.)**

Nouvelle forge de Campagne à pieds pliants, chauffant fer carré de 50 millimètres, ne pesant que 26 kilog. Ventilateurs portatifs pour aérage de mines, puits, fossés, etc.

Médailles d'argent Paris 1867, de mérite, Vienne 1873, de bronze Paris 1878.

69.   Houillère de Portes et Sénéchas (Gard), Directeur : **M. E. Cornuault,** à Paris, rue Le Pelletier, 6. — Échantillons de houilles demi-grasses, maigres, anthraciteuses, agglomérés, etc.   **(E. C.) (PALAIS.)**

70.   HULSTER (Henri-F. de) & ses Fils, à Crespin (Nord). — Sonde à guidonnage continu, appareils à chute libre.   **(PALAIS.)**

71.   JACOMÉTY & LENICQUE, à Paris, rue de la Victoire, 16. — Broyeur à mâchoires, trommel classeur, caisse de classification, crible continu à grilles filtrantes.   **(PALAIS.)**

72.   JANNOT (Hippolyte), à Triel (Seine et Oise). — Broyeurs-tamiseurs pour tous produits minéraux, nombreuses applications.   **(PALAIS.)**

73.   LAFFITE (J.) & Cie, à Paris, avenue Parmentier, 102. — Plaques et poudres à souder les fers et les aciers. Pièces de forges soudées par ledit procédé.

(PALAIS.)

74.   LENCAUCHEZ, à Paris, boulevard Magenta, 156. — Gazogènes distillateurs et fours divers pour cuivre et acier.   **(PARC.)**

75.   LASSUS (Victor-F.), à Paris, rue Ternaux, 5. — Forges et ventilateurs.
Essoreuse.   **(PALAIS.)**

**76.   LE BLANC, GEORGI & Cie, (Usines métallurgiques de
Marquise, Pas-de-Calais)**, à Paris, rue du Rendez-Vous, 52. — Cuvelages
pour mines et tubes de grands diamètres.   **(PALAIS.)**

> Médailles d'or : Amsterdam 1883.

77.   LE BLANC (Jules), à Paris, rue du Rendez-Vous, 52. — Machines et appareils pour la fabrication des boulons, rivets, tirefonds, crampons et écrous ; cisailles,
fours à chauffer le fer, marteau-pilon   **(PALAIS.)**

> Exposition universelle 1878, Médaille d'or. — Amsterdam 1883, Médaille d'or.

78.   LETESTU (M.-L.-Maurice), à Paris, rue du Temple, 118. — Pompes
d'épuisement pour mines.   **(PALAIS.)**

79.   LIPPMANN (Édouard) & Cie, à Paris, rue de Chabrol, 36. — Outils
de sondages. Matériels pour forages de puits artésiens et de mines, pour recherches et
captage de sources minérales. Dessins.   **(PALAIS.)**

80.   MAIGNEN, à Paris, place de l'Opéra, 4. — Appareils de concentration et de
classification des minerais par l'eau.   **(PALAIS.)**

81.   MANET Frères (Ch.-George), à Paris, rue Lecourbe, 161. — Amorces
électriques et exploseur dynamo-électrique pour l'inflammation des mines.   **(PALAIS.)**

82.   MARTIN (P.-E.), à Paris, rue Chaptal, 12. — Modèles d'appareils métallurgiques.   **(PALAIS.)**

83.   MAUVE (Auguste), à Auxerre (Yonne), rue Danan. — Tuyères de forge.
                                                                   (PALAIS.)

84.   MÉGY, ECHEVERRIA & BAZAN, à Paris, boulevard Hauss-
mann, 72. — Treuils et appareils d'extraction pour mines.   **(PALAIS.)**

> Appareils de levage sans retour des manivelles, avec frein automoteur et régulateur de
> vitesse automatique, système Mégy, ayant obtenu à l'Exposition universelle de 1878, la seule
> médaille d'or décernée aux appareils de levage.
> Treuils à bras et à vapeur. — Ascenseurs et monte-charges, à bras, par transmission ou hydrau-
> liques. — Ponts-roulants à bras, par câble ou électriques. — Grues à bras et à vapeur, fixes ou
> roulantes. — Grues spéciales pour déchargements rapides, manœuvrées par un seul levier.
> Embrayages sans chocs à toutes les vitesses.
> Limiteurs de force et calages élastiques.
> Treuils d'extraction pour mines, à vapeur, par câble ou électriques. — Poulies de sécurité
> pour hommes. — Balances sèches. — Installation de plans inclinés.

85.   MEUNIER (P.-A.), à Paris, rue Sedaine, 44. — Machine à clous et à pointes.
                                                                   (PALAIS.)

86.   MILLET (Félix-C.), à Persan (Seine-et-Oise). — Gazogènes et récupérateurs
de chaleur.   **(PALAIS.)**

87.   MOLAS (Jean), à Londres, Lillie road, 118, West-Brompton. — Appareil
avertisseur du grisou, dit la Vigie.   **(PALAIS.)**

88.   MONTARLOT (Étienne), à Châtillon-sur-Seine (Côte-d'Or). — Forges
portatives à soufflet et à ventilateurs.   **(PALAIS.)**

89.   MULLER (Émile) & Cie, à Ivry-Port, près Paris (Seine). — Produits
réfractaires, creusets en plombagine, cornues à gaz, briques en silice.   **(PALAIS.)**

90.   PARIS Jeune, à Paris, boulevard Richard-Lenoir, 59. — Machines et appareils
d'extraction. Petit outillage d'usines métallurgiques.   **(PALAIS.)**

91.   PIAT (Albert), à Paris, rue Saint-Maur, 85. — Fours portatifs oscillants pour
la fusion des métaux.   **(PALAIS.)**

92. PINETTE (G.), à Châlon-sur-Saône (Saône-et-Loire). — Matériel pour mines, treuils, pompes, ventilateurs. Machine à fabriquer les boulets ovoïdes. Lavoir à valve de fond. **(PALAIS.)**

> Treuils d'extraction et de fonçage ; machines et cages d'extraction ; compresseurs d'air à tiroir à grande vitesse, syst. Burckardt et Weiss ; Lavoirs à valves de fond, système Lemière.
> Casse-coke, casse-charbon. — Perforateurs et bosseyeuses, système Dubois et François. — Haveuse Blanzy. — Installations complètes de triages, criblages et traînages mécaniques. — Machines à vapeur et chaudières, transmissions de mouvements, etc.

93. PIRET (F.-M.), à Charrier-la-Prugne (Allier). — Minerais de cuivre, de plomb argentifères. Zinc sulfuré argentifère. Plans des établissements. **(PALAIS.)**

94. RENEVEY (P.-Eugène), à Paris, rue Daubigny, 6. — Plan en relief du district minier du Forest Hill Divide (Californie). **(PALAIS.)**

95. ROCHEREAU (Louis), à Angers (Maine-et-Loire), rue des Luisettes, 24. — Échelles pour mines. **(PALAIS.)**

96. SARTIAUX (Romain-J.), Établissements métallurgiques et industriels d'Hénin-Liétard (Pas-de-Calais). — Berlines de mines. Perforateur et outils de mines. **(PALAIS.)**

> Spécialité de berlines en acier fondu pour mines, wagonnets en acier fondu pour travaux publics, trains en acier fondu, brouettes en acier, tombereaux en acier, coussinets mains de cages, changements de voies. Engrenages et pièces diverses en acier fondu.

97. SAUTTER LEMONNIER & Cie, à Paris, avenue de Suffren, 26. — Ventilateur de mines mû électriquement. **(PALAIS.)**

> Maison fondée en 1825.
> Transmissions électriques de force pour pompes ; appareils d'épuisement et d'extraction.
> Récompenses : 1885 Paris, Médaille d'or ; 1867 Paris, Médaille d'or ; 1885 Anvers, Hors-Concours, membre du Jury ; 1878 Paris, Médaille d'or.

98. SEIBEL & BERNARD, à Cransac (Aveyron). — Plans et modèles de fours à coke et ateliers de lavage et de criblage. **(PALAIS.)**

99. SIBUT Aîné (P.-M), à Amiens (Somme), rue Leroux, 12. — Spécimen au 1/5 de machines à fabriquer les fers à bœuf et les fers à cheval.

(PALAIS.)

100. SIMON (Léon), à Paris, rue Lafayette, 146. — Plan de surface de la concession des mines de Saint-Zacharie (Var). **(PALAIS.)**

101. Société anonyme de Commentry-Fourchambault, à Paris, place Vendôme, 16. — Formation du terrain houiller. Matériel et mode d'exploitation. Conservation des bois de mines. **(PALAIS.)**

> Houillères de Commentry et de Montvicq, hauts-fourneaux, fonderies, forges, aciéries et ateliers de construction de Montluçon, Fourchambault, Imphy et la Pique.
> Récompenses aux expositions universelles de Paris : 1855, médaille d'argent ; 1867, 2 médailles d'or et 2 d'argent ; 1878, 1 grand prix, 4 médailles d'or, 2 d'argent.
> Voir autres expositions de la Société, même groupe cl. 63. Modèles et dessins de travaux métalliques et Groupe V, cl. 11, spécimens des produits des divers établissements.

102. Société anonyme des Forges et Aciéries du Nord et de l'Est, à Valenciennes (Nord). **(PALAIS.)**

> Plan d'installation d'un laminoir réversible à action directe à grande vitesse ; machine motrice de 5000 chevaux. — Main d'œuvre réduite au minimum.

103. Société anonyme de Métallurgie du cuivre, procédés Pierre Manhes, Directeur : **Pierre Manhes,** à Lyon (Rhône), rue Childebert, 1. — Plans, dessins et appareils pour le traitement du cuivre et du nickel. **(PALAIS.)**

104. Société anonyme des Hauts-Fourneaux, Forges et Aciéries de Denain et d'Anzin, à Paris, rue Mogador prolongée, 4. — Modèles de hauts-fourneaux. **(PALAIS.)**

105. Société anonyme des Houillères de Montrambert et de la Béraudière (Loire), à Lyon (Rhône), quai de l'Hôpital, 4. — Modèles et plans. **(PALAIS.)**

Modèle d'Exploitation des couches. — Plans et coupes.
Modèle de descenderie de remblais.
Modèle du balancier d'équilibre d'une machine d'épuisement.
Médaille d'or en 1878.

106. Société anonyme des Houillères de Rochebelle (Directeur : **M. Henry de Place),** à Alais (Gard). — Plans et dessins, échantillons divers, houilles, agglomérés, fossiles. **(E. C.) (PALAIS.)**

107. Société anonyme des Houillères de Saint Étienne, à St-Étienne (Loire). — Modèles et plans relatifs à l'exploitation houillère. **(PALAIS.)**

108. Société anonyme des Mines de Carmaux, à Paris, avenue de l'Opéra, 11. — Modèles et plans relatifs à l'exploitation houillère. **(PALAIS.)**

109. Société anonyme des Mines de Drocourt, à Hénin-Liétard (Pas-de-Calais). — Plans et dessins relatifs à l'exploitation houillère. **(PALAIS.)**

110. Société anonyme des Mines de Fléchinelle, à Estrées-Blanche (Pas-de-Calais). — Plans relatifs à l'exploitation houillère. **(PALAIS.)**

111. Société anonyme des Mines de la Loire, du bassin de St-Étienne, à Paris, rue de Richelieu, 85. Houilles, cokes, agglomérés. **(PALAIS.)**

Produits exposés : Modèle au 1/20, du fonçage sous demi-stot du Puits de la Loire, de 220ᵐ à 530ᵐ. — Modèle au 1/10, d'une grande taille montante en 8ᵉ couche (Puits de la Chána). — Plans et coupes. — Médailles d'or en 1855, 1867 et 1878.

112. Société anonyme des Mines de Meurchin, à Bauvin (Nord). — Modèles et plans relatifs à l'exploitation houillère. Échantillons de produits, houilles brutes et lavées, agglomérés. **(PALAIS.)**

113. Société anonyme franco-belge des Mines de Somorrostro (Espagne), à Paris, rue Mogador prolongée, 4. — Modèles des appareils employés pour l'exploitation. **(PALAIS.)**

114. Société DECAUVILLE Ainé, à Petit-Bourg (Seine-et-Oise). — Spécimens réduits de matériel portatif et fixe à voie étroite pour l'exploitation des mines. **(PALAIS.)**

115. Société de l'industrie minérale à Saint-Étienne (Loire), Président : **Castel,** à Paris, boulevard Raspail, 144. — Collection des publications de la Société. **(PALAIS.)**

116. Société des Houillères de Ronchamp (Haute-Saône). — Plans relatifs à l'exploitation houillère. **(PALAIS.)**

117. Société des Mines de Lens et de Douvrin, Agent général : **M. Bollaert,** à Lens (Pas-de-Calais). — Plans et coupes du gisement houiller. **(PALAIS.)**

118. Société française des Explosifs, à Paris, rue d'Isly, 7. — Dynamites ordinaires, Dynamites gommes, Dynamites spéciales, Amorces à dynamites, Engrais, Produits chimiques. **(PALAIS.)**

Fabrique de dynamite à Cugny (Seine-et-Marne). — Agents pour la vente : Davey, Bickford Watons et Cⁱᵉ, 1, rue Nationale, à Rouen.
Société anonyme au Capital de Un Million de francs.

119. Société générale pour la fabrication de la dynamite, à Paris, rue d'Aumale, 17. — Fac-simile de produits explosifs, cartouches, mèches. Photographies et plans d'usines. **(PALAIS.)**

120. Société houillère de Liévin, Directeur : **M. Viala,** à Liévin (Pas-de-Calais). — Modèles et plans relatifs à l'exploitation houillère. **(PALAIS.)**

121. Société lyonnaise des Schistes bitumineux, à Autun (Saône-et-Loire), à Paris, boulevard des Italiens, 19. — Modèle en relief d'un puits d'extraction. **(PALAIS.)**

122. Société Minière du Tarn , Président : **M. Marmottan ,** à Paris, rue Desbordes-Valmore, 31. — Plans de la concession d'Albi, coupes de terrains, échantillons de sondages, plans divers. **(PALAIS.)**

123. SOURDILLE (P.), à Saint-Sébastien-lez-Nantes (Loire-Inférieure). — Briques et pièces extra-siliceuses pour fours à haute température. **(PALAIS.)**

124. STEIN (Adolphe), à Danjoutin-Belfort (Territoire de Belfort). — Câbles ronds et plats en fil de fer et d'acier, pour mines. **(PALAIS.)**

125. STIÉVENART (Arthur), à Lens (Pas-de-Calais). — Tableau des différentes catégories de câbles plats et ronds en aloès, chanvre, fil de fer et acier. **(PALAIS)**

126. TAVERDON & Cie, à Paris, rue Claude-Bernard, 19 — Matériel de mines, perforateurs mus par eau, air, vapeur et transmission électrique, canalisations, compresseurs, pompes. **(PALAIS.)**

127. TAZA-VILLAIN (Mme Vve), à Anzin (Nord).— Basculeur de wagon de 10 tonnes pour l'embarquement mécanique des charbons. Cage d'extraction. Berlines en acier. **(PALAIS.)**

Basculeur automatique à pendules différentiels et frein hydraulique, système Vve Taza-Villain, breveté S. G. D. G. — Cage d'extraction à 8 berlines avec guidage en acier et Parachute Taza pour la fosse La Grange de la Cie d'Anzin.

Berlines en acier pour la Cie des Mines d'Anzin, les Houillères du Nord et du Pas-de-Calais, pour la Russie, l'Amérique, le Tonkin, etc.

Collection de tableaux et de photographies, représentant les principaux travaux exécutés depuis 1848 jusqu'à ce jour.

128. THUILLARD Frères, rue du Faubourg-Saint-Denis, 206. — Matériel pour la fabrication mécanique des fers à cheval et lopins. **(PALAIS.)**

129. VALABRÈGUE (André-L.), à Bollène (Vaucluse).— Briques et produits réfractaires. **(PALAIS.)**

Ingénieur des Arts et Manufactures. — Médaille argent, Paris 1878.

130. VALTON-RÉMAURY, à Paris, rue du Faubourg-Saint-Honoré, 166.— Matières réfractaires neutres, produits résultant de leur emploi, dessins d'appareils ou elles sont utilisées. **(PALAIS.)**

131. VLASTO (Ernest), à Paris, boulevard Haussmann, 69.—Plans et modèles d'un système nouveau pour le décapage du cuivre. **(PALAIS.)**

132. VON BERG (C.), Successeur de **Berg & Cie,** à Paris, rue Baudin, 14.— Machine perforatrice mécanique, mue par la vapeur ou par l'air comprimé. **(PALAIS.)**

133. WEIDKNECHT (D. Frédéric), à Paris, rue Paradis, 47.—Granulateurs. Pulvérisateur. Casse-coke. Appareils de broyage et pulvérisation pour toutes matières dures ou tendres. **(PALAIS.)**

Constructeur. Ateliers : 1, boulevard Macdonald. (Voir classes 52 et 63). — Broyeur, système L. Loizeau, breveté S. G. D. G. pour minerais de toutes natures, quartz aurifère, argent, plomb, cuivre, etc. ; pulvérisateurs réduisant à l'impalpable ; broyeurs pour écorces cuir, liége, etc.

COLONIES.

ALGÉRIE.

1. **Compagnie du Mokta,** à Oran. — Plans et vues des travaux d'exploitation des gisements de fer de Béni Saf. **(ESPLANADE.)**

2. **Compagnie de l'Oued R'irh (Fau, Foureau & Cie),** à Paris, rue Le Pelletier, 21. — Modèles d'outillage pour forer des puits artésiens dans le Sahara algérien. **(ESPLANADE.)**

3. **DELAMARE (Charles),** à Sakamody, Commune de Larbat (Alger). — Plan en relief, plans et coupes, photographies diverses, tableaux statistiques. **(ESPLANADE.)**

4. **GARDAIA** (Commune indigène de), à Gardaïa (Alger). — Appareil d'extraction d'eau des puits du M'zab, avec croquis. **(ESPLANADE.)**

5. **HARLAUT (Eugène),** au Ruisseau, près Alger (Alger).— Carte d'une mine de fer manganésifère. **(ESPLANADE.)**

6. **MARTEL (H),** à Alger, rue d'Isly, 44. — Maquette représentant l'usine à plâtre de Rovigo. **(ESPLANADE.)**

7. **Société agricole et industrielle de Batna et du Sud-Algérien**, à Paris, rue St-Lazare, 7. — Matériel de sondage pour le Sahara, coupes géologiques et cartes. **(ESPLANADE.)**

GABON CONGO.

1. **AVINENC,** au Gabon. — Enclumes du Como et du Rhamboë. **(ESPLANADE.)**

2. **PECQUEUR (Léona),** au Gabon. — Soufflets de forge. **(ESPLANADE.)**

3. **SCHLUSSEL (Laurent),** à Libreville (Gabon). — Forges pahouïnes. **(ESPLANADE.)**

INDE FRANÇAISE.

1. **Comité d'Exposition.** — Tableau du forage du puits artésien de Bahour. **(ESPLANADE.)**

PAYS DE PROTECTORAT.

ANNAM-TONKIN.

1. **Protectorat du Tonkin,** résidence de Sontay. — Creuset à minerai. Moule pour fondre les socs de charrue. **(ESPLANADE.)**

2. **Protectorat de l'Annam et du Tonkin**. — Outils de forgeron, soufflet de forge. **(ESPLANADE.)**

PAYS ÉTRANGERS.

ALLEMAGNE.

1. **HERBETZ,** à Cologne (Allemagne). — Cubilots pour fonderies, foyer de chaudières. **(PALAIS.)**

2. **STEINLEN & Cie** (Anciens ateliers **Ducommun),** à Mulhouse (Alsace) e t à Paris, 18, boulevard de Magenta. **(PALAIS.)**

   Ventilateurs, système Roots, à pistons métalliques, breveté S. G. D. G. pour fonderies, forges, ventilation, etc., à moteur direct, marchant à la transmission ou à bras. Forges portatives. Pompes rotatives, système Roots. Aspirateurs de gaz (gaz Exhauster) système Roots. — Exposition générale : Pavillon de la maison Steinlen et Cie, cour des générateurs de vapeur dans l'axe du Palais des Machines, côté de l'École militaire.

BELGIQUE.

1. **CHAUDRON (Joseph),** ingénieur, à Auderghem-lez-Bruxelles. — Plans de puits. **(PALAIS.)**

2. **Compagnie belge du Lignite comprimé,** (Administrateur : **Vanden Dale),** à Bruxelles, rue de Liedekerke, 87. — Plans des usines, machines et appareils. **(PALAIS.)**

3. **Compagnie du Charbonnage de Boubier** (Président : **A. C. Hennecart),** à Paris, rue Caumartin, 60. — Matériel. **(PALAIS.)**

4. **DIDION (Jacques),** à Bruxelles, rue des Quatre-Bras, 14. — Appareil de sondage, nouveau système. **(PALAIS.)**

5. **HALOT (Émile & Jules) & Cie,** (Anciens établissements Cail, Halot et Cie), à Bruxelles. — Pompes ventilateurs. **(PALAIS.)**

   Pompe à ailette captante, de 200/140, avec moteur, système De Montrichard.
   Pompe à ailette captante, de 100/70 avec moteur, Système De Montrichard.
   Pompe à ailette captante, de 200/140, montée sur un pied vertical, mue par courroie, Système De Montrichard. — Ventilateur, Système Capell.

6. **HANARTE (Gustave),** à Mons, rue Bertaimont, 24. — Plans d'appareils, pour la transmission de la force par l'air comprimé, l'air raréfié et l'eau. Traités spéciaux. **(PALAIS.)**

7. **HANREZ (Prosper),** à Bruxelles, rue Moris, 9. — Dessins d'une défourneuse à coke, à moteur fixe, et d'une machine à descendre et à remonter les ouvriers dans les mines. **(PALAIS.)**

8. **LAMBOTTE (Michel),** à Jemeppe-sur-Meuse. — Tuyères de hauts-fourneaux. **(PALAIS.)**

9. **LEGRAND (Achille),** à Mons, rue Terre-du-Prince, 13. — Matériel de chemin de fer. Wagons à charbon. Traverses de chemin de fer pour mines. **(PALAIS.)**

10. **Société anonyme des Agglomérés de houille de Châtelineau** (Administrateur : **F. Henin),** à Châtelineau. — Plans d'appareils de fabrication. **(PALAIS.)**

11. Société anonyme des Charbonnages de Mariemont & Société charbonnière de Bascoup, (Administrateurs : **L .Guinotte & G. Warocque**)à Bascoup. — Modèles, appareils fonctionnant, plans, etc.   **(PALAIS.)**

Pavillon spécial près du commissariat général de Belgique. Diplômes d'honneur aux Expositions de Vienne, 1873 ; d'Amsterdam, 1883 ; d'Anvers, 1885.

12. Société anonyme des Charbonnages de Marihaye, (directeur : **G. Dubois**), à Flémalle-Grande. — Perforatrice, système Dubois et François.
(PALAIS.)

13. Société anonyme des Charbonnages de Noel-Sart-Culpart (Directeur : **E. Lambert**), à Gilly. — Plans du charbonnage et du puits St-Xavier.
(PALAIS.)

14. Société anonyme Électricité et hydraulique, (Directeur : **J. Dulait**), à Charleroi. — Ventilateurs, hydro-ventilateurs, électro-ventilateurs.
(PALAIS.)

15. Société anonyme de Marcinelle & Couillet, à Couillet. — Machine d'extraction ; plan de machine d'épuisement, verticale et horizontale ; photographies de train universel ; treuil de secours et cabestan.   **(PALAIS.)**

16. Société anonyme « Le Phœnix » pour la fabrication des Machines et Mécaniques, (Administrateur : **Paul de Hemptinne**), à Gand. — Un ventilateur Root.   **(PALAIS.)**

17. Société anonyme des phosphates du Bois-d'Havré (Directeur : **Denys**), à Havré. — Plans et vues des usines et des travaux.   **(PALAIS.)**

18. Société anonyme pour l'exploitation des Carrières Tacquenier et la construction des routes pavées, à Lessines. — Plan de l'exploitation par chaîne flottante.   **(PALAIS.)**

19. Société des Charbonnages du canal de Fond-Piquette, (directeur : **A. Hallet**), à Vaux-sous-Chèvremont, près Chênée. — Plan d'installation d'un plan incliné automoteur, à pente variant de 60 à 90°. Lampes de sûreté à fermeture spéciale.
(PALAIS.)

20. Société charbonnière de Petit-Try, Trois-Sillons, Ste-Marie et Défoncement réunis à Lambusart (Administrateur : **V. Gillieaux**), à Lambusart. — Plans divers.   **(PALAIS.)**

21. Société civile du Charbonnage d'Aiseau-Presles, à Farciennes.— Plans d'installation.   **(PALAIS.)**

22. Société Cockerill, à Seraing. — Machine soufflante.   **(PALAIS.)**

23. Société des Mines d'Ans, (directeur : **Merlin**), à Ans. — Lampe de sûreté à fermeture spéciale.   **(PALAIS.)**

24. SOLVAY & Cie, à Bruxelles, rue du Prince-Albert, 19. — Modèle réduit d'un système de four à coke.   **(PALAIS.)**

25. SOTTIAUX (A.-J.), à Bracquegnies. — Broyeurs-épurateurs de charbons et autres substances ; façonneuse de bois de mines.   **(PALAIS.)**

26. Union des Charbonnages, Mines et Usines métallurgiques de la province de Liége, (Exposition collective de l'), à Liége, rue Paul-Devaux, 4. — Plans de mines et d'installations diverses.   **(PALAIS.)**

Société de Bonnefin, à Liége.
Société des charbonnages du canal de Fond-Piquette, à Vaux-sous-Chèvremont.
Société des charbonnages de la Concorde, à Jemeppe.
Société des charbonnages du Horloz, à Tilleur.
Société des charbonnages de Marihaye.
Société des charbonnages de Patience et Beaujonc, à Glain.
Société de l'Espérance et Bonne-Fortune, à Montegnée.
Société de la Grande-Bacnure, à Liége-Coronmeuse.
Société des mines d'Ans, à Ans.

27. VERTONGEN-GOENS, à Termonde. — Câbles de mines : plats en aloès, plats métalliques équilibrés système Martinek ; ronds métalliques pour transports aériens, télodynamiques, etc. **(PALAIS.)**

28. ZBOINSKI (Claude-H.-C.), capitaine-commandant d'Artillerie au Fort de Cruybeke. — Divers mémoires de minéralogie. **(PALAIS.)**

RÉPUBLIQUE DE BOLIVIE.

1. Compagnie de Huanchaca, à Huanchaca. — Machines d'extractions, plans et photographies. **(PARC.)**

2. DESPREZ (Auguste), à Paris, rue de l'Échiquier, 17. — Collection de dessins industriels. Machines employées en Bolivie. Perforateurs, générateurs, bocards, etc. **(PARC.)**

DANEMARK.

1. JENSEN (Ferd), à Copenhague. — Trieur à froment. **(PALAIS.)**

ESPAGNE.

1. ALONSO LABASTIDA (Miguel), à Bedia (Bilbao). — Mèches pour mines. **(PALAIS.)**

ÉTATS-UNIS.

1. BLAKE (Theodore A.), à New-Haven, Conn. — Machine à broyer ; pulvérisateur à mâchoires multiples. **(PALAIS.)**

2. Cyclone Pulveriser Co., à New-York, N, Y., 115, Broadway.— Pulvérisateur « Cyclone ». **(PALAIS.)**

3. Ingersoll Rock Drill Co. (Sec'y : **Wm. L. Saunders),** à New-York, N. Y. 10, Park place. — Compresseur d'air, perforatrice, machine à couper le charbon de terre, réservoir d'air. **(PALAIS.)**

GRANDE-BRETAGNE.

1. ALLCLAYS & ONIONS (Limited), Great Western works, à Birmingham, Small Heath station. — Matériel des forges et fonderies. **(PALAIS.)**

2. DAVEY PAXMAN & Co., à Colchester, et à Paris, boulevard Magenta, 111. — Broyeurs, filon automatique de minerais, amalgamateur. **(PALAIS.)**

3. Gascons & Liquid Fuel Supply Co. (Limited), à Liverpool, Victoria street, 37, et à Manchester (B. H. Thwaites C. E.) Market street, 25. — Fourneaux, procédés de la métallurgie. **(PALAIS.)**

4. GJERS MILLS & Co., à Middlesbro. — Matériel « Ayrsome » de fonderie. Échantillons de fonte, fonderie d'acier (Bessemer) avec fosses à mitonner (Gjers). **(PALAIS.)**

5. HANKS & HAILEY, à Liverpool, Soho street, 18. — Appareils pour fabriquer les articles en métal. **(PALAIS.)**

6. Hardy Patent Pick Co. (Limited), à Sheffield. — Pioches, pelles, louchets, fourches, marteaux et tout outillage de mines, carrières, chemins de fer, etc. Machines perforatrices à main.   **(PALAIS.)**

> Coins multiples pour l'abattage de roc ou charbon sans emploi de matière explosive; crapaudine autolubrifiante pour berlines.

7. HULSE & Co., à Manchester, Ordsal works, Salford. — Outils divers de constructions mécaniques.   **(PALAIS.)**

8. London & Birmingham Hardware Co. (Limited), à Londres, Clerkenwell Charles street, 14. — Matériel pour la fabrication des réfrigérateurs et des ustensiles de cuisine.   **(PALAIS.)**

9. LOWOOD, J. GRAYSON & Co., à Sheffield, Attercliff road. — Matériel de la métallurgie.   **(PALAIS.)**

10. Maignens Filter Rapide Anti calcaire Co. (Limited), à Londres, Saint-Mary-at-Hill, 32. — Précipitateurs pour traiter les minerais d'or, etc.   **(PALAIS.)**

11. MASSEY (B. & S.), à Manchester, Steam Hammer works, Openshaw. — Marteaux à vapeur, machine pour scier les métaux, presses à forger, etc.   **(PALAIS.)**

12. Tharsis sulphur & copper Co. (Limited), à Glasgow, West George street, 136. — Procédés pour l'extraction des métaux et leur fabrication.   **(PALAIS.)**

GUATEMALA.

1. GILLESPIC (J.-B.), à Guatemala. — Machine pour trier les minerais d'or.   **(PARC.)**

ITALIE.

1. BARZANO (Louis), ingénieur, à Milan, corso Venezia, 53. — Perforateur à percussion.   **(PALAIS.)**

> Représenté par MM. Marillier et Robelet, ingénieurs civils, à Paris, boulevard Bonne-Nouvelle, 42.

GRAND-DUCHÉ DE LUXEMBOURG.

1. DUPRET (E.), à Luxembourg. — Tuyères pour hauts-fourneaux avec nez forgés sans soudure; tuyères soudées, tuyaux de dilatation. Porte-tuyères, tynapes et tuyères à laitier en bronze.   **(PALAIS.)**

2. HARTMANN (A.), à Diekirch. — Appareil locomobile de sondage pour puits artésiens de faible profondeur.   **(PALAIS.)**

NORVÈGE.

1. Fabrique chimique de Stavanger, à Stavanger. — Pyrite et apatite.   **(PALAIS.)**

2. NEUMANN (P. Wilhelm), à Bergen. — Four à gaz et à chaleur régénérée pour les petites usines à gaz. Invention de l'exposant.   **(PALAIS.)**

RUSSIE.

1. ASTACHEFF (W.) & Cie, à Berezovski et à Miousk (Ekaterinbourg). — Modèles d'exploitations de mines d'or. (PALAIS.)

2. GLOUCHKOFF, à Saint-Pétersbourg. — Instruments de forage inventés par l'exposant. (PALAIS.)

RÉPUBLIQUE SUD-AFRICAINE.

1. Département des Mines de la République Sud-Africaine (Le) à Prétoria. — Modèles, plans et vues de travaux d'exploitation de mines. **(ESPLANADE.)**

SUISSE.

1. MAAG (Henri), à Schaffhouse. — Creusets en plombagine. (PALAIS.)

2. TRITSCHELLER (Otto), à Arbon (Argovie). — Pompes à doubles battants. (PALAIS.)

3. WAGNER-SCHNEIDER (W. Louis), à Stechborn (Thurgovie). — Outils pour fonderie. (PALAIS.)

VÉNÉZUÉLA.

1. Compagnie des Mines d'Aroa. — Plans de l'exploitation. (PARC.)

GROUPE VI.

OUTILLAGE ET PROCÉDÉS DES INDUSTRIES MÉCANIQUES. ÉECTRICITÉ.

CLASSE 50.

Matériel et procédés des usines agricoles et des industries alimentaires.

FRANCE.

1. AGOBET & Cie, à Arcueil (Seine), avenue Laplace, 31. — Appareil pour la fabrication des vinaigres par la méthode des cuves tournantes. **(PALAIS.)**

2. AMELIN et RENAUD, à Paris, rue du Louvre, 8. — Soies à bluter, objets et appareils constituant l'outillage d'un moulin, y compris l'éclairage électrique par incandescence. **(PALAIS.)**

Galerie des Machines.
Ateliers et Magasins, 39, rue Jean-Jacques-Rousseau.
Maison fondée en 1837, rue de Viarmes. — Halle aux Blés.
Soies pour le Blutage des Farines.
Confection et pose des garnitures en soie et en toile métallique pour Bluteries de tous genres.
Fournitures Générales pour Moulins : Outillage, Huiles à graisser, Eclairage électrique (plus de 200 applications).
Etudes de blutage et diagrammes complets de Moulins.
Récompenses : 1867 Paris. — 1878 Paris.

3. Anciens Etablissements Cail, à Paris, quai de Grenelle, 15. — Matériel pour sucreries, raffineries, distillerie. **(PARC.)**

Société anonyme.
Succursales à Douai et à Denain.
Récompenses : 2 grands prix et 7 medailles à Paris 1878.
3 diplômes d'honneur et 1 medaille d'or, Amsterdam 1883.
6 diplômes d'honneur, 3 medailles or, Anvers 1885.
Matériel complet pour sucreries de cannes et de betteraves, raffineries, distilleries.
Diffusions de betteraves, de cannes et de bagasses. — Appareils perfectionnés d'évaporation et de cuite, etc.
Pavillon d'Exposition de la société, près du Palais des machines, côté La Bourdonnais.

4. ANGOT Fils, à Bezenez (Allier). — Meules de moulins. **(PALAIS.)**

Classe 50. 1

5. ANTOINE (Michel), à Payzac (Dordogne). — Alambic pour distiller les cerises, les prunes et toutes matières sujettes à prendre au fond de la chaudière ; suppression du bain-marie.   **(PALAIS.)**

6. Association des Chimistes de France et des Colonies, à Paris, rue de Louvois, 10. — Volumes et brochures, appareils de laboratoire, de sucrerie et de distillerie.   **(PALAIS.)**

7. BALLÉE (Henri), à Paris, rue Vauvilliers, 9. — Machines à hacher, étaux, allonges, articles d'étalage et de comptoirs pour boucheries et charcuteries, cuisines.
                                                    (PALAIS.)

8. BAPTISTE (Eugène), à Darney (Vosges). — Lave-copeaux monté sur sphères pour brasseries, et robinets de sûreté pour foudres à pression.   **(PALAIS.)**

9. BARBIER (Paul), à Paris, boulevard Richard-Lenoir, 46. — Appareils à distiller les grains, les pommes de terre, les betteraves et les topinambours. Pompes. Coupe-racines.   **(PALAIS.)**

   Macération perfectionnée et rationnelle (fixe ou sur plaque tournante). Application de la diffusion à la distillerie, pour le travail de la betterave et du topinambour. Installations complètes de distilleries de grains et pommes de terre par le malt vert. Nouveau travail par les acides donnant une drèche consommable.
   Récompense : Paris 1878.

10. BARY (Léon), à Étréchy (Seine-et-Oise). — Marteaux à rhabiller les meules.
                                                    (PALAIS.)

11. BAUDELOT-MIGEON (F. Victor), à Haraucourt (Ardennes). — Réfrigérants à tubes elliptiques pour brasseries et distilleries.   **(PALAIS.)**

12. BAUDOT (Léon), à Paris, rue Viarmes, 35. — Soies à bluter et articles pour moulins.   **(PALAIS.)**

13. BEAUME, à Boulogne-sur-Seine (Seine), avenue de la Reine, 66. — Pompes pour brasserie, huilerie.   **(PALAIS.)**

14. BÉCHAUX, à Paris, rue de Beaune, 5. — Appareil de distillerie.   **(PALAIS.)**

15. BECKER (Ch.), à Beaumont-sur-Oise. — Régulateur de colonne à distiller et à rectifier.   **(PALAIS.)**

16. BEYER Frères, (Auguste et Adolphe), à Paris, rue de Lorraine, 16. — Machines spéciales pour la meunerie et la fabrication du chocolat.   **(PALAIS.)**

   Médaille d'argent, Paris 1867. — Deux Médailles d'or, Paris 1878. — Deux Médailles de progrès, Vienne 1873. — Deux Diplômes, Philadelphie 1876. — Médaille à Amsterdam 1883.

17. BIABAUD & Fils, à Paris, rue du Roule, 5. — Four de boulanger en fonctionnement.   **(PALAIS.)**

18. BILLET & Cie, à Marly-lez-Valenciennes (Nord). — Appareil pour la production du ferment alcoolique spontané.   **(PALAIS.)**

19. BISSON (Fernand) et Cie, à Paris, rue de la Chapelle, 15. — Machines pour la cuisine automatique.   **(PALAIS.)**

20. BOBET (Paul F. M.), à Paris, rue du Fauconnier, 9. — Siphons et appareils pour boissons gazeuses.   **(PALAIS.)**

21. BONVALLET (Em.), à Paris, rue Bourgtibourg, 26. — Façade de four de boulanger.   **(PALAIS.)**

22. BORDIER (Paul F.), à Senlis (Oise). — Broyeur horizontal pour la mouture des blés, broyeur pour la mouture des semoules et des gruaux, sasseur à double effet.
                                                    (PALAIS.)

   Médaille d'argent, Exposition universelle de 1878.

23. BORSSAT, à Paris, rue de Tanger, 45. — Machines pour le travail du sucre.
                                                    (PALAIS.)

24. BOUCHEZ, à Paris, rue Saint-Honoré, 95. — Hachoirs mécaniques. **(PALAIS.)**

25. BOULET (J.) et Cie, Ancienne Maison **Hermann-Lachapelle,** à Paris, rue Boinod, 31. — Appareils continus pour la fabrication des boissons gazeuses. Siphons de tous systèmes. Filtres Chamberland, système Pasteur. **(PALAIS.)**

    Médaille d'or 1878. — Medailles d'or et Diplômes d'honneur aux Expositions d'Amsterdam 1883, d'Anvers 1885 et Barcelone 1888. — Croix de la Légion d'honneur en 1888. Membre du Jury aux Expositions de Barcelone et Paris 1878.

26. BOURDON à Paris, rue Jean-Jacques-Rousseau, 15. — Meules métalliques. **(PALAIS.)**

27. Brasseries de la Méditerranée (Société des), Exploitation des procédés **E. Velten,** à Marseille (Bouches-du-Rhône). — Appareils de fabrication pour l'application des principes de M. Pasteur. **(PALAIS.)**

28. BRAULT, TEISSET et GILLET, à Paris, rue du Ranelagh, 14. — Appareils de meunerie. Brevets Ganz de Budapest. Moteurs hydrauliques. **(PALAIS.)**

    Maison à Chartres (Eure-et-Loir). Installations complètes de moulins à cylindres et à meules. Turbines fontaines perfectionnées, roues de côté, roues à augets. Pompes. Élévations d'eau. Papeteries, piles à papier, meuletons, meules à ciment.
    Récompenses : 1851, Londres, grande Médaille, Prize Medal ; 1855, Paris, grande Médaille d'honneur ; 1867, Paris, Médaille d'or, Médaille de bronze ; 1873, Vienne, Médaille de progrès ; 1878, Médaille d'or. Décoration de la Légion d'honneur, 1862, 1869, 1879.

29. BRÉHIER (Édouard A.), à Paris, rue de l'Ourcq, 52. — Appareils pour les industries où la vapeur est employée comme chauffage. **(PALAIS.)**

30. BRETON (Paul P.), à Orrouy (Oise). — Moules à pâtes alimentaires. **(PALAIS.)**

31. BRISSONNEAU, DEROUABLE et A. LOTZ, à Nantes (Loire-Inférieure). — Moulin à cannes à huit cylindres, installation d'un moulin à cannes de quatre chevaux avec sa machine et sa transmission. **(PALAIS.)**

32. BROCHARD (Henri), à Pontoise (Seine-et-Oise). — Marteaux à moulins, dits diamants par la nouvelle trempe diamantifère. **(PALAIS.)**

33. BRUET (Alexandre J. A.), à Saint-Denis (Seine), rue Fontaine, 27. — Fendeuse à blé (système Bruet-Stenne). **(PALAIS.)**

34. BRUN (Vve) & Cie, à Paris, rue Godefroy-Cavaignac, 17. — Tuyaux en cuivre rouge soudés, pièces de chaudronnerie et appareils divers. **(PALAIS.)**

    Fabrique spéciale de tuyaux en cuivre rouge, soudés de tous diamètres et épaisseurs. Construction de chaudronnerie en cuivre, appareils pour distillerie, sucrerie et toute industrie.

35. BURTON A. et Fils (Burton Fils, successeur), à Paris, rue des Marais, 68. — Élévateurs et transporteurs avec application de la chaîne, système Ewart, et toile sans fin. **(PALAIS.)**

36. BUSTIN (Jean), à Paris, boulevard de La Chapelle, 5. — Machines industrielles et domestiques à produire le froid, la glace et les sorbets. Timbres et armoires réfrigérants. **(PALAIS.)**

37. CABASSON (Jules), à Paris, rue St-Maur, 108. — Machines à broyer, pulvériser, tamiser, diviser et décortiquer tous les produits pour la droguerie, produits chimiques, engrais, brasserie, distillerie, féculerie, sucrerie, amidonnerie. **(PALAIS.)**

38. CARAMIJA-MAUGÉ (L. E.), à Paris, rue Ruty, 17, Cours de Vincennes. — Appareils pour la division et le nettoyage des grains. Zinc alvéolé pour trieurs à grains. **(PALAIS.)**

39. CARMIEN (Pierre J.), à Issy (Seine), rue de l'Eglise, 24. — Taille-légumes, hache-viande, cafetière économique. **(PALAIS.)**

40. CARPENTIER (Henri), à Paris, boulevard Soult, 73. — Matériel pour brasserie à vapeur. Matériel pour la germination de l'orge. **(PALAIS.)**

41. CARRÉ (Edmond), à Paris, rue de l'Estrapade, 19. — Appareils destinés à produire du froid et de la glace pour tous les usages domestiques et industriels.
(PALAIS.)

42. CARRÉ (Ferdinand P. E.), à Paris, rue de Reuilly, 48. — Appareil réfrigérant à ammoniaque. Appareil réfrigérant fonctionnant au moyen d'une pompe pneumatique et de l'acide sulfurique.
(PALAIS.)

43. CAZAUBON (D.) et Fils, à Paris, rue Notre-Dame-de-Nazareth, 43. — Appareils à gaz comprimé, semi-continus, continus, à une ou plusieurs pompes, siphons.
(PALAIS.)

44. CHARLES (S.), MERCIER, à Paris, quai du Louvre, 16. — Glacières artificielles, appareils pour le chauffage des vins et cidres pour la fabrication de la bière de ménage et pour le blanchissage du linge.
(PALAIS.)

45. CHATELARD (C. Arthur A.), à Concarneau (Finistère). — Boîtes et récipients pour conserves fermant automatiquement après ébullition sous la pression atmosphérique ; plusieurs autres syst. de fermetures pour boîtes à conserves. (PALAIS.)

46. CHAUDEL-PAGE (Edmond F. H.), à Valdoie-Belfort (Territoire de Belfort). — Cylindres de meunerie fonte trempée, pétrin mécanique.
(PALAIS.)

47. CHAUVEAU (Edouard), à Paris, rue Lacharrière, 2. — Distillerie sur chariot.
(PALAIS.)

48. CHENAILLIER (Paul), à Paris, avenue de Bonvines, 5. — Appareils à évaporer et concentrer les liquides, soit à l'air libre, soit dans le vide.
(PALAIS.)

49. CHEVALIER (Pierre), à Pons (Charente-Inférieure). — Sasseur épurateur à gruaux.
(PALAIS.)

50. CIMETIÈRE (Clément), à Paris, rue Marcadet, 262. — Meubles glacières économiques, armoires, buffets, coffres, timbres, garde-manger, etc.
(PALAIS.)

51. COLLETTE (Auguste et René), à Seclin (Nord). — Colonne à distiller.
(PALAIS.)

52. Compagnie de Fives-Lille, à Paris, rue Caumartin, 64. — Appareils pour la fabrication du sucre, pour les distilleries et à fabriquer la glace.
(PALAIS.)

Coupe-cannes avec moteur, diffuseurs de cannes, filtre mécanique, filtre-presse, appareil d'évaporation, chaudière à cuire dans le vide, centrifuge à plaquettes, malaxeur élévateur de masse cuite, machine à casser le sucre en cubes, compresseur d'air, machine d'alimentation. — Appareil à distiller avec plateaux rectificateurs. — Appareil à fabriquer la glace par l'acide sulfureux anhydre.

Divers dessins et photographies.

53. Compagnie générale de Produits antiseptiques, à Paris, rue Bergère, 26. — Cylindres d'acide carbonique liquide, appareils à eaux gazeuses. (PALAIS.)

54. Compagnie Hygiénique française (Rousseau et Cie), à Paris, rue d'Hauteville, 57. — Procédé de dressage à froid des tablettes de chocolat et autres bonbons.
(PALAIS.)

55. Compagnie Industrielle des Procédés RAOUL-PICTET, à Paris, rue de Grammont, 19. — Machines à produire le froid et la glace et accessoires pour brasseries.
(PALAIS.)

Grand Prix : Exposition universelle, Paris, 1878.
Médaille d'Or : Exposition universelle, Paris, 1878.
Médaille d'Or : Exposition universelle, Amsterdam, 1883.

56. CONSTANT (James), à Paris, rue des Cendriers, 42. — Articles pour boulangeries. Four de boulangerie en fonctionnement.
(PALAIS.)

57. Continental Oxygen Company Limited (The), à Paris, rue Gavarni, 7. — Gaz oxygène comprimé, eau saturée d'oxygène. **(PALAIS.)**

> Gaz oxygène pur, extrait de l'air atmosphérique.
> Inhalations, Projections, Lumière oxyhydrique, Fusion des Métaux, Blanchiment, Épuration du gaz de houille. — Clarification des extraits, vieillissement des alcools.
> Eau saturée d'oxygène, oxydation du sang, suppression du sucre chez les diabétiques. Traitement de l'anémie, de la dyspepsie, etc., etc.

58. COQ Fils et SIMON, à Aix-en-Provence (Bouches-du-Rhône). — Presse à vis à débrayage automatique. Nouvelle presse à levier à double action. **(PALAIS.)**

59. COQUELLE, à Paris, rue de Bondy, 7. — Robinetterie spéciale pour brasseries. **(PALAIS.)**

60. COURRÉGÉ et Cie, à Blajan (Haute-Garonne). — Tissus de soie pour bluteries. **(PALAIS.)**

61. DAGRY (A.), à Paris, rue du Château, 119. — Pétrisseur mécanique à double effet. **(PALAIS.)**

62. DALBOUZE (Valéry), à Paris, rue St-Maur, 208. — Malaxeurs à superphosphates, broyeurs à superphosphates d'os et minéraux, monte-acide, dégoudronneur pour brasseries. **(PALAIS.)**

63. DAMERVAL Frères (A. et N.), à Paris, rue Jean-Jacques-Rousseau, 53. — Types de four de boulangerie et de pâtisserie, matériel et ustensiles pour l'exploitation de la boulangerie. **(PALAIS.)**

> Constructeurs de fours de boulangerie et de pâtisserie. Fabrication de matériel et ustensiles pour l'exploitation de la boulangerie.

64. DARDEL, à Melun (Seine-et-Marne). — Moulin à cylindre. **(PALAIS.)**

65. DARNEL-BOSSHARDT (Georges E.), à Dijon (Côte-d'O.). — Moulins à cylindres et appareils de meunerie. **(PALAIS.)**

> Gendre et successeur de M. Bosshardt-Uhler.
> Maison fondée en 1834.
> Fonderie et ateliers de construction. — Spécialité pour montage et installation de moulins à cylindres en métal dur. Moteurs à vapeur et hydrauliques.

66. DATHIS (Léon), à Paris, avenue de l'Opéra, 33. — Matériel de panification et de pâtisserie à l'usage de l'industrie et des ménages. **(PALAIS.)**

> Breveté S. G. D. G. en France et à l'Étranger.
> Pains de toutes sortes, Pâtisserie. Pain sans mie.
> L'Assimiline, aliment des enfants en bas-âge et convalescents.
> Exploitation et démonstration publiques.

67. DAVID (Henri S. J.), à Orléans (Loiret), rue de l'Echelle-Saint-Laurent, 3. — Presses à sirops pharmaceutiques et comestibles. Cires. Miels. **(PALAIS.)**

68. DEBAUSSAUX (Émile), à Amiens (Somme), rue Gresset, 7. — Torréfacteurs à café. Système à double enveloppe. **(PALAIS.)**

69. DECOLLOGNE (S. Eugène), à Saint-Martin-lez-Langres (Haute-Marne). — Bluterie centrifuge et accessoires. **(PALAIS.)**

> Ce système de bluterie est très simple, solide, quoique léger, les bavures sont impossibles ; peu de force motrice.

70. DELARUELLE (Raoult), Ancienne Maison **Dagand**, à Paris, rue Montorgueil, 23. — Cafetières et bains-marie pour l'armée et les hôpitaux. Limonadiers. **(PALAIS.)**

71. DELIRY Père et Fils, à Soissons (Aisne). — Pétrins mécaniques. **(PALAIS.)**

72. DELÉPINE & L. NOEL, à La Ferté-sous-Jouarre. — Meules de moulin. **(PALAIS.)**

73. DELPY, à Paris, rue Vivienne, 12. — Glacières artificielles de ménage et coffres conservateurs de viande, glace, etc. **(PALAIS.)**

74. DEMAUX (J. Louis), à Toulouse (Haute-Garonne), boulevard de la Gare, 10. — Machine à laver et sécher instantanément les blés avec nouveau cuvier « Demaux », laveur épierreur. **(PALAIS.)**

75. DENET Fils (Ernest), à Paris, rue de Buffon, 27. — Machines et moules pour pâtes alimentaires. **(PALAIS.)**

76. DENY Frères (L. P.), à Paris, rue St-Sabin, 58. — Tôles, cuivre, zinc perforés pour la meunerie, fabriques de sucre, machines agricoles et fabrication de la bière. **(PALAIS.)**

Récompenses: Paris 1878, 2 méd. d'or; Amsterdam 1883, méd. d'or; Vienne, diplôme d'honneur.

77. DEROY Fils Aîné (Henri), à Paris-Grenelle, rue du Théâtre, 73. — Alambics, appareils de distillation et matériel de laboratoires. **(PALAIS.)**

78. DESGROUAS (C. Adonis), à Bourges (Cher), avenue Nationale, 34. — Machines à hacher les viandes. **(PALAIS.)**

79. DILLEMANN (P. Albert), à Paris, rue Étienne-Marcel, 25. — Plans d'une machine à battre les blancs d'œufs. **(PALAIS.)**

80. DONARD (E.) et CONTAMINE (G.), à Rouen (Seine-Inférieure), rue Thiers, 25. — Appareil Juneau pour extraction d'huile. Appareil pour dessécher les matières organiques dans le vide. **(PALAIS.)**

81. DONDEY et Cie (L.), à Paris, place de la Nation, 15. — Machines spéciales à trier, diviser, cribler, tamiser et broyer les grains et graines. **(PALAIS.)**

82. DOUANE JOBIN & Cie, à Paris, avenue Parmentier, 23. — Machine frigorifique (système Vincent). **(PALAIS.)**

Ancienne maison A. Crespin.
Machines à glace, système Vincent, par le chlorure de méthyle (produit neutre et inoffensif).
Réfrigération de salles, caves, etc. Glace transparente.
Emploi de pompes et de robinets sans fuite. (Voir cl. 52.)

83. DREYFUS Frères, à Paris, quai Valmy, 189. — Appareil à distiller et à rectifier. Appareil à cuire dans le vide. Appareil à épurer les flegmes. **(PALAIS.)**

84. DUPETIT & Cie (Grande Société Meulière), à La Ferté-sous-Jouarre. — Meules de moulins. **(PALAIS.)**

85. DUPETIT-SELLIER, à Amiens (Somme), Ile Saint-Germain. — Nettoyeur trieur pour grains. **(PALAIS.)**

Maison fondée en 1830, par MM. Jérôme (François-Victor) et Delépine, brev. S. G. D. G. Nettoyeur-Trieur perfectionné muni d'un auget-émotteur, d'un aspirateur, d'un puissant batteur, d'un ventilateur et d'un sasseur. Le blé, dans cet instrument, se trouve donc émotté, épointé, vanné et criblé. Diplôme d'honneur à l'Exposition universelle de Paris 1878.

86. DURAFORT et Fils, à Paris, boul. Voltaire, 162 et 164. — Siphons, appareils et machines pour la fabrication des boissons gazeuses, vins mousseux et bières. **(PALAIS.)**

Maison fondée en 1853. — Siphons et seltzateurs. — Appareils continus, automatiques et semi-continus pour boissons gazeuses et vins mousseux. — Embouteillage spécial évitant la mousse. — Producteur automatique de gaz acide carbonique pour le débit des bières et l'application en grand en brasserie. — Pots et bouteilles à lait, avec bouchage hermétique. — Gravure sur verre en tous genres.
Siphons en maillechort, avec intérieur en porcelaine et tubes tout en cristal.
Appareils automatiques pour eaux gazeuses et bières. — Nouveaux procédés de gravure sur verre et cristal.
Récompenses : Vienne 1873. — Philadelphie 1876. — Paris 1878. — Amsterdam 1883. — Barcelone 1888 et Bruxelles 1888.

87. DURVIE (Veuve L. Oscar A.), à Ivry-la-Bataille (Eure). — Pétrin mécanique à bras.   **(PALAIS.)**

Machines pour pétrir pâtes douces, bâtardes, fermes et breilles.

88. EGROT, à Paris, rue Mathis, 23. — Appareils de distillation et de rectification. Cuisines à vapeur. Matériel des fabriques de liqueurs, confitures et conserves. **(PALAIS.)**

89. FAURE (Pierre P.), à Limoges (Haute-Vienne), place du Champ-de-Foire. — Défibreur pour canne à sucre.   **(PALAIS.)**

Le défibreur Faure constitue un perfectionnement pratique apporté dans l'outillage d'extraction du jus de la canne à sucre.

90. FAVRE et MARTINOD, à Panissières (Loire). — Tissus extra-forts en 60 en 102 centimètres pour moulins à cylindres et bluterie centrifuges. **(PALAIS.)**

Spécialité pour Implantation, Faïenceries, Produits chimiques, Féculeries, Glucoseries, Laiteries, Broderies, Soufreries.

91. FERAY et Cie, à Essonnes (Seine-et-Oise). — Broyeurs à cylindres convertisseurs. Bluterie centrifuge et collecteur de poussières.   **(PALAIS.)**

Installations complètes de minoteries. Moulins à cylindres. Broyeurs et convertisseurs. Sasseurs. Appareils de nettoyages. Moteurs hydrauliques de tous systèmes. Roues et turbines. Transmissions de mouvements.

92. FOLLANFANT (H. D. Étienne), à Pontoise (Seine-et-Oise). — Soies pour le blutage des farines. Articles et outillage à l'usage de la meunerie. **(PALAIS.)**

93. FONTAINE, à Chartres (Eure-et-Loir). — Modèles de moulins à cylindres.   **(PALAIS.)**

94. FONTAINE (Maison **Louis**), à La Madeleine-lez-Lille (Nord). — Appareils de distillation. Carbonatation continue des jus sucrés. Appareil à tafia. **(PALAIS.)**

95. FOUCHÉ (Frédéric), à Paris, rue des Écluses-Saint-Martin, 38. — Matériel pour fabrication des conserves alimentaires. Séchoir méthodique à chariots. Chaudières pour frire les sardines.   **(PALAIS.)**

96. GALLOIS (Charles), à Paris, rue de Maubeuge, 81. — Filtre-presse à épuisement des écumes de sucrerie. Appareil de pesage automatique des betteraves, systèmes Gallois.   **(PALAIS.)**

Filtre-presse pour épuisement des écumes de sucrerie, système Gallois. — Appareil de pesage automatique des betteraves, système Gallois.

97. GALLOIS (Ch.) et DUPONT (F.), à Paris, rue de Maubeuge, 81. — Appareils, instruments, réactifs, produits pour laboratoires de sucreries et de distilleries.   **(PALAIS.)**

98. GENESTE, HERSCHER & Cie, à Paris, rue du Chemin-Vert, 42. — Appareils de boulangerie.   **(PALAIS.)**

Matériel de la Boulangerie Militaire de campagne Système Geneste Herscher et Somasco, adopté par l'ad⁰ⁿ française de la Guerre. — Appareil à degoudronner les fûts et foudres. — Ventilateurs.

Voir à la classe 50 et aussi Pavillon spécial, Esplanade des Invalides (classe 64, hygiène et classe 66, art. militaire).

99. GENTEUR (D.-Arthem), à Asnières (Seine), rue du Maine, 18. — Appareils pour laver le beurre, le désaler, agglomérer et peser mécaniquement. Pétrin mécanique simple et double, à cuve mobile.   **(PALAIS.)**

100. GEORGE Aîné, à Paris, boulevard Poissonnière, 27. — Appareils hydroformes et filtreurs pour le café et toutes les boissons.   **(PALAIS.)**

101. GILLES (L.) et Cie, à Paris, rue Amelot, 76. — Appareils et siphons pour eaux gazeuses, siphons, vide-bouteilles.   **(PALAIS.)**

102. GIRAUD, à Étrechy (Seine-et-Oise). — Meules de moulin.   **(PALAIS.)**

103. GODILLOT, (ALEXIS-), à Paris, rue d'Anjou, 50. — Foyers brûlant la bagasse, la cossette pour le chauffage des générateurs à vapeur. **(PALAIS.)**

Fondation : 1884.

Utilisation des mauvais combustibles, foyers réalisant la combustion méthodique, brûlant combustibles ligneux, minéraux, ténus, pauvres, humides, matières encombrantes.

Chargement mécanique de la matière sur la grille. Fumivorité complète.

Application aux générateurs en utilisant bagasse ou cossette de diffusion, résidus des fabriques de sucre de cannes.

Foyers, douze cents chevaux, en marche aux chaudières Roser, Pillé Daydé, Davey Paxman (force motrice, Champ de Mars). — Médaille d'or, Anvers 1885.

104. GODIN (Veuve & Cie), Familistère de Guise, à Guise (Aisne). — Four de boulanger en fonctionnement. **(PALAIS.)**

105. GOODELL (H.-C.), à Paris, rue de Maubeuge 18. — Wagon-glacière pour la conservation de toutes denrées, petite glacière réfrigérateur. **(PALAIS.)**

Installations réfrigérantes et glacières en tous genres. — Ch. Smart, constructeur, s'adresser à G. Jarry, représentant à Paris, 18, rue de Maubeuge.

106. GOURDIN et LEFEVRE, Maison E. Lefevre Successeur, à Paris, rue Bichat, 15. — Brûloirs à café et cacao. **(PALAIS.)**

107. Grande Société Meulière de Cinq-Mars-la-Pile (Indre-et-Loire).— Meules de moulin. **(PALAIS.)**

108. GREFFE, à Tullins, (Isère). — Appareils à distiller, alambics divers. **(PALAIS.)**

109. GREFFIER, à Paris, avenue de La Motte-Piquet, 20. — Appareils à eaux gazeuses. **(PALAIS.)**

110. GREISS (Ed.) (Etablissements **G. Hermann et Debatiste** réunis) à Paris, rue de Charenton, 162. — Machines à fabriquer le chocolat, broyeuses à cylindre granit pour produits alimentaires. **(PALAIS.)**

111. GUÉRET Frères, à Paris, boulevard de la Gare, 72.— Machines pour la fabrication des boissons gazeuses. **(PALAIS.)**

Distribution automatique de l'acide sulfurique, basée sur le principe du flacon de Mariotte. — Nouveaux Doseurs pour siphons, bouteilles. — Appareil Guéret, nouvelle pompe à Bière, produisant automatiquement le Gaz acide carbonique pour débit de Bières, Cidres, filtrage de vins. — Siphons pour Eau-de-Seltz, sans alliage de plomb.

Appareils de Ménage pour faire soi-même Eaux Gazeuse, Vin mousseux.

Récompenses : Paris 1867, Mention Honorable ; Vienne 1873, Philadelphie 1876, Paris 1878 : Médaille de bronze ; Amsterdam 1883 : Médaille d'or.

112. GUILLAUME, à Charly-sur-Marne (Aisne). — Diffuseurs, filtres-presses appareils divers. **(PALAIS.)**

113. GUILLON, FROMENTAULT et CARMIEN, à Paris, boulevard Sébastopol, 123. — Hachoirs pour viande. **(PALAIS.)**

114. HAVET-DELATTRE (Maxime F.), à Arras (Pas-de-Calais), rue d'Amiens, 74. — Pétrin mécanique mû à bras ou par moteur. **(PALAIS.)**

115. HERVÉ & MOULIN, à Bordeaux, rue Sainte-Catherine, 205 (Gironde). — Appareils de distillation, alambics spéciaux pour liquoristes et appareils pour eaux gazeuses. **(PALAIS.)**

Médailles de bronze, Paris 1867. — Paris 1878, argent.

Barcelone 1888, Médaille d'or.

Melbourne 1881, Médaille d'or.

116. HIGNETTE (Jules), à Paris, boulevard Voltaire, 162. — Matériel de meunerie, décortication des cafés, des céréales, épierreurs, aspirateurs-trieurs, nettoyeurs-décortiqueurs, broyeurs, machines à sécher. **(PALAIS.)**

117. HILTZ (François G.), à Paris, rue de Bagnolet, 89. — Machine à main pour faire la julienne et la coupe de pommes de terre pour frire.   **(PALAIS.)**

118. HORSIN-DÉON (Paul), à Paris, rue Tournefort, 12.— Contrôleur-mesureur automatique de diffusion, indicateurs de vide et vacuo-manomètres à mercure, échantillonneur.   **(PALAIS.)**

Densimètre-enregistreur. Compteurs à chiffres. Carbonateur continu. Détartreur.

119. HOURDAIN (Auguste), à St-Simon (Aisne). — Appareil à mélanger et à pousser les farines avec descente automatique, avec treuil sans cliquetage pour le remontage.   **(PALAIS.)**

Nouvel appareil spécial pour ensacher et peser toutes sortes de grains et de graines.

120. HUCHÉ (Edouard), à Paris, boulevard Sébastopol, 88. — Ustensiles de boulangerie, braisière, appareil à buée, dateur, contrôleur de tailles, moules. **(PALAIS.)**

121. HURTREZ (Noë J. H.), à Paris, place de la Chapelle, 2. — Coupe julienne épluchant, couteau et tourniquet dentelés, passoires, gazogène mobile, bouchon à eau de seltz, siphon, serre-bouchon.   **(PALAIS.)**

122. HUTEAU (Charles L. M.), à Frizon (Vosges).—Nouveau moulin fendeur, bluteur, brosseur et désagrégeur pour la mouture des céréales mais principalement du blé.   **(PALAIS.)**

123. JACQUARD (Jules M.), aux Chaprais-Besançon (Doubs), rue de la Gare, 6. — Moulins à cylindres en métal durci, détacheurs.   **(PALAIS.)**

124. JAY (Joseph) et JALLIFFIER, à Grenoble (Isère), avenue Thiers, 19.— Pompe à bière automatique fonctionnant par l'eau comprimée.   **(PALAIS.)**

125. JEAN (Julien F.) et PEYRUSSON (L. Théophile), à Lille (Nord), rue Gustave-Testelin. — Appareils de sucrerie, pompe automatique, filtre-presse, turbine, boîtes à claircer, caisse d'empli, pompes à air, pompes à vapeur. **(PALAIS.)**

126. JEAN (Louis), à Paris, rue Popincourt, 16. — Machines et outils à tailler les légumes, le pain, à hacher et à pousser la viande. Presses diverses, avec ou sans manomètre indicateur des pressions, etc.   **(PALAIS.)**

127. JÉROME (François), à Amiens (Somme), rue Neuve-du-Moulin, 17.—Nettoyeurs de meunerie.   **(PALAIS.)**

128. JOYA (Joanny), à Grenoble (Isère), cours Berriat. — Appareils à distiller, à feu nu et à vapeur pour traitement des marcs de raisins, vins et tous liquides ou solides, fruits.   **(PALAIS.)**

129. LACROIX Frères, à Dôle (Jura).—Moulin à cylindres perfectionné pour le broyage du blé ; moulin à cylindres perfectionné pour désagréger les gruaux et convertir en farine.   **(PALAIS.)**

130. LALLIER, VERNOT & Cie, à La Ferté-sous-Jouarre (Seine-et-Marne). — Meules de moulin.   **(PALAIS.)**

131. LAMOUREUX, à Paris, quai d'Anjou, 7. — Four de boulanger en fonctionnement.   **(PALAIS.)**

Entrepreneur général de l'Etat et de l'assistance publique de Paris.
Médaille d'or, 1er prix, Exposition Barcelone 1888.

132. LANDÉ (Alexandre), à Libourne (Gironde), rue de Guîtres, 33. — Œnotherme, système Landé, pour le chauffage des vins d'après le procédé Pasteur, et des autres liquides fermentescibles.   **(PALAIS.)**

133. LAUGIER et MARTIN, à Toulon (Var), place Cathédrale, 4. — Filtre à huile à neuf manches.   **(PALAIS.)**

134. LAURENT Frères et COLLOT, à Dijon (Côte-d'Or). — Moulins à cylindres. Moulin à deux paires de meules. Nettoyeur à blé. Aplatisseur-extracteur à blé. **(PALAIS.)**

Ancienne maison Laurent aîné, fondée en 1840. — Grande spécialité pour installation de moulins de toutes importances, soit à cylindres, soit à meules avec nettoyeurs complets, nouveau système, breveté s. g. d. g. et tous accessoires. — Installation d'huileries avec appareils perfectionnés : Pompes hydrauliques. Accumulateurs. Presses à filtre brevetées s. g. d. g. Pressse en tous genres. Roues hydrauliques. Turbines à grand rendement.
Méd. de bronze, Paris 1855 ; Bronze, Paris 1867 ; Argent, Paris 1878.

135. LAUTH (Philippe), à Carcassonne (Aude). — Dessin d'une touraille à plateaux mobiles. **(PALAIS.)**

136. LAUZANNE (Charles), à Paris, rue du Renard, 20. — Moulins à café et à poivre, brûloirs à café, ustensiles d'épicerie. **(PALAIS.)**

Récompenses : Paris 1867, Médaille de bronze. — Paris 1878, Médaille d'argent.

137. LEBOUVIER-MÉNARD et PAPIN, à Botz (Maine-et-Loire). — Tarares ou ventilateurs servant au nettoyage des grains et graines. **(PALAIS.)**

138. LECLAIRE (Charles C.) & LEGENDRE (F.), à Paris, rue St-Maur, 140. — Machines pour confiseries et pharmacies. **(PALAIS.)**

Machines pour distilleries, filtres-presses Farinaux. Installations de confiseries mécaniques et pharmacies. Mécaniciens de la Chambre des députés.
Médaille d'argent à Paris, 1878.

139. LECORNU (Alfred), à Paris, rue Oberkampf, 114. — Machines pour la fabrication de la confiserie. **(PALAIS.)**

Maison fondée par M. Lecornu en 1867. Machines pour confiseurs et machines à vapeur fixes et mi-fixes, verticales et horizontales. Récompenses obtenues aux Expositions universelles : Paris 1878, deux médailles d'argent ; Sydney 1879, premier prix ; Melbourne 1881, premier prix ; Amsterdam 1883, médaille d'argent de 1re classe ; Anvers 1885, médaille d'or ; Barcelone 1888, médaille d'or.

140. LEDERNÉ (Auguste), à Paris, rue de la Roquette, 57. — Meubles glacières. **(PALAIS.)**

141. LEGAT (D.) et HERBET (L.), à Paris, rue de Châlons, 42.— Régulateur de température pour distillerie. Thermo-régulateur. Robinets sans presse-étoupe ni fuites. Joints spéciaux pour distillerie, etc. **(PALAIS.)**

142. LESPINASSE Frères, à Bergerac (Dordogne). — Meules de moulin. **(PALAIS.)**

143. LÉTANG Fils, à Paris, rue du Temple, 83. — Moules pour pâtissiers. **(PALAIS.)**

144. LÉTANG (Théodore), à Paris, rue Montmorency, 44. — Moules en fer-blanc plaqués argent et étain, mécaniques à mouler, broyeuses et émondeuses à amandes, batteuses à pâtes biscuits. **(PALAIS.)**

145. LETURCQ (Florentin L.), à Paris, rue des Moines, 75. — Appareil à distiller, marche continue. (Système Leturcq). **(PALAIS.)**

146. LHUILLIER (Les Gendres de), à Dijon (Côte-d'Or).— Trieurs, moulins à cylindres, nettoyages. **(PALAIS.)**

147. LOMBART (Jules-F.), à Paris, avenue de Choisy, 75. — Machine à mouler le chocolat. **(PALAIS.)**

148. LOTZ Fils de l'Aîné (Alfred), à Nantes (Loire-Inférieure), rue Canclaux. — Pétrin mécanique. **(PALAIS.)**

149. MABILLE (E.) Frères, à Amboise (Indre-et-Loire).— Moulin à broyer les olives, presses à huiles au moteur, presses à huile, système universel. **(PALAIS.)**

150. MABUT (J.), à Paris, avenue de l'Opéra, 36 bis. — Appareils à produire le froid et la glace. Buffet conservateur des aliments.   **(PALAIS.)**

151. MAGUIN (Alfred), à Charmes, par La Fère (Aisne). — Coupe-racines pour sucreries et distilleries agricoles, appareil pour le pesage des betteraves.   **(PALAIS.)**

Ingénieur civil des mines, Officier du Mérite agricole, Chevalier de l'Ordre de Léopold.
Porte-couteaux et couteaux de diffusion. — Machines à dresser et à affûter les couteaux de diffusion. — Râpes et presses pour essais de laboratoire — Osmo-filtre. — Moulin à sucre (Bergreen). Fraises, limes et outillage divers.
Grand prix d'honneur. — Diplôme d'honneur. — Membre du Jury. — Bruxelles 1888.

152. MAHOT (E.), à Ham (Somme). — Appareils pour boulangerie.   **(PALAIS.)**

153. MALLIARY Fils, successeur de **Decourt,** à Essonnes (Seine-et-Oise). — Broyeurs et convertisseurs, appareils de meunerie.   **(PALAIS.)**

154. MARCOUX, à Paris, rue de Viarmes, 33. — Appareil à soutirer les bières.
                                                                  (PALAIS.)

155. MARCHAND (J. Augustin), à Paris, rue Descartes, 44. — Brûloir vanneuse à boule, foyer et vanneuse mobile, transformée en cuisinière au moyen de pièces de rechange.   **(PALAIS.)**

156. MARESCHAL (Maison Veuve Jules), Fondé de pouvoir : **M. H. Gauderie,** à Paris, rue d'Allemagne, 185. — Boucherie complète et hache-viande.   **(PALAIS.)**

157. MARILLIER et ROBELET, à Paris, boulevard Bonne-Nouvelle, 42. — Filtres et appareils à soutirer système H. Stockheim pour bières, vins et autres liquides.   **(PALAIS.)**

158. MARIOLLE-PINGUET, à Saint-Quentin (Aisne). — Appareil d'évaporation vertical à triple effet avec condenseur barométrique. Filtre-presse de grande dimension.   **(PALAIS.)**

159. MAROT (Jules) et ses Fils, à Niort (Deux-Sèvres). — Trieurs et appareils à cylindres.   **(PALAIS.)**

160. MAUREL (Augustin), à Marseille (Bouches-du-Rhône), grand chemin d'Aix, 123. — Sasseurs-épurateurs pour semoules et gruaux avec ventilateurs et aspirateurs, machine à nettoyer, laver et sécher instantanément le blé.   **(PALAIS.)**

161. MINGUET (Louis J. E.), à Paris, rue de Vaugirard, 364. — Distillerie agricole.   .   **(PALAIS.)**

Laveurs-épierreurs. — Élévateurs à betteraves. — Coupe-racines. — Lames.
Macérateurs tournants. — Cuves à fermentation. — Appareils à distiller et rectifier.
Réfrigérants. — Chauffe-vins. — Machines à vapeur.
Générateurs. — Réservoirs. — Transmission de mouvement. — Robinetterie. — Tuyauterie, etc.

162 MONDOLLOT, à Paris, rue du Château-d'Eau, 72. — Appareils pour la production du gaz acide carbonique, la fabrication et le débit des boissons gazeuses.
                                                                  (PALAIS.)

Ingénieur-mécanicien de l'École Centrale des Arts et Manufactures. Maison fondée en 1840. Construction spéciale d'appareils pour la fabrication de toutes les eaux et boissons gazeuses. — Appareils de ménage dits : Gazogènes Briet, appareils Gazogènes continus à production automatique et continue du gaz acide carbonique pour la fabrication industrielle de toutes les eaux et boissons gazeuses : Eau de Seltz, limonades, etc., pour la saturation des vins mousseux, cidre, bière, et la sursaturation des Eaux minérales pauvres en acide carbonique. Saturateurs spéciaux pour la fabrication des Eaux azotées, oxygénées, etc. Siphons, appareils de remplissage pour bouteilles et siphons, pompes à sirop, injecteurs à sirop, tirages spéciaux pour vins mousseux. Producteurs d'acide carbonique pour toutes applications. Réc. : Paris 1855, Londres 1862, Paris 1867, Philadelphie 1876, Paris 1878, Médaille d'or. Barcelone 1888, Médaille d'or.

163. MONTAUBAN & MARCHANDIER, à Saint-Quentin, rue Neuve-Saint-Martin, 33. — Filtre-presse, appareil de pesage à betterave.   **(PALAIS.)**

164. MORANE Aîné (Paul-F.), à Paris, rue du Banquier, 10. — Presses hydrauliques et articulées pour huiles, pâtes alimentaires et margarine. **(PALAIS.)**

165. MOREL (J. Léon), à Besançon (Doubs), Grande-Rue, 70. —Pompes à bière avec renouvellement automatique de la pression. **(PALAIS.)**

166. MORO (Veuve Léon), à Nancy (Meurthe-et-Moselle), rue de la Croix-de-Bourgogne, 4. — Machines à fabriquer les nouilles et les taillerins. **(PALAIS.)**

167. MORTELETTE (Alfred), à Paris, avenue de la Grande-Armée, 75 bis.— Machine à fabriquer les gaufres à bras ou au moteur électrique, gaz ou vapeur. Petites machines pour les forains. Appareils de précision **(PALAIS.)**

168. MOT (Henri-T.) et Cie, à Paris, boulevard de la Villette. 168.— Moulins de l'Avenir pour faire la mouture des grains sur la ferme. **(PALAIS.)**

169. MUZEY (F. J.), à Auxerre (Yonne). — Appareils divers de meunerie. **(PALAIS.)**

170. NAULOT-PRUDON (A. F.), à Paris, rue Dombasle, 35. — Taille-soupe, coupe-julienne, pèle-légumes, hachoirs, hache-viande, couteaux à pain et autres, poli-couteaux, presses à jus, presses diverses, etc. **(PALAIS.)**
Machines fournies : Hôpitaux civils et militaires, collèges, séminaires, communautés, pensions.

171. NAVARRE, à Paris, rue Lemarrois, 33. — Machine à écosser les pois. **(PALAIS.)**

172. NOEL (Bernard) et Cie, à Paris, rue du Texel, 30.—Écran de sûreté, stillaromé, purificateur d'air, appareils nouveaux ayant pour but d'empêcher l'altération des liquides dans les fûts en vidanges et la fraude par substitution dans les bouteilles. **(PALAIS.)**

173. OUTREQUIN (Alexandre P.), à Orléans (Loiret), faubourg St-Jean, 80. Moulin français « Le Supérieur », bluterie métallique des premiers passages, épurateurs à farine, sasseur et nouveau détacheur à gruaux. **(PALAIS.)**

174. PACAULT (Pierre), à Paris, rue de la Folie-Méricourt, 16. — Machines à fabriquer la pâte de guimauve, à fouetter la crème et les blancs d'œufs, à effiler et hacher les amandes, etc. **(PALAIS.)**

175. PALAYER et POUCHON, à Paris, rue Ménilmontant, 10. — Siphons de tous modèles, gazateurs pour faire l'eau de Seltz soi-même, seltzogènes à tube fixe pour eaux gazeuses de table. **(PALAIS.)**

176. PAQUET (Jules), à Paris, cité Trévise, 7. — Appareils Lhote pour eau de Seltz. Réchaud à alcool. Cafetière, système Mounet. **(PALAIS.)**
Appareil en porcelaine destiné à éviter les explosions.

177. PATRIARCHE (François), à Paris, rue de Charenton, 177. — Couteaux cintrés et droits, coupe-pâte, lames et couteaux Viennois, grattoirs, écouvillons. **(PALAIS.)**

178. PELLERIN (Auguste) et CARDOZO, à Paris, rue Vivienne, 53. — Torréfacteur à vapeur pour café, cacao, chicorée. **(PALAIS.)**

179. PELTIER & GONDART, au Raincy (Seine-et-Oise). — Machine à fabriquer les pastilles de menthe. **(PALAIS.)**

180. PENNET (Gustave), à Paris, rue du Faubourg-Saint-Martin, 11. — Articles de brasserie. **(PALAIS.)**

181. PETIT (Edouard), à La Ferté-sous-Jouarre (Seine-et-Marne).— Meules de moulin. **(PALAIS.)**
Successeur de Alexandre Fauqueux et Cie. Meules de moulin dressées au diamant. Récompenses : Paris 1867, Médailles de progrès et de mérite ; Vienne 1873, Philadelphie 1876 ; Médailles d'or, Paris 1878 ; Amsterdam 1883 ; Anvers 1885 ; Barcelone 1888.

182. PHILIPPI (J. Jacques J.), à Chambéry (Savoie). — Appareil à pasteuriser, refroidir et gazer automatiquement la bière, vin, cidre, lait.   **(PALAIS.)**

Appareil à soutirer dans les fûts d'expédition. — Bruxelles, 1888, médaille d'argent.

183. PILET, à Rennes (Ille-et-Vilaine), rue Poulain-du-Parc, 22. — Appareil de four de boulanger.   **(PALAIS.)**

184. PILLET-PAROD, à Vincennes (Seine), rue des Carrières, 13. — Taille-légumes, hache-viandes, presses, couteaux à légumes, outils divers pour la fabrication des conserves, appareils réfrigérants.   **(PALAIS.)**

Taille-légumes pour macédoine. — Hache-viande pour godiveau. — Presses à jus. — Passe-purées. — Couteaux à juliennes. — Couteaux universels à éplucher. — Cuillères assorties pour légumes. — Carottiers. — Spirales. — Couteaux à parer. — Coquilles à beurre. — Rabots pour juliennes. — Rabots pour choucroute. — Planches à légumes en tous genres. — Pèle-pommes. — Paniers à salade. — Machine à ouvrir les huîtres.
Médailles, Paris 1855, 1867, 1878. Amsterdam 1883.

185. PILLIVUYT (Albert) et Cie, à Foëcy (Cher). — Cylindres en porcelaine pour la meunerie.   **(PALAIS.)**

186. PISSAVY Père et Fils, à Lyon (Rhône), rue Grenette, 35. — Aérophores ou pompes à bière par air comprimé, ou pression d'eau, comptoirs en étain, fournitures pour brasseurs, limonadiers, glaciers.   **(PALAIS.)**

187. POUSTAYE (Emile), à Nice (Alpes-Maritimes), rue Assalit, 5. — Pétrin de campagne.   **(PALAIS.)**

188. PRUDON et DUBOST, à Paris, boulevard Voltaire, 210. — Appareils intermittents et continus pour la fabrication des boissons gazeuses, siphons.   **(PALAIS.)**

189. QUINARD-DEFRANCE (Louis-E.), à Reims (Marne), rue de Vesle, 106. — Appareil dit « Le Rapide », servant à couper les pommes et à enlever les noyaux des fruits.   **(PALAIS.)**

190. RAMBAUD (René), à Parthenay (Deux-Sèvres). — Machine à battre les pâtes.   **(PALAIS.)**

191. RANGOD (Veuve Louis), à Romainville (Seine), rue St-Pierre, 34.— Pastilleuse à la goutte et machine à dragées.   **(PALAIS.)**

192. RENOULT, à Paris, rue Saint-Honoré, 163. — Meules granulantes. **(PALAIS.)**

193. RÉVILLON & CHAUMONT, à Paris, rue Petit, 99. — Agencement d'une boutique de boucherie.   **(PALAIS.)**

194. RICHARD (Antoine), à Chambéry (Savoie), rue de Roche, 1. — Appareils pour brasseries.   **(PALAIS.)**

195. RICHARD (A.), à Chambéry (Savoie). — Transvaseurs hermétiques, pour bouteilles et bocks à coulisse, à levier direct, à compression. Machine à coulisse à boucher bouteilles et bocks, etc.   **(PALAIS.)**

196. RIVET, à Paris, boulevard de la Villette, 196. — Appareils pour réparer les pétrins.   **(PALAIS.)**

197. ROSE Frères (Henry et Georges), à Poissy (Seine-et-Oise). — Installations complètes de moulins par cylindres et par granulateurs et cylindres.   **(PALAIS.)**

Spécialité d'Installations complètes de moulins modernes. Maison construisant deux systèmes de mouture différente et donnant des produits identiques : 1° Mouture complète par ses *Cylindres perfectionnés* ; 2° Mouture complète par ses *Granulateurs et Cylindres*. Cette maison construit tous appareils nouveaux et perfectionnés, nécessaires dans les moulins, tels que : fendeurs-dégermeurs, appareils de nettoyage bluteries centrifuges, sasseurs-aspirateurs, brosses à son, mouilleur automatique, aspirateurs, collecteurs à poussière etc. etc. et tous accessoires se rattachant à ces appareils. — Installations sur plans et devis pour n'importe quelle quantité de travail. —Dépôt à Paris, 16, rue de Viarmes (halle au blé). — Méd. d'Arg., exp. univ., Paris 1867 ; Dip. mér., exp. univ., Vienne 1873 ; Méd. d'or, exp. univ., Paris 1878.

198. ROUART Frères et Cie, à Paris, boulevard Voltaire, 137. — Appareils réfrigérants et chambre à froid ; vermicellier « Carmien ». **(PALAIS.)**

199. ROUSSAT (Jules), à Paris, boulevard St-Marcel, 23. — Appareils pour la fabrication des eaux gazeuses et ferrugineuses. **(PALAIS.)**

200. SAMAIN & Cie, à Paris, rue Saint-Amand, 12. — Presse à huile **(PALAIS.)**

201. SAVALLE Fils (D.) et Cie, à Paris, avenue du Bois-de-Boulogne, 64. — Appareil à rectifier, à distiller. Appareils à feu nu. Appareil d'essai. **(PALAIS.)**

202. SCHWEITZER (Jh.), à Saint-Denis (Seine), rue du Port, 8. — Moulin fonctionnant, avec ses accessoires, pour la mouture rationnelle. **(PALAIS.)**

203. SIMONETON (A.) et Fils, à Paris, rue d'Alsace, 41. — Filtres pressés et tissés pour la filtration des huiles, vinaigres, sirops, alcools, etc Tuyaux en toile, courroies en coton. **(PALAIS.)**

204. SLOAN & Cie, à Paris, rue du Louvre, 3. — Machines et appareils de meunerie par cylindres autom. ¹ques. **(PALAIS.)**

205. Société anonyme de construction mécanique de Saint-Quentin. (Ancienne Maison **Lecointe et Villette**), Administrateur délégué : **Charles Marie**, à Saint-Quentin (Aisne). — Filtre presse, et pompe de différents systèmes. **(PALAIS.)**

   Matériel complet pour raffineries, sucreries et distilleries. Diffusion pour sucreries de betteraves, de cannes, de bagasses, etc. Appareils pour distillerie et betteraves, mélasse. Topinambours pommes de terre et de grains par le malt vert. Générateurs, machines à vapeur de tous systèmes, appareils divers : Cuites de grains. Triple effet. Turbines. Filtres, presses monstres, etc. Médaille d'or aux Expositions universelles de Paris 1878, Amsterdam 1883.

206 Société anonyme des granits d. Normandie, à Paris, rue de Moncey, 2. — Meules pour huilerie, chocolaterie. **(PALAIS.)**

207. Société Anonyme des Grands Moulins de Corbeil, Anciens établissements **Darblay et Béranger**, Directeur : **A. Lainey**, à Paris, rue du Louvre, 6. — Plans d'installation de moulins. **(PALAIS.)**

   Usines à Corbeil et au Hâvre.
   Récompenses obtenues par les établissements Darblay et Béranger :
   Grande Médaille, Londres, 1851. Hors concours, Paris, 1855.
   Hors concours, Paris, 1867. Diplôme d'honneur, Paris, 1878.
   Récompenses obtenues par les Grands Moulins de Corbeil :
   Médaille d'or, (la plus haute récompense), Barcelone, 1888.
   Diplôme de premier ordre de mérite, Melbourne 1888.

208. Société Anonyme de Raffinage Spécial des mélasses, Directeur **Manoury**, à Paris, rue St-Lazare, 28. — Sucres, mélasses, sirops, produits servant à l'épuration des jus et sirops sucrés. **(PALAIS.)**

   Procédés de fabrication et raffinage du sucre ; sulfate de magnésie, baryte cristallisée, acide phosphorique baryté (liqueur Manoury).
   Médaille d'argent à l'Exposition universelle 1878.

209. Société des constructions mécaniques spéciales, à Paris, rue Lecourbe, 242-248. — Machine à glace Fixary. **(PALAIS.)**

   Machines à glace horizontales et verticales au gaz ammoniac, depuis 10 kil. jusqu'à 2000 k. de glace à l'heure.
   Glace transparente absolument pure.
   Aucune fuite d'ammoniac
   Refroidissement des caves de brasserie, etc.
   Appareil à air froid ou frigorifère Fixary.
   Production industrielle de l'air froid sec.
   Conservation des viandes.
   (Voir classe 66, Exposition du Ministère de la Guerre).
   (Voir classe 52, Exposition des *Moteurs à gaz* Otto).

210.   Société DECAUVILLE Aîné, à Petit-Bourg (Seine-et-Oise).— Matériel portatif et fixe à voie étroite pour transports agricoles et industries alimentaires.

(**PALAIS.**)

211.   Société générale meulière, à La Ferté-sous-Jouarre (Seine-et-Marne). — Meules à céréales, meules pour trituration de toutes matières dures, pierres brutes pour fabrication de meules. Installations et transformations de moulins.   (**PALAIS.**)

Société anonyme au capital de 5,133,000 francs. Formée des sept maisons : Roger fils et Cie ; Baudouin, Renaud et Lefevre, (Ancne Maison Bailly et Cie) ; Pierre Gilquin fils et Cie ; Société du Bois-de-la-Barre ; Ladeuil et Cie ; Chevrier et Moulin à Epernon. Mise en moulage avec tours à diamants brev. s. g. d. g. Spécialité d'appareils et articles de meunerie. Machines et outillages pour fabriques de pâtes alimentaires et huileries. Usines à vapeur, ateliers de constructions, exploitation de carrières, et maisons de vente : La Ferté-sous-Jouarre, Marseille, Domme, Gannat et Epernon. Bureau à Paris, 29, rue J.-J. Rousseau. Dépôts dans les principales villes de l'Etranger. Paris 1855, 1867, Méd. d'argent. — Londres 1851, 1862, Méd. de bronze. — Vienne 1873, Méd. de progrès, Hors Concours, Membre du Jury. — Philadelphie 1876, Méd. de bronze. — Paris 1878, 3 Méd. d'or. — Amsterdam 1883, Diplôme d'honneur.

212. SOMMET (Emile), à Paris, rue Payenne, 15. — Moules pour pâtissiers cuisiniers, charcutiers, glaciers, fabricants de biscuits, etc. Etuves pour pâtissiers. Outils et accessoires pour comptoirs, cuisines et laboratoires.   (**PALAIS.**)

Récompenses aux Expositions de Vienne 1873 et Paris 1878.

213.   SOSPISIO, à Paris, rue de Rocroy, 19. — Blutoir de boulanger.   (**PALAIS.**)

214.   TESSIER, à Étrechy (Seine-et-Oise). — Marteaux pour le rhabillage des meules.   (**PALAIS.**)

215.   THEISSIER-FÈVRE, à Paris, rue Castex, 9. — Appareils seltzogènes, siphons, poudres pour eau gazeuse.   (**PALAIS.**)

216.   THIEULIN (J. Louis F.), aux Chaprais-Besançon (Doubs), rue de la Viotte. — Carafe à air comprimé pour la fabrication des eaux gazeuses et des eaux minérales artificielles.   (**PALAIS.**)

217.   THOMAS (C. Alfred E.), à Compiègne (Oise). — Appareils de sucrerie, féculerie et distillerie.   (**PALAIS.**)

218.   THOMASSIN Frères, à Paris, boulevard Poissonnière, 27.— Appareil pour la fabrication de la glace.   (**PALAIS.**)

219.   TOUAILLON Fils (Charles H.), à Paris, boulevard Sébastopol, 72. — Appareil pour étuver les farines et poudres diverses. Appareil pour nettoyer les blés et autres céréales.   (**PALAIS.**)

Appareil pour glacer le riz. Meules. Machine à rhabiller les meules. Modèles et dessins d'usines. Hors Concours, jury 1851-1855-1862-1867-1878.
Maison fondée en 1784.

220.   TRÉMAULT (L. Victor A.), à Paris, rue d'Allemagne, 146. — Machine à hacher et à emballer les viandes, outillage et installation de charcuterie.   (**PALAIS.**)

221.   VAUTRIN (J.-E.), à Paris, boulevard de la Villette, 163.— Machine à hacher la viande et à fabriquer la saucisse et le saucisson.   (**PALAIS.**)

222.   VÈVE (M. Casimir), Capitaine au 52e Régiment d'Infanterie, à Sathonay (Ain). —Laveuse pour nettoyer, décortiquer, laver et essuyer les blés.   (**PALAIS.**)

223.   VICAT (J.-H.), à Paris, rue Jules César, 9.— Appareils pour la fabrication de la moutarde.   (**PALAIS.**)

224.   WAREIN Fils et DEFRANCE, à Lille (Nord), boulevard Montebello, 54. — Colonne à distiller, système Collette, rectificateur. — Travail des grains et des pommes de terre par le malt vert.   (**PALAIS.**)

Installation complète de distilleries de betteraves, grains, mélasses, topinambours, en France et à l'Etranger. Travail des grains par les acides. Cuiseur. Saccharificateurs brevetés S.G.D.G. Travail des grains par le malt vert, cuiseur, cuve-matière, triturateur et écraseur de malt vert. Appareils pour la fabrication des tourteaux et des huiles avec les résidus. Bacs-filtreurs pour les drèches. Travail des levains. Colonne à distiller Collette S. G. D. G. Rectificateur perfectionné, système Warein fils et Defrance. Filtres au charbon pour l'épuration des flegmes.

225. WILLIAMS et Cie,Successeur: **Shepherd**, à Paris, rue Caumartin, 1.—
Timbre et buffets-glacières,passoire mécanique pour la fabrication de pâtés de foie gras
et autres, hache-viande.   **(PALAIS.)**

Usine à vapeur, 14, rue Duret, Paris. — Modèles spéciaux de Buffets-Glacières pour
Bouchers, Charcutiers, Crémiers, Hôtels, Limonadiers, Pâtissiers, Restaurants, et pour Marchands de Beurre, de Gibier, de Fromage, de Poisson, de Vin, de Volaille, etc., etc.

Médaille de Bronze à l'Exposition universelle de 1878, la plus haute récompense décernée à
ce genre d'appareils.

COLONIES.

ALGÉRIE.

1. FERRANDO (Henri), à Constantine, rue Richepanse, 7. — Tamis français et
arabes.   **(ESPLANADE.)**

2. GARNIER (Jean), à Temouchent (Oran). — Appareil de distillerie.
                                                                                (ESPLANADE.)

3. MONTEIL (Victor), à Blidah (Alger), rue Grande. — Machine à égrener les
céréales, machine à égrener le lin et le coton, pèse-lettres de poche.   **(ESPLANADE.)**

4. ROUX (Henri), à Bône (Constantine). — Appareil à faire des gâteaux alimentaires.   **(ESPLANADE.)**

COCHINCHINE.

1. Service local, à Saïgon. — Moulin à sucre, pressoirs à huile.   **(ESPLANADE.)**

GABON-CONGO.

1. AVINENC, au Gabon. — Mortiers avec pilons de Como et du Rhamboë.
                                                                                (ESPLANADE.)

2. PECQUEUR (Mme Léona), au Gabon. — Mortier à pilon.   **(ESPLANADE.)**

GUADELOUPE.

1. Sous Comité d'Exposition de la Pointe-à-Pitre. — Sacs à presser le
manioc.   **(ESPLANADE.)**

GUYANE.

1. Administration Pénitencière (atelier de la matelasserie), à la Guyane. —
Couleuvres ou presses à manioc en arouma.   **(ESPLANADE.)**

INDE FRANÇAISE.

1.   Comité d'Exposition. — Anneaux de puits, puits de fondation, avec musulman pour carder le coton, moulin à huile.   **(ESPLANADE.)**

MAYOTTE ET COMORES.

1.   Service local de Mayotte. — Mortier avec son pilon. Boutres (petits bateaux), pirogues.   **(ESPLANADE.)**

NOUVELLE-CALÉDONIE.

1.   Exposition permanente des Colonies, à Paris. — Instruments agricoles.
                                                          (ESPLANADE.)

RÉUNION.

1.   AMELIN (Charles), à Saint-André. — Appareil à sécher la bagasse.
                                                          (ESPLANADE.)

SÉNÉGAL.

1.   AMAR SALEUM, Roi des **Maures Trarza.** — Entonnoir en bois, mortier à cousscouss.   **(ESPLANADE.)**

TAHITI.

1.   Exposition permanente des Colonies, à Paris. — Instruments agricoles.
                                                          (ESPLANADE.)

2.   LABBEYI, à Papeete. — Pilon (penu).   **(ESPLANADE.)**

3.   Service local, à Tahiti. — Bassin pour écraser les fruits indigènes (umète), pilons planches servant à préparer le fer (Papahia).   **(ESPLANADE.)**

4.   VIENOT (Charles), à Papeete. — Mortier tahitien et son pilon.   **(ESPLANADE.)**

PAYS DE PROTECTORAT.

ANNAM-TONKIN.

1.   Exposition permanente des Colonies, à Paris. — Instruments agricoles (types et modèles).   **(ESPLANADE.)**

2.   Protectorat de l'Annam et du Tonkin. — Mesures pour les grains, le riz, le paddy-mesure.   **(ESPLANADE.)**

3.   Province de Phu-Yen. — Broyeur pour la canne à sucre (modèle), moulin à décortiquer le riz (modèle), presse à huile (modèle), roues hydrauliques pour irriguer les rizières.   **(ESPLANADE.)**

4.   Province de Sontay. — Alambic (modèle), mesures à huile et à riz.
                                                          (ESPLANADE.)

CAMBODGE.

1. Exposition permanente des Colonies, à Paris, — Instruments agricoles.
(ESPLANADE.)

2. PLANTÉ, à Phnom-Penh. — Cardeur de coton, décortiqueur de coton, de paddy, mortier à piler le riz à 1 à 2 ou à 3 personnes. **(ESPLANADE.)**

TUNISIE.

1. LECHAT (G., à Sfax. — Machine pour la fabrication de l'huile. **(ESPLANADE.)**

PAYS ÉTRANGERS.

ALLEMAGNE.

1. KYLL (P.), à Cologne et Paris, rue Vivienne, 53. — Installation complète d'une distillerie de grains. **(PALAIS.)**

Matériel de distilleries agricoles et industrielles pour travailler le maïs, topinambours, pommes de terre, patates douces, manioes, etc., par le malt. Colonne distillatoire « Ilges ». — Rectificateurs. Tritureurs de malt vert, brevet Bohm. Installation de filtration des flegmes sur le charbon de bois.

Récompenses : Médailles d'or. Anvers 1885, Barcelone 1888.

2. SECK Frères, à Darmstadt. — Machines pour la meunerie. **(PALAIS.)**

BELGIQUE.

1. BEAUPIED (Joseph H.), à Bruxelles, chaussée d'Anvers, 76. — Appareil à distiller. **(PALAIS.)**

2. BERNARD (Antoine), à Liége, rue Vivegnies, 127. — Lessiveuses. **(PALAIS.)**

3. CANDEIL (Ch.), à Bruxelles, rue des Longs-Chariots, 27. — Machine à fabriquer les dragées. **(PALAIS.)**

4. DAELSTAEN (Maurice), à Bruxelles, rue du Marché-aux-Herbes, 84. — Machines à hacher la viande ; système à berceau, marchant au moteur ; à lames verticales. **(PALAIS.)**

5. DE BRUYNE-SPELEERS (E.), à Waesmunster, rue de l'Église, 28. — Etreindelles diverses pour huileries par presses hydrauliques ; tourteaux obtenus. **(PALAIS.)**

6. DE BRUYNE VAN PUYVELDE (A.), à Deynze. — Etreindelles de rebat et de froissage. Tourteaux obtenus. **(PALAIS.)**

7. DEMOL (Pierre) & GERKEN (Aug.), à Bruxelles, rue Masui, 120. — Filtres. **(PALAIS.)**

8. FELLENDAELS (G. H.), à Molenbeck-Saint-Jean, rue du Ruisseau, 14. — Machine à découper et à hacher la viande. **(PALAIS.)**

9. FLAMME-MUINK (Paul. J.), à Liége, rue du Pont-d'Ile, 43. — Machine à glacer avec turbine en fonte émaillée ; timbres à glace. **(PALAIS.)**

10. GOUBET (Alfred), ingénieur à Louvain. — Canal. Moulins à cylindres et autres appareils pour meunerie. **(PALAIS.)**

Médaille d'argent Amsterdam 1883. — Médaille d'argent Anvers 1885.

11. HALOT (Emile et Jules) et Cie, Anciens établissements Cail, Halot et Cⁱᵉ, à Bruxelles. — Matériel de sucreries et de brasseries. Appareils à produire la glace. **(PALAIS.)**

Filtre à tôles ondulées à 23 cadres, pour jus et sirops, système Breitfeld et Danek. Filtre presse double (1|2 seulement) pour boues de carbonatation, Système Iwan Cizek. Machine frigorifique à acide carbonique avec compresseur vertical pour produire 50 kilos de glace à l'heure, système Windhausen. Système de machine frigorifique à acide carbonique avec moteur de 24 chevaux à détente variable au régulateur, donnant le mouvement à un compresseur horizontal pour 250 kilogrammes à l'heure, système Windhausen. Pétrin mécanique produisant 100 kilos de pâte par opération, système Émile et Jules Halot et Cie et de Posch. Modèle au dixième d'un appareil d'évaporation à quadruple effet ; de 4,000 hectolitres avec chauffages à effets multiples, procédés Rillieux.

12. HERBIN (Gustave), à Tournai, rue de l'Écorcherie, 26. — Concasseur de malt pour brasseries. **(PALAIS.)**

13. JOVENEAU (Arthur), à Tournai, rue des Jésuites, 14. — Matériel complet de chocolaterie, broyeur, mélangeur, ramolisseur, etc. **(PALAIS.)**

14. MEEUS (Louis), à Wyneghem-lez-Anvers. — Maquette représentant un système d'irrigation. **(PALAIS.)**

15. DE NAEYER & Cie, à Willebroeck. — Machines à glace, système Raoul Pictet. **(PALAIS.)**

16. PASTEGER (G. F.) et Fils, à Liège, rue Grétry, 181. — Divers moulins à cylindres brosse à son extracteur : blutterie centrifuge ; sasseur à semoules. **(PALAIS.)**

17. Société anonyme « La Carbonique » (Administrateur : **Avedyk O.**) à Louvain, rue de la Laie, 39. — Appareil de fabrication des siphons. Saturation des bières en fûts d'expédition. **(PALAIS.)**

18. Société anonyme « Les Ateliers du Brabant » (Administrateurs : **Van Goethem, P. & W.**) à Molenbeek-Saint-Jean-lez-Bruxelles, rue des Moutons, 3. — Turbines à transporteur à chaine et élévateur pour la mise en sac, etc. **(PALAIS.)**

19. TIXHON-SMAL (Pierre), à Herstal. — Moulins agricoles. **(PALAIS.)**

20. Usine Meura, à Tournai. — Matériel de brasserie. **(PALAIS.)**

21. VAN HECKE (Gustave), à Gand, quai du Petit-Dock, 7. — Appareils pour essais de germination. Plateaux pour touraïlles, dégermeurs, diviseurs, etc. **(PALAIS.)**

22. VAN LEYNSEELE (Victor), à Bruxelles, rue de l'Enseignement, 72. — Four, fourneaux et appareils chauffés par le gaz pour pâtissiers. **(PALAIS.)**

23. VELGHE (Rud.), à Gand, rue de l'Hôpital, 101. — Presse de froissage ; presse de rebat à tiroirs métalliques supprimant les étreindelles, pour huileries. **(PALAIS.)**

BRÉSIL.

(Voir son Catalogue spécial.)

CHILI.

1. PRUD'HON (Luis), à Valparaiso. — Alambic. **(PARC.)**

DANEMARK.

1. SCHROEDER & JOERGENSEN, (Les successeurs de), à Copenhague. — Appareil pour diviser la pâte, moulin à café « Excelsior ». **(PALAIS.)**

ÉGYPTE.

1. Dairah Sanieh de Son Altesse le Khédive, au Caire. — Modèle en relief d'une sucrerie et d'une exploitation de cannes à sucre. **(PALAIS.)**

ESPAGNE.

1. BARO (Juan), à Barcelone. — Moules à pâtes. **(PALAIS.)**

2. FRIUXEC (Agostin), à Barcelone. — Modèle de moulin à vent. **(PALAIS.)**

3. GILABERT PABLO (Vve & Fils), à Barcelone. — Moules pour soupe.
(**PALAIS.**)

4. GUIBOUT (Eugenio), à Barcelone. — Filtre pour clarifier les huiles. Machine agricole.
(**PALAIS.**)

5. TORRES FEDERICO (Vve & Fils), à Sabadell (Barcelone). — Moules pour la fabrication des pâtes.
(**PALAIS**)

ÉTATS-UNIS.

1. AGER (Wilson), à Camden, N. J. — Deux machines combinées pour nettoyer les céréales.
(**PALAIS.**)

2. BLOOD Brothers, à Lynn, Mass. — Râpe à noix muscade.
(**PALAIS.**)

3. EISENHART (John Hallowell), à Denver, Colorado, California, street 1117. — Four de boulanger.
(**PALAIS.**)

4. Enterprise Manuf. Co., à Columbiana, Ohio. — Machines à moudre le grain.
(**PALAIS.**)

5. HEINE (Aug.), à Silver-Creek, N. Y. — Machines et accessoires pour moulins à farine.
(**PALAIS.**)

6. HOWES (Simeon), à Silver Creek, N. Y. — Machines et accessoires pour moulins à farine.
(**PALAIS.**)

7. MAILLARD (Henry), à New-York, N. Y. West. 25 th. street, 114, 116 et 118. — Machines pour confectionner des bonbons, des pastilles et pour battre le sucre.
(**PALAIS.**)

8. MOORES (John) Son, à New-York, N. Y. Front street, 193. — Fourches à foin et à fumier, houes et râteaux d'acier.
(**PALAIS.**)

9. PHILIPPS (C. C.), à Philadelphie, Pa. S. Broad street, 20. — Machine portative à moudre et pulvériser.
(**PALAIS.**)

10. REID (A. H.), à Philadelphia, Pa. 39th Market street. — Machines pour travailler, saler, colorer et retravailler le beurre, baratte pour crème, etc.
(**PALAIS.**)

11. Richmond Cedar Works, à New-York, N. Y. Reade street, 100 et 102. — Baratte électrique.
(**PALAIS.**)

12. Smith (George T.), Middlings Purifier Co., à Jackson, Michigan. — Divers appareils pour minoteries.
(**PALAIS.**)

GRANDE-BRETAGNE.

1. BAKER (Joseph) & Sons, à Londres, City road, 58. — Machines pour faire les biscuits avec tous accessoires. Four et matériel pour boulangers (modèles), etc.
(**PALAIS.**)

Tous les genres de pains, gâteaux et pâtisseries, produits tous les jours.

Machine à tamiser et à mélanger la farine, à mélanger et pétrir la pâte, à diviser la pâte, huches, batteuses à mélanger les pâtes de gâteaux, machines à nettoyer les raisins, à couper les écorces, à blanchir et à broyer les amandes, four à cuisson continue, Bailey-Baker, pour tous les genres de pain ordinaire et de luxe, biscuits, etc.

Four double et chauffé par une fournaise, four simple à sole biaise et accessoires pour la cuisson des petits pains, pourvus des appareils mécaniques d'éclairage, pyromètres.

Outils perfectionnés, nécessaires au métier.

Médaille d'or, Amsterdam 1886.

Barcelone 1888. Melbourne 1888.

2. BRATBY & HINCLIFFE, à Manchester, Sandford street. Ancoats, et à Londres, Minories, 146. — Matériel pour les eaux gazeuses.   **(PALAIS.)**

3. CARTER (JAMES HARRISON), à Londres, Mark lane, 82, et à Paris, rue du Louvre, 3. — Moulin à farine.   **(PALAIS.)**

4. CROSSLEY Brothers (Limited), à Londres, E. C., Saint-Bride street, 10. Ludgate circus. — Réfrigérateurs.   **(PALAIS.)**

5. KENRICK (Archibald) & Sons (Limited), à West Bromwich. — Matériel et procédés des industries alimentaires.   **(PALAIS.)**

6. KIRKALDY (John) (Limited), à Limehouse. West India Dock road, 40. — Matériel pour distiller.   **(PALAIS.)**

7. London & Birmingham Hardware Co. (Limited), à Londres, Clerkenwell, Charles street, 14. — Presses et matériel pour fabriquer les réfrigérateurs et ustensiles pour la cuisine.   **(PALAIS.)**

8. London & Provincial Davry Co., à Londres, Halkin street, West Belgravia. — Appareils pour la préparation des produits des laiteries.

                                                                     (PALAIS.)

9. PERKINS (A. M.) & Son, à Londres, W. C., Seaford street, Regent square. — Appareil pour faire la glace.   **(PALAIS.)**

10. PIERRARD (Paul), à Londres, Moorgate street, 12.— Le « Densivolumètre » pour l'analyse scientifique rapide du rendement des laines. Publication sur l'industrie linière.   **(PALAIS.)**

   Le « Lainomètre » ou « Densivolumètre » pour l'évaluation scientifique rapide du rendement des laines et autres textiles. Emballages types pour le commerce universel des laines. Publications sur l'industrie linière, etc.

11. PLUNKETT Brothers, à Dublin, Bellevue Maltings. — Matériel de brasserie.   **(PALAIS.)**

12. ROBINSON (Thomas) & Son, (Limited) à Rochdale. Railway works. — Moulins à farine avec tous accessoires.   **(PALAIS.)**

13. Self Opening Tin Box Co., à Londres, Albion works, York road, King cross. — Boîtes en étain et métal de toutes sortes, fermées hermétiquement sans soudure pour conserver.   **(PALAIS.)**

14. Silicated Carbon Filter Co., à Londres. Church road, Battersea.— Filtres pour brasseries et distilleries.   **(PALAIS.)**

15. WERNER & PFLEIDERER, à Londres, Upper Ground street, 86. Blackfriars road. — Machines pour pétrir et hacher et autres machines et appareils pour boulangers.   **(PALAIS.)**

16. WILLOWS (E.) & Co., à Londres, Shepherd's Bush road, 98. — Vitrine à réfrigérer.   **(PALAIS.)**

GUATEMALA.

1. GUARDIOLA (José), à Chocola. — Étuve à café.   **(PARC)**

2. LEIVA (Bernardo), à Livingston. — Appareil de tamisage pour l'amidon.

                                                                     (PARC.)

ITALIE.

1. BAGATTINI (Jean-Baptiste), à Milan. via Sambuco. 11. — Machine pour faire du chocolat.   **(PALAIS.)**

GRAND-DUCHÉ DE LUXEMBOURG.

1. DUCHSCHER (André), à Wecker. — Presses servant à l'extraction des huiles.   (**QUAI.**)

PORTUGAL.

1. SILVA Jor. (José-Maria da). — Matériel de fabrication.   (**QUAI.**)

COLONIES PORTUGAISES.

1. Association industrielle portugaise, à Lisbonne. — Pilon, moulin à céréales.   (**PALAIS.**)

ROUMANIE.

1. ROSEN (B. L.), à Bucharest, strada Carol Ier, 3. — Fourneau de cuisine ayant la forme d'une locomobile.   (**PALAIS.**)

RUSSIE.

1. BORMANN (George), à Saint-Pétersbourg. — Machines et appareils pour la fabrication d'articles de confiserie, caramels, etc.   (**PALAIS.**)

   Récompense : 1878, Exposition universelle, Médaille d'or.

SALVADOR.

1. CASTRO (Adolfo), à Santa-Ana. — Machine à décortiquer le café.   (**PARC.**)

2. GOCHEZ (Ventura), à Salcuatitan. — Modèle d'un appareil à décortiquer le café.   (**PARC.**)

SUISSE.

1. Ateliers de construction de machines, à Saint-Georgen (Saint-Gall). — Presses hydrauliques à pâtes alimentaires, pompe et moule.   (**PALAIS.**)

2. DAVERIO (Gustave), à Zurich. — Machines de meunerie.   (**PALAIS.**)

3. ESCHER WYSS & Cie, à Zurich. — Moulins à cylindres en fonte coquille machine à polir et canneler automatiquement les cylindres.   (**PALAIS.**)

   Machine à vapeur de 150 chevaux distribution, système « Frikart » breveté s. g. d. g. (machine en marche). — Machine à vapeur 25 chevaux, type spécial pour machines à papier. — Machine à papier de 2200 m/m, largeur utile. — Calandre à 12 rouleaux en fonte trempée et papier. — Épurateur vertical breveté s. g. d. g. — Turbine de 140 chevaux à axe horizontal avec groupe de pompes à haute pression (500 mètres). — Machine à vapeur de 4 à 6 chevaux pour actionner des dynamos. — Pompe à vapeur. — Défibreur tangentiel, breveté s. g. d. g. avec assortisseur rotatif. Haunch à naphte.

   Spécialités : Bateaux à vapeur et machines marines (exécutés 450) machines fixes, chaudières, turbines (exécutées 1,800) pompes, machines à papier (exécutés 160) machines pour fabrication du papier. — Moulins à cylindres, machines pour meunerie.

4. Fabrique de machines de J. U. Aebi, à Berthoud (Berne). — Moulins pour agriculteurs.   (**PALAIS.**)

5. HEIDEGGER & Cie, à Zurich. — Gazes-Zurich blanches, double force, pour machines centrifuges, gazes, triple force, pour semoules et gruaux.   (**E. C.**) (**PALAIS.**)

6. HOFFAMMANN & VOLLENWEIDER (Ancienne Maison : **Egli et Sennhauser)**, à Zurich. — Gazes-Zurich blanches, double force, pour machines centrifuges, gazes, triple force, pour semoules et gruaux. (**E. C.**) (**PALAIS.**)

7. HOHL & PREISIG, à Lutzenberg (Appenzeil). — Gazes-Zurich blanches, double force, pour machines centrifuges, gazes, triple force, pour semoules et gruaux. (**E. C.**) (**PALAIS.**)

8. HOMBERGER Frères, à Wetzikon (Zurich). — Gazes-Zurich blanches, double force, pour machines centrifuges, gazes, triple force, pour semoules et gruaux. (**E. C.**) (**PALAIS.**)

9. MAERKY, HALLER & Cie, à Aarau (Argovie). — Moulins. (**PALAIS.**)

10. MILLOT (Ambroise), à Zurich. — Machines et outillage général pour moulins. (**PALAIS.**)

Maison fondée en 1852. — Succursales à Besançon, Munich et Milan, sous la raison A. Millot et Cie. — Fabrique toute spéciale et commerce en grand de machines et d'outillage pour moulins. — Usine à vapeur de 35 chevaux. — Occupe environ 100 ouvriers et employés. — Inventions nombreuses et perfectionnements considérables en machines, etc., pour moulins. — Spécialité en machines p' net. des grains, en meules, fendeurs, broyeurs, moulins à cylindres, détacheur, mach. à net. les gruaux, bluteries centrifuges et autres, soies-gazes de Zurich et soies françaises, tissus métalliques, tôles perforées, outils de toute nature et généralement tous les accessoires utiles à la meunerie.

Récompenses : Paris 1867 ; méd. or, Vienne 1873 ; méd. or, argent et bronze, Paris 1878.

N. B. — Nous tenons des Catalogues, Manuels, illustrés à disposition des intéressés.

11. PESTALOZZI (Henri), Successeur de : **H. Bodmer**, à Zurich. — Gazes-Zurich blanches, double force, pour machines centrifuges, gazes, triple force, pour semoules et gruaux. (**E. C.**) (**PALAIS.**)

12. REIFF-HUBER, à Zurich. — Gazes-Zurich blanches double force pour machines centrifuges, gazes, triple force, pour semoules et gruaux. (**E. C.**) (**PALAIS.**)

13. REISER (Joseph), à Rorschach (Saint-Gall). — Sasseurs virtuosa, aspirateur Tarare avec tamis, nouvelle machine à nettoyer le blé. (**PALAIS.**)

14. SOIES-GAZES POUR BLUTERIES (Exposition collective des fabricants Zuricois de). — Gazes-Zurich blanches double pour machines centrifuges, gazes triple force pour semoules et gruaux. (**PALAIS.**)

Heidegger & Cie à Zurich. Holl & Preisig à Lutzenberg. Pestalozzi (H.), à Zurich.
Hoffamann & Vollenweider à Zurich. Homberger Fres à W.-Zicon. Reiff (Huber) à Zurich.

15. SULZER Frères, à Winterthür (Zurich). — Machine réfrigérante, système Linde, type pour navires, compresseur d'ammoniaque du système Compound. (**PALAIS.**)

Générateur à glace transparente avec accessoires. — Production : 250 kilos par heure.

Appareil à distiller l'eau, brevet Linde. — Chambre de congélation. — Chambre à basse température pour conserver les aliments.

Récompenses : Paris 1867, deux médailles d'or. — Vienne 1873, grand diplôme d'honneur. — Paris 1878, Grand Prix. (Voir cl. 52 et 27.)

16. WEBER (Henri), à Wetzikon (Zurich). — Marteaux à tailler les meubles. (**PALAIS.**)

17. WEGMANN (Frédéric), à Zurich. — Machine à décortiquer le blé, compriteurs à cylindre en porcelaine, bluterie centrifuge, four à diamant. (**PALAIS.**)

URUGUAY.

1. Comité d'Exposition, à Montevideo. — Sang sec, cendre animale. (**PARC.**)

GROUPE VI.

OUTILLAGE ET PROCÉDÉS DES INDUSTRIES MÉCANIQUES.
ÉLECTRICITÉ.

CLASSE 51.

Matériel des arts chimiques, de la pharmacie et de la tannerie.

FRANCE.

1. **ABELOUS & Cie**, à Paris, rue du Château d'Eau, 20. — Appareils œnoscopiques, laboratoire pour analyse des vins. **(PALAIS.)**

2. **ADNET (Ernest)**, à Paris, rue de l'Arbalète, 35. — Instruments de chimie et de chauffage par le gaz, pour laboratoires scientifiques et industriels. **(PALAIS.)**

3. **ALLARD Frères**, à Châteaudun (Eure-et-Loir). — Machines à triturer les bois et les écorces, à travailler les cuirs verts et les cuirs tannés. **(PALAIS.)**

4. **ANSELME (A.)**, à Paris, rue Charlot. — Verrerie pour chimie. **(PALAIS)**

5. **AUDOUIN (Paul-M.-E.)**, à Paris, rue Cuvier, 14. — Appareils condensateurs démontables pour usines à gaz, appareil pour l'essai des matières propres à la fabrication du gaz d'éclairage. **(PALAIS.)**

6. **AUGOYARD PERRON**, à Roanne (Loire). — Ballons, bonbonnes, cuves, tuyaux et robinets pour acides. **(PALAIS.)**

7. **BARUELLE Fils (Gustave-A.)**, à Decize (Nièvre). « La G. Baruelle, Fils. » Machine à travailler les cuirs. **(PALAIS.)**

8. **BEAUME (Mme L.)**, à Boulogne (Seine), avenue de la Reine, 66. — Appareils de blanchissage, étuves, essoreuses, calandreuses. **(PALAIS.)**

9. **BÉRENDORF Fils (J.-Edouard)**, à Paris, avenue d'Italie, 77. — Machines de tannerie, corroierie, mégisserie, pelleterie, maroquinerie. **(PALAIS.)**

10. **BERTIN, TISSIER et Cie**, à Paris, rue de Rivoli, 90. — Atelier de bouchage de flacons à l'émeri. **(PALAIS.)**

11. **BERTRAMS (H.)**, à Paris, rue Saint-Maur, 60. — Lessiveuses avec foyers. **(PALAIS.)**

12. BEYER Frères (Auguste et Adolphe), à Paris, rue de Lorraine, 16. — Machines spéciales pour fabriques de produits chimiques et pharmaceutiques, pour parfumerie, savonnerie, etc. **(PALAIS.)**

> Médaille d'argent, Paris, 1867. Deux médailles d'or, Paris, 1878 ; deux médailles de progrès, Vienne, 1873 ; deux diplômes, Philadelphie, 1876; médaille, Anvers, 1885.

13. BILLAULT (E.-Amédée), à Paris, rue de la Sorbonne, 22. — Appareils pour laboratoires, verrerie, porcelaine, grès, terre réfractaire, balances de précision. **(PALAIS.)**

> Ancienne maison Fontaine, Pelletier et Robiquet, membres de l'Institut, Billault-Billaudot. Billault, successeur, 22, rue de la Sorbonne, Paris.
> Usine à Billancourt, usine à Vanves.
> Téléphone. Adresse télégraphique : Pyridine, Paris.
> Drogueries, produits chimiques et pharmaceutiques.
> Membre du Jury, le Havre 1887.
> Membre du Jury d'installation de l'Exposition de Paris 1889.
> Fournisseur au Ministère de l'Instruction publique, au Ministère de la Guerre, au Collège de France, des Facultés, des écoles Centrale, Polytechnique, des Mines, municipales, etc.

14. BLOCHE (A.) et TRIOULEYRE, à Paris, rue Lecluse, 15. — Modèles d'appareils pour le dégraissage et le blanchissage. **(PALAIS.)**

15. BLOCH (Némis et Jules), à Tomblaine, près Nancy (Meurthe-et-Moselle). — Solanomètre, essai de pommes de terre, féculomètre, essai de fécule. **(PALAIS.)**

16. BOCQUILLON-LIMOUSIN (Henry), à Paris, rue Blanche, 2 bis. — Appareils pour fabriquer et respirer l'oxygène. Compte-gouttes, ses applications à l'analyse. **(PALAIS.)**

17. BONVALLET, à Paris, rue Bourg-Tibourg, 26. — Dessins de fours. **(PALAIS.)**

18. BOSSIÈRE (C.-F.-Maurice), à Paris, rue de l'Entrepôt, 15. — Outils manuels et machines pour l'industrie des cuirs et peaux. **(PALAIS.)**

19. BOUCHER (L.-Virgile), à Amiens (Somme), rue de Metz. — Spécimen d'un appareil mélangeur-filtreur automatique. **(PALAIS.)**

20. BOUISSEREN Fils (A. Géraud) et Cie., à Paris, rue de la Verrerie, 55. — Étiquettes à bocaux et impressions de pharmacie. **(PALAIS.)**

21. BOULET (A.) & Cie, à Paris, rue des Écluses Saint-Martin, 28. — Appareil pour la fabrication de produits céramiques. **(PALAIS.)**

22. BOURRY (Émile-C.), à Paris, rue Taitbout, 80. — Plans, modèles et photographies de fours pour industries chimiques. **(PALAIS.)**
> Médaille de bronze, Exposition universelle de 1878. (Voir cl. 20, 48 et 64).

23. BOULVRAIS (Albert), à Graville Ste-Honorine (Seine-Inférieure). Moule pour fabriquer les bouteilles en verre au moyen de l'air comprimé. **(PALAIS.)**

24. BREDEVILLE (P., et PATUREL (R.), à Paris, rue Mazet, 5. — Articles de laboratoires en nickel pur massif. Flacons et boîtes à bouchon prophylactique. **(PALAIS.)**

> Système de fermeture hermétique, breveté. Bouchons et boîtes prophylactiques pour flacons, boîtes et autres récipients pour la conservation indéfinie de tous produits à l'abri de l'air, de l'humidité ou de la sécheresse.

25. BRÉHIER (Edouard-A.), à Paris, rue de l'Ourcq, 52. — Appareils de laboratoire, à vapeur et à feu nu pour la chimie, la pharmacie, la savonnerie et la fabrication des vernis. **(PALAIS.)**

26. BRIGONNET & NAVILLE, à Saint-Denis (Seine), rue du Landy, 15. — Matériel et procédés de dégraissage des peaux. **(PALAIS.)**
> Extraction à basse température, des corps solubles dans les essences volatiles.

27. BRIN (Arthur), à Paris, Grande-Rue de Passy, 40. — Appareils pour produire l'oxygène. **(PALAIS.)**

28. BROCHAND (Ernest), à Paris, boulevard de Charonne, 143. — Moulins de divers systèmes pour le broyage et la pulvérisation de tous produits. **(PALAIS.)**

29. BROQUET (Adolphe), à Paris, rue Oberkampf, 121. — Pompes à tous usages, arrosage, incendie, élévation des eaux, transvasement des vins, bières, alcools, essences, huiles, etc. **(PALAIS.)**

30. CAILLAS (Emile-P.), à Paris, rue de l'Yvette, 34. — Condensateur universel pour revivification des sels, appareil de distillation par équilibre des pressions. **(PALAIS.)**

31. CAPGRAND-MOTHES & Cie, à Paris, rue Jean-Jacques-Rousseau, 68. — Matériel pour la fabrication des capsules médicamenteuses, encapsuleurs pour l'introduction instantanée des poudres dans les capsules. **(PALAIS.)**

32. CAQUEREL Frères, à Paris, rue de Jessaint, 16. — Gaz à air carburé. **(PALAIS.)**

33. CASTILHAC (A.), à Paris, Faubourg-Saint-Denis, 202. — Outils en bois servant à l'assouplissement et au nettoyage des cuirs. **(PALAIS.)**

34. CEYTE (Auguste), à Paris, rue de la Feuillade, 7. — « Le Rapide », cacheteur pharmaceutique. **(PALAIS.)**

35. CHAMPS (E.), à Paris, rue Saint-Martin, 318. — Machines-outils à biseauter les glaces, à couper le verre, etc. Tour à graver les cristaux. **(PALAIS.)**

36. CHAPIREAU (Simon), aux Lilas (Seine), rue du Château, 18. — Cachets azymes souples, appareils pour la fermeture de cachets azymes souples. **(PALAIS.)**

37. CHAPUIS (H.), à Paris, rue Greneta, 36. — Appareils en platine pour laboratoire et pour la concentration de l'acide sulfurique, acide osmique, iridium, sels. **(PALAIS.)**

38. CHARDONNET (Comte de), au Vernay, par Montalieu-Vercieu (Isère). — Machines et procédés pour la fabrication de soies artificielles. **(PALAIS.)**

39. CHARLES (S.), MERCIER, Successeur, propriétaire à Paris, quai du Louvre, 16. — Glacières artificielles, appareils pour le chauffage des vins et cidres pour la fabrication de la bière de ménage et pour le blanchissage du linge. **(PALAIS.)**

Fabricant d'appareils de blanchissage et d'économie domestique. Ateliers, 55, rue Liancourt. Buanderies économiques. Laveurs mécaniques. Essoreuses calendres portatives. Presses à linge. Récompenses : Paris, 1855, 1er prix (médaille d'argent); Paris, 1867, deux 1er prix (médaille d'argent) ; Paris, 1878, grande médaille d'honneur.

40. CHARNEAU (Armand), à Argenteuil (Seine-et-Oise), boulevard de Pontoise, 5. — Dessins de fours de verrerie, chauffés au gaz, récupérateur à air chaud, produits fabriqués. **(PALAIS.)**

41. CHASLES (Henri), à Paris, rue de Montreuil, 77. — Matériel de buanderie, blanchisserie et lavoir pour le linge. **(PALAIS.)**

42. CHAUVEAU (Edouard), à Paris, rue Lacharrière, 2. — Lessiveuses perfectionnées. **(PALAIS.)**

43. CHENAILLIER (Paul), à Paris, avenue de Bouvines, 5. — Nouvelle machine pour la division en feuilles minces des colles et gélatines. **(PALAIS.)**

44. CHEVALET (Louis), à Troyes (Aube). — Appareils à distiller les eaux ammoniacales, les eaux-de-vie, etc. **(PALAIS.)**

45. CLOSSON (P.-H.), à Paris, rue du Terrage, 15 et 17. — Compteur à gaz. Compteurs de fabrication, d'expérience. Squelette pour démonstration. Ordinaire poinçonné par la Ville de Paris à niveau constant, système Brianthe. **(PALAIS.)**

Manomètres d'usines.

Nouveau compteur Closson, breveté, supprimant la boîte à gaz, avec un niveau qui supprime la vis de côté et se nivelle par une vis parallèle à la vis du siphon et qui forme garde d'eau.

46. Compagnie anonyme Continentale pour la fabrication des Compteurs à gaz, à Paris, rue Pétrelle, 9. — Compteurs à gaz, régulateurs à gaz, indicateurs de pression, etc.   **(PALAIS.)**

47. Compagnie pour la fabrication des Compteurs et matières d'usines à gaz, à Paris, rue Claude-Vellefaux, 29. — Compteurs pour le gaz, eau, électricité.   **(PALAIS.)**

   Réunion des Maisons : Nicolas Chamon, Foiret et Cie, Siry Lizars et Cⁱᵉ, J. Williams-Michel et Cie. — Siége social et ateliers de construction 29-31-33, rue Claude-Vellefaux. — Ateliers de construction des compteurs d'eau, 16-18, boulevard de Vaugirard, Paris. — Succursales à Lyon, Lille, Marseille, Saint-Étienne, Milan, Rome, Bruxelles, Genève, Barcelone, Leipzig, Dordrecht, Strasbourg. — Compteurs à gaz. — Appareils spéciaux pour usines à gaz. — Appareils de précision. — Laboratoires d'essais. — Valves. — Robinets, etc.
   Récompenses aux Expositions universelles : Paris 1867, 2 méd. d'argent ; Paris 1878, 2 méd. d'or ; Vienne 1873, 2 méd. de mérite ; Amsterdam 1883, méd. d'or ; Anvers 1885, méd. d'or.
   Compteurs d'eau, système Frager, poinçonnés par la ville de Paris. — Adopté par la Compagnie générale des eaux de la Ville de Paris, etc., etc. Compteurs d'électricité.

48. CONOR (Vve E.), D. BAUDART & Cie, à Paris, rue Barbette, 5. — Accessoires, ustensiles et appareils de pharmacie.   **(PALAIS.)**

49. CONTENEAU & GODART, à Paris, rue du Bouloi, 7. — Objets en platine.   **(PALAIS.)**

50. COZE (André), à Reims (Marne), rue du Grenier-à-Sel, 10. — Four Coze. Installation du four à chargement et déchargement automatique pour la fabrication du gaz d'éclairage.   **(PALAIS.)**

51. CRÉTIN, à Lons-le-Saunier (Jura). — Machine à cambrer les tiges.   **(PALAIS.)**

52. CUAU Aîné et Cie, à Paris, rue Championnet, 234. — Fourneau à moufle et dessins, table de laboratoire, étuve à bains de sable, trompe à eau, lessiveuse à vapeur.   **(PALAIS.)**

   Fourneau à 4 moufles pour les essais, d'or, d'argent de sucre, etc. Adopté exclusivement par le Ministère des Finances, le service des Monnaies, l'école Centrale, l'école des Mines, les douanes, le gouvernement hollandais, etc., etc. Étuve à sable. Trompe à eau pour les distilations dans le vide à 2 ᵐ/ᵐ près. Lessiveuse à vapeur pour l'industrie des papiers, la blanchisserie ; 1200 appareils en fonctionnement. Dessins d'installations diverses.

53. DALBOUZE (Valéry), à Paris, rue Saint-Maur, 208. — Broyeur pour produits pharmaceutiques.   **(PALAIS.)**

54. DANSE (Lucien), à Paris, rue Hérold, 16. — Gravure sur verre.   **(PALAIS.)**

55. DAULAY, à Paris, rue de la Folie-Méricourt, 18. — Presses pour verreries, outils de verriers, moufles.   **(PALAIS.)**

56. DELRIEU (J.-B.), à Paris, rue Pierre-Leroux, 10. — Lessiveuses. **(PALAIS.)**

57. DERRIEY (Jules), à Paris, avenue Philippe-Auguste, 81. — Machines à fabriquer les pastilles, timbrées en relief, timbrées en couleur, comprimées, machines à fabriquer les pilules.   **(PALAIS.)**

   Machines pour pâtes à pastilles, découper, timbrer les pastilles en creux, relief ou couleur, faire les pastilles comprimées, fabriquer les pilules. Méd. or. 1867 ; or 1878.

58. DESERCES (Théogène), Maison **Dufour et Cie,** à Paris, rue du Faubourg-Saint-Denis, 48. — Vaporisateurs et pulvérisateurs.   **(PALAIS.)**

59. DESMOUTIS (F.), LEMAIRE & Cie (Ancienne Maison **Desmoutis, Quennessen et Le Brun),** à Paris, rue Montmartre, 56. — Affinage de platine, appareils de tous systèmes en platine, or ou argent.   **(PALAIS.)**

   Succursales, 1, Long Acre, Londres W.-C.
   Appareils de tous systèmes en platine, or ou argent pour la grande industrie chimique et les laboratoires. — Concentration de l'acide sulfurique.
   Métaux rares ou précieux sous toutes formes pour l'électricité et les arts.
   Brevets spéciaux.

60.   DEUTSCH (A) et ses Fils, à Paris, rue St-Georges, 20. — Matériel de l'industrie du raffinage du pétrole. Panorama des gisements pétrolifères. **(PALAIS.)** **(QUAI.)**

61.   DEVOIR & MANGEZ, à Paris, 6, rue et impasse Montlouis. — Cornues, fourneaux à coupellation et incinération, creusets, moufles, etc.   **(PALAIS.)**

Ancienne Maison Payen-Deruelle, à Paris, 6, rue et impasse Montlouis.
Fabrication spéciale de creusets en terre de Paris.
Coupelles et creusets d'essai or.
Fourneaux d'essayeurs. — Fourneaux d'émailleurs. — Fourneaux de chimie.
Moufles pour peintres sur porcelaines, faïences et cristaux.
Récompenses obtenues :
Expositions universelles : 1855, 1867, 1878.

62.   DREUX (L.-E.-L.), à Presles (Seine-et-Oise). — Vide-tourie.   **(PALAIS.)**

63.   DROUX (Léon), à Paris, rue Laffitte, 5. — Appareil sphérique à agitation pour la saponification des matières grasses. Appareil à distiller, à acidifier les matières grasses.   **(PALAIS.)**

64.   DUBOIS (Simon), à Paris, rue de Flandre, 171, passage Auvry, 10. — Machines pour la fabrication des savons de toilette et de ménage.   **(PALAIS.)**

65.   DUCERT et SAINT-MARS, à Paris, rue de Belleville, 13. — Moufles, fourneaux d'émailleurs, creusets pour chimistes.   **(PALAIS.)**

66.   EGROT, à Paris, rue Mathis, 23. — Appareils à vapeur et à feu nu pour la fabrication des produits pharmaceutiques, des extraits. Installation de savonnerie, etc.   **(PALAIS.)**

67.   ENFER & ses Fils, à Paris, rue de Rambouillet, 10. — Forge et table de laboratoire pour chimiste, pompe à air, chalumeaux à gaz, etc.   **(PALAIS.)**

Médailles aux Expositions françaises et étrangères ;
Londres 1851. — Paris 1855, 1867, 1878, médailles d'argent. — Vienne 1873, médaille de progrès. — Barcelone 1888, médaille d'or.

68.   FERRARI Aîné (F.-Jean-F.), à Paris, rue Mandar, 10. — Fourneaux de chimie pour analyser les métaux.   **(PALAIS.)**

Maison fondée en 1840. — Mention Honorable, Paris 1878.
Entreprise générale de Fumisterie, Chauffage et Ventilation.
Spécialité de fours et fourneaux pour recuire et fondre l'or et l'argent.
Fourneaux et tables de manipulations pour la chimie. — Fournisseur du Muséum d'histoire naturelle, de la Ville de Paris et du Comptoir Lyon-Alemand. (Voir classe 48).

69.   FIALON (A.), à Paris, rue de la Roquette, 40. — Machine à onguent mercuriel, moulin à farine de lin.   **(PALAIS.)**

70.   FINOT (Emmanuel), à Asnières (Seine), rue Traversière, 37. — Cacheteur automatique Finot, pipettes métalliques, filtre entonnoir, outillage pharmaceutique.   **(PALAIS.)**

71.   FORTIN (Jules), à Ivry-Port (Seine), rue Nationale, 50. — Cornues à gaz, pots à sulfure de carbone, moufles, etc.   **(PALAIS.)**

72.   FOUCHÉ (Frédéric), à Paris, rue des Écluses-Saint-Martin, 38. — Aéro-condenseur pour chauffer, ventiler et sécher sans dépense de combustible. Lessiveuse « Phénix » faisant le coulage, savonnage et rinçage.   **(PALAIS.)**

73.   FOURNIER (Eugène), à Issy (Seine). — Système de fermeture hermétique pour flacons, boîtes et autres récipients. Conservation indéfinie de tous produits.   **(PALAIS.)**

74.   FRÉMONT (J.-François), à Paris, rue de Clignancourt, 124. — Vide-touries et bonbonnes à bascule.   **(PALAIS.)**

75.   GADRAT Père (François), à Paris, rue de la Chapelle, 70. — Outillage spécial pour la verrerie et la cristallerie.   **(PALAIS.)**

Cinq nouveaux systèmes indispensables à la fabrication. Breveté S. G. D. G. Médaille d'argent 1788, la plus haute récompense accordée à ce genre d'industrie.

76. GASTELLIER, à Montanglaust, près Coulommiers (Seine-et-Marne). — Dessins de fours.   **(PALAIS.)**

77. GAUTTARD (A.-L.-G.), à Paris, rue des Vinaigriers, 33. — Rappes à piqûres naturelles pour sculpteurs, faïenciers et porcelainiers.   **(PALAIS.)**

78. GENESTE HERSCHER & Cie, à Paris, rue du Chemin-Vert, 42. — Spécimens en nature et fonctionnant au Pavillon spécial, classe hygiène. **(ESPLANADE.)**

  Procédés spéciaux de ventilation. Ventilateurs mécaniques spéciaux pour les vapeurs acides.

79. GERBAUD (Émile), à Paris, passage d'Angoulême, 4 ter. — Modèles et moules de bouteilles, flacons et fantaisies.   **(PALAIS.)**

80. GIROUD & Cie, à Paris, rue des Petits-Hôtels, 27. — Régulateurs et rhéomètres pour gaz, eau, vapeur, appareils de laboratoire analyseurs de becs etc. **(PALAIS.)**

  Appareils de laboratoire pour les villes et les usines à gaz, photomètres, vérificateurs, carcel à gaz, etc. — Manomètre électrique. — Regulateur pour moteur à gaz. — Avertisseur électrique des fuites. — Regulateur à tuyau de retour pour usine à gaz.
  Becs à air chaud de divers systèmes. — Appareils de chauffage au gaz.
  Médailles d'or : Wien 1873, Paris 1878, Amsterdam 1883.

81. GLEIZAL, (ancienne maison **A. Crespe)**, à Bollène (Vaucluse). — Produits réfractaires pour usines métallurgiques et de produits chimiques.   **(PALAIS.)**
  Gleizal, Ingénieur (École Centrale).
  Fours à chaux, usines à gaz, etc.

82. GORLIN (E.) & Fils, à Paris, rue du Temple, 54. — Capsules azymes et cachets médicamenteux.   **(PALAIS.)**

83. GOURD & DUBOIS, à Paris, rue Saint-Antoine, 170. — Appareil, système Vacloud, pour produire le gaz soi-même à froid.   **(QUAI.)**

  Siège social : Lyon, 18, rue Dugas-Montbel, appareils brevetés S. G. D. G. s'appliquant à l'éclairage, au chauffage et moteurs à gaz pour fonctionnement de pompes ou de dynamos.

84. GOYARD (Arsène.-G.), à Paris, rue Alexandre-Dumas, 42. — Creusets, fourneaux de chimie, moufles, coupelles en os.   **(PALAIS.)**

  Maison fondée en 1855. Manufacture de produits réfractaires. — Creusets pour la fonte des métaux, fourneaux à recuire, à émailler et pour la chimie, construction complète et moufle pour recuire les peintures sur porcelaine cristal, verre, etc. — Coupelles pour essais d'or, d'argent, etc. Seul fournisseur admis à l'École Supérieure Nationale des Mines de Paris. Récompenses : Paris, 1867. Philadelphie, 1876. Paris, 1878. Anvers, 1885.

85. GREISS (Ed.), (Établissements G. Hermann et Debaetist réunis), à Paris, rue de Charenton, 162. — Machines à mélanger et broyer les couleurs, encres d'imprimerie, mastics de vitriers.   **(PALAIS.)**

86. HENRI (Théodore), à Paris, rue Delambre, 34. — Appareils servant à clarifier les benzines ayant déja servi.   **(PALAIS.)**

87. HUET (L.) & BEUDON, à Paris, avenue de Choisy, 172. — Céramique industrielle, produits réfractaires et applications diverses.   **(PALAIS.)**

88. HUGUES (Léon), à Saint-Denis (Seine), avenue de Paris, 178. — Appareil thermodynamique pour la dissociation des corps gras neutres à haute température.
                                                                      (PALAIS.)

89. HUGUET (A.-C. Albert), à Paris, rue Vicq d'Azir, 22. — Presse à sécher la tannée.   **(PALAIS.)**

90. HUYARD (Henry), Établissements Tessier-Huyard et Cie, à Bordeaux (Gironde), rue Brascassat. — Produits chimiques. Modèle de four à distiller les matières animales, collection de produits matières premières et fabriquées. **(PALAIS.)**

  Médaille d'or exposition universelle Paris 1878. — Hors concours, secrétaire rapporteur Amsterdam 1883. — Diplôme d'honneur Anvers 1885

91. JANNIN (Alfred), à Châlon-sur-Saône (Saône-et-Loire). — Compte-gouttes posimétriques pour l'eau distillée, la liqueur de Fowler, le laudanum et pour les teintures ou alcoolés.   **(PALAIS.)**

Instruments brevetés en France et à l'étranger. Précision mathématique pour le dosage des médicaments et pour les essais dans les laboratoires.

En outre, ces instruments servent aux dessinateurs pour délayer les couleurs.

92. JAUNEZ & Cie, à Paris, rue Baudin, 8. — Appareil à produire la carburation de l'air.   **(QUAI.)**

93. JOLY & FOUCART, à Blois (Loir-et-Cher). — Machine, système Joly, pour la fabrication des produits céramiques.   **(PALAIS.)**

Voir classe 57, Palais des machines.

94. JULLIEN-MONTELOU à Vienne (Isère). — Maltils et étreindelles pour stéarineries, scourtins pour huileries, filtres pour produits chimiques, drap couteau pour impressions, etc.   **(PALAIS.)**

Spécialité de tissus pour industries, étreindelles et maltils de tous genres pour stéarineries, fabrique de bougies, scourtins pour huileries ; tissus en crins de toutes sortes, filtres, pour produits chimiques, draps blancs pour impressions sur étoffes, pour filatures et tissages mécaniques, pour machines à imprimer, garnitures pour tuyaux de vapeur.

Médaille, Paris 1867 ; Méd. mérite Vienne, Autriche 1873 ; argent et bronze, Barcelone 1888.

95. KALESKI (R.), à Paris, rue Pavée-au-Marais, 16. — Gravure sur verres.   **(PALAIS.)**

96. LACHOMETTE (P. de) & Cie, à Lyon-Vaise (Rhône). — Cornues à gaz et produits réfractaires.   **(PALAIS.)**

Fondée en 1854.

Méd. d'argent : Paris 1867 ; diplôme de mérite : Vienne 1873 ; méd. d'or : Barcelone 1888.

97. LACROIX (Pierre), à Paris, rue Cassini, 6. — Pistons de verriers pour souffler le verre et le cristal, pompes pneumatiques pour laboratoires ; appareils à pistons étanches sans frottement.   **(PALAIS.)**

98. LAURENT (Ernest-P.), à Paris, rue des Envierges, 13. — Filtres plissés à la mécanique.   **(PALAIS.)**

99. LE BLANC (Jules), à Paris, rue du Rendez-Vous, 52. — Machines pour palissonner les peaux mégies. Machines pour la fabrication du caoutchouc et de la gutta-percha.   **(PALAIS.)**

Médailles d'or aux Expositions universelles : Paris 1878, Amsterdam, 1883.

100. LECLAIRE (Ch.) & LEGENDRE (F.), à Paris, rue Saint-Maur, 140. — Installation complète de filtration. Confiserie pharmaceutique.   **(PALAIS.)**

C. Leclaire et F. Legendre, mécaniciens de la Chambre des députés. — Ancienne maison Farinaux. — Filtres-presses Farinaux, seuls récompensés d'une médaille d'argent à l'Exposition universelle de 1878. — Pompes et compresseurs d'air, pompes à piston plongeur et à membranes. — Installation complète de toute filtration, machines à pâtes, appareils pour distilleries agricoles, installations complètes de toutes sortes d'usines.

Récompense : Médaille d'argent, Paris 1878.

101. LECLERC (Émile), à Paris, rue Lemercier, 32. — Laveur pour la fabrication du gaz d'éclairage.   **(PALAIS.)**

102. LECORNU (Alfred), à Paris, rue Oberkampf, 114. — Machines à vapeur fixes et demi-fixes, verticales et horizontales.   **(PALAIS.)**

103. LEDEUIL (A.-J.), à Paris, rue Coq-Héron, 3. — Modèle de lessiveuse économique.   **(PALAIS.)**

104. LEGRAND (Alfred), à Paris, rue de l'Ourcq, 6. — Laveuses, essoreuses, calandreuse en tôle galvanisée.   **(PALAIS.)**

105. LENCAUCHEZ (Alexandre), à Paris, boulevard de Magenta, 156. — Dessin de four pour la céramique, chauffé par le gaz des gazogènes.   **(PALAIS.)**

106. LÉON, à Bordeaux, cours du Chapeau-Rouge, 11. — Tuyaux de bois créosotés pour conduites de gaz.   **(PALAIS.)**

107. LESPADIN (Ch.), à Paris, rue d'Angoulême, 72. — Moules et presses pour verreries et cristalleries.   **(PALAIS.)**

   Médaille d'argent, Paris 1878.

108. LOTHAMMER (F.-J.), à Paris, rue de Rochechouart, 59. — Le nouveau gaz pour tous et à tous usages, chaleur, lumière, force motrice, électricité.   **(PALAIS.)**

   Nouveau gaz par l'air gazéifié, système F. J. Lothammer, breveté S. G. D.G., en France et à l'étranger.

   Éclairage pour administrations, chemins de fer, mines, marine et colonies, guerre, écoles, monastères, grandes et petites industries.

   Services publics et privés, agriculture, forêts, rivières, canaux, villes, villages, communes.

109. LUCHAIRE (L.-H.-V.), à Paris, rue Érard, 27. — Éclairage.   **(PALAIS.)**

110. LUTZ (George), à Paris, rue Dieu, 3. — Machines et outils pour la fabrication des cuirs et peaux.   **(PALAIS.)**

   Récompenses :
   Médailles d'or aux Expositions universelles de Barcelone 1888, Paris 1867.
   Médailles d'argent et de bronze : Paris 1878, Vienne 1873.

111. MALDANT (E. Ch.), à Paris, rue d'Armaillé, 21. — Compteurs et appareils divers pour le gaz.   **(PALAIS.)**

112. MALLET (Paul-A.), à Paris, boulevard de la Villette, 52. — Colonne distillatoire inobstruable. Pompe, système Pagniez.   **(PALAIS.)**

113. MARSON (Joseph), à Paris, rue du Faubourg Saint-Denis, 81. — Tour à graver, pièces gravées à l'aide de ce tour.   **(PALAIS.)**

114. MAUGIN (L.-V.) & AUBRY (A.), à Paris, rue Bastroi, 30. — Lessiveuses. Articles en tôle émaillée pour laboratoire, photographie, pharmacie et médecine.   **(PALAIS.)**

   Appareils émaillés pour photographie, chimie, pharmacie, médecine. (Voir classe, 27-51).

115. MENEVEAU & Cie, à Paris, rue des Trois-Bornes, 15. — Appareil à carburer l'air.   **(PALAIS.)**

116. MERCIER, à Paris, quai du Louvre, 16. — Buanderies, laveuses économiques.
                    (PALAIS.)

117. MESNARD (Jean), à Paris, rue Béranger, 5. — Machine butteuse, défonceuse spéciale pour lisser les cuirs.   **(PALAIS.)**

118. Ministère des Finances (Direction Générale des Manufactures de l'Etat), Directeur-Général : **H. Pradines,** à Paris. — Appareils de laboratoire employés dans les études relatives à la culture et à la fabrication des tabacs. Appareils divers de recherches et d'analyses.   **(PALAIS.)**

119. MOLINIER (Charles), à Bozet-sur-Tarn (Haute-Garonne). — Machines pour travailler les peaux.   **(PALAIS.)**

120. MONIER (Joseph), à la Plaine-Saint-Denis (Seine), avenue de Paris, 126. — Cuve de gazomètre et tuyaux pour conduites de gaz.   **(PALAIS.)**

121. MONIER (J.-F.-L.), à Paris, rue Condorcet, 17. — Appareil à produire le gaz à froid.   **(QUAI.)**

122. MORANE Aîné (Paul-F.), à Paris, rue Banquier, 10. — Matériel de stéarinerie de fabriques de bougies, chandelles, cierges et savons.   **(PALAIS.)**

123. MORANE (F.) Jeune, à Paris, rue Jenner, 23. — Machines-outils pour fabrication de la bougie et du celluloïd. Presse hydraulique à emboutir les cornues à gaz. Presses et outils de laboratoire.   **(PALAIS.)**

   Expositions universelles : Médaille d'or, Paris 1867.
   Grande médaille, Philadelphie 1876. Grand prix, Paris 1878. Chev. Légion d'Honneur.
   Diplômes d'honneur, Amsterdam 1883 et Anvers 1885, Off. Légion d'Honneur.

124. MORISOT (T.), à Paris, quai de la Mégisserie, 14. — Seau à laver le linge.
(**PALAIS.**)

125. MULLER (Émile) et Cie, à Ivry-Port, près Paris. — Matériaux pour la fabrication de produits chimiques.
(**PALAIS.**)

126. NÈGRE (Henri) & Cie, à Paris, avenue du Maine, 57. — Machines pour la fabrication des produits pharmaceutiques et la confiserie.
(**PALAIS.**)

127. NOUVELLE (G.), à Paris, rue Brézin, 25. — Lampes fabriquant automatiquement le gaz utile à la combustion.
(**PALAIS.**)

128. OTT (Émile), à Paris, rue de l'Échiquier, 8. — Machines à travailler les peaux et les cuirs.
(**PALAIS.**)

Médailles de bronze, Expositions Universelles Paris 1867-1878.

129. PACAULT (Pierre), à Paris, rue de la Folie-Méricourt, 16. — Machines à magdaléons, à couper les pâtes pectorales, à capsuler les bouteilles, piluliers. (**PALAIS.**)

130. PARDAILHÉ-GALABRUN Frères, à Paris, rue de l'Orillon, 40. — Presses et pompes hydrauliques. Machines brevetées à couler les bougies, matériel pour fabriques de stéarine et de bougies.
(**PALAIS.**)

Médaille d'argent, Paris 1867. — Mérite progrès, Vienne 1873.
Paris 1878, médaille d'or.

131. PARIZE (J.), à Morlaix (Finistère). — Lampes de laboratoire à pétrole.
(**PALAIS.**)

132. PÉCHINEY & Cie, à Salindres (Gard). — Fabrication du chlore.
(**PALAIS.**)

133. PELLIN (F.-Philibert) Successeur de **Jules Duboscq,** à Paris, rue de l'Odéon, 21. — Spectroscopes, saccharimètres, colorimètres et appareils divers pour chimistes.
(**PALAIS.**)

134. PHILIPPI (Jacques), à Chambéry (Savoie). — Appareil à pasteuriser, refroidir, gazer et à soutirer automatiquement la bière dans les fûts.
(**PALAIS.**)

135. PIÉPLU (L.-T.), à Paris, rue Bréa, 29. — Ventilateurs hydrocarburateurs d'air.
(**QUAI.**)

136. PIET & Cie, à Paris, rue de Chabrol, 33. — Blanchisserie complète.
(**PALAIS.**)

137. PINCHON (A.), à Elbeuf (Seine-Inférieure), rue de la Barrière, 82. — Aréomètres thermiques, pèse-lait thermique, appareil à doser l'urée.
(**PALAIS.**)

138. POLLARD (Louis), à Paris, rue du Poteau, 59. — Moufles, creusets et produits réfractaires.
(**PALAIS.**)

139. QUITTET, à Paris, rue Bausset, 16. — Appareil obtenant le gaz d'essence à froid.
(**QUAI.**)

140. REGNAULT (R.) et Cie, à St-Denis (Seine), route de la Révolte, 126. — Une partie de four de verrerie, creusets, terres et pièces diverses pour fours et creusets de gobletterie et cristallerie.
(**PALAIS.**)

Fabricant de produits réfractaires, et constructeur de fours de verrerie.
Four à gaz à une seule grille, pour gobletterie et cristallerie, breveté S. G. D. G.
Pièces réfractaires de toutes formes, spéciales pour four à gaz.
Creusets de verrerie couverts et découverts, en magasin et sur commande.
Seul dépositaire en France des terres Mozet, de la maison Dupierreux-Henricot, d'Andenne (Belgique). — Terres réfractaires pour creusets, cuites et crues.
Terres toutes préparées pour creusets, pour pièces et pour accessoires.
Flétteur hydraulique et automatique pour tailler le verre, breveté S. G. D. G.
Machine à vapeur de vingt chevaux pour la préparation de tous produits pour la verrerie.
Trente fours à gaz construits depuis deux ans.

141. RENARD (H. Constantin), à Sèvres (Seine-et-Oise), Grande-Rue, 71. — Atelier pour le coulage de la porcelaine.
(**PALAIS.**)

142. RIVIÈRE & Cie, à Clichy-la-Garenne (Seine), quai de Seine, 11. — Savons durs, mous, calcaire, acide stéarique, oléique, glycérine, savons de toilette panachés.
(**PALAIS**.)

143. ROFFO (Louis), à Paris, boulevard Richard-Lenoir, 58. — Lampes à grande lumière, système Wells. (**QUAI**.)

144. ROUSSEAU (Paul), à Paris, rue Soufflot, 17. — Appareils de laboratoire.
(**PALAIS**.)

145. SABATIER (E.-D.), à Nîmes (Gard), boulevard Victor Hugo, 48. — Moules à suppositoires et ustensiles de pharmacie. (**PALAIS**.)

146. SARLET (Alexandre-G.), à Paris, rue du Temple, 76. — Presses à vulcaniser, formes, châssis, matrice. (**PALAIS**.)

147. SCHNEIDER (Richard), à Paris, rue d'Armaillé, 22. — Machines à laver le linge. (**PALAIS**.)

148. SEGOND (Jules), à Lubières, par Vergonghéon (Haute-Loire).— Plans de fours perfectionnés et d'installateurs d'usines céramiques. (**PALAIS**.)

149. SIEFERT (C.), à Saint-Ouen (Seine), rue des Rosiers, 59. — Appareils pour la production de l'air carburé. (**QUAI**.)

150. SÉNÉS (Denis-D.), à Toulon (Var), route de Marseille, 29.— Accessoires et outils à l'usage des pharmaciens. (**PALAIS**.)

151. SINGLY (Paul de) et Cie, à Paris, rue d'Allemagne, 196. — Tuyaux en tôle et bitume pour conduites de gaz. (**PALAIS**.)

Société des Tuyaux Chameroy : Siège Social et Usine Principale à Paris, 196, rue d'Allemagne, succursales à Lyon et à Marseille. Fabrique de Tuyaux en tôle et bitume à joints precis pour conduites d'eau et de gaz. La Société a fourni depuis sa fondation à la Compagnie Parisienne du Gaz 2.000.000 de mètres de tuyaux, et à diverses autres Compagnies de Gaz 12.000.000 de mètres, représentant une valeur de : 80.000.000 de francs.

152. Société anonyme du gaz riche de Paris, à Paris, rue Pétrelle, 22. — Appareils portatifs pour l'enrichissement du gaz, becs brûleurs et fourneaux, régulateurs de pression. (**QUAI**.)

153. Société Centrale de Produits Chimiques, (ancienne Maison **Rousseau**), à Paris, rue des Écoles, 44. — Matériel pour analyses chimiques de toutes sortes. (**PALAIS**.)

154. Société des Mines de Saint-Hilaire, à Saint-Hilaire par Buxières-les-Mines (Allier). — Procédés de distillation des schistes bitumineux. (**PALAIS**.)

155. Société des Produits céramiques et réfractaires de Boulogne sur-Mer, à Paris, rue de Provence, 5.— Cornues à gaz, pièces et briques réfractaires.
(**PALAIS**.)

156. Société Française de fabrication mécanique de cornues à gaz, à Ivry-Port (Seine), rue Nationale, 32. — Cornues à gaz et accessoires, carreaux, dalles, briques, fours à pyrites, dalles pour calorifères Perret, pavés Duprat. (**PALAIS**.)

157. Société Française de produits pharmaceutiques (Adrian & Cie), à Paris, rue de la Perle, 11. — Appareil à déplacement et appareil à évaporer dans le vide. (**PALAIS**.)

158. SOURDAT (Louis), à Villemomble (Seine), rue de Neuilly, 26. — Essoreuses pour essais. (**PALAIS**.)

159. Stéarinerie française, à Saint-Denis (Seine), route du Landy, 104. — Appareil de refroidissement par couches minces applicable aux corps liquides ou concrets
(**PALAIS**.)

Médaille d'or à l'Exposition universelle de 1878. Appareil breveté.

160. THIBAULT (P.-E.), à Paris, rue des Petits-Champs, 76. — Appareils pour la fabrication des superphosphates de chaux (plans et dessins). (**PALAIS**.)

161. THIBAUT (Xavier), à Paris, rue de la Chaussée-d'Antin. 24. — Appareil à air carburé, système J. Faignot.   (QUAI.)

162. THIERCELIN (Émile), à Paris, boulevard Péreire, 146. — Machine transformant l'eau de mer en eau potable par congélation, filtre universel instantané purificateur des eaux pour la table.   (PALAIS.)

163. TIFFEREAU, à Paris, rue du Théâtre. 130. — Gazomètre et compteur à gaz.   (PALAIS.)

164. TOURIN Fils (G.), à Paris, boulevard de la Villette, 184. — Machines spéciales à la tannerie et à la corroierie.   (PALAIS.)

Machines à ébourrer, écharner.
Appareils à coudrer et à retanner.
Tonneaux foulons, machines à refendre, à rebrousser, à mettre au vent, à quadriller, à poncer les cuirs vernis, à cylindrer, marteaux à battre, etc., etc.
Médaille d'argent 1878.

165. TREMBLAY (Achille), à Neuville (Seine-et-Oise), Grande-Rue. 17. — Savonneuse pour blanchisseuses, laveuses pour ménages ;rasoirs circulaires, dits rape barbe.   (PALAIS.)

166. VAUTRIN (J.-E.), à Paris, boulevard de la Villette, 163. — Presse à l'usage de la verrerie.   (PALAIS.)

167. VIROLLET (Alexandre), à Lubière par Vergonghéon (Haute-Loire). — Modèle en bois d'un four à feu construit pour cuisson de produits chimiques. (PALAIS.)

168. VIVILLE (J.-A.), à Paris, rue Parmentier. 16. — Lessiveuses, laveuses, essoreuses, rôtissoires, arroseuses.   (PALAIS.)

169. VOILLEREAU, à Paris, impasse Gaudelet, 13. — Installation de pharmacie.   (PALAIS.)

170. WIESNEGG, à Paris, rue Gay-Lussac, 64. — Appareils de chauffage pour laboratoires.   (PALAIS.)

COLONIES.

ALGÉRIE.

1 MORFAUX (Jules), à Constantine, rue de France. — Appareil pour la recherche des colorants dérivés du goudron de houille dans les vins et appelé phanofuschine.   (ESPLANADE.)

2. RAHOUX (Charles), à Alger. Frais-Vallon. — Appareils pour filtrage.   (ESPLANADE.)

COCHINCHINE.

1. Service local, à Saigon. — Soufflet de forge de bijoutier.   (ESPLANADE.)

NOUVELLE-CALÉDONIE.

1. PELATAN, à Mine-Mérétrice. — Coupelles avec boutons d'argent provenant de la coupellation.   (ESPLANADE.)

PAYS DE PROTECTORAT.

ANNAM-TONKIN.

1.   Protectorat de l'Annam et du Tonkin, vice-résidence de Hung-Yen. —
Mortiers en fonte pour broyer les médicaments.   (ESPLANADE.)

PAYS ÉTRANGERS.

AUTRICHE-HONGRIE.

1. MERZ (Joseph), à Brünn (Moravie). — Extracteur universel.　　　(PALAIS.)

BELGIQUE.

1. BAUDOUX (Eugène), à Jumet. — Plans d'installations. Maquette d'un four à bassin pour verreries.　　　(PALAIS.)

2. DELPIRE (Gustave), à Roux. — Appareils pharmaceutiques et cacheteurs.　　　(PALAIS.)

3. FOURNIER (M.), à Bruxelles, rue du Progrès, 237. — Appareils en plomb pour fabrication de l'acide sulfurique.　　　(PALAIS.)

4. GHYSEN (Henri), à Liége, rue Puits-du-Sock, 73. — Presse.　　　(PALAIS.)

5. GUYARD & HAGEMEYER, à Molenbeck-Saint-Jean, rue Heyvaert, 1. — Appareils, ustensiles, flacons, etc., pour pharmacies et laboratoires; vases décorés.　　　(PALAIS.)

6. HENROZ (Camille), à Floreffe. — Pierres à étendre le verre.　　　(PALAIS.)

7. MOREAU (Léon) Fils, à Bruxelles, rue de Mérode, 34. — Modèle de mélangeur.　　　(PALAIS.)

8. NEUJEAN (A.) & DELAITE (E.), à Liége, rue Hors-Château, 50. — Appareils pour laboratoires de chimie, gavanoplastie, dorure, argenture, nickelage.　　　(PALAIS.)

Maison fondée en 1375. Produits chimiques et appareils pour les sciences, les arts et l'industrie. Acides, soudes, potasses, ammoniaque, céruse, miniums de plomb et de fer, aluns, couperose, sulfate de cuivre, soufre, manganèse, talc, pyrite. Minerais, métaux purs et alliages, bronzes brevetés, bains galvanoplastiques, émaux, creusets, couleurs, teintures, vernis, peinture galvanique brevetée, engrais chimiques, etc. Produits spéciaux pour brasseries, distilleries, émailleries, savonneries, sucreries, tanneries, verreries, etc, etc.

9. PAVOUX (Eugène) et Cie, à Bruxelles, rue Delaunoy, 14. — Appareils et objets de laboratoires en caoutchouc; fabrication sans soudure de tubes en caoutchouc pour gaz, etc.　　　(PALAIS.)

10. Sociéte anonyme de dynamite de Matagne, (Directeur: **Van Reeth**) à Matagne. — Plans d'usine et appareils de fabrication.　　　(PALAIS.)

11. Société anonyme des produits réfractaires et terres plastiques de Selles-lez-Andenne et de Bouffioulx (Directeur : **De Lattre**), à Selles-lez-Andenne. — Appareils divers.　　　(PALAIS.)

12. SOLVAY & Cie, à Ixelles-Bruxelles, rue du Prince-Albert, 19. — Photographies Maquettes, diagrammes et modèles.　　　(PALAIS.)

13. VAN HECKE (Gustave), à Gand, quai du Petit-Dock, 7. — Moulins excelsior.　　　(PALAIS.)

BRÉSIL.

(Voir son catalogue spécial).

CHILI.

1. **ORREGO CORTEZ (Lisandro)**, à Capiapo. — Creusets, moules et fourneaux.   (**PARC.**)

ESPAGNE.

1. **BEAUPIED (José H.)**, à Loizia (Sn.-Juan-de-Puerto-Rico). — Ustensiles hygiéniques, inodores et autres machines.   (**PALAIS.**)

2. **DEZ (Antonio de)**, à Xérès-de-la-Frontera. — Clarificateurs pour le vin.   (**PALAIS.**)

3. **GARRIGA (Benito)**, à Pastriz (Saragosse). — Alambic en cuivre.   (**PALAIS.**)

ÉTATS-UNIS.

1. **FRANK (F. A.) & Co.**, à New-York, N. Y. East 82nd. street, 316. — Machine pour l'émulsion et le mélange des poudres pour pommades et extraits.   (**PALAIS.**)

GRANDE-BRETAGNE.

1. **BROADBENT (Thomas) & Sons**, à Huddersfield. — Machine pour l'extraction, appareil à sécher pour expériences.   (**PALAIS.**)

2. **BROOKE (Edward) & Sons**, à Huddersfield, Fieldhouse Fire Clay works. — Cornues à gaz.   (**PALAIS.**)

3. **BRUNNER MOND & Co. (Limited)**, à Norwich, Cheshire. — Poudre à blanchir.   (**PALAIS.**)

4. **BUSH (W. J.) & Co.**, à Londres, Artillery lane, Bishopsgate. — Matériel et procédé de la fabrication des essences, préparations granulées.   (**PALAIS.**)

5. **CHADWICK (Robert) & Son**, Glensmore Chemical works, Kidderminster, Worcestershire. — Matériel et installation pour la teinture.   (**PALAIS.**)

6. **CLEAVER (F. S.) & Sons**, à Londres, Red Lion street, 32, Holborn. — Machine pour frapper les savons de toilette de Cleaver.   (**PALAIS.**)

7. **Eglington Chemical Co. (Limited)**, à Glasgow, St-Vincent place, 27, et Chemical works, Irvine (Ecosse). — Poudre à blanchir.   (**PALAIS.**)

8. **Globe Electrical & Engineering Co.**, à Londres, Carteret street, 7, Westminster, et Carbon works, à Barnsley, Yorkshire. — Appareils pour expérimenter.   (**PALAIS.**)

9. **HENRICK (Archibald) & Sons (Limited)**, à West-Bromwich. — Matériel des arts chimiques.   (**PALAIS.**)

10. **HUXHAM & BROWNS**, à Exeter. — Machines pour tanneurs et corroyeurs, moulin à tan, coupe-écorce, désintégrateur pour matières tannantes, cylindre, pompe, machine à tisser, retenir, chagriner.   (**PALAIS.**)

11. JOHNSON, MATTHEY & Co., à Londres, Hatton garden. — Appareils de platine pour chimistes.   **(PALAIS.)**

Paris 1878, grand prix pour perfection dans la fabrication du platine.
Perfectionnements importants dans les appareils en platine pour emplois chimiques, spécialement pour la concentration de l'acide sulfurique.
Paris 1867, grand prix pour leur exposition d'appareils en platine, de métaux rares et précieux, et de préparations chimiques.

12. LEVINSTEIN & Co, à Manchester, Minshull street, 21. — Matières colorantes et pharmaceutiques, extraites du goudron minéral et ses dérivatifs sous toutes ses formes.   **(PALAIS.)**

13. Maignen's Filter Rapide & Anti-Calcaire Co (Limited), à Londres Saint-Mary-at-Hill, 32. — Précipitateurs pour séparer le solide du liquide.   **(PALAIS.)**

14. MANDLEBERG (J.) & Co., à Pendleton, Manchester, Albion Rubber works, et à Paris, rue de l'Échiquier, 13. — Matériel et procédés de la fabrication des objets de caoutchouc.   **(PALAIS.)**

15. North British Rubber Co. (Limited), à Édimbourg, Castle mills, et à Londres, Moorgate street, 57. — Matériel et procédés de la fabrication du caoutchouc.   **(PALAIS.)**

16. Self Opening Tin Box Co., à Londres, Albion works, York road, Kings cross. — Boîtes en or, argent, nickel, cuivre et autres métaux pour la chimie, etc.   **(PALAIS.)**

GRÈCE.

1. ZISSIS (Constantin), à Gentilly. — Dessins et modèles d'une bougie à 2 mèches. — Dessins et modèles d'un nouveau photo-régulateur. — Dessin de la machine à fabriquer les bougies.   **(PALAIS.)**

GRAND-DUCHÉ DE LUXEMBOURG.

1. DUCHSCHER (André), à Wecker. — Presses servant à l'extraction des essences chimiques et pharmaceutiques.   **(QUAI.)**

SUISSE.

1. DUNNER (Jean), à Reinek (Saint-Gall). — Machines à laver au réservoir de l'eau.   **(PALAIS.)**

2. GUBLER (Henri), à Turbenthal (Zurich). — Machine à laver le linge.   **(PALAIS.)**

3. SCHNEIDER (C. L.), à Neuveville (Berne). — Essoreuses pour buanderies et hôtels.   **(PALAIS.)**

URUGUAY.

1. Association rurale, à Montevideo. — Ustensiles de poterie.   **(PARC.)**

2. SOLER & Cie, à Montevideo. — Instruments de tannerie.   **(PARC.)**

3. TOMARI (Augustin), à Montevideo. — Échantillons d'ustensiles du potier.   **(PARC.)**

GROUPE VI.

OUTILLAGE ET PROCÉDÉS DES INDUSTRIES MÉCANIQUES.
ÉLECTRICITÉ.

CLASSE 52.

Machines et appareils de la mécanique générale

FRANCE.

1. **Académie d'aérostation météorologique**, à Paris, rue de Lutèce, 3. — Dessins ou modèles d'appareils d'aérostation. **(PALAIS.)**

2. **ALBARET (A.)**, à Rantigny-Liancourt (Oise). — Locomobiles. **(PALAIS.)**

3. **ALBASINI, ALLARD & Cie**, à Paris, rue de la Gérisaie, 11. — Amiantes bruts et manufacturés. **(PALAIS.)**

4. **ALLAIRE (Firmin)**, à Niort (Deux-Sèvres), rue du Trianon, 21. — Moulins à vent automatiques pour châteaux d'eau et arrosage de jardins. **(QUAI.)**

   Nouveau système perfectionné de moulins à vent, avec mise au vent, réglage et fermeture automatique.

5. **ALRIQ (Pierre)**, à Paris, rue du Faubourg-Poissonnière, 128. — Appareils de levage. **(PALAIS.)**

6. **Anciens établissements CAIL**, à Paris, quai de Grenelle, 15. — Machines à vapeur. — Générateurs. — Locomobiles. — Ascenseurs. **(PARC.)**

   Société anonyme, capital 20,000,000. — Succursales à Denain et à Douai. — Récompenses : 2 grands prix et 7 méd. à Paris 1878 ; 3 diplômes d'honneur, une méd. or, Amsterdam 1883 ; 6 diplômes d'honneur, 3 méd. or, Anvers 1885. — Machine Compound de 200 chevaux, actionnant la classe 58 dans le Palais des Machines. — Monte-charges de l'Hôtel des Postes. — Extracteurs de gaz. — Compresseurs d'air, système Burckhardt, etc., etc. — Pavillon d'exposition de la Société, près du Palais des Machines, côté La Bourdonnais.

7. **ANTHONI (Gustave)**, à Levallois-Perret, rue Fouquet, 38. — Dessins de fondations élastiques et isolantes. **(PALAIS.)**

8. **ARMENGAUD Aîné (Eugène)**, à Paris, rue Saint-Sébastien, 45. — Publications industrielles. **(PALAIS.)**

   Ouvrages de technologie industrielle. Publication industrielle d'Armengaud Aîné (ouvrage couronné par l'Académie des Sciences). Graphiques appliqués à la construction des machines et aux proportions à donner à leurs organes. Tableaux pour l'enseignement professionnel, adoptés par le Ministère de l'Instruction publique et par la Ville de Paris. — Brevets d'invention.

9. Association des Industriels de France pour préserver les ouvriers des accidents, à Paris, rue de la Chaussée-d'Antin, 6. — Tableaux, publications diverses, règlements d'ateliers. **(PALAIS.)**

10. ASSOCIATIONS des Propriétaires d'appareils à vapeur (Exposition collective des), Président du Syndicat : **E. Cornut,** à Lille (Nord).— Échantillons de tôles de chaudières, divers types d'incrustations, travaux, publications et dessins divers. **(PALAIS.)**

ASSOCIATION ALSACIENNE, section française, (Ingénieur en chef : WALTHER-MEUNIER), à Épinal (Vosges), rue de la Bourse, 1.

ASSOCIATION LYONNAISE, (Ingénieur-Directeur : L. BOUR), à Lyon (Rhône), place Perrache, 15.

ASSOCIATION DU NORD DE LA FRANCE, (Ingénieur en chef : E. CORNUT), à Lille (Nord). rue de la Gare, 16.

ASSOCIATION DU NORD-EST, (Ingénieur : Henri LAMBERT), à Reims (Marne), rue Nicolas-Henriot, 7.

ASSOCIATION NORMANDE, (Ingénieur en chef : Henri ROLAND), à Rouen (Seine-Inférieure), rue Jeanne d'Arc, 3.

ASSOCIATION DE L'OUEST, (Ingénieur-Directeur : L. OLIVIER), à Nantes (Loire-Inférieure), rue Bréa, 3.

ASSOCIATION PARISIENNE, (Ingénieur-Directeur : Charles COMPÈRE), à Paris, rue Royale, 5.

ASSOCIATION DE LA SOMME, DE L'AISNE ET DE L'OISE, (Ingénieur : E. SCHMIDT), à Amiens, (Somme), rue de Noyon, 29.

ASSOCIATION DU SUD-EST, (Ingénieur : Paul DUBIAU), à Marseille (Bouches-du-Rhône), rue Paradis, 61.

ASSOCIATION DU SUD-OUEST, (Ingénieur : Paul DUCOS), à Bordeaux (Gironde), rue Rohan, 18.

11. Association pour prévenir les accidents de fabrique, à Rouen, (Seine-Inférieure), boulevard Cauchoise, 49. — Modèles et dessins d'appareils de sécurité. Règlements d'usines, etc. **(PALAIS.)**

12. Ateliers de construction de Creil (Anciens établissements Le Brun), Daydé et Pillé, à Creil (Oise). — Machines à vapeur Compound, chaudière avec cheminée en tôle et accessoires. **(PALAIS.)**

Siège social et ateliers à Creil (Oise). — Bureaux : à Paris, 29, rue de Châteaudun.

Palais. — Machine à vapeur Compound de 200 chevaux. — Machine à vapeur Compound de 50 chevaux.

Parc (Pavillon particulier). — 4 générateurs multitubulaires, système Lagosse et Bouché, produisant 7,000 kilos de vapeur à l'heure. — Voir classes 50 et 63.

Récompenses. — Médaille d'or, Exposition universelle 1878.

Diplôme d'honneur, Anvers 1885.

Médaille d'or, Barcelone 1888.

Nomination dans l'Ordre national de la Légion d'honneur 1886.

Nomination dans l'Ordre de la Légion d'honneur 1888.

13. AUBERT (Alexandre), à Paris, rue Claude-Vellefaux, 4. — Machine demi-fixe, Compound horizontale à condensation, de 40 chevaux. Locomobile sur roues de 10 chevaux avec chaudière à retour de flamme. **(PALAIS.) (QUAI.)**

Machine demi-fixe de 5 chevaux avec chaudière à tube démontable.

14. AUBRY (J.-J.) & Cie, à Paris, rue de Château-Landon, 8.— Moteurs à vent à régulateur et à frein automoteurs. Pompes pour puits de toute profondeur. **(PALAIS.)**

Moteur à vent n° 13 à régulateur actionnant un moulin à farine. Pompe d'irrigation et divers instruments d'intérieur de ferme. Moteur à vent n° 6 à frein, modérateur et automoteur modèle type pour l'élévation des eaux d'égouts de la Ville de Paris du canal projeté. Moteur à vent n° 2 et 4 pour élever l'eau, pour usine, usage domestique et arrosement. Médaille de bronze et deux mentions honorables à l'Exposition universelle de Paris, 1878. Voir classes 49, 61 et 78.

15. AUDEMAR-GUYON, à Dôle (Jura). — Pompes diverses. **(PALAIS.)**

16. AUGÉ (Edouard.-J.-B.), à Paris, avenue Laumière, 35. — Appareils de levage, chaînes à maillons démontables. **(PALAIS)**

17. AUGER (A.) & Cie, à Nantes (Loire-Inférieure), rue Haute-du-Trépied, 1. — Niveau d'eau. **(PALAIS.)**

18. AUGUET (Armand), à Vincennes (Seine), rue du Fontenay, 32. — Courroies inextensibles à contreforts. **(PALAIS.)**

19. AURUS (Clodomir), à Alzon (Gard). — Systèmes de pompes perfectionnées. **(PALAIS.)**

20. BABLON (Victor-J.-N.), à Paris, rue Boulard, 42. — Soupape de sûreté. **(PALAIS.)**

21. BACLE (Désiré), à Paris, rue du Bac, 46. — Pédale magique pour transmission de tours ou toutes autres mécaniques, telles que machines à coudre, à broder, etc. **(PALAIS.)**

22. BADOIS (E.), à Paris, rue Blanche, 12. — Compteurs d'eau et pompes. **(PALAIS.)**

23. BARIQUAND & Fils, à Paris, rue Oberkampf, 127. — Compteurs d'eau, système Schreiber. **(PALAIS.)**

24. BARRAUD Frères & Cie, à Angoulême (Charente). — Engrenages, paliers, poulies, pièces détachées de mécanique. **(PALAIS.)**
> Poulies d'engrenage et de tous organes de transmissions.
> Moulages brevetés S. G. D. G.

25. BARRAULT (Louis), à Bruère-Allichamps (Cher). — Roue hydraulique. **(PALAIS.)**

26. BARY (A.), à Paris, rue Washington, 36. — Dessin d'un ballon dirigeable. **(PALAIS.)**

27. BASTIDE (P.-Henri), à Périgueux (Dordogne), rue Gambetta, 33. — Modèle d'un appareil pour navigation aérienne. **(PALAIS.)**

28. BATIFOULIER (C.), à Besançon (Doubs), quai de Strasbourg, 27. — Pompes diverses. **(PALAIS.)**

29. BAYLAC (Jean), à Paris, rue de l'Université, 225. — Verseur hydraulique automatique pour distribuer des liquides par la chute des corps et par l'unification de plusieurs unités. **(PALAIS.)**

30. BEAUME (Louis), à Boulogne-sur-Seine (Seine), avenue de la Reine, 66. — Moteur à vent, pompes diverses. **(QUAI.)**

31. BEFFA (Vve Alexandre), à Paris, passage Saint-Pierre-Amelot, 8. — Brosses métalliques pour chaudières, pour fontes, brosses circulaires, hérissons, balais, pinceaux acier, etc. **(PALAIS.)**
> Fournisseur de la Marine Nationale. — Ecouvillons à lames pour nettoyages des tubes de générateurs à vapeur, écouvillons pour le ramonage des cheminées. Mention hon. Paris 1878.

32. BELLEVILLE (J.), & Cie, à Saint-Denis (Seine). — Générateurs inexplosibles, locomobiles, détendeurs, etc. **(PALAIS.)**

33. BENOIT (A.-Ernest), à Paris, rue Oberkampf, 84. — Chaînes Galle et Vaucanson. **(PALAIS.)**
> Ancienne maison Galle.
> Fournisseur de la Marine et des Grands Etablissements de Constructions Mécaniques.
> Fabrique spéciale de Chaînes Vaucanson et Galle sur tous modèles ou dessins.
> Chaînes à lacets ; chaînes à crochets et à aiguilles ; chaînes à godets, etc.

34. BERENDORF Fils (Edouard-J.), à Paris, avenue d'Italie, 77. — Machines à vapeur demi-fixe, Machine à vapeur fixe à condensateur. **(PALAIS.)**

35. BERTHOLON (A.), à Givors (Rhône). — Courroies de transmission. **(PALAIS.)**

36. BIDAUD (A. Joseph), à Paris, pourtour du Théâtre, 1 (Grenelle). — Machine à vapeur fixe et horizontale en réduction. **(PALAIS.)**

37. BIÉTRIX (V.) & Cie, Forges et Ateliers de la Chaléassière, à Saint-Étienne (Loire). — Machines à vapeur. **(PALAIS.)**

Ateliers construisant les plus puissants appareils, occupant cinquante mille mètres carrés dont dix-huit mille en surface couverte. Fonderies de fonte et de cuivre, modélerie, grosses et petites forges, chaudronnerie, ajustage et montage, bureaux d'études.

Spécialités : Machines à vapeur à distributeur rotatif, breveté S. G. D. G. Machines demi-fixes. Moteurs pour l'éclairage électrique. Installations complètes d'usines métallurgiques, de mines, d'usines à gaz. Travaux de grosse chaudronnerie : chaudières, charpentes, ponts, gazomètres. Appareils de levage à vapeur, hydrauliques ou électriques. Grues, monte-charges, ponts roulants. Appareils pour le traitement des houilles et minerais. Machines à agglomérer, système Couffinhal. Machines d'extraction. Pompes d'épuisement, lavoirs, broyeurs, cribles, etc.

Récompenses : Paris 1878, deux médailles d'or. — Anvers 1885, une médaille d'or.

38. BISSON (Fernand) & Cie, à Paris, rue de la Chapelle, 15. — Distributeur automatique et autres, compteurs divers. **(PALAIS.)**

39. BLANCHET (Jean-Baptiste), à Paris, rue Olivier-de-Serres, 78. — Machine à vapeur rotative à grande vitesse, avec pistons alternatifs pour dynamos, ventilateurs, etc. **(PALAIS.)**

40. BLÉTRY Frères, à Paris, boulevard de Strasbourg, 2. — Dessins de machines. **(PALAIS.)**

41. BLOCH (A.), à Paris, rue Condorcet, 15. — Courroies, coton et tissus industriels. **(PALAIS.)**

42. BLOT (J.), à Paris, rue du Faubourg-du-Temple, 105. — Attaches pour courroies de transmission. **(PALAIS.)**

43. BOILEAU (Léon L.), à Paris, rue de Nantes, 6. — Mastic isolant. **(PALAIS.)**

44. BOLLÉE (Auguste), au Mans (Sarthe). — Moteur à vent pour élever l'eau, construction entièrement métallique et orientation automatique. **(QUAI.)**

45. BOLLÉE Fils (Ernest-J.), au Mans (Sarthe). — Collection complète par progression de grandeurs de béliers hydrauliques, machines automatiques à élever l'eau. Élévation à toutes les hauteurs. **(QUAI.)**

Spécialité pour fontaines publiques, gares, châteaux, casernes, usines, fermes, irrigations agricoles, etc. Brevets d'invention S. G. D. G. Londres 1862, Prize Medal ; Paris 1867, Médaille d'argent ; Paris 1878, Médaille d'argent. Chevalier du Mérite agricole 1886.

46. BONARD, à Beaune (Côte-d'Or). — Pulsomètres et pompes. **(PALAIS.)**

47. BON & LUSTREMANT, à Paris, rue du Faubourg-Poissonnière, 25. — Pont roulant mû par électricité, grue roulante hydraulique, grue roulante à vapeur. **(PALAIS.)**

48. BONJOUR (Claude), à Paris, rue Lafayette, 71. — Dessins, machines à vapeur avec détente à fermeture rapide et avec détente cinématique, machines à grande vitesse de rotation, machines marines. **(PALAIS.)**

49. BONNET, SPARZIN & Cie, anciens ateliers Debiaune et Cie, à Lyon-Vaise (Rhône). — Chaudronnerie en fer et en cuivre, chaudière multitubulaire inexplosible, système Terme et Deharbe. **(PALAIS.)**

Constructions métalliques en général ; concessionnaires des chaudières inexplosibles Terme-Deharbe et des chaudières Galloway. Générateurs de tous systèmes, chaudronnerie et tuyauterie en fer et en cuivre, appareils spéciaux pour distillation, produits chimiques, teinture, brasseries, etc. Gazomètres et matériel d'usines à gaz, cheminées, réservoirs, tonneaux, coques de bateaux et dragues. Fournisseurs des ministères de la guerre et de la marine.

50. BORDIER (A.-Ch.) à Paris, rue Claude-Vellefaux. — Pièces de chaudron-nerie.   **(PALAIS)**

51. BORDONE (J.-Philippe), à Paris, rue Lacondamine, 48. — Chaudières inexplosibles, fumivores, inincrustables à volume et poids réduits, à grande production de vapeur, avec économie de combustible.   **(PALAIS.)**

   Foyer de chaudière ayant 6 ans de fonctionnement, dont 6 mois à l'eau de mer, dans l'usine municipale d'Auteuil. Mention honorable à l'Exposition universelle de 1878.

52. BORSSAT (François), à Paris, rue de Tanger, 45. — Machines à vapeur.   **(PALAIS.)**

53. BOUGOIN (Lucien), à Paris, boulevard Diderot, 38. — Paliers, coussinets.   **(PALAIS.)**

54. BOUISSON Freres, à Toulon (Var), Pont-du-Las, 114. — Pompes et robinets.   **(PALAIS.)**

55. BOULET (J.) & Cie, à Paris, rue Boinod, 31. — Moteurs à vapeur et à gaz.   **(PALAIS.)**

   Médaille d'or, 1878 ; Médailles d'or et Diplômes d'honneur aux Expositions d'Amsterdam 1883, Anvers 1885. Membre du Jury à l'Exposition de Barcelone 1888
   Croix de la Légion d'Honneur, 1888.

56. BOURDIL (Fernand-F.), à Paris, avenue d'Iéna, 56. — Garniture de piston pour pompes à liquides et à gaz.   **(PALAIS.)**

57. BOURDIN (Charles-L.), à Paris, avenue de la République, 13. — Pompe hydraulique à gaz produits par l'explosion de produits solides, liquides ou gazeux.   **(PALAIS.)**

58. BOURDON (F.-Edouard), à Paris, Faubourg-du-Temple, 74. — Manomè-tres métalliques, appareils de sûreté pour chaudières, dynamomètres, graisseurs-oléo-mètres.   **(PALAIS.)**

59. BOURDON (L.-C.-J.), à Paris, rue de Paradis, 39. — Calorifuge.   **(PALAIS.)**

60. BOURDONNAY (Ernest-A.), à Paris, rue du Faubourg-Saint-Martin, 241. — Collection du journal « Le Mécanicien ». (Forges et Fonderies).   **(PALAIS.)**

61. BOURGEOIS (l'Abbé Vulfranc C.), à Coulours (Yonne). — Levier dont la force peut se régler à volonté, appliqué à un tricycle, et applicable à tout, au lieu de manivelle.   **(PALAIS.)**

62. BOURGUET (Pierre-Martial), à Paris, rue Oberkampf, 104. — Poulies en fer forgé.   **(PALAIS.)**

63. BOURSIER (Jules-P.-A.), à Paris, rue des Petits-Champs, 44. — Indica-teurs extérieurs et automatiques du mouvement des vannes, valves et clapets dans tous les robinets.   **(PALAIS.)**

64. BRANCHER (M.-Antoine), à Paris, rue de la Chaussée-d'Antin, 6. — Poulies françaises en fer forgé et acier. Organes de transmission. Embrayages, débrayages automatiques, cônes en fer, paliers graisseurs.   **(PALAIS.)**

65. BRASSEUR (Victor), à Lille (Nord), rue de Valenciennes, 52. — Machines Corliss et machines Wheelock de 620, 290 et 110 chevaux.   **(PALAIS.)**

66. BRAULT, TEISSET & GILLET, à Paris, rue du Ranelagh, 14.— Tur-bines, pompes.   **(PALAIS.)**

   Maison à Chartres (Eure-et-Loir). — Installations complètes de moulins à cylindres et à meules. Turbines. Fontaines perfectionnées. Roues de côte, roues à augets. Pompes. Elevations d'eau. Papeteries, piles à papier, meuletons, moulins à ciment.
   Récompenses : 1851, Londres, grande Médaille, prize Medal ; 1855 Paris, grande Médaille d'honneur ; 1867 Paris, Médaille d'or, Médaille de bronze ; 1873 Vienne, Médaille de progrès ; 1878 Médaille d'or. Décorations de la Légion d'honneur 1862, 1869.

67. BRELOUX (B.) & Cie, à Nevers (Nièvre). — Locomobiles et pompes centrifuges.   **(PALAIS.)**

68. BREYSSE (Alexis), à Marseille (Bouches-du-Rhône), boulevard Rabatau, 9. — Bourrelets minéraux. Calorifuges appliquables sur tuyaux et appareils de vapeur avec du silicate de soude.   **(PALAIS.)**

69. BRICHOT (Ant.) & Cie (Manufacture générale de courroies de transmission), à Paris, rue de Chabrol, 40. — Courroies en crin, en coton américain, dites Gandy.   **(PALAIS.)**

    Courroies en cuir tanné et en cuir couronné (crown leather).
    Médailles d'or Londres 1862, Paris 1878, Melbourne 1881, Anvers 1885 et Bruxelles 1888.

70. BRISSONNEAU, DEROUALLE & LOTZ (Alphonse), à Nantes (Loire-Inférieure). — Appareils de compression.   **(PALAIS.)**

71. BROQUET (Ad.), à Paris, rue Oberkampf, 121. — Pompes.   **(PALAIS.)**

    Construction de pompes à tous usages.
    Arrosage, incendie, purin, transvasement des vins, alcools, huiles, bières, essences.
    Installations de pompes dans les puits de grande profondeur, mues à bras, au manège ou tout autre moteur.
    Devis et plans sur demande.

72. BROSSARD (Antoine-V.-B.), à Colombes (Seine), villa de la reine Henriette. — Moteur à air chaud, petit moteur domestique et balancier à friction.   **(QUAI.)**

73. BROUHOT & Cie, à Vierzon (Cher). — Machines à vapeur fixes, demi-fixes et locomobiles. Pompes à grands débits, à vapeur à action directe, chaudières à flamme directe et à retour de flamme.   **(PALAIS.)**

    Machines pour électricité, alimentation d'eau, submersions et irrigations. Machines à vapeur horizontales et verticales à détente fixe et à détente variable par le régulateur. Chaudières et générateurs de tous systèmes. Chaudières inexplosibles système Terme et Deharbe.
    Deux médailles d'or et une d'argent, Exposition universelle de Paris 1878.
    Médaille d'or, Exposition universelle de Barcelone, 1888.

74. BROUILLET (Jacques-P.-A.), à Paris, rue Planchat, 30. — Joint de sûreté contre toutes explosions de chaudières, générateur de vapeur sèche et isolée de son liquide.   **(PALAIS.)**

75. BRUDENNE (J.), à Paris, rue Jules-César, 9. — Calorifuge.   **(PALAIS.)**

76. BUCHIN TRICOCHE & Cie, à Paris, rue du Faubourg-Montmartre, 17. — Machine à vapeur.   **(PALAIS.)**

77. BUFFAUD (B.) & ROBATEL (T.), (ancienne maison **Buffaud Freres**), à Lyon, (Rhône), chemin de Baraban. — Machines diverses.   **(PALAIS.)**

    Fondée en 1830. — Construction de machines ; machine verticale Compound actionnant la transmission de la classe 55 ; machine Compound petit modèle ; machine horizontale à condensation ; machine verticale, transportable sur chaudière Field ; cheval alimentaire horizontal ; cheval alimentaire mural ; pompe à courroie. Machines à vapeur de tous systèmes et toutes forces ; pompes pour tous débits ; installations d'eau de ville. Installations complètes de brasseries, meuneries, amidonneries, tréfileries, huileries, teintureries, scieries de pierres, fabriques d'extraits de bois, de pâtes alimentaires, de produits chimiques, etc., etc. ; ascenseurs ; presses et accumulateurs hydrauliques ; compresseurs ; spécialité d'essoreuses pour toutes industries ; essoreuses électriques. — Premiers prix : Paris, 1867 ; Vienne, 1873 ; Paris, 1878. Décorations : François-Joseph, Vienne ; Légion d'honneur, Paris 1878.

78. BURLIN (Edouard), à Saint-Dié (Vosges) **& VALLET (Lucien),** à Amance (Haute-Saône). — Turbine, système Vallet, à débit variable. Force 600 chevaux.   **(E. C.) (PALAIS.)**

    Spécialité de moulages sans modèles dans les fonderies Ed. Burlin à Saint-Dié (Vosges). Turbines, engrenages de toutes formes jusqu'à 8.000 kilos pièce, marchant brut de fonte.

79. BUROT (A.-L.), à Angoulême (Charente). — Transmissions principales de mouvement du palais des machines, avec paliers graisseurs automatiques économiques.   **(PALAIS.)**

80. BUSS & Cie à Paris, rue de l'Université, 195. — Régulateur cosinus, tachymètres, tachygraphe, compteurs de tours, robinet de contrôle.   **(PALAIS.)**

> Régulateurs-cosinus pour machines motrices. Tachymètres (Indicateurs de vitesse). Comp-
> teurs de tours. — Robinet de contrôle pour vérifier l'intérieur des tuyaux; brevetés S. G. D. G.
> Médailles aux Expositions. Mérite, Vienne 1872. Grande Médaille, Philadelphie 1876. Argent,
> Paris 1878. Or. Melbourne 1881. Fournisseur des ministères et des grandes usines.

81. BUSSER (Charles), Successeur de **Castilhac**, à Paris, rue du-Fau-
bourg Saint-Denis, 202 — Dents d'engrenages en bois, roues, poulies et modèles.
                                                                            (PALAIS.)

82. BUZELIN (F.-Jules), aux Lilas (Seine), rue de Paris, 63 bis. — Machine à
vapeur, locomobile   **(PALAIS.)**

83. CAILLARD Frères, au Havre (Seine-Inférieure). — Appareils de levage,
grues, treuils à vapeur et hydraulique.   **(PALAIS.)**

84. CAMBON (Ph.-Auguste), à Rozières-sur-Mouzon (Vosges). — Coussinets
à sphères applicables aux machines agricoles et autres, aux transmissions verticales et
horizontales, voitures, wagons, etc.   **(PALAIS.)**

85. CARETTE (Paul), à Hamégicourt (Aisne). —Appareils de sûreté pour chaudières.   **(PALAIS.)**

> Voir fonctionnement aux chaudières de Naeyer, force motrice de la section française.

86. CARLE & DENIZOT, à Puteaux (Seine), rue de la République, 57. —
Moteur hydraulique.   **(PALAIS.)**

87. CARPENTIER (Henri), à Paris, boulevard Soult, 73. — Pompes et tuyaux.
                                                                            (QUAI.)

88. CARRÉ (Edmond), à Paris, rue de l'Estrapade, 19. — Robinets à soupape,
étanches pour les gaz, la vapeur, l'eau, etc.   **(PALAIS.)**

89. CARRÉ (Ferdinand-P.-E.), à Paris, rue de Reuilly, 48. — Machine à vapeur
avec piston étanche, marchant comparativement avec un piston ordinaire, pompes
alimentaires marchant sans ratés.   **(PALAIS.)**

90. CARRÉ, et Fils Aîné & Cie, à Paris, quai d'Orsay, 127. — Appareil hydraulique.   **(PALAIS.)**

91. CASALONGA (D.-A.), à Paris, rue des Halles, 15. — Collection du journal
« La Chronique Industrielle ». Dessins et ouvrages divers. Moteur à air chaud.Comp-
teur à eau.   **(PALAIS.) (QUAI.)**

92. CASSE (Ch.), à Paris, rue du Terrage, 15. — Manomètres.   **(PALAIS.)**

93. CASSE (J.) & Fils, à Fives-Lille (Nord). — Machine à vapeur. Pompes
centrifuges.   **(PALAIS.)**

94. CASSE (L.-E.), à Paris, rue Lécluse, 7. — Soupape d'aérostat. Appareil à
faire et comprimer l'hydrogène pur pour aérostat.   **(PALAIS.)**

95. CASTAÑON, MENENDEZ & GIL, à Paris, rue du Faubourg-Pois-
sonnière, 68. — Pompes.   **(PALAIS.)**

96. CAZAL (J.), à Nîmes (Gard). — Moteur à gaz.   **(PALAIS.)**

97. CAZAUBON (D.) & Fils, à Paris, rue Notre-Dame-de-Nazareth, 43. —
Pompes.   **(PALAIS.)**

98. CHALIGNY & Cie, (Anciennes Maisons **Calla, Chaligny et Guyot-
Sionnest**), à Paris, rue Philippe-de-Girard, 54. — Machines à vapeur fixes demi-
fixes et locomobiles.   **(PALAIS.)**

99. CHAMEROY (Augustin-E.), à Paris, rue Erlanger, 7. — Bascules à contrôle par l'impression du poids.   **(PALAIS.)**

> Médailles d'or aux Expositions universelles de Paris 1878, d'Amsterdam 1883, d'An

vers 1885. — Les bascules de Chameroy sont employées par la Ville de Paris et par un
grand nombre de villes de la France et de l'étranger, pour le service des Poids publics et
l'Octroi. Elles sont également appliquées dans les mines, raffineries, distilleries, forges, usines
à gaz, etc., enfin dans les grandes Administrations et le Commerce de toute nature.

N.B. — Pour renseignements et achats, s'adresser rue d'Allemagne, 147, à Paris, à
M. Edmond Chameroy fils, ingénieur-constructeur, concessionnaire des brevets Chameroy et
successeur de son père depuis 1885. — Concessionnaires des brevets Chameroy à l'Etranger :
En Angleterre, M. Avery, à Birmingham ; en Allemagne, M. Morh-Federhaff, à Mannheim ;
en Espagne, M. Pibernat, à Barcelone.

100. CHAMEROY (B.-Hippolyte), au Vésinet (Seine-et-Oise), avenue Centrale, 89. — Chaudière à vapeur inexplosible à vaporisation instantanée ; poulie de
retenue.   **(PALAIS.)**

101. CHARON (Louis), à Solre-le-Château (Nord). — Moteurs à gaz.   **(PALAIS.)**

102. CHARTRAN (Henri), Ancienne Maison **Chenon**, à Paris, rue de Saint-
Quentin, 22. — Courroies de transmission, cuirs pour courroies et lanières.   **(PALAIS.)**

   Lanières transparentes et mixtes à pointes raides. — Médaille de bronze, Exposition 1878.

103. CHATEAU Père et Fils, à Paris, rue Montmartre, 118. — Compteurs
totalisateurs, enregistreurs, rouages de carillons.   **(PALAIS.)**

104. CHAUDRÉ (F. N.), à Paris, boulevard de Vaugirard, 91. — Indicateurs
métalliques de niveaux et appareils de sûreté pour chaudières à vapeur.   **(PALAIS.)**

105. CHÉRIER (J. L. Arsène), Ancienne Maison **Boudin**, à Paris, boulevard
Voltaire, 205. — Paliers doubles graisseurs, gerbeuse perfectionnée, extensible et
démontable avec frein automatique.   **(PALAIS.)**

106. CHEVALET (Louis), à Troyes (Aube). — Appareil épurateur des eaux de
chaudières.   **(PALAIS.)**

107. CHEVALLIER (Pol), à Longeville (Meuse). — Courroies de transmission.   **(PALAIS.)**

108. CLEUET (Victor), à Paris, rue Meynadier, 15. — Robinets purgeurs automatiques, régulateurs d'alimentation.   **(PALAIS.)**

   Fournisseur de la Marine de l'Etat et des grandes usines de France.
   Médaille d'argent à l'Exposition universelle de 1878.

109. CLOAREC (Jean), à Paris, rue de Prony, 33. — Machine rotative à air
comprimé.   **(PALAIS.)**

110. CLUZAN (Martin), à Paris, rue Viala, 15. — Machine à vapeur en réduction.
                                                                            (PALAIS.)

111. COCHETEUX (Auguste), à Roubaix (Nord), boulevard de la République.
— Paliers graisseurs.   **(PALAIS.)**

112. COLLET (Vve E.), à Paris, rue du Vert-Bois, 53. — Cordes en boyaux
pour transmissions mécaniques et toutes industries.   **(PALAIS.)**

   Cordes de toutes grosseurs sans fin et à crochets pour la mécanique. Cordes ferrées pour
   archets, etc. Cordes blondes et blanches pour horlogerie, raquettes et cravaches. Cordes har-
   moniques, cordes d'arçons, etc.
   Toutes nos cordes sont garanties fabriquées exclusivement en boyaux de mouton.

113. COLOMBIER (Pierre), à Paris, rue de la Roquette, 61. — Robinets et
appareils pour chaudières.   **(PALAIS.)**

**114. Compagnie continentale d'exploitation des Locomotives sans
foyer. (Directeur Léon-E. Francq)**, à Paris, avenue Kléber, 15. — Dessins,
modèles de robinets de retenue, d'écoulement variable automatique.   **(PALAIS.)**

115. Compagnie de Fives-Lille, à Paris, rue Caumartin, 64. — Générateur,
machine à vapeur, machine d'épuisement, appareils pour outillage hydraulique.
                                                                            (PALAIS.)

   Générateur tubulaire à foyer intérieur et à réservoir supérieur de 90 mètres carrés de surface

de chauffe. — Machine à vapeur horizontale de 75 chevaux avec distribution à déclic. — (Le générateur alimente exclusivement cette machine). — Appareil d'épuisement des formes de radoub de Dunkerque. — Grue mobile hydraulique de 1.500 k^os, cabestan hydraulique à 2 vitesses. — Modèle au 25e de la bigue de 120 tonnes de Marseille.
Divers dessins et photographies.

116.　Compagnie des Entrepôts et Magasins généraux de Paris, à Paris, boulevard de la Villette, 204. — Appareils de levage.　　　　(**PALAIS.**)

117.　Compagnie des Fonderies & Forges de l'Horme, Chantiers de la Buire, à Lyon (Rhône), rue Rachais, 32. — Machines à vapeur.　(**PALAIS.**)

Machines à vapeur, systèmes Bonjour (brevetés s. g. d. g.), application de la détente par tiroir à vapeur et de la détente cinématique. — Machines à grande vitesse pour éclairage électrique. — Machines à vapeur rotatives Compound, systèmes Bonjour et Cie de l'Horme (brevetés s. g. d. g.). — Gazogènes au gaz pauvre pour grands et petits moteurs, systèmes Lencauchez et Chantiers-Buire (brevetés s. g. d. g.). — Compteurs à eau et à alcool, système R. de Prandières, breveté s. g. d. g., applicable à tous les usages domestiques et industriels. — Moteurs à gaz, système Delamare-Deboutteville et Malandin, brevetés s. g. d. g. Concessionnaires pour le Midi de la France. — Pièces de précision pour tous appareils mécaniques. — Compteurs de tours pour la mouture. — Fusils et pièces détachées pour armes.

118.　Compagnie Française des moteurs à air chaud, à Paris, rue des Pyramides, 18. — Moteurs à air chaud.　　　　　　(**PALAIS.**)

119.　Compagnie Française des moteurs à gaz, à Paris, avenue de l'Opéra, 15. — Moteurs à gaz et moteurs à pétrole, système Otto.　(**PALAIS.**)

Nouveaux moteurs domestiques verticaux de 1/8 et 1/4 de chev. à inflammation par tube incandescent. Le sens du mouvement de ces moteurs est indifférent. — Moteurs verticaux depuis 1 ch. jusqu'à 6 ch., à marche silencieuse. — Moteurs horizontaux à un cylindre depuis 1/2 ch. jusqu'à 25 ch. — Moteurs horizontaux à 2 et 4 cylindres, de 5 ch. à 120 ch., spéciaux pour la production de la lumière électrique, à marche absolument régulière. — Moteurs à pétrole depuis 1 ch. jusqu'à 8 ch. — Moteurs au gaz pauvre gaz Dowson, gaz à l'eau, dépensant moins de 1 kg. d'anthracite par cheval et par heure. — Réc. obt. par les moteurs Otto : Paris 1867 (mach. Otto atmosphérique), méd. d'or ; Vienne 1873, méd. de progrès ; Philadelphie 1876, diplôme ; Sydney 1880, 1er prix ; Melbourne 1881, méd. d'or et 1er prix ; Amsterdam 1883, diplôme de méd. d'or ; Anvers 1885, diplôme d'honn. ; Bruxelles 1888, prix d'honn. ; Barcelone 1888, méd. d'or.

120.　Compagnie Parisienne d'Éclairage par l'Électricité, Société Anonyme, à Paris, rue Monsigny, 15. — Moteurs à gaz et à pétrole, système vertical Benier.　　　　　　　　　　(**PALAIS.**)

Société au capital de 5.010.000 francs. — Un moteur d'un demi-cheval ; un moteur d'un cheval ; un moteur de trois chevaux. Grande médaille d'or, Exposition de Paris 1878.

121.　Compagnie pour la Fabrication des Compteurs et Matériel d'Usines à Gaz, à Paris, boulevard de Vaugirard, 16. — Compteurs à eau. (**PALAIS.**)

Compteurs d'eau, système Frager. Compteurs à gaz. Compteur d'électricité, système Frager.
Récompenses : Médaille de bronze, Paris 1867, 1878 ; médaille d'or, Anvers 1885.

122.　CONSTANT (L.) & Cie, à Clichy (Seine), rue de Neuilly, 11. — Tartriphage pour l'entretien et la désincrustation des générateurs à vapeur.　(**PALAIS.**)

123.　CORDIER Aîné (E.-J.), à Paris, rue du Chemin-Vert, 98. — Modèles de cheminées et fourneaux.　　　　　　　　　　(**PALAIS.**)

124.　CORDIER (Pierre-J.), à Romilly-sur-Seine (Aube). — Frein applicable à toute force motrice.　　　　　　　　　　　(**PALAIS.**)

125.　CORET (Théophile L. J.), à Bourges (Cher), rue de Lorraine, 6. — Soupape de sûreté inéalable pour chaudières à vapeur.　　　　(**PALAIS.**)

126.　COSSAS (Jules), à Paris, rue Sainte-Apolline, 16. — Pompe rotative à piston garni de cuir.　　　　　　　　　　　(**PALAIS.**)

127. COSTER (de). RIKKERS & Cie, à Saint-Denis, (Seine), rue Petit, 28.
— Machines à vapeur.   **(PALAIS.)**

Machines à vapeur verticales fixes et portatives. Machines horizontales à détente perfectionnée. Locomobiles. — Chaudières verticales et horizontales à bouilleurs semitubulaires. Chaudières verticales à tubes coniques inexplosibles. — Outils pour la fabrication du caoutchouc et des tissus gommés. Machines pour le travail des pierres dures et du granit. Appareils pour la fabrication des asphaltes et des bitumes. — Récompense : Paris, 1878.

128. COUVREUR (Napoléon), à Dunkerque (Nord), rue des Arbres, 13. —
Modèles de machines.   **(PALAIS.)**

129. COUX (Jules de la), à Asnières, (Seine). — Mastic calorifuge, enduit mollieur. Produits d'amiante, anti-tartre, etc.   **(PALAIS.)**

130. CRECEVEUR (F.), à Mantes (Seine-et-Oise). — Paliers-graisseurs pour transmissions. Barreaux de grille à double lumière. Foyer à aspiration d'air pour générateur.   **(PALAIS.)**

Fournisseur des Manufact des de l'Etat, Ville de Paris, Etabliss Malétra, Saint-Gobain, etc.

131. Crédit agricole, (union des syndicats agricoles de France),
à Paris, rue Marsollier, 9. — Moulin à vent.   **(QUAI.)**

Agence de Lyon : Directeur, M. Plissonnier-Simon.

132. CRINER (Georges), à Paris, rue de la Chaussée-d'Antin, 23. — Appareils fumivores, économiques, augmentant la puissance des chaudières. **(PALAIS.)**

133. CROUAN (Henry-M.-L.), à Paris, rue de Navarin, 12. — Moteur à air chaud dit « Calorimoteur ».   **(PALAIS.)**

134. CROZET & Cie, au Chambon-Feugerolles (Loire). — Machines diverses.
                                                                      (PALAIS.)

135. CUAU Ainé et Cie, à Paris, rue Championnet, 234. — Injecteurs aspirants et non aspirants automatiques, pulsomètres à lames, éjecteurs à cônes divergents, appareils à jets de vapeur.   **(QUAI.)**

Pulsomètres à lames pour l'élévation des liquides ; consommation de vapeur très faible. Éjecteurs pour le déplacement des liquides chauds, froids et des gaz. — Injecteurs automatiques aspirants pour l'alimentation des chaudières dits éjecto-injecteurs automatiques, sûreté de fonctionnement, pas de ratés ; remise en marche automatique. — Auto-injecteurs non aspirants pour l'alimentation des chaudières, extrême simplicité, pas de ratés.

136. DALLARD (Pierre), à Paris, avenue de Versailles, 77. — Joints et clefs.
                                                                      (PALAIS.)

137. DAMEY (J.-Alexis), à Dôle (Jura). — Machines à vapeur fixes, mi-fixes et locomobiles à grande économie de combustible. Réchauffeurs et condenseurs, marche silencieuse parfaitement régulière.   **(PALAIS.)**

Bureaux à Paris, avenue Rapp, 16, près l'Exposition. Exposition au grand Palais des machines, classe 52. Régulateurs à action rapide, brevetés. Démontage facile de tout l'ensemble, facilité de graissage et d'entretien. Toutes les huiles sont recueillies. Médaille d'or à l'Exposition universelle de 1867, et Croix de la Légion d'honneur. Prime exceptionnelle de 3,000 fr. etc. Balances dynamométriques. Le tout breveté. Voir aussi classe 65. (Bateau à vapeur).

138. DANDOY-MAILLIARD LUCQ et Cie, à Maubeuge (Nord). —
Petites machines à vapeur, verticales et horizontales avec et sans chaudières. **(PALAIS.)**

139. DARBLAY Père et Fils, à Essonnes (Seine-et-Oise). — Transmissions de mouvements.   **(PALAIS.)**

140. DAUGY (François), à Fourchambault (Nièvre). — Machine à vapeur à changement de marche instantané.   **(PALAIS.)**

Sans choc, que la machine marche en avant ou en arrière.
Pouvant s'adapter soit à un laminoir ou à un navire à vapeur.

141. DAVID (Henri-S.-J.), à Orléans (Loiret) rue de l'Echelle, 3. — Pompe à trois corps, pompes chapelets, moulin à vent.   **(QUAI.)**

142. DECŒUR (Paul), à Paris, boulevard Richard-Lenoir, 172.— Pompes centrifuges, turbines, soupape, vanne cylindrique, condenseur, éjecteur.   **(PALAIS.)**

143. DECOURDEMANCHE (A.) & Cie, à Choisy-le-Roi (Seine). — Courroies de transmission.   **(PALAIS.)**

144. DEGRÉMONT-SAMADEN (Aldebert-M.-A.-T.), au Cateau (Nord). — Graisses consistantes, graisseurs de tous genres, lampes d'atelier, articles d'usines.   **(PALAIS.)**

Manufacture de graisseurs à graisse consistante, brevetés s. g. d. g. Manufacture des graisses de la marque « Lion » pour machines cylindres, robinets, etc. Graisseur pour graissage de la vapeur ; cylindres, tiroirs brevetés s. g. d. g. fonctionnant automatiquement et permettant l'emploi d'huiles ou graisses solides. Articulateur permettant le graissage sans arrêt des bielles et autres pièces en mouvement, breveté s. g. d. g. Lampes d'ateliers à niveau constant inversables, brevetées s. g. d. g. Fournisseur de la Cie Générale Transatlantique. Chargeurs réunis. Circulaire du Ministre de la Guerre autorisant et recommandant l'emploi des appareils Degrémont. Fournisseur de la Marine Nationale, de l'Opéra, Palais-Royal, Châtelet, etc. Chemins de fer du Nord, Midi, Anzin. Lecouteux et Garnier Weyher et Richemont, Fives-Lille. Forges et Chantiers de la Méditerranée.

145. DEGUFFROY (Edouard), à Paris, rue de Lourmel, 3. — Locomotive et moteur à air.   **(PALAIS.)**

146. DEHAITRE (Fernand), à Paris, rue d'Oran, 6. — Gazogène.   **(PALAIS.)**

The Dowson Economic Gas and Power Co Ld, 3, Great Queen St, Londres — Concessionnaire exclusif pour la France et l'Étranger. — Appareils, brevetés s. g. d. g., pour la production du gaz. Applications générales des gaz pauvres pour la production de la force motrice, le chauffage et tous usages industriels. Force motrice pour éclairage électrique.

147. DEIT (Joseph-E.-J.), à Amélie-les-Bains (Pyrénées-Orientales).— Balances, Romaines, bascules.   **(PALAIS.)**

148. DELAFRAYE (Albert), à Marissel-lez-Beauvais (Oise). — Courroies en cuir, simples, doubles, collées et homogènes, lanières-buffle rose et blanc, câble en cuir tressé.   **(PALAIS.)**

149. DELAHAYE (Émile), à Tours (Indre-et-Loire), rue du Gazomètre, 34. — Machine à vapeur fixe à détente variable par le régulateur. Chaudière multitubulaire inexplosible, système Terme et Deharbe.   **(PALAIS.)**

Ingénieur-Constructeur. Maison fondée en 1850, par M. Brethon. (Galerie des machines). Machine à vapeur demi-fixe à détente variable par le régulateur, montée sur chaudière à retour de flamme et foyer amovible. Moteur à gaz et à pétrole, système Pers, Breveté s. g. d. g. Construction de machines spéciales pour briqueteries, tuileries et toutes usines de céramique. Récompense : Exposition de Paris 1878, Médaille d'argent.   Voir classe 57.

150. DELALOE (Léon A.), à Paris, avenue du Maine, 11. — Machine hydraulique essayant les métaux et autres matières à la traction, à la flexion et à la compression.   **(PALAIS.)**

L'éprouvette faisant elle-même mathématiquement le procès-verbal des opérations.

151. DELAURIER (Emile-J.), à Paris, rue Daguerre, 77. — Modèle de moteur à vapeur pour navigation aérienne. Turbines éoliques et hydrauliques. Lammoteurs pour utiliser la force des vagues.   **(PALAIS.)**

152. DELETTREZ (G.), à Levallois-Perret (Seine), rue Gide, 7. — Graisseurs et paliers graisseurs. Graisses influides et huiles.   **(PALAIS.)**

Maison fondée en 1853. — Médaille de bronze et mention honorable, Paris 1878 ; médaille d'or, Exposition d'Anvers 1885. (Voir groupe 5 cl. 49).

153. DELPEUTTE (Jules), à Saint-Nazaire (Loire-Inférieure). — Raccord instantané de chaudronnerie.   **(PALAIS.)**

154. DERNONCOURT (Liévin), à Rouen (Seine-Inférieure). — Régulateur de tirage ou porte-glissière.   **(PALAIS.)**

155. DESCHIENS (J.-Eugène), à Paris, boulevard Saint-Michel, 123.—Compteurs totalisateurs de tous genre. Appareil totalisant et enregistrant les arrêts et variations de vitesse.   (PALAIS.)

156. DESNOS (Edouard), à Paris, avenue Bosquet, 26. — Ouvrages sur les chaudières à vapeur.   (PALAIS.)

157. D'ESPINE, ACHARD & Cie, à Paris, quai de la Marne, 52. — Compteurs d'eau.   (PALAIS.)

158. DEVAUX et DACLIN, à Lyon (Rhône), quai de Vaise, 18. — Manomètres pour locomobiles ; pour appareils à vapeur et hydrauliques, etc.   (PALAIS.)

159. DEVILLE, PAILLIETTE & Cie, à Charleville (Ardennes).— Pompes diverses.   (PALAIS.)

160. DIÉTRICH (G.) et Cie, à Paris, rue Guersant, 36. — Fumivore Orvis perfectionné.   (PALAIS.)

Fournisseurs de l'État et de la Ville de Paris. — L'appareil fumivove Orvis perfectionne s'applique sur tous les types de chaudières à vapeur.

161. DILLEMANN (P. A.) à Armentières (Nord). — Pompes.   (PALAIS.)

162. DION (de) BOUTON et TRÉPARDOUX, à Puteaux (Seine) rue des Pavillons, 20. — Chaudière à vapeur.   (PALAIS.)

163. DISTINGUIN (Constant), à Paris, boulevard de Strasbourg,8. — Système de moteur à mouvement, hélicoïde permettant la suppression des bielles et des manivelles.   (PALAIS.)

164. DOHIS & ROBERT, à Paris, rue Elisa-Borrev, 10. — Antipédales hygiéniques.   (PALAIS.)

165. DOMANGE (A.), Successeur de **E. SCELLOS,** à Paris, boulevard Voltaire, 74. — Application du Cuir à la Mécanique.   (PALAIS.)

Courroies en cuir pour transmissions, de tous systèmes perfectionnes.
Deux medailles d'or, Anvers 1885.
Bruxelles 1888. — Médailles d'or et diplôme d'honneur.
Barcelone 1888. — Membre du Jury, diplôme hors concours, chev. de la Legion d'honneur.

166. DOUANE, JOBIN & Cie, à Paris, avenue Parmentier, 23. — Machine à vapeur.   (PALAIS.)

Ancienne Maison A. Crespin. — Fournisseurs de la marine, de l'artillerie, des poudreries nationales, des postes et des télegraphes et de la Ville de Paris.
Machines à vapeur fixes, demi-fixes et locomobiles. — Machines à double expansion ,brevets Queruel; types pilon et types horizontaux. — Machines à grande vitesse. — Machines à glace. — Télégraphie pneumatique. — Compresseurs. — Appareils de levage. — Installations d'usines.
(Voir classe 50 à Machines à glace).

167. DREVDAL (F.), à Paris, rue de Crussol, 35. — Graisseurs et huiles minérales à graisser.   (PALAIS.)

168. DUBOIS (Laurent), à Saint-Ouen (Seine), rue Montmartre, 44. — Machine horizontale de dix chevaux, disposée pour machine fixe, demi-fixe ou locomobile.
(PALAIS.)

169. DUCOMET (J.), à Paris, rue des Petits-Hôtels, 20. — Manomètres. — Pyromètres.   (PALAIS.)

Manomètres pour toutes pressions et de tous systèmes, indicateurs du vide ; pyromètres pour indiquer les temperatures elevées. Exp. univ. de Paris, 1867 ; de 1878 ; de Vienne, 1873; Barcelone, 1888.

170. DULAC (Louis), à Paris, rue des Boulets, 74. — Chaudière à vapeur.
(PALAIS.)

Foyer à combustion methodique, à grille sectionnelle. Soupape de sûreté à compensateur, limitant la pression. Indicateur-enregistreur du niveau d'eau. Traitement préventif et rationnel des incrustations. Condenseur-épurateur regenerant l'eau d'alimentation. Med. Exp. 1878. Paris,

171. DUMAS-GARDEUX (Antoine), à Paris, rue Geoffroy-l'Angevin, 17.
— Brosses pour l'entretien du matériel des usines et chemins de fer. **(PALAIS.)**

172. DUMONT (Louis), à Paris, rue Sedaine, 55. — Pompes. **(PALAIS.)**
  Maison fondée en 1863, par MM. L. Neut et L. Dumont.
  Pompes centrifuges de toute puissance jusqu'à 2500 litres par seconde pour manufactures.
  Travaux d'épuisement, irrigations. — Dessèchements, submersion des vignes.
  Installations complètes d'usines hydrauliques et location de matériel d'épuisement pour les travaux publics et particuliers.
  Maison à Lille, 100, rue d'Isly.
  Récompenses aux Expositions universelles internationales :
  Paris 1867, Vienne 1873, Philadelphie 1876.
  Paris 1878, Amsterdam 1883, Anvers 1885,
  Barcelone 1888, Bruxelles 1888.

173. DUMONT (Charles) & ROUSSEAUX (Léon), à Paris, rue Berthe,
9. — Agrafes pour courroies de transmission. **(PALAIS.)**

174. DUPONT (Auguste), à Fresne (Orne). — Appareil hydraulique. **(PALAIS.)**

175. DUPUCH (Gustave), à Paris, rue Claude-Vellefaux, 10. — Robinetterie,
Appareils de sûreté pour chaudières à vapeur, petite mécanique. **(PALAIS.)**
  Robinetterie spéciale contre les explosions de chaudières : Appareil de niveau d'eau à clapets de sûreté automatiques. — Indicateur à flotteur à glace en verre incassable. — Obturateur Labeyrie à clapet sphérique à double effet. — Robinet-vanne à tige brisée et à passage libre. — Injecteurs automatiques. — Pulsomètres, manomètres, dynamomètres pour l'essai des tissus, détendeurs de vapeur. — Médailles aux Expositions universelles 1855, 1862, 1867, 1878.

176. DURAND (Eugène), à Paris, avenue Victor Hugo, 163.—Moteurs à pétrole
ou à gaz fixes et locomobiles. Alimentateur automatique de chaudières à vapeur.
  Ce moteur emploie l'essence minérale ordinaire à 695° et non la gazoline. Allumage électrique permanent sans pile ne coûtant rien. Régularité absolue; consommation réduite au minimum. Récompenses : Paris 1867, or ; Vienne 1873, mérite ; Paris 1878, or et argent (voir cl. 58 et 59).

177. DURENNE, à Courbevoie (Seine).—Machines et chaudières à vapeur, pompes
à incendie à vapeur, bateaux à vapeur, compresseur d'air, pompe élévatoire, débrayage
à action instantanée. **(PALAIS.)**
  Chaudière verticale brevetée à circulation automatique, grues, hélices, pièces de forge soudées, embouties, reservoirs, dévidoir porte-tuyaux, bassine à joint baïonnette breveté.
  Récompenses aux Expositions de : Londres, 1862 ; Paris, 1855, 1867, 1878 ; Sydney, 1880; Melbourne, 1881 ; Amsterdam, 1883. — Voir aux monographies.

178. DUROZOI (Marcel), à Paris, rue Riblette, 13. — Béliers hydrauliques,
Pompes. **(QUAI.)**
  Spécialité de béliers. Bélier pompe. Bélier à pistons différentiels. Propulseur sans limite, pour puits de grandes profondeurs. Travaux hydrauliques pour alimentation de communes et châteaux. Spécialité de machines à travailler les métaux en feuille. Presses à chapeaux.

179. DUSERT (Victor), à Lyon-Saint-Clair (Rhône). — Graisseurs à compression (sans robinet) pour graissage forcé dans la vapeur, applicables à tous systèmes
de machines **(PALAIS.)**
  Plusieurs types, fonctionnant à la main ou automatiquement avec retour libre du levier. — Nos 1, (2, 3) et 4.

180. DUTHEIL (Pierre), à Paris, rue Saint-Maur, 196. — Machine à vapeur.
(PALAIS.)
  Anvers 1885, Récompense unique à la Croix-Rouge, 2 médailles de bronze et mention honorable ; Barcelone 1888, 2 médailles d'or, 1 médaille argent. (Voir G. II, cl. 14 ; G. IV, cl. 40, G. VI, cl. 60.

181. DUVAL & Fils, à Paris, rue de Dunkerque, 52. — Garnitures métalliques
pour presse-étoupes de machines à vapeur. Locomotives et machines marines.
(PALAIS.)

182. DUVEAU (Ad.), à Rouen (Seine-Inférieure), rue Fontenelle, 17.—Contrôleur de vitesse.   **(PALAIS.)**

Contrôleur de vitesse avec enregistreur breveté S. G. D. G., sans mouvement centrifuge, indiquant par la combinaison seule de son mécanisme, le nombre de tours sur un cadran. Les variations de vitesse jusqu'à 1/2000 par quart de seconde sont lisibles sur le diagramme tracé par l'instrument. Exactitude absolue ; modification de l'échelle du diagramme selon les besoins. Indispensable pour essais sur machines à vapeur, dynamos, torsion des arbres, etc.

183. DYCKHOFF (Rudolphe), à Bar-le-Duc (Meuse). — Machine à vapeur à déclic, genre Corliss, avec deux distributeurs.   **(PALAIS.)**

184. EDOUX (Léon), à Paris, rue Lecourbe, 76. — Ascenseurs.   **(PALAIS.)**

Constructeur concessionnaire du 1er ascenseur, Paris, 1867. Médaille d'argent ; du grand ascenseur du Prater; Vienne 1873 : Médaille de progrès ; du grand ascenseur du Trocadéro, Paris, 1878, Légion d'honneur. Constructeur exposant du grand ascenseur de la tour de 300 mètres, Paris, 1889. Constructeur des rideaux de fer des théâtres, de la piste mobile du Nouveau Cirque. Inventeur de la manœuvre électrique. Constructeur des ascenseurs des grands magasins et des principaux hôtels, des grandes compagnies d'assurances, des établissements de l'Etat, de la Ville de Paris, des administrations générales du Mont-de-Piété, de l'assistance publique, etc., etc.

185. EGGER (Théophile), à Paris, rue des Charbonniers, 4. — Nouveau graisseur auto-pneumatique pour locomotives, tramways à vapeur et autres machines.
                                                                            (PALAIS.)

186. ELWELL Fils, à la Plaine-Saint-Denis (Seine), avenue de Paris, 194. — Pont roulant.   **(PALAIS.)**

187. FABRE (Paul) & TRONCHE, à Paris, rue de Châteaudun, 10. — Compteur totalisateur.   **(PALAIS.)**

188. FARCOT Fils (E.-F.), (Successeur de **E.-D. Farcot**), à Paris, rue Lafayette, 189. — Moteurs à air chaud et machines à vapeur.   **(PALAIS.)**

189. FARCOT (Joseph), à Saint-Ouen (Seine). — Machines à vapeur, pompes.
                                                                  (PALAIS.) (QUAI.)

Maison Farcot fondée en 1823. — Machine 500 à 1.000 chevaux (type Farcot. Quatre-tiroirs), genre Corliss perfectionné. — Machine du même système, 100 à 180 chevaux.

Machine-pilon, triple expansion grande vitesse, reversible, 250 à 400 chevaux, pour yacht ou torpilleur avec régulateur marin asservi et commande à distance. — Machine-pilon, triple expansion, grande vitesse, 150 à 200 chevaux, spéciale pour électricité. — Machine-pilon Compound, grande vitesse, 80 à 110 chevaux. — Manchon d'embrayage et débrayage en marche.

Annexe-Quai. — Grande pompe de Khatatbeh (Egypte), 550,000 litres par minute. Série de pompes centrifuges rendant jusqu'à 80 0/0. — Appareil de troussage des pompes de Khatatbeh.

Voir classe 65. — Appareils hydrauliques. Servo-moteurs. Manœuvre de canons de tous calibres.

Grande Méd. d'Hon. Paris 1855 ; Grands-Prix, Paris 1867, Paris 1878 ; Dipl. d'Hon. Vienne 1873.

190. FAYE (Henri), à Paris, rue des Filles-du-Calvaire, 16. — Foyer à grille spéciale, réduction d'un fourneau à tannée, dessin d'un fourneau fumivore.   **(PALAIS.)**

191. FAYOL (Amédée), à Bordeaux (Gironde), rue Labottière, 16.— Embrayage à friction, système Fayol limitatif de force, applicables aux poulies, roues d'engrenage, embrayant et débrayant à toutes vitesses.   **(PALAIS.)**

192. FERAY & Cie, à Essonnes (Seine-et-Oise).— Régulateurs, turbine, pompes.
                                                                            (PALAIS.)

Maison à Paris, rue de Turbigo. — Roues hydrauliques de tous systèmes. — Transmissions de mouvements. — Paliers graisseurs. — Roues élévatoires. — Elévations d'eau par moteurs hydrauliques et à vapeur.

193. FINES (A.-T.), à Toulouse, (Haute-Garonne , Grande-Rue-Saint-Michel, 33. — Appareils de pesage.   **(PALAIS.)**

194. FONTAINE (Maison **Louis**), à La Madeleine-lez-Lille (Nord). — Chaudières et appareils divers. Chaudière et appareil pour fourniture de vapeur du gr. I.
(PALAIS.)

195. FOREST (P. Fernand), à Paris, quai de la Rapée, 76. — Moteurs à gaz ou à pétrole, pour toutes industries, moteurs Compound pour bateaux. **(PALAIS.)**

196. FORTIN (Jules), à Fives-Lille (Nord), rue du Prieuré, 24. — Graisseur automatique.
(PALAIS.)

197. FOUCHÉ (Frédéric), à Paris, rue des Écluses-Saint-Martin, 38. — Aérocondenseur pour obtenir la condensation de la vapeur sans eau. Pompes à air, chaudière à vapeur. **(PALAIS.)**

198. FRANÇOIS (Georges-L.), à Rouen (Seine-Inférieure), rue Pavée, 14. — Mastic de minium pour joints à vapeur. **(PALAIS.)**

199. FROMAGE (Lucien), à Darnetal-lez-Rouen (Seine-Inférieure). — Projet de navigation aérienne. **(PALAIS.)**

200. GAILLET (Paul), à Lille (Nord), place Richebé, 5 et 7. — Installations complètes pour l'épuration des eaux industrielles. **(PALAIS.)**

    Système adopté par le Gouvernement français pour les chemins de fer de l'État.
    Exposition universelle, Barcelone 1888, Médaille d'or.
    Exposition universelle, Bruxelles 1888, Médaille d'or.
    Exposition universelle, Anvers 1885, deux Médailles d'or.
    350 Applications de 1883 à 1889.
    Représenté à l'Exposition par F. Guibillon, Ingénieur (E. C. P.) 57, rue de l'Aqueduc, Paris.

201. GARNIER (Paul), à Paris, rue Taitbout, 16. — Compteurs et indicateurs.
(PALAIS)

202. GAUTREAU (Théophile), à Dourdan (Seine-et-Oise). — Machine à vapeur, locomobile. **(PALAIS.)**

203. GENESTE HERSCHER & Cie, à Paris, rue du Chemin-Vert, 42. — Machines diverses au pavillon d'hygiène. **(ESPLANADE.)**

    Ventilateurs mécaniques (système Ser et système Geneste Herscher). — Moteurs à air comprimé. — Régulateurs de pression et de température. — Détendeurs. — Purgeurs automatiques d'air et d'eau condensée. — Robinets spéciaux.
    Voir le pavillon spécial et appareils en fonctionnement à l'Esplanade des Invalides.

204. Génie Civil (Le), Revue générale des Industries françaises & étrangères, à Paris, rue de la Chaussée-d'Antin, 6. — Publications et dessins concernant la mécanique générale. **(PALAIS.)**

205. GÉRARD-LESCUYER (Ch.), à Courbevoie (Seine), rue de la Station. — Machine épicycloïdale. **(PALAIS.)**

206. GIGUET (Vve Louis), à Saint-Denis (Seine), rue de la Briche, 3. — Détendeurs de vapeur ou régulateurs automatiques de pression. **(PALAIS.)**

207. GIRARD (Armand), à Paris, quai de la Loire, 42. — Divers générateurs à vapeur. **(PALAIS.)**

208. GIRODIAS (Laurent), à Paris, passage d'Angoulême, 20. — Pompes.
(PALAIS.)

209. GISSLER & BEMBER, à Billancourt (Seine), rue de Saint-Cloud, 5. — Désincrustant. **(PALAIS.)**

210. GODILLOT (ALEXIS-), à Paris, rue d'Anjou, 50. — Foyers utilisant les mauvais combustibles pour le chauffage des générateurs à vapeur. **(PALAIS.)**

    Fondation 1884. Utilisation des mauvais combustibles. Installation de foyers réalisant combustion méthodique, brûlant combustibles ligneux ou minéraux ténus, pauvres, humides, matières encombrantes, résidus de fabrication. Chargement mécanique du combustible sur la grille. — Avantages : Économie. Sécurité. Fumivorité. — Applications : houille, coke, anthracite, lignite, tourbe, même à l'état de poussière, résidus lavage (40 0/0 de cendres), tannée

humide, copeaux de fabriques extraits (64 0/0 humidité), sciure bois humide, copeaux ateliers menuiserie, déchets teillage : lin, chanvre, ramie ; résidus de fabrication de sucre de canne : bagasse, cossettes. Treize foyers, douze cents chevaux, en fonctionnement Champ de Mars (Force motrice).
  Récompenses : Médaille d'or, Anvers 1885.

211. GOLLY (Constant-A.), à Saint-Dié (Vosges). — Engrenages droits et d'angle à denture droite, à chevrons, hélicoïdales.   (**PALAIS.**)

212. GONDIN (M.) & THÉART, à Paris, rue de Charonne, 166. — Poulies diverses.   (**PALAIS.**)

213. GORNET (Joseph), à Montmirail (Marne). — Outils à rabouter les tubes de chaudières à vapeur.   (**PALAIS.**)

214. GOTENDORF & Cie, à Paris, quai de Jemmapes, 166. — Moteurs à gaz.
                    (**PALAIS.**)

215. GOUGET & POINSARD, à Paris, boulevard de Belleville, 6. — Graisseurs automatiques pour machines à vapeur fonctionnant par condensation.   (**PALAIS.**)

216. GOYON (de), Duc de Feltre, à Paris, rue Saint-Dominique, 57. — Moulins à vent.   (**QUAI.**)

217. GRANJON à Chantonnay (Isère). — Robinetterie.   (**PALAIS.**)

218. GROC (Alcide), à La Rochelle (Charente-Inférieure). — Compteur d'eau.
                    (**PALAIS.**)

219. GUEBHARD & TRONCHON, à Paris, rue de Dunkerque, 34 bis. — Contrôleurs automoteurs enregistreurs de l'état de repos ou de mouvement d'un corps quelconque.   (**PALAIS.**)

220. GUÉRET Frères, à Paris, boulevard de la Gare, 72. — Moteur à gaz.
                    (**PALAIS.**)

221. GUICHARD (S.), BISSON (Antoine) & Cie, à Paris, rue de Rocroy, 8. — Manomètres, pyromètres, détendeurs de vapeur, hydromètres, compteurs, enregistreurs.   (**PALAIS.**)

222. GUILLAUME (E.), à Charly, (Aisne).—Pompe et alimentateur automatiques à niveau constant. Machine à vapeur, moteur pour pays chauds, moteur rotatif à grande vitesse.   (**PALAIS.**)

223. GUION (P. Auguste), à Paris, boulevard Saint-Marcel, 17. — Appareil épurateur.   (**PALAIS.**)

224. .GUSTIN Ainé et Fils. à Deville (Ardennes). — Treuils à frein automatique, palans différentiels. Embrayage automatique pour l'accouplement des moteurs.
                    (**PALAIS.**)

225. GUYENET (C.-A.), à Paris, boulevard Magenta, 83. — Appareils de levage, injecteurs.   (**PALAIS.**)
  Spécialité d'appareils de levage, à bras, à vapeur, hydrauliques, électriques, fixes, roulants ou flottants, pour services de débarquement, d'entrepôts, de gares, d'ateliers, etc. Fournisseur des Compagnies de chemins de fer, des entrepreneurs, etc. — Fours en briques pour le chauffage du vent des hauts-fourneaux, système Whitwell. — Appareils spéciaux pour charger les rails de 12 m., dits Chargeurs de rails, brevetés S. G. D. G. — Injecteurs pour chaudières, brevetés S. G. D. G., type à cône fixe, sans garnitures ; pas de ratés, les plus simples et les moins chers. — Ejecteurs pour élévation ou transvasement des liquides froids ou chauds, jus, sirops, mélasses, acides, nombreuses applications.
  Récompenses : Médailles bronze et argent, Paris 1878. Bronze et argent, Barcelone 1888.
  S'adresser classe 52, groupe VI, de 2 à 4 heures.

226. GUYOT (Antoine), à Montreuil-sous-Bois (Seine), rue Etienne Marcel, 64. — Niveaux d'eau à soupapes de sûreté.   (**PALAIS.**)

227. HAMELLE (Henry E. A.), à Paris, Quai de Valmy, 21. — Fournitures pour machines à vapeur.   (**PALAIS.**)

228. HANNEBICQUE (Jules), à Paris, rue Fondary, 73. — Indicateur de niveau d'eau.   (PALAIS.)

229. HARTMANN (Jacques), à Paris, rue de Montmorency, 44. — Désincrustant.   (PALAIS.)

230. HENRY (René), à Paris, boulevard de la Villette, 117. — Graisseurs automatiques pour cylindres, et boîtes à vapeur, graisseurs pour paliers et tête de bielle à débit visible, réglable et continu.   (PALAIS.)

   Robinets à soupape équilibrée, breveté S. G. D. G. Accessoires divers pour machines à vapeur.
   Fabrication du mastic de minium de A. J. Lange, pour joints ; mastic et torons de varech, mastic d'amiante, minium, céruse.

231. HENRY-LEPAUTE Fils, à Paris, rue Lafayette, 6. — Moteur à vent.   (QUAI.)

232. HERRMANN (E.) & COHEN, à Paris, rue de Châteaudun, 5. — Foyer économique et fumivore pour chauffage des générateurs avec la houille ou tous combustibles pauvres, secs ou humides.   (PALAIS.)

233. HERVÉ (Henri), à Paris, rue Hautefeuille, 1. — Matériel aérostatique général pour les applications scientifiques et militaires.   (PALAIS.)

   Directeur de la Revue de l'aéronautique théorique et appliquée, (G. Masson, éditeur à Paris).

234. HIGNETTE (Jules), à Paris, boulevard Voltaire, 162. — Paliers graisseurs.   (PALAIS.)

235. HIRT (Albert), à Paris, rue du Faubourg-Saint-Martin, 20, passage du Bail. — Pompes rotatives.   (PALAIS.)

236. HUGUET (Albert), à Paris, rue Vicq-d'Azir, 22. — Machines à vapeur.   (PALAIS.)

237. HUGUET (Albert H. T.), à Asnières (Seine), avenue d'Argenteuil, 135. — Courroies de transmissions, soudées, cousues, vissées, rivées, cuirs, lanières. Colle pour courroies ; machines à river les cuirs.   (PALAIS.)

   A. Huguet, successeur de Lawrence. — Maison fondée en 1787. — Courroies soudées.

238. HUREAU de VILLENEUVE (Abel), à Paris, rue d'Amsterdam, 91. — Collection du journal « L'Aéronaute ».   (PALAIS.)

239. IMBERT Frères, à Saint-Chamond (Loire). — Chaudières à vapeur. (PALAIS.)
   Chaudières de tous systèmes, chaudronnerie sans rivures.
   Ponts, charpentes en en fer et en acier.
   Appareils à glace, système Carré, perfectionnés par Imbert frères.
   Récompenses : Paris 1867, argent ; Paris 1878, or.
   Bureau à Paris, 86, rue de la Victoire.

240. JACQUART (Eugène-A.), à Paris, rue Montorgueil, 84. — Appareil de transmission de mouvement à toute distance.   (PALAIS.)

241. JAGER (Georges), à Montpellier (Hérault), rue de la Loge. — Cordes à boyaux pour transmissions mécaniques.   (PALAIS.)

242. JAUFFRET (Vve) & Cie, à Saint-Mandé (Seine), avenue Herbillon, 22. — Produit calorifuge.   (PALAIS.)

   Enduit calorifuge Leroy pour revêtement de chaudières à vapeur, tuyaux, dômes.

243. JEAN (G.) & PEYRUSSON, à Lille (Nord), rue Gustave-Testelin. — Machine à vapeur horizontale à détente variable par le régulateur et à condensation.   (PALAIS.)

244. Journal « Le Denis Papin », à Paris, rue du Faubourg-Saint-Martin 31. — Collection du journal « Le Denis Papin ».   (PALAIS.)

245.   JUIF & BABIN, à Paris, rue Ordener, 36. — Candélabres-réclames fonctionnant à l'hydraulique, à annonces changeant automatiquement à intervalles déterminés.   **(PALAIS.)**

246.   KIENTZY Frères, à Paris, rue de la Folie-Regnault, 18. — Machine à vapeur.   **(PALAIS.)**

247.   KOENIG (Louis), à Paris, boulevard de Charonne, 168.—Purgeur automatique à cloche et à air comprimé sans mécanisme.   **(PALAIS.)**

248.   LACHAMBRE (Henri), à Paris, passage des Favorites, 24. — Matériel aérostatique.   **(PALAIS.)**

249.   LACOUR (Gustave) & DECOUT-LACOUR (Eugène), à La Rochelle (Charente-Inférieure). — Treuil à vapeur, pompe centrifuge à air libre, pompe centrifuge à toute inclinaison.   **(PALAIS.)**

250.   LACROIX (Édouard), à Paris, quai Jemmapes, 190. — Chaudières multitubulaires inexplosibles et chaudières verticales à dôme amovible.   **(PALAIS.)**

251.   LACROIX Frères, à Dôle (Jura). — Turbines.   **(PALAIS.)**

252.   LAGACHE (Henri), à Lille (Nord), rue de la Quennette, 16. — Compteur-contrôleur de l'alimentation des chaudières à vapeur, modérateur de prise et d'arrêt de vapeur.   **(PALAIS.)**

253.   LAGRELLE (D.-Alexandre), à Villéron (Seine-et-Oise). — Agrafes métalliques pour courroies de transmission.   **(PALAIS.)**

254.   LAMBERT (Adolphe-L.-F.), à Paris, rue de l'Aude, 19. — Fleximètre, appareil indicateur, micromètre, compas de proportions, dessins de pompes hydrauliques.   **(PALAIS.)**

255.   LAMBERT (Ed.) à Bar-sur-Aube (Aube). — Pièces détachées de mécanique.   **(PALAIS.)**

256.   LAMOTTE (Théotime), à Niort (Deux-Sèvres). — Compteurs automatiques de tour et de kilomètres.   **(PALAIS.)**

257.   LE BLANC (Jules), à Paris, rue du Rendez-Vous, 52. — Machines à vapeur et chaudières. Distributeurs, moteur à air chaud. Pompes à vapeur, compresseur d'air.   **(PALAIS.)**

Exposition universelle 1878, médaille d'or ; Amsterdam 1883, médaille d'or.

258.   LE BLON (Charles), à Paris, rue Lafontaine, 86 bis.— Pompe pour grandes profondeurs, sans tiges, un seul tuyau.   **(PALAIS.)**

259.   LEBRUN & CORMERAIS, à Nantes (Loire-Inférieure), rue de Lamoricière. — Indicateurs de niveau d'eau.   **(PALAIS.)**

260.   LE CHEVALIER & HOLOWINSKI, à Cabourg (Calvados). — Ciment pour boucher les fuites de vapeur.   **(PALAIS.)**

261.   LECORNU (Alfred), à Paris, rue Oberkampf, 114. — Machines à vapeur fixes et demi-fixes, horizontales et verticales.   **(PALAIS.)**

Maison fondée par M. Lecornu en 1867. — Machines pour confiseurs.
Récompenses obtenues aux Expositions universelles : Paris 1878, deux médailles d'argent.— Sydney 1880, premier prix. — Melbourne 1881, premier prix. — Amsterdam 1883, médaille d'argent de 1re classe. — Anvers 1885, médaille d'or. — Barcelone 1888, médaille d'or.

262.   LECOURT (Edouard-G.), à Paris, rue d'Allemagne, 94. — Le « Végétalin », désincrustant pour chaudières à vapeur.   **(PALAIS.)**

263. LECOUTEUX (H.) & GARNIER (E.), à Paris, rue Oberkampf, 74. — Machines à vapeur économiques à détente variable par le régulateur, machines à 4 tiroirs, type Corliss, 1868. **(PALAIS.)**

Machines à vapeur à 4 tiroirs, type Corliss perfectionné ; détente variable par le régulateur ; grande élasticité de puissance ; espaces morts réduits au minimum.

Nouvelles machines à grande vitesse, genre Corliss, réduisant les dépenses d'acquisition et d'installation de plus de 50 %, monocylindriques ou Compound, horizontales ou verticales.

Nouvelles machines horizontales et verticales à marche rapide, spécialement destinées à l'éclairage électrique, brevetées en France et à l'Étranger.

Nouveau régulateur breveté. — Cylindre soufflant à quatre tiroirs.

Alimentateurs à condensation. — Accouplements métalliques pour freins continus.

Pompes d'élévation d'eau, système Girard. — Installations d'usines.

Médailles d'or et rappel de Médaille d'or aux Expositions universelles de 1867 et de 1878.

264. LEFEBVRE (Victor), à Paris, avenue du Maine, 50. — Indicateur dynamométrique du travail des machines à vapeur ou autres, système Lefebvre. **(PALAIS.)**

Cet indicateur a cela de particulier, le ressort de flexion n'est plus à même la vapeur.

265. LEFORT (Jules), à Paris, rue Mozart, 45. — Roue à aubes pendantes et articulées, mues par le courant sans barrage et sans chute et sans résistance à la sortie. **(PALAIS.)**

266. LEGAT & HERBET, à Paris, rue de Châlons, 42. — Robinets. Détendeurs de vapeur. Soupapes, etc. **(PALAIS.)**

267. LEGRAND (A.) à Paris, rue de l'Ourcq, 6. — Machine à vapeur. **(PALAIS.)**

268. LEHMANN Frères, à Paris, rue Saint-Maur, 12. — Robinetterie pour chaudières et machines. Bronzes spéciaux. **(PALAIS.)**

269. LEMONON & Cie, à Niort (Deux-Sèvres), rue du Rabot, 3. — Moteur hydraulique à eau forcée. **(PALAIS.)**

270. LENCAUCHEZ (Alexandre), à Paris, boulevard Magenta, 156. — Dessins de compresseur d'air et de gaz, de générateurs et d'épurateurs, réchauffeurs d'eau d'alimentation. **(PARC.)**

271. LENEUTRE (Omer), à Allaines-Péronne (Somme). — Moteur à vent, industriel, à régularisation automotrice applicable à l'élévation d'eau et à la production de l'électricité. **(QUAI.)**

Applicable à l'outillage général de la petite industrie et de l'agriculture dans la ferme. Bte s. g. d. g.

272. LENORMAND (A.) & Cie, à Paris, rue de Provence, 67. — Lithophage, (désincrustant, anti-incrustant et anti-galvanique). Neutrolubric. Huiles minérales à graisser pour tous les organes mécaniques. **(PALAIS.)**

273. LEPRINCE (Alexandre), à Paris, boulevard Barbès, 41. — Turbines à axe vertical et horizontal, turbines hydrauliques, régulateurs. **(PALAIS.)**

274. LERENARD (Victor), à Alfortville (Seine). — Clapets, tuyaux, courroies, joints, etc. **(PALAIS.)**

275. LEROUX Frères (G. & J.-B.), à Tours (Indre-et-Loire), rue Girandeau, 7. — Pompes à trois pistons superposés dans un même cylindre et fonctionnant alternativement, type à manège et à bras. **(PALAIS.)**

276. LEROY (C.-N.), à Levallois-Perret (Seine), rue Danton, 7. — Graisseurs pour machines et transmissions. **(PALAIS.)**

Graisse et appareils Leroy, brevetés S. G. D. G. en France et à l'étranger, pour transmissions, voitures, machines et chemins de fer. — Huile fine et suif pour piston. — Tartrifuge contre l'incrustation des chaudières à vapeur.

Fournisseur de la Maison Farcot, constructeur à St-Ouen (Seine), ainsi que de grandes manufactures et arsenaux de France et de l'étranger. Commission et exportation.

Graisses pour quatre degrés différents de température. — Huiles russes, anglaises, américaines. — Fournitures pour machines : caoutchouc, chanvres, burettes, etc., etc.

Garnitures métalliques pour tiges de pistons et autres, ainsi que pour joints de toutes sortes.

Médaille de bronze à l'Exposition universelle de Paris 1867.

Médaille à l'Exposition universelle de Paris 1878.

277. LETESTU (Maurice), à Paris, rue du Temple, 118. — Pompes.   **(QUAI.)**

278. LICOT (Eugène), à Paris, rue Alain-Chartier, 24.—Ascenseurs, monte-charges, monte-plats, appareils pour blanchisserie.   **(PALAIS.)**

279. LION (Mme Mélanie), à Camps (Var). — Feutre calorifuge pour revêtement de chaudières et tuyaux de vapeur.   **(PALAIS.)**

280. LOBIN Fils, à Aix (Bouches-du-Rhône). — Moteur à pression d'eau. **(PALAIS.)**

281. LOISON-PROST (Philippe), à Génelard (Saône-et-Loire). — Agrafes métalliques pour courroies de transmission.   **(PALAIS.)**

282. LOUAP (Eugène), à Paris, boulevard Voltaire, 189. — Modèle de fourneau pour chaudière à vapeur.   **(PALAIS.)**

283. LOUIS (Charles), à Paris, rue Denfert-Rochereau, 6. — Cries avec fûts en bois et fûts en fer.   **(PALAIS.)**

284. LUC (Eugène-D.), à Angoulême (Charente). — Poulie avec calage sans clavette.   **(PALAIS.)**

285. MABILLE Frères (E.), à Amboise (Indre-et-Loire). — Grosse grue gerbeuse, petite grue gerbeuse, se baissant à volonté pour passer sous les portes.   **(PALAIS.)**

286. MAGNIN (Jérôme) et Cie, à Lyon (Rhône), quai de Serin, 55. — Courroies de transmission. Amiante.   **(PALAIS.)**

287. MAHU Père & Fils, à Châteauroux (Indre).— Système de machine propre à réformer l'arbre coudé et la bielle des machines à vapeur.   **(PALAIS.)**

288. MAICHE (L.), à Paris, rue Louis-Legrand, 3.— Dessins et modèles de chaudières et générateurs.   **(PALAIS.)**

289. MAIGNEN (P. A.) à Paris, place de l'Opéra, 4. — Appareils d'épuration d'eau d'alimentation.   **(PALAIS.)**

  Appareils et procédés automatiques pour adoucir les eaux crues. Appareils pour refroidir les fluides chauds et sécher les substances demi-fluides.

290. MAILLARD (Paul-J.), à Joinville (Haute-Marne). — Indicateur de niveau d'eau. Purgeur automatique d'eau de condensation.   **(PALAIS.)**

291. MALDANT (Eugène-C.), à Paris, rue d'Armaillé, 21. — Compteurs pour l'eau.   **(PALAIS.)**

292. MARTEL & BOUSSELET à Paris, rue du Grand-Prieuré, 21. — Robinets et appareils de sûreté pour chaudières et machines à vapeur.   **(PALAIS.)**

293. MARTIN (Henri), à Sotteville-lez-Rouen (Seine-Inférieure), rue Sevestre, 2. — Modèle en tôle de chaudière à vapeur.   **(PALAIS.)**

294. MARTINY-VERSTRAET & Cie, à Paris, rue du Faubourg-Poissonnière, 5. — Courroies de transmission.   **(PALAIS.)**

295. MASSON (A.-M.) à Paris, rue Popincourt, 52. — Courroies de transmission   **(PALAIS.)**

  Exposition universelle de Paris, 1878 et Amsterdam 1883.

296. MATHELIN & GARNIER, à Paris, rue Boursault, 26. — Transmissions de mouvement.   **(PALAIS.)**

  Voir notre exposition principale, classe 63.

297. MAXANT (Léon-C.), à Paris, rue de Saintonge, 64. — Manomètres, indicateurs du vide, dynamomètres, pyromètres, thermomètres, tubes de niveau d'eau.

      (PALAIS.)

298.   MEGY, ECHEVERRIA & BAZAN, à Paris, boulevard Haussmann, 72. — Pont roulant pour le service de la galerie des machines avec tous ses accessoires.
(PALAIS.)

Appareils de levage sans retour des manivelles, avec frein automoteur et régulateur de vitesse automatique, syst. Megy, ayant obtenu à l'Exposition universelle de 1878 la seule médaille d'or décernée aux appareils de levage.

Treuils à bras et à vapeur. Ascenseurs et monte-charges, à bras, par transmission et hydrauliques. Ponts roulants à bras, par câble, électriques. Grues à bras et à vapeur, fixes ou roulantes. Grues spéciales pour déchargements rapides, manœuvrées par un seul levier. Embrayages sans chocs à toutes les vitesses. Limiteurs de force et calages élastiques.

Machines à vapeur, type pilon, à grande vitesse, de 300 à 750 tours. Moteurs oscillants à vapeur, hydrauliques et à air comprimé. — Dynamomètres et régulateurs de vitesse pour machines à vapeur.

299.   MÉKARSKI (L.) à Paris, rue de Provence, 91. — Accumulateur d'air comprimé.
(PALAIS.)

300.   MERLIN & Cie, à Vierzon (Cher). — Chaudières, locomobiles, pompes.
(PALAIS.)

Machines à vapeur : à haute pression, à condensation ou sans condensation, à deux cylindres Compound, chaudière à foyer amovible, fixes, demi-fixes et à flamme directe. Installation d'usines, transmissions, machines élévatoires pour les eaux des villes et des particuliers, machines pour éclairage électrique. Exposition universelle de Paris 1867 et 1878, médailles bronze et argent.

Batteuses à blé et à graines fourragères : pour la petite, moyenne et grande culture, tarares, coupe-racines, hâche-paille. Machines à vapeur, fixes, demi-fixes et locomobiles.

301.   MEUNIER (Emile-J.-L.), à Paris, rue de Biragne, 16. — Turbines pour hautes chutes et pour éclairage électrique, usine élévatoire à vapeur.   **(PALAIS.)**

302.   MEUNIER & Cie, à Fives-Lille (Nord). — Chaudières à vapeur.   **(PALAIS.)**

303.   MEYER (Edouard), à Paris, rue du Faubourg-Saint-Denis, 139. — Accessoires pour chaudières.
(PALAIS.)

304.   MICHAUX & LEFEBVRE, au Pré-Saint-Gervais (Seine). — Graisseurs pour machines.
(PALAIS.)

305.   MIGNOT (Henri L.), à Paris, rue Gauthey, 34. — Manomètres de diverses grandeurs et différentes pressions.
(PALAIS.)

306.   MILLET (F.-T.), à Persan (Seine-et-Oise). — Moteur sphérique, montages de poulies tôles, graisseur à force centrifuge, compteurs d'eau à matelas d'air et à pistons différentiels.
(PALAIS.)

307.   MINARY (E.-F.), à Besançon (Doubs), rue Battant, 37. — Machine à vapeur rotative constituant une application de l'aquamètre automatique.   **(PALAIS.)**

Cette machine brevetée S. G. D. G. est construite à Paris, dans les ateliers de M. Dijeon, ingénieur-constructeur, rue du Terrage.

308.   Ministère de la Marine, à Paris. — Indicateur dynamométrique, nouveau modèle, système de M. Martin, maître principal des constructions navales à Cherbourg.
(PALAIS.)

309.   MOISY (J.-L.), à Paris, boulevard Richard-Lenoir, 104. — Courroies et tuyaux en cuir, cuirs divers pour la mécanique.
(PALAIS.)

310. MONICOURT (Ch. J. M. Paul de), à Paris, rue de Saint-Pétersbourg, 11. Roue à pas variable pour transmission par chaîne.
(PALAIS.)

311. MONSERAN (Ismaël), à Paris, rue Riquet, 26.— Mécanique de précision, compteurs divers, linéaires de tours, d'aiguilles, etc.
(PALAIS.)

312. MONTRICHARD (Gérard de), à Montmédy (Meuse). — Pompes, système captant pour tous moteurs et tous usages, moteurs à vapeur fixes, moteurs à air.
(PALAIS.)

> Constructeurs concessionnaires, MM. H. Morel ; usines à Saint-Nicolas-Revin (Ardennes) ;
> E. et J. Hatot, à Bruxelles ; Almici, à Milan.

313. MONTUPET (Antonin), à Paris, rue de la Voûte, 49. — Chaudière Field, chaudière à retour de flammes, chaudière multitubulaire.   **(PALAIS.)**

314. MORANE Aîné (Paul-F.), à Paris, rue du Banquier, 10. — Presses hydrauliques et pompes.   **(PALAIS.)**

315. MORANE (F.) Jeune, à Paris, rue Jenner, 23. — Presses, outils hydrauliques, pompes, accumulateurs, appareils à hautes pressions.   **(PALAIS.)**

> Expositions universelles ; Médaille d'or, Paris 1867.
> Grande Médaille, Philadelphie 1876. — Grand Prix, Paris 1878. — ✲.
> Diplômes d'honneur, Amsterdam, 1883 et Anvers 1885. — O. ✲.

316. MOREAU (F.) & Cie, à Paris, rue Saint-Ambroise, 9. — Plaques pour inscriptions sur les chaudières et machines.   **(PALAIS.)**

317. MOREL & GUYOT, à Lyon, rue Moncey, 5, (Rhône). — Appareils mesureur, distributeur et compteur de liquides pour débits de boissons et autres établissements.   **(PALAIS.)**

318. MORELLE (Charles-J.) & Cie, à Anzin (Nord), rue de Saint-Amand, 53. — Chaudière inexplosible, système Charles et Babillot.   **(PALAIS.)**

319. MORS Frères (L. & E.), à Paris, avenue de l'Opéra, 8. — Machines Compound.   **(PALAIS.)**

> Constructeurs d'appareils électriques et mécaniques.
> Récompense :
> Diplôme d'honneur, Anvers 1885.

320. MOULLART (Benjamin), à Paris, rue de Belleville, 112. — Manomètres.
(PALAIS.)

321. MOUSSIER (E.-P.), à Paris, rue de la Ferronnerie, 11. — Compteur mécanique.   **(PALAIS.)**

322. MULLER (Emile) & Cie, à Ivry-Port, près Paris (Seine). — Coton minéral, calorifuge et préservateur du bruit.   **(PALAIS.)**

323. MULLER & ROGER, à Paris, avenue Philippe-Auguste, 108. — Pièces moulées en bronze et en cuivre.   **(PALAIS.)**

> Anciennes maisons Thiébaut et fils, Bergès et fils et Broquin et Laine, ancienne société de
> Fonderie industrielle de bronze et de cuivre. Maison fondée en 1830, par M. Destourbet.
> Fournisseurs de l'État, de la Marine, de la Guerre et des Compagnies de Chemins de fer.
> Fonderie de bronze et de cuivre pour pièces mécaniques. Bronzes phosphoreux, bronzes man-
> gano-phosphor, bronzes d'aluminium. — Fabrique de robinetterie et appareils accessoires pour
> chaudières et machines à vapeur. Appareils pour sucreries, distilleries, pompes, graisseurs, boîtes
> à clapet, retours d'eau, injecteurs. Appareils spéciaux brevetés, robinetterie pour conduites d'eau,
> vannes, bouches d'eau, bornes-fontaines, flotteurs à soupape équilibrée, robinets de bains et four-
> neaux, canelles, raccords. — Récompenses : Paris 1855 ; Londres, 1862 ; Paris, 1867 ;
> Paris, 1878.

324. MUNIER (Les Fils de Ch.), à Nancy (Meurthe-et-Moselle), rue Grégoire, 23. — Dessins et photographies de chaudières à vapeur, bateaux, gazomètres, etc. **(PALAIS.)**

> Maison à Frouard et Nancy (Meurthe-et-Moselle), et à Devant-les-Ponts, près de Metz,
> (Lorraine).

325. MURIÉ (Jules), à Chantenay (Loire-Inférieure). — Feutre calorifuge.
(PALAIS.)

326. MUZEY (François-Joseph), à Auxerre (Yonne). — Paliers graisseurs.
(PALAIS.)

327. NÈGRE & Cie, à Paris, avenue du Maine, 57. — Moteurs et pompes.
(PALAIS.)

328. NEUT (L.) & Cie, à Paris, rue Claude-Vellefaux, 66. — Pompes centrifuges pour irrigations, dessèchements, submersion de vignes.   **(QUAI.)**

329. NIEL (Paul), chez L. Levassour, constructeur à Évreux (Eure). — Moteur à gaz.   **(PALAIS.)**

330. NIVET (Jules), à Paris, rue de La Rochefoucauld, 24. — Tartrifuge ou anti-tartre Nivet pour la désincrustation des chaudières à vapeur.   **(PALAIS.)**

331. NOEL (A.-François), à Provins (Seine-et-Marne). — Moteur à gaz et moteur à air carburé.   **(PALAIS.)**

332. OLIVIER (Arsène-A.), à Paris, boulevard Voltaire, 112. — Appareil pour la navigation aérienne.   **(PALAIS.)**

333. OLRY, GRANDDEMANGE & COULANGHON, à Paris, rue Saint-Maur, 81. — Machines à vapeur, pompes.   **(PALAIS.)**

334. PANHARD & LEVASSOR, à Paris, avenue d'Ivry, 19. — Moteurs à vapeur, moteurs à gaz et à pétrole, dynamomètre.   **(PALAIS.)**

335. PAQUET & ses Fils, à Beaumont-sur-Oise (Seine-et-Oise). — Compteur horaire perpétuel pour voitures de place, tachymètres, paquet, compteurs.   **(PALAIS.)**

336. PARAF Frères, à Paris, rue des Jeûneurs, 8. — Courroies de transmission en coton.   **(PALAIS.)**

Membre du Jury des récompenses à l'Exposition universelle d'Anvers 1885.
Membre des Comités d'admission et d'installation de la cl. 30, Exposition universelle 1889.
Courroies en coton pliées et cousues sans fin, spéciales pour l'électricité et grandes vitesses, courroies pour papeteries et sucreries résistant à l'humidité et à la chaleur, courroies pour élevateurs, etc.

337. PARANT (Vve N.), & Fils & LEFRANÇOIS, à Saumont-la-Poterie, près Forges-les-Eaux (Seine-Inférieure). — Briques et pièces réfractaires de toutes formes et dimensions.   **(PALAIS.)**

338. PARENTY (Henri-L.-J.), à Orléans (Loiret). — Appareils de jaugeage. Compteur de vapeur, compteur d'eau, jaugeur de rivière.   **(PALAIS.)**

Anvers 1885, Diplôme d'honneur et Croix de la Légion d'honneur.

339. PARIS Jeune (Ad.), à Paris, boulevard Richard-Lenoir, 59. — Palans, grues, norias.   **(PALAIS.)**

340. PARIZE (P.), à Morlaix (Finistère). — Appareil élévatoire d'eau.   **(PALAIS.)**

341. PASCAUD (Célestin-J.-B.) & Cie, à Paris, rue Saint-Maur, 154. — Robinetterie pour machines à vapeur.   **(PALAIS.)**

342. PÉCARD Frères (L. & A.), Maison **A. Pécard Frères,** successeurs à Nevers (Nièvre). — Machines à vapeur, locomotives routières, moulin à vent, système Halladay, pompes, etc.   **(QUAI.)**

343. PELTEREAU Le Jeune Frère (Vve Placide), à Château-Renault (Indre-et-Loire). — Courroies de transmission.   **(PALAIS.)**

Maison fondée en 1842. — Médailles d'or aux Expositions universelles internationales 1867, 1878. — Croix de la Légion d'honneur 1847, 1863.

344. PÉRET (François-M.-N.), à Paris, passage Alexandrine, 23. — Appareil servant à séparer l'eau et la vapeur pendant l'opération de la vidange des chaudières à vapeur.   **(PALAIS.)**

345. PERRET (Michel), à Paris, place d'Iéna, 7. — Foyer à dalles perforées, grilles à barreaux refroidis.   **(QUAI.)**

Le foyer indiqué ci-dessus est en fonction dans l'annexe de la classe 52, berge de la Seine, et les grilles fonctionnent dans la cour de la force motrice et aux générateurs de la Tour Eiffel.

346. PETIT (Jules), à Paris, rue Pierre-Levée, 12. — Pompes rotatives fonctionnant par moteurs de tous systèmes.   (PALAIS.)

347. PETIT de MEURVILLE (Ch.), à Bordeaux (Gironde), place Gambetta, 28. — Graisseur J. Pense, à clapet double et à fonction automatique, à débit visible régulier et variable à volonté.   (PALAIS.)

348. PIAT (Alb.), à Paris, rue Saint-Maur, 85. — Poulies, engrenages, organes de machines, embrayages.   (PALAIS.)

   Piat Albert, constructeur-mécanicien. Diplôme d'honneur, 1888. — Usine de la Magdeleine, à Soissons. Spécialité d'organes de transmission. — Installations d'usines. — Transmissions par câble. — Paliers graisseurs à mèche métallique, brevetés S. G. D. G., 25,000 en usage. — Deux séries de poulies à bras paraboliques (forte et légère), depuis 150 $^m/_m$ jusqu'à 2,000 de diamètre; 500 modèles, 800,000 kilos en magasin. — Engrenages droits et d'angle à chevrons, 7,000 modèles. Voir catalogue général. — Pompes à 4 pistons sans clapets, brevetées S. G. D. G. — Riveuses hydrauliques à main et au moteur. — Machines-outils. — Treuils. — Grues. — Ponts roulants. — Cubilots. — Fours à fondre. — Marteaux-pilons. — Gros moteurs. — Scies diverses. — Manèges. — Catalogue général, édition 1887, 510 pages, prix : 3 francs. — Voir exposition des articles de la Maison, groupe VI, classes 52, 53, 48.

349. PIGENEL (Prosper), au Rainey (Seine-et-Oise), avenue du Chemin-de-Fer, 68. — Compteur kilométrique.   (PALAIS.)

350. PILE (Louis), à Paris, boulevard Barbès, 11. — Robinets et clapets.   (PALAIS.)

351. POIROT (Paul), à Paris, boulevard Richard-Lenoir, 92. — Grues, monte-charges.   (PALAIS.)

352. PORTAFAX (Xavier D.-M.-V.-M.), à Paris, rue Lafayette, 219. — Appareil enregistreur automatique pour voitures.   (PALAIS.)

353. POULLAIN Frères, à Paris, rue de Flandre, 99. — Courroies unies, cannelées, composites, cuirs et articles en cuir employés dans l'industrie.   (PALAIS.)

   Médaille d'or à l'Exposition universelle, Paris 1878. — Voir classes 17 et 54.

354. POWELL (Thomas), à Rouen (Seine-Inférieure). — Moteurs à vapeur, moteurs à gaz.   (PALAIS.)

   Thomas Powell, ingénieur-constructeur.
   Dépôt à Paris, 69, rue de Turbigo.
   Machines à vapeur de tous systèmes, à détente variable par le régulateur, système Correy, breveté S. G. D. G. ; à distribution par obturateur Corliss, à grande vitesse, système Armington et Sims, breveté S. G. D. G.
   Moteurs à gaz « Le Simplex » fonctionnant au gaz de ville, au gaz pauvre et aux essences légères. — Pompes Worthington.
   Transmissions de mouvement.
   Fonderie de fonte et de cuivre.

355. PROTTE (L.), à Vendœuvre (Aube). — Locomobile, petit moteur.   (PALAIS.)

356. PROUVIER (J.) à Saint-Denis (Seine), boulevard de Châteaudun. — Fourneau de chaudière et cheminée.   (PALAIS.)

357. PRUDON & DUBOST, à Paris, boulevard Voltaire, 210. — Pompes.   (PALAIS.)

358. PRUNGNAUD (Pierre-Eugène), à Paris, boulevard de l'Hôpital, 40. — Courroies de transmission.   (PALAIS.)

359. PRUVOST-DELOS, à Merville (Nord). — Bascules et instruments de pesage.   (PALAIS.)

360. PUTOIS (M. Emile), à St-Léger-aux-Bois (Oise). — Petit modèle de machine à vapeur, à changement de marche.   (PALAIS.)

361.   QUERNÉ (R.), à Morlaix (Finistère), quai de Léon, 25. — Études et plans divers : Chaudière tubulaire à manchon, (chauffage méthodique) pour locomotives et bateaux. Tirage aérodynamique pour locomotives.   **(PALAIS.)**

Nouveau moteur aérien. — Considérations sur le principe actuel des machines à vapeur. — Exposé d'un principe nouveau.

362.   QUESNOT (L.-A.-Emile), à Nevers (Nièvre), avenue Marceau.—Indicateur enregistreur des vitesses.   **(PALAIS.)**

363.   QUILLACQ (Auguste de), à Anzin (Nord).—Machine Wheelock perfectionnée.   **(PALAIS.)**

364.   QUILLACQ (A. de) & MEUNIER (Emile-J.-L.), à Paris, rue de Birague, 16. — Machines élévatoires à vapeur.   **(PALAIS.)**

365.   RABY (Veuve A.) & VILLAIN (A.), à Paris, avenue de Choisy, 117. — Anti-incrustant pour chaudières.   **(PALAIS.)**

366.   RADIGUET, à Paris, boulevard des Filles-du-Calvaire, 15. — Modèles de machines.   **(PALAIS.)**

367.   RAFFARD (N. Jules), à Paris, rue Vivienne, 16. — Manchon élastique d'accouplement. Frein dynamométrique équilibré.   **(PALAIS.)**

Pédale équilibrée et transmission funiculaire équilibrée actionnant une petite machine magnéto-électrique.

Mention honorable, Paris 1878. Table magnétique pour la fermeture des lampes de sûreté.

368.   RAVASSE (E.), à Paris, rue Lafayette, 203. — Transmissions de mouvement en service pour la force motrice.   **(PALAIS.)**

369.   RAVAUX (Léon-V.), à Paris, boulevard Arago, 37. — La Coriarine, produit végéto-minéral neutre, anti-incrustant et désincrustant, pour chaudières à vapeur.   **(PALAIS.)**

370.   RAVELLI (Jacques), à Paris, avenue des Ternes, 4. — Treuil-cabestan, mû par l'hélicoïdal-Ravelli à échappements sur roulements.   **(PALAIS.)**

Systèmes Ravelli, hélicoïdal, spiraloïdal, écrouoïdal avec échappements et roulements, brevetés s. g. d. g. (Voir Annonces).

371.   REBOURG (Guillaume), à Paris, rue de Clignancourt, 113. — Moteur économique à triple détente et à condensation.   **(PALAIS.)**

372.   RÉQUIER (E.), à Paris, rue Saint-Antoine, 151. — Compteurs de tours.   **(PALAIS.)**

373.   RÉVEILHAC (J.-Auguste), à Paris, avenue de la République, 3.—Pompe à vide profond, système Fontenille.   **(PALAIS.)**

374.   REVILLON & CHAUMONT, à Paris, rue Petit, 99. — Pompes élévatoires à chaîne perfectionnées à bras, à manège et au moteur.   **(QUAI.)**

Deux médailles de bronze uniques en 1878, à la mécanique et à l'horticulture.

Anciens et seuls concessionnaires des brevets Leperdrieux, d'invention et perfectionnements apportés à ce système de pompe, dont l'effet utile dépasse 80 %, et l'élévation atteint 50 mètres.

375.   Revue Industrielle (H. Josse, éditeur), à Paris, rue de Bondy, 48. — Dessins, modèles de machines, publications concernant la mécanique.   **(PALAIS.)**

376.   RICHARD Frères, à Paris, impasse Fessard, 8. — Instruments de mesure et de contrôle.   **(PALAIS.)**

Compteurs d'électricité. Galvanomètres. Manomètres. Thermomètres. Hygromètres. Anémomètres. Indicateurs de vitesse, Indicateur de Watt. Transmetteurs à distance des indications. Diplômes d'honneur : Anvers, 1885 ; Bruxelles, 1888.

377.   RIOM (J.-Léon), à Paris, rue de la Harpe, 31. — Modèles divers, accumulateur pour utiliser la force des courants d'eau.   **(PALAIS.)**

378. ROCHE (Emile), à Reims. (Marne), boulevard Louis-Roederer, 38. — Pont à bascule et bascules automatiques admises au poinçonnage, bascules romaines et au dixième. **(PALAIS.)**

379. ROGER (E.), à Paris, rue des Dames, 52. — Moteurs à gaz et au pétrole. **(PALAIS.)**

380. ROSER (Nicolas), à Saint-Denis (Seine). — Nouvelles chaudières à vapeur multitubulaires à circulation d'eau et à retour de flammes. **(PALAIS.)**

   Un groupe de mille chevaux pour le service de l'Exposition. — Un groupe de 800 chevaux à la station d'éclairage électrique de la Société de transmission de force par l'électricité. — Un groupe de 80 chevaux à la station centrale du Syndicat international des électriciens.

381. ROSSIN, (Henri), à Orange (Vaucluse). — Moteurs à vent automoteurs avec gouvernail articulé à engrenages et à mouvement direct actionnant des pompes, distributeur automatique de prospectus. **(QUAI.)**

382. ROUART Frères et Cie, à Paris, boulevard Voltaire, 137. — Moteur à pétrole « Lenoir ». Pompe centrifuge « Decœur ». Moteurs à gaz « Lenoir ». Turbine, moteurs à gaz « Bisschop ». **(PALAIS.) (QUAI.)**

383. ROULLIER Fils & MESNARD (L.), à Paris, boulevard Voltaire, 228. — Courroies de transmission en cuir, articulées. **(PALAIS.)**

384. ROUS (E.), à Paris, rue Descartes, 42. — Robinets pour chaudières, et machines, graisseurs. **(PALAIS.)**

385. ROUSSEAU-LOYER (Edouard), à Paris, rue Louis-Blanc, 16. — Tarifuge, garnitures, joints, minium, amiante. **(PALAIS.)**

386. ROUSSEAU (Ph.) & BALLAND (F.), à Paris, avenue de la République, 16. — Pompe à débit variable, à course et vitesse constantes. Graisseur automatique. Moteur hydraulique à puissance et consommation variables. **(PALAIS.)**

387. ROUSSIÈRE (Antoine-J.), à Nîmes (Gard), rue Saint-Paul, 5. — Moteur à vapeur rotatif. **(PALAIS.)**

388. ROUX (Antoine), à Paris, rue Saint-Martin, 249. — Désincrustant dit nihil tartre. **(PALAIS.)**

389. ROYER (François), à Épinal (Vosges). — Turbine munie d'un vannage à clapets mécaniques. **(PALAIS.)**

390. RUCHER Ainé, à Paris, rue des Écluses Saint-Martin, 5. — Machine à vapeur. **(PALAIS.)**

391. SAINTE (A.) MARCH (L.) & Cie, à Paris, rue Oberkampf, 93. — Indicateur mécanique, purgeur automatique, clapet de retenue de vapeur, compteurs, graisseurs de tête de bielle, tresse calorifuge. **(PALAIS.)**

392. SALOMON Frères & TENTING, à Paris, rue Curial, 46. — Moteurs à gaz, moteurs à pétrole, moteurs à vapeur. **(PALAIS.)**

393. SAMAIN & Cie, à Paris, rue Saint-Amand, 42. — Béliers et moteurs hydrauliques. **(QUAI.)**

394. SAUREL (Jean-Baptiste), à Paris, rue Saint-Honoré, 2. — Graisseurs à poulies folles. Échantillons de graisse. **(PALAIS.)**

395. SAUTTER-LEMONNIER & Cie, à Paris, avenue de Suffren, 26. — Machines à vapeur, appareils de levage. **(PALAIS.)**

   Maison fondée en 1825. — Palais des machines.
   Moteurs électriques : Appareils à percer, mus par l'électricité. — Moteurs pilons à détente variable. — Appareils de levage, treuils et ponts roulants électriques, grues, monte-charges, freins automatiques pour chantiers, constructions, travaux publics, ateliers.
   Récompenses : Paris 1867, médaille d'or. — Vienne 1873, médaille d'or. — Paris 1878, 3 médailles d'or, 2 médailles d'argent.

396. SAUZAY Frères, à Autun (Saône-et-Loire). — Pompes élévatoires, dites à chapelet, rendement 4000 à 100,000 litres à l'heure. Pompes aspirantes et foulantes toutes métalliques pour usage domestique.   **(QUAI.)**

397. SCHLŒSING (Henri), à Marseille (Bouches-du-Rhône). — Appareil à débiter les boissons mécaniquement.   **(PALAIS.)**

398. SCHLÖGEL (A.) à Paris, rue de Belleville, 248. — Machines rotatives.
                                              (PALAIS.)

399. SCHNEIDER & Cie, (forges, aciéries et ateliers de construction du Creusot) à Paris, rue de Provence, 56. — Machine motrice, système Corliss.   **(PALAIS.)**

400. SIRECH (Jean), à Bordeaux (Gironde), cours de l'Intendance, 5. —Contrôleur Sirech pour la perception du prix des places sur les tramways-omnibus, chemin de fer, bateaux à vapeur, etc.   **(PALAIS.)**

401. Section Française de la classe 52, représentée par **A. Lavalley,** Président. — Grandes inventions françaises de la mécanique générale.   **(PALAIS.)**

402. Société Alsacienne de constructions mécaniques (Belfort-Mulhouse-Grafenstaden), à Paris, rue Drouot, 7. — Moteurs à vapeur, fixes et demi-fixes. Moteurs à grande vitesse, Turbine Girard.   **(PALAIS.)**

403. Société anonyme de distribution de force motrice a domicile, à Paris, rue Beaubourg, 41. — Moteurs à vide.   **(PALAIS.)**

404. Société anonyme de l'Épurateur Carroll, à Paris, rue de Courcelles, 78. — Diminutif d'appareil chauffant l'eau à son introduction dans la chaudière.
                                              (PALAIS.)

405. Société anonyme de location et construction mécaniques, Directeur : **Varrall,** à Paris, rue Corbeau, 12. — Treuils et cabestans.   **(PALAIS.)**

    Treuils Bernier à noix en fer forgé et chaîne calibrée ; cabestans, brevetés s. g. d. g., adoptés par l'Artillerie et la Marine françaises, l'Artillerie russe, etc.
    Expositions universelles, Paris 1867, 1878, médaille argent.

406. Société anonyme de Publications industrielles, à Paris, rue Rochechouart, 7. — La Métallurgie et la Construction, journal hebdomadaire. **(PALAIS.)**

407. Société anonyme des ateliers et chantiers de la Loire, à Paris, boulevard Haussmann, 11 bis. — Constructions mécaniques et métalliques.   **(PALAIS.)**

    Capital : 19,300,000 fr. — Nantes, Saint-Nazaire, Saint-Denis, le Havre ; administration centrale, 11 bis, boulevard Haussmann, Paris.
    Exposition universelle d'Anvers 1885, diplôme d'honneur.
    Constructions maritimes et fluviales : Navires de guerre et de commerce, cuirassés, croiseurs et torpilleurs, paquebots, cargo-boats et remorqueurs, machines et chaudières de marine.
    Constructions mécaniques, machines fixes, demi-fixes et locomobiles, dragues, chalands, excavateurs et wagonnets, machines-outils, grues à vapeur, hydrauliques, marteaux-pilons, pompes Decoeur. — Matériel de chemins de fer, locomotives, ponts-tournants. — Ponts et charpentes en fer ; chaudronneries et fonderies de fer et de cuivre ; forges, chaînes et ancres. — Galvanisation. Bassins de carénage à Paimbœuf et à Saint-Nazaire.

408. Société anonyme des Générateurs Inexplosibles (Système **A. Collet & Cie**), à Paris, rue de Flandre, 125. — Générateurs pour la force motrice nécessaire aux ascenseurs de la tour Eiffel.   **(PALAIS.)**

    Usine élévatoire (MM. Meunier et de Quillacq) pour l'eau du service de la force motrice générale de l'Exposition.

409. Société anonyme des Lièges appliqués a l'Industrie, à Paris, rue du Delta, 13. — Enveloppes isolantes pour conduites de vapeur et d'air froid. **(PALAIS.)**

410. Société anonyme des Moteurs thermiques Gardie, à Nantes (Loire-Inférieure), avenue Allard, 4. — Moteur à air chaud de 100 chevaux indiqués avec son gazogène. **(QUAI.)**

Moteur à air chaud de 100 chevaux, dans l'annexe de la berge de la Seine, exécuté sur les plans de M. Joessel, ancien ingénieur de la marine de l'État.

Applications à la marine au moyen d'un mécanisme de changement de marche.

Fonctionnant par la transformation préalable du charbon en gaz combustibles, comprimés à huit atmosphères environ ainsi que l'air nécessaire à leur combustion.

Air et gaz admis séparément dans les cylindres et brûlant à leur entrée sans augmentation de pression.

Force obtenue par l'augmentation de volume :

Un cheval de force pour 300 grammes environ.

411. Société anonyme des Usines et fonderies de Saint-Ouen, Vendôme, à Saint-Ouen, près Vendôme (Loir-et-Cher). — Béliers hydrauliques, pompes rotatives et pompes diverses, machines à colonne d'eau. **(PALAIS.)**

412. Société anonyme pour l'Exploitation d'Engins Graisseurs a alimentation pneumatique, à Paris, avenue de Saint-Mandé, 72. — Paliers graisseurs et poulies folles à rotin. **(PALAIS.)**

Ancienne maison Dusaulx et Cⁱᵉ.

Organes de transmissions et de machines, avec système de graissage à l'aide du *Rotor*, breveté s. g. d. g. en France et à l'Étranger.

Paliers horizontaux et verticaux, Poulies folles, Têtes de bielles, Chaises pendantes à col de cygne pour renvoi, Accessoires divers.

Plus de 25,000 *applications* de ce système ont été faites, sans compter celles sur le matériel Decauville de Petit-Bourg.

Chaises consoles. — Semelles mobiles. — Bagues l'arrêt.

Nombreuses références des Administrations de l'État (Guerre, Marine, Tabacs) et grands établissements industriels. — Ateliers à Paris et à Lacuuville (Meuse).

413. Société centrale de Construction de Machines, à Pantin (Seine), route d'Aubervilliers, 56. — Machines à vapeur. **(PALAIS.)**

414. Société d'Applications, Directeur **C. Tellier**, à Auteuil-Paris, rue Félicien David, 29. — Appareil pour élever les eaux par la chaleur atmosphérique. **(PALAIS.)**

415. Société Decauville Ainé, à Petit-Bourg (Seine-et-Oise). — Appareils de levage divers. (Service de la Manutention des colis). **(PALAIS.)**

416. Société de Construction des Batignolles, précédemment **Ernest Gouin & Cie**, à Paris, avenue de Clichy, 176. — Pulsomètres. **(QUAI.)**

417. Société de Construction des Ponts et Bascules, à Voiron (Isère). Ponts à bascule. **(PALAIS.)**

418. Société de l'épuration des Eaux Industrielles, à Lille (Nord). — Épurateur. **(PALAIS.)**

419. Société des Allumoirs-annonces automatiques, à Paris, rue de Châteaudun, 4. — Allumoirs-annonces automatiques. **(PALAIS.)**

420. Société des Bascules électriques, à Paris, rue Martin, 5. — Bascules à tickets. **(PALAIS.)**

421. Société des établissements Carion-Delmotte, à Anzin (Nord). — Moteurs et générateurs pour le service de la force motrice de l'Exposition. **(PALAIS.)**

422. Société des Forges de la Basse-Loire, à Montjean (Maine-et-Loire). — Machine à vapeur. **(PALAIS.)**

423. Société des générateurs a vaporisation instantanée (Systèmes Serpollet), à Paris, rue des Cloys, 27. — Générateurs inexplosibles, moteurs, voitures à vapeur.   **(PALAIS.)**

Magasins, 5, avenue de l'Opéra.
Exposition complète de la Société dans son pavillon en aval du pont d'Iéna, sur la berge.
Générateurs inexplosibles, sans appareils de sûreté.
Moteurs pour toutes industries. Générateurs de toutes puissances, depuis 1/4 de cheval.
Moteurs pour éclairage domestique par l'électricité.
Tricycles, voitures à vapeur, canots à vapeur.

424. Société des Moteurs à gaz français, à Paris, rue d'Aumale, 20. — Moteurs à gaz.   **(PALAIS.)**

425. Société des Usines et Fonderies de Baume et Marpent, à Marpent (Nord). — Transmissions de mouvements dans la galerie des machines.
                    (PALAIS.)

426. Société Française de matériel agricole, à Vierzon (Cher), à Paris, rue de Dunkerque, 5. — Pompes centrifuges, pompe double à pistons plongeurs, machine à vapeur demi-fixe de 12 chevaux.   **(PALAIS.)**

427. Société Française des amiantes de Tarascon-sur-Rhône, à Tarascon-sur-Rhône (Bouches-du-Rhône). — Fils, cordes, tissus et papiers d'amiante, articles incombustibles et ininflammables, revêtements de chaudières en amiante.
                    (PALAIS.)

Filature, cordage, tissage et fabrication des cartons et papiers d'amiante.
Fabrication spéciale de tapis et moquettes incombustibles.
Fournisseur de la Marine et de l'État, par circulaire ministérielle des 16 juillet et 23 décembre 1888.
Médaille d'or à Amsterdam, 1883.

428. Société générale coopérative pour la construction des chaudières inexplosibles (système Terme et Deharbe), à Paris, boulevard Voltaire, 81. Générateurs à vapeur.   **(PALAIS.)**

Chaudières inexplosibles (système *Terme* et *Deharbe*). Btées S, G. D. G. en France et à l'Étranger.
Hautes pressions. — Tubes démontables, dilatations libres, pas d'entraînement d'eau.
Types fixes, types marins. — 1,000 *chevaux*, à l'Exposition universelle.

429. SOULTZ (F.-Gaston), à Saint-Denis (Seine), route de la Courneuve, 4. — La Calcinacine, préventif et désincrustant, épurateur des eaux pour le bon fonctionnement et la sécurité des appareils à vapeur.   **(PALAIS.)**

430. SOYER (B.) & Fils, à Paris, rue des Pyrénées, 82. — Pompes à chapelet appliquées à divers usages.   **(QUAI.)**

431. Stéarinerie Française, à Saint-Denis (Seine), route du Landy, 104. — Appareil à cuvettes étagées pour le refroidissement des liquides.   **(PALAIS.)**

Médaille d'or à l'Exposition universelle de 1878, appareil breveté.

432. STEINMETZ (Paul), à Paris, rue Cail, 20. — Moteurs à eau, à vapeur et à air.   **(PALAIS.)**

433. STRUBE (H.), à Paris, rue Campagne-Première, 19. — Accessoires pour chaudières à vapeur.   **(PALAIS.)**

434. SUC (Arsène), à Paris, rue Bichat, 50. — Monte-charges, ascenseurs, grues, treuils, roue sans essieu, crapaud roulant, soupapes de sûreté, bascules.   **(PALAIS.)**

435. SWARTE (Romain-C. de), à Lille (Nord), rue de Fleurus, 13. — Publications relatives aux machines et chaudières à vapeur.   **(PALAIS.)**

436. Syndicat Général des chauffeurs et mécaniciens de France, à Paris, rue de Javel, 1. — Collection du journal du Syndicat.   **(PALAIS.)**

437. TAILLANDIER & Cie, à Paris, rue Réaumur, 17. — Anti-incrustant.
(**PALAIS.**)

438. THIRION (Antoine-R.), à Paris, rue de Vaugirard, 160. — Pompes à vapeur et pompes de compression d'air. (**PALAIS.**)

Paris 1867, médaille d'argent ; Paris 1878, médaille d'or.

439. THOMAS-JÉSUPRET (Alexandre), à Lille (Nord), rue Colbert, 75. — Machines à vapeur rotatives à piston tournant, système Thomas-Jésupret. (**PALAIS.**)

Ascenseurs hydrauliques sans puits ni forage (brevetés s. g. d. g.). Nombreuses installations faites à Lille, Reims, Roubaix, Tourcoing. Monte-charges d'usines. Transmissions de mouvement. Machines à vapeur verticales à chaudière indépendante (forces de 2 à 10 chevaux toujours en magasin). Matériel de buanderie : chaudières, laveuses, tordeuses, essoreuses, séchoirs et machines à repasser le linge, nappes, serviettes, rideaux, etc.

440. Tissages et ateliers de Construction Diedérichs, à Bourgoin (Isère). — Moteurs à pétrole, nouveau système, permettant l'emploi des huiles lourdes de pétrole, schiste, etc. (**QUAI.**)

441. TISSANDIER (Gaston), à Paris, avenue de l'Opéra, 19. — Photographies et dessins du premier aérostat dirigeable électrique. (**PALAIS.**)

442. TISSERON (J.-F.-Léon), à Paris, rue du Cherche-Midi, 30. — Dessins et gravures de machines et appareils divers. (**PALAIS.**)

443. TOISOUL (Eugène) & FRADET (Henri), à Paris, boulevard de l'Hôpital, 11. — Plans divers de cheminées, de fourneaux de générateurs et chaudières.
(**PALAIS.**)

Le recuit du laiton, la cuisson des charbons électriques, la cuisson de la chaux, du ciment, de la porcelaine, des produits céramiques, de fours à tremper, à cémenter, à creusets, à revivifier le noir, etc.

444. TRAINARD (Félix), à Vienne (Isère). — Générateur de vapeur. (**PALAIS.**)

445. TRAYVOU (B.), à Lyon (Rhône), usines de la Mulatière. — Bascules et instruments de pesage. (**PALAIS.**)

Ancienne Maison Béranger et Cie (1827-1857) et Catenot-Béranger (1857-1865).
Dépôts avec ateliers : Paris, rue Saint-Anastase, 10. — Lyon, rue Centrale, 41. — Marseille, rue Paradis, 31. — Fonderie, Forges ; Instruments de pesage en tous genres. — Balances riches et ordinaires. — Bascules bois et métalliques, à simple et à double romaine. — Balances et bascules automatiques, système A. Dujour, breveté S. G. D. G. — Ponts à bascule pour voitures et wagons s'établissant sur maçonnerie ou dans un cadre en fonte remplaçant la maçonnerie. — Appareils indicateurs à simple et à double romaine, avec ou sans appareil de contrôle. — Ponts à bascule avec indicateur automatique. — Différents systèmes de calage. — Machines à essayer les métaux, horizontales et verticales. — Treuils. — Récompenses obtenues : Londres 1851, Prize medal ; Paris 1855, 1867, 1878, premiers prix ; Vienne (Autriche) 1873, 1er prix.

446. UBERMUHLEN (T.-F.), à Ploërmel (Morbihan). — Appareils de sûreté contre les coups de feu aux chaudières et contre les excès de pression. Nouveau changement de marche. (**PALAIS.**)

447. VABE (Philibert), à Paris, rue Saint-Maur, 65. — Injecteurs. (**PALAIS.**)

448. VALDO (Jean), à Paris, rue du Chemin-Vert, 129. — Pompes, robinetterie de tous genres. (**PALAIS.**)

Robinetterie pour vapeur, eau et gaz. Robinetterie spéciale pour fourneaux, pompes, bornes-fontaines, articles d'arrosage. Plomberie de bâtiments (galerie des machines). Usine à vapeur. Fonderie et manufacture de cuivrerie et tôlerie. — Voir cl. 27 et 64.

449. VANTELOT-BÉRANGER Fils (Albert), à Beaune (Côte-d'Or). — Pompes à vin, à arrosages, bières, huiles, alcools, pompes à chapelets.

450. VEDEL (Emile), à Cannes (Alpes-Maritimes), Villa Spéranza. — Modèles et dessins de simplifications d'organes de machines et appareils. (**PALAIS**)

451. VERLINDE (Léon), à Lille (Nord), boulevard Papin, 2. — Appareils de levage.   **(PALAIS.)**

452. VERNY (Étienne), à Reaumont (Isère). — Paliers graisseurs à grenaille, boîte pour essieux de wagons, godets. graisseurs pour transmissions, graisseurs pour machines.   **(PALAIS.)**

453. VERTONGEN & HARMEGNIES (Grande Corderie du Nord), à Auby, près Douai (Nord). — Câbles de transmission en chanvre de manille.
(PALAIS.)

454. VÉRY (A.), à Paris, cité d'Angoulême, 6. — Robinets pour chaudières et machines à vapeur.   **(PALAIS.)**

455. VILLETTE (P.), à Lille (Nord). — Chaudière inexplosible pouvant produire 2,000 k de vapeur à l'heure, système Terme et Deharbe, installé dans la station électrique près le pont d'Iéna pour actionner les machines Lecouteux et Garnier. **(QUAI.)**

Chaudières Galloway ; semi-tubulaires et verticales.
Chaudières multitubulaires Terme et Deharbe. — Chaudières tubulaires.
Générateurs à bouilleurs locomobiles, réservoirs de grande dimensions.
Médaille d'argent, Paris 1878.

456. VIOSSAT (Victor), à Lyon-Vaise (Rhône), rue des Docks. — Robinets pour chaudières et machines à vapeur ; graisseurs.   **(PALAIS.)**

457. VIREY (Louis-E.-C.), à Paris, boulevard de Belleville, 55. — Machine à vapeur verticale à colonnes, machine à bati-cône, machine à grande vitesse, appliquée aux turbines.   **(PALAIS.)**

458. VOLLAND (Charles & Gustave), à Aillant-sur-Tholon (Yonne). — Compteur kilométrique avec une roue.   **(PALAIS.)**

459. VORUZ (J.), à Nantes (Loire-Inférieure). — Grue roulante.   **(QUAI.)**

460. VUAILLET (Francis-A.), à Saint-Maurice (Seine), Grande-Rue, 115. — Dynamomètre de rotation pouvant être actionné par manivelle ou par courroie.
(PALAIS.)

461. WACKERNIE (Alphonse) & Cie, à Paris, rue Grange-aux-Belles, 25. — Grille articulée pour chaudière.   **(PALAIS.)**

Grilles articulées pour tous foyers industriels, locomotives, etc.
Grilles pour chaudières marines, montées sur galets et amovibles.
Barreaux en fer à écartements variables de 4 à 10 millimètres suivant la nature des charbons, avec ou sans ventilateur.
Récompenses : Paris 1878, Amsterdam 1883, Anvers 1885.
1600 applications dans l'industrie et dans la marine.

462. WANNER & Cie, à Paris, quai Valmy, 19. — Appareils de graissage à compression, pour graisses consistantes, système Stauffer.   **(PALAIS.)**

Graisseurs à compression, graisses minérales consistantes, courroies de transmission en poils de chameau, en coton, cuir, etc. Enduits et jonctions. — Méd. de bronze, Barcelone 1888.

463. WEERTS (Emile-A.), à Roubaix (Nord). — Nouvelle soupape de sûreté.
(PALAIS.)

464. WEIDKNECHT (D.-Frédéric), à Paris, rue Paradis, 47. — Machine à vapeur mi-fixe, système Compound. Machine pilon à grande vitesse.   **(PALAIS.)**

Constructeur. Ateliers, 1, boulevard Macdonald (voir cl. 18 et 63). Machines à vapeur fixes, mi-fixes et locomobiles de toutes forces et tous systèmes. Machines Compound pilon à grande vitesse, système Brown, breveté S. G. D. G., locomotives, grues, treuils à vapeur, etc.

465. WEILL (A.), à Marly-lez-Valenciennes (Nord). — Joint mastic.   **(PALAIS.)**

466. WÉROUVE (Charles-L.), à Graville-Sainte-Honorine (Seine-Inférieure). — Modèle de machine à vapeur à basse pression.   **(PALAIS.)**

467. WÉRY (Eugène), à Paris, rue Boissière, 59. — Appareils pour chaudières fixes, pour chaudières marines et pour foyers d'habitation. **(PALAIS.)**

468. WINDSOR (E.-W.), à Rouen (Seine-Inférieure). — Machine à vapeur Compound horizontale, tandem, horizontale à cylindre unique, verticale Compound. **(PALAIS.)**

Maison fondée en 1840. — Fournisseur de l'État et des administrations municipales.

Grande spécialité de machines et appareils élévatoires pour le service d'eaux des villes. — Machines à vapeur verticales à balancier à deux cylindres à détente variable, breveté S. G. D. G. — Machines horizontales de tous systèmes, Compound ou à cylindre unique avec détente variable par régulateur à déclic, breveté.

Moteurs hydrauliques. — Turbines, système Larger, transmissions de mouvement de tous genres, volants, poulies à câbles ou courroies.

Récompenses :

Paris 1878, médaille d'or.

469. YON (L.-Gabriel), à Paris, boulevard Beaumarchais, 28. — Parc aérostatique militaire de campagne, composé de deux chariots et accessoires. **(PALAIS.)**

COLONIES.

ALGÉRIE.

1. BANOS (Pedro), à Bel-Abbès (Oran). — Élévateur naturel d'eau de puits. **(ESPLANADE.)**

2. BERMOND (Alexandre), à El Arrouch (Constantine). — Machine motrice à air et vapeur chauds de la force d'un cheval-vapeur. **(ESPLANADE.)**

3. DELBAYS & HÉRISSON, à Alger, rampe Valée, 4. — Compteur kilométrique pour voiture. **(ESPLANADE.)**

4. FAYET (Edouard), à Aïn Beïda (Constantine). — Projet et plan d'une bouée motrice utilisant la force des vagues de la mer pour élever l'eau. **(ESPLANADE.)**

5. LEVASSEUR (Jules), à Miliana (Alger). — Appareil de propulsion pour navires et locomotives (rails mobiles pour chemins de fer), mis en marche par des mouvements d'horlogerie. **(ESPLANADE.)**

6. LYON (André), à Alger, rue de Tanger. — Machine à timbrer, appareil de repassage instantané. **(ESPLANADE.)**

7. MOLIÉRE (Auguste), à Bône (Constantine) — Pâte désincrustante pour chaudières et appareils à vapeur, tartre provenant des chaudières. **(ESPLANADE.)**

8. MONTEIL (Victor), à Blidah (Alger), rue Grande. — Romaine oscillante sans poids ni curseur. **(ESPLANADE.)**

9. PHILIPPON & LARRIVÉE, à Oran. — Manége avec noria, noria à bras. **(ESPLANADE.)**

10. RIBAUCOUR (Albert), à Philippeville (Constantine). — Porte-vannes d'un canal, actionné par un seul treuil; type des coulisseaux. **(ESPLANADE.)**

11. SAUNIER (Marius), à Oran, boulevard Charlemagne. — Cadenas, robinets, croquis de pompe à vin, joints de tuyaux; pompe, robinet, lampe à pétrole, appareils inodores, pompe à chapelet. **(ESPLANADE.)**

GABON CONGO.

1. AVINENC, au Gabon. — Courroies, porte-charge en écorce.   **(ESPLANADE.)**

NOUVELLE-CALÉDONIE.

1. DIÉNIS, à Nouméa. — Machine.   **(ESPLANADE.)**

2. PELLETIER (M.), à Nouméa. — Boulon de bielle, écrou et maillon.

(ESPLANADE)

PAYS ÉTRANGERS.

ALLEMAGNE.

1. BERGER-ANDRÉ (Louis G. J.), à Thann (Alsace-Lorraine). — Machine à vapeur Corliss-Compound, de la force de 150 chevaux.　**(PALAIS.)**

2. Société des ateliers de construction de Bitschwiller (Ancienne Maison **Stehélin & Cie**), à Bitschwiller-Thann (Haute-Alsace). — Moteur à vapeur avec dynamo.　**(PALAIS.)**

3. STEINLEN & Cie (Anciens ateliers **Ducommun**), à Mulhouse (Alsace) et à Paris, boulevard de Magenta, 18.　**(PALAIS.)**

Organes de transmissions. Arbres, manchons, bâtis, paliers, supports, consoles, chaises, coussinets à rotule, poulies en une pièce, poulies en deux pièces. Engrenages de tous genres. — Exposition générale : Pavillon de la maison Steinlen et Cie, cour des générateurs de vapeur, dans l'axe du Palais des Machines, côté de l'École militaire.

RÉPUBLIQUE ARGENTINE.

1. BONACCIO (Louis), à Rosario (Santa-Fé). — Balance.　**(PARC.)**

2. ESTELLE (H.), à Buenos-Ayres. — Bascules et balances.　**(PARC.)**

3. MEINERS (Frédéric), à Esperanza (Santa-Fé). — Courroies de transmission.　**(PARC.)**

4. QUIRICO (Antoine), à Rosario (Santa-Fé). — Balance.　**(PARC.)**

5. THOMAS (Jules), à Rosario (Santa-Fé). — Moto, éllipse, manivelle.　**(PARC.)**

AUTRICHE-HONGRIE.

1. HUBERT (Philippe) & Cie, à Budapest, VI. Andrassy-Uteza, 33. — Appareil de graissage automatique dit Excelsior. Armatures de conduits d'eau.　**(PALAIS.)**

2. KELLNER (Charles), à Vienne, X. Himbergerstrasse, 92. — Cordes en cuir et courroies tissées en cuir.　**(PALAIS.)**

BELGIQUE.

1. BACKELJAU (Théophile), à Malines, rue Coxie, 13. — Une pompe automatique et un régulateur de pression.　**(QUAI.)**

2. BERHAUT (Charles), à Liége, rue de Fragnée, 20. — Compteurs à eau, système à turbine et système à pistons.　**(QUAI.)**

3. CARELS Frères (Alphonse et Gustave), à Gand. — Machine à vapeur Compound-Sulzer de la force de 400 chevaux.　**(QUA'.)**

4. CASSIERS (Fd.-L.), à Merxem-lez-Anvers, rue Cassiers, 1. — Cric pour lever les vannes d'écluse, en fer forgé, trempé et fermeture de sûreté. **(QUAI.)**

5. CERFONTAINE (P.-M.), à Chênée, rue Bodson, 25. — Liquide désincrustant pour chaudières à vapeur. **(QUAI.)**

6. CHANTRENNE-SOIRON (George), à Nivelles. — Injecteurs aspirants et foulants. Graisseurs, indicateurs de niveau d'eau. **(QUAI.)**

7. DE NAEYER et Cie, à Willebroeck. — Chaudières multitubulaires inexplosibles, économiques ; 6 chaudières fonctionnent pour le service de la force motrice de la galerie des machines. **(QUAI.)**

8. DERVAUX & Cie, à Farciennes. — Épurateurs. Décanteur automatique pour l'épurateur préalable. Débourbeur pour chaudières à vapeur. **(QUAI.)**

9. DE VILLE CHATEL et Cie, à Bruxelles, rue Birmingham, 52.— Machine Compound tandem. Machine demi-fixe avec chaudière verticale. Moteur à pétrole. **(QUAI.)**

10. FÉLON (Joseph), à Liége, rue Méan, 21. — Collection d'appareils graisseurs automatiques. **(QUAI.)**

11. FOCCROULLE (Charles), à Kinkempois-Angleur. — Crics belges de sûreté à triple engrenage. Cric « Universel » à double engrenage, crics « Strafort » à vis. **(QUAI.)**

12. FOCCROULLE (Jules), à Liége, rue Bonne-Femme, 25. — Crics en acier Bessemer à crémaillère ; crics double engrenage ; crics à vis double engrenage ; verins avec et sans chariot. **(QUAI.)**

13. GAUSSET (A.) & Cie, à Jumet. — Machine locomobile perfectionnée ; machine à vapeur horizontale, verticale et chaudière. **(QUAI.)**

14. GEORGE (Edouard), à Verviers, rue Saint-Antoine, 21. — Courroies de transmission. **(QUAI.)**

15. HALOT (Émile et Jules) & Cie, Anciens établissements **Cail, Halot et Cie,** à Bruxelles. — Machines et appareils de mécanique générale. **(QUAI.)**

> Machine-Pilon de 6 chevaux avec générateur inexplosible à tubes. Système Collet, donnant le mouvement à la machine frigorifique pour 50 kilos de glace (classe 56).
> Compresseur d'air horizontal à tiroirs. Système Burckhart et Weiss.

16. HANARTE (Gustave), à Mons, rue de Bertaimont, 21. — Appareils pour la transmission de la force par l'air comprimé, l'air raréfié et l'eau. Traités spéciaux. **(QUAI.)**

> Médailles : argent, Amsterdam ; Anvers, or ; Bruxelles, pour l'air comprimé et l'air raréfié.

17. HANREZ (Prosper), à Bruxelles, rue Moris, 9. — Générateur à vapeur, multitubulaire inexplosible, système P. Hanrez. **(QUAI.)**

18. HOUBEN (Théodore), à Verviers, rue David, 24.— Courroies en cuir. **(QUAI.)**

> Diplôme d'honneur, Anvers 1885.

19. HOYOIS (Alfred), Ingénieur-Constructeur, à Clabecq — Machine à vapeur.

20. JASPAR (Joseph), à Liége, rue Jonfosse, 12. — Moteur hydraulique. **(QUAI.)**

21. JORET Frères, à Fontaine-l'Évêque. — Poulies diverses. **(QUAI.)**

22. LALLEMAND (Léonard), à Dison. — Graisseurs automatiques. Composition calorifuge. **(QUAI.)**

> Graisseurs automatiques brevetés ; huiles et graisses industrielles ; spécialités de toiles sans fin et draps pour machines ; transmissions cordes et ficelles.
> Diplôme, Bruxelles 1888

23. LECHAT (Jules), à Gand, rue Fiévé, 22. — Courroies de transmission, de transporteurs, d'élévateurs, tuyaux divers. **(QUAI.)**

Concessionnaire des brevets du docteur Backelandt pour la fabrication et la mise en vente des plaques photographiques développables à l'eau.

Usines quai du Wault, 25 et 27, à Lille ; rue Fiévé, 22, à Gand. Maison de vente, avenue de la République, 16, Paris. Plaques photographiques développables à l'eau, supprimant toute espèce de révélateur. Plaques au gélatino-bromure d'argent pour le paysage et le portrait. Plaque au gélatino chlorure d'argent pour la production des diapositives (lanternes, stéréoscopie, vitraux, etc). Plaques sur porcelaines. Plaques sur fer.

24. LINDEBRIENGS - CUYX, à Louvain, rue de Diest, 264. — Courroies de transmission. **(QUAI.)**

25. MABILLE (Valère), à Mariemont. — Soupapes de sûreté. Injecteurs. **(QUAI.)**

Médailles : Vienne 1873 ; Paris 1878 ; Amsterdam 1883 ; Anvers 1885.

26. Manufacture Générale de courroies de transmission (Brichot et Cie), à Bruxelles, rue de la Prévoyance, 34. — Courroies tous genres, chanvre, coton, crin, cuir, etc. **(QUAI.)**

27. MATHIEU SNOECK (Vve), à Ensival Verviers. — Machine à vapeur Compound, régulateur, système Falkenburg. **(QUAI.)**

28. Nouvelle Société anonyme d'Auderghem, (Administrateur : **Baron de Cartier),** à Auderghem (Bruxelles). — Mastics industriels pour les joints à vapeur. **(QUAI.)**

29. PIRAUT (J.-B.), à Bruxelles, rue de Mérode, 5. — Locomobile, force 8 chevaux. **(QUAI.)**

30. RADERMECKER (A.), à Verviers. — Courroies en cuir ; cordes en cuir ; lanières diviseuses et manchons. **(QUAI.)**

31. ROOVERS (L.) & Cie, à Liége, rue des Wallons, 20. — Robinetterie, flotteurs, indicateurs de niveau d'eau, etc. **(QUAI.)**

32. Société anonyme des Ateliers de Construction, à Boussu. — Machine à vapeur Compound. **(QUAI.)**

33. Société anonyme de Chaudronnerie et Fonderies Liégeoises (Administrateur-délégué : **Pétry-Chaudoir),** à Liége, quai Orban. — Chaudière de machine à vapeur. **(QUAI.)**

34. Société anonyme Electricité et hydraulique, à Charleroi (Directeur : **J. Dulait).** — Machines à vapeur ; moteurs hydrauliques, moteurs à gaz et au pétrole. **(QUAI.)**

35. Société anonyme des Forges, Usines et Fonderies de Gilly, (Administrateur : **(A. Robert),** à Gilly. — Machine horizontale à détente par déclic variable par le régulateur. **(QUAI.)**

36. Société anonyme de Marcinelle et Couillet, à Couillet. — Machine motrice Compound ; machine motrice verticale à bâti pilon ; grue roulante ; pont roulant. **(QUAI.)**

37. Société anonyme « Le Phénix », pour la fabrication des Machines et Mécaniques, (Administrateur : **Paul de Hemptinne),** à Gand. — Machines à vapeur, moteurs à gaz. **(QUAI.)**

38. Société anonyme des Moteurs inexplosibles au pétrole et au gaz, à Bruxelles, boulevard Anspach, 117. — Moteurs au pétrole. **(QUAI.)**

39. Société anonyme verviétoise pour la construction de machines (ancienne Maison **Houget et Teston),** à Verviers, rue Francomont, 2. — Machines à vapeur Corliss simples et Compound de 20 à 600 chevaux. **(QUAI.)**

Paris 1855, Médaille de 1re classe.
Paris 1867, 2 Médailles d'or et grande Médaille d'or.
Vienne 1873, Diplôme d'honneur.
Paris 1878, hors concours, membre du jury. Barcelone 1888, Médaille d'or.

40. Société Cockerill, à Seraing. — Machine de bateau. Machine à comprimer l'air. **(QUAI.)**

41. The Belgian and Colonial flexible métallic tubing Co, à Herstal. — Tuyaux métalliques flexibles. **(QUAI.)**

42. VAN HECKE (Gustave), à Gand, quai du Petit-Dock, 7. — Pompes. **(QUAI.)**

BRÉSIL.

(Voir son Catalogue spécial.)

CHILI.

1. KLEIN (Carlos), à Santiago. — Pompe à double effet et un cylindre, turbine avec régulateur. **(PARC.)**

DANEMARK.

1. EVALD (W.), à Svendborg. — Courroies de transmission. **(PALAIS.)**

2. HILDEBRANDT (Carl. A.), à Copenhague. — Admonitor, système Agerskov, appareil d'alarme, indiquant l'accroissement de chaleur dans les couches des machines. **(PALAIS.)**

ESPAGNE.

1. CUCURMI (Pablo), à Sabadell (Barcelone). — Cornues pour gaz. **(PALAIS.)**

ÉTATS-UNIS.

1. American Elevator Co (Compagnie américaine d'ascenseurs), à Paris, rue de la Paix, 25, et à New-York, N. Y. — Ascenseur hydraulique. **(PALAIS.)**

2. American Leather Link Belt Co, à New-York, N. Y., Cliff street, 72. — Système de courroies pour transmission en mailles de cuir. **(PALAIS.)**

3. BLAKE (J. H.), à Batavia, N. Y., Liberty street, 29. — Machine rotative à grande vitesse pour la marine. **(PALAIS.)**

4. BROWN (E. Parmly), à New-York, Flushing. — Chaudière à vapeur. Arbre pour transmission de force. Spécialité pour arbre de couche d'hélices dans les bateaux à vapeur. **(PALAIS.)**

5. BROWN (C. H.) & Co., à Fitchburg, Mass. — Machine à vapeur. **(PALAIS.)**

6. CHRISTOFFEL (A.), à Brooklyn, N. Y., Evergreen avenue, 454. — Râcloirs et brosses de ressort d'acier pour tubes de chaudières. **(PALAIS.)**

7. Colts' Pat. Fire Arme Manuf. Co., à Hartford, Conn. — Chaudière et machine Baxter, machine à disque.   **(PALAIS.)**

8. CORCORAN, à New-York. — Moulin à vent.   (PALAIS.)

9. CRIST (William E.) & COVERT (H. C.), à New-York, N. Y. Liberty street, 55. — Machine perfectionnée de Crist. Moteur à gaz, système Crist.   **(PALAIS.)**

10. Crosby Steam Gauge & Valve Co , à Boston, Mass.— Manomètres-graisseurs pour machines à vapeur, soupapes de sûreté.   **(PALAIS.)**

11. Dodge Manu acturing Company, à Mishawaka, St-Joseph Co, Indiana. — Poulies en bois à courroie et à corde.   **(PALAIS.)**

12. DOUGLAS (W. F. B.), à Middletown, Conn. — Pompes, béliers et autres machines hydrauliques.   **(PALAIS.)**

13. EDGERTON (N. Huntley), à Philadelphie, Pa, North 7th street, 137. — Moteurs à gaz.   **(PALAIS.)**

14. EMERSON & MIDGLEY, à Beaver-Falls, Pa. — Machine à fabriquer des courroies et des tuyaux en fil d'acier.   **(PALAIS.)**

15. Energy Manuf. Co., à Philadelphie, Pa. — Treuil à corde.   **(PALAIS.)**

16. Goulds Manuf. Co., à Seneca Falls, N. Y. — Machines hydrauliques, pompes, béliers, etc.   **(PALAIS.)**

17. Goulds Manufacturing Co., à New-York, Barclay street, 60. — Pompes, béliers et machines hydrauliques.   **(PALAIS.)**

18. HORTON (The E.) & Son Co., à Windsor Locks, Conn. — Accessoires de machines à tourner.   **(PALAIS.)**

19. JEAL HOIST Co. (Limited), à Philadelphie, Pa, Broad street, 146. — Machine élévatoire portative.   **(PALAIS.)**

20. MASON (Volney W.) & Co. à Providence, R. I. — Ascenseur et machines élévatoires, poulies à friction, griffes à friction pour accouplement, arbres de transmission, engrenages.   **(PALAIS.)**

21. MAST, FOOS & Co., à Springfield, Ohio, 21st. street. — Moulin à vent.   **(PALAIS.)**

22. Northrop Manuf. Co., à Camden, N. Y. — Machine à vapeur Copeland.   **(PALAIS.)**

23. OTIS Brothers & Co. (Vice-Pres't: **Wm. Frank Hall),** à New-York, N. Y. Park row, 38. — Ascenseurs hydrauliques placés dans la tour Eiffel.   **(PALAIS.)**

24. OTIS Brothers & Co. à New-York, N. Y. Park row, 38. — Moteurs à gaz.   **(PALAIS.)**

25. REED (J. van D.), à New-York, N. Y. — Métiers circulaires, courroies pour machines, manches hydrauliques.   (**PALAIS.)**

26. SCIEREN (Chas. A.) & Co. à New-York, N. Y. Ferry street, 47. — Courroies perforées.   **(PALAIS.)**

27. Silver & Deming Manuf. Co. à Salem, O. — Variété de pompes et machines à pomper, béliers hydrauliques.   **(PALAIS.)**

28. Sirret Scale Co. à Cuyahoga Falls, O. — Spécimens de la balance Sirret.   **(PALAIS.)**

29. Straight Line Engine Co. à Syracuse, N. Y. — Machine à vapeur automatique et à grande vitesse.   **(PALAIS.)**

30. THOMSON (John). à New-York, Nassau street, 143. — Compteurs à eau.   **(PALAIS.)**

31. United States Metallic Packing Co, à Philadelphie, Pa. — Garniture métallique pour tige de piston, arbres des tiroirs, godets à huile.   **(PALAIS.)**

32. WILSON & ROAKE, à New-York, N. Y., Front street, 261. — Appareil pour purifier l'eau servant à l'alimentation des chaudières à vapeur.   **(PALAIS.)**

33. WINGER (E. B.), à Freeport, Ill. — Nouveau modèle de moulin à vent.
                          (PALAIS.)

34. Worthington Pumping Engine Co, à New-York. — Pompes à vapeur.
                          (QUAI.) (PALAIS.)

Une machine élévatoire Worthington fonctionne sur le quai d'Orsay, pour l'alimentation de l'Exposition.

Des pompes Compound Worthington, type de pression, fonctionnent dans la Tour de 300 mètres pour élever l'eau au sommet.

Des pompes Worthington sont employées pour l'alimentation des chaudières Collet dans la Tour de 300 mètres, des chaudières Babcock et Wilcox de l'usine élévatoire du quai d'Orsay et de la Galerie des Machines, ainsi que des chaudières du Syndicat Electrique.

Compagnie Worthington, 43, rue Lafayette, Paris ; Londres ; Berlin ; Bruxelles.

Usines hydrauliques Worthington, New-York.

GRANDE-BRETAGNE.

1. ALLDAYS & ONIONS (Limited), à Birmingham, Great Western works, Small Heath station. — Machines à gaz, pompes, appareils de pesage.   **(PALAIS.)**

2. ANGUS (George) & Co. (Limited), à Newcastle-on-Tyne, St-John's Leather works. — Courroies et autres objets mécaniques en cuir, coton et caoutchouc.   **(PALAIS.)**

Articles en cuir, caoutchouc, et gutta-percha propres aux usages de mines, mécaniques et autres.

Courroies en cuir simples et doubles.

Courroies en chaîne brevetée pour dynamos.

Tuyaux en cuir. Corde en peau.

Cuirs pour machines hydrauliques.

Nouveaux tuyaux d'embranchement avec raccords.

Caoutchouc en feuilles.

Soupapes et rondelles en caoutchouc.

Tampons de suspension. Tuyaux de refoulement et d'aspiration.

3. AVERY (William & Thomas), à Digbeth, Birmingham, et à Londres, Cowross street, 14. — Machines de toutes sortes pour peser et remplir les paquets, les cartouches, etc.   **(PALAIS.)**

Balances scientifiques, comprenant : balance pour la monnaie, balance pour les produits chimiques, balance d'essai à flèche courte pour vérification rapide, balance pour l'essai des pièces d'or, plateaux et balances en agate polies et décorées, pour la banque et le commerce, machines à peser pour chemins de fer ; machine automatique à peser la poudre, remplir les cartouches et les bourrer, machine à peser portative, à plate-forme pour transport, signal d'alarme de Snelgrove ; machines automatiques à peser et à remplir les paquets à l'usage des épiciers.

Récompenses : Sydney 1880 ; Melbourne 1881 ; Melbourne 1888, la seule médaille d'or.

4. AYLMER (R.), à Londres, Parliament street, 42. — Planches pour ingénieurs pour tendre à sec, papier à dessiner, papier et toile à calquer, etc.   **(PALAIS.)**

5. BABCOCK & WILLCOX Co., à Glasgow, Hope street, 107, et à Londres Newgate street, 114. — Chaudière fixe et chaudières pour navires à tube d'eau de Babcock et Willcox.   **(PALAIS.)**

6. Bailey Wringing Machine Co. à Londres, Upper Thames street, 39. — Machines pour tordre, calandrer et laver le linge et pour nettoyer les couteaux.
                          (PALAIS.)

7. BAKER (Joseph & Sons), ingénieurs-constructeurs, 58, City Road Londres, Angleterre. — Machine à découper.   (**PALAIS**.)

Nouvelle machine, pour découper, jauger, estamper et ranger sur les plaques en tôle les biscuits en pâte molle et pâte dure avec tous les accessoires.

Machines-miniature en mouvement (représentant les machines et fours pour la fabrication des Biscuits) avec un modèle de machine à vapeur, la caisse éclairée par des lampes en miniature de la lumière électrique.

Le tout démontre une usine de Biscuits.

Les machines et fours de grandeur naturelle, et les appareils pour confiserie et crèmes glacées sont en opération tous les jours, dans la boulangerie modèle Anglaise, (Groupe N° 6, Esplanade des Invalides.

Médailles d'or, Amsterdam 1886, — Barcelone 1888, — Melbourne 1888.

8. Blackman Air Propeller Ventilating Co., (Limited), à Londres, Fore street, 63. — Moteurs d'air et fanneaux mus par la vapeur pour tout usage.
                                                                                  (**PALAIS**.)

Ventilation. — Refroidissement. — Séchage.

Appareils pour ventiler les édifices publics, les établissements industriels, usines, teintureries, imprimeries, blanchisseries, filatures, etc.

Pour enlever l'air chaud ou vicié, la vapeur, la fumée ou la poussière et pour sécher le coton, la laine, le fil, le malt, le houblon, le cuir, le bois, la colle et autres matières à basse température.

9. BINGHAM (G. C.), Holland works, à Londres, Bermondsey, Alscot road. — Machine à gaz, action double.   (**PALAIS**.)

10. BRADFORD (Thomas) & Co., à Manchester, Crescent Iron works, Salford et à Londres,High Holborn, 140-143. — Matériel à vapeur pour blanchissage. (**PALAIS**.)

11. BROTHERHOOD (Peter), à Londres, Belvedere road, 15, Westminster bridge. — Compresseurs d'air à haute pression pour torpilles, etc   (**PALAIS**.)

12. Cash Registering Machine Co., à Manchester, George street, Salford — Variété de petites machines pour empêcher la fraude dans le commerce.   (**PALAIS**.)

13. COBBETT (W. Wilson), à Londres, Southwark street, 82. — Courroies à machines en coton et crin tissés.   (**PALAIS**.)

14. COCKER Brothers (Limited), à Sheffield. — Acier fondu au creuset en barres et en tôles. Fil d'acier fondu au creuset, en tringles et en couronnes pour pièces de machine et d'électricité.   (**PALAIS**.)

15. CROSSLEY Brothers (Limited), à Manchester, Openshaw, et à Londres, St-Bride street, 10, Ludgate circus. — Moteur à gaz « Otto » de Crossley. Machines à gaz combinées avec pompes pour eau et air.   (**PALAIS**.)

Machines Otto brevetées ; dimension depuis la force de deux hommes jusqu'à 1000 chevaux.

16. CROWLEY (John) & Co., à Sheffield.— Machines pour nettoyer les couteaux et les fourchettes.   (**PALAIS**.)

17. DAVEY PAXMAN & Co. — Diverses machines.   (**PALAIS**.)

18. DAVIS & TIMMINS, (Limited) à Londres, Charles street, 24, Hatton Garden. — Jauges pour petites vis.   (**PALAIS**.)

19. DAWSON (James) & Sons, à Lincoln. — Courroies en cuir pour machines.   (**PALAIS**.)

20. DENNY & Co., à Dumbarton. — Modèles de machines du bateau à vapeur « Buenos-Ayres » (Compagnie transatlantique de Barcelone).   (**PALAIS**.)

21. FIELDING & PLATT, Atlas works, à Glocester.— Pompes, action simple.
                                                                                  (**PALAIS**.)

22. Farnley Iron & Co. (Ld), à Leeds. — Fourneau en acier pour chaudières à haute pression.   (**PALAIS**.)

23. FORREST & Son, à Londres, Norway Yard, Limehouse, et à Wyvenhoe, Essex. — Mécanique pour chaloupes à vapeur. **(PALAIS.)**

24. Frictionless Engine Packing Co., à Manchester, Cable mills, Glasshouse street, Oldham road. — Encaissages électriques pour machines, propriété lubrifiante toujours acquise, ne s'échauffant et ne se fondant pas. **(PALAIS.)**

25. GALLOWAY (W. & D.) & Sons, à Manchester. — Chaudières et machines à vapeur. **(PALAIS.)**

26. Gandy Belt Manufacturing Co (Limited), à Londres, Queen Victoria street, 130. — Courroies en coton. **(PALAIS.)**

27. GARRARD (H. W.) & Sons, à Londres Tower hill. — Machines à nettoyer les couteaux et machines à autres usages domestiques. **(PALAIS.)**

28. Gazeous & Liquid Fuel Supply Co (Limited), à Manchester, Market street, 25. — Modèles, photographies et dessins de machines, système Thwaites.
(PALAIS.)

29. GRENWOOD & BATLEY (Limited), à Leeds. — **(PALAIS.)**
Agent pour la France ; Emile Triponé, rue de Rome, 35, à Paris.
Constructeurs de machine spéciales pour la fabrication des armes de guerre.
Matériel d'artillerie, torpilles « Whitehead », cartouches et projectiles.
Machines-outils en tous genres pour travailler les métaux et le bois.
Machines à vapeur à grande vitesse, système Armington-Sims, chaudières inexplosibles.
Machines à imprimer, à platine, le « Soleil ».
Compteurs à eau, système Roux.
Dynamos, système Jones. Lampes à arc, système Hochansen.
Installations complètes d'huileries pour graines de toutes espèces et de moulins à farine.
Machines à peigner et filer la bourre de soie, la schappe, le chinx-grass, etc.

30. HERRING Brothers, à Londres, East road, 124, City road. — Outillages pour sculpteurs et autres. **(PALAIS.)**

31. HINDLEY (E. S.), à Bourton, Dorset, et à Londres, Queen Victoria street, 11. — Machines à vapeur horizontales et verticales, chaudières, pompes.
(PALAIS.)

32. HORNE (W. C.), à Londres, Dowgate hill, 6. — Moteur à gaz. **(PALAIS.)**

33. HULSE & Co., à Manchester, Ordsal works. — Machines-outils de toutes sortes, outils divers des ateliers de constructions mécaniques. **(PALAIS.)**

34. HUNTER & ENGLISH, à Londres, Bow road, 202. — Modèle de grue flottante et photographies de mécanique à draguer. **(PALAIS.)**

35. Hydraulic Engineering Co. (Limited), à Chester. — Pompes, accumulateur, ascenseur, outils hydrauliques. **(PALAIS.)**

36. JACOBS (J. A.), à Londres, Seymour street, 15, Euston square. — Boîte aux lettres publiques et privées. **(PALAIS.)**

37. JOY (David), à Londres, Victoria Chambers, 9, Westminster. — Modèle en corton et photographies de machines à vapeur avec soupapes, système Joy. **(PALAIS.)**

38. KNAP (Conrad) & Co., à Londres, Qeen Victoria Steet. — Chaudière à tubes d'eau ; système « Roots ». **(PALAIS.)**
Les objets consistent en : une chaudière de 120 chevaux de force, qui fonctionne et qui est choisie par le gouvernement français pour fournir la vapeur à la section britannique et à celle des Etats-Unis, et une chaudière portative de 15 chevaux pour les mines et transports de montagnes. Celle-ci est faite en pièces pesant environ 70 kil. chacune, qu'un ouvrier quelconque peut assembler avec ses outils habituels.
Les plus grandes chaudières peuvent être faites de la même manière même pour les dentrios d'accès difficile.

39. Leeds Forge (Limited), à Leeds. — Appareils chaudières et accessoires, tôles d'acier.   (**PALAIS.**)

40. LEVERSON (James), à Londres, Holborn viaduct, 22. — Machine automatique pour la vente et distribution des objets de même prix et grandeur.   (**PALAIS.**)

41. London & Birmingham Hardware Co. (Limited), à Londres, Clerkenwell Charles street, 14. — Machines pour diminuer le travail domestique et ustensiles de cuisine.   (**PALAIS.**)

42. Macfarlane, Strang & Co. (Limited), à Glasgow, Lochburn Iron works. — Compteurs à eau, système Bonna.   (**PALAIS.**)

43. MASKELYNE (John), à Londres, Egyptian Hall, Piccadilly. — Caissier mécanique pour éviter la fraude et simplifier le travail.   (**PALAIS.**)

44. MONCRIEFF (John), à Perth. — Appareil de jaugeage pour établir le niveau de l'eau dans les chaudières.   (**PALAIS.**)

45. MOSELEY (David) & Sons, à Manchester, Chapelfield works, Ardwick. — Courroies simples.   (**PALAIS.**)

46. Patent Nut & Bolt Co. (Limited), à Birmingham, London works et à West-Bromwich, Stour Valley works. — Boulons, écrous et toutes sortes d'attaches en métal.   (**PALAIS.**)

47. Patent Pump Blower Syndicate (Skinner & Co), à Londres, 7, Waterlane Blackfriars. — Pompe, souffleur et machines rotatoires.   (**PALAIS.**)

48. REDDAWAY (Frank) & Co., à Manchester Cheltenham street, Pendleton, & Lissadel stre et mills. — Courroies en tous genres, toiles à voiles, tuyaux de pompes, en toile sans couture pour incendie et arrosage.   (**PALAIS.**)

   Dépôt à Paris, 35, rue de Crussol. - Maison fondée en 1869. — Fabriques à Paris, à Manchester et à Pendleton. Fabricants des courroies en poil de chameau. Fabricants des courroies en coton cousues, système Reddaway. Fabricants des courroies en crin et en chanvre. Fabricants des tuyaux en chanvre et en caoutchouc. — Les courroies en poil de chameau, système Reddaway, fonctionnent à beaucoup de machines de l'Exposition.

49. SAMUELSON & Co. (Limited), à Banbury, Oxfordshire. — Machines « Acme » aspirantes et foulantes à la main et à vapeur.   (**PALAIS.**)

50. SIMPSON, STRICKLAND & Co, à Dartmouth. — Machines Kingdon pour chaloupes à vapeur, yachts, remorqueurs, fabriques et tous usages.   (**PALAIS.**)

51. SKINNER, ODDIE & Co, à Londres. — Pompe, souffleur et machines rotatoires.   (**PALAIS.**)

52. STERNE & Co. (Limited), à Glascow. — Machines, outils.   (**PALAIS.**)

53. STEVENS & Sons, à Londres, Southwark Bridge road. — Tourniquets fonctionnant sans bruit.   (**PALAIS.**)

54. STOTHERT & PITT, (Limited), à Bath. —Grue à vapeur locomobile avec tous accessoires.   (**PALAIS.**)

55. TAYLOR (John) & Sons, Midland Foundry & Engineering works, à Nottingham, Queens road. — Machines à gaz « Midland ». Élévateur à vapeur, appareil pour consumer la fumée.   (**PALAIS.**)

56. THOMAS (George) & Co., à Manchester, Deansgate, 28. — Accessoires pour moulins, fabriques de tissus et travaux d'ingénieurs.   (**PALAIS.**)

57. THWAITES Brothers, à Bradford, Yorkshire. — Modèle d'un récepteur à coupole.   (**PALAIS.**)

58. TURNBULL (Alexander) & Co, à Glasgow, Saint-Mungo works, Brook street, 139. — Régulateur et modérateurs de mouvements. Soupapes et matériel à chaudières, etc.   **(PALAIS.)**

59. Unbreakable Pulley Co, à Manchester, Ogden street, Ardwick. — Poulies, matériel pour moulins, embrayage universel.   **(PALAIS.)**

60. United Asbestos Co (Limited), à Londres, Queen Victoria street, 161, et à Paris, boulevard Sébastopol, 91. — Matières non conductrices, encaissages et jointures.   **(PALAIS.)**

61. WILLAMS (E. A.), Birkenhead Saw mills, à Birkenhead. — Machine à peser, appareil pour éprouver la force.   **(PALAIS.)**

62. WILLOWS (E.) & Co, à Londres, Shepherd's Bush road, 98. — Vitrine pour réfrigérer.   **(PALAIS.)**

63. Wothington Pumping Co, à Londres, Queen Victoria street, 153. — Photographies de pompes.   **(PALAIS.)**

ITALIE.

1. AGUDIO (Thomas), à Turin. — Nouveau système de grillage et foyer à circulation d'eau pour chaudières à vapeur.   **(PALAIS.)**

2. DAMIANO (François), à Turin, via Sacchi, 12. — Pompes hydrauliques.   **(PALAIS.)**

3. GIZZI, à Ceccano (Rome). — « Le multiplicateur », machine à remplacer les roues dentelées et les courroies dans les machines.   **(PALAIS.)**

4. PASCAL & GUADAGUINO, à Gênes, corso Magenta, 47. — Mastic-plastique, calorifuge-isolateur du calorique, pour couvercles de chaudières, tubes d'eau de refroidissement.   **(PALAIS.)**

5. PELIZZOLA (Jean), à Milan, via Omenoni, 2. — Modèle d'une pompe d'épuisement et d'irrigation.   **(PALAIS.)**

JAPON.

1. TYOTA (Kanton), à Tokio-fu, Asakusa-Ku. — Objets faits avec l'amiante.   **(PALAIS.)**

GRAND-DUCHÉ DE LUXEMBOURG.

1. POUPLIER (Léopold), à Luxembourg. — Enduit calorifuge pour chaudières et conduites de vapeur.   **(PALAIS.)**

NORVÈGE.

1. ANDERSSEN (Johannes), à Christiania. — Seau en fer galvanisé à fond mobile.   **(PALAIS.)**

2. ENGEBRETSEN (L.), à Christiania. — Machine à vapeur de 6 chevaux-vapeur nominaux, avec régulateur de précision et lubrificateur, nouveau système, invention de l'exposant.   **(PALAIS.)**

3. Fonderie et atelier mécanique Vulkan, à Christiania. — Lubrificateur automatique.   **(PALAIS.)**

Médaille d'argent, Anvers, 1885 ; Médaille d'or, Bruxelles, 1888.

PAYS-BAS.

1. BIKKERS (A.) et Fils, à Rotterdam. — Pompe d'incendie à vapeur.
(**PALAIS.**)

2. École des Machinistes (Directeur : **J. W. Vesser),** à Amsterdam. — Modèles de machines : Compound, diagonale, oscillante, de chaudière, tubulaire, etc. Exécutés sur les plans de M. Agterberg, professeur.
(**PALAIS.**)

3. VRIES (de) ROBBÉ et Cie, à Gorinchen. — Pompes et petits moteurs.
(**PALAIS.**)

PORTUGAL.

1. BASTOS (Antonio-Pinto). — Appareils divers.
(**PALAIS.**)

2. COSTA (H. Alfredo da) e SILVA. — Modèles de machines.
(**PALAIS.**)

3. HENRIQUES Irmâo. — Modèles de machines.
(**PALAIS.**)

4. Sociedade Progresso. — Modèles de machines.
(**PALAIS.**)

ROUMANIE.

1. ASSAN (B. G.), à Bucharest, rue Victoriei, 68. — Compteur automatique de grains. Appareil enregistrant les variations de la force des machines à vapeur. Plans divers.
(**PALAIS.**)

2. SAVUL (Ant. Sc.), à Iassy, rue Saint-Sava, 14. — Moteur hydraulique.
(**PALAIS.**)

RUSSIE.

1. NADEINE (M. P.), à Saint-Pétersbourg. — Appareils diviseurs pour ordures.
(**PALAIS.**)

2. TROETZER (Adolphe), à Varsovie. — Pompes à incendie.
(**PALAIS.**)

GRAND-DUCHÉ DE FINLANDE.

1. Ateliers d'OSBERG, à Helsingfors. — Pompes.
(**PARC.**)

2. STENBERG (John), à Helsingfors. — Armatures de chaudière, pompes.
(**PARC.**)

3. TRICHTON (V. M.), et Cie, à Abo. — Machine de chaloupe de 6 chevaux et machine torpilleur de 8 chevaux.
(**PARC.**)

SUISSE.

1. AMSLER-LAFFON (J.) et Sohn, à Schaffhouse. — Machine à essayer la résistance des ciments, dynamomètres (pour transmissions à arbres et à courroies).
(PALAIS.)

Maison fondée en 1855 par M. J. Amsler-Laffon. Machines de précision. Dynamomètres pour arbres et courroies. Machines pour essayer la résistance des matériaux (ciments, métaux, tissus) ; machines pour fabriquer les projectiles de fusils (plomb et Compound) ; machines pour fabriquer la poudre prismatique. Récompenses : 1862, Londres ; 1867, Paris ; 1873, Vienne ; (Diplôme d'honneur et croix de François-Joseph).

2. Ateliers de construction, à Oerlikon (Zurich). — Machines à vapeur.
(PALAIS.)

Machines à vapeur verticales à moyenne et à grande vitesse avec régulateur automatique de détente ; distribution de précision par tiroirs cylindriques équilibrés, à garnitures élastiques.
Condenseur et pompes à air et à eau avec commande directe par l'arbre. Machines horizontales ou verticales avec volant pour commande par courroie ou câbles. Moteurs accouplés directement aux dynamos de 5 à 500 chevaux. Petits moteurs industriels. Chauffage économique au coke sans surveillance. Réchauffeur d'eau d'alimentation. Moteurs à gaz à marche régulière pour éclairage électrique.

3. BERNER (Hermann), au Locle (Neuchâtel). — Horloges de tour, de toutes dimensions. **(PALAIS.)**

4. BURCKHARDT & Cie, à Bâle. — Compresseurs à air, pompes à faire le vide, et moteurs à air. **(PALAIS.)**

Machines à vapeur ; machines et appareils pour la teinture et l'apprêt des soies et rubans, etc.

5. BURGIN (Émile), à Bâle. — Machines à vapeur à grande vitesse. **(PALAIS.)**

6. ESCHER WYSS & Cie, à Zurich. — Machines à vapeur, turbines, pompes. **(PALAIS.)**

Machine à vapeur de 150 chevaux, distribution Corliss, système « Frikart », breveté S. G. D. G. (machine en marche). Machine à vapeur 25 chevaux. Machine à vapeur de 4 à 6 chevaux pour actionner des dynamos. Pompe à vapeur. Turbine de 140 chevaux, à axe horizontal avec groupe de pompes à haute pression (500 mètres). Machine à papier de 2200 m/m, largeur utile. Calandre à 12 rouleaux en fonte trempée et papier. Épurateur vertical, breveté S. G. D. G. Défibreur tangentiel, breveté S. G. D. G. avec assortisseur rotatif. Moulins à cylindres en fonte coquille. Machine à polir et canneler automatiquement les cylindres. Launch à naphte. Nouvelle ligne. Spécialités : Bateaux à vapeur et machines marines (exécutées 450). Machines fixes, chaudières, turbines (exécutées 1800). Pompes, machines à papier (exécutées 160). Machines pour fabrication du papier. Moulins à cylindres. Machines pour meunerie.

7. KAISER (Alexandre), à Fribourg. — Compteurs et appareils divers (système A. Kaiser), pour conduites de gaz et de liquides. **(PALAIS.)**

8. LUDWIG & SCHOPFER, à Berne. — Machines à vapeur verticales, dites locomoteurs, poulies en tôle. **(PALAIS.)**

9. RIETER (Joh.-Jacob) et Cie, à Winterthur (Zurich). — Moteurs hydrauliques et régulateurs de différents types, transmissions, pompes et ventilateurs. **(PALAIS.)**

Maison fondée en 1789. Ateliers de construction à Ober-Toess ; Construction de toutes les machines pour filatures et retordage de coton ; machines à broder ; moteurs hydrauliques en tout genre ; transmissions télodynamiques et autres ; machines-outils ; régulateurs de vitesse et à frein ; ventilateurs ; machines pour la fabrication de chaussures et de sellerie. Filature et retordage de coton Nieder-Toess, Saint-Gall, et Glattfelden ; Filés et retors de coton n° 6-390. Récompenses obtenues : 1851, Londres ; 1855, Paris ; 1867, Paris 5 médailles ; 1873, Vienne 3 diplômes d'honneur et 3 médailles ; 1876, Philadelphie ; 1878, Paris hors concours ; croix de la Légion d'honneur ; 1884, Vienne.

10. Société de Constructions mécaniques, à Bâle. — Machines à vapeur Compound, 45 chevaux, à un cylindre, 15 chevaux. **(PALAIS.)**

11. Société Suisse pour la construction de locomotives et de machines, à Winterthür (Zurich). — Ingénieur : **Edouard Locher.** — Machines à vapeur. **(PALAIS.)**

12. Société des Téléphones de Zurich, Société anonyme pour les applications électriques, à Zurich. — Tachomètres, dynamomètres, freins Prony et autres. **(PALAIS.)**

Vachomètres. Dynamomètres. Freins Prony et autres.
Régulateurs automatiques pour turbines.
Appareils pour fermer et ouvrir des vannes à distance, pour débrayer des transmissions.
Constructions mécaniques diverses.
Capital social versé : Frs 1.500.000. Zurich. Usines à Aussersihl.

13. SPUHL (Henri), à Saint-Fiden (Saint-Gall). — Modèle d'ascenseur à retour rapide. **(PALAIS.)**

14. SULZER Frères, à Winterthür. — Machines à vapeur, distribution Sulzer à soupapes équilibrées. **(PALAIS.)**

Machine à vapeur, horizontale à double détente, (Compound), avec condensation, 408 chevaux indiqués ; pression initiale 8 atm., 70 tours. (Installée dans la section Française comme machine motrice). Machine à vapeur horizontale et à triple détente avec condensation (condenseur pas exposé) 100 chevaux indiqués, pression initiale 10 atmosp., 80 tours. Cylindres à haute et moyenne pression à simple effet, cylindre à basse pression à double effet; tous les trois actionnant une seule manivelle. Machine à vapeur verticale, à triple détente avec condensation, 300 chev. ind. pression initiale 10 atm., 100 tours. Distribution à soupapes équilibrées. Cylindres disposés parallèlement et actionnant un arbre de couche à trois coudes. Récompenses : 1867, Paris 2 Médailles d'or ; 1873, Vienne grand Diplôme d'honneur ; 1878, grand Prix. (Voir classes 27 et 50).

15. SUTER (Robert), à Thayngen, (Shaffhouse). — Courroies coton et poil de chameau, courroies chanvre pour transmission, écrues et goudronnées, sangles chanvre pour élévateurs. **(PALAIS.)**

Fabrication de tuyaux en tissu de chanvre imperméable. Ceintures pour pompiers en chanvre et Rhéa ; sangles en tissus de chanvre simple et double pour élévateurs. Courroies en chanvre, tissu double, quadruple et sextuple de 40 à 55 cent. de largeur pour élévateurs et transporteurs. Courroies en coton doubles, quadruples et sextuples pour transmission. Courroies en poils de chameau. Sacs sans coutures pour banques et postes. Fondée en 1874. Usine hydraulique et à vapeur. Exportation.

16. WEBER-LANDOLT (Charles), à Mentziken. — Appareil à gaz combiné avec moteur à gaz. **(PALAIS.)**

17. WURGLER (Carl & Auguste), à Feurthalen (Zurich). — Courroies pour machines en chanvre et coton, sacs tissés sans couture. **(PALAIS.)**

GROUPE VI.

OUTILLAGE ET PROCÉDÉS DES INDUSTRIES MÉCANIQUES.
ÉLECTRICITÉ.

CLASSE 53.

Machines-outils.

FRANCE.

1. AVOYNE & BONAMY (Anciennes maisons **Avoyne-Bainée, J. Sibillat et Cie**), à Paris, rue de l'Arbalète, 39. — Cisailles à main et au moteur. Nouvelle découpeuse pour l'intérieur des feuilles. **(PALAIS.)**

Fournisseur des chemins de fer, des ministères.
Médailles, Londres 1851 et 1862 ; Paris, 1855, 1867 et 1878.

2. BALLAND (Jean-Marie), à Paris, rue des Vertus, 19. — Tour parallèle universel, raboteuse, fraiseuse, mandrins concentriques. **(PALAIS.)**

3. BARIQUAND & Fils, à Paris, rue Oberkampf, 127. — Machines, outils de précision, fraiseuses et tours universels, machines à percer, tarauder, rectifier, etc. Fraises, forêts, hélicoïdaux, etc. **(PALAIS.)**

4. BAVILLE (Maurice), à Paris, rue de Lourmel, 71. — Machine à taraudage continue, fraiseuses mobiles, chariots de tours. **(PALAIS.)**

5. BEDOIN (A.), à Sorgues (Vaucluse). — Pierres du Levant de diverses formes ; Pierres d'Amérique (Arkansas), de diverses formes, pour aiguisage et affûtage d'outils. **(PALAIS.)**

Poudres impalpables, de *pierres du Levant et d'Amérique* (Arkansas), pour polissage des métaux. Maison fondée en 1846. (Trois usines).

6. BOCUZE (Antoine), à Paris, rue du Rocher, 101. — Tours à friction. Machine à limer les scies. **(PALAIS.)**

7. BOMBLED (F. Léon), à Paris, rue de Montreuil, 94. — Machines à ployer les tôles épaisses ; machines à plier le zinc, Cisaille coupant la feuille d'un seul coup. **(PALAIS.)**

Ancienne maison A. Gros. Machine à plier, rouler, border, moulurer et coup r les métaux en feuilles ; machines ayant servi à la couverture des Expositions de 1867 1873, 1878 et 1879. Machines spéciales pour ployer les tôles épaisses, pour la marine et autres. Filières, tarauds, lunettes, alésoirs, etc. Fournisseur de l'Artillerie, de la Marine, des chemins de fer français et étrangers, des grandes administrations, etc, etc.

8. BORDIER (Eugène, J. M.), à Paris, rue Vineuse, 14.— Broyeurs « Vapart ».
(PALAIS.)

Médaille d'or, Paris 1878. — Concasseurs, matériel complet pour installation d'ateliers de broyage. Séparateur Mumford et Moodie. Arbre flexible. Matériel de fonderie. Cubilots perfectionnés. Broyeurs frotteurs. Diviseur mécanique pour sable de fonderie. Ventilateurs. Matériel complet de vidange inodore à bras et à vapeur.
Pompe et raccord Keizer, breveté S. G. D. G.

9. BOUHEY Fils (E. & P.), à Paris, avenue Daumesnil, 43. — Fraiseuses, tours, radiales, mortaiseuses, limeuses, chanfreineuse, pilon, cisaille, poinçonneuse, etc.
(PALAIS.)

Maison fondée en 1848 par M. Bouhey père.— Tours à charioter, à fileter, à engrenages, en l'air, à décolleter, à aléser, à roues de wagons et divers. Machines à percer ordinaires, à manivelle, à poulies, à cône, à colonne, murales, radiales, horizontales, à bras mobile, pour hauteur variable, à outil variable, à outils multiples, à percer les bandages et diverses Machines à fraiser horizontales, verticales (brevetées S. G. D. G. avec ou sans appareil pour fraiser suivant gabarit. Machines à mortaiser, à aléser, à taravaler, à raboter, Limeuses, Machines à chanfreiner, à planer à cintrer les tôles, à cintrer les fers divers, à river, à poinçonner, à cisailler les tôles, cornières et fers divers, à excentrique et à levier (brevetées S. G. D. G.). Découpoirs à excentrique, cisailles circulaires, scies circulaires pour métaux à froid ou à chaud, banc à tirer, laminoirs pour ressorts presses à caler et décaler. Lapidaires, ventilateurs, marteaux pilons à vapeur et à courroie.

10. BRIAULT (Fernand), à Paris, rue du Pressoir, 16. — Machines à percer et à fraiser, outils divers de mécaniciens. **(PALAIS.)**

11. CAPITAIN-GÉNY (E.) & Cie, à Bussy, près Joinville (Haute-Marne). — Machine à river. **(PALAIS.)**

Voir classe 41.

12. CHALIGNY et Cie (anciennes Maisons **Calla, Chaligny et Guyot-Sionnest),** à Paris, rue Philippe-de-Girard, 54. — Tour, machines à percer et à raboter. **(PALAIS.)**

13. CHARLES (J. E.), à Paris, rue Championnet, 34.—Modèle d'atelier de mécanicien et diverses pièces de précision. **(PALAIS.)**

14. CHEVALIER (J.-B.), à Marseille (Bouches-du-Rhône), rue de la République, 30. — Machines de précision pour percer, forer, aléser et polir les métaux.
(PALAIS.)

Machines à coudre de tous les systèmes. Brosse à polir, pour toutes industries.
Machinette pour lustrer les couteaux. Ascenseur à manivelle pour tous les usages.

15. CHOUANARD (J.) & Fils, « Aux Forges de Vulcain », à Paris, rue Saint-Denis, 3. — Machines et outils pour le travail des métaux. **(PALAIS.)**

16. CHRISTOPHE (A. C.), à Angerville (Seine-et-Oise). — Tour reproducteur à chariot sur pointes, rectiligne sans glissière, étau-limeur rapide, à la main. **(PALAIS.)**

17. CUIZINIER (Alexandre), à Nantes (Loire-Inférieure), rue Mazagran, 5. — Dessins de diverses machines-outils pour les constructions maritimes. **(PALAIS.)**

18. DANDOY-MAILLIARD, LUCQ & Cie, à Maubeuge (Nord). — Tours parallèles, machines à fraiser, raboter, poinçonner, cintrer, diviser. **(PALAIS.)**

19. DARD (Louis), à Paris, rue Pérignon, 34. — Machines à cintrer, à souder, à percer, à rouler la tôle, à cintrer les cercles en bois et fer, à poinçonner, embattoirs, cisailles. **(PALAIS.)**

20. DEJOUY (Eugène H.), à Paris, rue Saint-Charles, 137. — Tour universel à l'usage de la mécanique de précision, modèle de machine à diviser et à tailler les engrenages. **(PALAIS.)**

21. DELAHAYE (A. Victor), à Paris, rue Championnet, 231. — Machine à fraiser pour diviser et tailler les engrenages à dents cylindriques. **(PALAIS.)**

22. DELAUNAY & TROCHON, à Paris, rue Saint-Ambroise, 29. — Machines à meuler et meules d'émeri. **(PALAIS.)**

23. DELINOTTE (Charles), à Paris, rue d'Allemagne, 56. — Marteaux-pilons à friction commandés par courroies pour la forge, l'estampage et le matriçage. **(PALAIS.)**

24. DENIS (Eugène, S.), à Torcenay (Haute-Marne). — Meules à aiguiser, fabriquées à l'aide des machines. **(PALAIS.)**

25. DEPLANQUE Aîné (Vve) & Fils, à Maisons-Alfort (Seine), Grand-Rue, 110. — Meules et pierres en émeri à base de caoutchouc vulcanisé. **(PALAIS.)**

26. DEPLANQUE Fils, Jeune, à Paris, rue des Boulets, 54. — Meules et pierres d'émeri, machines à meuler. **(PALAIS.)**

Meules à ébarber, limer, blanchir et polir les métaux. — Meules pour affûter les scies et outils. — Meules rayées pour les mêmes usages, mordant sur les côtés sans être avivées. — Nouveau plateau à mâchoires pour le montage des meules cylindriques sectionnées, breveté s. g. d. g. supprimant les changements de vitesse. — Récompensé aux expositions universelles de 1867 et 1878. — Seule Maison 54, rue des Boulets, Paris.

27. D'ESPINE ACHARD & Cie, à Paris, quai de la Marne, 52. — Machines à scier les pierres dures. **(PALAIS.)**

28. DOSME (H.) & Cie, à Saint-Amand (Cher). — Machines, outils à couder, contrecouder, cintrer et à refouler de différentes manières. **(PALAIS.)**

29. DUHAUPAS (Constant), à Paris, rue Lafayette, 235. — Tour-établi Universel. **(PALAIS.)**

30. DUROZOI (Marcel), à Paris, rue Riblette, 13. — Machines pour travailler les métaux en feuilles. **(PALAIS.)**

31. DURSCHMIDT (Georges), à Lyon (Rhône), rue Paul-Bert, 232. — Meules en émeri, émeri de diverses provenances. **(PALAIS.)**

32. DUVAL-PIHET (Nicolas), à Paris, rue Neuve-Popincourt, 6. — Machines à mortaiser, à fraiser, à tailler les fraises, barre à étirer, cisaille, circulaire, marteaux-pilons atmosphériques. **(PALAIS.)**

33. FONREAU (Marcel), à Paris, rue Chabrol, 54. — Machines à percer dites : « Flexibles ». **(PALAIS.)**

34. FREY et Cie, à Paris, rue de l'Atlas, 23. — Machines-outils diverses. **(PALAIS.)**

35. GAUTIER (Sosthène), à Paris, rue Popincourt, 28. — Grès bruts et meules diverses montées. **(PALAIS.)**

Mention honorable à l'Exposition universelle de 1878.

36. GÉRARD (Paul-C.), à Paris, place Daumesnil, 3. — Machines à scier les pierres, marbres, granits et porphyres. **(PALAIS.)**

37. GOTENDORF & Cie, à Paris, quai Jemmapes, 166. — Tours à décolleter, machines à percer, fraiser, tarauder, etc. **(PALAIS.)**

38. GRUHIER (Ch. A. J.), à Paris, rue de Belleville, 51. — Machine à meuler, à affûter les outils, à polir les métaux et à doler les pelleteries. **(PALAIS.)**

39. HÉRITIERS DE P. HENRY (directeur : **C. Avizard**), à Paris, Passage des Favorites, 21. — Meules, machines à meuler. **(PALAIS.)**

Maison P. Henry, breveté S. G. D. G. Manufacture générale de meules d'émeri et fabrique de machines à meuler. Ancienne Maison Malbec, Ingénieur civil, fondateur de cette industrie, en 1842. Récompenses : Paris 1878.

40. HERLIN Fils (Auguste, N.), à Paris, quai Jemmapes, 108. — Tours et accessoires pour polisseurs et boucheurs à l'émeri **(PALAIS.)**

41. HUARD (A. L.), à Paris, rue des Cévennes, 38. — Meules et pierres de toutes formes et de toutes dimensions et machines à meuler.   **(PALAIS.)**

42. HURÉ (P.), à Paris, rue Lafayette, 218. — Tours parallèles, tours révolver, machines à fraiser universelles, à fraiser et aléser, à tailler et affûter les fraises, fraises et outils de précision.   **(PALAIS.)**

43. HURTU & HAUTIN, à Paris, rue de Saint-Maur, 54. — Outillage de précision, tours fraiseuses, perceuses, etc. Fraises, alésoirs, etc.   **(PALAIS.)**

44. JAMELIN (Ch.), à Paris, rue de Saint-Maur, 99. — Chariot de tour à mouvements multiples transformant un tour en machine à fraiser.   **(PALAIS.)**

45. JANSSENS (Adolphe), à Paris, rue Alibert, 10. — Machines à raboter, latérales, système Richards. Scie à métaux. Machine à mesurer.   **(PALAIS.)**
   Machines spéciales pour modèles comprenant : Tour à bois ; Scierie de dimension ; Scierie à ruban et raboteuse à combinaisons. Poulies Richards. Atelier, rue de l'Hôpital-Saint-Louis, 12.

46. JEANSAUME (Antoine), à Paris, rue des Immeubles-Industriels, 10. — Machine à découper et chantourner les marbres, échantillons de marbres découpés.
                    (PALAIS.)

47. JOLY & FOUCART, à Blois (Loir-et-Cher). — Machine à broyer par cylindres, à malaxer par hélices et à mouler par filières.   **(PALAIS.)**

48. KREUTZBERGER (F. Guillaume), à Puteaux (Seine), rue de Neuilly, 140. — Machines à affûter les fraises, forets et autres outils, appareil à dresser les meules, instruments pour calculer les éléments des triangles rectangles.   **(PALAIS.)**

49. LAPOINTE (G.), à Paris, rue Saint-Sébastien, 9. — Tours à décolleter et vis cylindrique.   **(PALAIS.)**

50. LE BLANC (Jules), à Paris, rue du Rendez-Vous, 52. — Machines-outils, cisailles, fraiseuses, poinçonneuses, tours, machines spéciales à fabriquer les boulons, rivets, tirefonds, etc.   **(PALAIS.)**
   Exposition universelle 1878, médaille d'or. Amsterdam 1883, médaille d'or.

51. LOMONT (Charles Z. N.), à Albert (Somme). — Machines-outils pour le travail des métaux, tours, raboteuses, fraiseuses, aléseuses, étaux-limeurs, etc.
                    (PALAIS.)

   Construction spéciale de machines-outils pour le travail des métaux. Tours parallèles, tours à plateau denté. Grandes raboteuses à table ou a fosse, limeuses, radiales, poinçonneuses, chanfreineuses. (Machines en magasin). Médaille. Exposition universelle Paris 1878.

52. MEYÈRE (Paul A.) & TACONNET (Charles V.), à Rueil (Seine-et-Oise), avenue de Paris, 21. — Compas à centrer les cylindres.   **(PALAIS.)**

53. Ministère de la MARINE, à Paris. — 1° Etablissement de Guérigny (Nièvre), étau d'armurier avec machine à percer. 2° Etablissement d'Indret (Loire-Inférieure), collections d'outils, tarauds, mèches, etc. Album des diagrammes des machines outils par M. Traversou, maître-principal des Constructions navales.   **(PALAIS.)**

54. MOREAU (George L.), à Paris, rue des Gravilliers, 24. (Cour de Rome). — Tours en tous genres.   **(PALAIS.)**

55. MORISSEAU (Auguste, L. G.), à Nantes (Loire-Inférieure), rue des Olivettes, 20. — Tarauds et lunettes-filières, filières et coussinets, alésoirs, fraises-mèches et forets.   **(PALAIS.)**

56. MOULARD (Louis), à Tours (Indre-et-Loire), rue Jérusalem, 12. — Poinçonneuses à encliquetage et à levier direct, cisaillant et rivant à chaud ou à froid.
                    (PALAIS.)

57. NURY (Eugène), à Tarnos (Landes). — Appareil pour perçage, poinçonnage et découpage de tous les profilés.   **(PALAIS.)**

58. PANHARD & LEVASSOR, à Paris, avenue d'Ivry, 19. — Machines à scier les métaux à froid, machines à affûter.   **(PALAIS.)**

59. PARDAILHÉ & GALABRUN Frères, à Paris, rue de l'Orillon, 40.
— Machines à affûter les scies.   (**PALAIS.**)

60. PARIS Jeune, (⌐ 1.) à Paris, boulevard Richard-Lenoir, 59. — Machines à
tailler les vis, outils de précision, machines de levage.   (**PALAIS.**)

61. PERRIN (J. Louis), à Lyon (Rhône), rue Robert, 9. — Laminoirs en acier
trempé.   (**PALAIS.**)

62. PESANT Frères, à Maubeuge (Nord). — Tour à fileter les vis, boulons,
goujons et tarauds à tous les pas par dixièmes et centièmes de millimètres par le
changement d'un seul engrenage.   (**PALAIS.**)

> 1ᵉʳ prix, médaille d'or, grand concours de Bruxelles 1888.

63. PETOT (P. J.), à Paris, rue des Amandiers, 90. — Machines à tomber un bord
aux fonds circulaires, machines à border, envelopper le fil de fer droit et courbé, machines à border droit et à moulures.   (**PALAIS.**)

64. PIAT (Albert), Paris, rue Saint-Maur, 85. — Riveuses hydrauliques françaises
à main et au moteur, sans pompes et sans accumulateurs.   (**PALAIS.**)

> Piat Albert, constructeur. Ateliers de construction et Fonderies, à Paris et à Soissons.
> Diplôme d'honneur. Expᵒⁿ 1878. Voir : Classe 52. Organes de Transmission. Classe 48 : Fours
> portatifs et Exposition d'Économie Sociale.

65. POULOT (Denis J.), à Paris, avenue Philippe-Auguste, 50. — Meules artificielles, machines et produits pour le polissage.   (**PALAIS.**)

66. PRÉTOT (Etienne V.), à Paris, rue des Immeubles Industriels, 13. —
Machines à fraiser universelles, machines-outils diverses.   (**PALAIS.**)

67. QUENTIN (Augustin), à Paris, quai de la Rapée, 18. — Machines outils,
meules d'émeri en tous genres, fonctionnant au moteur et par la force humaine.
                                                                   (**PALAIS.**)

68. QUITTET (Edouard H. E.), à Paris, rue Bausset, 16. — Chariot pour tour
ordinaire pouvant tourner des pièces cylindriques et coniques sans aucun démontage.
                                                                   (**PALAIS.**)

69. RANGOD (Vve Louis), à Romainville (Seine), rue Saint-Pierre, 34.
Affiloirs divers.   (**PALAIS.**)

70 RICBOURG (Albert-A.-M.), à Paris, boulevard de Sébastopol, 20. — Marteau-
pilon à main à course variable.   (**PALAIS.**)

> Albert Richebourg. — Maison fondée en 1869.
> Délégué des Mécaniciens de la Ville de Paris à l'Exposition Universelle de Londres 1862.
> Récompenses : Londres 1862 ; Paris 1867 ; Vienne 1873 ; Paris 1878.

71. RICHARD (P. Adolphe), à Paris, rue des Boulangers, 22. — Machines à
pédale et à moteur avec débrayage. Machine pour instruments de musique, rampes à
gaz, cadrans de pendules.   (**PALAIS.**)

72. ROBELET (Bertrand), à Paris, rue Pastourelle, 25. — Marteaux-pilons
pour forgeage et matriçage.   (**PALAIS.**)

73. SAGE et Cie, à Lyon (Rhône), rue Tronchet, 83. — Machines à travailler les
métaux en feuilles.   (**PALAIS.**)

74. SAINTE, KAHN et Cie, à Paris, rue Oberkampf, 104. — Meules et
pierres d'émeri. Appareils pour l'emploi des meules. Ciment.   (**PALAIS.**)

75. SALUDES (Jules), à Levallois-Perret (Seine), route d'Asnières, 105. —
Machines « affûte-scies », à réglage automatique. « Vilebrequin » serrant les mèches
rondes, carrées, etc. Mandrins, etc.   (**PALAIS.**)

76. SAYN (F.-A.), à Paris, avenue Philippe-Auguste, 84. — Machines diverses
pour la ferronnerie et les constructions métalliques.   (**PALAIS.**)

77. SCHACK et CONINX, à Paris, rue Bichat, 28. — Tours parallèles au pied,
et au moteur, machines à percer, fraises, etc.   (**PALAIS.**)

78. SCULFORT-MALLIAR & MEURICE, à Maubeuge (Nord). — Tours,
foreries, poinçonneuses, cisailleuses, étaux-limeurs, machines à raboter, à tarauder,
à cintrer, à refouler.   **(PALAIS.)**

    Étaux, clefs diverses, filières, tarauds, alésoirs, forets à hélice, moufles, marteaux, équerres,
cries, vérins, Essieux patent et essieux ordinaires.
    Expositions universelles de Paris : 1855, médaille de bronze, 1867, médaille d'argent, 1878,
médailles d'or et d'argent. (A. Meurice, H. Sculfort, H. Fockedey, associés).

**79. Société alsacienne de constructions mécaniques (Belfort, Mul-
house, Grafenstaden)**, à Paris, rue Drouot, 7. — Machines-outils ; outillages
divers pour le travail des métaux.   **(PALAIS.)**

80. Société anonyme des Émeris de l'Ouest, à Redon (Ille-et-Vilaine). —
Produits à polir.   **(PALAIS.)**

81. Société de Construction de Machines-outils, à Albert (Somme). —
Machines-outils diverses.   **(PALAIS.)**

82. Société générale des agglomérés magnésiens, à Paris, rue Louis-
Blanc, 40 — Meules artificielles. Série de meules, machines à meuler.   **(PALAIS.)**

83. Société générale Meulière, à la Ferté-sous-Jouarre (Seine-et-Marne). —
Meules pour la trituration des matières diverses.   **(PALAIS.)**

84. SOYER (B.) et Fils, à Paris, rue des Pyrénées, 82. — Machines à façonner
le zinc de deux mètres et diverses autres machines à travailler les métaux en feuilles.
        (PALAIS.)

85. STRUBE (H.), à Paris, rue Campagne-Première, 19. — Outillage de précision,
tours, machines à percer.   **(PALAIS.)**

86. THIVET-HANCTIN (M. Alfred E.), à Saint-Denis (Seine), rue du
Port, 18. — Machine à frotter les sables de fonderie et malaxeur pour toutes matières.
        (PALAIS.)

    Fonderie de fer et ateliers de construction de broyeurs, malaxeurs, concasseurs, pulvérisateurs.
Broyeurs-pulvérisateurs à boulets, brevetés S. G. D. G. Broyeurs à meules cannelées pour
matières dures, ciments, phosphates, quartz, etc. Broyeurs granulateurs pour os verts et dége-
latines, Bouche d'égout inodore à clapet mobile, brevetée S. G. D. G. (Voir à la classe 64).
Médaille d'argent, Exposition universelle, Paris 1878.

87. VASSELIN-FERAMUS (A. George G.), à Longroy (Seine-Inférieure) — Machines à moirer pour la serrurerie.   **(PALAIS.)**

COLONIES.

ALGÉRIE.

1. BAUDOUX (Edouard), à Dellys (Alger). — Machine-outil pour découper les
lames de persiennes, modèles de coins d'outils de menuiserie, outils munis de coins.
        (ESPLANADE.)

2. LEVASSEUR (Jules), à Miliana (Alger). — Outils d'horlogerie.
        (ESPLANADE.)

3. MÉLIS (Pierre), à Birkadem (Alger). — Machine à découper.   **(ESPLANADE.)**

4. MONFORT & BIT, à Boufarik (Alger). — Presse à huile en fer et fonte.
        (ESPLANADE.)

GABON CONGO.

1. AVINENC, au Gabon. — Plateaux à broyer, du Como et du Rhamboé.
(**ESPLANADE.**)

NOUVELLE-CALÉDONIE.

1. Affaires indigènes (Service des), à Nouméa. — Battoirs.　(**ESPLANADE.**)

2. GOGUET, à Nouméa. — Polissoires.　(**ESPLANADE.**)

SÉNÉGAL

1. NOIROT (Ernest), administrateur colonial. — Balancier, dit gosgol.
(**ESPLANADE.**)

TAHITI.

1. Service local, à Tahiti. — Battoirs à étoffes d'écorces (ic).　(**ESPLANADE.**)

PAYS ÉTRANGERS.

ALLEMAGNE.

1. KIRCHEIS (Erdmann), à Aue (Saxe). — Machines et outillages à travailler les métaux en feuilles. **(PALAIS.)**

Dépôt à Paris, 4, rue St-Ambroise. — Constructeur breveté. Croix de 1re classe Albrechts-orden de Saxe, pour mérites industriels. Maison fondée en 1861. Spécialités pour la fabrication de la ferblanterie, zinguerie, tôlerie, des articles en fer battu, émaillés, des lampes, lanternes, boîtes à conserves, à biscuits. Cisailles droites, circulaires, ovales, à guillotine ; machines à border et à moulurer. Presses à balancier. Découpoirs excentriques nouveaux ; presses à friction, toutes presses à emboutir ; machines à rouler ; plieuses ; baguetteuses ; machines à dresser, couper et cintrer les fils métalliques. Nouveaux procédés pour l'emboutissage. Nouvelles machines, outillages spéciaux et installations complètes pour fabrication d'articles en fer battu, des boîtes à conserves, à biscuits. Récompenses : Vienne 1873, médaille de progrès ; Amsterdam 1883, méd. d'or ; Bruxelles 1888, méd. d'or ; Melbourne 1888, méd. d'or.

2. STEINLEN & Cie (Anciens ateliers **Ducommun**), à Mulhouse (Alsace), et à Paris, boulevard de Magenta, 18. **(PALAIS.)**

Machines-outils. Tours de toutes dispositions et dimensions. Tours à revolver. Perceuses, murales, à bâti, à colonne, radiales sur socle ou sur plaque, etc. Taraudeuses. Mortaiseuses. Mortaiseuses-fraiseuses. Limeuses à un outil ou à deux outils. Fraiseuses de toutes dispositions et dimensions. Fraiseuses-aléseuses universelles. Machines à tailler les fraises. Machines à affûter les fraises. Machines à affûter les forets. Machines automatiques à tailler les engrenages à denture droite ou oblique. Machines à tailler les engrenages coniques. Poinçonneuses. Cisailleuses. Forgeuses. Pilons, etc.

Exposition générale :

Pavillon de la maison Steinlen et Cie., cour des générateurs de vapeur dans l'axe du Palais des Machines, côté de l'École militaire.

3. SCHULTZ (Frédéric), à Mulhouse (Alsace), rue du Ravin, 23. — Machines-outils de précision. **(PALAIS.)**

Médaille d'or, Exposition universelle d'Anvers 1885. Diplôme d'honneur, Bruxelles 1888. Prix d'honneur, grand concours international de Bruxelles 1888.

RÉPUBLIQUE ARGENTINE.

1. Commission auxiliaire, Missiones. — Outils de menuisier. **(PARC.)**

2. MINOTTI (Charles), à Buenos-Ayres. — Outils de menuisier. **(PARC.)**

BELGIQUE.

1. DEMOOR (Jules & Maurice), à Bruxelles, rue Zerezo, 35. — Machines-outils. **(PALAIS.)**

2. DUMORTIER (H.-L.), à Bruxelles, chaussée de Haecht, 89 bis. — Machines montées avec meules en émeri. Toiles et papiers émerisés, verrés et silexés. Émeri en grain et en poudre. **(PALAIS.)**

3. FÉTU-DEFIZE (Ant.) & Cie, à Liége, quai du Longdoz, 49. — Machines-outils. **(PALAIS.)**

4. FONDU (J.-B.), à Vilvorde. — Machine fabriquant automatiquement les boulons, rivets et écrous. **(PALAIS.)**

5. HALOT (Emile et Jules) & Cie , à Molenbeck-Saint-Jean , rue Derosne, 53. — Machines-outils. **(PALAIS.)**

6. MABILLE (Valére), à Mariemont. — Machine à essayer les métaux. **(PALAIS.)**

Médailles : Vienne 1873 ; Philadelphie 1876 ; Paris 1878 , Melbourne 1880 ; Amsterdam 1883 ; Anvers 1885 ; Barcelone 1888

7. MARIE (Vve L.-J.), à Marchienne-au-Pont. — Broyeur centrifuge, type 1, pour mines, ciments, sulfates, etc. **(PALAIS.)**

8. SNYERS (Raymond), à Bruxelles, rue Keyenveld, 75. — Applications générales du procédé de transmission élastique pour freins et embrayages. **(PALAIS.)**

9. Société anonyme Internationale du Fil héliçoïdal et des Agglomérés métalliques, (Administrateur : **(L.) Wilmart,** à Bruxelles, rue de la Presse, 6. — Débiteuse à un fil. Armatures à fils multiples. **(PALAIS.)**

10. VAN DER STEGEN (Jules), à Gand, Coupure 251. — Machine à raboter les dents de roues coniques. **(PALAIS.)**

BRÉSIL.

(Voir son Catalogue spécial.)

DANEMARK.

1. Fabrique de Meules (Propriétaire : **F. Jensen),** à Copenhague. — Meules de moulin. **(PALAIS.)**

ESPAGNE.

1. EUGENIO CHOSSELER (Carlos), à Barcelone. — Machines à cigarettes. **(PALAIS.)**

2. OLLASTRE (Ramon), à Torello (Gerone). — Outils pour tourneurs. **(PALAIS.)**

3. PUJOL (Juan) & Fils, à Torello (Gerone). — Outils pour tourneurs. **(PALAIS.)**

4. SABATER (Eduardo), à Villafranca-de-Panadès (Barcelone). — Presses pour le vin. **(PALAIS.)**

ÉTATS-UNIS.

1. American Screw Co, à Providence, Rhode-Island. — Machines à fabriquer par roulement des vis à bois. **(PALAIS.)**

2. Brown & Sharpe Manuf. Co, à Providence, R. I. — Machines-outils. **(PALAIS.)**

3. BURTON Fils (Agents : **Tannite Co)**, à Paris, rue Charlot, 62. — Meules d'émeri, machines à ébarber et à aiguiser.   **(PALAIS.)**

4. CURTIS & CURTIS, à Bridgeport, Conn. — Machines à couper et à fileter les tuyaux.   **(PALAIS.)**

5. Ferracute Machine Co, (Sec'y : **Fred. F. Smith),** à Bridgeton, N. Y. — Machine à percer, machine à étirer, machine à clous, assortiment de coins, échantillons de travaux sur métaux.   **(PALAIS.)**

6. Higley Sawing & Drilling Machine Co, à New-York. N. Y., Broadway, 45. — Machines à main pour scier et percer le fer et l'acier.   **(PALAIS.)**

7. Hoggson & Pettis Manuf. Co (The), à New-Haven, Conn., Court street 64.. — Mandrin de tour « Sweetland ».   **(PALAIS.)**

8. HORTON (E.) & Son Co, à Windsor Locks, Conn. — Mandrins.   **(PALAIS.)**

9. JOWER & LYON, à New-York, N. Y., 95, Chambers street. — Etaux de Stephen.   **(PALAIS.)**

10. MAY (Sebastian) & Co, à Cincinati, O., 169 et 171, West 2nd street. — Un tour à pied.   **(PALAIS.)**

11. Morse Twist Drill & Machine Co, à New-Bedfort. Mass. — Forêts à l'usage des machinistes, coupoirs mandrins.   **(PALAIS.)**

12. REID (A. H.), à Philadelphie, Pa, Cor, 3. 0th et 3,Market street.—Echantillons de vilebrequins « Eclair » et de forets.   **(PALAIS.)**

13. SELLERS (Wm.) & Co (Incorporated), à Philadelphie , Pa , 1600, Hamilton street. — Machines à raboter le fer, meules à façonner et à affûter, injecteurs auto-régulateur et auto-moteur.   **(PALAIS.)**

14. Silver & Deming Manuf. Co, à Salem, Ohio. — Machines à percer les moyeux, machines à faire des tenons aux rais.   **(PALAIS.)**

15. SIMONDS (G. F.), à Fitchburg, Mass. — Machine à laminer.   **(PALAIS.)**

16. STARRETT (L. S.), à Athol, Mass. — Divers outils mécaniques.   **(PALAIS.)**

17. STERNBERGH (J. H.) & Son, à Reading, Pa, 3d et Buttonwood street. — Machines à boulons et à vis.   **(PALAIS.)**

18, Stiles & Parker Press Co, à Middletown, Conn. — Machines pour travailler les métaux en feuilles.   **(PALAIS.)**

19. WAREN & SWASEY, à Cleveland, Ohio. — Diverses machines à travailler le cuivre.   **(PALAIS.)**

   Tour à polir le cuivre, avec ses accessoires et porte-poupée à anneau et outillage à emboutir. Moniteur universel ou tour à tourelle, avec embrayage en arrière, ses accessoires et chariot porte-tourelle et outillage à emboutir. Tour à tourelle ordinaire, avec mandrin en bois et détente pour faire en double des pièces demandant plusieurs opérations. Tour à tourelle à mandrin automatique, avec arrangements pour ouvrir et fermer le mandrin sans arrêter la machine, garni des outils pour faire les soupapes à broches. Tour à tourelle pour donner la forme, avec arrangements pour fermer le mandrin et chariot pour suivre les formes pour la fabrication des articles à contours irréguliers. Tour à tourelle à mandrin se retournant, pour maintenir et finir des pièces ayant plusieurs faces. Tour à tourelle avec arrangements pour fermer le mandrin garni des outils pour fileter les vis, etc.

20. Whiton (D. E.) Machine Co, à New-London, Conn. — Machines à découper les engrenages, machines à cintrer, machines à fraiser   **(PALAIS.)**

GRANDE-BRETAGNE.

1. **ALLDAYS & ONIONS (Limited)**, Great Western works, à Birmingham, Small heath station. — Machines-outils.   **(PALAIS.)**

2. **Birmingham Press & Die Works**, à Birmingham, Watery lane, 73. — Mécanique automatique pour la fabrication de fer blanc et d'objets en fer frappé.   **(PALAIS.)**

3. **EVANS (C. Wesley)**, à Londres, Old Compton street, 18. — Machine pour faire les formes de cordonnier.   **(PALAIS.)**

4. **FIELDING & PLATT**, Atlas works, à Gloucester. — Machine hydraulique à river, système Tweddell.   **(PALAIS.)**

5. **GREENWOOD & BATLEY (Limited)**, à Leeds. — Four, machine à vapeur et dynamo.   **(PALAIS.)**

Agent pour la France : Emile Tripone, rue de Rome, 35, à Paris.

Constructeurs de machines spéciales pour la fabrication des armes de guerre, matériel d'artillerie, torpilles « Whitehead », cartouches et projectiles, machines-outils en tous genres pour travailler les métaux et le bois.

Machines à vapeur à grande vitesse, système Armington-Sims, chaudières inexplosibles.

Machines à imprimer, à platine, « Le Soleil ».

Compteurs à eau, système Roux.

Dynamos, système Jones, lampes à arc, système Hochhausen.

Installations complètes d'huileries pour graines de toutes espèces et de moulins à farine.

Machines à peigner et filer la bourre de soie, la schappe, le chity, grass, etc.

6. **HANKS & HARLEY**, à Liverpool, Soho street, 18. — Four et appareils pour fabriquer les jouets en métal.   **(PALAIS.)**

7. **HINDLEY (E. S.)**, à Londres, Queen Victoria street, et à Bourton, Dorset. — Banc à scier.   **(PALAIS.)**

8. **HULSE & Co**, Ordsale works, Salford, Manchester. — Machines, outils de toutes sortes.   **(PALAIS.)**

9. **LEWIS & LEWIS**, à Londres, Cambridge works, Cambridge Heath road. — Banc à scier à la vapeur, machines et outils servant au travail des bois.   **(PALAIS.)**

10. **MASSEY (B. & S.)**, à Manchester, Steam Hammer works, Openshaw. — Marteaux à vapeur, machines à scier les métaux, presses à forger, etc.   **(PALAIS.)**

11. **MILLS (Exors of James)**, Bredbury Steel works, near Stockport. — Machines-outils.   **(PALAIS.)**

12. **REYNOLDS (F. W.) & Co**, Acorn works, à Londres, Edward street, Blackfriars road. — Machines-outils de toutes espèces.   **(PALAIS.)**

13. **ROBINSON (Thomas) & Son, (Limited)**, à Rochdale, Railway works. — Scies à ruban, scieries à madriers, raboteuse à panneaux, dégauchisseuse à la main, machines à faire les queues d'arronde, mortaiseuses, etc.   **(PALAIS.)**

14. **SMITH & COVENTRY (Limited)**, à Manchester, et à Paris, rue Bichat, 31 bis. — Machines et outils perfectionnés.   **(PALAIS.)**

15. **STERNE & Co (Limited)**, à Glasgow. — Machines, meules d'émeri.   **(PALAIS.)**

16. **Unbreakable pulley Co**, à Manchester, Ogden street, Ardwick. — Machines-outils.   **(PALAIS.)**

17. **WRIGHT (Peter) & Sons**, à Dudley. — Enclumes forgées d'une seule pièce, étau parallèle et outils d'acier pour forgerons.   **(PALAIS.)**

JAPON.

1. INOUYE (Kiubei), Osaka fu, Kita Ku. — Ventilateurs en écorce de sapin.
(PALAIS.)

PAYS-BAS.

1. LÉON (Maurice de) & Cie, à Rotterdam, passage, 4. — Gravure sur verre, marbre, etc., au moyen du jet de sable et de la vapeur. **(PALAIS.)**

PORTUGAL.

1. COSTA (Manoel-Francisco da) & Ca. — Outils divers. **(PALAIS.)**

2. DUARTE (Antonio-Joaquim-Soares). — Outils divers. **(PALAIS.)**

3. MAGALHAES Jor. (Vve de José). — Outils divers. **(PALAIS.)**

4. MENDES (Francisco da Paz). — Outils divers. **(PALAIS.)**

5. SCHIAPPA PIETRA (Antonio-Bruno). — Outils divers. **(PALAIS.)**

RUSSIE.

1. SUROWICZ (Severin), à Varsovie. — Machine à travailler la corne.
(PALAIS.)

SERBIE.

1. ATANASKOVITCH (George), à Trstenik. — Outils. **(PALAIS.)**

2. ATANASKOVITCH (Yefta), à Trstenik. — Outils. **(PALAIS.)**

3. Établissement pénitencier, à Belgrade. — Outils. **(PALAIS.)**

4. Manufacture royale d'armes et fonderie de canons, à Kragouyevatz. — Machines outils de petite dimension, photographies et plans divers. **(PALAIS.)**

5. TCHAYETINATZ (Lazar), à Trstenik. — Outils. **(PALAIS.)**

SUISSE.

1. AEMMER & Cie, à Bâle. — Machine à raboter les métaux avec deux porte-outils. **(PALAIS.)**

2. Ateliers de construction, à Oerlikon (Zurich). — Machines-outils. **(PALAIS.)**

Machines-outils pour travailler les métaux. Tours, machines à raboter, à mortaiser, à percer, à poinçonner, machines à fraiser, à tarauder les vis, à tailler les engrenages, presses, marteau-pilon, marteaux à vapeur, machines à travailler le bois, scies à lames sans fin pour le sciage des bois en grume, scies circulaires, machines à raboter, etc. Machines spéciales pour polir et canneler les cylindres de moulins. Grues roulantes et pivotantes.

Machines pour les besoins des arsenaux, pour la fabrication des fusils, cartouches, fusées, projectiles, etc.

3. Ateliers de construction de machines et fonderies de fer, à Saint-George (Saint-Gall). — Machines à ressorts. **(PALAIS.)**

4. DUNAND Frères, à Carouge (Genève). — Perforatrice rotative, à injecteur d'eau automatique fonctionnant à bras ou au moteur. **(PALAIS.)**

5. SCHNIDER (Charles L.), à Neuveville (Berne). — Plateaux universels pour tours et mandrins expansifs, pinces à serrer les forets, pour machines à percer. **(PALAIS.)**

6. SPILMANN (Henri), à Unterstrass, (Zurich). — Outils pour ateliers de construction mécanique et pour filatures. **(PALAIS.)**

7. SPUHL (Henri), à Saint-Fiden (Saint-Gall). — Machines à poinçonner et à river les tuyaux en tôle. **(PALAIS.)**

8. ULMANN (J.-G.), à Zurich. — Appareils mécaniques pour établissements industriels. **(PALAIS.)**

GROUPE VI.

OUTILLAGE ET PROCÉDÉS DES INDUSTRIES MÉCANIQUES.
ÉLECTRICITÉ.

CLASSE 54.

Matériel et procédés de la filature et de la corderie.

FRANCE.

1. ALCAN (Vve Michel), à Paris, avenue de Villiers, 16 — Appareil Michel Alcan à essayer les fils, construit par M. l'Ingénieur Perreaux. **(PALAIS.)**

2. ALEXANDRE Père & Fils, à Haraucourt (Ardennes). — Loup à cinq travailleurs, assortiment de cardes, chargeuse-peseuse, bobineuse, caneteuse, effilocheuse. **(PALAIS.)**

3. BARBIER (Paul), à Paris, boulevard Richard-Lenoir, 46. — Machine Armand à décortiquer la ramie à l'état vert et à l'état sec. Décorticage du chanvre et du lin. **(PALAIS.)**

4. BARENNE (Henri), à Guise (Aisne). — Cuirs spéciaux pour cardes, filatures et tissages. **(PALAIS.)**

5. BEAUMONT (Samuel) & Cie, à Roubaix (Nord), Grande-Rue, 48. — Garnitures de cardes en tous genres. Dents pointues aiguisage latéral, et en pointes d'aiguilles. **(PALAIS.)**

Fabricants de rubans de cardes en tous genres.

Concessionnaires du brevet Ashworth, pour les garnitures en dents pointues aiguisage latéral. Outillage spécial pour le placage, égalisage et l'aiguisage des chapeaux de la carde révolvante. Médaille à l'Exposition universelle d'Anvers 1885.

6. BENET (L.) DUBOUL (A.) & Cie, à Marseille (Bouches-du-Rhône). — Fils et ficelles, cordages et câbles ronds et plats, en chanvre, en aloès et en fils métalliques. **(PALAIS.)**

Récompense :
Barcelone 1888. Membre du jury. Hors concours.

7. BESSONNEAU (Julien), à Angers (Maine-et-Loire). — Câbles, cordages, ficelles. **(PALAIS.)**

8. BODIN (Jules A.), « **Corderie moderne** », à Paris, boulevard de Sébastopol, 8. — Cordages, cordeaux, ficelles, appareils de gymnastique.   (PALAIS.)

Président de la Chambre syndicale de la « Corderie ». — Expert près le tribunal de commerce et les ministères.

Câbles en chanvre, fil de fer, cuivre et acier. — Spécialité de ficelle à plomber métallique pour chemin de fer et douane. — Ficelles en tous genres. — Articles de gymnastique.

Fabrique de torches résineuses pour travaux de nuit. — Fournisseur des principales lignes de chemins de fer français et étrangers. — Fabrique et ateliers, 20, route de Choisy, à Ivry-sur-Seine. (Voir classe 27. Éclairage.)

9. BOURGEOIS-BOTZ & fils, à Reims (Marne). — Garnitures de cardes en tous genres, pour laine peignée et laine cardée.   (PALAIS.)

Rubans en fil de fer, fil d'acier trempé, rond, triangulaire et aplati, sur cuir, tissus avec embourrage, caoutchouc vulcanisé, naturel et minéralisé.

Spécialité de chardons et brosses métalliques, acier, fer et laiton, avec application de toile imperméable, pour apprêts de tissus.

Récompenses :

Paris 1855, médaille de 1re classe.

Paris 1867, médaille d'argent (1er prix).

Vienne 1873, médaille de mérite.

Paris 1878, médaille d'or.

Croix de la Légion d'honneur.

10. CARUE (Ph.), à Paris, rue Saint-Denis, 269. — Cordes, cordages et câbles en chanvre, coton, etc., en fer, acier, cuivre et autres métaux. — Ficelles.   (PALAIS.)

Maison fondée en 1680, à Abbeville. — Récompenses : Médailles 1867 Paris, 1873 Vienne, 1878 Paris, 1885 Anvers ; Chevalier du Nicham, 1888 Barcelone, 1888 Bruxelles, Officier d'Académie. Hors concours, jury, 1888 Melbourne.

11. CHAFAROUX (Emile). — ancienne maison **Métivier**, — à Paris, rue du Petit-Pont, 15. — Cordages divers pour entrepreneurs, fils, ficelles grecques pour relieurs, ficelles d'emballages à la main, laisses et accouples en crin.   (PALAIS.)

Fondée en 1802. Manufacture au Mans (Sarthe). Réc. ; Médaille d'argent, Bruxelles 1888.

12. Commission des Ardoisières d'Angers, (Corderie mécanique), (Gérant : **G. Larivière,**) à Angers (Maine-et-Loire), boulevard du Château, 34. — Câbles ronds et plats en fils métalliques.   (PALAIS.)

Représentant à Paris : C. Fouinat, quai Jemmapes, 170.

Médaille d'argent, Exposition 1867 ; Médaille d'or, Exposition 1878.

Fournisseur de la Marine Nationale.

13. Compagnie de Fives-Lille, à Paris, rue Caumartin, 64. — Deux machines à teiller le lin et le chanvre.   (PALAIS.)

14. Compagnie des Fonderies et Forges de l'Horme, (Chantiers de la Buire), à Lyon (Rhône), rue Rachais, 32. — Appareils pour filature de la soie. (PARC.)

Seuls constructeurs des appareils brevetés S. G. D. G., système Léon Camel, pour l'afilature de la soie, produisant 60 à 80 grammes de soie par heure et par ouvrière. Métiers à filer complets, avec bassines à 4, 5, 6 et 8 bouts. Batteuses mécaniques perfectionnées pour filature de soie. Guindres ou asples indépendants, s'arrêtant à la volonté de la fileuse, de la rattacheuse et de la surveillante.

15. Compagnie de Ventilation « l'Aérophore » à Paris, rue du Faubourg Poissonnière, 80. — Appareils de ventilation et d'humidification de l'air.   (PALAIS.)

16. Condition publique des soies, laines et coton (Directeur : **Joseph Testenoire),** à Lyon (Rhône), rue Saint-Polycarpe, 7. — Appareils de conditionnement et de titrage des soies.   (PALAIS.)

17. Corderie mécanique de Granville, (Directeur : **Albert),** à Granville (Manche). — Cordages pour la marine et l'industrie.   (PALAIS.)

Fournisseur de la Compagnie transatlantique et des Chargeurs réunis.

Médaille d'or à l'Exposition universelle 1878.

18. COULON (Alfred), à Paris, impasse Orfila, 3. — Emerillons et molettes en tous genres.   **(PALAIS.)**

19. CRIGNON Fils, à Rouen (Seine-Inférieure). — Garnitures de cardes.   **(PALAIS.)**

20. DEBARGUE (A.), à Fourmies (Nord). — Fuseaux régulateurs pour self-acting, mull-jenny, continu, canetière, doubleuse, dévidoir, etc. Navettes avec broche à ressort expansible.   **(PALAIS.)**

21. DELAHAYE (A. Victor), à Paris, rue Championnet, 234. — Broche perfectionnée pour métiers à filer continus, anneaux et curseurs, broches pour renvideurs, self-acting, et bancs d'étirage.   **(PALAIS.)**

22. DELALANDE (L. Emile), à Paris, rue de Saint-Maur, 103. — Machine à à effilocher les produits filamenteux.   **(PALAIS.)**

23. DUBUS Fils (Vve A.), à Rouen (Seine-Inférieure), rue de Grammont, 3 bis. — Cylindres émeri, Rubans, toiles, et bois émerisés servant à l'aiguisage des cardes, cylindres, émeri pour gratteuses.   **(PALAIS.)**

24. FILLON (Jude), à Paris, rue Vieille-du-Temple, 17. — Cardeuses portatives. Moulin à plumes.   **(PALAIS.)**

25. FORTIN (Vve L.), à Rouen (Seine-Inférieure), rue du Pré, 24. — Garnitures de cardes.   **(PALAIS.)**

26. FRÉTÉ & Cie, à Paris, boulevard de Sébastopol, 12. — Ficelles et cordages.   **(PALAIS.)**

27. GADEAU de KERVILLE (J. V.), à Rouen (Seine-Inférieure). — Plaques et rubans de cardes, plaques et rubans pour apprêts de tissus.   **(PALAIS.)**

28. GAUCHOT (P. E.), à Paris, quai de Valmy, 103. — Machine à peloter les fils.   **(PALAIS.)**

29. GOTTMANN (Philippe) & LECOMTE (Jules), à Vivier-Guyon (Ardennes). — Garnitures de cardes.   **(PALAIS.)**

30. GRUN (F. Jacques), à Lure (Haute-Saône). — Carde, appareil Bamire, diviseur, peigneuse coton, peigneuse laine, renvideur, caneteuse.   **(PALAIS.)**

31. GUÉRIN (Louis) & VALLÉE (Gaston), à Paris, rue de la Ferronnerie, 31. — Câbles, cordages et ficelles.   **(PALAIS.)**

32. HARDING-COCKER (T. Walter), à Lille (Nord), rue de Jemmapes, 1 bis. — Peignes divers de tous systèmes pour cardages, peignages et filatures de lin, laine, soie, coton et autres textiles.   **(PALAIS.)**

   Maison fondée en 1829.

   Cercles pour peigneuses à laine et à coton de tous systèmes. Segments et peignes plats, peignes cylindriques ou hérissons pour peigneuses Hubner et préparation de filatures de laine.

   Peignes et Gills à lin, barrettes de Gillbox, plaques et rubans de cardes à dents d'acier montés sur cuir ou sur tissu caoutchouc pour peignage de la soie, peignes en fer, acier, etc. etc.

   Maison à Leeds (Angleterre).

   Récompenses :

   Londres 1851.

   Exposition universelle de Paris 1855.

   Expositions universelles de Paris 1867, 1878.

33. HUBINET (Louis), à Glageon (Nord). — Câbles et cordages en coton.   **(PALAIS.)**

34. JAMAIN (René), à Aumale (Seine-Inférieure). — Appareil à filer les déchets de laine.   **(PALAIS.)**

35. LANDRÉAT, à Blacy. — Cordages divers.   **(PALAIS.)**

36. LEBRETON, à Paris, rue de la Ferronnerie, 21. — Cordages et câbles. **(PALAIS.)**
   Médailles, Paris, 1867. Paris, 1878. Usine à Ivry-sur-Seine.

37. LE COUSTELLIER (C.), — Corderie Abbevilloise, — à Abbeville (Somme). — Cordages et ficelles en tous genres, pour tous usages, fabriqués à la main.
(**PALAIS.**)

Récompenses obtenues aux Expositions universelles : 1878 Paris, médaille d'or (la plus haute récompense à cette industrie). 1880 Melbourne, première classe pour mérite. 1885 Anvers, membre du jury, suppléant des colonies. 1888 Bruxelles, membre du jury.
1888 Barcelone, premier vice-président du jury des textiles végétaux, exotiques ou indigènes, bruts ou manufacturés.

38. LEDRAN (Camille), à Caudebec-lez-Elbeuf (Seine-Inférieure).— Garnitures de cardes en tous genres.
(**PALAIS.**)

39. LE GOFF (Louis), à Lisieux (Calvados). — Machine à effilocher toutes espèces de tissus et déchets de laines, soies ou cotons.
(**PALAIS.**)

40. LEROY-PAYEN, à Fresneaux-Montchevreuil (Oise) — Machine à carder la laine pour matelas.
(**PALAIS.**)

41. MAHON Frères, à Roubaix (Nord), rue Richard-Lenoir, 2. — Cylindres cannelés et trempés pour filature et peignage, rouleaux gravés et machines à chiner les cotons, laines et soies.
(**PALAIS.**)

42. MARTIN (J. B.) à Paris, rue de Saint-Maur, 189.—Machines à peloter les fils.
(**PALAIS.**)

43. MÉRELLE (F.), à Roubaix (Nord). — Machine étireuse de laine brute ou lavée et broyeuse de chardons.
(**PALAIS.**)

44. METCALFE (W.) & COURANT (H.), à Meulan (Seine-et-Oise). — Garnitures cardes pour coton, laine, soie.
(**PALAIS.**)

45. MEUNIER (Eug. et Em.), à Tourcoing (Nord), place Thiers, 43. — Nappeuse et peigneuse.
(**PALAIS.**)

46. MILLET (Félix T.), à Persan (Seine-et-Oise). — Machine à pédale à filer le caret.
(**PALAIS.**)

47. MOUCHÈRE (Jean L.) à Angoulème (Charente). — Machines automatiques à dévider, peser et peloter les filés avec application de l'électricité. (**PALAIS.**)

48. NIQUET-BOURGEOIS (Edmond), à Allery (Somme). — Ficelles et cordages fabriqués à la main.
(**PALAIS.**)

49. NOIZEUX (Prosper), à Paris, rue Saint-Martin, 159. — Ficelles, ficelles de couleur lisses et écrues, cordeau, fouet, septain, ganse coton.
(**PALAIS.**)

50. OFFROY (Henri) & PFEIFFER (Charles), à Malaunay (Seine-Inférieure). — Dévidoir et tournette à échantillonner muni d'un système de Guide fils.
(**PALAIS.**)

51. PELLETIER (Louis T.), à Corbeil (Seine-et-Oise), rue Notre-Dame, 19.— Câbles de transmissions en coton et en manille. Courroies en tissu végétal. Traits de charriage en manille. Ficelles en chanvre. Liens en rotin.
(**PALAIS.**)

52. PETIT (Armand), à Fourmies (Nord). — Appareils humidificateurs pour filatures.
(**PALAIS.**)

53. PEUGEOT (Constant) & Cie, à Audincourt (Doubs). — Pièces détachées pour filatures.
(**PALAIS.**)

Cylindres cannelés et de pression, plates-bandes, broches de self-actings, de bancs à broches et de continus ; ailettes, anneaux, broches Rabbeth et autres systèmes, etc.
Établissement fondé en 1830.
Récompenses obtenues : Médailles d'or et d'argent et diplôme d'honneur aux expositions de 1855, 1867 et 1878.

54. PLATT (Samuel) & Cie, à Roubaix (Nord), rue de l'Alma, 189 — Garnitures de cardes et machines servant à les fabriquer.
(**PALAIS.**)

55. POULLAIN Frères, à Paris, rue de Flandre, 90. — Courroies, veaux pour cylindres, manchons, buffles, cuirs pour cardes, filatures, tissages, teintures et apprêts. **(PALAIS.)**

> Médaille d'or à l'Exposition universelle de Paris 1878. Voir expositions des classes 47 et 52.

56. PRAT Frères (Émile et Henri), à Grenoble (Isère), avenue de la Gare, 12. — Cardeuses mécaniques pour laines et crins, pour tapissiers, bourreliers, selliers. **(PALAIS.)**

> Récompenses aux Expositions universelles de Paris, 1878 et 1867, et Anvers, 1885

57. RABIER (Ernest), à Paris, boulevard Voltaire, 235. — Machines à carder, machines à battre et à épurer la plume. **(PALAIS.)**

58. Ramie Française (La), — Directeur : **P. A. Favier**, — à Paris, rue Saint-Fiacre, 14. — Machine à décortiquer la ramie et produits en ramie. **(PALAIS.)**

59. RICHE (Gustave A.), à Roubaix (Nord), rue Saint-Antoine, 32. — Gillbox pour préparation de la laine. **(PALAIS.)**

60. ROCHATTE (Paul), à La Petite-Raon (Vosges). — Manchons en veau, collés et laminés, prêts à s'adapter sur cylindres. Bandes de cuir meulées du côté de la chair pour égalité d'épaisseur. **(PALAIS.)**

61. ROMÉAS (J. Louis F.), à Chomérac (Ardèche). — Machines à faire les coronelles pour le moulinage. **(PALAIS.)**

62. RYO CATTEAU, à Roubaix (Nord). — Métiers continus à doubler et à retordre. **(PALAIS.)**

63. SAINT Frères, à Paris, rue du Pont-Neuf, 4. — Ficelles et cordages. **(PALAIS.)**

64. Société Alsacienne de Constructions Mécaniques (Mulhouse, Grafenstaden, Belfort), à Paris, rue Drouot, 7. — Assortiments complets de machines de filatures et de peignage de laine et de coton. **(PALAIS.)**

65. STEIN (Adolphe), à Danjoutin (Territoire de Belfort). — Câbles plats et ronds en fils de fer et en fils d'acier. Câbles transporteurs. **(PALAIS.)**

> Câbles et cordages en chanvre et en coton. Ficelles en chanvre et en coton.
> Câbles de transmission en fer, acier, chanvre et coton.
> Fournisseur des grands câbles plats en fils d'acier (poids 20 kilg. par mètre) de l'ascenseur Edoux de la Tour Eiffel.

66. TAYRAC (Jules Ed. de), à Lille (Nord), rue Alexandre-Leleux, 20. — Courroies et cuirs pour l'industrie en général. Taquets pour tissage. **(PALAIS.)**

> Coupons à courroie, courroies, lanières, et cuirs en tous genres pour l'industrie. Ateliers pour la fabrication des taquets en buffle et en cuir tanné pour tissages. Fabrication générale de cuirs pour filateurs, tissages, sucreries, meuneries et usines métallurgiques. Tannerie et usine à vapeur à Lomme-lez-Lille.

67. VIMONT (Augustin), à Vire (Calvados). — Métier continu pour la filature, trame et chaîne de coton et d'autres textiles. **(PALAIS.)**

COLONIES.

COCHINCHINE.

1. Service local, à Saigon. — Dévidoirs, machines à dévider, à emboîner, à égrener le coton ; cordes, etc. **(ESPLANADE.)**

GABON CONGO.

1. AVINENC, au Gabon. — Corde indigène de la région de Loango.   (**ESPLANADE.**)

GUADELOUPE.

1. Sous-Comité d'Exposition de la Pointe-à-Pitre. — Cordes en abaca, en caracta, en coco, en corosol, en latanier et en mahaut.   (**ESPLANADE.**)

INDE FRANÇAISE.

1. Comité d'Exposition. — Cordes, câbles et ficelles en kaer (bourre de coco), rouleau de corde en fibres de palmier ; coton et ficelle.   (**ESPLANADE.**)

NOUVELLE-CALÉDONIE.

1. Affaires indigènes (Service des), à Nouméa. — Cordelettes en fibres de cocos, navettes pour cordelettes.   (**ESPLANADE.**)

2. HAYÈS & JEANNENEY, à Fonwhary. — Cordes de bourao. (**ESPLANADE.**)

3. MICHEL, à Moindou. — Étoupes et bitordes.   (**ESPLANADE.**)

4. Pénitencier, de Bourail. — Cordages.   (**ESPLANADE.**)

SÉNÉGAL.

1. DIMBA WAR, Président des chefs du **Cayor,** (protectorat du Cayor). — Fuseaux.   (**ESPLANADE.**)

2. NOIROT (Ernest), Administrateur colonial. — Cordes en cuir, khreften.   (**ESPLANADE.**)

TAHITI.

1. VIENOT (Charles), à Papeete. — Corde en poil de roussette.   (**ESPLANADE.**)

PAYS DE PROTECTORAT.

ANNAM-TONKIN.

1. Province de Phu-Yen. — Cordes fabriquées avec des fibres de coco   (**ESPLANADE.**)

CAMBODGE.

1. PLANTÉ, à Phnom-Penh. — Dévideur de coton, de soie, câble en rotin.   (**ESPLANADE.**)

TUNISIE.

1. PIC (Paul), à Sfax. — Cordes en alfa.   (**ESPLANADE.**)

PAYS ÉTRANGERS.

ALLEMAGNE.

1. HAMEL (Carl), à Chemnitz (Saxe). — Métier à retordre. (**PALAIS.**)

2. HEILMANN-DUCOMMUN (Paul), ancien associé de la maison **Heilmann-Ducommun et Steinlein**. Ateliers **Ducommun** à Mulhouse (alsace) et à Paris, boulevard Magenta, 18. — Peigneuses. (**PALAIS.**)

> Une peigneuse perfectionnée pour laine, patentes Paul Heilmann-Ducommun.
> Cette peigneuse fait partie de l'*Exposition générale*, au Pavillon de la maison *Steinlen et Cie* (anciens ateliers Ducommun), cour des générateurs de vapeur dans l'axe du Palais des machines, côté de l'École militaire).

3. RISLER (George A.), à Cernay (Alsace). — Express-carde. (**PALAIS.**)

4. Société des Ateliers de construction de Bitschwiller, (Ancienne maison **Stehelin & Cie**), à Bitschwiller-Thann (Haute-Alsace). — Machines pour filatures. (**PALAIS.**)

BELGIQUE.

1. COUVREUR (Antoine), à Verviers. — Tubes pour filatures de laine cardée et peignée, de coton et de soie. Tubes couverts de filature. (**PALAIS.**)

2. DEFRAITEUR (Eugène), à Verviers. — Busettes de différents genres. (**PALAIS.**)

3. DESPA & Fils, à Verviers, rue Neuve, 50. — Garnitures de cardes pour filatures de laines cardées, laines peignées et pour les apprêts. (**PALAIS.**)

4. DUESBERG-BOSSON (H.), à Verviers. — Cardes, diviseur à laines d'acier ; diviseur à lanières ; machine à ouvrir la laine ; garnitures de cardes complètes. (**PALAIS.**)

5. DUESBERG-DELREZ (M.), à Verviers.— Garnitures de cardes. (**PALAIS.**)

> Fabrique de garnitures de cardes, fondée en 1843.
> Chevalier de l'Ordre de Léopold, 1880.
> Récompenses :
> Philadelphie 1876, Diplôme d'excellence.
> Paris 1878, Médaille d'argent.
> Amsterdam 1883, Médaille d'or.
> Anvers 1885, Médaille d'or.
> Bruxelles 1888, Hors concours, membre du jury.
> Barcelone 1888, Médaille d'or.

6. ELIAERT-COOLS, à Alost. — Fils et ficelles de chanvre en écru et en couleurs. Corderie mécanique. (**PALAIS.**)

> Maison fondée en 1822. — Premières médailles à Londres 1851 ; Philadelphie 1876 ; Médaille d'or Paris 1878 ; Sydney 1879 ; Melbourne 1888 ; Amsterdam 1883. Hors concours et membre du jury, Anvers, 1885 et Bruxelles 1888.

7. GEORGE (Édouard), à Verviers, rue Saint-Antoine, 11. — Garnitures de cardes. (**PALAIS.**)

8. GOVAERT Frères, à Alost. — Articles de corderie. (**PALAIS.**)

9. GRAND'RY, KAIVERS & Cie, à Verviers, rue Pécheval, 46. — Échardonneuse avec chargeuse automatique. Broyeur battoir. Essoreuse.   (PALAIS.)

10. HOUGET (Fernand), à Verviers. — Garnitures complètes de cardes.   (PALAIS.)

Garniture de cardes pour laine cardée et peignée en fil d'acier doux, acier trempé, fer étamé, laiton, etc.
Anvers 1885, Médaille d'argent. Barcelone 1888, Médaille d'argent.

11. JAMETEL (A.) & Cie, à Verviers. — Étuve de dessication.   (PALAIS.)

12. LALLEMAND (Léonard), à Dison, rue Pisseroule, 54. — Cordes et ficelles.   (PALAIS.)

13. LEFÈVRE (P.) & Cie, à Verviers, place Verte, 42. — Cardes.   (PALAIS.)

14. LIGNY (J.-B.), à Gilly. — Câbles de mines, etc, en aloès, chanvre du pays et en fils métalliques.   (PALAIS.)

15. LONHIENNE Fils (A,), à Verviers, rue Mangombroux, 111. — Tubes, fuseaux et canettes en papier pour filatures de la laine peignée cardée, du coton et de la soie.   (PALAIS.)

Matériel breveté.
Anvers 1885, médailles de bronze et d'argent ; Barcelone 1888, médaille d'or ; Bruxelles, grand concours 1888, diplôme d'honneur.

16. MARTIN (Célestin), à Verviers. — Machines à préparer, à carder et à filer la laine.   (PALAIS.)

Médaille d'argent Paris 1867 ; médaille d'or, Paris 1878, diplôme d'honneur ; Anvers 1885.

17. Société anonyme verviétoise pour la construction de machines. (ancienne Maison **Houget et Teston**), à Verviers.
Toutes machines pour l'industrie lainière.   (PALAIS.)

Machines pour le lavage, l'échardonnage et la filature de la laine ; léviathans, essoreuses ; échardonneuses à grande production ; assortiments de cardage ; self-actings renvideurs.
Paris 1855, Médaille de première classe.
Londres 1862, 2 Prize medals. Paris 1867, 2 Médailles d'or, 3 d'argent. Vienne 1873, Diplôme d'honneur.
Paris 1878, Hors concours, Membre du jury. Barcelone 1888, Médaille d'or.

18. VERMEIRE-HELLEBAUT (F.), à Hamme. — Différents cordages employés dans la marine et les travaux publics.   (PALAIS.)

19. VERTONGEN-GOENS, à Termonde, rue du Nord, 1. — Cordages pour le gréement des navires et l'armement des chaloupes de pêche en chanvre, chanvre de manille, fer et acier.   (PALAIS.)

BRÉSIL.

(Voir son Catalogue spécial.)

RÉPUBLIQUE DOMINICAINE.

1. Commission provinciale de Santiago. — Cordages, sangles, résilles.   (PARC.)

ESPAGNE.

1. MIRAPEIS (Bartolomé), à Barcelone. — Cardeuse métallique.   (PALAIS.)

2. PUCHE & PEREZ, à Valladolid. — Pièces de corderie.   (PALAIS.)

3. **RAMIS & GARAU (Antonio)**, à Palma (Baléares). — Agrès, toiles pour les voiles.   **(PALAIS.)**

4. **Société anonyme (Cordelera Iberica)**, à Toralla (Rio-de-Vigo). — Cordages.   **(PALAIS.)**

5. **TAULY (Antonio) & Cie**, à Sabadell (Barcelone). — Cardeuses.   **(PALAIS.)**

ÉTATS-UNIS.

1. **National Cordage Co.**, à New-York, N. Y., Wall street, 113. — Cordes.   **(PALAIS.)**

2. **NORMAN (I. W.)**, à Boston, Mass., Broomfield street, 44. — Machine à corde.   **(PALAIS.)**

GRANDE-BRETAGNE.

1. **Belfast Ropework Co. (Limited)**, à Belfast (Ireland). — Cordages, cordes et ficelles pour tous usages.   **(PALAIS.)**

2. **HATTERSLEY & Son**, à Leeds, Armley road. — Matériel de filature.   **(PALAIS.)**

3. **TATHAM & ELLIS**, à Ilkeston, Derbyshire, Kensington Needle works. — Matériel de la filature et du moulin.   **(PALAIS.)**

4. **THOMAS (George) & Co.**, à Manchester. — Matériel de la filature.   **(PALAIS.)**

5. **UNITE (John)**, à Londres, Edgware road. 291 et 293. — Échantillons de cordages.   **(PALAIS.)**

6. **WILSON Brothers**, à Todmorden, près Manchester. — Bobines en bois pour la filature et la fabrication de coton, soie, laine et autres tissus.   **(PALAIS.)**

GRECE.

1. **Arsenal de l'État, a Salamis**. — Câbles et poulies et roue de gouvernail.   **(PALAIS.)**

ITALIE.

1. **BATTAGLIA (Jean)**, à Luino. — Bassins et batteuses mécaniques pour filer les cocons, systèmes Tavella et Chambon, avec des attache-fils, système Léon Camel.   **(PALAIS.)**

2. **CAMPI (Comte Joseph)**, à Lastra-a-Signa, près Florence.— Nouvelle méthode pour filer la soie.   **(PALAIS.)**

GUATEMALA.

1. **MORALÉS del CHOL (Juan)**, à Baja-Verapaz. — Cordages de chanvre.   **(PARC.)**

2. **Municipalité de Lanquin**, Département d'Alta-Verapaz. — Cordes. **(PARC.)**

3. **Municipalité de Mataquescuintla,** département de Santa-Rosa. — Cordes.
(**PARC.**)

4. **Municipalité de San-Juan-de-Sacatepequez**, département de Guatemala. — Cordes.
(**PARC.**)

NORVÈGE.

1. **EVENSTAD** (Ole) et **SENSTAD** (Ole), à Rasten. — Machine pour la fabrication de laine de forêt.
(**PALAIS.**)

PARAGUAY.

1. **Gouvernement de la République du Paraguay,** à Assomption. — Ficelles fines et grosses, cordes fibre de Caraguata et de pinoguazu, cordes manufacturées avec du poil animal.
(**PARC.**)

PORTUGAL.

1. **ABREU (Domingos-Antonio d').** — Câbles.
(**PALAIS.**)

2. **AZEVEDO (Domingos-Alves d') & Ca.** — Câbles.
(**PALAIS.**)

COLONIES PORTUGAISES.

1. **Association industrielle portugaise,** à Lisbonne. — Fibres et cordes de piteira (Île de Santo-Antão, Cap-Vert.
(**PALAIS.**)

2. **Banque coloniale portugaise (Agence de la),** à l'île de Sào-Thome. — Collection de cordes.
(**PALAIS.**)

3. **Musée des Colonies,** à Lisbonne. — Collection de cordes diverses fabriqués par les indigènes des provinces de Cap-Vert, Saint-Thomas et Prince, Angola, Guinée portugaise, Mozambique, Macao et Timor, et Inde Portugaise. Collection de cordes fabriquées avec les filaments provenant des colonies portugaises.
(**PALAIS.**)

4. **SERRA (G. C.),** à l'île de Santiago (Cap-Vert). — Cordes de cocotier.
(**PALAIS.**)

ROUMANIE.

1. **BILCESCU (G.),** à Craïova. — Cordages divers.
(**PALAIS.**)

2. **MORITZ VACHTEL & DINESCO,** à Iassy. — Cordes et cordages divers.
(**PALAIS.**)

3. **NITSESCO (Floarea Lui Ion),** à Tzitza (Dambovitza). — Fuseaux pour filer la soie et le chanvre, fuseaux d'enfants.
(**PALAIS.**)

4. **SIMIANU Frères,** à Râmnicu-Vàlcea. — Cordages, harnais en cordes.
(**PALAIS.**)

5. **WACHTEL & JOSEF (Moritz),** à Iassy. — Cordages.
(**PALAIS.**)

SERBIE.

1. **Manufacture royale d'armes et fonderie de canons,** à Kragouyevatz. — Cordages différents à l'usage de pontonniers.
(**PALAIS.**)

2. **MLADENOVITCH (Pecha)**, à Alexinatz. — Corderie. (PALAIS.)

3. **Municipalité (La)**, à Lescovatz (dép¹ de Nisch). — Corderie diverse. (PALAIS.)

4. **NICOLITCH (Zaphir)**, à Bagna (dép¹ de Vragna). — Cordes. (PALAIS.)

5. **NICOLITCH (Zaphire)**, à Ratayé (dép¹ de Vragna). — Cordes. (PALAIS.)

6. **PETROVITCH (Matha)**, à Semendria. — Corderie. (PALAIS.)

7. **SPASITCH (George)**, à Krouchevatz. — Corderie. (PALAIS.)

8. **STANKOVITCK (Milan)**, à Doubnitza (dép¹ de Vragna).—Corderie. (PALAIS.)

9. **STANKOVITCH (Milan)**, à Doubinza (dép¹ de Vragna). — Ficelles. (PALAIS.)

10. **STAYTCH Frères (Thocho & Asa)**, à Vragna. — Corderie. (PALAIS.)

11. **STOYLHOVITCH (Théodor)**, à Négotine. — Cordes. (PALAIS.)

12. **ZVETKOVITCH (Vladimir)**, à Alexinatz. — Corderie. (PALAIS.)

SUISSE.

1. **HONEGGER-AMSLER**, à Ruti (Zurich). — Échantillons de garnitures pour carder le coton, la laine et la soie. (PALAIS.)

Fabrique de garnitures de cardes à coton et à laine en fil d'acier doux spécial et d'acier trempé et tempéré 1ᵉʳ choix de Suède, pour toutes les machines.
Aiguisage à pointes d'aiguille ; aiguisage à la surface comme aux côtés des dents.
Garnitures de cardes à soie et au lainage.
Récompenses :
Vienne 1873, Médaille de progrès. — Paris 1878 Médaille de bronze.

2. **Manufacture de Cardes-de-Ruti,** à Ruti, (Zurich). — Échantillons de garnitures de cardes pour coton, laine et déchets de soie. (PALAIS.)

Cardes en fil de fer et acier étamé et plaqué de nickel, fil de bronze et d'aluminoïde; cardes pour futaine à poil. Exportation pour la France, l'Italie, l'Autriche, l'Allemagne, la Russie et le Japon. Maison fondée en 1852. Récompenses : Vienne 1873, Paris 1878.

3. **RIETER (Joh.-Jacob), et Cie,** à Winterthür (Zurich). — Machines pour filature de coton. (PALAIS.)

Maison fondée en 1789. Ateliers de construction à Ober-Toess : Construction de toutes les machines pour filature et retordage de coton ; machines à broder ; moteurs hydrauliques en tout genre, transmissions télodynamiques et autres ; machines-outils ; régulateurs de vitesse et à frein ; ventilateurs ; machines pour la fabrication de chaussures et de sellerie. Filatures et retordage de coton à Nieder-Toess : Saint-Gall, et Glattfelden : Filés et retors de coton nᵒˢ 6-300. Récompenses obtenues : 1851, Londres ; 1855, Paris ; 1867, Paris 5 Médailles ; 1873, Vienne, 3 Diplômes d'honneur et 3 médailles ; 1876, Philadelphie ; 1878, Paris, hors concours ; Croix de la Légion d'honneur ; 1884, Vienne.

URUGUAY.

1. **SIVORI (Luis)**, à Montevideo. — Cordes, ficelles, fibres, lin, étoupes, lin broyé, fibres de lin, etc. Tiges de lin. (PARC.)

VÉNÉZUÉLA.

1. **Gouvernement de Vénézuéla**. — Cordes de cocuiza, cordes pour suspendre les hamacs. (PARC.)

GROUPE VI.

OUTILLAGE ET PROCÉDÉS DES INDUSTRIES MÉCANIQUES.
ÉLECTRICITÉ.

Classe 55.

Matériel et procédés du tissage.

FRANCE.

1. ALCAN (Veuve Michel), à Paris, avenue de Villiers, 16. — Traités de la fabrication des étoffes (filature, tissage et apprêts). **(PALAIS.)**

2. ARGELLIER (E.-M.-A.), à Paris, boulevard des Batignolles, 31. — Un métier rectiligne à fabriquer les bas élastiques. **(PALAIS.)**

A obtenu une mention honorable à l'Exposition universelle de 1878.

3. BARETTE Frères (Pierre et Amédée), à Romilly-sur-Andelle (Eure). — Fouleuse à mouvement alternatif. **(PALAIS.)**

4. BAUCHE (G. et H.), à Reims (Marne). — Machine à lainer à chardons métalliques à action automatique. Nouvelle machine à aiguiser les chardons métalliques. **(PALAIS.)**

Systèmes brevetés s. g. d. g. Membre du Jury à l'Exposition universelle de Bruxelles 1888 et exposant diplôme hors concours. Croix de Chevalier de l'Ordre de Léopold.
Maison à Reims, rue Boulart, 18 et 20, et rue Brûlée, 12.

5. BELLAVOINE (Eugène), à Paris, rue du Faubourg-Saint-Denis, 142. — Papiers quadrillés et spécimens de leur application pour la mise en carte des dessins de châles, tapis, guipures, draps, etc. **(PALAIS.)**

6. BENAZET (Jean), à Reims (Marne), rue de Thillois, 38. — Lames faites en lisses métalliques. **(PALAIS.)**

7. BENDER (Xavier) et Cie, à Paris, boulevard Beaumarchais, 13. — Lampes. Plan d'un atelier de tissage éclairé au pétrole. **(PALAIS.)**

8. BONAMY (A.), Successeur de **A. Jacquin**, à Saint-Just-en-Chaussée (Oise). — Métiers à bonneterie rectilignes ou circulaires. **(PALAIS.)**

9. BROCHON (Émile), à Troyes (Aube), faubourg Croucels, 70. — Plantines, dents de mailleuse en acier trempé et demi trempé. Tubes en acier sans soudures, outils à découper l'acier. **(PALAIS.)**

10. BUXTORF (Emmanuel), à Troyes (Aube). — Machines nouvelles pour bonneterie, draperie, jerseys, dessins électriques, bobinoirs, remmailleuses. **(PALAIS.)**
Expositions universelles Paris, 1re médaille or, 1867, membre du Jury (Cl. 56 et 57), 1878.

11. CARBONNELLE (Henri-B.) & Cie, à Paris, rue Lafayette, 54. — Pointeur mécanique, perceur imprimeur. **(PALAIS.)**

12. CARON (V.) et Cie, à Puteaux (Seine), rue Denis-Papin, 5. — Aiguilles pour la bonneterie, métiers rectilignes, circulaires. **(PALAIS.)**

13. CHAIZE Frères, à Saint-Étienne (Loire), rue d'Annonay, 118. — Lisses sans nœuds, ni coudage de fil au maillon, fixes et mobiles. Remisses à cristelles fixes et mobiles, spécialité pour tissus divers. **(PALAIS.)**

14. Chambre de Commerce de Lyon (Condition publique des soies, laines et cotons), Directeur : **M. Testenoire**, à Lyon (Rhône), rue Saint-Polycarpe, 7. — Appareils de conditionnement. **(PALAIS.)**

15. CHARPILLON Père et Fils, à Arinthod (Jura). — Bobines, canettes, cartons, dessins pour tissage, Roquets pour moulin, tuyaux pour soierie. Boutons, embouchure pour sonnerie électrique. **(PALAIS.)**

16. CHAUVILLERAIN (Albert de), à Paris, quai Jemmapes, 206. — Métiers à passementerie. **(PALAIS.)**

17. COINT-BAVAROT et Cie, à Lyon (Rhône), rue des Capucins, 22. — Peignes à tisser, navettes, maillons, envergeurs, peignes pour gaze à bluter, toiles métalliques, chaine. **(PALAIS.)**

18. Compagnie de Fives-Lille, Directeur-Général : **M. Duval**, à Paris, rue Caumartin, 64. — Machine à fabriquer les filets de pêche. **(PALAIS.)**

19. Compagnie des Fonderies et Forges de l'Horme, Chantiers de la Buire, à Lyon (Rhône), rue Rachais, 32, 8. — Métiers à tisser divers. **(PARC.)**
Nouveau métier mécanique à tisser, système Laeserson et Wilke (brevetés S. G. D. G.) perfectionnés par les chantiers de la Buire, seuls constructeurs. Métiers mécaniques à grande vitesse (250 coups à la minute) conduits à deux par une seule ouvrière. Métiers mécaniques à la main.
Bascule à pédonnes, tampia à pinces, peigne renversé, régulateur compensateur de l'enroulement et de la trame, etc. (brevetés S. G. D. G.).
Métiers à velours (brevets Charbin) pour velours shappe et velours soie. Métiers à plusieurs navettes à marche rapide.
Application des métiers ci-dessus à la fabrication de toutes les étoffes de soie et de tissus légers, unis et façonnés.

20. COQUAZ (Jean), à La-Tour-du-Pin (Isère). — Navettes. **(PALAIS.)**

21. CUAU Ainé et Cie, à Paris, rue Championnet, 234. — Saturateurs d'air à plaque perforée. Aspirateurs à jets de vapeur. **(PALAIS.)**
Saturateurs d'air pour les filatures ; humidification et rafraîchissement de l'air seul procédé pratique, résultats absolus.
Pas d'entraînement d'eau. — Ventilateur pour renouveler l'air dans les salles de tissage, dans les batteurs, etc. — Aspirateurs pour l'entraînement des poussières. Calorifères de cave à ailettes creuses pour séchage Tuyaux à lames.

22. DANZER (Henry), à Paris, rue Pascal, 40. — Instruments pour mesurer la résistance des tissus. **(PALAIS.)**

23. DÉGAGEUX (Hippolyte), à Troyes (Aube), rue Saint-Aventin, 12. — Métiers à bonneterie. **(PALAIS.)**

24. DENEUX Frères et Cie, à Amiens (Somme). — Métiers mécaniques, fabrication du linge damassé. **(PALAIS.)**

25. DEPIERRE (Xavier), à Remiremont (Vosges). — Taquets en buffle pour métiers. **(PALAIS.)**

26. DESCOMBES (Pierre), à Lyon (Rhône), place Colbert, 6. — Navettes pour métiers à bras et métiers mécaniques, accessoires pour navettes et métiers à tisser.
(PALAIS.)

27. DINOUARD (Léopold), à Amiens (Somme), rue Saint-Leu, 26. — Peignes, lames et accessoires de tissage.
(PALAIS.)

28. DOREZ, à Reims (Marne), rue de Ruisselet. — Vernis pour équipages de métiers à tisser.
(PALAIS.)

29. DUFOUR (J.-L.), à Paris, rue du Commerce, 52. — Encolleuse mécanique. Système d'apprêt pour tapis.
(PALAIS.)

30. DUQUESNE (Adrien), à Paris, rue du Château-des-Rentiers, 48. — Métiers à tisser le tapis parisien uni et Jacquart.
(PALAIS.)

31. ELMERING et Cie, à Rouen (Seine-Inférieure). — Rouleau d'ensouple en fonte.
(PALAIS.)

Pièces de tout genre en terre, au trousseau et sans modèle. Atelier de construction. Rouleaux d'ensouples, en fonte mince, pour métier à tisser, épaisseur 3 mill. 1/2. Scie à ruban, marchant au pied, type américain ; modèle d'atelier et modèle pour amateur , meules d'émeri, marchant au pied, seul type en ce genre pour petits ateliers n'ayant pas de force motrice.
Récompense : Paris 1878.

32. FERLAT (André), à Lyon (Rhône), montée Saint-Sébastien, 10. — Navettes et ustensiles pour tous genres de tissage.
(PALAIS.)

Usine à vapeur à Lyon. Fabrique de navettes pour tissages mécaniques et à la main, de la soie, du coton et de la laine. Fournitures complètes pour tous genres de tissages. Diplôme et médaille de mérite, Vienne 1873.

33. FLEURET (Émile-L.), à Lyon (Rhône), montée de la Grande-Côte, 7. — Passementerie pour chapellerie, métier modèle miniature.
(PALAIS.)

34. FOULFOIN, à Nantes (Loire-Inférieure), quai de Turenne, 12. — Métiers divers.
(PALAIS.)

35. FRIBOURG (Jules), à Paris, boulevard de la Villette, 117. — Machines à tisser le ruban et la passementerie.
(PALAIS.)

36. GADEL (Charles), à Bohain (Aisne). — Machines Jacquart et armures ; plombs, fuseaux, vernis, maillons, fils, machines à dévider, ourdissoirs, cannetières, détrancanoirs, avaloirs, métiers, etc.
(PALAIS.)

Machines pour fils nouveautés et chenilles ; dévidoirs, avaloirs Jacquart, pour métiers à tulle.

37. GALLET (Eugène), à Flers (Orne), rue de Domfront. — Bobinoir coton et fil pouvant faire bobines et cannettes, accessoires de filature et tissage, mèches universelles.
(PALAIS.)

38. GODARD (Louis), à Troyes (Aube), rue Saint-Martin, 11. — Aiguilles, platines et pièces détachées pour métiers à bonneterie.
(PALAIS.)

39. GOURDIN, à Montigny (Somme). — Métier rectiligne.
(PALAIS.)

40. GRAMMONT & SIRODOT, à Troyes (Aube), rue Thiers, 120. — Métiers circulaires, machines à remmailler, à coudre à l'anglaise, bobinoirs, etc.
(PALAIS.)

41. GROSSELIN Père et Fils, à Sedan (Ardennes). — Laineuses à chardons métalliques, aiguiseuse à cardes, Tondeuses, Fouleuses à maillets à ressorts pneumatiques.
(PALAIS.)

Laineuses à chardons métalliques à énergie variable, Brevetées S. G. D. G. Tondeuses à deux et trois cylindres. — Fouleuses cylindriques. — Veloutouse. Médaille argent, Paris 1878. Médaille or, Barcelone 1888.

42. GRUN (F.-Jacques), à Lure (Haute-Saône). — Métier à tisser à 7 navettes.
(PALAIS.)

Classe 55. 1*

43. HEBERT (Claude), à Lyon (Rhône), rue Molière, 17. — Métiers mécaniques à tisser pour soieries.   **(PALAIS.)**

44. HURTU et HAUTIN, à Paris, rue Saint-Maur, 54. — Métier circulaire à tisser toutes étoffes en manchon. Système Soret Jeune et Hurtu-Hautin.   **(PALAIS.)**

45. LACROIX (C.-Émile), à Arcis-sur-Aube (Aube). — Métiers à fabriquer des lacets, tissus caoutchouc pour jarretières et autres emplois dans la mercerie et la bonneterie.   **(PALAIS.)**

46. LAMBERT (Donat), à Lyon (Rhône), rue Béfort, 4. — Peignes à tisser, ustensiles divers.   **(PALAIS.)**

47. LAMOURET (A.), à Fourmies (Nord), rue Censier, 4. — Appareil de déroulement automatique.   **(PALAIS.)**

48. LAVOINNE (J.-Zéphir-H.), à Crécy-sur-Serre (Aisne). — Machine à métrer et enrouler les tissus de tous genres et de toute espèce.   **(PALAIS.)**

49. LECLÈRE (J.) et DAMUZEAUX Père et Fils, à Sedan (Ardennes). — Machines à fouler, à lainer, à chardon métallique hydro-extracteur, etc.   **(PALAIS.)**

50. LEMAIRE (F.-Léon), à Puteaux (Seine), rue des Coutures, 21. — Métiers mécaniques à bonneterie et accessoires.   **(PALAIS.)**

51. LENIQUE, PIQUET et Cie, à Calais (Pas-de-Calais). — Métiers à dentelles fonctionnant et produisant de la dentelle, métier pour les découpages et fonctionnement.   **(PALAIS.)**

52. MARCARDIER (Edmond), à Paris, rue Royer-Collard, 11. — Machine pour élargir les tissus, fonctionnant au moteur ou à bras d'homme.   **(PALAIS.)**

53. MARCHAND-SAILLANT (E.-A.), à Alençon (Orne) — Dynamomètre pour tissus.   **(PALAIS.)**

54. MARTINOT (F.) et Cie, à Sedan (Ardennes). — Laineuse métallique continue. Tondeuse.   **(PALAIS.)**

55. MARY & Fils Aîné, à Paris, rue Saint-Maur, 125. — Métier à tisser.
                                                          (PALAIS.)

Machine Jacquart et métiers dits à la barre, marchant à bras ou au moteur pour : passementerie, galons militaires, galons de voiture, tissus élastiques, mèches de lampes, sangles, rubans, etc. Fabrique de maillons en verre et en métal. Médaille de bronze, Exp. univ. 1878.

56. MENNECKE (F.), à Paris, rue Baudin. — Machine à perforer les cartons pour métiers à tisser.   **(PALAIS.)**

57. MÉRI, AGASSE-EMERY (E.) Gendre, Successeur, à Bolbec (Seine-Inférieure), rue Pierre-Fauquet-Lemaître, 70. — Navettes en buis, cormier, cornouiller, etc. Taquets en buffle, cuir tanné, accessoires.   **(PALAIS.)**

Fabrique de navettes de tous modèles et en bois de toute essence.
Broches en buis et en acier de tous modèles.
Bois préparé pour navettes se durcissant et se polissant à l'usage.
Articles accessoires de tissage mécanique.
Navettes à drap à bosse avec platines acier pour métiers belges et saxons. — Usine à vapeur.

58. MESSMER, à Paris, rue Fontaine, 12. — Appareils d'humidification des tissus (système Rod-Kron).   **(PALAIS.)**

59. NEVEU (Étienne), à Paris, rue d'Uzès, 13 — Métier mécanique à tisser la moquette.   **(PALAIS.)**

60. OLIVIER (Léon), à Roubaix (Nord). — Mécanique Jacquart.   **(PALAIS.)**

61. ORELLE Aîné (Julien), à Lyon (Rhône), rue de Flesselles, 10. — Navettes pour étoffes de soie, laine, coton à 1, 2, 3, 4 canettes, pour métiers mécaniques et à bras. Conducteurs de navettes et tissus.   **(PALAIS.)**

> Maison fondée en 1870.
> Récompenses : Vienne 1873, 2 médailles de mérite. — Paris 1878, médaille d'or.

62. PERREAUX (L.-G.), à Paris, rue Jean-Bart, 8. — Dynamomètre à essayer les tissus divers, cordages, fils électriques. Système à ressort et à poids direct, pouvant se vérifier à l'aide d'une romaine.   **(PALAIS.)**

63. PIAT & PIERREL, à Presles-Saint-Maurice (Vosges). — Examinateur mathématique de fils.   **(PALAIS.)**

64. PINON et GUÉRIN, à Reims (Marne). — Métier à tisser.   **(PALAIS.)**

> Maison fondée en 1857.
> Récompenses : Médailles or collective et bronze. Exposition 1867 ; progrès, Vienne, 1873 ; or, Philadelphie, 1876 ; or, Paris, 1878 ; or, Sydney, 1879 ; or et diplôme d'honneur, Melbourne, 1880 ; or, Amsterdam, 1883.
> Maisons de vente : à Paris, 18, rue Vivienne, et à Londres, 17, Watling street, E. C.
> Armure brevetée pour draperie, pouvant s'adapter à tout genre de métiers, métiers à boîtes montantes et revolvers duite à duite, avec nouveau mouvement de commande simultanée des boîtes et des chasse-navettes.

65. PLANCHON (Ferdinand), à Paris, rue Pascal, 40. — Appareil multiplicateur Planchon appliqué au tissage des étoffes façonnées, lancées et brochées. **(PALAIS.)**

66. RADIGUET (Charles-Arthur), à Paris, rue du Tage, 20. — Appareils de débrayage électrique pour métiers à tisser et bonneterie.   **(PALAIS.)**

67. RAZE (Louis), à Paris, rue Turenne, 51. — Machines à fabriquer les cordons de montres ; cordons à chaînes de soie.   **(PALAIS.)**

68. ROGER-DURAND (Vve), à Villeneuve-Saint-Georges (Seine-et-Oise). — Echantillons d'aiguilles à bonneterie et pièces mécaniques.   **(PALAIS.)**

69. ROUMÉGAS (Alexandre), à Albi (Tarn), rue de la Croix-Verte, 25. — Tricoteuse à la main.   **(PALAIS.)**

70. ROUSSIÈRE (A.-J.), à Nîmes (Gard), rue Saint-Paul, 5. — Mécanique Jacquart.   **(PALAIS.)**

71. RYO-CATTEAU, à Roubaix (Nord). — Machines diverses.   **(PALAIS.)**

> Métiers à bobiner à fil croisé,
> Métiers à ourdir, à caneter,
> Métiers à doubler,
> Métiers à mouliner,
> Métiers à doubler et retordre,
> Métiers continus à retordre.
> Machines à peser avant pelotonnage.
> Machines à pelotonner.
> Médaille de 1re cl., Paris 1855 ; Médailles d'argent, Paris 1867 et 1878 ; Médaille d'or, Anvers 1885.

72. SALLANDROUZE Frères, à Aubusson (Creuse). — Métier mécanique servant à la fabrication du « Tapis, imitation point d'Orient. »   **(PALAIS.)**

73. SARRON (Étienne), à Saint-Chamond (Loire). — Nouveau métier à lacets perfectionné.   **(PALAIS.)**

> Ce métier, entièrement métallique, marche sans pattes ni planchettes, à une vitesse de 400 fuseaux à la minute. Son volume est de 60 millimètres et le diamètre des canettes est de 40. Les fuseaux ne tournent pas, ils portent des colliers dans lesquels viennent s'appliquer des tiges verticales articulées, dont les mouvements sont produits par des cames fixées au cadre supérieur. Les numéros pairs seuls existent et se réduisent en numéros impairs.

74. SIBUT Aîné (P.-M.), à Amiens (Somme), rue Leroux, 12. — Métier à tisser.
(PALAIS.)

75. Société alsacienne de constructions mécaniques (Mulhouse, Grafeustaden, Belfort), à Paris, rue Drouot, 7. — Encolleuse, métiers à tisser pour coton, soie et laine.

76. Société anonyme des Publications Industrielles, Directeur : **M. Rousset**, à Paris, rue Rochechouart, 7. — Le Moniteur des fils et tissus, journal hebdomadaire.
(PALAIS.)

Le Moniteur de la Teinture, de l'Impression et du Blanchîment, journal bi-mensuel, Ed. Rousset, directeur, 7, rue Rochechouart, à Paris. — Un an, 15 fr. ; étranger, 20 fr.

77. Société anonyme du journal « L'Industrie textile », à Paris, boulevard Haussmann, 50. — Collection du journal : « l'Industrie textile », depuis sa fondation.
(PALAIS.)

78. SPARRE (Comte P.-A. de), à Paris, place de La Madeleine, 16.—Machine à lacer les cartons Jacquart. Cartons piqués avec le système Sparre, sans mise en carte. Echantillons d'étoffes tissées avec ces cartons.
(PALAIS.)

79. SPENLÉ (Henri), à Paris, boulevard de Courcelles, 25. — Métier à tisser à chaine verticale.
(PALAIS.)

80. TACHON, à Charlieu (Loire). — Rouleuse-étendeuse.
(PALAIS.)

81. TAYRAC (Jules-E.-A. de), à Lille (Nord), rue Alexandre Leleux, 20. — Courroies et cuirs pour l'industrie en général. Taquets pour tissage.
(PALAIS.)

82. TERROT (Charles), à Dijon (Côte-d'Or). — Métiers circulaires pour la fabrication des jerseys, draps, tricots, flanelles et articles de bonneterie.
(PALAIS.)

Exposition universelle d'Anvers, 1885, Médaille d'or.
Exposition universelle de Barcelone, 1888, Médaille d'or.

83. TETLOW (Henry), à Bolbec (Seine-Inférieure), rue de Lillebonne, 9. — Rots, lames, cordonnets.
(PALAIS.)

6 médailles, or et argent.
Fabricant de lames et peignes à tisser en tous genres.
Fabrique spéciale de cordonnets pour lames et broches, pour rots. Cotons retors, peignes soudés, peignes à parer et à encoller. Cordonnets. Dents de peignes en acier, fer et cuivre. Fabricant de machines à lames à vernir et à rots.

84. Tissages et Ateliers de Construction Diederich, (Société anonyme), à Bourgoin (Isère). — Métier à tisser et machines préparatoires de tissage, soie et coton.
(PALAIS.)

85. TOUILLEUX, à Paris, rue Fessart, 28. — Métiers à lacets.
(PALAIS.)

86. TRANSBERGER (Mathias), à Paris, rue Grange-aux-Belles, 39. — Métiers à lacets. Machines diverses pour passementerie.
(PALAIS.)

Machines-guipures à souffler, à câbler, à aiguilles. Méd. Paris, 1878, Amsterdam, 1883.

87. TURQUÉS (François), à Paris, rue Denoyez, 10. — Machines à dévider, à doubler, à retordre, à couvrir les fils laitons, etc.
(PALAIS.)

88. VALLÉE (Philéas), à Romilly-sur-Seine (Aube), rue de l'École, 22. — Aiguilles pour métiers à bonneterie. Poinçons avec et sans bouton d'arrêt, à plis élevés, grille, ressort de grille pour métiers.
(PALAIS.)

89. VALOIS (Henri), à Lisieux (Calvados), rue St-Dominique. — Peignes et lames à tisser. Accessoires de tissage.
(PALAIS.)

90. VERDOL (Jules) & Cie, à Paris, passage des Muriers, 10.— Métier muni de quatre mécaniques, système Verdol et Cie, repiquage automatique.
(PALAIS.)

Entreprise générale de lecture, piquage et repiquage des dessins de toute nature, à Paris et dans nos succursales : à Lyon, 3, rue Raymond ; à Roubaix, 14, rue de la Gare ; à Fresnoy-le-Grand (Aisne).
Médailles argent, Exposition universelle 1867 ; argent, Exposition universelle 1878 ; deux médailles or, Exposition universelle Anvers 1885.

91. WAROQUIER (Alph.), à Lille (Nord), rue du Bas-Jardin, 8. — Tambour extensible pour encolleuse. **(PALAIS.)**

92. ZANG (Charles), à Paris, rue de la Santé, 51.— Machines à fabriquer les filets de pêche. **(PALAIS.)**

Récomp. : Paris 1867, méd. d'argent ; Paris 1878, méd. d'argent ; Londres 1862, Prize medal.

COLONIES.

ALGÉRIE.

1. BOUSAADA (l'administrateur de la Commune indigène de), à Bousââda (Alger). — Métier à tisser avec accessoires, petite quenouille. **(ESPLANADE.)**

COCHINCHINE.

1. BEER (Paul), à Saïgon. — Métier à tisser moï. **(ESPLANADE.)**

2. Service local, à Saïgon. — Métiers à tisser. **(ESPLANADE.)**

GABON CONGO.

1. PECQUEUR (Léona), au Gabon. — Métiers à tisser loudima. **(ESPLANADE.)**

2. SCHLUSSEL (Laurent), à Libreville (Gabon). — Métier à tisser. **(ESPLANADE.)**

INDE FRANÇAISE.

1. Comité d'Exposition. — Métier à tisser d'Yanaon. **(ESPLANADE.)**

SÉNÉGAL.

1. AMADY NATAGO Lam Toro, Chef du **Toro,** (protectorat du Toro). — Navette pour métier de tisserand. **(ESPLANADE.)**

2. DIMBA WAR, Président des chefs du **Cayor,** (protectorat du Cayor). — Métier à tisser. **(ESPLANADE.)**

3. IBRAHIMA N'DIAYE, Chef du **N'Diambour,** (protectorat du N'Diambour). — Métier de tisserand. **(ESPLANADE.)**

PAYS DE PROTECTORAT.

CAMBODGE.

1. PLANTÉ, à Phnom-Penh. — Métiers à tisser la soie, étoffe unie, étoffe à dessins, peigne de tisserand, bobineur de soie. **(ESPLANADE.)**

PAYS ÉTRANGERS.

ALLEMAGNE.

1. BUSCHE (A.), à Schwelm (Westphalie). — Métiers à lacets et métiers à dentelles. **(PALAIS.)**

2. PAPST (Ernest), à Aue (Saxe). — Tubes métalliques. **(PALAIS.)**

3. Saechische Webstuhl Fabrick, à Chemnitz (Saxe). — Divers métiers à tisser. **(PALAIS.)**

4. Société des ateliers de construction de Bitschwiller (ancienne Maison Stehelin et Cⁱᵉ), à Bitschwiller-Thann (Haute-Alsace). — Machine à tordre pour tissage. **(PALAIS.)**

AUTRICHE-HONGRIE.

1. GOLDSCHMIDT (Charles), à Brünn (Moravie). — Cardeuse. **(PALAIS.)**

BELGIQUE.

1. CROSSET & DEBATISSE, à Hodimont-Verviers. — Machine à fouler et à laver les draps. Presse continue. **(PALAIS.)**

   Médaille bronze, Anvers 1885.

2. MATHIEU SNOECK (Vve), à Ensival-Verviers. — Métier mécanique à tisser, essoreuse, ourdissoir, machine à encoller les chaînes. **(PALAIS.)**

   Métier à tisser pour nouveautés, 4 boîtes de chaque côté, 36 lames, 5 ensouples ; idem 32 lames, 1 ensouple. Métier pour drap. Métier pour ameublement, 8 boîtes de chaque côté. Lisses métalliques et accessoires divers pour tissage. Ourdissoir à casse-fils. Encolleuse. Lavoir. Hydro-extracteur et Sécheuse pour laine. Méd. d'argent, Paris 1878. Méd. d'or, Barcelone 1888.

3. NYSSENS (Émile), à Paris, avenue du Trocadéro, 15. — Machine à couper les échantillons de tissus. **(PALAIS.)**

4. Société anonyme «le Phénix» pour la fabrication des machines et mécaniques, à Gand. — Divers métiers à tisser. Revolver à six boîtes tournantes. **(PALAIS.)**

5. Société anonyme verviétoise pour la construction de machines. (ancienne Maison **Houget & Teston**), à Verviers.
   Machines pour l'industrie lainière. **(PALAIS.)**

   Métiers à tisser pour étoffes nouveautés, tissus d'ameublements, draperies, etc. Machines d'apprêt, tondeuses, laineuses, fouleries, etc. Paris 1855. Médaille de 1ʳᵉ classe Londres 1862, 2 Prize medals. Paris 1867, 2 Médailles d'or. Paris 1867, 3 Médailles d'argent.
   Vienne 1873, Diplôme d'honneur.
   Paris 1878, Hors concours, Membre du jury. — Barcelone 1888, Médaille d'or.

BRÉSIL.

(Voir son Catalogue spécial.)

ESPAGNE.

1. PUIG (Antonio), à Areyns-de-Mar (Barcelone). — Matériel de sparterie.
(**PALAIS.**)

ÉTATS-UNIS.

1. International Wool Improving Company, à Boston, Mass. — Machines pour nettoyer, pour teindre et pour sécher les laines (système Hodgson-Flush-Flume).
(**PALAIS.**)

2. SCHLOSS & Sons, à New-York, N. Y., 15 et 17, Mercer street. — Métier à crochet.
(**PALAIS.**)

GRANDE-BRETAGNE.

1. HODGSON (George), à Bradford, Yorkshire, Laycocks et Behive mills. — Métiers à vapeur pour tissus.
(**PALAIS.**)

2. Sparre patent's Co (Limited), à Londres, St-Helen's place, 11. — Machines à lacer les cardes Jacquart pour le métier.
(**PALAIS.**)

3. TATHAM & ELLIS, à Ilkeston, Derbyshire. — Aiguilles et autres objets employés dans la bonneterie pour machines textiles et matériel de moulin.
(**PALAIS.**)

4. THOMAS (George) & Co, à Manchester. — Matériel du tissage.
(**PALAIS.**)

5. WILSON Brothers, à Todmorden, près Manchester. — Bobines en bois pour la filature et la fabrication de coton, soie, laine et autres tissus.
(**PALAIS.**)

GUATÉMALA.

1. DE LEON (Juan), à Totonicapan. — Un métier à tisser les galons d'or.
(**PALAIS.**)

2. GOMEZ (Juan), à Livingston. — Cordages.
(**PALAIS.**)

NORVÈGE.

1. ANDERSEN (Gunder), à Christiansund S. — Calandre à cylindre. Hachoir-pilon. Inventions de l'exposant.
(**PALAIS.**)

2. KJEVIG (Bernt), à Christiania. — Machines à laver et à calandrer.
(**PALAIS.**)

3. SAND (A.) et Cie, à Christiania. — Calandre en forme de commode.
(**PALAIS.**)

PORTUGAL.

1. MORAES (A.), à Porto, rue Sainte-Catherine, 772. — Métier à tisser les rubans.   (**PALAIS.**)

COLONIES PORTUGAISES.

1. Musée des Colonies, à Lisbonne. — Collection de métiers ordinaires pour la fabrication des tissus unis en usage chez les indigènes de Cap-Vert, Saint-Thomas et Prince, Angola, Macao et Timor.   (**PALAIS.**)

SAINT-MARIN.

1. Commission du Gouvernement. — Métier à tisser la toile.   (**PALAIS.**)

SUISSE.

1. Ateliers de construction de Ruti succession de **Gaspard Honegger,** à Ruti (Zurich). — Fonderies et ateliers de construction.   (**PALAIS.**)

Spécialité, Construction de machines pour le tissage de soie lin et coton.
Récompenses : Médailles d'or et d'argent, Paris 1867.
Médailles de progrès et de mérite, Vienne 1873.
Deux médailles d'or, Paris 1878.

2. BENINGER Frères, à Uwgl (Saint-Gall). — Métiers pour soie à une et plusieurs navettes, ourdissoir, cannetière, métier à broder.   (**PALAIS.**)

Montages complets de tissage mécanique pour soie et coton. Machines pour la teinture et l'apprêt et spécialement pour l'apprêt de broderie mécanique. Métiers à broder. Turbine. Transmissions.

3. DUBIED (Edouard) & Cie, à Couvet (Neuchâtel). — Machines à tricoter, marchant à la main et au moteur.   (**PALAIS.**)

4. SAURER (F.) et Fils, à Arbon (Thurgovie). — Brodeuses automates à fil continu, machine pour enfiler les aiguilles.   (**PALAIS.**)

Brodeuse automate à fil continu avec rapports variables et accessoires.
Récompenses :
Médaille de progrès, Vienne 1873 ;
Médaille d'argent, Paris 1878 ;

5. TRITSCHELLER (Otto), à Arbon (Thurgovie). — Métiers à broder.   (**PALAIS.**)

6. WASSERMANN (George), à Baden (Zurich). — Métier à tisser circulaire.   (**PALAIS.**)

7. WIESENDANGER & Cie, à Bruggen (Saint-Gall). — Machine à broder automatique avec appareil à percer et à festonner.   (**PALAIS.**)

8. WUHRMANN & Cie, à Zurich. — Dents de peignes à tisser, agrafes en acier.   (**PALAIS.**)

Dents de peignes à tisser, coupées et sur rouleaux. Agrafes en acier. Maison établie 1835.

GROUPE VI.

OUTILLAGE ET PROCÉDÉS DES INDUSTRIES MÉCANIQUES.
ÉLECTRICITÉ.

CLASSE 56.

Matériel et procédés de la couture et de la confection des vêtements.

FRANCE.

1. BACLE (Désiré), à Paris, rue du Bac, 46. — Machines à coudre à Pédale magique, l'Universelle Bâcle. l'Étincelle, l'Express et la Voyageuse Bâcle, à main.
(PALAIS.)

Pédale magique Bâcle perfectionnée nouveau modèle 1889, pied mécanique à encliquetage sans bielle ni point mort servant à actionner et s'adaptant à toutes machines à coudre, et particulièrement à l'universelle Bâcle, ainsi qu'à la Célèbre Silencieuse.

2. BISCH (A.-Victor), à Paris, rue Tiquetonne, 20. — Machine à couper les étoffes, ciseaux de coupeur.
(PALAIS.)

3. BONNAZ (Antoine), à Paris, boulevard du Temple, 40. — Machines à broder, dites cousabrodeurs Bonnaz.
(PALAIS.)

Médailles de bronze. Paris 1867. — Vienne 1873. — Médaille d'or, Paris 1878.

4. BONNOT (Louis), à Paris, rue des Fêtes, 53. — Emporte-pièces pour gants de peau et de tissu et outils servant pour la ganterie.
(PALAIS.)

5. BRICE (Louis), à Paris, boulevard Barbès, 42. — Machine à visser les chaussures, formes.
(PALAIS.)

6. BRION Frères (Edmond et P.-Edouard), à Paris, rue de Bondy, 42. — Machines à coudre.
(PALAIS.)

7. BRUNSWICK (E.-Ernest), à Paris, rue Richelieu, 29. — Machines à coudre et machines à presser les vêtements.
(PALAIS.)

8. CARNOY (Émile-N.), à Amiens (Somme). — Inventions pratiques pour tailleurs, le centimètre sonde-fourche, le modèle mobile, le modeleur humain, le nouveau pantalon.
(PALAIS.)

9. CHABRAT, à Bordeaux, rue J.-J. Rousseau, 6. — Machine pour fabriquer les chaussures.
(PALAIS.)

10. CHERTEMPS (Alexandre), à Paris, passage Saint-Sébastien, 11 bis. — Machine à couper le poil de lapin pour la chapellerie.   **(PALAIS.)**

11. CLÉMENT (Vve), à Paris, rue Gambey, 9. — Balanciers pour le découpage des cuirs. Machines pour fabriquer la chaussure.   **(PALAIS.)**

12. Compagnie française de Machines à coudre (H. Vigneron), à Paris, rue de la Folie-Regnault, 74. — Machines à coudre, machines à plisser les étoffes.   **(PALAIS.)**

> 1883, Exposition universelle d'Amsterdam, le Diplôme d'honneur.
> 1885, Exposition universelle d'Anvers, le Diplôme d'honneur et Médaille d'or.
> 1888, Exposition universelle de Barcelone (Hors concours), Membre du Jury.

13. COQ Fils et SIMON, à Aix (Bouches-du-Rhône). — Machines pour la fabrication des chapeaux. Semousseuse à cônes, Fouleuse, Foulon, Passeuse au fer, Dresseur d'appropriage, Tour ovale.   **(PALAIS.)**

> Paris 1867, médaille d'argent.
> Paris 1878, médaille d'or.

14. CORNELY (Émile), à Paris, rue du Faubourg-Saint-Denis, 87. — Machines à broder, à festonner et à coudre.   **(PALAIS.)**

15. COUSTEILS (Antoine), à Lyon (Rhône), Cours Lafayette, 5. — Régulateur pour coupe de tous genres de pantalons et méthode explicative.   **(PALAIS.)**

16. COUTEAU (Jules), à Béziers (Hérault). — Modèle conformateur, buste à tension variable, porte-manteau.   **(PALAIS.)**

17. CURTAT & GUESPIN, à Paris, rue Sedaine, 28. — Machine à chaussure.   **(PALAIS.)**

18. DAILLOUX (F.-Joseph), à Paris, boulevard de la Chapelle, 5. — Machines pour la fabrication de la chaussure.   **(PALAIS.)**

19. DARRACQ (P.-Alexandre), au Pré-Saint-Gervais (Seine), Grande-Rue, 58. — Machines à éventailler les corsets.   **(PALAIS.)**

> Concessionnaire pour l'Exploitation des brevets « Société Farey et Oppenheim », 13, rue des Petits-Hôtels, Paris.

20. DAUDÉ & Cie, à Paris, rue du Temple, 79. — Machine à poser les œillets.   **(PALAIS.)**

21. DELORY (J.-L.), à Tours (Indre-et-Loire), rue des Cordeliers, 9. — Patronomètre, appareil pour les tailleurs d'habits et confectionneurs.   **(PALAIS.)**

22. DELVERT (François), à Paris, boulevard d'Italie, 49. — Emporte-pièces en tous genres pour chaussures, équipement militaire, sellerie et cartonnage. Presses, découpoirs, balanciers.   **(PALAIS.)**

> Matrices à talons en tous genres, Pieds à poser les talons, Cloueurs à bons bouts, Billots à brocher et à maillocher en tortillard, Maillets en tous genres.
> Mention honorable Paris, 1878.

23. DEMOGEOT, à Paris, rue de Douai, 4. — Dessins, plans et appareils sur l'art de la coupe.   **(PALAIS.)**

24. DERRIEY (Jules), à Paris, avenue Philippe-Auguste, 81. — Machine à broder au point de chaînette à quatorze aiguilles.   **(PALAIS.)**

25. DEVOST, à Paris, faubourg Saint-Martin, 212. — Formes pour chaussures.   **(PALAIS.)**

26. DOHIS (Prosper-A.), à Paris, rue Élisa-Borey, 10. — Machine à coudre actionnée par une « antipédale » hygiénique.   **(PALAIS.)**

27. DUPONT (Camille), à Paris, passage Saint-Sébastien, 2. — Mouvement pour machines à coudre marchant au moteur.   **(PALAIS.)**

28. DUROZOI (Marcel-P.), à Paris, rue Riblette, 13. — Presses à former et à lisser les chapeaux, presse à pédale. **(PALAIS.)**

29. ESCANDE, à Paris, rue Greneta, 3. — Machines à coudre. **(PALAIS.)**

30. FABRE, à Castres (Tarn), rue Montfort, 1. — Appareil régulateur de coupe de vêtements et de pantalons. **(PALAIS)**

31. FARCÉ, à Paris, rue Ordener, 83. — Nouvelle méthode de coupeur chemisier. **(PALAIS.)**

32. FOURMENTIN (Frédéric), à Paris, rue Lepic, 41. — Machines-outils pour chaussures. **(PALAIS.)**

33. GARNIER (Martin), à Paris, rue Denfert-Rochereau, 108. — Machines à coudre. **(PALAIS.)**

34. GAUTHIER Fils, à Paris, rue de Clignancourt, 30 — Perfectionnement d'une machine à coudre les chapeaux de paille. **(PALAIS.)**

35. GESTAS (Pascal), à Caumeille, par Peyrehorade (Landes). — Formes en tous genres pour cordonnerie, formes cambrées pour cuirs à galoches, galoches, sabots, sabot-semelle. **(PALAIS.)**

36. GODART Fils, à Lyon (Rhône), rue Delassalle, 14. — Machines à broder. **(PALAIS.)**

37. GODAT (Joseph), ancienne maison **Escalier**, à Paris, rue de Lappe, 66. — Emporte-pièces, outillage complet pour la chaussure. **(PALAIS.)**

Usine à vapeur : 7 et 9, rue de Montreuil, Fontenay-sous-Bois. — Fabrique d'emporte-pièces en tous genres, installation d'usines pour chaussures, mécanicien-outilleur, outils à découper les métaux, Balanciers de toute force, outils de précision. Au premier juillet prochain, les bureaux seront : 66, rue de Malte, près la Place de la République.

38. GOTENDORF & Cie, à Paris, quai de Jemmapes, 166. — Machines à coudre. **(PALAIS.)**

39. GOTENDORF (James), à Paris, rue Bergère, 11. — Machine à fabriquer soi-même les boutons d'étoffe. **(PALAIS.)**

Otto. J. Wolfers, 22 bis, rue de Paradis, Paris. Seul dépositaire de « La Parfaite », machine à fabriquer les boutons d'étoffe soi-même.

40. GUERRE (Mlle Alice), à Paris, rue Richelieu, 18. — Procédés pour la coupe des vêtements, patrons mannequins. **(PALAIS.)**

41. GUITTEAU (Octave), à Loudun (Vienne). — Bâti de machine à coudre, supprimant le mouvement de la pédale et s'adaptant à tous les systèmes. **(PALAIS.)**

42. HACHÉE, à Paris, faubourg Saint-Martin, 122. — Machines à coudre et pièces détachées. **(PALAIS.)**

43. HALMA (Charles), à Sedan (Ardennes). — Machines à visser les chaussures, à fil de laiton continu, appareils à fil continu s'appliquant à toutes les machines. **(PALAIS.)**

44. HUGONNAUD (Gabriel), à Angoulême (Charente), rempart des Prisons, 2. — Machine à coudre, nouveau système à moteur. **(PALAIS.)**

45. HUGUENIN, à Paris, boulevard Voltaire, 147. — Machines à presser les vêtements confectionnés, fers à repasser. **(PALAIS.)**

46. HURTU & HAUTIN, à Paris, rue de Saint-Maur, 54. — Machines à coudre françaises. **(PALAIS.)**

Machines à coudre spéciales pour tous genres de coutures (33 modèles). Machines pour salons et familles. Nouvelles machines d'atelier à grande vitesse, à point de navette, avec bobine dessous contenant 150 à 200 mètres de fil suivant la grosseur, 2.000 points à la minute. Machine à fil véritablement poissé, avec alène, pour la sellerie, la carrosserie, l'équipement militaire, etc. Machines à broder et à coudre les couvertures. Soutaches, cordelières, broderies au passe, etc. Machines à border la chaussure montée sans avoir besoin de bâtir le galon. Assortiment de fers à lisser et fraiser pour la fabrication des chaussures. Poinçonneuses et machines pour la pose des œillets automatiquement aux corsets, chaussures, etc. Entreprise d'installations au moteur de machines à coudre. Réc. : Méd. d'or, à l'Exp. univ. de Paris 1878. Gds dipl. d'hon., aux Exp. univ. de Philadelphie 1876 ; Amsterdam 1883 ; Anvers 1885.

47. KEATS, à Paris, rue Condorcet, 21. — Machines pour la confection des chaussures. **(PALAIS.)**

48. KRUMNOW (E.-Otto), à Paris, rue du Bac, 112. — Fabrication de timbres en caoutchouc pour festonner, broder et marquer le linge. **(PALAIS.)**

Lettres, festons, dessins pour imprimer soi-même la broderie. Inventeur du festonneur parisien à roulette caoutchouc, breveté S. G. D. G., en France et à l'Étranger. Timbres en caoutchouc. Encre ineffaçable à marquer le linge.

49. LAROUTIS, à Paris, rue des Lombards, 23. — Mètre, bustes et mannequins à l'usage des tailleurs. **(PALAIS.)**

50. LAVIGNE (Paul), à Paris, rue Merceur, 8. — Machine pour chaussures. **(PALAIS.)**

51. LAVIGNE (Vve), à Paris, rue Richelieu, 15. — Bustes et mannequins pour tailleurs. **(PALAIS.)**

52. LECONTE (Victor), à Paris, rue Sedaine, 37. — Machines à coudre françaises. **(PALAIS.)**

53. LEGAT (D.) & HERBET(L.), à Paris, rue de Châlons, 42. — Presses hydrauliques à repasser et à tournurer les chapeaux, machines à coudre les chapeaux de paille. **(PALAIS.)**

54. LOTZ (Arth.), à Paris, rue d'Hauteville, 51. — Machines à découper les échantillons d'étoffes, à brocher, etc. **(PALAIS.)**

55. MAGAUD (Joseph), à Lyon (Rhône), rue de l'Humilité, 7. — Machine à repasser les chapeaux de feutre, supprimant l'ovale dans la rotation (dite l'asseuse-Magaud), outils de chapeliers. **(PALAIS.)**

56. MAQUAIRE, à Paris, boulevard de Strasbourg, 5. — Machines à coudre. **(PALAIS.)**

57. MAUNY (Mme), à Paris, rue Anthony, 4. — Machines à couper les étoffes. **(PALAIS.)**

58. MAYER (L.), à Paris, rue Réaumur, 58. — Machines à coudre et à visser les chaussures. **(PALAIS.)**

59. MERLE (Mlles Émilie & Apollonie), à Neuilly-sur-Seine, rue Borghèse, 24 bis. — Mannequins mécaniques pour couturières et tailleurs. **(PALAIS.)**

60. MERLE (Mlles Eugénie & Victoria), à Paris, boulevard Sébastopol, 60. — Mannequins mécaniques, procédés mécaniques de plissage des tissus. **(PALAIS.)**

61. MICHAU (L.), à Paris, rue Richelieu, 84. — Patrons découpés en mousseline, journaux professionnels des couturières et confectionneuses et gravures de mode. **(PALAIS.)**

« La Couturière, » journal professionnel. « L'Élégance, » robes et confections. « La grande couture, » édition avec figurines format 48/32. « Les toilettes modèles, » recueil de modèles inédits. Travestissements. Modèles montés en mousseline. Patrons découpés. Cours de coupe et d'essayage.

62. MONIER (Antoine), à Paris, rue Caumartin, 26. — Buste articulé pour couturières, en bois, fer, acier et tissu. **(PALAIS.)**

63. MONJOU (Jean), à Paris, rue Radziwil, 24. — Appareil et patrons servant à la coupe de tous vêtements. **(PALAIS.)**

64. MOUCHOT (Louis), à Paris, rue de la Roquette, 118 bis. — Machines-outils pour la fabrication des talons de chaussures. **(PALAIS.)**

65. NARDI (D.-François), à Paris, boulevard de Charonne, 89. — Cambreuses. **(PALAIS.)**

66. NOTTELLE (S.-A.), à Paris, rue Réaumur, 49. — Appareil pour pliage automatique des bandes de tissus.
(PALAIS.)

67. NOWY (Jean), à Paris, rue des Petits-Champs, 41. — Tableau contenant des dessins de coupe, de vêtements d'hommes et de dames.
(PALAIS.)

68. OGLIASTRO, à Paris, rue du Faubourg Saint-Antoine, 246 ter.— Corporimètre placé sur un buste.
(PALAIS.)

    « Le corporimètre », instrument donnant la forme du corps et facilitant le tracé de la coupe. Ogliastro, inventeur-constructeur, breveté S. G. D. G. France, Belgique.

69. ONFRAY (P.-Louis), à Paris, rue de Saint-Maur, 189.— Machines à coudre et autres se rattachant à la confection mécanique de la lingerie, vêtements, chaussures, etc. (Machines Auguste Reiman).
(PALAIS.)

70. PALAY (Jean), à Vic-en-Bigorre (Htes-Pyrénées), quai du Nord.— Machine à couper les vêtements.
(PALAIS.)

71. PARAVICINI (Charles), à Paris, rue de Nancy, 4. — Cuirs articulés pour ressemelages et réparations de chaussures.
(PALAIS.)

72. PERNET (Paul), à Paris, rue des Gravilliers, 11. — Machines pour fabricants de chaussures, boutonniers, etc.
(PALAIS.)

    Découpoirs mécaniques perfectionnés. Presses spéciales pour estamper les cuirs de galoches semelles et autres, presses à estamper les talons, moules à talons, emporte-pièces pour empeignes, semelles, etc.

73. PERRÉARD, à Paris, rue Basse-du-Rempart, 70. — Patrons et mannequins.
(PALAIS.)

74. PETIT & ARCENCAM, à Paris, boulevard de Sébastopol, 104.— Machines à coudre.
(PALAIS.)

75. PEUGEOT (Constant) & Cie, à Audincourt (Doubs). — Machines à coudre de divers systèmes à tous usages, surjeteuses spéciales pour la ganterie.
(PALAIS.)

76. PEYROT, à Paris, impasse du Puits, rue Rébeval, 7. — Machines et outils pour la fabrication de la chaussure.
(PALAIS.)

77. PHILIPPE, à Clermont-Ferrand (Puy-de-Dôme), avenue Charras, 11. — Emporte-pièce.
(PALAIS.)

78. PICARD (Raymond), à Paris, rue Fontaine-au-Roi, 32. — Découpoir à vapeur avec amenage automatique.
(PALAIS.)

    Découpoir à vapeur à excentrique variable et amenage automatique se réglant avec divisions infinies, permettant le montage de tous outils à découper et à emboutir.

79. PIGÉ, à Nantes (Loire-Inférieure), quai de la Fosse, 9. — Formes à monter les chaussures.
(PALAIS.)

80. PINÈDE (Eugène), à Paris, avenue Philippe-Auguste, 122. — Machines et outils pour fabriquer les chaussures et les galoches.
(PALAIS.)

81. RATOUIS, à Paris, boulevard de la Chapelle, 56. — Patrons en zinc, dessins.
(PALAIS.)

82. RAYNAL & Cie, à Dijon (Côte-d'Or).— Outils pour cordonnerie. **(PALAIS.)**

83. RENARD, à Paris, rue des Vinaigriers, 33. — Formes pour la chaussure.
(PALAIS.)

84. RENAUD-DAMIDAUD (Les Fils de), à Aillevillers (Haute-Saône). — Formes pour chaussures et articles en bois pour fabricants de chaussures. **(PALAIS.)**

85. RICBOURG (Albert), à Paris, boulevard de Sébastopol, 20. — Machines à coudre diverses, pour familles et ateliers.
(PALAIS.)

    Maison fondée en 1860. — Délégué des Mécaniciens de la Ville de Paris, à l'Exposition universelle, Londres 1862. Seul concessionnaire des Droits et Marques de Fabrique de la *Société Générale* des Machines à coudre. *Ch. Berthier. Récompenses :* Londres 1862 ; Paris 1867 ; Vienne 1873 ; Paris 1878.

86. ROTHENBURGER, à Troyes (Aube), route de Sens, 9. — Machine à coudre les sacs, machine surjeteuse. **(PALAIS.)**

87. RUBATTO, à Paris, rue Sainte-Eugénie, 5. — Machine pour enfiler la perle. **(PALAIS.)**

88. RUGER Père & Fils, à Paris, rue du Trésor, 8. — Outillage pour tailleurs. **(PALAIS.)**

89. SALARNIÉ Fils (Némorin), à Cordes (Tarn). — Manches d'alène pour selliers et cordonniers, formes pour chaussures, coupe-lacets, brise-talons. **(PALAIS.)**

90. SARRIOT (Victor), à Paris, rue de Saint-Denis, 191. — Machine à repasser et à lisser le linge et à presser pour tailleurs, fers à repasser à chauffage intérieur. **(PALAIS.)**

Machine brevetée à ressortir les piqûres avec grande vitesse et régularité. Plus de 2 douzaines de faux-cols à l'heure.

Fer Sarriot breveté à chauffage intérieur par le gaz.

Fer à chauffage intérieur par la gueuse, c'est-à-dire au moyen de plaques de fer chauffées que l'on introduit dans l'intérieur du fer à repasser.

91. SCHERDING (Eugène), à Paris, rue Croix-des-Petits-Champs, 11. — Machine à fabriquer les boutons d'étoffe et de métal. **(PALAIS.)**

« L'Éclair, » breveté S. G. D. G. en France et à l'Étranger ; machine à fabriquer soi-même les boutons d'étoffe et de métal. « L'Universelle, » brevetée S. G. D. G; machine à percer les boutonnières, à découper les étoffes et à fabriquer soi-même les boutons d'étoffe et de métal de toutes les dimensions. Machines perfectionnées pour fabriquer soi-même le bouton de métal fantaisie ajouré et garni d'étoffe, dénommé « Le Transparent universel » breveté S. G. D. G.

92. SÉGAUT, à Paris, rue Volta, 8. — Outils pour chaussures. **(PALAIS.)**

93. SERRE, à Paris, rue de Chabanais, 9. — Manuel pratique du tailleur, méthode du chemisier. **(PALAIS.)**

94. Société anonyme pour l'Exploitation de Brevets, (Directeur : E. Pocock), à Paris, rue de Flandre, 11. — Machines-outils pour fabriquer les chaussures. **(PALAIS.)**

Médaille d'or à l'Exposition universelle 1878.

95. Société générale Mercantile, à Paris, rue de l'Échiquier, 26. — Machine à coudre avec appareil à broder. **(PALAIS.)**

96. SOUCHAY & Cie, à Paris, rue de Crimée, 21. — Machine à coudre. **(PALAIS.)**

97. SOUCHE (Antoine), à Paris, rue Ramponneau, 1. — Machine à apprêter les tiges cambrées et claquées. **(PALAIS.)**

98. SOULIÉ (A.), à Paris, boulevard Richard-Lenoir, 88. — Formes mécaniques à forcer les chaussures. **(PALAIS.)**

99. TESSON, à Paris, rue Saint-Honoré, 372. — Matériel pour la couture. **(PALAIS.)**

100. THOMAS & Cie, à Paris, rue Saint-Martin, 343. — Machines à coudre. **(PALAIS.)**

101. TIERSOT, à Paris, rue des Gravilliers, 16. — Machine à découper les étoffes. **(PALAIS.)**

102. TROCHU (Athanase), à Redon (Ille-et-Vilaine). — Conformateur à l'usage des tailleurs. **(PALAIS.)**

103. VACHEZ (André), à Chambéry (Savoie). — Méthode de coupe de vêtements. **(PALAIS.)**

104. VAREILLE, à Paris, rue Paul-Lelong, 7. — Modèles de coupe de vêtements. **(PALAIS.)**

PAYS ÉTRANGERS.

RÉPUBLIQUE ARGENTINE.

1. **ABADIE (Jean)**, à Buenos-Ayres.— Formes pour chaussure. **(PARC.)**

2. **ARIOL (B.)**, à Rosario (Santa-Fé). — Machine à coudre. **(PARC.)**

AUTRICHE-HONGRIE.

1. **JULIASZ (Antoine)**, à B. Csaba (Hongrie). — Formes de souliers avec appareil pour élargir les chaussures. **(PALAIS.)**

BELGIQUE.

1. **D'HAENENS-GATHIER (Édouard)**, à Gand, rue de Brabant, 12. — Machines à tricoter à la main, à la vapeur, en 1, 2, 3 et 4 couleurs. Appareils spéciaux à tricoter le rond. **(PALAIS.)**

2. **JANSSENS (Guillaume)**, à Louvain, rue de Diest, 93. — Outils de cordonnerie. **(PALAIS.)**

BRÉSIL.

(Voir son Catalogue spécial.)

ESPAGNE.

1. **ESTIATI (Jaime)**, à Areyns-de-Mar (Barcelone). — Cordonnerie. **(PALAIS.)**

2. **GONZALEZ (Salustiano)**, à Paris. — Appareils de mesures pour tailleurs. Pièces en élastique sur mannequin. **(PALAIS.)**

3. **PLANAS (Pedro)**, à Barcelone. — Machines pour la fabrication des chaussures. **(PALAIS.)**

4. **ROBERT (Victor)**, à Barcelone. — Formes pour souliers. **(PALAIS.)**

ÉTATS-UNIS.

1. **BAILEY (R. S.)**, à Silver-Creek, Mich. — Système pour couper la lingerie de dames et d'enfants et les chemises d'hommes. **(PALAIS.)**

2. **Davis Sewing Machine Co.**, à Watertown, N. Y.— Machines à coudre pour familles et pour l'industrie. **(PALAIS.)**

3. **International Button Stole Sewing Machine Co.**, à Boston, Mass., 458, Harrison avenue. — Machines à boutonnière pour vêtements et chaussures. **(PALAIS.)**

4. **JONES (Wiley)**, à Manchester, Va. —Forme pour forcer les chaussures en long, en large, et au cou-de-pied. **(PALAIS)**

5. JOHNSON (Alfred), à Paris, rue de l'Aqueduc, 60. —Machines à boutonnières.
(**PALAIS.**)

6. New Home Sewing Machine Co. (Pres't : **Allen Schenk)**, à New-York, N. Y., Union square, 28. — Machines à coudre et échantillons de travaux exécutés
(**PALAIS.**)

>   Nouveau modèle à navette oscillante, avec entraînement à griffe ou à roue, fonctionnant au pied ou à la vapeur.
>   Breveté en France S. G. D. G. (N° 177511).
>   Spécialité pour grands établissements civils ou militaires, armée, arsenaux, marine, chemins de fer, fabriques de chaussures, corsets, équipements militaires, etc.
>   Extrait des récompenses : 1876, Philadelphie ; 1880, Sydney ; 1881, Melbourne ; 1883, Amsterdam ; 1885, Anvers. Médaille d'or.
>   *Nota.* — La Cie New Home est représentée à Paris par M. A. Richourg, son Agent général pour la France et les colonies, l'Algérie, la Tunisie, l'Autriche, l'Egypte, l'Espagne, l'Italie, le Portugal, la Suisse, la Roumanie et la Turquie.

7. Paine Shoe Lasting Machine Co, à Rochester, N. Y., North avenue, 109. — Machine pour mettre les chaussures en forme.
(**PALAIS.**)

8. Singer Sewing Machine Co., à New-York, N. Y., Union square, 34. — Machines à boutonnières, de famille, perfectionnées, militaires, et pour point de chaînette. Accessoires de machines. Échantillons.
(**PALAIS.**)

9. Société anonyme pour l'exploitation de Brevets (Director : **E. Pocock)**, à Paris, rue de Flandre, 11. — Machines pour la fabrication des chaussures, machines à mettre en forme, machine à rabattre.
(**PALAIS.**)

10. « Universal » Crimper Co., à New-York, N. Y., Exchange place, 16 et 18.— Machine à confectionner les chaussures sans couture.
(**PALAIS.**)

11. Wheeler & Wilson Manuf. Co. (Pres't : **N. W. Wheeler)**, à Bridgeport, Conn. — Machines à coudre. Machines à boutonnières.
(**PALAIS.**)

12. White Sewing Machine Co. (Pres't : **Thos. N. White)**, à Cleveland, Ohio. — Machines à coudre pour familles et pour ateliers.
(**PALAIS.**)

GRANDE-BRETAGNE.

1. Harrisson Patent Knitting Machine Co., à Manchester. — Machines à tricoter toutes sortes de bas et vêtements lisses ou à côtes, tissus fins et doubles.
(**PALAIS.**)

2. Howe Machine Co., à Glasgow, Avenue street Bridgeton.— Machines à coudre et accessoires.
(**PALAIS.**)

3. Kohler Sewing Machine Co. (Limited), à Londres, Fore street, 64. — Machines à coudre.
(**PALAIS.**)

4. Lachman Overseaming Sewing Machine Co. (Limited), à Londres, Fore street, 64. — Machines à coudre.
(**PALAIS.**)

5. MANDLEBERG & Co. à Pendleton, Manchester, Albion Rubber works, et à Paris, rue de l'Echiquier, 13. — Machines et outils pour l'appropriation du caoutchouc.
(**PALAIS.**)

6. NASH, ISIDOR (F. S. A.), à Londres, Whitechapel road, 251. — Machines à coudre à la main et avec pédale.
(**PALAIS.**)

7. North Britsh rubber Co. (Limited), à Edimbourg, Castle mills, et à Londres, Moorgate street, 57. — Procédés de l'appropriation du caoutchouc.
(**PALAIS.**)

8. PAGET (Arthur), à Loughborough. — Machine perfectionnée et accessoires pour la fabrication et la confection du drap.
(**PALAIS.**)

9. Patents manufacturing Co., à Northampton, Mayorhold et à Londres, Grocers Hall Court Poultry, 11. — Machines à coudre et autres objets pour usages domestiques.
(**PALAIS.**)

GROUPE VI.

OUTILLAGE ET PROCÉDÉS DES INDUSTRIES MÉCANIQUES.
ÉLECTRICITÉ.

CLASSE 57.

Matériel et procédés de la confection des objets de mobilier et d'habitation.

FRANCE.

1. **ARBEY (F.) & Fils**, à Paris, cours de Vincennes, 41. — Scieries en tous genres ; machines à raboter, à percer, à mortaiser, à sculpter, tour parallèle. (**PALAIS.**)

2. **AVRIL (Louis)**, à Forcalquier, (Basses-Alpes). — « Le Transformateur », appareil servant à transformer les dessins suivant l'inclinaison voulue. (**PALAIS.**)

3. **BARBE (Lucien) & JUMEAUX (Charles)**, à Bordeaux (Gironde), rue d'Arès prolongée, 153. — Machine perfectionnée pour tourner le liége. (**PALAIS.**)

4. **BERTHOIN (Auguste)**, à Vinay (Isère). — Machine à affûter les lames de scies et à leur donner la voie. (**PALAIS.**)

5. **BORIE (Paul)**, à Paris, avenue Parmentier, 10. — Briques omni-tubulaires et machines pour les obtenir. Machine à perforer les briques creuses. (**PALAIS.**)
   Londres, 1851, 2 Méd. de prix. — Paris, 1855. Méd. d'honneur. — Paris, 1867, Méd. d'or.

6. **BOULET & Cie**, à Paris, rue des Écluses-St-Martin, 28. — Machines pour la fabrication de tous les produits céramiques du bâtiment. (**PALAIS.**)
   Maison fondée en 1842 par M. Boulet père.
   Récompenses : Médailles d'or aux Expositions universelles : Paris 1878.
   Anvers 1885 ; Barcelone 1888.

7. **BRÉHIER (Édouard-A.)**, à Paris, rue de l'Ourcq, 52. — Appareils pour chauffage des bois à coller ou à plaquer pour fabricants de meubles, de pianos, de cadres. (**PALAIS.**)

8. **BUISSON (Émile)**, à Eauplet-lez-Rouen (Seine-Inférieure). — Échantillons de moulures bois. (**PALAIS.**)

9. CHAMBRETTE-BELLON (Jean), à Bèze (Côte-d'Or). — Presse à tuiles à 5 moules, dite « Presse Universelle ». Presses à briques ou moteur démoulage automatique.   **(PALAIS.)**

10. CHONET (Louis), à Brioude (Haute-Loire). — Machines à découper les bois, outils et fournitures, dessins.   **(PALAIS.)**

11. CHOUANARD (J.) & Fils, « Aux Forges de Vulcain », à Paris, rue de Saint-Denis, 3. — Outils et machines à travailler le bois.   **(PALAIS.)**

12. COLLET (A.-Albert), à Paris, rue Auber, 14. — Machine à fabriquer les chevilles de menuiserie.   **(PALAIS.)**

   Fabrication mécanique des chevilles employées dans la menuiserie, l'ébénisterie, la charpente, le charronnage et les traverses de chemins de fer et autres applications.
   Machine brevetée S. G. D. G. en France et à l'étranger.

13. CORNU (Louis), à Paris, rue des Fourneaux, 74. — Pointomètre, compas de réduction et d'augmentation, instruments pour sculpteurs. Instruments à perforer le marbre.   **(PALAIS.)**

14. COURMONT (Paul-C.), à Paris, rue de Vaugirard, 39. — Scie à ruban. Scie circulaire et scie alternative.   **(PALAIS.)**

15. DAMON (A.) & Cie (Ancienne maison **Krieger**), à Paris, rue du Faubourg-Saint-Antoine, 74. — Plans et élévations des usines mécaniques de la maison Krieger.   **(PALAIS.)**

   A Cambrai, 26, avenue de la Gare.
   Maison fondée en 1840.
   Ameublements complets, ébénisterie, menuiserie, sièges, tapisserie, décoration générale, peinture, sculpture et architecture. Vestibule et escalier Renaissance, tentures, décoration et meubles divers. Récompenses : Londres, 1851 ; Paris 1855, Médaille or ; Paris, 1867, Médaille or ; Vienne 1873, Méd. mérite et bon goût ; Paris 1878, H. C. Membre du jury ; Sydney, 1879-1880 1re Médaille ; Melbourne, 1880-1881, grand diplôme d'honneur ; Amsterdam, 1883, 2 diplômes d'honneur ; Barcelone, 1888, H. C.
   Membre du jury. Membres des comités d'admission d'installation des classes 17 et 57 à l'Exposition universelle de 1889.

16. DARD (Louis), à Paris, rue Pérignon, 34. — Machines à cintrer les cercles en bois et en fer pour tonneaux, poinçonneuses, cisailles et coupe-rivets. **(PALAIS.)**

17. DELAHAYE (Émile), à Tours (Indre-et-Loire), rue du Gazomètre, 34. — Machines à briques.   **(PALAIS.)**

   Maison fondée en 1850 par Brethon. — Malaxeurs et broyeurs-malaxeurs pour préparer les terres destinées à la fabrication de la brique et de la tuile. — Machines à étirer et à mouler toutes sortes de produits céramiques. — Presses spéciales pour la fabrication des tuiles à emboîtement, brevetées S. G. D. G. — Presses rebatteuses pour le calibrage des briques brevetées S. G. D. G., etc. etc. — Machines à vapeur fixes et demi-fixes. — Générateurs multitubulaires inexplosibles. — Machines à gaz et à pétrole Voir classe 52. — Récompense : Exposition de Paris 1878, médaille d'argent.

18. DESCHAMPS (F.-Achille), à Poitiers (Vienne), place d'Armes, 2. — Outils pour la fabrication des cadres, coupant et joignant les deux onglets ensemble, montage des cadres par une seule pression, sciage, rabotage et montage. **(PALAIS.)**

19. D'ESPINE ACHARD & Cie, à Paris, quai de la Marne, 52. — Machines à travailler le bois.   **(PALAIS.)**

20. DEVILLERS (Alphonse), à Paris, rue Doudeauville, 80. — Trusquin universel, treuil circulaire.   **(PALAIS.)**

21. DOHIS & ROBERT, à Paris, boulevard Sébastopol, 72. — Antipédale hygiénique s'adaptant aux machines à coudre et aux machines-outils. **(PALAIS.)**

22. DOLONE (Louis), à Marseille (Bouches-du-Rhône), boulevard Baille, 107. — Machine à tourner les bouchons.   **(PALAIS.)**

23. DUBREUIL Frères « Au Découpeur », à Paris, rue des Pyramides, 12. Machines à découper, tours, bois, dessins, ornements et fournitures pour découpage, outils divers. **(PALAIS.)**

24. FAUCHET (Ernest-P.), à Paris, rue de Bagnolet, 27. — Machines à tourner, percer et trancher le liége. **(PALAIS.)**

25. FAURE (Pierre-P.), à Limoges (Haute-Vienne), place du Champ-de-Foire. — Machines pour la fabrication de la porcelaine. **(PALAIS.)**

Les machines Faure pour la fabrication de la porcelaine sont appliquées dans presque toutes les Manufactures du monde entier. Celles qui fabriquent l'assiette ont été l'objet d'une médaille d'or à l'Exposition universelle de Paris 1878.

La Maison Faure construit toutes les machines et appareils qui conviennent aux Manufactures de porcelaine. Elle se charge également de l'élaboration des projets de manufactures et des plans de construction.

26. FLEURY (J.-M.), à Paris, rue de Crimée, 91. — Broyeurs pour sables, quartz, chaux, ciments, plâtre, etc. **(PALAIS.)**

27. FRANÇOIS (François), à Ervy (Aube). — Machine à fabriquer les tuiles plates. **(PALAIS.)**

28. GAUSSE (Alfred), à Paris, avenue de l'Opéra, 36. — Machines à découper le bois, boîtes d'outils et pièces découpées, spécialité d'outils pour amateurs. **(PALAIS.)**

29. GAUTIER (V.), à Paris, rue Lamartine, 6. — Outillage de menuiserie et d'ébénisterie. **(PALAIS.)**

30. GÉRARD (Paul-C.), à Paris, place Daumesnil, 3. — Outillage des industries pour le travail du bois. **(PALAIS.)**

31. GOIN (L.), à Barcelonnette (Basses-Alpes). — Tour pour façonner les roues de voitures et de charrettes. **(PALAIS.)**

32. GRAMAIN Fils (Eugène), à Paris, rue de la Roquette, 11. — Scies à ruban. **(PALAIS.)**

33. GUILLET & Fils, à Auxerre (Yonne). — Machines-outils à travailler le bois. **(PALAIS.)**

34. JOLY & FOUCART, à Blois (Loir-et-Cher). — Machines pour la fabrication des briques, tuiles, poteries, tuyaux à emboîtement, céramiques de construction. **(PALAIS.)**

Broyeurs, malaxeurs, machines à étirer horizontales à hélices pour briques creuses et pleines. Galettes à tuiles, moulures, tuiles-plates à crochet, tuiles-canal, etc.

Machines à étirer continues verticales à hélices pour poteries. Grandes moulures, tuyaux à emboîtement. Presses à levier pour briques de parements. Carreaux. Agglomérés hydrauliques. Presses mécaniques à trois pressions forcées. Progressions pour tuiles à emboîtement et faîtières. Essais pratiques de fabrication à la tuilerie annexe des ateliers de construction. Essais de cuisson au four à feu continu, système Joly. (Réduction de ce four, classe 54.)

Maison Joly, fondée en 1827. Spécialité créée en 1866, par le fils du fondateur associé, en 1883, à E. Foucart, ingénieur des arts et manufactures. Exposition universelle, Paris 1878, médaille d'or, 1er prix. Exposition universelle, Anvers 1885, diplôme d'honneur, 1er prix.

35. KONOW (J.-Wilhelm), à Paris, rue Baudin, 32. — Cylindres pulvérisateur Alsing. **(PALAIS.)**

36. LAPIERRE (Casimir), à Rouen (Seine-Inférieure), faubourg Martainville, 39. — Presse raboteuse pour briques et tuiles. **(PALAIS.)**

37. LARUE (François), à Paris-Grenelle, rue du Théâtre, 94. — Machine portative à couper et rainer le parquet, mue à bras. **(PALAIS.)**

38. LEDRU (Émile), à Paris, rue des Gravilliers, 25. — Outils à découper et à emboutir, machines à raboter, à percer et à ferrer les lacets, tour à réduire la gravure. **(PALAIS.)**

39. LE MELLE (Auguste-J.-C.), à Paris, rue de la Fidélité, 3. — Machines à découper pour bois et métaux pour amateurs et industrie. **(PALAIS.)**
Médailles à l'Exposition universelle d'Amsterdam, 1883 et à celle d'Anvers, 1885.

40. MABILLE (E.) Frères, à Amboise (Indre-et-Loire). — Broyeur, pulvérisateur à pilons. **(PALAIS.)**

41. MARQUET (Vital), à Paris, passage Raoul, 18. — Scies diverses à ruban : 1° pour grume, 2° à cylindre, 3° à découper. **(PALAIS.)**

42. MARTIN (L.) & Cie, à Nantes (Loire-Inférieure), quai de la Fosse, 90. — Mortaiseuses à bras et scies à découper perfectionnées (système Nouvel). **(PALAIS.)**

43. MARTINIER Fils (Pierre), à Vinay (Isère). — Machines à affûter tout genre de scies à lames droites, à rubans ou circulaires. **(PALAIS.)**

44. MÉNARD (F.-Alexandre) & Cie, à Paris, rue Saint-Martin, 251. — Outils avec diamants noirs pour perforer, tourner et scier les pierres dures, diamants pour couper verre et glace. **(PALAIS.)**

45. MÉNEZ-(François-M.), à Saint-Pol-de-Léon (Finistère), rue des Carmes. — Compas tripode-tribraque universel. **(PALAIS.)**

46. MESSAIN (A.-Léopold), à Vaucouleurs (Meuse). — Machines à travailler le bois. Scies à ruban et circulaires, mortaiseuses-tenonneuses, raboteuses, moulureuses pour menuiserie et charronnage. **(PALAIS.)**

47. MIGNOT (Paul), à Paris, rue Basfroi, 3. — Machines à découper à pied, système roulant. **(PALAIS.)**

48. MONGIN (Édouard) & Cie, à Paris, avenue Philippe-Auguste, 34. — Scies droites, circulaires, rubans pour le bois et les métaux, la pierre, l'ardoise, la nacre, l'os, le sucre ; outils à bois et machines à affûter. **(PALAIS.)**

49. MOUGOTTE Ainé (Nicolas-A.), à Melay (Haute-Marne). — Scies à ruban, mortaiseuse verticale et horizontale, tableau d'outils à percer. **(PALAIS.)**

50. NOWE (Victor), à Marseille (Bouches-du-Rhône), rue d'Alger, 63. — Machines à couper le liège en carrés, machine à tourner, compter et à calibrer les bouchons. **(PALAIS.)**

51. OLLAGNIER (C.-Joseph.), à Tours (Indre-et-Loire). —Machines à briques. **(PALAIS.)**
Broyeurs, malaxeurs, mouleuses.

52. PANHARD & LEVASSOR, à Paris, avenue d'Ivry, 19. — Scieries et machines-outils pour le travail du bois. **(PALAIS.)**
Scies à ruban fixes et locomobiles pour bois en grume, scies à ruban à cylindres, scies à ruban à chantourner, scies alternatives, scies circulaires. Machines à parquet. Machine à raboter, à mouturer, à mortaiser, à percer, à découper, à copier et reproduire, à aiguiser, à affûter, etc.
Fabrique de lames de scies à ruban.
Maison fondée en 1850.
Médaille d'argent Exposition universelle Paris 1855 ; Prize medal, Londres 1862 ; Médaille d'or, Paris 1867 ; Médaille de progrès, Vienne 1873 ; Grand prix, Paris 1878.

53. PESANT Frères, à Maubeuge (Nord). — Scieries circulaires et à ruban, machine à raboter, à dégauchir, à mortaiser, à faire les tenons, à mouturer (dites Toupies), à affûter, à mortaiser, à tourner et percer les moyeux, bancs d'affûtage. **(PALAIS.)**

54. PINETTE (Gustave), à Châlon-sur-Saône (Saône-et-Loire). — Machines pour la fabrication en terre molle et en terre ferme des tuiles, briques, poteries de bâtiment, etc. **(PALAIS.)**
Machines mues par moteur, par manège et à bras pour la fabrication en terre molle et en terre ferme des tuiles, briques, poteries sanitaires et de bâtiment, fonctionnant dans un grand nombre d'usines et dans tous les pays du monde.
Installations complètes d'usines céramiques.

55. PRAT Frères (Émile et Auguste), à Grenoble (Isère), avenue de la Gare, 12. — Affûteuse mécanique pour scie à ruban, machines à travailler le bois, machines agricoles. **(PALAIS.)**

Récompenses aux Expositions universelles de Paris, 1867, 1878, et d'Anvers. 1885.

56. RADOT (Émile-C.), à Essonnes (Seine-et-Oise). — Outillage spécial pour la fabrication des pots à fleurs. **(PALAIS.)**

57. ROTHENBUHLER (J.), à Paris, rue de la Roquette, 43. — Bondonnières et jabloires. **(PALAIS.)**

58. SCHMERBER Frères, à Tagolsheim, par Illfurth (Alsace). — Machines à fabriquer les briques et les tuiles mécaniques. **(PALAIS.)**

59. SIMONET (Édouard), à Paris, avenue de Breteuil, 60. — Plan et coupe d'une installation d'outillage mécanique pour usine de menuiserie. **(PALAIS.)**

60. THÉVENON (Léon) & Cie, à Paris, rue de Montmorency, 39. — Presses pour marquer au feu les bois d'emballages et autres. **(PALAIS.)**

61. TIERSOT (Achille), à Paris, rue des Gravilliers, 16. — Machines à découper, scies mécaniques, tours coupeuses à étoffes. **(PALAIS.)**

62. TROLLIET (Félix), à Chazey-Bons-Cressieu (Ain). — Broyeur par roulement et à force centrifuge. Appareil bluteur par ventilation.

63. VAUTRIN (J.-E.), à Paris, boulevard de la Villette, 163. — Machine à sculpter les façades des maisons et à piquer les dessins pour modes. **(PALAIS.)**

64. WISSÉE (E.-Félix), à Paris, rue Saint-Lazare, 85. — Bois pour cannes et parapluies travaillés par des procédés nouveaux. **(PALAIS.)**

65. ZANG (Charles), à Paris, rue de la Santé, 51. — Machines-outils pour le travail du bois. **(PALAIS.)**

PAYS ÉTRANGERS.

BELGIQUE.

1. **RENARD (Henri)**, à Lobbes. — Dessin d'un système de four pour la céramique. **(PALAIS.)**

BRÉSIL.

(Voir son Catalogue spécial.)

ÉTATS-UNIS.

1. **Casey machine supply Co.**, à New-York, Lewis street, 183. — Machine à clouer les caisses d'emballage. Machine à clouer les boîtes à cigares. **(PALAIS.)**
2. **CHAPMAN (Lewis M.)**, à New-York, N. Y., West 90th street, 82. — Procédés employés pour filer, modèles à graver le verre. **(PALAIS.)**
3. **FAY (J. A.) & Co**, à Cincinnati, Ohio. — Machines à travailler le bois. **(PALAIS.)**
4. **GAYLORD (E. E.)**, à Bridgeport, Conn. — Découpoir à scie et rabot à onglet. **(PALAIS.)**
5. **GREGG (William L.)**, à Philadelphie, Pa, Walnut street, 423. — Modèle de machine à faire les briques. **(PALAIS.)**
6. **MAC COY (James S.)**, à New-York, N. Y., 11th. avenue, 431. — Outil pneumatique dans ses applications diverses. **(PALAIS.)**
7. **RAVALI (Edmond)**, à Chicago, Ill. State street, 250. — Gravure artistique sur verre et sur cristal. **(PALAIS.)**
8. **SCHWAB (Ernest)**, à Chicago, Ill., W. Harrison street, 89. — Machine servant à travailler le bois. **(PALAIS.)**
9. **THOMSON (John)**, à New-York, N. Y., Nassau street, 143. — Presses d'imprimerie. Appareil à gaufrer. Appareil à découper les boîtes de carton. **(PALAIS.)**

ITALIE.

1. **JOVINE (Joseph)**, à Naples, via Calzettari, alla Corsia, 38. — Boîte postale adoptée par la ville de Naples. **(PALAIS.)**

SUISSE.

1. **BORNER (C.) & Cie**, à Rorschach (Saint-Gall). — Machines à briques, tables à découper. **(PALAIS.)**
2. **GRESLY-OBERLIN (A)**, à Liesberg (Berne). — Machines à laver, sable petit et gros gravier. **(PALAIS**

GROUPE VI.

OUTILLAGE ET PROCÉDÉS DES INDUSTRIES MÉCANIQUES.
ÉLECTRICITÉ.

Classe 58.

Matériel et procédés de la papeterie, des teintures et des impressions.

FRANCE.

1. ABADIE & Cie, à Paris, avenue Malakoff, 110, 112, 114. — Machine servant à la .abrication des cahiers de papiers à cigarettes. **(PALAIS.)**

Papiers à cigarettes en Rames, Cahiers, Robines, Imprimés, etc. Toutes qualités et tons formats.
Trois usines modèles :
Le Theil, Marles, Paris.
Fabricants depuis 1789.

2. ABRAHAM (Simon), à Paris, rue du Faubourg-Montmartre, 5. — Timbres en caoutchouc. **(PALAIS.)**

3. ADAM (H.-V.), à Paris, rue Domat, 20. — Caractères d'imprimerie en cuivre. **(PALAIS.)**

4. ALAUZET (Vve) & TIQUET, à Paris, passage Stanislas, 4. — Machines à imprimer, typographiques, lithographiques et photographiques. **(E. C.) (PALAIS.)**

5. Banque de France (directeur : **Magnin**), à Paris, rue de la Vrillière. — Dessin des machines (Système A. Dupont) fabriquant le papier des billets de la Banque de France. **(PALAIS.)**

6. BARBIER (Maurice), successeur des Maisons **Martin, Journet, Fromont,** à Paris, rue Chapon, 13. -- Caractères, composteurs, machines diverses. **(PALAIS.)**

7. BARRE (Charles), (ancienne Maison **Janiot et C. Barre**), à Paris, rue de Vaugirard, 131. — Machines pour relieurs, brocheurs, papetiers, doreurs et imprimeurs. **(E. C.) (PALAIS.)**

Récompenses : Paris 1878. 2 méd. d'arg. Anvers 1885, médaille d'or.

8. BAUCHART, à Paris, rue d'Angoulême, 70. — Machines à plier les enveloppes, emporte-pièces divers. **(PALAIS.)**

9. BAUMHAUER (F.-Émile). à Paris, rue Oberkampf, 115. — Machine lithographique perfectionnée. **(PALAIS.)**

Fournisseur des Ministères, des Chemins de fer de l'État et des principales imprimeries, breveté s. g. d. g.

10. BEAUDOIRE (Th.) & Cie, à Paris, rue Duguay-Trouin. 13. — Caractères d'imprimerie, poinçons, etc. **(PALAIS.)**

11. BERJOT (A.-A.), à Paris, quai de Montebello, 13. — Outils pour graveurs et écrivains. **(PALAIS.)**

12. BERTHIER (S.) & DUREY, à Paris, rue de Rennes, 46. — Poinçons, matrices, caractères, matériel typographique. **(PALAIS.)**

13. BERTRAND (Adolphe), à Paris, rue de l'Abbaye, 8. — Caractères d'imprimerie, poinçons et matrices. **(PALAIS.)**

14. BERTRÉS (Clément), à Paris, rue des Écouffes, 18. — Timbreurs et numéroteurs. **(PALAIS.)**

15. FICHELBERGER (P.) CHAMPON (E.) & Cie, à Paris, quai du Louvre, 16. — Pâtes à papier. **(PALAIS.)**

Récompenses : Paris 1867 ; Vienne 1873, Méd. de mérite ; Paris 1878, Méd. d'or et d'arg.

16. BINET (Louis) & Cie, à Annonay (Ardèche). — Feutres et peras pour papeteries. **(PALAIS.)**

17. BONNET & Cie, à Paris, impasse du Maine, 3 bis. — Caractères en bois, casses, rangs, pieds de marbre, clicherie modèle, galées, composteurs, taquoirs, décognoirs. **(PALAIS.)**

18. BRIET (Léon), à Montpellier (Hérault), rue Poitevine, 11. — Presses autographiques. **(PALAIS.)**

19. BRISSARD (Henri). à Paris, rue Claude-Decaen, 101. — Machines simples et doubles cylindres, avec ou sans pousseur automatique pour travaux arrêtés ou non. **(PALAIS.)**

Inventeur et constructeur de la machine à régler marchant à main et au moteur.
Grande production pour les reglures courantes.
Médaille d'argent, Anvers 1885.

20. BUFFAUD (B.) & ROBATEL (T), (ancienne Maison **Buffaud Frères**), à Lyon (Rhône), chemin de Baraban, 27. — Machines diverses. **(PALAIS)**

Fondée en 1830. Construction de machines. Machines à laver les écheveaux. Machine à cheviller à moteur direct. Lustreuse-étireuse à moteur direct avec chauffage des cylindres. Essoreuse marchant à bras. Essoreuse à mouvement en dessous marchant à courroie. Essoreuse même type à moteur direct. Essoreuse à déchargement en dessous. Essoreuse électrique. Moteurs à vapeur et hydrauliques de tous systèmes et de toutes forces. Pompes pour tous débits. Installations complètes de teintureries. Brasseries. Fabrique de produits chimiques. Minoteries. Amidonneries. Tréfileries. Tuileries. Scieries de pierres. Fabrique d'extraits de bois, de pâtes alimentaires. Machines spéciales brevetées pour impressions sur étoffes pour tanneries. Produits chimiques. Presses, accumulateurs, compresseurs. Premier prix, Paris 1867. Vienne 1873. Paris 1878. Décoration François-Joseph (Wien). Légion d'honneur 1878.

21. BUROT (A.-L.), à Angoulême (Charente). — Coupeuse à papier, pompe à pâte, poulies spéciales, pièces de machines et calandres, broyeurs, épurateurs, turbines. **(PALAIS.)**

22. CALADO (Henri), à Paris, boulevard Rochechouart, 17. — Numéroteurs-dateurs nécessaires pour marquer le linge. Timbres en caoutchouc. **(PALAIS.)**

23. CAMINADE Fils Aîné (J.-P.), à Paris, avenue Trudaine, 20. — Matières premières désagrégées propres à la fabrication du papier et à l'industrie lainière. **(PALAIS.)**

24. CHASLES (C.-Henri), (ancienne maison J. Decoudun et Cie), à Paris, rue Friant, 9. — Machines et appareils divers pour buanderies, blanchisseries, teintureries, apprêts, etc.   **(ESPLANADE.)**

Breveté à Paris, 9, 11 et 13, rue Friant, (près l'avenue d'Orléans) ancienne Maison J. Decoudun et Cie, ancienne rue Montreuil. Spécialité de buanderies, blanchisseries, lavoirs, teintures et apprêts pour l'industrie et l'économie domestiques. Organisation et montage d'usines. Fournisseur des hôpitaux et grands établissements civils et militaires. Quelques installations faites par la Maison :

Hospices civils de Lyon. Assistance publique de Paris. Hôpitaux de Chartres, Angers, Dreux, Châlons-sur-Marne, Cahors, Boulogne-sur-Mer, Rodez. Tourcoing, Bordeaux, Toul, Clermont-Ferrand, Dijon, Aurillac, Rennes, Vitré, Chantilly, etc. Asile d'aliénés de Ville-Évrard, de Vaucluse, Villejuif, Aix, Auch, Lehou, Maréville, Blois, Bourges. Nombreuses références de communautés, pensionnats, collèges, châteaux, établissements thermaux, casinos, hôtels, etc.

25. CHAMBRON, à Paris, rue du Vert-Bois, 14. — Alphabets et chiffres gravés pour mécaniciens.   **(PALAIS.)**

26. CHARAIRE & Fils, à Sceaux (Seine). — Clichés par la stéréotypie et la galvanoplastie.   **(PALAIS.)**

27. CHAZAL (C.-A.), à Paris, rue Neuve-Popincourt, 4. — Croupons et rouleaux lithographiques ; tampons pour la gravure ; châssis.   **(PALAIS.)**

28. COQUEL (George), à Levallois-Perret (Seine), rue Carnot, 46. — Blocs à compensation et à griffes automatiques pour l'impression des clichés typographiques.   **(PALAIS.)**

29. CORRON (César), à Saint-Étienne (Loire). — Installation complète d'un atelier de teinture.   **(PALAIS.)**

30. COTTENS Père & Fils, à Paris, rue de l'Estrapade, 21. — Cuivre et zinc pour lithographie, planches gravées diverses.   **(PALAIS.)**

31. COUREAU (J.-M.), à Bagnères-de-Bigorre (Hautes-Pyrénées), rue de Tarbes. — Forme typographique, « le Réveil du monde en 1789 ».   **(PALAIS)**

32. CRAVE (L.-Victor), à Paris, rue du Faubourg-du-Temple, 99. — Alphabet et chiffres en acier. Marques de fabrique. Marques à chaud. Marques à moutons Hachettes, forestières.   **(PALAIS.)**

33. DARBLAY Père & Fils, à Essonnes (Seine-et-Oise). — Machine à papier complète avec accessoires et machine à vapeur, pâtes à papier, cellulose.   **(PALAIS.)**

34. DEBERNY & Cie, à Paris, rue d'Hauteville, 58. — Spécimens de caractères d'imprimerie.   **(PALAIS.)**

35. DEBIÉ (F.-J.-Eugène), à Paris, boulevard Saint-Michel, 46. — Machines pour la fabrication du papier.   **(PALAIS.)**

36. DEHAITRE (Fernand), à Paris, rue d'Oran, 6. — Machines pour le blanchiment, la teinture et les apprêts de tous textiles. Machines pour teinturiers, machines pour imprimeries.   **(PALAIS.)**

37. DEIBER (Émile N.), à Paris, rue du Parc-Royal, 5. — Timbres élastiques et en caoutchouc de toutes dimensions.   **(PALAIS.)**

38. DEPIERRE (J.), à Épinal (Vosges). — Rouleaux en métal pour impression.   **(PALAIS.)**

39. DERRIEY (Jules), à Paris, avenue Philippe-Auguste, 81. — Machines à imprimer à platine ; machines en blanc, nouvelles machines en retiration sans soulèvement des cylindres. Nouvelle machine à réaction pour journaux.   **(PALAIS.)**

Machines rotatives à format fixe et à format variable et avec décharge pour publications illustrées.

Médaille d'argent, Paris 1867 ; médaille d'or, Paris 1878.

40. DESCOMBES (Étienne), à Paris, boulevard de Picpus, 10. — Appareils, machines et chauffage pour tous genres de teintureries. **(PALAIS.)**

41. DESSIN (Joseph), à Paris, rue du Bac, 97. — Machines à pédales. Machines à main pour l'impression de la chromo-typographie par procédés rapides. **(PALAIS.)**

Impressions de luxe et de fantaisie, par procédés rapides. — Travaux en couleur, menus, etc. — Machines à pédale, machines à main.

42. DOUBLET (Charles-V.), à Paris, avenue d'Orléans, 60. — Poinçons, matrices, spécimens de caractères fondus et imprimés. **(PALAIS.)**

43. DUBOC (Maison), à Paris, rue Croix-des-Petits-Champs, 45. — Timbres en caoutchouc. **(PALAIS.)**

Détail : 45, rue Croix-des-Petits-Champs. — Gros : 13, passage Vivienne. — Maison fondée en 1883. — Timbres de poche, initiales entrelacées pour montres, crayons, médaillons, etc. — Timbres de bureau avec ou sans encadrement. —Fournitures diverses pour timbres, tampons ordinaires et perpétuels, encres, caractères en caoutchouc avec corps en métal. Dateurs en caoutchouc.

44. DUBOIS, HARRISSART & COTTET, à Paris, rue Saint-Romain, 15. — Presses typographiques, lithographiques et en taille-douce, presses à bras, coupe-papiers, etc. **(PALAIS.)**

45. DUPUIS (François-B.), à Givry, près l'Orbize (Saône-et-Loire). — Pierres lithographiques de Bourgogne. (Carrières du Clos-Gâteau). **(PALAIS.)**

46. DURAND (Eugène), à Paris, avenue Victor-Hugo, 163. — Machines diverses d'imprimerie. **(PALAIS.)**

Réc. : Paris, 1867, or ; Vienne, 1873, mérite; Paris 1878, or et argent. Voir classes 52 et 59.

47. DURR (Auguste), à Paris, rue Jacob, 40. — Moules à fondre les clichés. Machines diverses. **(PALAIS.)**

48. DUTARTRE (A.-B.), à Paris, avenue de Saxe, 60. — Presses typographiques en blanc et à peintures. Presse typographique à deux couleurs. **(PALAIS.)**

49. ERARD (Auguste-V.), vallée de Brouains, près Sourdeval-la-Barre (Manche). — Machines, dites humecteuses, pour mouiller le papier. **(PALAIS.)**

50. ESPER (Edgard), à Paris, avenue de Lamotte-Piquet, 5. — . achines à imprimer. **(PALAIS.)**

51. FAUVEL (Charles), à Paris, rue Manin, 20.— Machines à papier et à carton. **(PALAIS.)**

52. FAY (Lucien), à Reims (Marne), rue Chabaud. 47. — Machines à teindre mécaniquement la laine peignée et autres textiles. **(PALAIS.)**

53. FLEURY (H.), à Paris, place Denfert-Rochereau, 10. — Machines pour l'imprimerie. **(PALAIS.)**

54. FOUCHÉ (Frédéric), à Paris, rue des Écluses-Saint-Martin, 38. — Ventilateurs pour papeterie. **(PALAIS.)**

55. FOUCHER Freres, à Paris, boulevard Jourdan, 14. — Machines et matériel d'imprimerie. **(PALAIS.)**

56. FOUGEADOIRE (Auguste), à Paris, rue Bertin-Poirée, 4. — Machines pour agrandir, réduire ou déformer les dessins (système caoutchouc). **(PALAIS.)**

57. GAUGER (Eugene), à Paris, rue de La Reynie, 20. — Pâte à rouleaux. Noir de fumée. **(PALAIS.)**

58. GAVILLET (William), à Paris, rue Saint-Martin, 349. — Appareils divers pour les timbres en caoutchouc, outillage pour la fabrication des timbres en caoutchouc. **(PALAIS.)**

59. GERSCHEL (Émile) & Cie, à Paris, rue du Faubourg-Saint-Denis, 80. — Encres, couleurs et vernis. **(PALAIS.)**

60. GIRARD (F) & RIGAULT (A.), à Paris, rue Jouye-Rouve, 17. — Machines à découper et à estamper, à bras et à la vapeur, à grande vitesse et accessoires divers. **(PALAIS.)**

61. GLOTON (François), à Paris, rue de Vauvilliers, 7. — Petite machine à régler. **(PALAIS.)**

62. GOUX (Émile), à Paris, rue Michel-le-Comte, 27. — Objets servant à filigraner les papiers dans la pâte pour sûreté de commerce. **(PALAIS.)**
  Récompenses : Paris 1878 ; Anvers 1885, méd. de bronze ; Barcelone 1888, méd. d'argent.

63. GRANGER (Charles), à Creysse (Dordogne). — Bobineuse, trempeuse pour papier continu. **(PALAIS.)**

64. GRAWITZ (W.-J.-S.), à Fives-Lille (Nord), rue du Lion-d'Or, 3. — Appareils à teindre mécaniquement les textiles en écheveaux. **(PALAIS.)**

65. GRILLET (Alphée), à Paris, 6, rue Cafarelli. — Pierres lithographiques. **(PALAIS.)**

66. GRISOT (Auguste-E.), à Paris, rue de Châteaudun, 57. — Timbres en caoutchouc. Cachets en cire. **(PALAIS.)**

67. GUILLAUME (Émile-C.-F.), à Charly (Aisne). — Moulin-raffineur couplé, pour fabriques de papiers, de cartons, de pâtes de bois, etc. **(PALAIS.)**

68. GUY (Constant), à Plessis-Trévise, par Villiers-sur-Marne (Seine-et-Oise). — Presse mécanique. Taille-douce. **(PALAIS.)**
  Médaille d'or à l'Exposition universelle de 1878.

69. HACHÉE (Léon), à Paris, rue du Faubourg-Saint-Martin, 122. — Presses et machines pour l'imprimerie et la papeterie. **(PALAIS.)**

70. HARSANT (Félix), à Paris-Plaisance, rue Niepce, 2. — Machine à pédale servant de coupoir circulaire pour imprimerie. **(PALAIS.)**

71. HAUSCHEL & Cie, à Reims (Marne), rue Chabaud, 47. — Machine à teindre mécaniquement la laine peignée et autres textiles. **(PALAIS.)**

72. HORTEUR, à Saint-Rémy (Savoie). — Spécimens en feuilles de pâte de tremble, de sapin, etc. **(PALAIS.)**
  Spécialité de pâtes pour papiers blancs, écolier et impression.
  Mention honorable, Paris 1878. — Aristide Ailloud, administrateur.

73. HOUPIED (Émile), à Paris, rue Malebranche, 8. — Machines à pédales, machines à main pour l'impression de la chromo-typographie par procédés rapides. **(PALAIS.)**
  Impressions de luxe et de fantaisie, par procédés rapides. Travaux en couleur, menus, etc. — Machines à pédale, machines à main. Représenté par J. Dessin, imprimeur, rue du Bac, 97.

74. JOUANDON (Gilbert), à Paris, rue Oberkampf, 45. — Machines à timbrer les actions et diverses machines de papeterie. **(PALAIS.)**

75. JOYEUX, HAMMOND, à Châteauneuf-du-Cher (Cher). —Pierres lithographiques. **(PALAIS.)**

76. KAISER (Eugène), à Paris, rue Cadet, 12. — Festonneuse à roulettes en caoutchouc et encrage automatiques. **(PALAIS.)**

77. KAMMERER (Gustave), à Paris, rue Michel-le-Comte, 25. — Pierres lithographiques. **(PALAIS.)**

78. KIENTZY Frères, à Paris, rue de la Folie-Regnault, 18. — Calandre pour papier et pour blanchisseurs. Grande friction pour étoffes. Machine à élargir les tissus. **(PALAIS.)**

79. KLEIN (Nathan), (anciennement **Brunclet et Klein**), à Paris, rue du Faubourg-Saint-Denis, 86. — Matériel pour postes et petit matériel pour chemins de fer. **(PALAIS.)**

Timbres en acier trempé. Boîtes à finances, à compteur révélateur. Machines à imprimer les billets. Bornes à timbres secs. Compteurs divers pour omnibus, tramways, etc. Fournisseur des ministères, chemins de fer et omnibus. — Chevalier de l'ordre du Cambodge, Paris 1878.

80. KRUMNOW (E.-Otto), à Paris, rue du Bac, 112. — Fabrication de timbres en caoutchouc pour festonner. **(PALAIS.)**

Lettres festons, dessins pour imprimer soi-même la broderie. Inventeur du festonneur parisien à roulettes, caoutchouc, breveté S. G. D. G, en France et à l'Etranger. Timbres en caoutchouc.

81. LAFLÈCHE-BRÉHAM, à Paris, rue de Condé, 26. — Spécimens d'impression faits avec ses encres. **(PALAIS.)**

82. LAGÈZE & CAZES, à Paris, rue des Quatre-Fils, 18. — Encres d'imprimerie. **(PALAIS.)**

83. La Jurassienne, Société anonyme des pierres Lithographiques du Jura français, à Serrières-de-Briord (Ain). — Pierres lithographiques. **(PALAIS.)**

84. LANDA (Jules-A.), à Paris, rue des Boulets, 119. — Machines pour la gravure. **(PALAIS.)**

85. LANG (Louis) & Fils, à Nancy (Meurthe-et-Moselle). — Toiles métalliques pour machines à papier, rouleaux égoutteurs, toiles, presse, pâtes nickelées, étamées, plombées, etc. **(PALAIS.)**

86. LATHOUD (Aug.), à Paris, rue du Bac, 99. — Gravure artistique pour impression. **(PALAIS.)**

87. LAVAL & Cie, à Paris, rue Saint-Martin, 38. — Caractères et blancs d'imprimerie pour labeurs et journaux. **(PALAIS.)**

Fondeurs-typographes. — Spécialité de caractères et blancs pour travaux de ville, labeurs et journaux.

88. LECERF (Vve Léon), à Paris, rue de l'Arbre-Sec, 16. — Sangles, cordons et blanchets en tous genres, pour machines à imprimer. **(PALAIS.)**

Usine à vapeur, rue de Vanves.

89. LECOMPTE (Ludovic), à Paris, rue Chomel, 7. — Forme typographique. **(PALAIS.)**

90. LEFRANC & Cie, à Paris, rue de Seine, 12. — Encres d'imprimerie. **(PALAIS.)**

91. LEGAT (D.) & HERBET (L.), à Paris, rue de Chalon, 42. — Aspirateur-hydropneumatique pour faire le vide sous la toile des machines à fabriquer le papier sans fin ; régulateurs de pression. Systèmes de joints pour papeterie, etc. **(PALAIS.)**

92. LEGRAN & Frères, (neveux et successeurs de **A. Herbet**), à Paris, rue Sainte-Foy, 8. — Plaques de cuivre découpées et gravées au burin pour l'impression en relief des étoffes. **(PALAIS.)**

93. LEGRAND (C.-George), à Paris, rue Pastourelle, 8. — Façonnages de papiers, pâtes de papier. **(PALAIS.)**

94. LEMOINE (Ernest), à Paris, quai de Jemmapes, 16.— Machines et outillage pour le timbrage et la fabrication des timbres en caoutchouc. **(PALAIS.)**

95. LEVASSEUR (Louis-F.), à Evreux (Eure). — Meules verticales à moulins à chlore pour papeteries. **(PALAIS.)**

96. LHERMITE (A. & G.), à Paris, rue du Faubourg-Saint-Martin, 208. — Machines pour papeterie et imprimerie. **(PALAIS.)**

97. L'HUILLIER (Louis), à Vienne (Isère). — Calandre pour satiner le papier en feuilles et en continu. Coupeuse en biais et en travers. Filigraneuse.　　**(PALAIS.)**

> Paris, 1855, médaille d'argent ; Vienne 1873, médaille de mérite ; Paris 1878, Grand Prix et Croix de la Légion d'honneur. Construction spéciale pour la papeterie. Piles défileuses, raffineuses, et mélangeuses. Meuletons. Épurateurs rotatifs et verticaux. Machines à papier et à cartons ; Calandres en feuilles, en continu et à friction. Coupeuses Verny. Bobineuses. Pompes. Machines à vapeur. Turbines.

98. L'HUILLIER-MANIN (J.-B.), à Vienne (Isère). — Calandre de papeterie pour satiner le papier en feuilles. Coupeuse pour papier filigrané.　　**(PALAIS.)**

> Installations complètes de papeterie. — Raffineur méthodique. — Épurateurs. — Meuletons. — Nouveau loup-blutoir pour chiffons et papiers. — Coupeuse spéciale pour papier filigrané — Calandres en feuilles et continu. — Cylindres pour l'impression des tissus.

99. LIVRE (Exposition collective du) :

> Alauzen (Vve) et Tiquet.　　　　Lenègre　　　　　　Mav (Henry). **(PALAIS.)**
> Barre.

100. LORILLEUX (Ch.) & Cie, à Paris, rue Suger, 16 — Échantillons de divers procédés d'imprimerie.　　**(PALAIS.)**

> Maison fondée en 1818. Diplômes d'honneur, médailles d'or aux Expositions universelles :
> Barcelone 1888 (O) ; Anvers 1885 (D) Amsterdam 1883 (D) ; Melbourne 1881 (O) ; Paris 1878 (O) ; Vienne 1873 (P) ; Paris 1867 (A) ; Londres 1862 (P-M) ; Paris 1855 (A).
> Fabrique d'encres typographiques noires et de couleurs, de noirs vernis et couleurs pour la lithographie, de couleurs sèches, de couleurs et produits pour les applications de la photographie, de produits spéciaux pour relieurs, de pâtes à rouleaux, de noirs de fumée ; fournitures générales pour la typographie, la lithographie, l'impression sur métaux, la taille-douce, etc.
> Usines à Puteaux et à Nanterre (Seine). Bureaux à Paris, 16, rue Suger.
> Trente succursales et dépôts à l'Étranger. — Dans la Galerie des machines, 1er étage. — Échantillons de divers procédés d'impression.

101. LUINI (H.), à Paris, quai de Jemmapes, 176. — Numéroteurs et dateurs.
(PALAIS.)

102. MAGAND (M. & Mme Auguste), à Paris, rue Saint-Martin, 258. — Machines diverses pour imprimer les cartes de visite.　　**(PALAIS.)**

103. MARCILLY Ainé (Alexandre M.), à Paris, rue Madame, 28. — Machine destinée à l'impression en taille-douce.　　**(PALAIS.)**

104. MARINONI (H.), à Paris, rue d'Assas, 96. — Presses rotatives pour journaux, labeurs et illustrations. Presses lithographiques, zincographiques, en taille-douce. Retiration. Presses en blanc.　　**(PALAIS.)**

> Presse lithographique, nouveau modèle, avec grand développement, souche et distribution très complètes pour travaux de grand luxe.
> Machine à réaction pour journaux, machine typographique double à labeurs imprimant en blanc et en retiration. Divers modèles de machines en blanc et à deux couleurs. Machine phototypique. Presses à pédale.
> Commandeur de la Légion d'honneur (France) ; du Medjidyen (Turquie) ; de Notre-Dame de la Conception (Portugal) ; Grand officier de l'Ordre du Nicham Iftikar (Tunisie) ; Officier du Lion et du Soleil (Perse) ; Chevalier du Lion Néerlandais, etc. — Récompenses : Paris 1867, Médaille d'or. — Vienne 1873, Médaille de Progrès. — Paris 1878, Grand Prix. — Amsterdam 1883, diplôme d'honneur. — Barcelone 1888, médaille d'or.

105. MARMIER (Urbain), à Paris, rue Oberkampf, 90. — Tableau typographique, forme et épreuve.　　**(PALAIS.)**

106. MARMONIER (F.), à Lyon (Rhône), rue du Château, 63. — Presses à fabriquer le carton, à satiner, etc.　　**(PALAIS.)**

107. MARTEL, CATALA & Cie, à Schlestadt (Alsace). — Fils de cuivre, bronze et laiton, toiles métalliques pour papeterie et pour la tamiserie.　　**(PALAIS.)**

108. MAYEUR (Gustave), à Paris, rue de Montparnasse, 21. — Poinçons, matrices, caractères d'imprimerie. Spécimens. Compositions. Clichés-gravure sur cuivre et sur bois. **(PALAIS.)**

109. MEISSONIER (Les héritiers de Charles), à Saint-Denis (Seine), boulevard Ornano, 44. — Extr. de bois pour la teint., l'impr., et la tannerie; extr. de garance; extraits d'oseille; laques pour impressions sur étoffes et pour papiers peints. **(PALAIS.)**

> Bureau à Paris, 15, rue Bérenger. — Établissements à Saint-Petersbourg. — Représentants et dépôts : à Amiens, Bâle, Barcelone, Bordeaux, Bradford, Chemnitz, Elberfeld, Gand, Lille, Lyon, Londres, Manchester, Mulhouse, New-York, Reichenberg, Reims, Roubaix, Rouen, Saint-Étienne, Troyes, Turin, Verviers. — Londres 1851, prize Medal. ; Paris 1855, Med. de 1re cl. ; Paris 1867, Med. d'arg. ; Vienne 1873, Dipl. de progrès ; Paris 1874, Médaille d'or.

110. METENETT (C.) & Cie, à Raon-l'Étape (Vosges).—Pâtes de bois diverses, et chiffons. **(PALAIS.)**

111. MÉLEZ (E), à Paris, rue de Rennes, 146. — Matériel pour la fabrication des timbres en caoutchouc. **(PALAIS.)**

112. MICHELA & Cie, (Directeur : **Cassagnes**), à Paris, rue Rossini, 4. — Machines à sténographier d'après la méthode de M. Antoine Michela, d'Ivrée (Italie). **(PALAIS.)**

113. MORANE Aîné (Paul-F.), à Paris, rue du Banquier, 10.—Presses lithographiques et typographiques. **(PALAIS.)**

114. NAUDIN (Édouard), à Paris, rue Saint-Jacques, 55. — Planches gravées pour filigraner le papier. **(PALAIS.)**

115. NOISETTE (Paul), Société de typographie par procédés rapides, à Paris, rue Campagne-Première, 8. — Casier mobile pour compositeurs d'imprimerie. **(PALAIS.)**

116. OZOUF (Léon-M.-G.), à Paris, rue Aumaire, 15. — Timbres en caoutchouc et appareils en caoutchouc pour la reproduction des dessins de broderie. **(PALAIS.)**

117. PARIS (Ch.-Amédée), à Pontoise (Seine-et-Oise).—Papier autographique pour reports. **(PALAIS.)**

> *Papier autographique Villemer* dispensant de l'emploi préalable de la sandaraque.

118. PARRAIN & GAIGNEUR, à Paris, rue de Vaugirard, 89. — Trois machines typographiques. **(PALAIS.)**

119. PEIGNOT (G.-C.) à Paris, boulevard Edgar-Quinet, 68. — Blancs, filets, caractères ordinaire et de fantaisie. Spécimens de ces caractères , poinçons, coupoir à filets. **(PALAIS.)**

> Maison, rue Donat, 26.— Récompense : Paris, 1878.

120. PEPIN-VEILLARD (Alfred) & PERRIN (Edmond), à Orléans, (Loiret). — Feutres pour papeterie. **(PALAIS.)**

121. PFISTER & STAMM, à Paris, rue de la Gaîté, rue Larochelle projetée. —Machines à plier, coudre et satiner le papier, pour la brochure et la reliure. **(PALAIS.)**

> Anvers 1885, médaille de bronze.

122. PICHON (J.), à Paris, rue de la Vrillère, 2.—Impressions typographiques en caractères gravés sur acier. **(PALAIS.)**

123. PICQ (P.-V.), à Paris, rue Chapon, 31. — Articles gravés, presses, timbres secs, timbres vitesse, dateurs, numéroteurs et timbres en caoutchouc. **(PALAIS.)**

124. PINGRIÉ & Cie, à Paris, boulevard Saint-Germain, 36.— « La Sans Rivale » de A. Vincent, machine à apprêter, spéciale pour teinturiers, dégraisseurs et apprêteurs sur étoffes. **(PALAIS.)**

> « La Sans Rivale» de A. Vincent, machine à apprêter, spéciale pour teinturiers et apprêteurs

125. PLAIN (P.-F.-Auguste), à Ballancourt (Seine-et-Oise).— Cylindres cuivre et acier pour gaufrage de soie, papier, velours, crêpes, peaux. Cylindres acier pour laminer les métaux. Batte pour bijouteries. **(PALAIS.)**

126. PROCOP, DÉBOUCHAUD, MATTARD & Cie, à Nersac (Charente). — Feutres sécheurs, coucheurs, montants et manchons en laine et sécheurs coton. **(PALAIS.)**

127. QUIQUEHAN (A.-N.). à Deville-lez-Rouen (Seine-Inférieure), Grande route, 354. — Bois collés pour impression. Étoffes et papiers peints, plateaux de presse hydraulique. **(PALAIS.)**

128. RAGUENEAU (Jules) & ABAT (Paul), à Paris, rue Joquelet, 5. — Presses autographiques et typographiques pour imprimer soi-même. **(PALAIS.)**

129. RENAULT (George), à Paris, rue de Vaugirard, 165. — Spécimens de caractères de labeur et de fantaisie, filets en cuivre. **(PALAIS.)**

130. REUILLE (Élie), à Paris, rue Dupleix, 9. — Impressions multicolores. **(PALAIS.)**

131. REVERT (Jean), à Paris, rue de l'Hôtel-Colbert, 4.— Caractères en cuivre. **(PALAIS.)**

132. ROCHETTE (Claude), à Paris, passage Corbeau, 13. — Machines pour fabriquer les sacs et les enveloppes de lettres. **(PALAIS.)**

133. ROGER (Léon-A.), à Paris, rue des Forges, 6. — Clichés et galvanos typographiques. **(PALAIS.)**

134. ROSE (Victor), à Paris, boulevard des Capucines, 35. — Clichés en galvanoplastie. **(PALAIS.)**

Professeur à l'Association polytechnique et à la Chambre syndicale de la papeterie ; Membre du Jury d'admission à l'Exposition universelle de 1889 ; Membre du Jury à l'Exposition de Bruxelles, 1888.

Clichés en plomb et en cuivre, montages sur matières. Compositions d'annonces pour journaux. Clichés obtenus par procédés chimiques.

135. SANGLIER (Armand), à Paris, rue Notre-Dame-des-Victoires, 25. — Matériel et appareils pour la fabrication des timbres en caoutchouc. **(PALAIS.)**

136. SCHMAUTZ Frères & Fils, à Paris, rue de Sèvres, 31. — Rouleaux cuirs et cylindres de machines pour lithographie, gravure, zincographie, typo-litho. **(PALAIS.)**

Maison fondée en 1816. — Médailles de bronze, Londres 1862. — Médailles d'argent, Paris 1855, 1867, 1878.

137. SCHOUMACHER (Alphonse), Vve Schoumacher, successeur, à Paris, boulevard Voltaire, 207. — Machines pour papiers peints. **(PALAIS.)**

Papiers de fantaisie, cirés pour emballage, impression sur toile cirée et étoffes (système breveté). Médaille à l'Exposition de 1878.

138. SCHULTZ (Frédéric), à Mulhouse (Alsace), rue du Ravin, 23. — Machines pour la gravure sur rouleaux d'impression. **(PALAIS.)**

139. SIMONET (Maxime), à Quintin (Côtes-du-Nord).— Machine de broyage et trituration remplaçant dans les papeteries les meules et cylindres. **(PALAIS.)**

140. SIVARD Aîné (Jean-M.), à Paris, rue des Couronnes, 19. — Matières premières pour papeteries et laines renaissance. **(PALAIS.)**

141. Société Alsacienne de constructions mécaniques (Mulhouse-Grafenstaden-Belfort), à Paris, rue Drouot, 7.—Matériel de teinture et impression sur étoffes. **(PALAIS.)**

142.   Société des Fournitures lithographiques, à Paris, rue Michel-le-Comte, 25. — Pierres lithographiques.   **(PALAIS.)**

143. Société des Papeteries réunies de Dieppe & Ponts-et-Marais, à Dieppe (Seine-Inférieure). — Pâtes de bois chimiques.   **(PALAIS.)**

144.   SPARRE (Comte P.-A.), à Paris, place de la Madeleine, 16. — Machine à fabriquer le papier de sûreté, produisant la même qualité que le papier fait à la main, papier de sûreté, nouvelles formes à papier de sûreté.   **(PALAIS.)**

145.   STOESSER Père & Fils, à Paris, boulevard Saint-Germain, 122. — Galvanoplastie typographique, texte et gravure.   **(PALAIS.)**

   Paris 1878, médaille de bronze — Anvers 1885, deux médailles d'argent.

146.   TAESCH (Étienne) Père & Fils, à Paris, rue Dareau, 73. — Pointure automatique pour repérer les épreuves, lithographique et typo-litho.   **(PALAIS.)**

147. TEILLAC (Émile), à Paris, boulevard Magenta, 66. — Presses à imprimer auto-litho et typographiques et à copier. Modèles adoptés pour l'armée française.
                                                                         (PALAIS.)

148.   TAMBEUR (Vve), à Paris, rue Barbette, 13. — Timbres en caoutchouc pour bureaux.   **(PALAIS.)**

149.   Teinturie Stéphanoise, Corron (César), à Saint-Étienne (Loire). — Machine à teindre les flottes, les tissus. Essoreuse, en bâton à fils droits pour les flottes et les tissus. Secoueuse-dresseuse.   **(PALAIS.)**

   Maison fondée par M. César Corron en 1865.
   Teinture toutes couleurs pour soie, coton, laine et schappes.
   Dépôt à Lyon, rue Désirée, 12.
   Récompenses :
   Deux médailles d'or, Paris 1878.
   Croix de la Légion d'honneur à M. César Corron en 1878.

150.   THEVENON (Léon) & Cie, à Paris, rue Montmorency, 39. — Vignettes à jour, timbres, griffes en acier, cuivre et caoutchouc.   **(PALAIS.)**

151.   TISSOT (Paul), à Paris, rue de Rivoli, 80. — Épreuves pour projections lumineuses transparentes, utilisation des clichés typographiques servant à l'impression des ouvrages scientifiques.   **(PALAIS.)**

152.   TROUILLET (Auguste), à Paris, boulevard Sébastopol, 112. — Numéroteurs et dateurs à molettes tournantes, avec ou sans encrage adhérent.   **(PALAIS.)**

   Formes mécaniques de numéroteurs, constituant la typographie numérale, pour actions, obligations, rentes, billets de banque et de loterie, et tous titres à coupons. Nouvelle machine à billets de fer à fonctions simultanées, réalisant la propulsion, l'impulsion, l'impression, le numérotage, le classement et le contrôle des tickets, sans aucun accessoire annexe. Bornes à dater à sec les tickets. Perforeuses rendant infalsifiable le montant des chèques, billets et lettres de change, en le chiffrant à jour. Compteurs universels, s'appliquant également aux mouvements alternatif ou rotatif de toutes les machines. Timbreuse de poste, Contrôleur de débits et mécanique contrôle en général. Le scrutateur électoral absolu. Gravure, Timbres en caoutchouc innovés, par l'exposant. — Médaille d'argent à l'Exposition universelle internationale de Paris, en 1878.

153.   TURLOT (Alfred), à Paris, rue de Rennes, 142. — Caractères d'imprimerie et appareils typographiques.   **(PALAIS.)**

154.   VIEUXMAIRE (Charles-J.), à Paris, rue Louis-Blanc, 22. — Machines à imprimer en plusieurs couleurs mariées et d'un seul tirage (système Vieuxmaire).
                                                                         (PALAIS.)

155.   VIGREUX & PETIT, à Paris, rue de Birague, 16. — Antheximètre pour essais de résistance. Régularisateur pour toiles et feutres. Indicateurs de vitesses.
                                                                         (PALAIS.)

156. VITAL (Armand), à Paris, rue Vavin, 39. — Rouleaux à main et à fourchette, cylindres garnis, cuirs à rateau, tampons pour graveurs.   **(PALAIS.)**

157.   VOIRIN (Jules-P.-A.), à Paris, rue Mayet, 15. — Machines à imprimer
(PALAIS.)

158.   WARNERY Frères, à Paris, rue Humboldt, 4.— Caractères d'imprimerie,
outillage divers.   **(PALAIS.)**

159.   WEILLER & Cie, à Angoulême (Charente). — Toiles métalliques et feutres.
(PALAIS.)

160.   WEIBEL (J.- B.) & Cie, à Novillars, par Roche (Doubs). — Cellulose de bois
écrue et blanchie.   **(PALAIS.)**

161.   WEIHL (François), à Paris, rue du Champ-de-Mars, 14. — Boîte, presse à
imprimer portative.   **(PALAIS.)**

162.   WEILL & DREYFUS, à Montrouge, rue Barbier, 5 bis. — Toiles métalliques pour papeterie.   **(PALAIS.)**

COLONIES.

ALGÉRIE.

1.   BRUNACHE (Lucien), à Constantine. — Produits fabriqués de l'usine à
papiers du Hamma; alfa, diss, succédanés divers du chiffon.   **(ESPLANADE.)**

2.   SOLDATI (Gruméne), à Batna (Constantine). — Rogneuse algérienne pour
reliure, papeterie, cartonnage, perforage de registres à souches.   **(ESPLANADE.)**

PAYS ÉTRANGERS.

ALLEMAGNE.

1. STEINLEN & Cie, (ancienne maison **Ducommun**), à Mulhouse (Alsace) et à Paris, Boulevard de Magenta, 18. **(PALAIS.)**

Machines pour la gravure des rouleaux d'impression : Fours à moletter. Machines à diviser. Machines à relever les molettes. Machines à couper les hachures, etc. Machines à imprimer les tissus, de 1 à 12 couleurs. Rames. Machines à apprêter, etc. Machines de préparation : Cuves à lessiver, Essoreuses. Calandres. Machines à mordancer. Tondeuses. Machines à élargir. Machines à gaufrer. Appareils à cuire les apprêts. Cuisines à couleurs, etc. Machines de laboratoires, à imprimer, à apprêter et à calandrer les tissus ; à cuire les couleurs, etc. Spécialité de rouleaux en laiton pour impression et gaufrage. — Exposition générale : Pavillon de la maison Steinlen et Cie, cour des générateurs de vapeur dans l'axe du Palais des Machines, côté de l'École militaire.

AUTRICHE-HONGRIE.

1. VERGER (Henry), à Paris, rue des Petites-Écuries, 26. — Papiers de la maison Ellissen, Rœder et Cie, de Vienne. **(PALAIS.)**

BELGIQUE.

1. CATALA Fils (Charles), à Virginal. — Feutres divers employés pour la fabrication du papier. **(PALAIS.)**

2. CHANTRENNE (Auguste), à Nivelles, place de l'Esplanade. — Coupeuses en long et en travers à appels multiples et empilage automatique. **(PALAIS.)**

3. CHANTRENNE-SOIRON (George), à Nivelles, place de l'Esplanade. — Objets divers pour papeteries. **(PALAIS.)**

4. CHARLES (Auguste), à Bruxelles, rue Joseph II, 47. — Enduits pour l'autogravure ; encre autographique noire. **(PALAIS.)**

5. DAUTREBANDE (H.) & THIRY (F.), à Huy. — Machine à papier. **(PALAIS.)**

6. DE NAEYER & Cie, à Villebroek. — Fabrique de papier complète fonctionnant dans la galerie des machines. Pâtes de paille et bois chimique. Papiers, etc. **(PALAIS.)**

7. DE VRIENDT (André), à Bruxelles, rue Fonsny, 158. — Déchets de papiers classés et triés à mettre en cuve. **(PALAIS.)**

8. JULLIEN (Henri), à Molenbeek-St-Jean, rue Delaunoy. — Gravures de machines d'imprimerie. **(PALAIS.)**

9. MERCIER (Émile), à Fauquez-sur-Virginal. — Pâtes à papier **(PALAIS.)**

10. Société anonyme des Produits graphiques (Administrateur **Van-loey (H.)**, à Bruxelles, rue de la Limite, 96. — Caractères d'imprimerie, Encres typolithographiques. **(PALAIS.)**

11. TURBELIN (Alphonse-H.), à Molenbeck-St-Jean, rue Delaunoy, 44. — Machine graphotypique. **(PALAIS.)**

« La Neotypo », machine à empreintes typographiques, supprimant la composition des caractères mobiles à la main ; pour journaux, volumes, brochures et tous ouvrages d'imprimerie en textes courants. Diplôme, Médaille de bronze, Anvers 1885.

ESPAGNE.

1. XALEPEIRE (Ignacio), à Barcelone. — Timbres en caoutchouc. **(PALAIS.)**

ÉTATS-UNIS.

1. Borie Mailing Machine Co. (The), à San-Francisco, Cal. Washington street, 520. — Machine à placer les timbres-poste. **(PALAIS.)**

2. Campbell Printing Press Manufacturing Co., (John T. Stawkins Prest), à New-York, William street, 160. — Presses cylindriques. **(PALAIS.)**

3. Casey machine & Supply Co., à New-York, Lewis street, 183. — Presse d'imprimerie double, embrayeur et frein. **(PALAIS.)**

4. Golding Co., à Boston, Mass. Fort Hill square, 177. — Presses mécaniques. **(PALAIS.)**

5. KLANDER & Brother, à Philadelphie, Pa., American street et Lehigh avenue. — Machine à teindre le fil en écheveau. **(PALAIS.)**

6. Liberty machine Works, à New-York, Frankfort street, 54. — Presse mécanique. **(PALAIS.)**

7. MAC COY (W. P.). à Londres (Angleterre), Water lane, 6, Ludgate circus. — Imprimerie modèle américaine. **(PALAIS.)**

8. MAC KELLAR, SMITS & JORDAN Co., à Philadelphie, Pa.— Caractères d'imprimerie. **(PALAIS.)**

9. Mac Millan Type-Setting Machine Co., à Glenns Falls. N. Y. — Machine pour la mise en type. Machine pour la distribution des caractères. **(PALAIS.)**

10. Mergenthaler Printing Co. (Stilson Hutchins, agent), à Washington D. C. — Graphophone et phonographe avec machine à composer. **(PALAIS.)**

11. MILLER (Edward L.), à Philadelphie Pa., Vine street, 328. — Machine à levier, à couper le papier et le carton. **(PALAIS.)**

12. REILLY (D. J.) & Co., à New York, Pearl street, 324. — Rouleaux d'imprimerie. **(PALAIS.)**

13. Thorne Typesetting Machine Co., à Hartford, Conn.—Machine « Thorne » à composer et à distribuer. **(PALAIS.)**

GRANDE-BRETAGNE.

1. BADOUREAU (Edward), à Londres, Poppin's Court, Fleet street, 29. — Matériel des fonderies en caractères, clichés, etc.   **(PALAIS.)**

2. CHADWICK (Robert) & Son, Clensmore Chemical works, à Kidderminster, Worcestershire. — Matériel et installation pour la teinture.
(PALAIS.)

3. COLLEY (W. W.) & Co., à Londres, Hatton garden, 57 bis. — Machine à imprimer les billets, machines à découper, à imprimer et cirer le papier.   **(PALAIS.)**

4. EIDSFORTH MUDFORD, à Londres, Arrow Electrical works, Holloway.— Appareil électrique pour l'application des synchronismés, à l'imprimerie télégraphique et au triage des caractères.   **(PALAIS.)**

5. FRASER (Alexander) NEIL & Co., à Édimbourg. — Machines à composer et à trier les caractères sans avoir recours au nickel ou à une préparation.
(PALAIS.)

6. HAYWOOD (James), à Mansfield, Nottinghamshire. — Machines à coudre portatives, machine à la main pour imprimer et copier.   **(PALAIS.)**

7. Lagerman Typotheter & Justifier Company (Limited), à Londres, E. C.,Cornwall buildings, Queen Victoria street, 35.— Machines à composer et à justifier les caractères.   **(PALAIS.)**

8. London Rubber Printing Co. (H. Savage), à Londres, E. C., Cheapside, 33. — Timbres et caractères en caoutchouc. Presses outils et appareils accessoires.   **(PALAIS.)**

9. MASKELYNE (John), à Londres, Egyptian Hall, Piccadilly. — Machines à écrire rapidement et correctement avec espaces.   **(PALAIS.)**

10. Silicated Carbon Filter Co., à Londres, S. W., Battersea Church road. — Appareils de la teinture.   **(PALAIS.)**

11. SOPER & Co., à Loudwater, King's mill, High Wycombe Bucks. — Procédé pour la fabrication du papier.   **(PALAIS.)**

ITALIE.

1. CAMPI (Comte Joseph), à Lastra-a-Signa, près Florence. — Outil pour aiguiser les burins et les poinçons des graveurs.   **(PALAIS.)**

NORVÈGE.

1. CHRISTOPHERSEN (Christian E. R.), à Christiania. — Pâte de bois chimique et mécanique.   **(PALAIS.)**

Pâte de bois sèche et humide, de sapin et de peuplier, des fabriques suivantes : Bœhnsdalen, Mago, Jœssefors, Eker et Vestfossen.

Cellulose au bisulfite et au natron, blanchie et écrue, des fabriques suivantes : Gjoevik, Bœhnsdalen, Stiklen et Enebak.

Récompenses : Médaille, Vienne, 1873 ; Philadelphie, 1876 ; Médaille d'or, Paris, 1878 ; Diplôme d'honneur, Amsterdam, 1883 ; Médaille d'or, Anvers, 1885 ; Médaille d'or, Barcelone, 1888. — Représentants à Paris : MM. Everling et Kaindler, 14, rue de Condé, et à Bordeaux, pour le Midi : M. G. Duclos, 18, rue du Parlement.

2. Fabrique de cellulose de Bamble, à Herre, près Porsgrund. — Pâte de
bois.   **(PALAIS.)**

3. Fabrique de cellulose de Moss, à Moss.— Pâte de bois.   **(PALAIS.)**

4. Fabrique de cellulose de Vestfos, à Vestfos. — Pâte de bois chimique au bisulfite, humide, écrue.   **(PALAIS.)**

5. Fabrique de pâte de bois d'Aadalen, (Directeur : **A. Johannessen,)**
à Christiania. — Pâte de bois.   **(PALAIS.)**

6. Fabrique de pâte de bois d'Embretfos, à Christiania. — Pâte de
bois.   **(PALAIS.)**

    Récompenses : Médaille d'or, Paris, 1878 ; Diplôme d'honneur, Amsterdam, 1883 ; Mé-
daille d'or ; Anvers, 1885 ; médaille d'or, Barcelone 1888.
    Représentants à Paris : MM. Everling et Kaindler, 14, rue de Condé, et à Bordeaux, pour
le Midi : M. Q. Duclos, 18, rue du Parlement.

7. Fabrique de pâte de bois de Land, à Drammen. — Cartons de bois, pâte
de bois.   **(PALAIS.)**

8. JACOBSEN (Martin Julius), à Christiania. — Caractères d'imprimerie et
matériel de clichage.   **(PALAIS.)**

9. LAUGSTOLBRUK, à Skien. — Pâte de bois.   **(PALAIS.)**

10. MERAKERBRUG, à Meraker, Nordre Trondhjem. — Pulpe de bois.
                                                                    (PALAIS.)

11. OERJEBRUK, à Œdemark. — Pâte de chiffon, (dry leaf pulp, Schabstoff).
                                                                    (PALAIS.)

RUSSIE.

1. LEHMANN (Fonderie J.), à Saint-Pétersbourg. — Caractères d'imprimerie.
                                                                    (PALAIS.)

    Gravure sur métal et sur bois.
    Fonderie en caractères. Stéréotypie. Galvanoplastie.
    Filets en cuivre.
    Menuiserie-typographique.
    Exposition universelle de Paris 1867.
    Exposition universelle de Vienne, 1873.
    Hors concours Exposition universelle de Paris 1889.

GRAND-DUCHÉ DE FINLANDE.

1. Fabrique de papier Modeen, à Juvaeskulae.—Papier-soie pour livres-copies
et papier pour cigarettes.   **(PARC.)**

2. Fabrique de pâte de bois d'Eneso, à Imatra-Eneso. — Pâte blanche de
tremble et pâte de sapin, cartons et bois.   **(PARC.)**

3. Société anonyme de Kumméné (Directeur **Dahlstroem Erneste),** à
Abo. — Pâte de bois, celluloïd et cartons.   **(PARC.)**

4. Société anonyme de Tammerfors, à Tammerfors. — Cartons et pâte de
bois.   **(PARC.)**

5. Société anonyme de Valkiakoski, à Lembois. — Celluloïde et pâte-bois.
                                                                    (PARC.)

SUISSE.

1. ESCHER, WYS & Cie, à Zurich. — Défibreur tangentiel, machine à papier, épurateur vertical. Calandre à 12 rouleaux.   (**PALAIS.**)

Machine à vapeur de 150 chevaux, distribution Corliss, système « Frikart », br. s. g. d. g. (machine en marche). Machine à vapeur, 25 chevaux, type spécial pour machines à papier. Machines à papier 2.200 m/m largeur utile. Calandre à 12 rouleaux en fonte trempée et papier. Épurateur vertical, breveté s. g. d. g. Turbine de 140 chevaux à axe horizontal avec groupe de pompes à haute pression (500 mètres). Machine à vapeur de 4 à 6 chevaux pour actionner des dynamos. Pompe à vapeur. Défibreur tangentiel, breveté s. g. d. g. avec assortisseur rotatif. Moulins à cylindres en fonte coquille. Machines à polir et canneler automatiquement les cylindres. Spécialités : bateaux à vapeur et machines marines (exécutés 450), machines fixes, chaudières, turbines (exécutées 1800), pompes, machines à papier. (exécutées 160), machines pour fabrication du papier, moulins à cylindres, machines pour meunerie.

2. HALLER (Frédéric), à Berne. — Nouveaux « blancs » pour la composition typographique, caractères d'imprimerie aux épaisseurs systématiques.   (**PALAIS.**)

3. KNECHT (Jacques), à Glaris. — Gravure d'art et gravure pour l'imprimerie de cotonnade.   (**PALAIS.**)

GROUPE VI.

OUTILLAGE ET PROCÉDÉS DES INDUSTRIES MÉCANIQUES.
ÉLECTRICITÉ.

Classe 59.

Machines, instruments et procédés usités dans divers travaux.

FRANCE.

1. Anciens Etablissements Cail, à Paris, quai de Grenelle, 15. — Presses
monétaires, système Thonnelier, type de la Monnaie de Paris.
(**PALAIS.**)

> Société anonyme.
> Succursales à Denain et à Douai.
> Récompenses : Grands prix et 7 médailles à Paris 1878.
> Trois diplômes d'honneur, une médaille or, Amsterdam 1883.
> Six diplômes d'honneur, 3 médailles or, Anvers 1885.
> Pavillon d'Exposition de la Société, près du Palais des Machines, côté La Bourdonnais.

2. ALARY, à Paris, rue Oberkampf, 150. — Presse à relier, machine à brocher,
presses pour la pose des œillets. (**PALAIS.**)

3. ARNOUX (Sylvain), à Mont-le-Bon, près Morteau (Doubs). — Outils
d'horlogerie de proportion, calibres, pieds à coulisses, division de précision. (**PALAIS.**)

4. BAILLET (F. C. Edouard), à Viroflay (Seine-et-Oise). — Épingles, dés,
chevilles pour chaussures, tire-bouchons. (**PALAIS.**)

5. BARBIER (Paul), à Paris, boulevard Richard-Lenoir, 46. — Découpoir.
Presse col de cygne. Balancier à friction. Marteau-pilon à courroie. Mouton au
moteur, Machine à excentrique. (**PALAIS.**)

> Outillage et machines en tous genres pour découpage et estampage. (Fabrication des boîtes
> de conserves). Machines à excentrique à plateau revolver pour pression des poudres, Presses
> pour la chaussure. Appareils pour distilleries, féculeries, amidonneries (Voir classe 50).
> Maison fondée en 1849 par Robelet aîné et Guinier.
> Récompenses Paris 1867, 878.

6. BARRE (Charles L.), à Paris, rue de Vaugirard, 131. — Machines spéciales
pour relieurs, brocheurs, papetiers, doreurs et imprimeurs. (**PALAIS.**)

> Récompenses : Paris 1878, 2 médailles argent. — Anvers 1885, médaille or.

Classe 59.   1

7. BELLAIR (Auguste) et Cie, à Paris, rue des Trois-Bornes, 17. — Machine à fabriquer les chaînes métalliques. **(PALAIS.)**

    Récompense : Paris 1878, médaille de bronze.

8. BERTRAND (Adolphe L.), à Paris, rue de l'Abbaye, 8. — Presses et outils divers pour papetiers, relieurs, doreurs, etc. **(PALAIS.)**

9. BESANÇON (Pierre), à Paris, rue Sévigné, 5. — Pinces et autres outils d'horlogers, bijoutiers, graveurs, tapissiers, etc. **(PALAIS.)**

    Médailles de bronze aux Expositions universelles de Paris 1867, 1878.

10. BILLET (Ernest), à Paris, rue Michel-le-Comte, 20. — Brosses pour le tour et à la main ; gratte-bosse ; drap, fusain, liéges, pierres, plumes, ponce, tripolis, bois, émeris, éponge. **(PALAIS.)**

11. BISSON (Fernand) et Cie, à Paris, rue de la Chapelle, 15. — Machines à calibrer les cartouches. Machine à fabriquer les tubes pour cartouches de chasse et autres. **(PALAIS.)**

12. BLOT (Jules), à Paris, rue du faubourg du Temple, 105. — Machine à cigarettes. **(PALAIS.)**

13. BOIN (Auguste), à Vincennes (Seine), rue Daumesnil, 16. — Machine faisant le clou de tapissier d'un seul coup. **(PALAIS.)**

14. BOUCHERET (Raoul) et PÉES (Paul), à Cognac (Charente). — Fourneau pour marquer le bois à feu, marques à feu en bronze. Machine à faire les enveloppes, pailles et caisse en bois pour l'emballage des bouteilles. **(PALAIS.)**

15. BUNON, à Paris, rue de Montmorency, 18. — Découpage et emmaillage en bijouterie. **(PALAIS.)**

16. CHAMBANET (Laurent), à Paris, rue Sainte-Croix-de-la-Bretonnerie, 44. — Appareil pour sonder. **(PALAIS.)**

17. CHAMPON (André), à Saint-Etienne-de-Saint-Geoirs (Isère). — Machines pour la fabrication et le rhabillage de l'horlogerie. **(PALAIS.)**

18. CHAMEROY (B. Hippolyte), au Vésinet (Seine-et-Oise), avenue Centrale, 89. — Machine à découper le papier à cigarettes en bobines d'une façon continue. **(PALAIS.)**

    Machine à découper le papier pour récepteur télégraphique electro-photographique.

19. CHAUDESAIGUES, a Paris, rue Lebouis, 3. — Outillage pour graveurs sur bois. **(PALAIS.)**

20. CHAUVEL (Émile), à Navarre, près Évreux (Eure). — Matériel pour la fabrication des œillets métalliques à dents, système Wilcox. Articles fer, acier et cuivre pour quincaillerie, etc. **(PALAIS.)**

21. CLAUDE (Eugène J.), à Sucy-en-Brie (Seine-et-Oise). — Machine automatique à plier le fil de fer. **(PALAIS.)**

22. CLÉMENT (Henry), à Paris, rue Gambey, 9. — Presses découpoirs, balanciers et moutons, marchant à bras ou à la vapeur. **(PALAIS.)**

    Médaille d'argent, Exposition universelle, Paris, 1878. — Machines spéciales pour la fabrication de la chaussure, des fleurs, du cartonnage et des étoffes.

                       Galerie supér. Cl. 56.

23. COQUELIN (P.) & KALESKI (M.), à Paris, rue d'Alsace, 9. — Tour de précision pour la fabrication des appareils d'optique. **(PALAIS.)**

24. DARTIGUES (François), à Paris, rue du Vert-Bois, 14. — Machines à rouler, cisailles circulaires et outils pour chaudronniers, ferblantiers, tôliers et orfévres. **(PALAIS.)**

25. DEBAYEUX (Auguste), à Paris, rue de Babylone, 48. — Machine à voter pour les grandes assemblées. **(PALAIS.)**

26. DECOUFLÉ (Anatole), à Paris, rue Roger,   . — Machines à cigarettes sans colle, appareils à main, tubes sans colle.   **(PALAIS.)**

27. DELAGARDE (L. Paul), à Paris, rue Vieille-du-Temple, 24. — Classe-feuilles et serre-tissus.   **(PALAIS.)**
  Récompense : Amsterdam 1883, médaille de bronze.

28. DELAHAYE (Denis), à Paris, rue Saint-Sébastien, 26. — Laminoirs et rouleaux unis ou gravés, pour bijoutiers, orfévres, essayeurs.   **(PALAIS.)**

29. DENY, Fréres, (L. P.), à Paris, rue Saint-Sabin, 58. — Balanciers à friction, machine à découper, à emboutir, à planer, laminoir.   **(PALAIS.)**
  Récomp. : Paris 1878, 2 méd. d'or; Amsterdam 1883, méd. d'or; Vienne d'or, gr. dipl. d'honneur.

30. DERLON (Arthur C.), à Paris, rue Pernety, 75. — Machine pour fabrication d'articles pour fumeurs.   **(PALAIS.)**

31. DOLIZY (A.), à Paris, rue d'Angoulême, 61. — Découpoirs divers et outillage pour la fabrication de l'article de Paris.   **(PALAIS.)**
  Constructeur-mécanicien. — Découpoir et balancier en fer forge.
  Mouton pour graveurs, estampeurs.
  Presses à chaussures. Doreurs, fleuristes, boutonniers, etc. Découpoir à excentrique en fer forgé avec amenage automatique.
  Breveté S. G. D. G. système spécial.

32. DUMOUCHEL (Ernest), à Paris, rue des Gravilliers, 24 — Instruments et outils pour gravure artistique et industrielle.   **(PALAIS.)**

33. DURAND (Eug.), à Paris, avenue Victor Hugo, 163. — Machines diverses brevetées pour la fabrication des cigarettes. Hachoirs pour la coupe en fil ou en picadura du tabac ou des plantes médicinales.   **(PALAIS.)**
  Récomp. : Paris 1867, or; Vienne 1873, Mérite; Paris 1878, or et argent. Voir classes 52 et 58

34. DYE (Louis), à Issoire (Puy-de-Dôme). — Machines à tissus métalliques, pour la bijouterie et la passementerie.   **(PALAIS.)**

35. FAVIER (Joseph), à Lyon (Rhône), rue Créqui, 18. — Filières en diamant.   **(PALAIS.)**

36. FERRÉ (Pierre), à Trévoux (Ain). — Filières en rubis, saphirs; spécialité de diamants fins pour tréfiler l'or, l'argent, le nickel, le laiton, l'acier.   **(PALAIS.)**

37. FOUCAULT (P. Alfred), à Paris, rue des Trois-Bornes, 9. — Presse pour imprimer à chaud sur les caisses, pinces à plomber.   **(PALAIS.)**

38. GANDERTH (Hélénus), à Rambervilliers (Vosges). — Machine à arrondir la denture des roues de montres.   **(PALAIS.)**

39. GARNACHE BARTHOD (J. C. Abel), à Morteau (Doubs). — Outils d'horlogerie. Tours à pivoter, dits tours Jacot.   **(PALAIS.)**

40. GARNACHE Fréres (Numa et Charles), aux Gras (Doubs). — Tour à pivoter, tour Garnache pour horloger, outils à planter et perce-droit, outils divers.
                                                                (PALAIS.)

41. GAUCHOT (H. G.), à Vincennes, rue du Bois, 14 bis. — Machines pour la fabrication des cigarettes.   **(PALAIS.)**

42. HARLÉ (Eugène) et Cie, à Paris, rue Oberkampf 147. — Chaîne triangulaire spéciale pour chapelets et bijouterie.   **(PALAIS.)**
  Récompense : Paris 1878, médaille de bronze.

43. HARLEUX (Alphonse J.), à Paris, rue des Gravilliers, 31. — Pierres et outils à brunir en sanguine et acier pour l'orfévrerie, bijoux   **(PALAIS.)**

44. HOSSARD (A. L.), à Paris, place Saint-Jacques, 83. — Métiers à fabriquer les sacs fantaisie pour dames, dessus de chaise, coussins tissés, imitation or et argent.
                                                                (PALAIS.)

45. HUART Fils (Amand), à Paris, passage des Thermopyles, 12. — Mandrins à serrage concentriques, pour machines à percer, tours, etc.   **(PALAIS.)**

46. HUGONIOT-TISSOT (Lucien), à Monticheroux (Doubs). — Outils pour horlogers, bijoutiers etc.   **(PALAIS.)**

47. JULLIEN (P. Etienne), (ancienne maison **Vandelle**), à Paris, rue Porte-foin, 16. — Modèles d'engrenage pour horlogerie et mécaniques de précision. **(PALAIS.)**

Fabrique d'engrenages de précision en tous genres sur tous métaux, pour horlogerie et mécanique en général. Fournisseur de l'Etat et des premières maisons de Paris, notamment des constructeurs d'instruments d'observatoires et de plusieurs Compagnies de Chemin de fer. Tours, filetage et fraisage à façon, fournitures de pièces détachées pour petites mécaniques. Construction de modèles pour inventeurs.

48. KIRCHEIS (Erdmann), à Paris, rue St-Ambroise, 4. — Machines et ou-tillages à travailler les métaux en feuilles.   **(PALAIS.)**

49. LABALME, à Paris, rue Chapon, 6. — Crochets, dés à coudre, couteaux, porte-plumes, lorgnettes, tire-boutons, limes, étuis à aiguilles.   **(PALAIS.)**

40. LAPIPE, à Paris, rue Oberkampf, 143. — Pièces diverses découpées et embou-ties.   **(PALAIS.)**

51. LE BELLIER (Léon), à Paris, rue d'Argenson, 4. — Machine pour la fabri-cation des fleurs artificielles.   **(PALAIS.)**

52. LE BLANC (Jules), à Paris, rue du Rendez-Vous, 52. — Dessins, machines et appareils servant à la fabrication du tabac.   **(PALAIS.)**

Exposition universelle 1878, médaille d'or ; Amsterdam 1883, médaille d'or.

53. LEDEUIL (Etienne), à Paris, boulevard d'Italie, 40. — Machines diverses pour la reliure.   **(PALAIS.)**

54. LEMAIRE (Henri F. M.), à Paris, quai de la Mégisserie, 12. — Machine à cigarettes pour fumeurs.   **(PALAIS.)**

55. LEROY (Maison), **Lépine et Grimar,** successeurs, à Paris, rue Popin-court, 32. — Balanciers découpoirs et moutons à bras et à vapeur, presses à chaussures.   **(PALAIS.)**

Balancier à friction pour Equipements Militaires, pour estamper et découper les métaux, le cuir, le carton, le papier, etc. Balancier pour talons et presses pour boutonniers, cisaille circulaire. Balanciers et matrices pour Galoches. — Mention honorable, Paris 1878.

56. LEROY-PAYEN, à Fresneaux-Montchevreuil (Oise). — Machines-outils pour découper, scier, diviser, trier, tourner, défoncer, encocher, guillocher, percer, graver, molleter et polir les boutons de nacre, corrozo, burgos, os. etc.   **(PALAIS.)**

Installations d'Usines. Moteurs. Études. Exécutions sur dessins. — Voir Classes 54 et 78.

57. LEROY-SELLE, à Villers-le-Bel (Seine-et-Oise). — Meules et chaudrets en baudruche pour batteurs d'or.   **(PALAIS.)**

58. LUCE (Charles P.), à Ivry-la-Bataille (Eure). — Machines à scier les dents des peignes en écaille, ivoire etc.   **(PALAIS.)**

59. MALLET (Paul), Ancienne maison **A. Bidault,** à Paris, rue Oberkampf, 91. — Machines à emboutir, boîtes métalliques, balanciers, presses pour décou-poirs à excentriques.   **(PALAIS.)**

60. MASSART (Edouard), à Paris, rue Bisson, 45. — Machine à décolleter, machine à fabriquer les charnières pour la bijouterie.   **(PALAIS.)**

61. MAYS (Adrien), à Paris, rue Marcadet, 62. — Machines diverses pour fabri-quer les épingles à cheveux et de toilette, les agrafes, etc.   **(PALAIS.)**

62. MERLE (Charles), à Paris, rue Charlot, 7. — Machines et appareils pour la fabrication des objets concernant la vannerie métallique.   **(PALAIS.)**

63. Ministére des Finances (Direction Générale des Manufactures de l'Etat). — Matériel, instruments et machines pour la fabrication du tabac. Appareils élévatoires et presses d'emballage des magasins de tabacs en feuilles. **(PARC.)**

64. Ministère des Finances, (direction générale des **Monnaies & Médailles**), à Paris, quai Conti, 11. — Presses et balanciers. **(PALAIS.)**

65. MOREL (Etienne), à Paris, rue des Panoyaux, 18. — Modèle de mouton à friction. **(PALAIS.)**

66. MORTELETTE (A. Louis), à Paris, avenue de la Grande-Armée, 75 bis. — Mouton d'estampage. Appareils de mesure pour courant électrique. Outillage. **(PALAIS.)**

Une Médaille, Paris, 1878 ; 2 Médailles, Anvers, 1885.

67. NICOUD, L. Naze : successeur, à Paris, rue Réaumur, 8. — Outils et limes pour graveurs, bijoutiers, mécaniciens, sculpteurs et dentistes. **(PALAIS.)**

68. PAGÉS (Emile) & PLOQUIN (Alfred), à Paris, boulevard de Sébastopol, 42. — Machine à fabriquer les épingles et machine à encarter les épingles. **(PALAIS.)**

69. PELTIER (Simon), à Paris, rue Rébeval, 17.—Pince et poinçonneuse à levier pour percer ou découper les métaux. Cisaille fixe à levier excentrique. **(PALAIS.)**

70. PERILLE (Jacques), à Paris, rue Legendre, 136. — Machine à fabriquer les anneaux de clefs, tire-bouchons et autres petits objets en acier nickelé. **(PALAIS.)**

71. PERNET (Paul), à Paris, rue des Gravilliers, 11. — Laminoir pour affinage. Machine à timbrer les capsules d'étain. Presses à découper. Petits laminoirs pour bijoutiers. **(PALAIS.)**

Constructions mécaniques. Fournisseur des monnaies, de la marine, de l'artillerie et des capsuleries. Presses diverses pour découper, estamper, etc. — Médailles aux Expositions de Paris 1855, 1867, 1878. Balanciers à vapeur et à bras. Moutons, cisailles, découpoirs à excentriques, etc. Installations d'usines. Etudes diverses.

72. PICARD, à Paris, rue Fontaine-au-Roi, 32. — Découpoir à amenage automatique. **(PALAIS.)**

73. PLANCHE Fréres, à Saint-Junien (Haute-Vienne). — Machine à fabriquer les sacs en papiers, dits écornés ou à fond carré. **(PALAIS.)**

74. RENAUT (G. P. A.), à Paris, rue du Faubourg-Saint-Denis, 86. — Serviette « la Prodigieuse », pour remettre à neuf l'argenterie et l'orfévrerie. **(PALAIS.)**

75. ROBELET (Bertrand), à Paris, rue Pastourelle, 25. — Moutons et balanciers. Presses. Cisailles. **(PALAIS.)**

76. ROGER (Charles E.), à Paris, rue de Domrémy, 56. — Machines et appareils pour la fabrication d'objets en ivorine ; objets en ivorine. **(PALAIS.)**

77. ROUSSEL (Edmond), à Paris, rue Popincourt, 14.—Limes, burins, échoppes, brunissoirs, grattoirs, râpes, rifloirs, écouennes, grêles, équarrissoirs, alésoirs. **(PALAIS.)**

78. SAINTE (A.) et MARCH (L.), à Paris, rue Oberkampf, 93. — Tours à revolver. Fraiseuses pour fabrication de pièces détachées. **(PALAIS.)**

79. SAINT-MARTIN (Alexandre), à Paris, rue du 4-Septembre, 26. — Machines à faire le papier, tube pour cigarettes. Moule « Le Christophe Colomb ». **(PALAIS.)**

80. SCHLOSSER & MAILLARD, à Paris, rue de la Roquette, 39.—Machine à fabriquer les charnières. **(PALAIS.)**

81. SIMOULIN Jeune (P. J.), à Paris, rue du Canal-Saint-Martin, 7.—Machines à découper, emporte-pièces et sommiers perpétuels pour découpage du papier, du cuir et du carton. **(PALAIS.)**

Fournisseur des Ministères et de la Banque de France. — Récompense : Paris 1878.

82. Société Anonyme pour la fabrication des coins et étampes en acier, à Paris, quai d'Orsay, 113. — Matrices en acier   (PALAIS.)

83. TERROT (Charles), à Dijon (Côte-d'Or). — Machine à faire automatiquement les douilles en papier pour pâtes alimentaires, grains, chicorée.   (PALAIS.)

84. VAUDAINE (J.), à Paris, rue du Faubourg-Saint-Denis, 18. — Outillage pour articles de fumeurs.   (PALAIS.)

85. VESSIÈRE, à Paris, rue Legendre, 77 bis. — Machine à graver.   (PALAIS.)

86. VIANNEY (Joseph), à Trévoux (Ain). — Filières en diamant, en rubis, en saphir, pour la tréfilerie d'or, d'argent, de laiton, de fer et d'acier.   (PALAIS.)

87. VIARIS (Marquis Gaëtan de), à Paris, rue Mogador, 8. — Cryptographes imprimeurs, appareils portatifs destinés à chiffrer et à déchiffrer les dépêches. (PALAIS.)

88. VILAIN (Valentin), à Saint-Denis (Seine), cours Ragot, 26. — Modèles d'atelier d'orfèvrerie.   (PALAIS.)

89. VOITELLIER Frères (Paul et Henri), à Mantes (Seine-et-Oise). — Machine à fabriquer le grillage à simple torsion.   (PALAIS.)

80. VOLLOT & BADOIS, à Paris, boulevard de Vaugirard, 8. — Presse stérhydraulique, remplaçant les balanciers.   (PALAIS.)

91. WATTEEUW à Sainte-Geneviève (Oise). — Machines à couper les brosses de tous genres, toutes formes et toutes matières, marchant au pied et à la force.
                    (PALAIS.)

92. WEITÉ Les Fils de Charles), à Pont-de-Roide (Doubs). — Limes, râpes et outils pour ajusteurs, horlogers, menuisiers, orfèvres, monteurs, etc.   (PALAIS.)

<hr>

COLONIE.

COCHINCHINE.

1. Service local, à Saïgon. — Modèle d'appareil à vanner.   (ESPLANADE.)

PAYS ÉTRANGERS.

RÉPUBLIQUE ARGENTINE.

1. RAIMONDI (Augustin), à Buenos-Ayres. — Boutons en corne. **(PARC.)**

AUTRICHE-HONGRIE.

1. BOEHLER Frères (Albert et Frédéric) & Cie, à Vienne, I. Elisabeth strasse, 12. — Scies pour outils, pour armes etc, fils d'acier, limes, outils divers pour frapper monnaie, tailler la pierre, etc. **(PALAIS.)**

2. GALLAUNER (Charles), à Budapest, II. To-Utcza, 18. — Presse à plomb. **(PALAIS.)**

3. MAYER (Max), à Vienne, II. Comödiengasse, 1. — Machines pour ôter l'écorce. **(PALAIS.)**

4. WEISS (Léopold), à Vienne, Stumpergasse, 20. — Machines à laver. **(PALAIS.)**

BELGIQUE.

1. FISCH (Antoine), à Bruxelles, rue du Houblon, 8. — Machines à perforer. Presses à dater, pinces à contrôler, timbres. **(PALAIS.)**

2. LALOUX (Auguste), à Bruxelles, rue des Fripiers, 53. — Distributeurs automatiques. **(PALAIS.)**

BRÉSIL.

(Voir son Catalogue spécial.)

RÉPUBLIQUE DOMINICAINE.

1. Commission provinciale de la Véga. — Pilon de mortier indien. **(PARC)**

ESPAGNE.

1. BLASI (Salvador), à Barcelone. — Cubes automatiques. **(PALAIS.)**

2. SOLER & FIGUERAS, à Sabadell (Barcelone). — Rubans de cardeuses pour la laine. **(PALAIS.)**

ÉTATS-UNIS.

1.   American Graphophone Co (The), à Washington, D. C.— Graphophones.
(PALAIS.)

2.   American Writing Machine Co, à Paris, rue Martel, 21. — Machine à écrire « La Calligraphe » et ses accessoires.
(PALAIS.)

3.   Automatic Machine Company, à New-York, 45, Broadway. — Machines automatiques.
(PALAIS.)

4.   Bailey Wringing Machine Co, à Woonsocket, R. I. — Machines diverses à tordre le linge.
(PALAIS.)

5.   BENTZEN (Charles A.), à New-York, West 240, 12th street. — Lessiveuses
(PALAIS.)

6.   BOVNSTEIN (Henry), à Boston, Mass. — Machines à la main pour fabriquer un genre d'épingle à étiqueter les marchandises.
(PALAIS.)

7.   CLOUGH & MAC CONNELL, à New-York, 132, Nassau street.— Machine à fabriquer les tire-bouchons et collection de tire-bouchons.
(PALAIS.)

8.   Columbia Type Writer Manuf. Co, à New-York, N.-Y., 129 & 131, Crosby street. — Machines à écrire « Bar-Lock et Columbia ».
(PALAIS.)

9.   Dolph (A. M.) Company (The), à New-York, 40, Cortlandt street. — Machines pour buanderies.
(PALAIS.)

10.   EATON (J.-H.), à Monroe, Wisconsin. — Appareil pour plisser les garnitures de robe.
(PALAIS.)

11.   Empire Wringer Company, à New-York, 51, Washington street. — Machine à tordre le linge avec baquet et tréteau.
(PALAIS.)

12.   FROST (Willis L.), à New-York, N Y, 198, West 4th street. — Machine à écrire.
(PALAIS.)

13.   Hammond Type-Writer Company, à New-York, 77, Nassau street. — Machines à écrire « Hammond. »
(PALAIS.)

14.   Hoggson & Pettis Manufacturing Co, à New-Haven, Conn., 64, Court street — Machine à écrire « Morris ». Timbre sec à jour de « London Bank. »
(PALAIS)

15.   Kruse Chek & Adding machine Co (Chas, Kruse, Pres't, à New-York, N. Y, 124, East 14th street. — Machines à contrôler les recettes d'argent dans les caisses des comptoirs.
(PALAIS.)

16.   LEINBACH (Félix W.), à Bethlehem, Pa. — Machines pour fabriquer les sacs de papier.
(PALAIS.)

17.   MEARS (C.) & Son, à Bloomsburg, Pa. — Lessiveuses, appareils à tordre le linge.
(PALAIS.)

18.   MYERS (Frederick), à New-York et à Liverpool (Angleterre). — Machines à écrire.
(PALAIS.)

19.   National Type Writer Co (Limited), à Philadelphie, Pa. — Machines à écrire et accessoires.
(PALAIS.)

20.   National Cash Register Co (John William Allinson, agent), à Londres (Angleterre), Strand, 95. — Caisses de comptoir mécanique.
(PALAIS.)

21.   Paragon Cigar Machine Co (Samuel Kraus, Pres't), à New-York, N. Y. 718, East 14th, street. — Machine à rouler, machine à couper. Presse.

22. Peters Cartridge Machine Company (The), à Cincinnati, O., 8, West 3rd street. — Machines à charger les cartouches.   **(PALAIS.)**

23. Remington Standard Type Writer (Henry Lahm, agent), à Paris, rue Caumartin, 21. — Machine à écrire Remington, avec bureaux et fournitures.
                                                                   (PALAIS.)

24. VIZET (V.), à New-Rochelle, N. Y. — Lessiveuse avec baquet.   **(PALAIS.)**

25. Williams (John R.) Company(The), à New-York, 102, Chambers street. — Machines diverses à force motrice et à main.   **(PALAIS.)**

26. World Type Writer Company, à New-York, N. Y. — Machine à écrire.
                                                                   (PALAIS.)

GRANDE-BRETAGNE.

1. AVERY (William) & Son, à Headless cross, Redditch. — Machine pour envelopper les épingles.   **(PALAIS.)**
   Bascule électrique de Snelgrove, machine automatique pour peser et remplir les cartouches, machine à peser et à remplir les cartouches, balances et poids pour le commerce, la banque, la monnaie, les produits chimiques, les essais, balance pour essayer les pièces d'or, signal d'alarme de Snelgrove pour l'ascenceur.
   Récompenses : Londres 1862 ; Sydney 1880 ; Melbourne 1881 ; Melbourne 1888, la seule médaille d'or.

2. BERNDES (J. F.) & Co, (Limited), à Londres, Cullum street, 4. — Machines pour faire les cigares.   **(PALAIS.)**

3. BRATBY & HINCHLIFFE, à Manchester, Stanford street, Ancoats. — Matériel pour la mise en bouteilles.   **(PALAIS.)**

4. HAYWOOD (James), à Mansfield, Nottinghamshire, Woodhouse. — Machine à écrire perfectionnée.   **(PALAIS.)**

5. HINDE & Son, à Londres, et à Birmingham. Vienna Works, Oxford street. — Matériel et procédés pour la fabrication de brosses pour la toilette.   **(PALAIS.)**

6. HORNE (W. C.), à Londres, Dowgate Hill, 6. — Machines à relier.   **(PALAIS.)**

7. KIRBY, BEARD & Co, à Londres. Newgate street, 115. — Petite machine à la main pour envelopper les épingles.   **(PALAIS.)**

8. LEWIS & LEWIS, à Londres, Cambridge works. Cambridge Heath road. — Machines pour faire les cigarettes à la vapeur.   **(PALAIS.)**

9. PHARSIS, SULPHAR & COPPER Co (Limited), à Glasgow, West George, 136. — Procédés pour l'extraction des métaux et leur fabrication.   **(PALAIS.)**

10. PIERRARD (Paul) (F. S. S.), à Londres, Morgate street. 12. — Le " Densilvolumètre " pour l'analyse scientifique rapide du rendement des laines. Publications sur l'industrie lainière.   **(PALAIS.)**

11. SCOTT (John & John G.), (Limited), à Glasgow, Crown Colour works. — Procédé d'emballage.   **(PALAIS.)**

12. Self Opening Tin Box Co, à Londres. Albion works, Yorks road, King cross. — Boîtes en étain et métal de toutes sortes fermée hermétiquement, sans soudure pour conserver.   **(PALAIS.)**

RUSSIE.

1. BRONSTEIN (D.), à Odessa. — Serrure contrôle, etc.   **(PALAIS.)**

2. IGNATOFF, à Rouaï (Gouvernement de Tauride).— Machines à écrire.   **(PALAIS.)**

SUISSE.

1.   GUT (Henri), à Wiedikon (Zurich). — Papiers et toiles à polir, pierres-ponces
artificielles.

   Fabrique de papiers et toiles à polir, et de pierres-ponces artificielles. Maison fondée en 1855.

2.   ISLER (Henri), à Winterthür (Zurich). — Presses à dates pour billets. Pinces
à plomber et à couper, clefs pour wagons, machines à perforer.   **(PALAIS.)**

3.   MERK (B.), à Frauenfeld(Thurgovie). — Meules et limes d'émeri, tours à polir
les meules d'émeri, papiers et toiles de verre, silice et émeri.   **(PALAIS.)**

4.   RYMTOWTT-PRINCE (C.-V.), à Genève. — Machine à écrire, dite velo-
graphe suisse.   **(PALAIS.)**

5.   WAGNER-SCHNEIDER (G. Louis Th.), à Steckbon (Thurg. vie). —
Machine à écrire pour aveugles.   **(PALAIS.)**

GROUPE VI.

OUTILLAGE ET PROCÉDÉS DES INDUSTRIES MÉCANIQUES.
ÉLECTRICITÉ.

CLASSE 60.

Carrosserie et charronnage, bourrellerie et sellerie.

—

FRANCE.

1. ANTHONI (G.), à Levallois-Perret (Seine), rue Fouquet, 38. — Ressorts, essieux. **(PALAIS.)**

> Maison fondée en 1830.
> Avant-trains et ferrures pour carrosserie et charronnage, application du caoutchouc à la suspension des voitures. Récompenses : Méd. d'or Paris 1878, Amsterdam 1883, Anvers 1885.

2. AUDINEAU (F.-J.), à Paris, rue Brunel, 2. — Voitures. **(PALAIS.)**

3. BAIL Aîné (Louis), à Paris, avenue Kléber, 98. — Landau à 5 glaces. Omnibus. Petit coupé. Mylord. Phaëton à 2 chevaux. **(PALAIS.)**

> Récompenses :
> Médailles obtenues aux Expositions de 1867, 1878.

4. BAIL Jeune, Frères (Louis & Ernest), à Paris, avenue Victor Hugo, 49. — Voitures. **(PALAIS.)**

5 BAIL, POZZY et Cie (Forges de Persan), à Paris, quai de Valmy, 143. — Ressorts, essieux, etc. **(PALAIS.)**

> Anciens établissements Petin, Gaudet et Cie. — Remery, Gautier et Cie. — Maison fondée en 1832. — Ressorts, essieux, avant-trains, boulonnerie, ferrures, voitures. Spécialité de ressorts, essieux pour l'artillerie, le génie, etc. Ressorts de locomotives, de wagons. Appareils pour les chemins de fer.

6. BARBAZON-JEUNEHOMME, à Nouzon (Ardennes). — Ferrures pour voitures, carrosserie et maréchalerie. **(PALAIS.)**

7. BARBE (Charles), & GRUER (Léon), à Auxerre, (Yonne), rue de la Madeleine, 9. — Avant-trains. **(PALAIS.)**

8. BARBOU Fils (L.-V.), à Paris, rue Montmartre, 52. — Lève-roues en fer. Clés Barbou pour voitures. **(PALAIS.)**

9. BARDON (Émile), à Paris, avenue de la Grande-Armée, 12. — Cuirs pour carrosserie et sellerie.   **(PALAIS.)**

10. BEAUFILS Frères, à Paris, rue Malar, 35. — Binard (système Beaufils) à engrenage à bascule et à plateaux mobiles. Voiture de commerce, dite fourgon.
(PALAIS.)

11. BEDEL (E.) & Fils, à Trouville-sur-Mer (Calvados). — Charrette trouvillaise. Dog-cart charrette. Vis-à-vis avec pavillon, ombrelle.   **(PALAIS.)**

12. BELVALETTE Frères, à Paris, avenue des Champs-Elysées, 24. — Cinq voitures de luxe.   **(PALAIS.)**

13. BERNARD (E.), à Paris, boulevard de Strasbourg, 46. — Selles et harnais.
(PALAIS.)

> Médaille argent, Paris 1867.
> Exposition universelle, Paris 1878, hors concours, membre du Jury.

14. BIDEAU & Cie. (ancienne Société **J. G.**), à Clermont-Ferrand (Puy-de-Dôme).— « The Silent », patin de frein élastique et silencieux, trait en textile et caoutchouc. Patins de freins divers en caoutchouc.   **(PALAIS.)**

> Manufacture de caoutchouc « The Silent » breveté S. G. D. G., en France, en Angleterre, etc. Représentant à Paris, A. Michelin, ingénieur, E. C. P., 174, avenue de la République.

15. BIÉMONT (Émile-L.), à Paris, rue du Colisée, 29.— Lanternes pour voitures de luxe.   **(PALAIS.)**

16. BILLY (Charles), (ancienne Maison **Bügens**), à Paris, rue du Colisée, 42.— Lanternes de voitures.   **(PALAIS.)**

17. BINDER Aîné, à Paris, avenue du Bois-de-Boulogne, 40. — Voitures de luxe.
(PALAIS.)

18. BINDER (C.-Jules), (ancienne Maison **Binder Frères**), à Paris, boulevard Haussmann, 170. — Traineau, coupé, Dorsay, mylord et calèche à huit ressorts.
(PALAIS.)

> Maison fondée en 1814.
> Exposition de 1867, Paris : hors concours, membre du Jury, croix de la Légion d'honneur.
> 1873, Vienne : premier grand diplôme d'honneur, autre croix de la Légion d'honneur. 1876,
> Philadelphie : Première médaille d'or. 1878, Paris : Médaille d'or, premier sur la liste du Jury.
> 1880, Melbourne : Médaille d'or. 1885, Anvers : Seul diplôme d'honneur.

19. BINDER (Henry), à Paris, rue du Colisée, 31. — Voitures de luxe. **(PALAIS.)**

20. BONNET (Frédéric), à Paris, rue des Murs-de-la-Roquette, 12. — Voiture de bains à 4 roues.   **(PALAIS.)**

21. BORDET (Louis-D.), à Milly (Seine-et-Oise). — « Anti-ruade » harnais permettant de ferrer les chevaux vicieux.   **(PALAIS.)**

22. BOULOGNE (Eugène), à Paris, boulevard Haussmann, 144. — Coupé 2 places, landau 3 glaces. Omnibus 6 places.   **(PALAIS.)**

23. BOURGEOIS (Jean), à Paris, avenue des Champs-Élysées, 95. — Voitures.
(PALAIS.)

24. BOUTET (Victor-A.), à Paris, avenue Victor Hugo, 55. — Armoiries et attributs transposables pour voitures de luxe et de commerce.   **(PALAIS.)**

25. BOUTROUILLE (Auguste-J.), à St-Quentin (Aisne), rue d'Isle, 93. — Roues sans devers pour voitures de course (moyeu en bois). Roues sans devers pour petite charrette anglaise (moyeu en fonte).   **(PALAIS.)**

26. BOYRIVEN (Frères), à Paris, rue Le Pelletier, 37.— Soieries galons. Draps moquettes pour carrosserie et chemins de fer.   **(PALAIS.)**

27. BRUNET (Claude), à Fontainebleau (Seine-et-Marne), rue de France, 6. — Breack de chasse. Omnibus de famille et mylord.   **(PALAIS.)**

28. BUNGENS-BILLY (Charles), à Paris, rue du Colisée, 42. — Lanternes de voitures.   **(PALAIS.)**

29. BURILLON (Pierre), à Vitry-sur-Seine, rue de la Pompe, 3. — Moyeux métalliques, pour roues de toutes espèces et de toutes dimensions.   **(PALAIS.)**

30. CAHEN Frères, à Paris, boulevard Magenta, 162. — Brosserie pour sellerie, carrosserie, etc.   **(PALAIS.)**

Médailles, Paris 1867-1878. Voir classes **29** et **66** et aux annonces.

31. CALLOT (P.-O.), à Paris, rue de Longchamps, 85. — Armoiries.   **(PALAIS.)**

32. CAMILLE Jeune (Alphonse-A.), à Paris, rue de Château-Landon, 24. — Harnachements militaires.   **(PALAIS.)**

Fabrique de sellerie. — Exportation. — Selles de promenade et de voyage, brides, tapis de selles, harnais de voitures. Harnachements militaires pour officiers et soldats. Riche album illustré (Téléphone). — Récompenses : Médaille d'or, Amsterdam 1883 et rapporteur des comités d'admission et d'installation à la classe 60. Exposition 1889.

33. CAMUS (Léon), à Paris, rue Sedaine, 14. — Serrures, poignées, boutons, cuivreries.   **(PALAIS.)**

34. CARPENTIER (Henri), à Noyon (Oise). — Moyeux, énorme tortillard, ébauchés et tournés.   **(PALAIS.)**

35. Carrosserie française (Maison **Eugène Guérin),** à Grenoble (Isère). — Trois voitures, divers genres.   **(PALAIS.)**

36. Carrosserie industrielle (La), à Paris, rue du Faubourg-St-Martin, 228.— Quatre voitures et pièces détachées.   **(PALAIS.)**

Fournisseur de l'État et de la Ville de Paris.
Des Compagnies des Chemins de fer, de la Compagnie Générale des Petites Voitures.
De la Cie l'Urbaine (Chapeaux blancs) de la Société C. Camille et Cie et des principales administrations publiques et privées.
Voitures pour :
Services publics et privés, Landaus, coupés, milords, omnibus, etc.
Commerce, Agriculture, Municipalités, Postes et Télégraphes. (Voir cl. **74**).
Traités à forfait pour Location et Entretien des Voitures.
Pièces détachées.
Roues, essieux, ressorts, avant-trains, lanternes, etc.

37. CARUE, à Paris, rue du Faubourg-Saint-Martin, 45. — Harnais en ficelle et autres articles de sellerie.   **(PALAIS.)**

38. CASSARD (Félix), à Paris, rue Pascal, 70. — Chariot de brasseurs. **(PALAIS.)**

39. CAUCHOIS (G.) & GAREAU, à Paris, rue de Bondy, 74, cité Riverin, 6. — Selles, harnais, équipement militaire et articles d'écurie.   **(PALAIS.)**

Ancienne maison Lambin et Lefevre fondée en 1830. Médaille d'or, Paris, 1878.

40. CHABOT (F.-M.), à Paris, rue Mercœur, 8. — Appareil pour arrêter les chevaux emportés.   **(PALAIS.)**

41. CHAILLOU (Zéphir), à Rueil (Seine-et-Oise), avenue de Paris, 35 et à Paris, avenue de la Grande-Armée, 9. — Coupé 3/4, 5 glaces. Mylord à jour.   **(PALAIS.)**

42. CHAMBARD (Arthur), à Auxerre (Yonne).— Roues de voitures. Charronnage par procédés mécaniques.   **(PALAIS.)**

43. CHARPENTIER (Arthur), à Neufchâteau (Vosges). — Bois cintré.   **(PALAIS.)**

44. CHARPENTIER (Charles-A.), à Paris, avenue Montsouris, 34. — Chevaux, grandeur naturelle.   **(PALAIS.)**

45. CHÉREAU (Jules), à Paris, rue de Penthièvre, 38. — Patins cuir et caoutchouc pour chevaux.   **(PALAIS.)**

46. CHICOT (Stéphane), à Paris, rue Rennequin, 32. — Roues, bois cintrés, voitures pour trotteurs. **(PALAIS.)**

47. CHOISNET (Alexandre-L.), à Orléans (Loiret), rue Sainte-Catherine, 38. — Deux colliers à lanternes, quatre paires croissants, deux paires porte-brancards. (Systèmes A. Choisnet). **(PALAIS.)**

48. CLÉMENT Fils (Gabriel-M.-P.), à Paris, boulevard Haussmann, 126. — Harnais et selles. **(PALAIS.)**

49. CLÉMENT & Cie, à Paris, rue Brunel, 20. — Bicycles, bicyclettes, tricycles. **(PALAIS.)**

Tandems perfectionnés, systèmes brevetés. Marque de fabrique déposée : « Le Clément ». Manufacture française. — Modèles fournis au Ministère de la Guerre et aux Écoles militaires de Saint-Maixent et de Joinville-le-Pont.
Machines de tous les modèles.

50. COLLIN-TANRET (J.-Justin), à Joinville (Haute-Marne). — Arrêt de brancard-voitures à 4 roues. **(PALAIS.)**

51. Compagnie de l'Horme, à Lyon. — Chantiers de la Buire. **(PAVILLON.)**

Construction des roues à moyeu renforcé, à armatures métalliques pour carrosserie et gros camionnage, système Dégrange (breveté s. g. d. g.). (Ces roues offrent une résistance double des roues ordinaires.) — Fabrication de charrettes, camions et tous appareils de transport. — Fabrication de matériel d'artillerie, affûts, chariots de parc, forges, voitures régimentaires, voitures d'ambulances, brancards, lits militaires, caisses à poudre, etc.

52. Compagnie générale des Omnibus de Paris, à Paris, rue Saint-Honoré, 155. — Un omnibus à 30 places, sellerie et bourrellerie. **(PALAIS.)**

53. Compagnie générale des voitures de Paris, à Paris, place du Théâtre-Français, 1. — Constructeurs de voitures. Coupé et milord de place nouveaux modèles actuellement en service public. **(PALAIS.)**

Coupé et milord de luxe pour locations au mois ou à l'année. Harnais. Pièces de trains interchangeables communes à toutes les voitures. — Spécimens de fabrication.

54. COPEAU Fils (Victor), à Paris, rue du Faubourg-Saint-Denis, 83. — Quincaillerie pour sellerie. **(PALAIS.)**

55. CORNIQUET (Charles-F.-T.), à Villejuif (Seine), Grand'Rue, 3. — Appareils pour réparations de voitures sur la voie publique. **(PALAIS.)**

56. COURTIN, à Gournay-en-Bray (Seine-Inférieure). — Voiture. **(PALAIS.)**

57. DAVID, à Paris, rue de l'Entrepôt, 35. — Articles de sellerie. **(PALAIS.)**

58. DEGOUD (Louis-A.), à Paris, rue Chalgrin, 4. — Panneau d'armoirie pour voiture. **(PALAIS.)**

59. DELIZY (Joseph), à Paris, rue Duret, 22. — Vélocipèdes. **(PALAIS.)**

60. DEMONT (Benoît), à Pouilly-sous-Charlieu (Loire). — Transformative Demont. Voiture donnant dix modèles différents sans aucune pièce supplémentaire. **(PALAIS.)**

61. DENANT, à Paris, rue de Valenciennes, 8. — Cuirs pour carrosserie. **(PALAIS.)**

62. DEVENNE (Alexandre), à Paris, rue Joquelet, 5. — Draps, galons, passementerie. **(PALAIS.)**

63. DOHIS & ROBERT, à Paris, rue Élisa-Borey, 10. — Vélocipède actionné par une « anti-pédale hygiénique ». **(PALAIS.)**

64. DUCELLIER & Cie, à Paris, passage Dubail, 25. — Lanternes et plaqué pour voitures. **(PALAIS.)**

Manufacture de lanternes. Baguettes, poignées et glaces pour voitures.
Médaille de bronze, Paris 1878.

65. DUFOUR Aîné (J.) & DUFOUR (G.) Fils, à Périgueux (Dordogne), rue Victor Hugo, 53. — Grand omnibus de famille, petit omnibus à 4 places, mylord.
(PALAIS.)

Récompenses. — Expositions universelles : 1862, Londres, Médaille de bronze grand module. — 1867, Paris. Médaille de bronze. — 1878, Paris. Médaille argent, 1re classe. — Chevalier de la Légion d'honneur depuis 1869.

66. DUHOTOY Fils, à Paris, rue Saint-Maur, 115. — Voitures d'enfants et de poupées, jouets mécaniques et roulants, voitures et fauteuils pour malades, vélocipèdes et tricycles.
(PALAIS.)

67. DUNAND (Frédéric-A.-J.), à Paris, rue Saint-Ambroise, 14.— Appareils de sûreté.
(PALAIS.)

La Sécurité publique. — Appareil de sûreté pour éviter les accidents de voitures par la rupture des essieux ou l'échappement des roues, applicable à toutes voitures. Bté S. G. D. G.

68. DUPONT (Albert-T.), à Paris, rue Guyot, 29. — Plan de voiture en grandeur d'exécution.
(PALAIS.)

69. DURAND & BONNEAU, à Paris, rue Cambronne, 57. — Sellettes sans coutures et harnais pour administration, grande remise et commerce. **(PALAIS.)**

70. DUTHEIL, à Paris, rue Saint-Maur, 194. — Voitures d'enfants et de malades.
(PALAIS.)

Carrosserie enfantine pour atteler ânes, chèvres, chiens, poneys ; jouets roulants, voitures pour parcs et jardins, voitures de poupées ; chevaux hygiéniques en métal. Vélocipèdes en tous genres. Voiture d'enfants à chariot tournant inversable permettant à la mère de toujours voir son enfant de face et de le garantir de la pluie, du vent, du soleil, etc. Capote hygiénique pour voitures d'enfants, breveté S. G. D. G. Appareil de sûreté Dutheil, évitant toute chute de voitures, omnibus, tramways, fiacres, etc., après rupture de l'essieu, perte de l'écrou ou déboîtage des roues, breveté S. G. D. G. — Anvers 1885, récompense unique à la Croix Rouge, deux médailles de bronze et mention honorable. Barcelone, 1888. Deux Médailles, d'or, une Médaille, d'argent.

71. EHRNGARD (H.) DELBECQUE (L.), à Paris, rue Duret, 24. — Un coupé en blanc.
(PALAIS.)

72. EMMANUEL (Arthur), à Paris, rue Cadet, 8. — Appareil pour raccommodage de brancards cassés.
(PALAIS.)

73. EYMIN (Alphonse), à Vienne (Isère). — Voitures pliantes, système Eymin. Carrioles à bras.
(PALAIS.)

74. FAIVE & Cie, à Paris, rue Cimarosa, 15. — Plaqué pour voitures et harnais.
(PALAIS.)

75. FARIN (Pierre) & ses Fils, à Paris, rue des Acacias, 8. — Éperonnerie de luxe.
(PALAIS.)

76. FAUCHET-DOUSSIN (George-A.), à Boulogne (Seine), boulevard du quatre-septembre, 75. — Brancards, dog-carts, limonières, cintres de mylords, de voitures en tous genres, moyeux, jantes, cintres de bateaux, roues spéciales. **(PALAIS.)**

77. FAUGIER (A.) & Cie, à Lyon (Rhône) place Perrache, 11. — Essieux corroyés, bruts de forge, tournés pour charrettes, à patins et sans patins, boîtes de roues, ferrures pour voitures.
(PALAIS.)

78. FAURAX (Albert) Successeur de **F. Sabatier & A. Gibert**, à Marseille (Bouches-du-Rhône), avenue du Prado, 80. — Voitures de luxe, landau coupé, mylord, stanhope.
(PALAIS.)

79. FAURAX (Léon), à Lyon (Rhône), avenue de Noailles, 5. — Mail-coach, coupé, landau à capotes automatiques, carrick à un cheval pour dame. **(PALAIS.)**

Maison fondée en 180. par P. F. Faurax. Ancienne maison Faurax frères.
Fournisseur des Cours du Portugal et d'Egypte. — Usine à vapeur. — Fabrication complète de toutes espèces de voitures de luxe.
Médaille de 1re classe, Paris 1855. Mention honor., Paris 1867; Médaille d'argent, Paris 1878.

80. FELBER (Charles), à Paris, boulevard Haussmann, 163. — Voitures de luxe. Coupé 2 places. Coupé 4 places. Victoria Mylord.   **(PALAIS.)**

81. FERRY (Léon), à Paris, rue Bouret, 44, (La Villette), chantier impasse Montfaucon. — Camion.   **(PALAIS.)**

   Constructeur de voitures. — Camions. — Voitures de commerce. — Tapissières. — Tripières. — Bouchères. Tombereaux de terrassement et autres. — Plâtrières et charbonnières, etc. — Location et entretien de voitures au mois et à l'année. Échange.

82. FIRMIN (Léon), (ancienne Maison **Valliot-Larchevêque,**) à Paris, avenue des Champs-Elysées, 49. — Coupé à deux places et break.   **(PALAIS.)**

83. Fonderies, Forges et Ateliers de construction de Châtenois, Vermot (Charles), à Châtenois, près Belfort. — Essieux, ressorts, avant-trains et moyeux.   **(PALAIS.)**

   Maison à Paris, 30, rue Rennequin.

84. FORSTER (Jean-Henri), à Paris, rue Tronson-du-Coudray, 4. — Cuirs pour voitures.   **(PALAIS.)**

85. FORTIN (Eugène-C.), à Clermont (Oise). — Tapis de selle en feutre et feutres spéciaux pour sellerie.   **(PALAIS.)**

   Récompenses obtenues spécialement pour les tapis de selle et les feutres pour sellerie, aux Expositions universelles internationales :
   Philadelphie 1876, médaille ; Paris 1878, médaille d'argent ; Anvers 1885, médaille d'argent ; Bruxelles 1888, diplôme d'honneur.

86. FRETÉ & Cie, à Paris, boulevard Sébastopol, 12. — Vélocipèdes.   **(PALAIS.)**

87. GALL (François-Joseph), à Paris, rue de Courcelles, 118. — Plaqué pour voitures et cantines.   **(PALAIS.)**

88. GALLAIS (A) & WELTER (J.), à Paris, boulevard Richard-Lenoir, 79. — Clous et fleurons pour sellerie et bourrellerie.   **(PALAIS.)**

89. GENDRON-CHONEAU (Vve) & DOUSINELLE, à Paris, rue du Faubourg-St-Denis, 149.— Sangles, surfaix, galons de laine pour couvertures. Articles pour sellerie et bourrellerie. Toiles passage pour ameublement.   **(PALAIS.)**

90. GERBRON & ALLAIN, à Paris, rue Roussel, 26. — Deux voitures à bras spéciales pour la boulangerie et autres industries.   **(PALAIS)**

91. GIRARD (E.) & DOMETTE, à Paris, rue des Écluses-St-Martin, 2. — Omnibus, coupé, mylord.   **(PALAIS.)**

92. GONZALEZ (A.-Albert-L.), à Paris, rue du Faubourg-St-Honoré, 36. — Emballage de voitures en caisses ou cadres.   **(PALAIS.)**

   Ancienne Maison Béga-Fauquet, fondée en 1820. — Récompense : Paris, 1878.

93. GOSSET (Louis), à Sèvres (Seine-et-Oise). — Voitures de famille à 2 roues, phaëtons w gonnette à 4 roues.   **(PALAIS.)**

94. GOUPY (Gustave), à Paris, rue Charlot, 10. — Cuirs pour sellerie, carrosserie et chaussures.   **(PALAIS.)**

95. GOURDIN (Charles), à Paris, avenue de Labourdonnais, 35. — Dessins de voitures.   **(PALAIS.)**

96. GRIFFAUT (Joseph), à Paris, rue du Faubourg-du-Temple, 48. — Selles. harnais.   **(PALAIS.)**

97. GROUAZEL (Romain), à Paris, rue de la Tombe-Issoire, 12. — Colliers de divers genres pour chevaux.   **(PALAIS.)**

98. GUÉRIN (Eugène), à Grenoble (Isère). — Voitures, omnibus, ducs et breaks.   **(PALAIS.)**

   Ateliers de construction complète de voitures de luxe et ordinaires, selleries et harnachements. Frein Guérin à arrêt rapide.

99. GUILLOTON (G.-Théophile), à Paris, passage Feuillet, 8. — Arçons et jockey.   **(PALAIS.)**

100. GUINET, à Paris, rue des Écuries-d'Artois, 42.—Postillon, dresseur. **(PALAIS.)**

101. HANNOYER (Léon), à Paris, rue des Vinaigriers, 36. — Ressorts, essieux, roues, trains, quincaillerie, voitures en blanc.   **(PALAIS.)**

102. HARTOG (J.) & Cie, à Paris, rue Lafayette, 112.— Vernis pour carrosserie.   **(PALAIS.)**

103. HÉNON (Jules), à Nouzon (Ardennes). — Ressorts, essieux, etc.   **(PALAIS.)**

104. HERMÈS (E.) & Fils, à Paris, Faubourg-Saint-Honoré, 24.— Harnais de luxe, selles et articles de sellerie.   **(PALAIS.)**

  Médaille d'argent, Paris 1867 ; médaille d'or, Paris 1878.

105. HERVOCHON (Dr Victorien), à Châteaubriant (Loire-Inférieure).— Attelage spécial.   **(PALAIS.)**

106. HUMBLOT (Charles), à Paris, rue Bridaine, 6. — Tricycle Humblot à mouvement oscillatoire.   **(PALAIS.)**

107. ISSALY (François), à Reyrevignes (Lot). — Vélocipède.   **(PALAIS.)**

108. JEAN (Vve Gustave) & BRETEAU (Réné), à Paris, rue Ordener, 21. — Voitures de commerce.   **(PALAIS.)**

  Maison de premier ordre fondée en 1853 par MM. Gustave Jean et Kellermann.
  Spécialité de voitures pour le commerce et la nouveauté, les administrations publiques ou privées, les chemins de fer français ou étrangers, armées, etc.
  Construction, entretien et réparation de voitures en tout genre ainsi que de tout matériel affecté au roulage.
  Voitures de luxe pour le haut commerce, omnibus pour hôtels, services publics, pensionnats et familles ; chars-à-bancs, chariots pour grainetiers, brasseurs et transport de tous objets ; wagons de déménagements et cadres de transports capitonnés, camions de toute force et de tous modèles plats ou à ridelles. Traités à forfait à l'année ou à terme. Commission. Exportation. — Fournisseurs des principales maisons de commerce de Paris, des Administrations et de l'Etat.

109. JEANTAUD (Charles), à Paris, rue de Ponthieu, 51. — Voitures de luxe.   **(PALAIS.)**

  Ancienne Maison Ehrler.
  Fabrique de voitures.
  Récompenses :
  Médaille d'or, Paris 1867.
  Membre du Jury, 1878 ; Amsterdam 1883.

110. KELLNER (George), à Paris, avenue Malakoff, 109. — Voitures de luxe.   **(PALAIS.)**

111. LABOURDETTE (J.-B.), à Paris, avenue Malakoff, 105. — Voitures de luxe.   **(PALAIS.)**

112. LACK (Louis), à Paris, rue d'Anjou, 59.— Mors, filets, étriers, éperons, chaînettes d'attelage, chaînes d'écurie, gourmettes, crochets de timon, volée d'attelage, jockey de dressage.   **(PALAIS.)**

113. LACOUR (P.-Désiré), à Paris, boulevard de la Villette, 142.— Brancards décomposés et articulés pour toutes espèces de véhicules.   **(PALAIS.)**

114. LAGOGUÉ (Édouard-A.), à Alençon (Orne).— Break normand, break alençonnais, charrette alençonnaise.   **(PALAIS.)**

115. LAMOTTE (Théotime), à Niort (Deux-Sèvres). — Compteur automatique de tours et de kilomètres pour voitures.   **(PALAIS.)**

116. LANDON (Ernest-A.), à Sèvres (Seine-et-Oise), rue du Château, 9.— Deux voitures du commerce.   **(PALAIS.)**

117. LAROCHETTE (Jean), à Paris, avenue Daumesnil, 120. — Voitures de commerce. **(PALAIS.)**

118. LASNE (Auguste), à Paris, rue de Penthièvre, 19. — Selles et harnais. **(PALAIS.)**

119. LAURENT-COLAS, à Bogny-sur-Meuse (Ardennes).— Brides de ressorts de voitures, ferronnerie pour la carrosserie. **(PALAIS.)**

Brevetés en France et à l'Étranger. — Récompenses : Bronze, Paris, 1878; argent, Anvers, 1885; argent, Barcelone, 1888.

120. LEBOIS (Gaston), à Paris, rue du Faubourg-St-Denis, 188.— Selles, brides, harnachement pour chevaux d'officiers, articles d'écurie. **(PALAIS.)**

121. LECERF (Vve Léon), à Paris, rue de l'Arbre-Sec, 16. — Sangles et galons pour la sellerie et la bourrellerie. **(PALAIS.)**

Fabrique de sangles. — Usine à vapeur, rue de Vanves.

122. LE CHEVALIER (E.), (Maisons **Le Chevalier Père & Fils & Lom rage** réunies), à Paris, rue des Gendriers, 20. — Carrosserie de luxe et de commerce. **(PALAIS.)**

123. L'ÉCLUSE (Ch. de), à Paris, rue du Rocher, 46. — Articles pour la carrosserie et la sellerie. Lanternes de voitures. **(PALAIS.)**

124. LEDOUX (Arthur-L.), à Paris, rue Laugier, 44. — Stores, ivoire, corne, cuivrerie, plaques, cantines, acoustique pour voitures. Agrafage pour atteler. **(PALAIS.)**

125. LEDOUX (J.-F.), à Paris, rue de Bretagne, 55. — Fouets et cravaches, sticks, laisses pour chiens, montures à l'anglaise. **(PALAIS.)**

Maison fondée en 1863. — Mention honorable : Exposition de Paris 1878.

126. LEFFROY (Edmond-A.), à Paris, boulevard Malesherbes, 81.— Un coupé, un mylord, trois voitures. **(PALAIS.)**

127. LEFRÈRE (Ernest), à Menilles, près Pacy (Eure). — Bois cintrés pour charronnages et carrosseries. **(PALAIS.)**

128. LEGRAND Frères, et Neveux (Successeurs de **A. Herbet)**, à Paris, rue Ste-Foy, 8. — Tapis de selles en drap et en feutre unis, imprimés, brodés. **(PALAIS.)**

129. LEHUT (Ernest), à Paris, rue de Billancourt, 46.— Frein automatique applicable à tous genres de voitures. **(PALAIS.)**

130. LEMAITRE (Albert), à Alençon (Orne). — Break de chasse et vis-à-vis. **(PALAIS.)**

Médaille d'or à l'Exposition universelle de Bruxelles 1888.

131. LEMOINE (Jean-N.), à Paris, rue de Lappe, 21. — Ressorts, essieux, ferrures. **(PALAIS.)**

132. LIEUTARD & BOUGON, à Paris, rue Claude-Vellefaux, 9.— Lanternes pour voitures. **(PALAIS.)**

133. LOUP (Claude), à Belleville-sur-Saône (Rhône). — Camion. **(PALAIS.)**

Nouveau système de moyeux en fonte, breveté S. G. D. G.

134. MAILLOCHON (Émile), à Paris, boulevard Voltaire, 36 bis. — Voitures d'enfants et de malades. **(PALAIS.)**

Inventeur et seul fabricant de la « Flexible », voiture d'enfants, brevetée S. G. D. G.
Voiture à suspension douce et parallèle, supprimant les cahots.
Voitures de malades construites d'après le même système.
Chariot automatique pour apprendre à marcher aux enfants.
Médaille de bronze à l'Exposition universelle de 1878.

135. MALEVAL (Charles) & VACHER (Jean), à Paris, rue Geoffroy-St-Hilaire, 6. — Voitures.   **(PALAIS.)**

136. MALLEIN, à Paris, passage Brady, 96. — Voitures pour enfants et pour malades, Chevaux mécaniques, Tricycles, Voitures pour boulangerie, épicerie et toutes industries.   **(PALAIS.)**

137. MAQUAIRE (A.-Jules), à Paris, boulevard de Strasbourg, 5. — Vélocipèdes.   **(PALAIS.)**

138. MERLIN & ROUX, à Paris, rue de Charenton, 297.— Voiture dite haquet.   **(PALAIS.)**

139. MERVILLE (B. F. Félix), à Paris, boulevard Beaumarchais, 3.— Parasols mobiles, applicables à toutes les voitures découvertes.   **(PALAIS.)**

140. MILLION-GUIET & Cie, à Paris, avenue Montaigne, 50. — Voitures de luxe.   **(PALAIS.)**

141. MITELETTE (Louis), à Reims (Marne), rue de Vesle, 156. — Fers indéclouables, jougs, chapeaux et jointures, fers et clous à glace pour bœufs, fers à cheval et clous spéciaux.   **(PALAIS.)**

142. MONTIER (J.-B.-Amand), à Pont-Audemer (Eure). — Cuirs vernis pour carrosserie (vernis lisses et vernis grainés).   **(PALAIS.)**

143. MOREL (A.-G.), à Clichy (Seine), boulevard National, 153. — Voitures à deux chevaux pour teinturiers. Voiture de commerce à un cheval.   **(PALAIS.)**

    Maison fondée en 1850.
    Fabricant de voitures.
    Voitures de commerce et de factage.
    Spécialité pour teinturiers et apprêteurs.
    Entretien de voitures à l'année.
    Omnibus pour service public et autres.
    Charronnage.
    Récompense :
    Médaille d'argent, Paris 1878.

144. MOREL-THIBAUT (Benjamin), à Paris, rue des Entrepreneurs. — Omnibus à 3 chevaux. Omnibus, type tramways.   **(PALAIS.)**

145. MOREL (V.), GRUMMER (Joseph) & Cie, à Paris, rue Cambacérès, 26. — Mail-coach. Vis-à-vis à 8 ressorts. Coupé à 8 ressorts, Coupés, Mail-phaéton.   **(PALAIS.)**

    Maison fondée par M. V. Morel, en 1846.
    Médaille d'or à l'Exposition de Paris 1878.

146. MOURGUES (Paul), à Paris, boulevard de la Villette, 167. — Essieux, frettes patent pour rues, patins pour freins en caoutchouc et petite quincaillerie.   **(PALAIS.)**

147. MOUSSARD (Ernest), à Paris, Rond-Point des Champs-Élysées, 7. — Trois voitures.   **(PALAIS.)**

148. MUHLBACHER (L.-Gustave,) à Paris, avenue des Champs-Élysées, 63. — Voitures de luxe.   **(PALAIS.)**

149. MUSSO (Louis), à Paris, rue de l'Hôtel-des-Postes, 21. — Tableau carré, avec ovale sur le milieu, contenant armoiries et chiffres pour voitures.   **(PALAIS.)**

150. NÉNARD Fils (Armand), à Paris, rue Pajol, 21. — Voiture industrielle.   **(PALAIS.)**

151. New-Phénix (Compagnie française de vélocipèdes), à Bordeaux (Gironde), boulevard de Cauderan, 145. — Bicyclettes, tricycles, tandems.   **(PALAIS.)**

152. ONFRAY (Louis), à Paris, rue St-Maur, 189.— Bicycles, bicyclettes, tricycles, tandems, etc. **(PALAIS.)**

153. OURSEL (Albert), à Paris, rue de Charenton, 206. — Voiture industrielle. **(PALAIS.)**

154. PAQUIS (Eugène), à Paris, quai d'Auteuil, 136. — Colliers réglables pour chevaux, avec traction mobile à ressort. Crochets de traction à tirage mobile avec plaques et crans. **(PALAIS.)**

155. PASCAUD (A.-Pierre-M.-J.), à Paris, boulevard de Sébastopol, 16. — Bicycles, bicyclettes et tricycles pour hommes, dames et enfants. **(PALAIS.)**

> Médaille de vermeil, Exposition d'Alençon, 1888.
> Fabrication garantie et soignée.

156. PATARD (Auguste), à Paris, rue Saint-Denis, 68. — Brosserie pour selliers. **(PALAIS.)**

157. PELLISSIER (A.), à Paris, rue Saint-Denis, 156. — Fouets, cravaches, sticks. **(PALAIS.)**

158. PETHIBON (Alexandre-T.), à Paris, impasse de l'Orillon, 14. — Une voiture. **(PALAIS.)**

159. PEUGEOT Frères (Les Fils de), à Valentigny (Doubs). — *Vélocipèdes.* **(PALAIS.)**

> Maison de vente, 32, avenue de la Grande Armée, Paris. Usines à Valentigny, Hérimoncourt et Beaulieu. — Fabrication spéciale de vélocipèdes de tous genres, modèles perfectionnés, d'une solidité à toute épreuve et d'une construction absolument irréprochable. Tricycles avec roues motrices de 0.70, 0.80, 0.90 et 1 mètre, et roues directrices de 0.60 et 0.70, comprenant des modèles pour course, demi-course et route. Tricycles porteurs. Tandems avec roues motrices de 0.90 et roues directrices de 0.70. Tricycles pour jeunes gens et pour enfants. Bicyclettes françaises d'un modèle nouveau et absolument supérieur. Bicycles de toutes dimensions. — Pièces détachées de toutes ces machines, soit brutes, soit finies, en fer ou acier estampé, en acier coulé et en bronze. Rayons renforcés, rayons ordinaires, chaînes système Peugeot et chaînes ordinaires. Jantes creuses et pleines. Tubes en acier étiré à froid. Pédales. Bielles, etc. etc.

160. PICHARD (H.-Jules), à Levallois-Perret (Seine), rue de Cormeille, 21. — Système de mentonnet à ressort maintenant les brancards automatiquement relevés ; système de ressorts à charnières retenant les traits des voitures à 2 et à 4 roues. **(PALAIS.)**

161. PINÇON & JULIEN, à Paris, boulevard Magenta, 54. — Harnais, selles, brides, colliers, sellettes, mantelets, caparaçons, couvertures, œillères, genouillères, pour harnachement. **(PALAIS.)**

162. PINON & STREICHER, à Paris, rue d'Angoulême, 70. — Lanternes pour voitures. **(PALAIS.)**

163. PLANCHENAULT (Ferdinand), à Paris, rue Bouchardon, 13. — Une paire harnais carrosse, une paire harnais franco-américain, harnais cabriolet de commerce, fantaisie. **(PALAIS.)**

164. POLLET (Paul), à Paris, rue de la Trémoille, 30. — Armoiries de Russie. **(PALAIS.)**

165. POTTECHER (B. & P.), à Bussang (Vosges). — Étrilles en fer et en acier, vernies, bronzées, étamées et polies. **(PALAIS.)**

> Maison fondée en 1840 par leur père.
> Étrilles perfectionnées en acier. — Peignes à cheval. — Spécialité d'étrilles acier fines pour la sellerie. — Étrilles de luxe. — Étrilles de cavalerie pour l'armée.
> Fournisseurs des grandes maisons de sellerie, France et Étranger.
> Récompenses : Paris 1855-1867. — Londres 1862. — Paris 1878.

166. PRIOUX & DOLLY, à Paris, boulevard St-Denis, 16. — Satins, reps soie, draps moquettes, taffetas galons et passementeries. **(PALAIS.)**

167. QUARRÉ (George-V.), à Paris, rue d'Aboukir, 143. — Articles de sellerie et bourrellerie, ornements en tous genres, cuivre et métal blanc. **(PALAIS.)**

168. RAGUIN (Constant), à Montrichard (Loir-et-Cher). — Voitures en blanc. **(PALAIS.)**

169. RAUD (A.) Aîné, à Paris, rue de Lauriston, 63. — Fouets, cravaches. **(PALAIS.)**

170. RENAUDIN (Adrien-D.), à Paris, rue de la Chapelle, 50 bis. — Harnais. **(PALAIS.)**

171. RENAULT (Albert-A.-F.), à Paris, rue Riquet, 73. — Voitures de commerce et de gros transports. **(PALAIS.)**

172. RENAULT (Léon), à Paris, rue de la Folie-Méricourt, 20. — Voiture de luxe. **(PALAIS.)**

173. RENAULT-PÉGUY (Arthur), à Paris, boulevard Montparnasse, 20. — Voiture. **(PALAIS.)**

174. RENOULT (E.-M.), à Maisons-Alfort, Grande-Rue, 47. — Colliers articulés à garrot mobile pouvant s'élargir et s'allonger suivant l'encolure du cheval. **(PALAIS.)**

> Collier breveté s. g. d. g., sans jamais blesser au garrot et guérissant les blessures déjà faites par d'autres colliers.
> Colliers avec appareil s'adaptant pour guérir les blessures de garrot.

175. RÉTIF Frères, à Sancoins (Cher). — Voitures de luxe. **(PALAIS.)**

> Manufacture générale de voitures en blanc et finies.
> Récompenses obtenues aux Expositions de Paris 1867, Paris 1878.

176. RIVIÉRE (Hippolyte-J.-J.-B.), à Paris, rue du Chevaleret, 5 — Haquet et camion pour le transport des vins, paire de roues pour les gros transports, roues à divers usages. **(PALAIS.)**

177. ROBERT Fils aîné (Clément), à Haraucourt (Ardennes). — Tandem-bicyclette, cripper, bicyclette. **(PALAIS.)**

178. ROBINOT (H.-Philippe), à Paris, rue du Château-Landon, 28. — Garnitures de harnais et voitures, attelles, barres à grande pompe, mors, ornements, poignées, porte-brancards, dossière et arrêtoirs, coulants et fermoirs. **(PALAIS.)**

179. ROLLAND (A.), & CALLOT (O.), à Gentilly (Seine), route de Fontainebleau, 129. — Vernis français. **(PALAIS.)**

180. ROSE (Louis), à Paris, rue Fontaine-Saint-George, 23. — Voitures. **(PALAIS.)**

181. ROSTAING, à Paris, avenue des Champs-Élysées, 104. — Voitures de luxe. **(PALAIS.)**

182. ROTHSCHILD & Fils, à Paris, avenue Malakoff, 115. — Cinq voitures de luxe. **(PALAIS.)**

183. ROUX (Alfred), à Paris, rue Étienne Marcel, 2. — Brosserie pour équipages chevaux et voitures. **(PALAIS.)**

184. SCHMIDT (Hilaire), à Paris, boulevard Péreire, 243. — Serrures pour portières de voitures. **(PALAIS.)**

185. SCHOMBOURGER Frères, à Aubervilliers (Seine) rue des Cités, 65. — Vernis gras et gommes copals. **(PALAIS.)**

186. SÉNAT (J.-M.-Achille) & Cie, à Aubervilliers (Seine), rue de la Haie-Coq, 29. — Cuirs vernis pour carrosserie. **(PALAIS.)**

187. SIMON (Jules), à Paris, rue de l'Étoile, 6. — Armoiries. **(PALAIS.)**

188. SIMONNIN-BLANCHARD, à Paris, rue Fontaine-au-Roi, 13. — Articles de sellerie.   **(PALAIS.)**

189. Société des compagnons-charrons de la ville de Tours, à Tours (Indre-et-Loire) rue du Commerce, 17. — Charronnage en miniature, charrette fourragère, omnibus, etc.   **(PALAIS.)**

190. Société parisienne de construction vélocipédique (C. Turhon & E. Couturier), à Paris, avenue de la Grande-Armée, 10. — Modèles de bicycles, bicyclettes, tricycles.   **(PALAIS.)**

191. SUEUR Fils (Théophile), à Paris, rue du Faubourg-Montmartre, 4. — Cuirs vernis pour la carrosserie.   **(PALAIS.)**

192. THIBOUT Frères, à Paris, passage Lathuile, 4. — Voitures industrielles.   **(PALAIS.)**

193. THIERCELIN Aîné & BOISSEC, à Paris, rue du Faubourg-Saint-Honoré, 108. — Modèles d'emballages de voitures.

Maison fondée en 1824. — Cadres brevetés s. g. d. g. pour le transport des voitures de luxe. Emballages en caisses pour l'exportation des voitures.

194. THIRIET (H.-Gustave), à Raucourt (Ardennes). — Bouclerie et articles de sellerie et d'équipements militaires.   **(PALAIS.)**

195. THOMAS-BRICE, à Paris, boulevard Haussmann, 135. — Dessins de voitures.   **(PALAIS.)**

196. TOUSSAINT (Philippe), à Paris, rue Roussel, 16. — Pièces repoussées pour lanternes de voitures, en rond et ovale. Frettes et chapeaux. Réflecteurs. Tramways, chemins de fer, électricité.   **(PALAIS.)**

197. TRUFFAULT (Jules), à Paris, boulevard Pereire, 277. — Bicycles, Tricycles, vélocipèdes.   **(PALAIS.)**

198. VANLERBERGHE (Constant-L.-J.), à Paris, rue de l'Isly, 4. — Selles, harnais et articles divers de sellerie.   **(PALAIS.)**

199. VINCENT Fils & Neveu, à Paris, rue du Château-d'Eau, 29 bis.—Voitures pour enfants.   **(PALAIS.)**

200. VINCENT Neveu (Eugène), à Paris, rue Lafayette, 219. — Vélocipèdes.   **(PALAIS.)**

201. VIRFOLLET (Eugène), à Villefranche (Rhône). — Avant-trains. **(PALAIS.)**

202. VOLLAND (Charles & Gustave), à Aillant-sur-Tholon (Yonne). — Voiture à deux roues, se transformant en voiture à quatre roues. **(PALAIS.)**

203. VULDY (Louis), à Paris, rue de la Chapelle, 69. — Essieux-patent.   **(PALAIS.)**

204. WELTÉ (Charles), à Paris, rue Brey, 13. — Dard d'Armon à ressort, ou tirage élastique pour les chevaux.   **(PALAIS.)**

205. ZUCCARELLI, à Paris, rue Saint-Honoré, 350. — Un frontail.   **(PALAIS.)**

COLONIES.

ALGÉRIE.

1. **ABDELKADER ben Djillali,** à Chellala (Alger). — Harnachement arabe complet brodé en or (chemise de selle, bride, poitrail, arçons, tapis de selle, étriers et étrivières). **(ESPLANADE.)**

2. **BENSIMON Frères,** à Alger, impasse Blondel, 1. — Broderies algériennes sur cuir. **(ESPLANADE.)**

3. **CASTELLANO Frères,** à Bône (Constantine). — Voiture. **(ESPLANADE.)**

4. **Comice agricole de Souk-Ahras,** à Souk-Ahras (Constantine). — Articles de maréchalerie et de charronnage (Exposition collective). **(ESPLANADE.)**

5. **DARMON (Jacob),** à Constantine, rue Renault. — Étriers, éperons et autres objets damasquinés. **(ESPLANADE.)**

6. **DAUBÈZE (Louis),** à Bône (Constantine). — Voiture de chasse à quatre roues, avec banquettes mobiles et servant de break de famille. **(ESPLANADE.)**

7. **Général commandant la Division d'Alger (Le),** à Alger. — Objets de harnachement pour méhari (chameau coureur). **(ESPLANADE.)**

8. **HADJ TOUATI ben Mohamed,** à Constantine, 127, rue Combes. — Éperons et étriers arabes, bride de cheval arabe, bride de mulet arabe. **(ESPLANADE.)**

9. **MARUCCI (Jean),** à Saint-Arnaud (Constantine). — Appareil destiné à arrêter un cheval emporté. **(ESPLANADE.)**

10. **MÉQUESSE (Louis),** à Barika (Constantine). — Arçons de selle arabe. **(ESPLANADE.)**

11. **MÉRIEUL et DISS,** à Oran, rue Schneider. — Break, phaëton, charrette anglaise, carriole, wagonnet culbuteur, haquet à fût en tôle, tombereaux, brouettes, roues en fer, trains de roues en blanc, jantes. **(ESPLANADE.)**

12. **MOHAMED ben Hassem Chakroun,** à Bône (Constantine). — Bât arabe. **(ESPLANADE.)**

13. **MOHAMED TAHAR ben el Hadj Ali Maïza,** à Bône (Constantine). — Harnachement complet pour cheval de selle. **(ESPLANADE.)**

14. **MOHAMMED bel Kassem,** à Mostaganem (Oran). — Harnachement complet de cheval de selle arabe. **(ESPLANADE.)**

15. **MOHAMMED ould Kaddour,** à Tlemcen (Oran). — Selles pour cavaliers arabes, selle pour âne. **(ESPLANADE.)**

16. **MONNIOT (Louis),** à Bône (Constantine). — Harnachement de cabriolet, harnachement de camion. **(ESPLANADE.)**

17. **SOLDINI,** à Oran, boulevard National. — Brides algériennes garnies de laine. **(ESPLANADE.)**

18. **TAYEBOUN MOHAMMED,** à Tibouine (Oran). — Sangles de selle. **(ESPLANADE.)**

COCHINCHINE.

1. **DYLESCHAMPS (Édouard),** Lieutenant de vaisseau, à Saïgon. — Voitures à bœufs cham du Cambodge. **(ESPLANADE.)**

2. Exposition permanente des Colonies, à Paris. — Harnachements.
(ESPLANADE.)

3. MARQUIS (M.-G.), à Giadinh. — Roues de voiture à buffles.   (ESPLANADE.)

4. Service local, à Saïgon. — Selle et accessoires.   (ESPLANADE.)

INDE FRANÇAISE.

1. Comité d'Exposition. — Charrette de voyage, chars indiens.   (ESPLANADE.)

MARTINIQUE.

1. Service local — Bride en agave, cravaches en liane de mer et en palmier.
Licou en agave.   (ESPLANADE.)

NOUVELLE-CALÉDONIE.

1. HOUETTE (Directeur du Pénitencier de Prony). — Fantaisie d'éperons.   (ESPLANADE.)

2. LOMBARD, vétérinaire, à la Nouvelle-Calédonie. — Fers à bœuf et fers à
marquer le bétail, manche de fouet, étriers.   (ESPLANADE.)

SÉNÉGAL.

1. AMADY NATAGO, Lam Toro, chef du **Toro,** (protectorat du Toro). —
Selle et bride de cheval.   (ESPLANADE.)

2. AMAR SALEUM, Roi des **Maures Trarza.** — Selle et bride de cheval,
selle et bât de chameau, selle de femme, Bât d'âne, auge en cuir.   (ESPLANADE.)

3. DIMBA WAR, Président des chefs du **Cayor,** (protectorat du Cayor). —
Frontal de bride, selle et bride de cheval, bât de chameau.   (ESPLANADE.)

4. HAMADOU BOUBAKAR, Toucouleur du **Bosséa.** — Bride de cheval.
(ESPLANADE.)

5. IBRAHIM N'DIAYE, Chef du **N'Diambour,** (protectorat du N'Diambour). — Selle et bride de cheval.   (ESPLANADE.)

6. MAHAMADOU TIAM, à Dagana. — Étriers, mors.   (ESPLANADE.)

7. NOIROT (Ernest), administrateur colonial. — Bâton de berger peuhl, collier
de cheval.   (ESPLANADE.)

8. SIDI ELI, Roi des **Maures Brakna.** — Tente de selle, selle de femme.
(ESPLANADE.)

PAYS DE PROTECTORAT.

ANNAM-TONKIN.

1. Exposition permanente des Colonies, à Paris. — Modèles de voitures et
moyens de transport. Harnachements. Palanquins   (ESPLANADE.)

2. Province de Hanoï. — Harnachement pour cheval de selle.   (ESPLANADE.)

CAMBODGE.

1. Exposition permanente des Colonies, à Paris. — Harnachements.
(ESPLANADE.)

2. Gouverneur de Battambang, à Battambang. — Bât d'éléphant.
(ESPLANADE.)

3. Ministre de la Guerre, à Phnom-Penh. — Bât d'éléphant.   (ESPLANADE.)

4. PLANTÉ, à Phnom-Penh. — Charrette à bœufs, cages à éléphants.
(ESPLANADE.)

TUNISIE.

1. AZOUZ, Général de la Garde beylicale, à la Marsa. — Selle arabe.   (ESPLANADE.)

2. LAMBERT (Maurice), à Tunis. — Sellerie et bourrellerie.   (ESPLANADE.)

PAYS ÉTRANGERS.

RÉPUBLIQUE ARGENTINE.

1. **Commission auxiliaire**, à Catamarca. — Dessous de selle. (PARC.)

2. **Commission auxiliaire**, à Jujuy. — Fouets, rênes, selles, etc. (PARC.)

3. **Commission auxiliaire**, à Santiago-del-Estero. — Monture complete. (PARC.)

4. **Commission auxiliaire**, à Tucuman. — Selles et harnais. (PARC.)

5. **FERNANDEZ-MURO (V.)**, à Buenos-Ayres. — Sangles pour chevaux. (PARC.)

6. **GUARDIA (Vincent)**, à Belgrano (Mendoza). — Couvre-selle. (PARC.)

7. **LUCA (Antoine)**, à Général Acha (Pampa Centrale). — Brides, etc. (PARC.)

8. **MATTALDI (E.)**, à Rosario (Santa-Fé). — Harnais. (PARC.)

9. **MEINERS (Frederic)**, à Espéranza (Santa-Fé). — Recado complet. (PARC.)

10. **NOGUÈS (Alexandre)**, à Rosario (Santa-Fé). — Harnais. (PARC.)

11. **PAILLASSA (Edouard)**, à Buenos-Ayres. — Fers pour chevaux. (PARC.)

12. **PESOA (P. Jean)**, à Corrientes. — Selles pour hommes et femmes. (PARC.)

13. **RIBAS (Lucinda)**, à Mercédès (Corrientes). — Cojinillo. (PARC.)

14. **VIDELA (Jean)**, à Buenos-Ayres. — Selles militaires et selles de course. (PARC.)

15. **VIERA (Louis)**, à Général Acha (Pampa Centrale). — Mors, éperons et cravache. (QUAI.)

AUTRICHE-HONGRIE.

1. **KÖLBER Frères**, à Budapest, VIII. Saletrom-Uteza, 5. — Carrosses. (PALAIS.)

BELGIQUE.

1. **BARBIER Frères**, à Swevezeele. — Voitures de luxe. (PALAIS.)

2. **CLAEYS**, à Bruges. — Voiture. (PALAIS.)

3. **COURTIN (Victor)**, à Auderghem. — Arçon de selle ; selle paquetée en tenue de parade et de campagne. Brochure explicative. (PALAIS.)

4. **DE BRUYN**, à Bruxelles, rue du Damier, 1. — Voiture. (PALAIS.)

5. **DE CEULENER (Henri)**, à Bruxelles, rue Stévin, 83. — Fers à cheval avec nouveau système de semelle et traverse en cuir. (PALAIS.)

6. **DE COCK (Émile)**, à Etterbeck, rue Froissard, 5. — Objets de sellerie et de harnachement civils et militaires. (PALAIS.)

7. **DE RUYTER**, à Bruxelles, boulevard de la Senne. — Voiture. (PALAIS.)

8. DIETEREN, à Bruxelles, chaussée de Charleroi. — Voiture.   **(PALAIS.)**

9. FONSON (Auguste), à Bruxelles, rue des Fabriques, 49. — Articles de harnachement et d'éperonnerie.   **(PALAIS.)**
Voir page d'annonce Groupe IV.

10. MEURIS & DRASSOU, à Bruxelles, rue Joseph II. — Voiture.   **(PALAIS.)**

11. MICHOTTE, à Namur. — Voiture.   **(PALAIS.)**

12. SANTY (Arthur), à Gand, rue Van-Wittenberghe, 5. — Lanternes, poignées et garnitures de voitures. Objets repoussés pour lanternes.   **(PALAIS.)**

13. SNUTZEL Frères, à Bruxelles, boulevard de Waterloo, 41. — Voiture.   **(PALAIS.)**

14. SNUTZEL Père, à Bruxelles, rue de l'Activité. — Voiture.   **(PALAIS.)**

15. Société anonyme des ferrures Dejean, (Directeur : **E. Dejean),** à Cureghem, rue des Mégissiers, 16. — Fers à cheval à bande de caoutchouc.   **(PALAIS.)**

16. THOMAS (Aug.) & Cie (Successeurs de **A. Le Roy),** à Bruxelles, quai des Charbonnages, 60. — Assortiment de ressorts pour camions et carrosserie.   **(PALAIS.)**

17. VANDENPLASSCHE, à Anvers. — Parc. Voiture.   **(PALAIS.)**

18. VERWILT & Fils, à Anvers. — Voiture.   **(PALAIS.)**

BRÉSIL.

(Voir son Catalogue spécial.)

CHILI.

1. Commissariat de l'Exposition du Chili, à Santiago. — Selles et éperons.   **(PARC.)**

2. FARIAS (Juan 2º.), à Mulchen. — Mors.   **(PARC.)**

3. HERRERA (Estanislao), à Valparaiso. — Ferrures.   **(PARC.)**

RÉPUBLIQUE DOMINICAINE.

1. Commission provinciale de Santiago. — Frein.   **(PARC.)**

2. LIEGO (T. Z.), à Santo-Domingo. — Selle.   **(PARC.)**

ÉGYPTE.

1. DAOUD, au Caire. — Selles et brides.   **(PALAIS.)**

ESPAGNE.

1. HOYOS VELA (Manuel de), à Ronda (Malaga). — Harnais.   **(PALAIS.)**
Classe 60.   2

2. IBARGUIENGOITIA (Ildefonso), à Madrid. — Tableaux pour tapisserie, harnais.   (**PALAIS.**)

3. LOPEZ (Zacarias), à Madrid. — Voitures.   (**PALAIS.**)

ÉTATS-UNIS.

1. Chapman Manuf. Co., à Meriden, Conn. — Clochettes, grelots et plumets de luxe pour traîneaux et attelages.   (**PALAIS.**)

2. DANN Brothers & Co., à New-Haven, Conn., Franklin street, 80. — Pièces détachées de carrosserie.   (**PALAIS.**)

3. HEALEY & Co., à New-York, N. Y., Broadway, near 42nd street. — Voitures de luxe.   (**PALAIS.**)

4. Jeffrey Manufacturing Co. (The), à Columbos, Ohio, East First avenue. — Spécimens de palonniers à ressort.   (**PALAIS.**)

5. KIMBALL (C. P.) & Co., à Chicago, Ill., Wabash avenue et Harrisson street. — Brougham, mail-phaéton, voiture légère de vitesse, traîneau.   (**PALAIS.**)

6. MARTIN & MARTIN, à New-York N. Y., Fifth avenue, 574. — Selle pour dames. Selle pour hommes. Harnais divers.   (**PALAIS.**)

7. National Harness Co., à Buffalo, N. Y., Seneca street, 85. — Harnais et articles de sellerie.   (**PALAIS.**)

8. Northrop Manuf. Co. (Sandford Northrop, Sec'y), à Camden N. Y., North Front street, 117. — Tricycles à vapeur.   (**PALAIS.**)

9. SHEPARD (H. G.) & Sons, à New-Haven, Conn. — Pièces détachées de carrosserie.   (**PALAIS.**)

GRANDE-BRETAGNE.

1. ALLDAYS & ONIONS (Limited), Great Western works, à Birmingham, Small Heath station. — Bicycles.   (**PALAIS.**)

2. BIRD (Frederick) & Co., à Londres, Great Castle street, Regent street, 11. — Bandes en caoutchouc pour roues de voiture.   (**PALAIS.**)

3. Cellular cloting Co. (Limited), à Londres, Aldermanbury, 75. — Couvertures de cheval.   (**PALAIS.**)

4. COCKER Brothers (Limited), à Sheffield. — Ressorts et essieux pour voitures.   (**PALAIS.**)

5. FORDER Brothers & Co., à Londres, Long Acre, 124, et à Wolverhampton. — Hansom avec ressorts spéciaux et toutes les améliorations.   (**PALAIS.**)

6. HARVEY (Matthew) & Co., à Wallsall. — Ajustements pour harnais.
                                                               (**PALAIS.**)

7. HOPTON (Thomas W.), à Londres, Broadwall, Stamford street. — Bois cintré, brancards en bois de chêne, en hickory et en frêne, roues de voitures, etc.
                                                               (**PALAIS.**)

8. Howe Machine Co., à Glasgow, avenue street Bridgeton. — Bicycles, tricycles et accessoires.   (**PALAIS.**)

9. HUMBER & Co. (Limited), à Paris, rue du Quatre-Septembre, 19, et à Londres, E. C., Holborn viaduc, 32. — Vélocipèdes, bicycles, tricycles, bicycles de sûreté et accessoires.   (**PALAIS.**)

10. MAC MULLEN & Son, à Hertford, Herts. — Petites voitures.   (**PALAIS.**)

11. MORGAN & Co. (Limited), à Londres W., Old Bond street, 10. — Cabriolets, mails, charrettes et voitures de toutes formes, harnais double et simple. (**PALAIS**.)

12. OLDAKER (F.) & Co., à Londres, Upper Brook street, et à Paris, rue de Chaillot, 85. — Harnais et bourrellerie. (**PALAIS**.)

13. OWEN (Joseph) & Sons, à Liverpool, St-Anne street, 67. — Toutes espèces de bois cintrés ou autrement fabriqués pour tout usage. (**PALAIS**.)

    Brancards cintrés en Bois de Lance, Hickory et Frêne.
    Cerceaux pour capotes de voitures, armons, jantes cintrées.
    Frêne scié et cintré pour caisses de voitures.
    Moyeux, jantes, rais.
    Roues d'Amérique.
    Panneaux de voitures.
    Timons.
    Barres servant à lever les cabestans, Anspect.

14. Quadrant Tricycle Co., à Birmingham, Sheepcote street. — Bicycles et tricycles. (**PALAIS**.)

15. Rudge cycle Co. (Limited), à Coventry et à Paris, rue Halévy, 16. — Bicycles et tricycles. (**PALAIS**.)

16. SINGER & Co., à Coventry. — Bicycles et tricycles. (**PALAIS**.)

17. STARLEY Brothers, à Coventry, Queen Victoria road. — Bicycles et tricycles. (**PALAIS**.)

18. SWAINE & ADENEY, à Londres, Piccadilly, 185. — Fouets et lanières, cornes de chasse et de mail, cannes, articles de sport. (**PALAIS**.)

19. WADSWORTH (Henry) & Son, à Halifax, Yorkshire, Patent Wheel Axle et Wagon works. — Produits du charronnage, roues. (**PALAIS**.)

20. WINDOVER (C. S.) & Co., (Limited), à Londres, Long Acre, 30, et à Paris, avenue des Champs-Élysées, 55. — Voitures. (**PALAIS**.)

21. WINDOVER (J. C.) & Co., à Manchester, Oxford street, 20. — Voitures. (**PALAIS**.)

GRECE.

1. DYPPEL Frères, à Athènes. — Harnais pour monture. (**PALAIS**.)

GUATEMALA.

1. MORALES (Silvestre), à Salama. — Licol, fouet en crin. (**PARC**.)

2. Municipalité de San Andrès de Itzapa, département de Chimaltenango. — Sellerie. (**PARC**.)

3. PERALTA (Juan M.) à Guatemala. — Sellerie. (**PARC**.)

4. RUANO (Pedro), à Jalapa. — Licol en crin. (**PARC**.)

5. ZOLORZANO (Manuel), à Jalapa. — Croupières. (**PARC**.)

ITALIE.

1. FERRETTI (Charles), à Rome. — Coupé de gala à 8 ressorts, mylord à 8 ressorts, coupé à 8 ressorts, landau. (**PALAIS**.)

2. Société anonyme des Omnibus, à Milan. — Modèle de la voiture-tramway, adopté par la Société. (**PALAIS**.)

JAPON.

1. Ministère de l'Agriculture et du Commerce (Direction de l'Industrie), à Tokio. — Sellerie, fouets.   **(PALAIS.)**

NORVÈGE.

1. GUNDERSEN et PEDERSEN, à Christiania. — Carriole norvégienne.
(PALAIS.)

2. LUND (A.), à Hamar. — Carriole norvégienne.   **(PALAIS.)**

3. RABBEN (Johan B.), à Eid, Soendhordland. — Roues en fer avec lubrificateur automatique.   **(PALAIS.)**

4. SOERENSEN & KLŒVSTAD, à Christiania. — Carriole norvégienne et traîneau.   **(PALAIS.)**

PAYS-BAS.

1. BLIJNES (J. J.), à Haarlem. — Photographies, plans et dessins de matériel de chemin de fer, de voitures, tramways et voitures de luxe.   **(PALAIS.)**

Représenté à l'Exposition par MM. J. et O.-G. Pierson , 96, rue du Faubourg-Poissonnière, Paris.

2. WOO (Pieter de), à Leeuwarden. — Chaises de la Frise.   **(PALAIS.)**

3. STAM (Gerrit), à Bennebroek. — Coupé avec roues à bandes élastiques.
(PALAIS.)

4. VETH (B.), (Successeur de **Henrich et Veth**), à Arnhem. — Victoria à ressorts, coupe circulaire , mylord à huit ressorts.   **(PALAIS.)**

PORTUGAL.

1. Companhia Carris de ferro de Lisbonne. — Selles, freins, etc.
(PALAIS.)

COLONIES PORTUGAISES.

1. Association industrielle portugaise, à Lisbonne. — Selle en bois (île de Santiago, Cap-Vert).   **(PALAIS.)**

ROUMANIE.

1. ABRAM (Stéfan), à Bucharest, rue Mosiloru, 93. — Voiture.   **(PALAIS.)**

2. CIOBANU (Dinca), à Davidesti (Muscel). — Petite roue en bois de chêne et hêtre.   **(PALAIS.)**

3. CONSTANTINESCO (Gheorghe), à Campu-Lung. — Bride en cuir, fouet et bridon de cuir blanc.   **(PALAIS.)**

4. MANDRÉA (M. T.) & Cie, à Bucharest, strada Viilor, 26. — Harnais, selles et divers objets de fer pour harnachements militaires.   **(PALAIS.)**

5. PUSAN (Josef), à Bucharest, strada Frumosà, 11. — Fers à cheval.
(**PALAIS.**)

6. ROTIA (Dimitritz), à Priboeni (Muscel). — Roue en bois.   (**PALAIS.**)

7. STANCU (Stanciu), à Barzesti (Muscel). — Roue en bois.   (**PALAIS.**)

8. STEFANESCU (Lazar), à Bucharest, rue Mosilor, 209.—Voiture à 4 roues.
(**PALAIS.**)

RUSSIE.

1. MOKHOFF (J.), à Moscou. — Ressorts pour équipages.   (**PALAIS.**)

2. THIEL (Ch.), à Moscou. — Harnais.   (**PALAIS.**)

GRAND-DUCHÉ DE FINLANDE.

1. Fabrique de voitures de Spennert, à Helsingfors. — Traîneau et voiture à 2 roues.   (**PARC.**)

2. Forges de Varesjoki, à Salo. — Ressorts et essieux.   (**PARC.**)

SALVADOR.

1. Département de Morazàn. — Martingale de maguey. Tape-yeux en cuir vert. Martingale en cuir tanné.   (**PARC.**)

2. Département de San-Salvador. — Rênes. Croupières. Martingale en crins de maguey.   (**PARC.**)

3. HERRADOR (Aparicio), à San-Salvador. — Éperons de voyage. Mors de mulet et de cheval.   (**PARC.**)

4. MARTINEZ (Jean), à San-Vicente. — Valise de voyage en cuir. Martingales cuir vert. Porte-cruches en pite.   (**PARC.**)

5. MERCEDÈS (S. François), à Chalatenango. — Martingales cuir vert. Martingales en maguey et vernies. — Sacoches fines de maguey.   (**PARC.**)

6. SALINAS (Clemente), à San-Miguel. — Selles pour hommes et dames.
(**PARC.**)

7. VALDERAS (Juan), à San-Vicente. — Selles.   (**PARC.**)

SERBIE.

1. DELITCH (Vasa), à Belgrade. — Carrosses.   (**PALAIS.**)

2. GEORGEVITCH (Triphoun), à Belgrade. — Ferrures.   (**PALAIS.**)

3. Manufacture royale d'armes et fonderie de canons, à Kragouyevatz. — Moyeu en bronze pour les voitures militaires, court et long. — Bâts de mulet. — Selle d'officiers avec accessoires.—Selle de cavalerie réglementaire. — Paire d'éperons. — Partie de roues. — Moyeu, rais et jantes.   (**PALAIS.**)

4. OBRKNEJEVITCH (Miloche), à Belgrade. — Carrosses.   (**PALAIS.**)

5. ODAVITCH (Louka) & AVRAMOVITCH (R.), à Belgrade.—Licous.
(**PALAIS.**)

RÉPUBLIQUE SUD-AFRICAINE.

1. Gouvernement de la République (Le), à Pretoria. — Jougs, brides
pour bêtes de somme, fouets, cravaches.   (**ESPLANADE.**)

SUISSE.

1. BAER (Henri), à Zurich. — Harnais.   (**PALAIS.**)
   Harnachement de luxe, attelage grand'guides à quatre chevaux, harnais carrosse, harnais
américains et harnais tandem, harnais cabriolet, harnais poste, harnais Viennois, selles, brides,
licols, couvertures de luxe et élastiques. Tous articles d'écurie. Ouvrages très soignés à la main.
   Fabrication pour l'exportation.

2. GEISSBERGER (I. Caspar), à Riesbach, (Zurich). — Voitures.   (**PALAIS.**)

3. HIGY (Jean), à Bâle. — Harnais complets.   (**PALAIS.**)

4. IMHOF (J. George), à Noirmont, (Berne). — Harnais pour omnibus.
                                                              (**PALAIS.**)

5. RUEGSEGGER (C. Éduard), à Berne. — Selle anglaise, selle ordonnance
pour officiers suisses.   (**PALAIS.**)

GROUPE VI.

OUTILLAGE ET PROCÉDÉS DES INDUSTRIES MÉCANIQUES. ÉLECTRICITÉ.

CLASSE 61.

Matériel des chemins de fer.

FRANCE.

1. Administration des Chemins de fer de l'État, à Paris, rue de Châteaudun, 42. — M. **Cendre,** Directeur ; M. **Matrot,** Chef de l'Exploitation ; M. **Bricka,** Ingénieur en chef de la voie et des bâtiments ; M. **Parent,** Ingénieur en chef du matériel et de la traction ; M. **Huguet,** Ingénieur en chef, attaché à la direction. (Magasins et contrôle aux Usines.) **(PALAIS.)**

Pont de chargement roulant, 5 m de long sur 1 m 90 de large ; poulain en tôle d'acier emboutie, 4 m sur 0 m, 40 ; brouette à bagages en fer, à deux roues, 2 m, 255 sur 1 m ; machine à charger et à décharger les fûts, 2 m, 40 sur 1 m, avec fût pouvant atteindre, une fois plein, un poids de 8 à 900 kilogs ; lanterne à main, au pétrole, complète ; lampe de lanterne à main, coupée pour montrer la disposition des feutres intérieurs. Pièce n° 365 bis de la nomenclature. — Voie posée sur traverses métalliques. — Petit matériel de voie (coussinets E. P., coussinets E. C. — Coins en acier, système David. — Boulons d'éclisse indesserrables). — Branchement à deux voies avec cœur de croisement en acier coulé, posé sur traverses métalliques. — Appareil Asser (type A, avec serrure pour voies principales et transmissions aériennes ; type B, sans serrure pour voies accessoires). — Levier de manœuvre d'un appareil de voie ou d'un signal enclenché électriquement. — Appareil Saxby modifié avec enclenchement électrique et verrouillage à distance. — Appareil d'enclenchement, système Vignier modifié. — Potence pour signaux de 4m de portée en rails Vignole. — Potence pour signaux de 7m54 de portée. — Treuil fixe pour la manœuvre des chariots roulants et des wagons. — Taquet d'arrêt enclenché avec une lame d'aiguille. — Enclenchements, système Gourguechon. — Barrière manœuvrée à distance avec appareil d'appel. — Clôtures métalliques avec portillon. — Pont volant pour chargement des bestiaux. — Appareil contrôleur de vitesse. — Appareil contrôleur de cloches et appareil contrôleur de trains, système Metzger. — Appareil de manœuvre d'appareils isolé avec enclenchement électrique. — Appareil contrôleur d'aiguille Chaperon. — Transmissions aériennes — Galvanomètre pour P. N. — Cloche électrique avec inducteur. — Horaire électrique. — Fontaine pour gares. — Dessins de la gare de Nantes. — Albums de dessins et notices. — Locomotive à six roues couplées, avec disposition Compound, système Mallet (transformée aux ateliers de Saintes). — Locomotive à quatre roues couplées, avec distribution genre Corliss, système Bonnefond (constructeur : Société alsacienne de constructions mécaniques, à Belfort). — Voiture de 2e classe ordinaire, type 1880 (constructeur : La Buire). — Voiture de 3e classe ordinaire, type 1880 (constructeur : Cie Fse de matériel de chemin de fer, à Ivry). — Voiture de 1re classe à bogies, type 1888 (constructeur : Société Générale des Forges et Ateliers de Saint-Denis). — Voiture de 2e classe à bogies, type 1888 (constructeur : Société Générale des Forges et Ateliers de Saint-Denis). — Voiture de 3e classe à bogies, type 1888 (constructeur : Société Générale des Forges et Ateliers de Saint-Denis). — Cylindre de locomotive à tiroirs cylindriques, soupapes de rentrée d'air et accessoires divers, système Ricour. — Dessins divers de matériel roulant.

Classe 61.   1

2. ALESMONIÈRES (C.-M.-E. Auguste), à Thonon (Haute-Savoie). — Tramway funiculaire de Rives à Thonon, à contre-poids d'eau. Dessins et vues, rail pour tramways. **(PALAIS.)**

3. AMAIL (Léopold), à Paris, avenue Ledru-Rollin, 7. — Appareils d'éclairage pour chemins de fer, marine, villes, communes, etc. **(PALAIS.)**

4. Anciens Établissements Cail, (Société des) à Paris, quai de Grenelle, 15. — Matériel de chemin de fer. **(PALAIS.)**

Société anonyme, capital 20,000,000. — Succursales à Denain et à Douai.

Récompenses : 2 Grands prix et 7 méd. à Paris 1878. — 3 diplômes d'honneur, 1 méd. or, Amsterdam 1883 — 6 diplômes d'honneur, 3 méd. or, Anvers 1885.

1 Locomotive Crampton, fournie en 1849 à la « Cie du Nord français, » ayant parcouru à ce jour 1,200,000 kilomètres ; 1 Locomotive Tender, à 4 essieux couplés, système de Bange ; 1 Truc muni d'essieux, système de Bange, à roues convergentes, breveté S. G. D. G. ; 1 Locomotive Tender, à 6 roues couplées (Achiet à Bapaume) et 1 Locomotive Tender de 4 tonnes pour voies agricoles : Locomotives sans foyer, système Francq, brevetées S. G. D. G. (Dessins et photographies). Dessins et photographies de matériel de Chemins de fer. — Pavillon d'Exposition de la Société, près du Palais des Machines, côté La Bourdonnais.

5. AOST & GENTIL, à Paris, rue du Faubourg-Saint-Denis, 188. — Spécimens de dessins de gare. **(PALAIS.)**

6. Ateliers de construction du Nord de la France, à Blanc-Misseron, Crespin (Nord).—Voiture-salon pour chemins de fer économiques, wagons de 15 tonnes pour transport de minerais, voie normale. **(PALAIS.)**

7. AUBRY (J.-J.) & Cie, à Paris, rue Château-Landon, 8.— Modèle de chemin de fer économique par le parcours des courbes de petit rayon. **(PALAIS.)**

8. BAILLEHACHE (E. de), à Paris, boulevard Péreire, 54. — Block-system, combiné avec contre-rails isolés signalant l'arrivée des trains ou machines. **(PALAIS.)**

9. BARBIEUX-SEMAL (Fréd), à Paris, rue de Dunkerque, 24. — Modèle d'un couvre-plomb des wagons de douane. **(PALAIS.)**

10. BEAUME (Léon), à Boulogne-sur-Seine, avenue de la Reine, 66. — Pompes. **(PALAIS.)**

11. BERNARD (Auguste F.-L.), à Paris, boulevard de Denain, 12. — Traverse métallique avec accessoires, traverse en bois assemblés, boulons à écrou indesserrable montés sur une paire d'éclisses. **(PALAIS.)**

12. BOSQUET & PARUIT, à Arreux (Ardennes). — Boulons, vis, chaînettes. **(PALAIS.)**

Fournisseurs de l'Artillerie et des chemins de fer.

13. BOUCHACOURT, MAGNARD & Cie, à Fourchambault (Nièvre). — Boulons et accessoires de voie. **(PALAIS.)**

14. BOUGOUIN (Lucien), à Paris, boulevard Diderot, 38. — Coussinets et paliers. **(PALAIS.)**

15. BOURGOIN (Nicolas), à Levallois-Perret, rue de Cormeille, 32. — Voiture à vapeur, brevetée, s. g. d. g. Maison Bourgoin et Decorce. **(PALAIS.)**

Nouveau système d'application de la vapeur ou de toute autre force motrice à la locomotion. Voitures de tous modèles, montant toutes les côtes, marche de 20 à 30 kilomètres à l'heure.

16. BOYENVAL (E.) PONSARD et Cie, à Paris, rue d'Amsterdam, 65. — Traverses métalliques. **(PALAIS.)**

Traverses cannelées en acier, brevetées S. G. D. G. pour Chemins de Fer et Tramways.

17. BOYRIVEN Frères, à Paris, rue Lepeletier, 37. — Galons passementerie, pour garniture de wagons. **(PALAIS.)**

18. BRIET (Victor), à Saint-Maur-les-Fossés (Seine), rue des Remises, 19. — Appareil de sécurité pour les compagnies et les voyageurs. **(PALAIS.)**

19. BROCA (George A.), à Paris, quai de la Mégisserie, 18. — Rail à gorge et à patin, voie entièrement métallique, modèles, dessins, échantillons, types, divers.

(PALAIS.)

20. BRUNON, à Rive-de-Gier (Loire). — Roues métalliques pour affûts, obus.

(ESPLANADE.)

Fabrication spéciale de roues, de wagons en fer à rayons simples et doubles, type Brunon, de roues entièrement métalliques avec rais en acier et moyeu en fer pour voitures, chariots et affûts d'artillerie, de projectiles emboutis en tôle d'acier fondu et de ferrures embouties de toutes sortes pour affûts, flasques, flèches et plaques de recouvrement. Embases de dôme de chaudières de locomotives, embases et pavillons de cheminées, boîtes et boissons en fer forgé sans soudure, pour tampons de wagons et de locomotives.

Traverses métalliques avec attaches spéciales.

Récompenses :

1873 Vienne, 1876 Philadelphie, 1878 Paris, 1885 Anvers.

21. BUZOT (Fortuné F.-B.), à Levallois-Perret (Seine), rue Poccard, 15. — Modèle d'un frein à ellipse, machine, vagonnet. **(PALAIS.)**

22. CAILLARD Frères, au Havre (Seine-Inférieure). — Matériel pour le service de l'exploitation des chemins de fer. **(PALAIS.)**

23. CAMUS (Léon), à Paris, rue Sedaine, 14. — Serrures de portières, poignées, charnières, cuivreries. **(PALAIS.)**

24. CAUVIN-YVOSE (E.), Petit-Fils et Successeur de **Yvose-Laurent,** à Paris, rue de Lyon, 55. — Sacs, bâches, prolonges, etc. **(PALAIS.)**

Fournisseur des Compagnies des Chemins de fer et du Ministère de la Guerre. Diplôme d'honneur à l'Exposition d'Anvers 1885. Médaille d'or la plus haute récompense, Exposition de Barcelone 1888. Tissage filature et corderie à Saleux-Salouel (Somme). Usine à Amfreville-la-Mivoie (Seine-Inférieure). Toiles enduites pour bâches de wagons, rideaux, tabliers de vigie. Tabliers de boîtes à graisses. Toiles écrues. Toiles sablées, etc. etc. Nappes pour groupage de petits colis. Sacoches de douane, etc. etc. Prolonges écrues et goudronnées. Câbles en fil d'acier. Cordes à aiguillettes, etc. etc. Vente et location. Toiles vertes, peintes, transparentes, à sacs et d'emballage.

25. CHAIX, Imprimerie et Librairie centrale des chemins de fer, (Société anonyme) à Paris, rue Bergère, 20. — Publications et cartes relatives à l'exploitation des chemins de fer. **(PALAIS.)**

26. CHARPENTIER (L.), à Saint-Ouen (Seine), rue des Rosiers, 37. — Toiles imperméables, sacs, bâches, stores, etc. **(PALAIS.)**

27. CHATEAU Père et Fils, à Paris, rue Montmartre, 118. — Horloges de chemins de fer, enregistreurs, contrôleurs, rouages d'alarme. **(PALAIS.)**

28. CHAUDRON (Jean-Baptiste), à Paris, rue Marcadet, 321. — Déblayeur, nettoyeur automatique des voies de tramways. **(PALAIS.)**

29. CHEVALIER (E.), à Paris, quai de Grenelle, 61. — Wagon. **(PALAIS.)**

Médaille d'argent aux Expositions universelles de 1867 et 1878. Médaille d'or à l'Exposition universelle d'Amsterdam 1883.

30. CHOQUET (Auguste), à Paris, rue Corbeau, 19. — Signaux, drapeaux, cornes d'appel. **(PALAIS.)**

31. CLÉMENCET, à Bordeaux, rue Pelleport, 117. — Tableaux, projets de chemins de fer. **(PALAIS.)**

32. COCHARD (Henri G.), à Paris, rue Oberkampf, 6. — Outillage de pose et d'entretien de la voie, petit matériel des gares, outillage pour locomotives et tenders-gabarits. **(PALAIS.)**

Règles à devers, anspects, pinces, pelles, pioches, pics, manches d'outils, pelles en bois. Gabarits d'écartement, de sabotage et de vérification d'inclinaison.

Brouettes de terrassiers, brouettes à bagages, brouettes de tous modèles.

Diables, cabrouets, tricycles, poulains, ponts de chargement.

Crics, vérins, treuils, palans différentiels, moufles, chaînes.

33. Compagnie anonyme des Forges de Châtillon et Commentry, à Paris, rue La Rochefoucauld, 33. — Bandages et essieux pour machines et wagons. Profils de rails, montages d'acier, boîtes à graisse. **(PALAIS.)**

34. Compagnie Continentale d'Exploitation des Locomotives sans foyer, Directeur : (**Léon-E. Francq**), à Paris, avenue Kléber, 15. — Locomotives à vapeur sans feu avec générateur fixe d'alimentation. **(PALAIS.)**

Plans, photographies des applications faites aux Tramways. — Études de traction de chemins de fer métropolitains. — Transbordeurs à vapeur sans foyer pour les gares de chemins de fer. — Application du détendeur et du réchauffeur de vapeur aux locomotives ordinaires des chemins de fer. Récompenses : Médaille d'argent à l'Exposition universelle de Paris, 1878 ; Médaille d'or à l'Exposition d'Amsterdam, 1883.

35. Compagnie de Fives-Lille, à Paris, rue Caumartin, 64. — Locomotives pour voie normale et voie étroite. **(PALAIS.)**

Locomotive-tender de 32 tonnes à 3 essieux couplés, modèle de la banlieue de l'Ouest. — Locomotive de 22 tonnes à trois essieux couplés et son tender pour voie d'un mètre, modèle des chemins de fer de la République Argentine.
Divers dessins et photographies.

36. Compagnie des Chemins de fer de Bône à Guelma, à Paris, rue d'Astorg, 7. — Modèles et dessins d'ouvrages métalliques, voiture mixte, locomotive, fourgon (voies normale et de 1 mètre). **(PALAIS.)** .

Locomotive, fourgon et voiture à bogies à couloir central pour voie de 1 ^{m} ; voiture à bogies à couloir en Z (type Desgrange) pour voie de 1 ^{m}, 45 ; traverses bois et métal ; carte murale, photographies, statistiques, tableaux graphiques.

37. Compagnie des Chemins de fer de l'Est, à Paris, rue et place de Strasbourg. — M. **Van Blarenberghe,** Président du Conseil d'administration ; M. le Cte **Reille,** Vice-Président ; M. **Barabant,** Directeur de la Compagnie ; M. **Petsche,** Ingénieur en chef de la voie ; M. **Salomon,** Ingénieur en chef du matériel et de la traction. **(PALAIS.)**

Matériel fixe et matériel roulant. — Machine à essayer les huiles. — Photographies et dessins.

38. Compagnie des Chemins de fer de l'Est-Algérien, à Paris, rue Pasquier, 31. — Cartes du réseau. Albums et photographies. **(PALAIS.)**

39. Compagnie des Chemins de fer du Midi et du Canal latéral à la Garonne, à Paris, boulevard Haussmann, 54. — M. **Blagé,** Directeur ; M. **Damas,** Chef de l'exploitation ; M. **Millet,** Ingénieur en chef du matériel et de la traction ; M. **Choron,** Ingénieur en chef de la voie et des lignes nouvelles. **(PALAIS.)**

Locomotive G. V. et son tender. Locomotive à marchandises. — Voiture de 1re classe à coupés-lits et toilette. — Voiture de 1re classe à compartiments communiquant et toilette. Voiture de 2e classe. — Voiture de 3e classe. Wagon à messagerie. Wagon plate-forme. Éléments constitutifs de la voie. — Appareils d'enclenchement. Pont à bascule de 20 t. — Chariot sans fosse. — Appareils télégraphiques. Dessins. — Projet de la nouvelle gare de Bordeaux

40. Compagnie des Chemins de Fer du Nord, M. **Félix Mathias,** Ing. chef de l'exploit. ; M. **Ferd. Mathias,** Ing. chef du matériel de la traction ; M. **Boucher,** Ing. en chef des trav. et de la surveil. de la voie, à Paris, rue de Dunkerque, 18. **(PALAIS.)**

Locomotive à bogie pour express. - Locomotive Compound pour trains mixtes. - Locomotive, type Woolf pour marchandises. - Machine de manutention. - Groupe de machines-outils actionné par un moteur électrique. - Voitures-Tramways à 6 essieux et à couloir intérieur. - Voiture de 1re classe avec lits et cabinet de toilette. - Wagons à 2 trains pour les fers longs. - Voie en rails de 43 k. - Sortie d'une voie étroite d'une voie à 4 rails. - Traverses métalliques. - Chariot sans fosse. - Potence pour signal. - Appareils d'enclenchement. - Compensateur pour transmissions par fils. - Indicateurs et signaux. - Appareils électriques pour le contrôle des signaux et des aiguilles. - Appareils de correspondance. - Grosses sonneries. - Électro-sémaphores avec enclenchement des manivelles. - Avertisseurs à lanterne. - Appareils d'éclairage électrique. - Cabestan électrique. - Manœuvre électrique d'aiguilles. - Accumulateurs. - Appareils télégraphiques.

41. Compagnie des Chemins de fer de l'Ouest, à Paris, rue de Rome, 20. — M. **Marin,** Directeur de la Compagnie ; M. **Clerc,** Directeur des travaux ; M. **Morlière,** Ingénieur en chef de la voie ; M. **Clérault,** Ingénieur en chef du matériel et de la traction ; M. **Bou'ssou,** Ingénieur du matériel fixe.   **(PALAIS.)**

Locomotive express à voyageurs à 2 essieux accouplés, avec bogie à l'avant et son tender. — Locomotive express à voyageurs à 2 essieux accouplés. — Voiture de 1re classe contenant un salon à 4 lits avec water-closet. — Voiture mixte pour trains-tramways. — Fourgon dynamomètre. — Modèle d'arche en briques pour foyer de locomotive. — Changement de marche à vapeur. — Tendeur à déclenchement. — Intercommunication par l'air comprimé. — Accouplements divers pour le frein Westinghouse. — Enregistreur des oscillations des ressorts des machines, etc. — Voies entièrement métalliques avec rail de 44 kilogr. — Voie vignole posée sur coussinets. — Spécimen de traverses en hêtre créosoté relevées de la voie après 5, 10, 15 et 20 ans de service. — Appareils de cantonnement électrique et mécanique. — Trois dessins d'appareils hydrauliques installés à la gare St-Lazare. — Plan en relief de la gare St-Lazare.

42. Compagnie des Chemins de fer de Paris à Lyon et à la Méditerranée, à Paris, rue Saint-Lazare, 88.— M. **Noblemaire,** Directeur ; M. **Picard,** Chef de l'exploitation ; M. **Henry,** Ingénieur en chef du matériel et traction ; M. **Denis,** Ingénieur en chef de la voie.   **(PALAIS.)**

Exploitation : Block-system enclenché. — Contrôleur de disque et d'aiguille. — Avertisseur de passage à niveau. — Lanterne à gaz à mise en veilleuse automatique. — *Matériel et traction* : Deux locomotives à 4 cylindres. — Une voiture lits-salon. — Trois voitures de 1re à bogies : l'une à couloir et 8 compartiments, l'autre à couloir, salon central et 4 compartiments ; la troisième, sans couloir, à 6 compartiments ordinaires et 2 fauteuils — Une voiture de 3e. — Chronotachymètre P. L. M. — *Voie* : Appareils Vignier-Saxby. — Appareils Dujour pour manœuvre et calage d'aiguille par un seul levier. — Manœuvres d'aiguille par fils. Disque automoteur Aubine. — Compensateur Dujour pour fils de disques.
Gares de triage de Villeneuve-St-Georges et de Dijon (vues panoramiques par M. Hugo d'Alesi).

43. Compagnie des Chemins de fer de Paris à Orléans, à Paris, place Valhubert. — M. **Heurteau,** Directeur de la Compagnie ; M. **Pader,** Chef de l'exploitation ; M. **Rougier,** Directeur des travaux ; M. **Brière,** Ingénieur en chef de la voie ; M. **Polonceau,** Ingénieur en chef du matériel et de la traction.

(PALAIS.)

Locomotive pour train de voyageurs à grande vitesse et son tender. — Locomotive pour trains de voyageurs sur les lignes à forte rampe et son tender. — Voiture de 1re classe avec couloir latéral, pour trains rapides. Voiture de 1re classe à 4 compartiments — Fourgons et wagon à lit. — Pont tournant. — Chariot à vapeur. — Pièces diverses de machines et d'outillage. — Grue roulante. — Appareils divers de la voie et signaux. — Dessins et objets divers.

44. Compagnie des chemins de fer de l'Ouest-Algérien, à Paris, rue de la Tour-des-Dames, 1.   **(PALAIS.)**

45. Compagnie du Chemin de fer de Saint-Quentin à Guise, à St-Quentin (Aisne), place du Huit-Octobre, 17. — Appareil pour régler les fusées de locomotives.   **(PALAIS.)**

46. Compagnie des Chemins de fer du Sud de la France, à Paris, rue d'Anjou, 78. — Appareils de déviations, albums, locomotive, voiture mixte.   **(PALAIS.)**

Appareils de déviations de voie pour lignes à 4 files de rails. Voiture mixte à trains articulés. Ponts de 45 à 65 mètres, fondés sur pieux métalliques à vis.

47. Compagnie des Fonderies et Aciéries de Saint-Etienne, Délégué : **Cholal (Adrien),** à Saint-Etienne (Loire). — Pièces diverses de forge pour le matériel des chemins de fer.   **(PALAIS.)**

48. Compagnie des Fonderies et Forges de l'Horme, (Chantiers de la Buire), à Lyon (Rhône), rue Rachais, 32. — Matériel roulant.   (**PALAIS.**)

Voitures à voyageurs et wagons à marchandises de tous systèmes pour les grandes Compagnies de chemins de fer. Matériel fixe pour les grandes lignes. Ponts, charpentes, changements de voie, chariots transbordeurs, grues fixes et roulantes, machines élévatoires, grues hydrauliques. Traverses métalliques (brevetées s. g. d. g.) Matériel fixe et roulant pour les lignes départementales. Matériel léger et économique fixe et roulant pour les chemins de fer vicinaux. Matériel pour entrepreneurs. Voitures de Tramways de tous systèmes. Voitures de luxe de toutes sortes, sleeping-car, wagons-salons, wagons-restaurants. Trains de luxe complets. Train royal d'Italie. Train impérial pour la Chine. Pièces détachées de toutes sortes pour wagonnage. Pièces forgées à la Presse hydraulique.

49. Compagnie des Hauts-Fourneaux, Forges et Aciéries de la Marine et des Chemins de fer, à Saint-Chamond (Loire). — Matériel de chemins de fer.   (**PALAIS.**)

Rails, essieux montés, essieux, bandages, cintres, ressorts, etc. exposés dans la classe 41.

50. Compagnie des Omnibus et Tramways, à Lyon, place de la Charité, 6. — Locomotive sans foyer, voiture mixte, voiture de deuxième classe.   (**PALAIS.**)

51. Compagnie des tramways du Département du Nord, à Lille, rue Auber, 2. — Locomotive sans foyer.   (**PALAIS.**)

52. Compagnie d'Exploitation des Tramways, réseau Sud de Paris, à Paris, Place Vendôme, 15. — Voiture de tramway.   (**PALAIS.**)

53. Compagnie Française de matériel de chemins de fer, à Ivry-Port (Seine), rue Nationale, 57. — Voiture de 1re classe à bogies et à intercommunication.   (**PALAIS.**)

Avec compartiments isolés à portières latérales s'ouvrant d'un côté sur la voie et de l'autre sur un couloir extérieur en Z. Matériel fixe et roulant, tramways, signaux, plaques, grues, changements, croisements. Ponts et charpentes en fer, ponts démontables, système Seyrig, constructions métalliques. Distinctions aux Expositions universelles : 1867 Médaille d'argent. 1873 Diplôme d'honneur. 1878 Médaille d'or.

54. Compagnie générale des Omnibus (Société anonyme), à Paris, rue Saint-Honoré, 155. — Voie Marsillon avec appareil de changement de voie; voiture tramway.   (**PALAIS.**)

55. CORPET (Lucien), à Paris, avenue Philippe-Auguste, 117. — Locomotives de toutes puissances et de toutes largeurs de voie.   (**PALAIS.**)

Spécialité de locomotives de toutes puissances et à voies diverses. Forges et chaudronnerie. Voir classe 49 une locomotive à voie de 60 centimètres et pesant 1600 kilos.
Spéciale pour service d'usine et exploitations agricoles (Exposition Paupier).

56. COULAUD & Cie (Noël), à Paris, rue d'Angoulême, 90 bis. — Montures de stores pour chemins de fer, voitures, bateaux et appartements.   (**PALAIS.**)

Nouveau système de relèvement des stores, breveté s. g. d. g. en France et à l'Étranger, fournisseur de l'État, des chemins de fer français et étrangers, tramways, omnibus, voitures et appartements. Industries diverses.

57. CUAU Aîné et Cie, à Paris, rue Championnet, 234. — Injecteurs aspirants automatiques, injecteurs non aspirants, pulsomètres à lames, dessins.   (**PALAIS.**)

Ejecto-injecteurs automatiques pour l'alimentation des locomotives, aucune perte d'eau, pas de ratés. — Auto-injecteurs pour l'alimentation des locomotives; simplicité, fonctionnement sûr. Pulsomètres pour l'alimentation des grues hydrauliques et le lavage des locomotives. Ejecteurs pour remplir les tenders et le lavage des locomotives.

58. DAMON (A.) & Cie, (ancienne Maison **Krieger**), à Paris, rue du Faubourg-Saint-Antoine, 74. — Plafonds de voiture de chemin de fer, ébénisterie et menuiserie intérieure.   (**PALAIS.**)

59. DAVID (A.), à Charleville (Ardennes). — Forges portatives pour chemins de fer. Soufflets de forge.   (**PALAIS.**)

60. DECAUVILLE Ainé, à Petit-Bourg. — Matériel des chemins de fer.
(PALAIS.)

61. DEFLASSIEUX Frères, à Rive-de-Gier (Loire). — Roues en fer forgé, autres pièces pour le matériel des chemins de fer. **(PALAIS.)**

62. DELETTREZ (Léon), à Paris, rue Taitbout, 29. — Attaches pour traverses métalliques. **(PALAIS.)**

63. DERVAUX-IBLED (Ernest), à Vieux-Condé (Nord). — Appareils pour matériel fixe des gares, ferrures de wagons, tenders, chaines, crochets, etc. **(PALAIS.)**

64. DESOUCHES-DAVID & Cie, à Pantin, route des Petits Ponts, 37. — Matériel roulant (voie de 1 mètre). **(PALAIS.)**

65. DESPREZ (J⁹), E.-Marius, à Saint-Quentin (Aisne), rue du Collège, 27. Wagonnet, appareil d'atténuation des chocs en chemins de fer à l'aide de ressort compensateur ou à contre-choc (système Desprez). **(PALAIS)**

66. DIÉTRICH (de) et Cie, à Lunéville (Meurthe-et-Moselle). — Voitures, voie de 1 mètre. **(PALAIS.)**

Récompenses: Prize Medal, Londres 1851.—Médaille d'honneur, Paris 1855 et Londres 1862. Médaille d'or et Prix du Nouvel ordre de récompenses, Paris 1867. — Médaille de Progrès, Vienne 1873. — Médaille d'or, Barcelone 1888.

67. DIGEON (J.-H.), à Paris, rue de Lancry, 56. — Dynamomètre. **(PALAIS.)**

68. DUCOUSSO (Th.), à Paris, rue de Rennes, 124. — Appareil magnéto-électrique, avertisseur du passage des trains. **(PALAIS.)**

69. ESTRADE, au Château de Canohés, près Perpignan (Pyrénées Orientales).— Locomotive et son tender, voiture mixte. **(PALAIS.)**

70. FAUCHET-DOUSSIN (George-A.), à Boulogne (Seine), Boulevard du Quatre-Septembre, 75. — Fabrique de bois cintrés, cintres de wagons, etc. **(PALAIS.)**

71. FAUCILLE Fils (Jules et Hippolyte), à Paris, rue du Château-d'Eau, 9. — Bâches pour wagons de chemins de fer et voitures fouragères, caparaçons pour chevaux. **(PALAIS.)**

72. FAUGIER A. & Cie, à Lyon (Rhône), 11, Place Perrache. — Boulons pour éclisses, crampons, tirefonds pour matériel fixe de chemins de fer et tramways. **(PALAIS.)**

73. FÉRAUD (A.-Lucien), à Paris, Place des Batignolles, 8. — Amélioration de la suspension des voitures de chemins de fer et de tramways par l'application en dedans des menottes des ressorts à lames. **(PALAIS)**

74. FLAMANT, à Paris, rue du faubourg Saint-Denis, 185. — Tampons, graisseurs, etc. **(PALAIS.)**

75. FLAMERY (Pierre-A.), à Fontainebleau, (Seine-et-Marne), rue Béranger, 18. — Machine routière. **(PALAIS.)**

Machine à vapeur routière perfectionnée, force 2 chevaux, pivotant sur place ; mouvement caché applicable à toute industrie. Direction très facile, arrêt instantané.

76. GAILLOT & GALLOTTI, à Paris, rue Nouvelle, 3. — Chemin de fer tramway. **(PALAIS.)**

77. GARNIER (Paul), à Paris, rue Taitbout, 6. — Horlogerie pour chemins de fer, compteurs, tachymètres, enregistreurs de vitesses, dynamomètre d'inertie.
(PALAIS.)

78. GÉNIE CIVIL (Le), Revue générale hebdomadaire des Industries françaises et étrangères, à Paris, rue de la Chaussée-d'Antin, 6. — Collection de volumes et numéros. **(PALAIS.)**

79. GILLET (Stanislas-D.), à Paris, boulevard Henri IV, 32. — Appareils d'éclairage, huile, pétrole, essence, tôlerie, ferblanterie, appareils perfectionnés et nouveaux. **(PALAIS.)**

80. GOSCHLER (Charles), à Paris, rue Erlanger, 49. — Traité de l'entretien et de l'exploitation des chemins de fer. **(PALAIS.)**

81. GRILLOT (Augustin.-L.-G.), à Paris, rue Oberkampf, 62. — Appareil de déclenchement, automoteur, système Aubine, pour la protection des trains par eux-mêmes. **(PALAIS.)**

82. GRONIEZ, à Paris, quai d'Anjou, 43. **(PALAIS.)**

83. GRUSON (Désiré.-L.), Calais (Pas-de-Calais), rue des Prairies, 22. — Appareil d'attelage automatique pour wagons de chemins de fer. **(PALAIS.)**

84. GUILLOTEAUX (G.-H.-Édouard), à Paris, avenue d'Orléans, 19. — Tableaux avec échantillons de recouvrements en cuivre et en fer pour carrosserie et chemins de fer. Tubes et pièces laiton étiré. **(PALAIS.)**

85. GUITARD (Emile.-E.), à Paris, rue d'Angoulême, 8. — Dessins d'un wagon, élévation, coupe longitudinale et plan, avec application de divers systèmes de chauffage des voitures de voyageurs. **(PALAIS.)**

  Chauffage par l'eau chaude, au moyen de bouillottes fixes et par l'emploi de la vapeur, soit de la locomotion, ou par une petite chaudière placée à volonté, dans quelques parties que ce soit du train, s'adaptant aux trains mixtes, chauffant en marche, au degré demandé sans entrer dans les compartiments. Médaille d'or, Barcelone 1888. G. VI. Cl. 61.

86. GUYENET (Constant), à Paris, boulevard Magenta, 83. — Chargeur de rails (dessins). **(PALAIS.)**

  Les appareils sont exposés en nature sur les wagons de la Cie d'Orléans, Cie dans laquelle ils sont en service depuis longtemps. Récompenses obtenues par M. Guyenet: Médaille d'argent, Paris 1878 ; Médaille d'argent, Barcelone 1888.

87. GUYOT (Emile.-L.-M.), au Parc-Saint-Maur (Seine), avenue de l'Est, 57. — Appareil automatique pour accrocher et décrocher les wagons. **(PALAIS.)**

88. HAAG (P.-E.), à Paris, rue Chardin, 11 bis. — Projet de chemins de fer métropolitains à Paris. **(PALAIS.)**

89. HARTY (Louis), à Paris, avenue Rapp, 10. — Voie entièrement métallique à rails sur longrines. **(PALAIS.)**

90. HENRY-LEPAUTE, à Paris, rue Lafayette, 6. — Horloges et régulateurs pour chemins de fer. Unification de l'heure, réglage électrique. **(PALAIS.)**

91. HUMBERT (Edmond), à Paris, rue Miromesnil, 71. — Voie métallique pour tramways et chemins de fer sur routes. Frein automatique pour plans inclinés. **(PALAIS.)**

92. Journal des Transports (Le), Directeur : **Avérous Charles**, à Paris, rue Malher, 15. — Collection du journal et ouvrages divers. **(PALAIS.)**

93. JULLIEN (Paul-M.), FOURNIER (Victor) & BROCA (George A.), à Paris, rue du Rocher, 60. — Modèle à 1/20 (plans et notices) d'un chemin de fer aérien proposé pour Paris. **(PALAIS.)**

94. KLEIN, à Paris, rue du Faubourg-Saint-Denis, 80. — Boîtes à finance pour contrôle de recettes. **(PALAIS.)**

95. LACHÈZE (François), à Larche (Corrèze). — Trieuse à ballast. **(PALAIS.)**

96. LARTIGUE, à Courbevoie (Seine), quai de Seine, 64 bis. — Chemin de fer à rail, unique voie portative. **(PALAIS.)**

97. LEBLANC (Hippolyte), à Paris, rue Delambre, 10. — Avertisseur automatique de la marche des trains. **(PALAIS.)**

98. LE BLANC, GEORGI & Cie, (Usines métallurgiques de Marquise, Pas-de-Calais), à Paris, rue du Rendez-Vous, 52. — Plaques tournantes, grues de levage, grues hydrauliques, signaux, coussinets, tuyaux, etc.   **(PALAIS.)**

Médailles d'or : Amsterdam 1883.

99. LEDOUX (A.-L.), à Paris, rue Laugier, 44. — Objets divers pour chemins de fer.   **(PALAIS.)**

100. LEGAT & HERBET, à Paris, rue de Châlons, 42. — Tuyaux et traverses métalliques accouplements de freins.   **(PALAIS.)**

101. LE LOUTRE (Hippolyte), à la Varenne-St-Hilaire (Seine). — Protecteur des trains au block-système automatique fonctionnant également à la main.   **(PALAIS.)**

102. LÉON (Auguste-A.), à Paris, boulevard Voltaire, 220. — Coussins et dossiers élastiques pour voitures de chemins de fer.   **(PALAIS.)**

Articles divers pour matériel de chemins de fer et garnissage de voitures. — Passementeries, draps, moquettes, toiles cirées, crins, etc. Spécialités brevetées S. G. D. G. : Rondelles obturatrices pour boîtes de graissage d'essieux à l'huile. Cadres-annonces pour la publicité dans les voitures de chemins de fer, tramways, etc. Stores automatiques. Sommiers et sièges élastiques pour l'ameublement. Coussins et dossiers élastiques pour voitures.

103. LERENARD (V.-Louis), à Alfortville (Seine), rue Deterville, 70. — Caoutchoucs, clapets, joints, etc.   **(PALAIS.)**

104. LEROY (C.-N.), à Levallois-Perret (Seine), rue Danton, 7. — Système préservatif des accidents sur les chemins de fer.   **(PALAIS.)**

105. LUCHAIRE (L.-H.-V.), à Paris, rue Erard, 27. — Éclairage pour wagons. Ferblanterie, etc.   **(PALAIS.)**

106. MADELEINE, à Rouen (Seine-Inférieure), rue Guillaume-le-Conquérant, 16. — Voiture à vapeur.   **(PALAIS.)**

107. MALLET (Anatole), à Paris, boulevard de Clichy, 128 bis. — Dessins et photographies de locomotives Compound, construites depuis 1876 sur les plans de l'exposant.   **(PALAIS.)**

108. Manufacture Ardennaise, Directeur : **Despas,** à Braux (Ardennes). — Tenders, ferrures diverses pour wagons.   **(PALAIS.)**

109. MENIER (Théodore-A.), à St-Maurice (Seine). — Changement de voie sans coussinets avec appareil de protection pour chemins de fer économiques.   **(PALAIS.)**

110. MEYER (A.), à Paris, rue Brochant, 5. — Modèles relatifs aux chemins de fer de l'Hérault.   **(PALAIS.)**

111. MIGNON & ROUART, à Paris, boulevard Voltaire, 137. — Frein électrique Achard pour chemins de fer.   **(PALAIS.)**

112. MILLET (F.-T.), à Persan (Seine-et-Oise).— Dessin de calage d'aiguilles, Bicycle et tricycle à vapeur.   **(PALAIS.)**

113. MINISTÈRE DES TRAVAUX PUBLICS (Exposition collective des services du) :

COMPAGNIE DES CHEMINS DE FER DU MIDI. M. BLAGÉ, directeur; M. MAURER, ingénieur principal. Matériaux et appareil de la voie et matériel roulant de la Compagnie.

Situation des chemins de fer français au 31 décembre des années 1877, 1878, 1879, 1880, 1881, 1882, 1883, 1884, 1885 et 1886 (5 volumes). — Répertoire de la législation des chemins de fer (1879). — Documents statistiques sur les chemins de fer français pour 1878, 1879, 1880, 1881, 1882, 1883, 1884, 1885 et 1886 (5 volumes). — Statistique des chemins de fer. Documents principaux (1887). — MM. GAY, conseiller d'État, inspecteur général directeur, METZGER et VIOLETTE DE NOIRCARME, ingénieurs en chef, SYSTERMANS et SCHELLE, chefs de division, COCHIN, DUMAY, GUICHARD, MOULLÉ, chefs de bureau.   **(TROCADERO.)**

114.   MONCHARMONT (Paul), à Paris, rue Lafayette. — Voie métallique universelle.   **(PALAIS.)**

   Breveté S. G. D. G. Fixation des rails dans des coussinets rivés sur les traverses, au moyen de clavettes indesserrables. Machines portatives du poids de 30 à 40 kilog., pour encocher les clavettes sur le chantier. Attelages des machines, porte-clavettes et marque-clavette. Dessins indiquant tous les détails des appareils. Expériences d'encochage et de pose des clavettes.

115.   MORANDIÈRE (Jules), à Paris, boulevard Beauséjour, 19. — Projets de locomotives à roues indépendantes.   **(PALAIS.)**

116.   MOREL-THIBAUT, à Paris, rue des Entrepreneurs, 19. — Voiture.
                                                                        (PALAIS.)

117.   MORS, à Paris, avenue de l'Opéra, 8. — Signaux électriques et appareils divers pour chemins de fer.   **(PALAIS.)**

118.   MULLER (Jules-C.), à Paris, boulevard Péreire, 69. — Manivelle hydraulique de distribution de vapeur.   **(PALAIS.)**

119.   MULLER & Fils, à Paris, rue de Châteaudun, 58. — Mobilier de gare, complet, matériel de quai et charronnage.   **(PALAIS.)**

120.   NEVEU (Étienne), à Paris, rue d'Uzès, 13. — Passementerie pour chemins de fer.   **(PALAIS.)**

121.   NORMAND (Augustin) & Cie, au Havre (Seine-Inférieure), rue de Perrey, 67. — Tubes de chaudières. Plans de cylindres de locomotives.   **(PALAIS.)**

   Tubes de chaudières, brevetés S. G. D. G., restreints dans le voisinage du foyer. En service sur un grand nombre de chaudières du type locomotive.
   Plan de soupapes de sûreté de cylindres, brevetés S. G. D. G. Appliquées sur plusieurs machines à double et à triple détente ; sont utiles pour limiter la pression intérieure du cylindre haute pression des locomotives Compound, dans les grandes détentes et dans la marche à contre vapeur.

122.   PARTIOT (H.-Léon), à Paris, rue de Rennes, 104. — Tableau et modèle d'un train porte-torpilleur.   **(PALAIS.)**

   Ce train porte-torpilleur a été exécuté pour la Marine française de l'État. Il a déjà conduit le torpilleur n° 71 de Toulon à Cherbourg par l'Auvergne.

123.   PÉRIN Frères, à Charleville (Ardennes). — Clôtures diverses pour chemins de fer.   **(PALAIS.)**

124.   PLASSON (Pierre), à Paris, rue des Cloys, 39. — Tampons graisseurs et obturateurs pour boîtes à huile de wagons.   **(PALAIS.)**

125.   POULET (Vve) & POULET Fils, à Paris, rue de Turenne, 130. — Tissus de crins et d'aloès pour garnitures de wagons.   **(PALAIS.)**

   Médailles de bronze, Londres 1851. — Argent, Paris 1867. — Argent, Paris 1878.
   Tissus pour chemins de fer, administrations, paquebots, meubles et tentures.

126   RAINAUD (J.), à Paris, avenue Trudaine, 33. — Traverses métalliques.
                                                                        (PALAIS.)

127.   Revue générale des Chemins de fer, Comité de Rédaction, Président : **Mathieu (Henry),** à Paris, rue de Saint-Pétersbourg, 4. — Publication mensuelle (22 volumes).   **(PALAIS.)**

128.   ROTHSCHILD (J.), à Paris, rue des Saints-Pères, 13. — Publications sur les chemins de fer.   **(PALAIS.)**

129.   ROUX GUICHARD & Cie, à Paris, rue de la Douane, 24. — Appareils d'éclairage pour gares, signaux de voie, voitures de chemins de fer et tramways, locomotives, etc.   **(PALAIS.)**

130. ROY (Edmond-J.-F.), à Paris, rue Cambon, 10. — Essieu de locomotive monté avec boîtes radiales, tampons pour attelage de locomotives et de tenders.
(PALAIS.)

Dessin du matériel roulant du chemin de fer de St-Georges-de-Commiers à la Mure (Isère), systèmes Edmond Roy. Brevetés S. G. D. G. Mention honorable, Exposition de 1878.

131. SAINT-DIZIER (Charles-D.), à Feignies (Nord). — Plans et notice d'une locomotive à grande vitesse à quatre roues indépendantes (ou couplées) de 3 m. 200 de diamètre au contact. (PALAIS.)

Distribution ordinaire ou Compound 140 kilomètres à l'heure (suppression du lacet).

132. SAUVAJON Fils (J.-E.-Alexandre), à Serrières (Ardèche). — Dessin d'un appareil automatique destiné à prévenir les rencontres de trains. (PALAIS.)

133. SAVARY & Cie, à Quimperlé (Finistère). — Matériel de gares, cabrouets, tricycles etc. (PALAIS.)

134. SCAL (B.-B.), à Paris, rue Moreau, 3. — Dessin d'un levier pousse-wagon.
(PALAIS.)

135. SERPOLLET & Cie, à Paris, rue des Cloys, 27. — Tricycle à vapeur.
(PALAIS.)

136. SÉVÉRAC, à Paris, rue Lauriston, 80. — Traverses métalliques. (PALAIS.)

137. SILLAND, à Paris, rue Letort, 28.

138. Société Alsacienne de constructions mécaniques (Belfort, Mulhouse, Grafenstaden), à Paris, rue Drouot, 7. — Locomotive Compound. Express à trois essieux dont deux moteurs et un porteur muni de boîtes radiales.
(PALAIS.)

Construite pour le chemin de fer du Nord.

139. Société anonyme des Forges de Franche-Comté, à Besançon (Doubs). — Traverses en fer, chaînes de sûreté, couvre-tringles, chaînes de grues, profils de rails divers. (PALAIS.)

140. Société anonyme des Freins Soulerin, à Paris, rue Marsollier, 4. — Freins à vide, freins à air comprimé, freins fonctionnant indifféremment par le vide et par l'air comprimé. (PALAIS.)

141. Société anonyme des usines et fonderies de Baume et Marpent, à Marpent (Nord). — Boîtes à graisse, roues montées, wagon à voie de 1 mètre.
(PALAIS.)

142. Société de Construction des Batignolles, Précédemment : **Ernest Goüin & Cie,** à Paris, avenue de Clichy, 176. — Locomotive tender à 6 roues couplées à la voie de 1 m. entre rails. (PALAIS.)

143. Société de Fondation des chemins de fer glissants perfectionnés, à Paris, rue de Provence, 59. — Chemin de fer glissant à propulsion hydraulique, système L.-D. Girard perfectionné. (PALAIS.)

Ce spécimen est présenté comme type de Métropolitain aérien et est installé sur l'Esplanade des Invalides, le long de la rue de Constantine ; wagons glissants, circulant sur une voie de 153 mètres de longueur ; chaque wagon peut contenir vingt-quatre voyageurs.

144. Société des Aciéries et Forges de Firminy (Directeur : **P. Chalmeton**), à Firminy (Loire). — Pièces diverses pour le matériel des chemins de fer.
(PALAIS.)

145. Société des Chemins de fer économiques, à Paris, rue d'Antin, 7. — Dessin, locomotive, voiture mixte, voiture bains de mer, voiture de troisième classe (à voie de 1 mètre). (PALAIS.)

146. Société des Chemins de fer du Périgord, à Paris, rue de Courcelles, 49. — Train complet de chemin de fer à voie d'un mètre sur routes. (PALAIS.)

Concession accordée à M. Edouard Empain. Décret du 21 décembre 1886. Fondation de la Société des chemins de fer du Périgord, par MM. Empain et Caze, le 21 mai 1887.

147.   Société des Clôtures et Plantations, à Paris, rue d'Hauteville, 51. — Clôtures pour chemins de fer. Ancienne Maison **A. Tricotel.**   (**PALAIS.**)

Clôtures pour chemins de fer, parcs, prairies, jardins, basses-cours, champs de courses, chasses, fêtes publiques, polygones, clôtures contre le gibier etc. Clôtures élégantes ou de fantaisie pour espaliers, décorations intérieures ou extérieures de serres ou d'habitations, berceaux, tonnelles, perspectives, etc.

Maisons de campagne, de gardes ou jardiniers, chaumières, kiosques abris, pavillons, débarcadères, ponts, volières, niches, poulaillers, pigeonniers, etc.

Succursales. — Marseille, 117, avenue du Prado ; Nice, 15, avenue de la gare prolongée.

Récompenses : Médaille d'or à l'Exposition universelle de 1878.

148.   Société des Forges et Ateliers, à Saint-Denis (Seine). — Matériel de chemin de fer.   (**PALAIS.**)

149.   Société des Moteurs à air comprimé (système Mékarski), à Paris, rue de Provence, 91. — Dessins et modèles, voiture automobile à air comprimé.   (**PALAIS.**)

150.   Société Internationale d'éclairage par le gaz d'huile, à Paris, rue Ordener, 162. — Lanternes en service pour l'éclairage des voitures de chemins de fer.   (**PALAIS.**)

151.   SPARRE (Comte P. Ambjörn de), à Paris, place de la Madeleine, 16. — Modèle d'une locomotive.   (**PALAIS.**)

152.   STILMANT (Philippe-L.-A.), à Paris, rue de Valenciennes, 11. — Freins à vis et freins à main.   (**PALAIS.**)

153.   STRACTMAN (Ch), à Frahier (Haute-Saône). — Chasse-neige.   (**PALAIS.**)

Entrepreneur de travaux publics, Belfort. Chasse-neige s'adaptant au devant d'une locomotive et pouvant déblayer 0,90 à 1 m. de profondeur de neige en la jetant soit à gauche soit à droite avec une vitesse raisonnable.

154.   Syndicat des Chemins de fer de Ceinture de Paris, à Paris, rue de Londres, 16. — M. **Arnaud,** Directeur ; M. **Etienne,** Ingénieur, chargé des travaux du 1er arrondissement ; M. **Weill,** Ingénieur, chargé des travaux du 2e arrondissement.   (**PALAIS.**)

Dessins et photographies concernant les travaux exécutés pour la suppression des passages à niveau existant sur le chemin de fer de Ceinture, rive droite, par exhaussement des voies dans le 1er arrondissement, entre le tunnel de Charonne et la rue de Charenton et pour abaissement de la plate-forme du Chemin de fer dans le 2e arrondissement, entre l'avenue de Clichy et le boulevard Ornano.

155.   TAZA-VILLAIN (Vve), à Anzin (Nord). Wagons spéciaux pour le transport des houilles, des minerais, des alcools, des pétroles et autres liquides.

1° Wagon à houille des mines de Lens, à une caisse mobile.

2° Wagon à houille des mines d'Anzin, à une caisse mobile.

3° Wagon à houille de la Cie du Nord, à deux caisses mobiles.

4° Wagon-citerne pour le transport des alcools, des pétroles et autres liquides.

5° Wagon à minerai de la Société anonyme franco-belge des mines de Somorrostro (Espagne), se vidant par le fond.

156.   THIBAUDET (C.-E.), à Paris, rue Bouret, 32. — Cuivrerie pour chemins de fer.   (**PALAIS.**)

157.   TROUILLET (Auguste), à Paris, boulevard de Sébastopol, 112. — Mécanique de précision pour numérotage, datage et timbrage. Machine à billets de chemins de fer à fonctions simultanées et matériel de datage et de contrôle.   (**PALAIS.**)

Médaille d'argent à l'Exposition Universelle Internationale de Paris, en 1878.

158.   WEILL, à Marly-lez-Valenciennes. — Fermeture pour portières de wagon.   (**PALAIS.**)

COLONIES.

ALGÉRIE.

1. Compagnie des chemins de fer de l'Est algérien, à Alger, rue Ménerville. — Machine à percer les entretoises des foyer de locomotives.   (**ESPLANADE.**)

2. MERCIER (P.), à Philippeville (Constantine). — Rondelles de liége pour boîtes à huile de wagons.   (**ESPLANADE.**)

3. SARTOR (Joseph), à Alger. — Projets des : chemin de fer à crémaillère d'Alger à El Biar, ascenseurs publics des quais d'Alger, funiculaires d'Oran, chemin de fer aérien de Constantine.   (**ESPLANADE.**)

4. VERON BELLECOURT (H.-G.), à Philippeville (Constantine). — Modéle au 20ᵉ d'une ancienne machine locomotive, système dit : Crampton.   (**ESPLANADE.**)

PAYS ÉTRANGERS.

AUTRICHE-HONGRIE.

1. BEÖTHY (Ala), à Jiasz-Apathi (Hongrie). — Étude d'une locomotive à grande vitesse de nouveau système. (Description et dessin). **(PALAIS.)**

2. DANNER (Charles-M.), à Vienne, IV. Rubensgasse, 8. — Appareil de timbrage et de contrôle pour chemins de fer, bateaux à vapeur, tramways. **(PALAIS.)**

BELGIQUE.

1. BEAUPIED (G.-H.), à Bruxelles, Chaussée d'Anvers, 76. — modèle pour chars de chemin de fer. **(PALAIS.)**

2. BOTY (Vve) et Cie, à Bruxelles, rue Belliard, 53. — Bâches de wagons. **(PALAIS.)**

Toiles et tissus écrus, teints et apprêtés. Produits imperméables. Toiles sulfatées, tannées, hydrofuges ou imperméables par des enduits fixes. Produits pour fabrication de bâches, caparaçons, tentes, bannes, aussi les toiles pour toitures impériales de wagons. Toiles brunes pour équipements militaires, couvertures de campements, bissacs, etc. Articles confectionnés, en vente ou location. — 3 médailles d'argent à Amsterdam et Anvers. Usine à Roulers. Bureaux à Bruxelles.

3. CARELS Frères, à Gand. — Constructeurs. Une locomotive à voyageurs, type Etat-Belge. **(PALAIS.)**

4. CASSIERS (F.-L.), à Merxem-lez-Anvers, rue Cassiers, 182. — Traverse métallique de chemin de fer, avec mâchoires d'attache-rails. **(PALAIS.)**

5. CHANTRENNE SOIRON (George), à Nivelles, place de l'Esplanade. — Coussinets et charnières pour wagons. **(PALAIS.)**

6. Chemin de fer Grand Central Belge, à Bruxelles, rue Belliard, 76. — Matériel roulant et matériel d'exploitation. **(PALAIS.)**

7. DE MARNEFFE (N.) & Cie, à Liége, quai Mativa, 27. — Ressorts à boudin, de toutes dimensions. **(PALAIS.)**

8. DEVILLE CHATEL (H.) & Cie, à Bruxelles, rue Birmingham, 52. — Voies de Soignies portatives, etc. Wagonnets divers. **(PALAIS.)**

9. FONDU (J.-B.), à Vilvorde. — Accessoires de voitures de chemin de fer et de tramways. **(PALAIS.)**

10. HALOT (Émile et Jules) & Cie, Anciens établissements Cail, Halot et Cie, à Bruxelles. — Matériel de chemin de fer. **(PALAIS.)**

Locomotive de 15 tonnes, pour voie de 1m00. Commandée par la Société nationale des chemins de fer vicinaux. — Locomotive sans foyer, pour voie de 1,500, Système Franck.

11. HANREZ (Prosper), à Bruxelles, rue Moris, 9. — Dessin d'un train de voyageurs, à couloir ; dessin d'un nouveau système d'accrochage. Traverse métallique. **(PALAIS.)**

12. HENRICOT (Émile), à Court-St-Etienne. — Boîtes à huile en fer forgé pour tous véhicules de chemins de fer. **(PALAIS.)**

Médaille d'argent, Amsterdam 1883 et Anvers 1885, Diplôme, Vienne 1873 et Paris 1878.

13.   LAMBERT & Cie, à Marcinelle. — Une locomotive, type 51, État-Belge.
(**PALAIS.**)

14.   Laminoirs, Forges et Fonderies de Jemappes (Demerbe V. et Cie), à Jemappes. — Rails de tramways avec ou sans rainure.   (**PALAIS.**)

15.   LEGRAND (Achille), à Mons, rue Terre-du-Prince, 13. — Matériel de chemins de fer à voies étroites. Une locomotive ; une voiture mixte ; deux voitures de 3ᵉ classe, une voiture d'ambulance. Traverses de chemin de fer.   (**PALAIS.**)

16.   LEJOUR (Eugène), à Marcinelle. — Roues pour voitures de chemin de fer et pour voitures à tramways.   (**PALAIS.**)

17.   MABILLE (Valère), à Mariemont. — Essieux, buttoirs et ressorts.
(**PALAIS.**)

    Récompenses : Vienne 1873 ; Philadelphie, 1876 ; Paris, 1878 ; Melbourne 1880 ; Amsterdam, 1883 ; Anvers 1885 ; Barcelone 1888 ; grand concours de Bruxelles 1888.

18.   MOREAU (Léon), à Saint-Gilles, rue de Mérode, 34. — Train de voiture de tramway, avec roue indépendante.   (**PALAIS.**)

19.   POHLIG (Jules), à Bruxelles, boulevard du Hainaut, 106. — Câbles, wagonnets et appareils. Plans et photographies.   (**PALAIS.**)

20.   SAX (Félix), à Laeken, rue des Palais, 404. — Articles de garniture pour voitures à voyageurs, tramways, etc.   (**PALAIS.**)

21.   Société anonyme des ateliers de construction, à Malines (Directeur : **Divoire J.),** à Malines. — Voitures à voyageurs.   (**PALAIS.**)

22.   Société anonyme des ateliers de construction de la Meuse (Directeur : **Timmermans),** à Liége. — Locomotive-tender pour trains légers.
(**PALAIS**)

23.   Société anonyme des forges et fonderies de Haine-Saint-Pierre. — Une locomotive type 6, Etat-Belge.   (**PALAIS.**)

24.   Société anonyme internationale de Construction et d'Entreprise de travaux publics (Directeur : **Rolin H.),** à Braine-le-Comte. — Voitures de chemin de fer.   (**PALAIS.**)

25.   Société anonyme de Marcinelle et Couillet, à Couillet. — Locomotive, type, Etat belge, pour fortes rampes, locomotive légère pour voie de 0 m. 600 d'écartement.   (**PALAIS.**)

26.   Société anonyme « La Métallurgique », à Bruxelles. — Une voiture à vapeur à trois classes, nouveau modèle, Etat-Belge. Une voiture mixte et une voiture de 3ᵉ classe, Etat-Belge.   (**PALAIS.**)

27.   Société anonyme pour la construction d'appareils de sécurité pour voies ferrées, à Liége, rue de l'Université (Administrateur : **M. Meuffels.** — Appareils de croisement et changement de voies.   (**PALAIS.**)

28.   Société Cockerill, à Seraing. — Locomotive express à voyageurs.   (**PALAIS.**)

29.   Société nationale des chemins de fer vicinaux, à Bruxelles, rue de la Loi, 9. — Une locomotive de 18 tonnes, construite par MM. Emile et Jules Halot, à Molenbeek. Une locomotive de 24 tonnes, construite par la Société « La Métallurgique ». Une voiture mixte à bogies, construite par la Société « La Métallurgique ». Une voiture de 1ʳᵉ classe, construite par Mᵐᵉ Aurélie Verhaeghen, à Malines. Une voiture mixte, construite par la Société des Ateliers de Construction, à Malines. Une voiture de 2ᵉ classe, construite par la Société Internationale de Braine-le-Comte. Un fourgon à bagages. Un wagon plat, construit par MM. Noulet Freres à Braquegnies.

30.   Société de Saint-Léonard (outils), à Liége, Directeur : **M. Bichet (O).** — Une locomotive-tender.   (**PALAIS.**)

31.   THOMAS (Aug.) & Cie (Successeurs de **A. Le Roy),** à Bruxelles, quai des Charbonnages, 60. — Ressorts pour matériel roulant de chemin de fer.
(**PALAIS.**)

32. Usine Ragheno (Mme Aurélie Verhaeghen), à Malines. — Voiture à voyageurs pour chemins de fer; voiture tramway. **(PALAIS.)**

33. VERBURGH Frères, à Bruxelles, rue Jolly, 173. — Bâches. **(PALAIS.)**

34. VERHAEREN et DEJAGER, à Bruxelles — Matériel de chemins de fer portatifs et industriels. **(PALAIS.)**

35. WILLIAM VAN DEN ABEELE & Cie, à Anvers, avenue des Arts, 147. — Outils pour chemins de fer. **(PALAIS.)**

36. WILLEMIN (P.), à Bruxelles, avenue Louise, 229. — Excentrique. **(PALAIS.)**
Traverses métalliques en fer adoptées par la Société nationale des chemins de fer vicinaux, pour son réseau de la banlieue de Charleroi. — Prix de progrès, Bruxelles 1888.

37. ZIMMERMANS, HAUREZ et Cie, à Monceau-sur-Sambre. — Une locomotive-fourgon. **(PALAIS.)**

BOLIVIE.

1. BRESSON (André), à Pars, rue Lafayette, 1. — Étude du premier chemin de fer de la République. **(PARC.)**

2. Compagnie de Huauchaca, à Huauchaca. — Plans de locomotives et de wagons. **(PARC.)**

BRÉSIL.

(Voir son Catalogue spécial.)

CHILI.

1. Administration des Chemins de fer de l'État, à Santiago. — Modèle de wagons de bestiaux, albums de dessins. **(PARC.)**

ESPAGNE.

1. CILLERNELO DIEZ (Leocadio), à Valladolid. — Appareils d'éclairage pour chemins de fer. **(PALAIS.)**

2. GUITART (Jaime), à Villafranca-de-Panades (Barcelone). — Matériel des chemins de fer. **(PALAIS.)**

ÉTATS-UNIS.

1. American Road Machine Co, à Kennett square, Pa. — Machine pour la construction de la voie. **(PALAIS.)**

2. BISHOP (D.-E.), à New-York, N. Y., 822, Broadway. — Joint de chemins de fer. **(PALAIS.)**

3. Boyden Power Brake Co, à Baltimore. — Frein Boyden à air comprimé ; équipement de frein pour locomotive et pour train. **(PALAIS.)**

4. BROWN (Eleazer P.), à Flushing. N. Y. — Petit modèle de locomotive et de trois wagons munis d'appareils de ventilation et de chauffage. **(PALAIS.)**

5. FINDLEY (William L.), à New-York, N. Y 120, Broadway. — Petites plaques d'acier protectrices, pour traverses de chemin de fer. **(PALAIS.)**

6. Fleming Manuf. Co, à Fort-Wayne, Indiana. — Machine pour la construction des routes et voies ferrées **(PALAIS.)**

7. HOFFMEIER (A. K.) & Co, à Lancaster, Pa. — Système perfectionné pour la pose des voies de chemin de fer. **(PALAIS.)**

8. INLOES (William H.), à Asheville, N. C. — Système d'arrêt pour plaques tournantes. **(PALAIS.)**

9. LAIRD (B. F.), à Borington, Ky. — Wagons sur tréteaux pour montrer le système automatique d'accouplement. **(PALAIS.)**

10. Merchants Despatch Transportation Co., à New-York, 335, Broadway. Wagon-glacière de Wickes. **(PALAIS.)**

11. New-York Car Wheel Works, à Buffalo, N. Y. — Échantillons de roues de wagons. Pièces d'essais. **(PALAIS.)**

12. New York Commercial Co. (Limited), à New-York, 140, Pearl street.— Équipement et fournitures pour la construction et l'exploitation des chemins de fer. **(PALAIS.)**

13. Peckham Paper Car Wheel Co, à New-York, 239, Broadway. — Roues en papier pour voiture de tramway. **(PALAIS.)**

14. Peckham Street Car Wheel and Axle Company, à New-York, N. Y., 239, Broadway. — Roues de wagons et essieux de wagons de tramway. **(PALAIS.)**

15. Pennsylvania Railroad Company, à Altoona, Penn. — Plate-forme de wagon à marchandises et de wagon à voyageurs. Coupe montrant les sièges et les fenêtres d'un wagon de voyageurs. Modèles et photographies de locomotives. **(PALAIS.)**

16. PORTER (H. K.) & Co, à Pittsburgh, Pa. — Locomotive spéciale. **(PALAIS.)**

17. Railway News Co, à New-York, N. Y., 32, Cortland street. — Modèles de machines de ponts, de viaducs et de travaux de chemin de fer. **(PALAIS.)**

18. Sprague Electric Railway & Motor Co, à New-York, N. Y., 16 et 18, Broad street. — Wagon complet de chemin de fer électrique et moteur. **(PALAIS.)**

19. STEVENSON (Edward O.), à Mingo, Ohio. — Barrière de passage à niveau. Accouplement pour wagons. Frein. Aiguilles « Anti-déraillant. » **(PALAIS.)**

20. Subular Barrow Machine Co, à Jersey City, N. J., 169-175, 14th street. — Brouettes. **(PALAIS.)**

21. Thomson Houston International Electric Co, à Boston, 620, Atlantic avenue. — Chemin de fer électrique. **(PALAIS.)**

22. WARREN (Andrew), à Saint-Louis, Mo., 707, North, 2nd street. — Crics. **(PALAIS.)**

23. WHITNEY (A.) & Sons, à Philadelphie Pa., 16, Callowhill street.— Roues de wagons, en fonte. **(PALAIS.)**

GRANDE-BRETAGNE.

1. CROWLEY (John) & Co., à Sheffield. — Tampons de chemins de fer **(PALAIS.)**

2. DAVEY PAXMAN & Co., à Colchester et à Paris, boulevard Magenta, 11.— Chaudières de locomotive de 4,200 kilogs chacune. **(PALAIS.)**

3. Ebbw Vale Steel, Iron & Coal Co., (Limited), à Ebbw Vale, Monmouthshire. — Matériel fixe des chemins de fer.   **(PALAIS.)**

4. HUDSON (William), à Londres, Victoria station, et à Paris, boulevard des Italiens, 38. — Voiture de déménagement, sur un wagon du chemin de fer L. B. et S. C.   **(PALAIS.)**

5. Leeds Forge Co., à Leeds. — Matériel des chemins de fer.   **(PALAIS.)**

6. London, Brighton & South Coast Railway Co., à Londres, London Bridge station. — Express locomotive « Edward Blount », modèles du port de Newhaven, du bateau « Rouen »; photographies et diagrammes de matériel.   **(PALAIS.)**

7. London & North Western Railway Co, à Londres, Euston. — Modèle de la locomotive « Dreadnought »; instruments pour l'exploitation des lignes à voie unique.   **(PALAIS.)**

8. Midand Railway Co., à Derby. — Locomotive et tender pour express de voyageurs. Wagon de voyageurs sur 12 roues.   **(PALAIS.)**

9. North London Railway Co., à Londres, Broad street station. — Modèle de locomotive ordinaire de passagers avec cylindre extérieur.   **(PALAIS.)**

10. Patent Nut & Bolt Co. (Limited), à West Bromwich. — Attaches de chemins de fer et de tramways; boulons, écrous et attaches en métal.   **(PALAIS.)**

11. Ridsdale Railway Lamp & Lighting Co (Limited), à Londres, The Minories, 55. — Lampes à gaz pour chemin de fer.   **(PALAIS.)**

12. Selig Sonnenthal & Co., à Londres, Queen Victoria street, 85. — Sonnette démontable et portative pour opérations militaires.   **(QUAI.)**

   Indispensable pour travaux de port, le règlement des fleuves, la construction de canaux, de ponts et de chemins de fer.

   Indispensable pour palissades, fortifications ou pour la construction de ponts temporaires, pour opérations de troupes, etc. (Voir aux annonces).

13. Simplex Temple chambers Railways Patents (F.) Syndicate, à Londres, Temple avenue. — Modèles de plusieurs inventions pour perfectionner les signaux et bloquer les trains.   **(PALAIS.)**

14. South Eastern Railway Co., à Londres, London Bridge station. — Locomotive et tender pour express de passagers, Cylindres.   **(PALAIS.)**

   Empâtement total de la locomotive 6^{m}458; empâtement total du tender 3^{m}658; diamètre des roues du tender 1^{m}219; capacité des caisses à eau 12^{m}04; capacité des soutes à charbon 4,07 tonnes; poids de la locomotive en ordre de marche 42.2 tonnes; poids du tender en ordre de marche 31,0 tonnes; machine munie d'un changement de marche à vapeur, frein à vide automatique sur la machine et sur le tender.

15. SUGG (William) & Co., (Limited), à Londres, Regency street, Westminster Vincent works. — Lampes et accessoires pour l'éclairage des gares, wagons et plates-formes.   **(PALAIS.)**

16. TIMMIS (J. A.), à Londres, Great George street, 2. — Signaux de chemins de fer et freins.   **(PALAIS.)**

   Système breveté de fonctionnement et d'enclenchement des signaux de chemins de fer par l'électricité. Les signaux, disques et lampes sont actionnés à toute distance par l'électricité ainsi que leurs répétiteurs. Les lampes sont éclairées par l'électricité et les verres mobiles pour feux de nuit sont supprimés. Ces signaux donnent avec une exactitude absolue les deux ou trois positions du signal (Voie libre, ralentissement, arrêt). Tous les signaux sont enclenchés par des moyens mécaniques et électriques avec les aiguilles et entre eux-mêmes. Les appareils de block sont aussi enclenchés. Les cabines de signaleurs sont d'une grandeur et d'un prix d'établissement moindres que celles pour enclenchements mécaniques. Le travail manuel est de plus réduit de moitié. Les fils de transmission mécanique sont supprimés. Le système est actionné par un courant électrique à basse tension, de sorte que l'électricité atmosphérique ne peut le déranger.

17. Unbreakable Pulley Co., à Manchester, Ogden street. — Embrayage universel.   **(PALAIS.)**

18. Vacuum Brake Co. (Limited), à Londres, Queen Victoria street, 32
— Frein à vide automatique avec accouplement universel pour trains de voyageurs et
marchandises. **(PALAIS.)**

> Médailles d'or, Exposition universelle Paris 1878 ; Londres 1885.
> Représentant à Paris, L. Poupard, 156, boulevard Magenta.

19. Westinghouse Brake Co. (Limited), à Londres, Canal road, North road,
Kings cross. — Frein Westinghouse à air comprimé. Appareil complet et autres
appareils ayant rapport aux freins. **(PALAIS.)**

ITALIE.

1. HELSON (Cyriaque), à Turin, Madonna-del-Pilone — Traverses métalliques
en fer ou en acier, pour chemins de fer. **(PALAIS.)**

2. MIANI SILVESTRI & Cie, à Milan. — Locomotive avec son tender, sept
voitures de styles divers. **(PALAIS.)**

3. Société des Chemins de fer de la Méditerranée, à Milan. — Locomotive et voitures spéciales, photographies, appareil hydrodynamique pour changement
de voie. **(PALAIS.)**

4. Société Italienne des Chemins de fer Méridionaux, à Florence. —
Locomotive, wagon. **(PALAIS.)**

NORVÈGE.

1. HANSEN (Ole Martin), à Christiania. — Modèle de locomotive avec un nouveau système de truc et de tampon. **(PALAIS.)**

PAYS-BAS.

1. Scholte's Metaalwarenfabrick, à Amsterdam. — Chauffe-pieds à
acétate pour les voitures des chemins de fer. **(PALAIS.)**

ROUMANIE.

1. PUSCARIO (J. J.), à Bucharest, cal Grivitza, 65. — Matériel des chemins de
fer. **(PALAIS.)**

RUSSIE.

1. BERNER (J.), à Kiev. — Modèles de plates-formes. **(PALAIS.)**

2. GUNSBOURG (B.), à Tchardjoui. — Modèles de wagons. **(PALAIS.)**

SUISSE.

1. ABT (Roman), à Lucerne. — Dessins et modèles de chemins de fer à crémaillère.
(PALAIS.)

2. Compagnie du Chemin de fer du Saint-Gothard, — Relief au 1 : 25000
des contrées traversées par ses lignes. **(PALAIS.)**

3. LOCHER (Édouard), à Zurich. — Système nouveau pour chemin de fer à crémaillère à forte rampe.   **(PALAIS.)**

4. MAROGGINI (Joseph), à Berzona (Tessin). — Frein pour chemin de fer.
                                                                 (PALAIS.)

5. OEHLER (Alfred), à Wildegg (Argovie). — Draisines de chemins de fer normales, une à 7 et une à 3 personnes.   **(PALAIS.)**

6. RIGGENBACH (Nicolas), à Olten (Soleure). — Tableaux et dessins de chemins de fer à fortes pentes.   **(PALAIS.)**

7. Société industrielle Suisse, à Neuhausen (Schaffhouse). — Voiture à galerie avec frein à vapeur pour la voie d'un mètre, à crémaillère du chemin de fer.
                                                                 (PALAIS.)

8. Société Suisse pour la construction de locomotives, de machines, à Winterthür (Zurich) (Ingénieur : M. **Édouard Locher**). — Locomotives.
                                                                 (PALAIS.)

GROUPE VI.

OUTILLAGE ET PROCÉDÉS DES INDUSTRIES MÉCANIQUES.
ÉLECTRICITÉ.

Classe 62.

Électricité.

FRANCE.

1. ABOILARD (Ch.-Louis), à Paris, avenue de Villiers, 76. — Lampes à incandescence, appareillage électrique, accumulateurs, bijoux électriques, tricycles et canots, éclairage de voiture. **(PALAIS.)**

2. ALAN (Auguste) & Cie, à Paris, rue du Champs-de-Mars, 27. — Un mètre de conduite souterraine pour fils télégraphiques et téléphoniques, monté avec indications des fils conducteurs et des embranchements. **(PALAIS.)**

3. ANIZAN (Joseph-M.) à Paris, rue de Grenelle, 139. — Cryptographe.
(PALAIS.)

4. ANTRAIGUES (E-L), à Paris, rue Royer-Collard, 12. — Téléphones, microphones, sonneries, tableaux, gaches électriques et appareils propres aux usages domestiques. **(PALAIS.)**

5. ARON Frères, à Paris, rue de Turenne, 132. — Lampes électriques portatives, actionnées par la pile légère du Commandant Renard. **(PALAIS.)**

6. ARTIGUES (Paul), à Paris, impasse de Béarn, 3. — Guide des postes et des télégraphes. **(PALAIS.)**

7. AUBRY (A.-Ernest), à Paris, rue Saint-Dominique, 82. — Perfectionnement au clavier et au remontoir de l'appareil Hughes. **(PALAIS.)**

8. AUGÉ (Daniel), à Paris, rue de Hambourg, 14. — Lampes à incandescence, accumulateurs et système de distribution électrique de l'inventeur A. de Khotinskty.
(PALAIS.)

9. AVOIRON (Jean), à Paris, boulevard Voltaire, 56. — Eclairage électrique, appliques, lustres, bronzes. **(PALAIS.)**

10. BABLON (Victor-J.-N.), à Paris, rue Boulard, 42. — Commutateur-distributeur automatique pour le chargement des accumulateurs ; piles et sonneries.
(PALAIS.)

11. BAJOU (Gabriel-V). à Paris, rue Charlot, 31. — Décoration artistique sur orfèvrerie, bronze, imitation de niellé et de damasquiné ; dorure sablée sur or, argent, et sur pendules de voyage, régulateurs, cadrans, baromètres. **(PALAIS.)**

 Maison fondée en 1832. Médaille de bronze, Paris 1878.

12. BALLAT (Auguste), à Paris, rue du Borrégo, 24.—Charbons pour pile électrique, plaques, crayons, pièces tournées de tous modèles. **(PALAIS.)**

13. BANCELIN, à Paris, boulevard de la Villette, 182. — Sonneries électriques, téléphones, tableaux indicateurs, piles, bobines de Ruhmkorf, appareils divers. **(PALAIS.)**

 Piles diverses, électro-médicaux, fils, câbles, paratonnerres. Accessoires de lumière, ébénisterie, décolletage. Médailles, Paris 1878. Amsterdam 1883.

14. BARDON (Louis), à Clichy-la-Garenne (Seine), boulevard National, 61. — Lampes à arc. Rhéostats de lampe et appareillage pour la lumière électrique par arc et incandescence. **(PALAIS.)**

15. BARIOT (J.) à Paris, passage Saint-Pierre-Amelot, 13. — Magnétos et appareils électriques en tous genres, aimants puissants et permanents. **(PALAIS.)**

16. BASSÉE-CROSSE (J.-Charles), à Paris, rue de Bondy, 92. — Appareils électriques appliqués à l'enseignement et aux usages domestiques, jouets électriques téléphonie domestique. **(PALAIS.)**

 Constructeur-Électricien. — Maison fondée en 1876, par L. de Combettes. Récompenses à l'Exposition universelle de 1878.

17. BAUDOT (J.-M.-Émile), à Paris, rue de Rennes, 53. — Télégraphe imprimeur à transmissions multiples. Appareils divers. **(PALAIS.)**

18. BEAU (H.) & BERTRAND-TAILLET (M.), à Paris, rue Saint-Denis, 226. — Bronzes et ferronneries d'art pour le gaz et l'électricité, distribution d'électricité, canalisation pour le gaz. **(PALAIS.)**

19. BEAU (Nicolas), à Paris, rue de Babylone, 68. — Modèle de sourdines pour lignes télégraphiques, fusains représentant la pose de lignes télégraphiques et téléphoniques. **(PALAIS.)**

20. BELLOC (E.-Alexis), à Paris, à la Direction des Postes et Télégraphes. — Les postes françaises, Paris 1886 ; la Télégraphie historique, Paris 1888. **(PALAIS.)**

21. BELZON (Ludovic J.-B.), à Morteau (Doubs). — Horloge, pendule et montres électriques autonomes. **(PALAIS.)**

22. BÉNARD (L. G.), à Paris, rue Bridaine, 12. — Appareils électriques pour usages domestiques et industriels. **(PALAIS.)**

 Tableaux-indicateurs magnétiques et à déclanchement, sonneries de tous systèmes.
 Téléphones, paratonnerres, etc., modèles nouveaux.
 Construction spéciale d'appareils pour la lumière électrique, douilles de lampe.
 Interrupteurs pour les courants de toute intensité.
 Rhéostats, compteurs d'électricité, lampes à arc, etc., etc. Tous les modèles exposés ont été créés depuis la dernière exposition à laquelle la maison à pris part.
 Propriété exclusive.
 Ateliers, 12 et 14, rue Bridaine.

23. BENGEL Frères (J.-Edouard et A.-Joaquin), à Paris, avenue Parmentier, 64. — Appareils pour le gaz et l'électricité. **(PALAIS.)**

24. BERTHOT (J.-B.-Pol) à Paris, boulevard Saint-Germain, 232. — Supports en charpente de réseaux téléphoniques, vues, album de tourelles, de réseaux. Remontoir mécanique d'appareils Hughes. **(PALAIS.)**

25. BERRURIER Père & Fils à Paris, rue Cafarelli, 14. — Matériel de galvanoplastie. **(PALAIS.)**

26. BIZOT et AKAR, à Paris, rue Mazarine, 42. — Appareils d'éclairage par le gaz et par l'électricité. **(PALAIS.)**

27. BLANC (Charles) & DEVRAUX, à Paris, boulevard Richard-Lenoir, 92. — Appareils d'éclairage, gaz et électricité. **(PALAIS.)**

28. BLONDEAU (Jules-C.), à Paris, boulevard Arago, 27. — Horlogerie électrique indiquant l'heure avec et sans aiguilles, mouvement simple et à sonnerie. Pendule sans remontage à mouvement alternatif. **(PALAIS.)**

Application aux pendules de remise à l'heure, réveille-matin et remontoirs électriques. Appareil contre l'explosion des chaudières. Moteurs et machines dynamo (en réductions). *Petite Lampe à Arc, absorbe de 3 à 5 ampères.*

29. BOIGE (Gustave), à Paris, rue Etienne-Marcel, 49. — Lampes à arc, douilles intensives, sonneries et signaux électriques. **(PALAIS.)**

30. BON & LUSTREMANT, à Paris, rue du Faubourg-Poissonnière, 25. — Transmission de force par l'électricité ; application à un pont roulant de dix tonnes. **(PALAIS.)**

31. BONETTI (Louis), à Paris, avenue d'Orléans, 69. — Electricité médicale. Ozoneur. Machines statiques de toutes grandeurs. **(PALAIS.)**

32. BONNET (Georges), à Paris, rue St-Maur, 108. — Appareils électriques, piles, instruments appliqués aux sciences et à l'industrie. **(PALAIS.)**

33. BOREL-MARTINAUD (Louis), à Paris, rue Rennequin, 51. — Appareils de sonneries, signaux électriques et dispositifs divers. **(PALAIS.)**

34. BORREL (Georges-A.), (Successeur de **J. Wagner**), à Paris, rue des Petits-Champs, 47. — Horlogerie électrique. Appareil pour mesurer la résistance électrique des paratonnerres et des prises de terre. **(PALAIS.)**

Régulateur astronomique et appareils électriques pour la remise à l'heure des horloges, etc.

35. BORSSAT (François), à Paris, rue de Tanger, 45. — Dynamos avec moteurs à vapeur. **(PALAIS.)**

36. BOSSELUT (Alfred L.), à Paris, quai de Valmy, 9 bis. — Appareils d'éclairage en bronze affectés à l'électricité. **(PALAIS.)**

37. BOURDIN (C. L.), à Paris, avenue de la République, 13. — Piles primaires et secondaires économiques constantes, à grande surface sous un petit volume. Appareils divers. **(PALAIS.)**

38. BRANVILLE (de) & Cie, à Paris, rue de la Montagne-Ste-Geneviève, 25. — Postes téléphoniques et micro-téléphoniques, appareils d'appel, piles électriques, galvanomètres. **(PALAIS.)**

39. BRÉGUET (Maison) — **Société anonyme**, — à Paris, quai de l'Horloge, 39. — Applications générales de l'électricité. Machines à vapeur à grande vitesse. Instruments de précision. **(PALAIS.)**

Installations complètes d'éclairages électriques par arc et incandescence.
Matériel spécial pour éclairages de navires. — Moteurs à grande vitesse.
Dynamos Gramme. — Dynamos intensives, syst. Desroziers. — Lampes à arc, à incandescence.
Télégraphie et téléphonie militaire et industrielle. — Postes pour chemins de fer.
Appareils à signaux pour chemins de fer, mines. — Avertisseurs d'incendie.
Appareils de mesures électriques pour les laboratoires et l'industrie.
Instruments de physiologie et d'électrothérapie. — Appareils de M. le Docteur Marey.
Instruments de précision. — Horlogerie électrique. — Machines statiques de Wimshurst.
Récompenses : 1855, 1867, Paris. Médailles d'or, Exposition universelle ; 1878, Paris, Médaille d'or (Grand Prix), Exposition universelle. — Ateliers : 19, rue Didot.

40. BRILLIÉ (Lucien V.), à Paris, rue de Flandre, 47. — Régulateurs de lumière électrique, compteurs d'énergie électrique, appareils divers. **(PALAIS.)**

41. BRUNET (Amédée), à Paris, rue Brunel, 7. — Distributeurs électriques et appareils automatiques électriques. **(PALAIS.)**

42. BUCHIN, TRICOCHE et Cie, à Paris, rue du Faubourg-Montmartre, 17. — Appareils électriques divers. **(PALAIS.)**

43. BUCNINCK, à Paris, rue Fontaine-Saint-Georges, 14. — Allumoirs électriques. **(PALAIS.)**

44. CADIOT (E.-H.), à Paris, rue Taitbout, 44. — Lampes à incandescence, appareils électriques, cuves en verre pour accumulateurs et piles ; charbons pour lampes à arc et batteries. **(PALAIS.)**

45. CAHAIGNE (Louis) & Cie, à Paris, rue St-Bernard, 42. — Zincs distillés chimiquement purs, applicables à l'électricité et à toutes industries. **(PALAIS.)**

46. CAMUS (Léon), à Paris, rue Sedaine, 14. — Bornes, boutons, commutateurs, coulisseaux pour sonneries **(PALAIS.)**

47. CARÉME (Félix), à Paris, rue de Grenelle, 103. — Interrupteur automatique pour piles. Cylindre pour coller les bandes d'appareils télégraphiques. **(PALAIS.)**

48. CARPENTIER (J.) — Ateliers **Rhumkorff**, — à Paris, rue Delambre, 20. — Appareils de mesures électriques, appareils télégraphiques Baudot : appareils de démonstration. **(PALAIS.)**

49. CARRÉ (Edmond-E.), à Paris, rue de l'Estrapade, 19. — Machines produisant l'électricité statique pour l'enseignement et l'usage médical ; charbons pour l'éclairage électrique, téléphones, etc. **(PALAIS.)**

50. CARRÉ (Ferdinand-P.-E.), à Paris, rue de Reuilly, 48. — Machines magnéto et dynamo-électriques, régulateurs, piles, charbons à lumière. **(PALAIS.)**

51. CARRÉ (Georges-E.), à Paris, rue St-André-des-Arts, 58. — Revue internationale de l'électricité, bibliothèque internationale de l'électricité. **(PALAIS.)**

52. CASASSA (F.) Fils et Cie, à Pantin (Seine), rue Jacquart, 10. — Caoutchouc durci en tous genres, cuves pour piles et accumulateurs, et métal émaillé ; articles pour télégraphie, acoustique, téléphonie, etc. **(PALAIS.)**

53. CASSAGNES (G.-Alfred), à Paris, rue Rossini, 1. — Sténo-télégraphie : application de la sténographie mécanique à la télégraphie électrique, transcription automatique en caractères typographiques. **(PALAIS.)**

54. CHABRIÉ et JEAN, à Paris, rue des Martyrs, 52 bis. — Lustrerie et compteurs électriques. **(PALAIS.)**

55. CHABRIER Jeune (François), à Paris, rue de Maubeuge, 63. — Bronze d'éclairage et piles électriques. **(PALAIS.)**

56. CHAIZE Frères, à Saint-Etienne (Loire), rue d'Allemagne, 118. — Nouveau système de commande de métiers par moteurs électriques. **(PALAIS.)**

57. CHAMBAUD (P.-Marcelin), à Paris, rue Croix-des-Petits-Champs, 23. — Compteur d'énergie électrique, régulateur électrique d'heure avec récepteur, nouveau système de montre, dit locomètre. **(PALAIS.)**

58. Chambre Syndicale de l'Eclairage et du Chauffage par le gaz et l'électricité (Exposition collective de la), à Paris, rue de Lutèce, 3. — Lustrerie et compteurs électriques. **(PALAIS.)**

Bengel. Frères, à Paris, rue des Trois-Couronnes, 21.

Bizot & Akar, à Paris, rue Mazarine, 42.

Blanc & Debraux, à Paris, boulevard Richard-Lenoir, 92.

Chabrié & Jean, à Paris, rue des Martyrs, 52 bis

Chabrier Jeune, à Paris, rue de Maubeuge, 63.

Lasnier, à Paris, boulevard Richard-Lenoir, 116.

Motet & Thomas, à Paris, rue Pastourelle, 11.

Potron, à Paris, rue Oberkampf, 10.

Roussel, à Paris, rue Mazagran, 10.

Seiler Frères, à Paris, rue Martel, 17.

59. Chambre syndicale et d'étude des monteurs électriciens, à Paris, rue Jean-Jacques-Rousseau, 35. — Machines électriques, moteurs-compteurs, lampes et appareillage, téléphones. **(PALAIS.)**

60. CHAMEROY (H.-B.), au Vésinet (Seine-et-Oise), avenue Centrale, 80. — Récepteurs électro-photographique et électro-chimique pour télégraphie sous-marine, piles.   **(PALAIS.)**

61. CHARDIN (Charles), à Paris, rue de Châteaudun, 5. — Appareils de médecine et de chirurgie.   **(PALAIS.)**

Seul fournisseur officiel des Hôpitaux Civils et Maritimes, des Facultés Françaises et Étrangères.
Constructeur des piles en porcelaine à circulation pour galvano-cautères ou induction.
Inventeur et Constructeur de la pile dite « à flotteurs de Chardin. »
Machines statiques.

62. CHATEAU Père et Fils, à Paris, rue Montmartre, 118. — Horlogerie électrique, sonneries, alarmes, téléphones et microphones, système Ochorowicz, paratonnerres.   **(PALAIS.)**

Horlogerie, précision, électricité, téléphone.

63. CHAUDRON (Jean.-B.), à Paris, boulevard Saint-Germain, 229. — Piles thermo-électriques au gaz et au pétrole ; sonneries, signaux électriques, téléphones, paratonnerres, appareils pour la chirurgie.   **(PALAIS.)**

64. CHAUVET (Charles-A.) à Béthune (Pas-de-Calais). — Régulateur à arc, dit lampe Chauvet-Aliamet.   **(PALAIS.)**

Appareil à lumière fixe ou industriel. — Usage : chantiers et ateliers.

65. CHERTEMPS (D.-A.), à Paris, passage St-Sébastien, 11 bis. — Dynamos et bain galvanoplastique.   **(PALAIS.)**

66. CHRÉTIEN (Jean), à Paris, rue de Monceau, 87. — Ascenseur électrique.   **(PALAIS.)**

67. CHRISTOFLE et Cie, à Paris, rue de Bondy, 56. — Dépôt galvanique des métaux en couches minces et épaisses, dorure, argenture, nickelage, platinage galvanoplastie massive et ronde bosse, bronzes pour meubles.   **(PALAIS.)**

68. CHUTAUX (Théophile), à Paris, boulevard du Montparnasse, 9. — Piles primaires diverses.   **(PALAIS.)**

69. CLARY (Jalabert), à Paris, boulevard des Capucines, 10. — Accumulateurs et lampes électriques.   **(PALAIS.)**

70. CLAUDE (F.-Auguste), à Paris, boulevard Voltaire, 56. — Rappel général, relais électro-dynamique, relais électro-magnétique, translateur à double courant.   **(PALAIS.)**

71. CLÉMANÇON (C.-Édouard), à Paris, rue Lamartine, 23. — Machines dynamos, accumulateurs, lampes à arc et à incandescence.   **(PALAIS.)**

Maison fondée en 1828. Éclairage électrique. Installations complètes, générateurs, moteurs à vapeur, à gaz et hydrauliques, dynamos, accumulateurs, lampes à arc et à incandescence, câbles, commutateurs, coupe-circuits, etc. Entreprise d'éclairage de villes, casinos, établissements publics et particuliers, théâtres. Spécialité d'appareils brevetés, herses, portants, etc.. Manufacture d'appareils et bronzes d'éclairage. Éclairage par le gaz, l'huile, l'oxygène.

72. CLÉMANDOT, à Paris, boulevard des Batignolles, 26. — Appareil avertisseur électro-automatique des trains.   **(PALAIS.)**

Voir Exposition Mors Frères, galerie des Machines.

73. CLERC (Louis), à Paris, cité Bergère, 1 bis. — Lampes électriques, dynamos, transformateurs, appareils de mesure.   **(PALAIS.)**

74. Compagnie Continentale EDISON, à Paris, rue Caumartin, 8. — Machines dynamo-électriques ; lampes à arc et à incandescence ; canalisation et accessoires ; compteurs d'électricité.   **(PALAIS.)**

75. Compagnie des Chemins de fer de l'Est, à Paris, rue rue et place de Strasbourg, M. **Durbach,** Chef de l'Exploitation ; M. **Connesson,** Chef de l'Exploitation, adjoint. — Signaux sémaphoriques. Piles et appareils divers.   (**PALAIS.**)

76. Compagnie des Fonderies et Forges de l'Horme, (Chantiers de la Buire), à Lyon (Rhône), rue Rachais, 32. — Appareils électriques.   (**PALAIS.**)

Changement automatique du courant dans les bougies Jablochkoff, système Bobenrieth, breveté S. G. D. G. Régulateur automatique du courant, pour le chargement des accumulateurs, système Bobenrieth, breveté S. G. D. G.

77. Compagnie électrique, à Paris, avenue Philippe-Auguste, 42. — Machines électriques et accessoires pour transmission de force motrice.   (**PALAIS.**)

La *Cie Electrique*, Société anonyme ; a la *licence exclusive* des *procédés Gramme* pour *Transmissions électriques*. Applications aux appareils de levage, machines-outils, pompes, ventilateurs, etc. *Principales installations* : Hôtel-de-Ville de Paris, Ecole Centrale, Fonderie de canons de Bourges, Chemins de fer de l'Est, Magasins Généraux, Ateliers J. Far. cot et Marinoni, restaurant Marguery, etc., etc. *Eclairage électrique par arc et par incandescence.*

La Cie Electrique éclaire les façades des « *Arts Libéraux* » au Champ-de-Mars.

78. Compagnie Générale des Lampes Incandescentes (brevets Edison et Swan) — administrateur : **Simon.** — à Paris, rue Lepelletier, 1. — Lampes incandescentes, supports simples et à commutateur.   (**PALAIS.**)

79. Compagnie pour la Fabrication des Compteurs et Matériel d'Usines à Gaz, à Paris, rue Claude-Vellefaux, 29. — Compteurs d'électricité pour courant direct et courant alternatif.   (**PALAIS.**)

80. CONTADES (Baron Méry-J.-R. de), à Angers (Maine-et-Loire), rue Grandet, 4. — Machines dynamo-électriques, régulateurs, lampes à incandescence, machines d'électricité statique.   (**PALAIS.**)

81. CORNETTE (Henri), à Paris, rue Michel-le-Comte, 23. — Sonneries électriques, téléphones, paratonnerres, porte-voix, avertisseurs d'incendie.   (**PALAIS.**)

82. COSTE (Armand), à Paris, rue des Moulins, 5. — Code télégraphique français.   (**PALAIS.**)

83. CROSSE (Paul), à Paris, rue de la Folie-Méricourt, 64. — Piles à bichromate et à sulfates, positifs. Avertisseurs de température ; Appareils divers.   (**PALAIS.**)

84. DAIX (Victor), à Saint-Quentin (Aisne). — Appareils d'éclairage électrique.   (**PALAIS.**)

85. DALOZ, GILLET et GUYOT-SIONNEST (A.), — Maison **Biloret et Mora,** — à Paris, boulevard Richard-Lenoir, 95. — Appareils électriques, scientifiques, sonnerie, télégraphes, téléphones, lumière, paratonnerre, fils, câbles.   (**PALAIS.**)

86. DANEL (Charles), à Paris, rue Richelieu, 29. — Petites machines, moteurs, dynamos, régulateurs.   (**PALAIS.**)

87. DANZER (Henri), à Paris, rue Pascal, 40. — Compteurs d'électricité. (**PALAIS.**)

88. DARY Frères, à Paris, rue de la Parcheminerie, 11. — Objets nickelés par les procédés galvaniques, avec et sans épargne, et galvanos.   (**PALAIS.**)

89. DEBAYEUX, à Paris, rue de Babylone, 48. Machine à voter électrique.   (**PALAIS.**)

90. DELAFOLLIE, BASTIDE, CASTOUL aîné & Cie, à Paris, rue Martel, 6. — Appareils pour l'éclairage électrique.   (**PALAIS.**)

91. DELAURIER (Émile-J.), à Paris, rue Daguerre, 77. — Accumulateur, régulateur de courant électrique, pile régénérable, petit modèle de moteur rapide pour dynamo, appareils pour théorie électrique.   (**PALAIS.**)

92. DELVAL & PASCALIS, (Ancienne maison **Roseleur**), à Paris, rue Chapon, 5. — Matériel, ustensiles, produits chimiques pour galvanoplastie, dorure, argenture, nickelage, applications de l'électricité.   **(PALAIS.)**

> Ingénieurs Anciens élèves des Écoles centrale et polytechnique.
> Médaille d'or, Paris, 1878.
> Diplômes et Médailles aux Expositions de Londres et Vienne (Autriche).

93. DESCHIENS (J.-Eugène), à Paris, boulevard St-Michel, 123. — Télégraphes et instruments de mesure, compteurs totalisateurs et tachymètres électriques.
                    (PALAIS.)

94. DESRUELLES (Lucien-A.-W.), à Paris, avenue Percier, 8 bis. — Appareils de mesure, piles et machines dynamos.   **(PALAIS.)**

95. DIGEON (Louis-A.), à Paris, rue Jacob, 14. — Système avertisseur universel.   **(PALAIS.)**

96. DOMANGE (A), (successeur de **E. SCELLOS**) à Paris, boulevard Voltaire, 74. — Courroies de transmission spéciales pour l'électricité.   **(PALAIS.)**

> Deux Médailles d'or, Anvers 1885.
> Médaille d'or et diplôme d'honneur, Bruxelles 1888.
> Diplôme hors concours, membre du Jury, chevalier de la Légion d'honneur, Barcelone 1888.

97. DOUCE et FESCHE, à Paris, rue de Rivoli, 116. — Sonneries, téléphones, paratonnerres.   **(PALAIS.)**

98. DUJARDIN (P.-J.-R.), à Paris, rue Vavin, 28 — Accumulateurs électriques et accessoires.   **(PALAIS.)**

99. DUMONT (Georges), à Paris, rue Lafayette, 92. — Traité d'électricité appliquée à l'exploitation des chemins de fer. Dictionnaire d'électricité et de magnétisme.   **(PALAIS.)**

100. DUMOULIN (Froment), à Paris, rue Notre-Dame-des-Champs, 85. — Appareils télégraphiques divers.   **(PALAIS.)**

101. ELWELL Fils, à la Plaine-St-Denis (Seine), avenue de Paris, 194. — Machines dynamo avec moteur à grande vitesse.   **(PALAIS.)**

102. ENGELFRED (G.-Arthur-F.), à Paris, rue du Sentier, 34. — Allumeur et extincteur automatique, appareils divers.   **(PALAIS.)**

103. FARJOU (Auguste-L.), à Bordeaux (Gironde), rue du Tondu, 195. — Appareils à décharge pour transmissions télégraphiques aériennes, sous-terraines et sous-marines à grande distance. Album d'appareils télégraphiques.   **(PALAIS.)**

104. FÉRAUD (V. M.) à Paris, avenue d'Orléans, 102. — Piles primaires
                    (PALAIS.)

> 1° Élixir et poudre pâte dentifrice.
> 2° Alcool balsamique et sanitaire de toilette.
> 3° Glyceroléde hygi-capillaire pour les soins de la tête.
> 4° Albadulcis ou poudre de riz pour la toilette.
> 5° Essences et parfums extraits des fleurs.

105. FERRY (J.-E.-L.), à Paris, rue Choron, 10. — Horlogerie électrique, piles, téléphones et appareils divers, contrôleurs de rondes.   **(PALAIS.)**

106. FETTER (Joseph), à Paris, rue Delambre, 34. — Moteur à gaz ou à pétrole, système P. Archat, lampe à arc, système P. Archat et J. Fetter, appareils électriques.
                    (PALAIS.)

107. FONTAINE (Hippolyte), à Paris, rue Drouot, 15. — Ouvrages sur l'électricité : électrolyse, piles, éclairage à l'électricité, transmission de forces.   **(PALAIS.)**

108. FOURNIER (Georges), à Paris, rue de La Rochefoucauld, 58. — Piles et accumulateurs. Régulateurs automatiques des courants.   **(PALAIS.)**

109. FRANÇOIS (L.) GRELLOU (A.) & Cie, à Paris, rue des Entrepreneurs, 43. — Fils et câbles électriques. Fils de pose et fils carcasse pour sonneries, câbles sous plomb, câbles lumière en tous genres. Fils dynamo. **(PALAIS.)**

110. GABRIEL (F.) à Paris, boulevard Voltaire, 13. — Lampes à incandescence. **(PALAIS.)**

111. GADOT (Paul), à Paris, rue de Tocqueville, 89. — Accumulateurs électriques industriels à plaques doubles. **(PALAIS.)**

Accumulateurs Electriques Industriels à plaques doubles, Système Paul Gadot, breveté S. G. D. G. pour Eclairages électriques des Stations Centrales d'Electricité, des Théâtres, Usines, Gares, Bureaux, Administrations, etc. ; — et aussi pour la Soudure électrique des Métaux, Transmission de Force, Galvanoplastie, Electrotypie, Electrolyse, etc.

Accumulateurs hermétiques pour les Marines Militaires et autres : pour projections, signaux, éclairages électriques, etc. Accumulateurs extra-légers et hermétiques pour la propulsion des Torpilleurs et des embarcations, pour la Traction électrique des Tramways, etc.

Plaques séparées d'accumulateurs permettant leur montage économique en Province et à l'Etranger. Chandelier élect. à dérivation pour bougies Jablochkoff, inventé par Paul Gadot en décembre 1878.

112. GAIFFE (A.) — ZIPÉLIUS-GAIFFE (Georges), Successeur, — à Paris, rue St-André-des-Arts, 40. — Nickel, cobalt, vieux nickel et vieux cobalt.

Usine, rue Mechain, 9, Gaiffe (A.)
Récompenses : Médaille de mérite, Vienne 1873. — Médaille d'argent, Paris 1878.

113. GAIFFE & Fils, à Paris, rue Saint-André-des-Arts, 40. — Appareils électriques de démonstration, piles, appareils de mesure et de recherches, appareils électro-médicaux. **(PALAIS.)**

114. GALLAIS (D.), à Paris, rue de Lancry, 3. — Appareils d'électricité, de téléphonie et d'horlogerie. **(PALAIS.)**

Constructeur-ingénieur-vérificateur, breveté s. g. d. g. — Succursales : à Tunis (Afrique) et à Buenos-Ayres (Amérique).

115. GALLET (Victor), à Paris, boulevard Magenta, 66. — Avertisseurs électriques. **(PALAIS.)**

Nouvel avertisseur électrique adopté par la Compagnie des Chemins de fer de l'Est. Inventions brevetées s. g. d. g. (Voir coffres-forts, cl. 63).

116. GARNOT (Xavier-M.-E.), à Paris, rue de Châteaudun, 55. — Matériel d'éclairage électrique. **(PALAIS.)**

Usines d'éclairage électrique pour villes, théâtres, ateliers, maisons particulières. Locomobiles et matériel pour installation volante d'éclairage électrique.
Palais. — Galerie des machines. — Bibliothèque de l'Exposition.

117. GENDRON (P.-Fernand), à Bordeaux (Gironde), rue du Parlement-Ste-Catherine, 28. — Piles primaires. **(PALAIS.)**

118. GENESTE, HERSCHER & Cie, à Paris, rue du Chemin-Vert, 42. — Spécimens en nature et fonctionnant, Pavillon d'hygiène. **(ESPLANADE.)**

Transmission de force par l'électricité. Applications réalisées.

119. GÉNIE CIVIL (Le), à Paris, rue de la Chaussée-d'Antin, 6. — Revue générale hebdomadaire des industries françaises et étrangères, collection des années publiées. **(PALAIS.)**

120. GENTEUR (Arthem), à Asnières (Seine), rue du Maine, 18. — Machine dynamo-électrique à courants continus et alternatifs. Lampes différentielles à arc (régulateur éclipse). **(PALAIS.)**

Laminoirs spéciaux, brevetés pour la fabric. des scies et ressorts de télégraphe. Ressorts dynamoteurs et scies sans frottement, système D. A. Genteur. Brevetés S.G.D.G. Usines à Paris.

121. GEOFFROY (Henri), à Paris, rue de l'Ermitage, 54. — Fils carcasse pour bobines de résistance, isolés pour machines dynamo ; fils et câbles pour lumière électrique, pour sonneries, téléphonie, signaux.   **(PALAIS.)**

122. GEOFFROY (Jules) et Cie, à Paris, rue Duphot, 15. — Batterie de piles pour lumière électrique domestique à abaissement et relèvement automatique des zincs, accessoires pour installations électriques, micro-téléphone.   **(PALAIS.)**

123. GÉRARD-LESCUYER (Anatole-J.-M.), à Courbevoie (Seine), rue de la Station, 10. — Machines dynamo, lampes, régulateurs, appareils de mesure et de démonstration.   **(PALAIS.)**

124. GITS (Sébastien), à Paris, rue Keller, 36.— Coulisseaux, cuivre et fer poli, poignées et boutons pour portes, boîtes à lettres unies et ciselées.   **(PALAIS.)**

125. GLOCKER, à Paris, rue Julien-Lacroix, impasse de Gênes, 5.— Machines-dynamos pour cabinets de physique et applications industrielles.   **(PALAIS.)**

126. GODFROY (Fernand), à Paris, rue de Chaillot, 22. — Amélioration du rendement des lignes, par compensation ou atténuation des effets nuisibles de leur capacité électro-statique.   **(PALAIS.)**

127. GOODWIN (Charles-R.) à Paris, rue de la Victoire, 56.—Charbons agglomérés : Plaques, vases poreux, charbons à tête, charbons de lumière. Pièces de téléphones, etc., etc.   **(PALAIS.)**

128. GORGES (Ferdinand), à Paris, rue Beaurepaire, 20. — Pendules et cadres avec réveil-signal électrique. Avertisseurs d'incendie.   **(PALAIS.)**

129. GRAS (Jules-J.), à Paris, rue Montbrun, 7. — Parleurs-contrôleurs. Téléphones spéciaux et accessoires de télégraphie.   **(PALAIS.)**

130. GRAVIER (Alphonse), à Paris, rue Faraday, 15. — Dynamos divers. Transformateur. Distribution avec régulateur de potentiel, par « fil de retour ».

                                                                       (PALAIS.)

131. GRIVOLAS (C. A.) Fils, à Paris, rue Montgolfier, 16. — Supports de lampes et accessoires pour éclairage électrique, tableaux indicateurs et sonneries, indicateur controleur de niveau d'eau à distance, dit Télécinémomètre.   **(PALAIS.)**

Manufacture d'appareils électriques ; *Supports* de lampes et accessoires pour éclairage électrique sur bois, porcelaine et ardoise ; *Indicateur* électrique de niveau d'eau à distance dit Télécinémomètre ; *Tableau* indicateur d'appartement.

132. GUÉRIN (F. Émile) et Cie, à Paris, rue Montmorency, 5. — Appareils électriques.   **(PALAIS.)**

133. GUÉROT (Hippolyte), à Paris, rue Daguerre, 57. — Piles primaires, liquide excitateur, sel ferro-chromique.   **(PALAIS.)**

134. GUYENET (Constant), à Paris, boulevard Magenta, 83. — Appareils élévatoires roulants. Grues et treuils mûs par l'électricité.   **(PALAIS.)**

135. GUYENNET (André), à Paris, rue du Faubourg St-Jacques, 25. — Fontaine, objets mobiliers, garnitures de cheminées, candélabres, objets d'art métallisés, enseignes transparentes éclairées à la lumière électrique.   **(PALAIS.)**

136. HACHE, JULLIEN & Cie, à Vierzon (Cher).—Isolateurs télégraphiques.
                                                                       (PALAIS.)

137. HENNEQUIN (L.-A.-A.), à Beauvais (Oise), rue de la Manufacture-Nationale, 7. — Chronomètre électro-transmetteur. Récepteurs électro-automatiques.
                                                                       (PALAIS.)

138. HENRION (Fabius), à Nancy (Meurthe-et-Moselle).— Machines dynamo-électriques, lampes et appareils à mesure.   **(PALAIS.)**

139. HENRY & Cie, à Paris, rue Saint-Ambroise, 13, — Zinc et laitons cuivrés et nickelés. **(PALAIS.)**

140. HERARDIN, à Montreuil-sous-Bois, (Seine), rue des Écoles, 53.— Raccord de câbles électriques. Chandelier commutateur automatique. **(PALAIS.)**

141. HÍLLAIRET (André), à Paris, rue Vicq-d'Azir, 22. — Machines dynamo-électriqu\.s. **(PALAIS.)**

142. HOURY-ABOILARD et Cie (Maison **Bonis**), à Paris, rue Montmartre, 18. — Fils et câbles pour l'électricité. **(PALAIS.)**

    Maison fondée en 1857. — Médaille d'argent, Paris 1867. — Médaille de mérite, Vienne, 1873. — 2 Médailles de bronze et une d'argent, Paris 1878. — Médaille d'or, Anvers, 1885.

143. HUGUET (Albert), à Paris, rue Vicq-d'Azir, 22. — Machine à vapeur pour dynamos. **(PALAIS.)**

144. HUGUET (D' A. B.), à Paris, rue de Londres, 27. — Appareils électro-médicaux, Ozoneur ; électro-pulvérisateur. **(PALAIS.)**

145. HURAULT (Louis), à Paris, rue Saint-Sulpice, 36. — Nouveau système de tampon-encreur pour appareils télégraphiques imprimeurs. **(PALAIS.)**

146. HUTINET (Jules), à Paris, rue de Chaillot, 20. — Téléphones, sonneries, paratonnerres, fil avertisseur d'incendie. **(PALAIS.)**

147. ILIYNE-BERLINE (S.), à Paris, rue Réaumur, 5. — Téléphones, moteurs électiques, appareils d'éclairage électrique domestique. Allumoirs. Piles au manganèse à grand débit. **(PALAIS.)**

148. India Rubber Gutta Percha et Telegraph Works Company Limited (The), à Paris, boulevard Sébastopol, 97, usine à Persan-Beaumont (Seine-et-Oise). — Fils et câbles. Caoutchouc. **(PALAIS.)**

    Caoutchouc manufacturé souple et durci. Gutta-percha pour l'industrie, clapets, courroies guides et de transmission. Tubes pour diffusion, aspiration, refoulement, bandes de billard. Pompes en ébonite, en gutta, tapis, patins pour voitures.

    Électricité, fils et câbles isolés, gutta ou caoutchouc pour sonnerie, téléphonie, télégraphie, mines, torpilles. Lumière électrique, transport de force, fils pour électro-aimants, ébonite, boîtes pour piles, charbons pour lumière.

    Médailles d'or aux Expositions universelles Paris 1855, 1878. — Londres 1862. — Anvers 1885. — Barcelone 1888. Voir cl. 45 et cl. 39.

149. JACOT (J.-Eugène), à Paris, cité Talma, 4.— Supports pour câbles téléphoniques. Paratonnerre étanche à pointes multiples ; boîte de raccordement de lignes aériennes avec les lignes souterraines. **(PALAIS.)**

150. JACQUEMIER (M. J. Raoul), à Paris, rue Saint-Honoré, 267. — Instruments de mesures électriques. Compteurs d'électricité Watchmètres Cinénomètres électriques. **(PALAIS)**

151. JACQUEZ (Ernest), à Paris, rue Bertrand, 12. — Céraunomètre ou appareil indiquant sur un cercle gradué la quantité d'électricité s'écoulant par une chaîne de paratonnerre. **(PALAIS.)**

152. JANSSENS (Adolphe), à Paris, rue Alibert, 10. — 60 lampes à incandescence, dites « Sunbeam » de 500 bougies chacune. **(PALAIS.)**

    60 Lampes de 500 bougies chacune, servant à l'éclairage de la grande coupole centrale en face de la Tour Eiffel, à l'entrée du Palais des industries diverses.

153. JOLY (Auguste-M.-J.), à Ligueil (Indre-et-Loire). — Régulateur électro-chronométrique à oscillations isochrones, galvanomètres industriels, moteurs électriques, appareils divers. **(PALAIS.)**

    Nouvelle disposition de pile à renversement. — Commutateur permettant de grouper instantanément les éléments d'une pile en tension, en séries ou en quantité.

154. JOURNAUX (J.), à Paris, rue des Cévennes, 56. — Téléphones, microphones, moteurs électriques.   **(PALAIS.)**

>   Maison fondée en 1853.
>   Ateliers de constructions mécaniques et électriques de précision. Téléphonie : Microphones à charbons obliques et à friction amplifiant la parole pour grandes distances, postes centraux a simple et à double fil, sans cordons pour l'établissement des communications, annonciateurs, commutateurs appels magneto-électriques, sonneries polarisées, relais, etc. Éclairage électrique : Ampères heure-mètres, pour courants alternatifs et continus, volts-mètres et ampères-mètres industriels ; lampes à arc à points lumineux fixes et mobiles, construction de dynamo, etc. Mécanique : Moteurs domestiques à vapeur, électriques, à air comprimé raréfié, etc.
>   Récompenses : Paris, 1855 ; Londres, 1862 ; Paris, 1867 ; Paris, 1878, Médaille d'Or ; Amsterdam, 1883, Diplôme d'honneur ; Paris, 1885, Membre du Jury.

155. JUSTE (Vidal-P.), à Paris, rue Oberkampf, 139. — Articles spéciaux pour sonneries et signaux électriques.   **(PALAIS.)**

156. KAYSER (Louis), à Paris, rue des Petites-Écuries, 11. — Batteries à circulation constante du liquide, à courant d'air et à alimentation automatique. Applications de ces batteries.   **(PALAIS.)**

157. KOENIG (A.-Richard), à Paris, rue Debelleyme, 12. — Appareils d'électricité médicale. Diverses sonneries et signaux électriques.   **(PALAIS.)**

158. LACARRIÈRE Frères et DELATOUR, à Paris, rue de l'Entrepôt, 16. — Lustrerie et appareillage électrique, moteurs et dynamos, câbles électriques.
(PALAIS.)

159. LACOMBE & Cie, à Levallois-Perret (Seine), rue de Lorraine, 33. — Charbons pour lampes à arc et incandescence, piles, électrolyse, microphonie et divers. Éléments de piles.   **(PALAIS.)**

160. LAGACHE (Georges-V.), à Paris, rue Saint-Maur, 129. — Téléphones militaires et domestiques. Téléphone à grande distance. Sonneries, tableaux indicateurs.
(PALAIS.)

161. LAGARDE (Georges-U.), à Paris, rue Pixérécourt, 29. — Pile électrique construite spécialement pour l'éclairage domestique et fonctionnant indéfiniment sans manipulation ni surveillance.   **(PALAIS.)**

162. LALLIER (Vve) et Cie, à Paris, rue de Buffon, 23. — Vases spéciaux en grès pour l'électricité, la galvanoplastie et pour produits chimiques. **(PALAIS.)**

>   Brevetés S. G. D. G. Spécialités de vases en tous genres et articles spéciaux pour l'électricité, la galvanoplastie, produits chimiques, pharmaceutiques, distillateurs, fabricants d'encres, de cirage, de brillants, de dorure et argenture, en général tout ce qui se rapporte à la poterie de grès.

163. LAMY (Ernest) et Cie, à Paris, avenue des Ternes, 81. — Appareils d'éclairage public et privé.   **(PALAIS.)**

164. LAPOINTE, à Paris, rue Saint-Sébastien, 9. — Manchons pour fils télégraphiques et téléphoniques.
(PALAIS.)

>   Manchons télégraphiques, brevetés, à vis cylindriques en tous genres.

165. LASNIER (Arthur), à Paris, boulevard Richard Lenoir, 116. — Lampes, lustres, bras, appliques, appareils de tous styles.   **(PALAIS.)**

166. LE BLON (Charles), à Paris, rue Lafontaine, 86 bis. — Appareil pour produire l'électricité par la vapeur, lampe à arc sans mécanisme régulateur, piano-harpe électrique.   **(PALAIS.)**

167. LECLANCHÉ & Cie, à Paris, rue Cardinet, 158. — Piles Leclanché
(PALAIS.)

168. LEFILLEUL (S.-Théophile), à Paris, rue Vaneau, 30. — Récepteur Morse (communications et encrage modifiés).   **(PALAIS.)**

169. LEGENTIL (Aimé), à Neuvireuil, par Rœux (Pas-de-Calais). — Moteurs électriques. **(PALAIS.)**

> Récompenses obtenues aux Expositions universelles :
> Mention honorable, Paris, 1855 ; Médaille d'argent, Anvers, 1885.

170. LEJEUNE (Alfred-J.), à Paris, rue Claude-Bernard, 19. — Accumulateurs pour l'électricité, fils de plomb et alliages pour coupe-circuits de sécurité. **(PALAIS.)**

171. LÉMONON et Cie, à Niort (Deux-Sèvres), rue du Rabot, 3. — Gâches et serrures électriques avec piles. **(PALAIS.)**

172. L'ÉPINE (E.-P.-Maurice), à Paris, rue de Turenne, 64. — Pile sèche constante pour sonneries, horloges électriques, appareils médicaux. **(PALAIS.)**

> Appareils ne nécessitant ni entretien, ni manipulation de produits chimiques.

173. LÉPINE (M.), à Paris, rue Blanche, 11. — Horloge électrique, pile sèche. **(PALAIS.)**

174. LÉTRANGE & Cie, à Paris, rue des Haudriettes, 1. — Plombs pour accumulateurs, zincs pour piles, cuivre à fils. **(PALAIS.)**

175. LÉVY (Alfred-A.-L.), à Paris, rue Lafayette, 120. — Nouveaux procédés électro-chimiques. Objets traités par ces procédés. **(PALAIS.)**

176. LÉVY (Emile-L.) à Paris, avenue du Maine, 57. — Charbons pour lumière électrique, pour piles. Moulage en toutes formes. **(PALAIS.)**

177. LIONNET (Claude), à Paris, rue Debelleyme, 5. — Bronze et orfèvrerie d'art, cylindres et plaques pour l'impression des cuirs et peaux, galvanoplastie massive pour meubles. Marbres et maroquinerie. **(PALAIS.)**

178. LOISEAU (Édouard), à Paris, boulevard Raspail, 92. — Signaux et sonneries électriques, allumoirs, sels excitateurs. **(PALAIS.)**

179. LORRETTE (Martin), à Paris, rue de Grenelle, 103. — Paratonnerre à pointes mobiles et à fil préservateur. **(PALAIS.)**

180. LUIZARD (Léon), à Paris, rue du Cloître-Notre-Dame, 14. — Machines électriques statiques diverses. **(PALAIS.)**

181. MAGNINY (Louis), à Paris, cour des Petites-Écuries, 16. — Matières animales et végétales cuivrées, dorées, etc., par l'électro-chimie. **(PALAIS.)**

182. MAICHE (Louis), à Paris, rue Louis-le-Grand, 3. — Appareils électriques divers. **(PALAIS.)**

> Machines magnéto et dynamo-électriques. — Téléphones et microphones. — Téléphonie et télégraphie simultanée. — Piles pour télégraphie et téléphonie. — Transmetteur et récepteurs rapides pour les grands câbles sous-marins. — Appareils de mesure. Micromètre. — Galvanomètre à projection, etc.
> Medaille d'argent et mention honorable, 1878.
> Officier d'académie 1881, officier de l'Instruction publique, 1888.

183. MANDROUX (Louis), à Paris, rue Caumartin, 71. — Appareils télégraphiques et téléphoniques. **(PALAIS.)**

184. MAQUAIRE (F. V.) & STREET (Charles), à Paris, avenue du Maine, 3. — Systèmes de régulateurs électriques. **(PALAIS.)**

185. MARCHAL (Ferdinand), à Paris, rue d'Alembert, 11. — Aimants pour l'électricité. **(PALAIS.)**

186. MARCHENAY (Alfred-J.), à Montreuil-sous-Bois (Seine), boulevard de l'Hôtel-de-Ville, 24. — Microphones, liquide dépolarisant de pile, téléphones, sonneries, tableaux indicateurs, boîte microtéléphonique, allumoirs, lumière électrique. **(PALAIS.)**

> Dépôt à Paris, rue Pierre Charron, 68. (Champs-Elysées). Représentant : M. Joulin.

187.   MARE (F. de) et BESNIER (H.), à Paris, avenue de Saint-Ouen, 138
— Piles et accumulateurs. Machines dynamo. Instruments de mesure. Commutateurs.
Supports.   **(PALAIS.)**

188.   MARINI (A.-Heber), à Paris, rue Royale, 22.— Ampoules décoratives pour
lampes électriques par incandescence.   **(PALAIS.)**

189.   MAROGGINI, à Nice (Alpes-Maritimes), rue Jomet, 12. — Lampes électriques.   **(PALAIS.)**

190.   MARTEL & Fils, à Paris, rue Meyerbeer, 5. — Sonnerie et signaux par l'air
comprimé, appareils télégraphiques à air pour navires. Porte-voix. Tuyaux acoustiques.
                                                                          (PALAIS.)

191.   MARTIN (Ch.) & Cie, à Paris, rue Bleue, 7.— Piles bi-métalliques Martin
en cuivre rouge à âme d'acier pour téléphone, télégraphe, force, lumière, sonnerie.
                                                                          (PALAIS.)

192.   MARTINY, VERSTRAET & Cie, à Saint-Denis (Seine), rue de la
Briche. — Fils et câbles.   **(PALAIS.)**

193.   MEGY, ÉCHEVERRIA & BAZAN, à Paris, boulevard Haussmann,
72. — Ensemble de dynamos avec machines Compound. Lampes.   **(PALAIS.)**

Dynamos multipolaires, syst. Miot, à grande et à petite vitesse, à simple ou à double régu-
lation, assurant à la pression électrique une valeur constante, indépendante de la vitesse du
moteur. Inductomètre ou explorateur magnétique Miot pour mesurer directement l'intensité
d'un champ magnétique quelconque. Éclairage électrique, Lampes à arc à point lumineux fixe.
Lampes à incandescence.
Transport de force. Electrolyse. Electro-métallurgie. Appareillage électrique.
Moteurs à grande vitesse type pilon de 300 à 750 tours, syst. Megy, spéciaux pour éclairage
électrique.
Ensemble spécial pour éclairage des navires, composé du moteur à grande vitesse Mégy et
de la dynamo Miot.

194.   MENIER, à Paris, rue du Théâtre, 7. — Câbles électriques, caoutchouc et
gutta-percha.   **(PALAIS.)**

Fabrication pour Industrie, Chemins de Fer, Machines et Installations électriques.
Expositions universelles de Paris, Amsterdam, Anvers de 1878 à 1885, Croix de la Légion
d'Honneur. — 4 Diplômes d'Honneur. — 5 Médailles d'or.

195.   MÉRITENS (A. de) & Cie, à Paris, rue Boursault, 44. — Machines
magnéto et dynamo électriques. Signaux de nuit pour la marine. Appareils électriques
pour épuration d'alcools, assainissement d'eaux, conservation des vins.   **(PALAIS.)**

Electricité et applications. — Lampes et accessoires pour l'éclairage des phares et éclairages
privés. — Appareils pour la conservation et le vieillissement des vins. — Appareils pour l'épuration électrique des alcools d'industrie. — Bronzage du fer et de l'acier. Etamage de tous métaux.

196.   MEYER-DECHARME (Vve), à Malzéville (Meurthe-et-Moselle),
rue de l'Eglise, 2. — Appareils à transmissions automatiques pour télégraphie. **(PALAIS.)**

197.   MICHAUT (Louis) et GILLET (Maurice), à Paris, rue de Lourmel,
19. — Leçons élémentaires de télégraphie électrique.   **(PALAIS.)**

198.   MICHEL (Eugéne), à Paris, rue Montgolfier, 16. — Sonneries, tableaux indicateurs.   **(PALAIS.)**

199.   MICHELIS di RIENZI (E. D.) à Paris, impasse de Saxe, 2. — Ouvrage
de vulgarisation intitulé : « La Téléphonie, ses origines et ses applications ». **(PALAIS.)**

200.   MILDÉ Fils (Charles) & Cie, à Paris, rue Laugier, 26. — Téléphones,
microphones, sonneries, paratonnerre Grenet, transformateur, dynamo-moteur,
compteur et lampes-soleil Clerc.   **(PALAIS.)**

Paris 1878, 3 récompenses, bronze et argent.
Bruxelles 1888, médaille d'or.
Barcelone, 1888, médaille d'or, équivalant au diplôme d'honneur.

201.   MILLET (Félix-T.), à Persan (Seine-et-Oise). — Lampes à arc et à incandescence. Pile.   **(PALAIS.)**

202.   MINISTÈRE DE LA MARINE, à Paris. — Installation du téléphone et du microphone dans l'appareil du plongeur par M. Auger, ingénieur des ponts et chaussées, service des travaux hydrauliques de la marine à Cherbourg.   **(PALAIS.)**

203.   MIQUEL (Joseph), à Bordeaux (Gironde), cours d'Alsace-Lorraine, 110. — Pyrogène, piles, appareil à lumière pour mines.   **(PALAIS.)**

204.   MONDOS (Robert-L.-P.-B.), à Paris, rue Notre-Dame-de-Lorette, 56.— Générateurs d'électricité système R. Mondos, lampes électriques système R. Mondos, tableau de distribution centrale.   **(PALAIS.)**

205.   MONTPELLIER (J.-L.-E. dit Armand), à Paris, rue Fondary, 37.— Collection de la Revue Internationale de l'électricité et de ses applications.   **(PALAIS.)**

206.   MORS Frères (Louis et Emile), à Paris, avenue de l'Opéra, 8. — Appareils électriques et mécaniques.   **(PALAIS.)**

Maison fondée en 1851.
Electro-sémaphores, Tesse Lartigue et Prud'homme. Appareils d'enclenchement E. Sartiaux Block, système Kodary et Mors. Intercommunication électrique des trains Prud'homme.
Appareils télégraphiques, contrôleurs d'aiguilles Chaperon. Graphophone indicateur de vitesse des trains Hipp. Sonneries électriques, paratonnerres, téléphones, microphones.
Récompenses : Paris 1867. Paris 1878.
Diplôme d'honneur, Anvers 1885.

207.   MORTELETTE (Alfred-L.), à Paris, avenue de la Grande-Armée, 75 bis. — Accumulateurs, moteurs et compteurs électriques. Installation et construction d'appareils d'hydroplastie.   **(PALAIS.)**

Une Médaille, Paris, 1878. Deux Médailles, Anvers, 1885.

208.   MOTET (L.) & THOMAS (A.), à Paris, rue Pastourelle, 11. — Lustre avec lampes à incandescence.   **(PALAIS.)**

209.   MOUCHEL (J.-O.), à Paris, rue Commines, 10. — Planches en feuilles de laiton pour repoussage. Fils de laiton pour toiles métalliques, cuivre pur, haute conductibilité, pour machines et appareils.   **(PALAIS.)**

210.   MOUCHÈRE (L.-J.), à Angoulême (Charente). — Machines à dévider, à peser automatiquement et à mettre les filés en pelotes avec application de l'électricité.   **(PALAIS.)**

Voir Classe 54, Galerie des Machines, où les appareils sont exposés.

211.   MOUTTE (Joseph), à Paris, passage Ménilmontant, 16. — Allumoir électrique, donnant la lumière instantanée et supprimant l'emploi des allumettes.   **(PALAIS.)**

212.   MUNIER (C.-J.-A.) à Paris, rue Bertrand, 24. — Télégraphe imprimeur multiple.   **(PALAIS.)**

213.   MUZEY (F.-J.) à Auxerre (Yonne). — Compteur d'électricité pour courants continus et courants alternatifs.   **(PALAIS.)**

214.   NAUDIN (Dr**),** à Paris, place du Marché-Saint-Honoré, 25.— Cœloscope.   **(PALAIS.)**

215.   NÉE (E.-C.), à Paris, rue du Montparnasse, 47. — Becs de gaz s'allumant par l'électricité.   **(PALAIS.)**

216.   NEVEUR (Léon), à Paris, rue Condorcet, 14. — Allumoirs, lampes électriques, piles, sonneries et ciseaux électriques pour tondre la dentelle.   **(PALAIS.)**

217.   OGER (Marcel), à Ville-Saint-Ouen, par Flixecourt (Somme). — Moteur électrique actionnant un « physionomètre. »   **(PALAIS.)**

218. O'KEENAN (Édouard), à Montretout-St-Cloud (Seine-et-Oise), boulevard de Versailles, 21. — Piles électriques.   **(PALAIS.)**

219. OUDIN (O. D.), à Paris, rue Bertrand, 24. — Poste-volant de télégraphie.
                              (PALAIS.)

220. PAILLARD (André), à Paris, rue d'Odessa, 19. — Batteries de piles électriques dites Voltagènes, accumulateurs.   **(PALAIS.)**

221. PARENTHOU et Cie, à Paris, rue Denfert-Rochereau, 18 bis. — Transmission et enregistrement à distance de toutes indications. Niveau d'eau, manomètres, thermomètres.   **(PALAIS.)**
     Service des Eaux, Palais des Machines, Tour Eiffel.

222. PARMENT-(L.-A. Ernest), à Paris, rue Surcouf, 14. — Appareil imprimeur automatique de télégraphie à mouvement synchronique.   **(PALAIS.)**

223. PECQUET (Georges), à Paris, rue Ducouëdic, 19. — Appareil microtéléphonique.   **(PALAIS.)**

224. PÉRILLE (Jacques), à Paris, rue Legendre, 136. — Anodes et application du nickel sur fonte et acier.   **(PALAIS.)**

225. PERREUR, LLOYD & Fils, à Paris, rue de Vaugirard, 118. — Générateurs électro-chimiques.   **(PALAIS.)**

226. PEYRUSSON (Édouard), à Limoges (Haute-Vienne), place Dauphine. — Accumulateurs électriques, nouveau système, à électrodes positives rayonnées et à électrodes négatives en étain ou cadmium.   **(PALAIS.)**

227. PHILIPPART Frères, à Paris, rue de la Pompe, 181. — Accumulateurs électriques Faure, Sellon, Volckmar.   **(PALAIS.)**
     Accumulateurs électriques E. P. S.
     Accumulateurs de toutes capacités.
     Types spéciaux pour la Traction — pour la Force Motrice, etc.
     Accumulateurs hermétiquement clos pour la Navigation.
     Application des accumulateurs aux Travaux électro-chimiques.
     Distribution de l'énergie électrique pour l'éclairage.
     Constructeurs de Tramcars électriques.

228. PICARD (Pierre), à Paris, rue Mazarine, 9. — Système d'application des machines dynamo-électriques aux transmissions télégraphiques.   **(PALAIS.)**

229. PIRET (Jules), à Paris, rue Mouffetard, 51. — Gâches électriques pour l'ouverture des portes.   **(PALAIS.)**

230. PLACET (P.-Émile), à Paris, rue Denfert-Rochereau, 47. — Fer pur obtenu à l'aide de l'électricité.   **(PALAIS.)**

231. PLANTÉ (Gaston), à Paris, rue des Vosges, 12. — Accumulateur voltaïque, machine rhéostatique, recherches sur l'électricité.   **(PALAIS.)**

232. POPP (Victor), Compagnie parisienne de l'air comprimé, à Paris, rue Franche-Comté, 6. — Moteurs à air comprimé, dynamos et lampes.   **(PALAIS.)**
     Force motrice. — Élévation des eaux et liquides de toute nature. — Éclairage. — Chauffage
     Applications frigorifiques par l'air comprimé.
     Installations électriques. — Concessionnaire de l'éclairage des 1er 2e 3e et 4e arrondissements de Paris.
     Représentant de la Cie ,Thomson-Houston, de Boston. Transformateurs (Gaulard et Gihhs).

233. POSTEL-VINAY (A), à Paris, rue Vaneau, 38. — Appareils divers pour télégraphie, téléphonie, éclairage électrique, appareils de sécurité pour chemins de fer, instruments de marine, etc.   **(PALAIS.)**

234. POTRON (Eugène-J.), à Paris, rue Oberkampf, 10. — Bras, girandoles lustres et suspensions pour électricité.   **(PALAIS.)**

235. POUSSIELGUE-RUSAND & Fils, à Paris, rue Cassette, 3. — Objets divers en galvanoplastie, statues, chemins de croix, pièces d'orfévrerie pour les églises, objets d'art.   **(PALAIS.)**

Grands Christ, statues, objets d'art.
Reproduction de pièces anciennes ; chemins de croix, bas-reliefs.
Application de la galvanoplastie aux grandes pièces de bronze et d'orfévrerie pour églises.
Reproduction des œuvres de Donatillo Perucio da Vinci, Lucca della Nobia.
Récompenses :
Officier de la Légion d'honneur.
Grand Diplôme d'Honneur et Médaille d'Or, Expositions universelles :
Vienne, 1873.
Paris, 1878.

Voir classes 24 et 25, Groupe III.

236. RADIGUET à Paris, boulevard des Filles-du-Calvaire, 15.— Piles primaires pour éclairage. Appareils de démonstration. Galvanoplastie.   **(PALAIS.)**

237. RENAUDOT (Thomas), à Paris, rue de Moscou, 10 bis. — Electro-chimie. Objets de toute nature, recouverts d'une couche de cuivre, vieil argent et bronzes de toutes nuances.   **(PALAIS.)**

238. RENAULT & DESVERNAY, à Paris, rue de la Collégiale, 1. — Piles et moteurs électriques.   **(PALAIS.)**

Piles à zinc relevables en graphite ou autres substances, à un ou plusieurs liquides. Appareils pour démonstrations placés sur les piles mêmes, jets solides pour les actionner.

239. RENOUF (Albert-J.-G.), à Chartres (Eure-et-Loir), rue du Grand-Cerf, 30 — Horloge monumentale électrique.   **(PALAIS.)**

Maison fondée en 1780.
Exposition universelle, Paris, 1855. — Horlogerie électrique.
Constructeur de l'horloge électrique de la Cathédrale de Chartres, poids du timbre 6000 kilos.
Unification de l'heure et de la sonnerie à toute distance, système pouvant s'appliquer aux monuments publics et aux maisons particulières. Système breveté en France et à l'Étranger.

240. REVER (André), à Paris, rue Geoffroy-St-Hilaire, 17. — Pendule électrique, poste Morse, appareils de mesures.   **(PALAIS.)**

241. RÉVEREND (Albert), à Paris, cité Gaillard, 1.— Collection de l'Annuaire d'Electricité et du Bulletin de l'Electricité.   **(PALAIS.)**

242. REYNIER (Émile), à Paris, rue Benouville, 3. — Accumulateurs intensifs pour la navigation, la locomotion, l'éclairage. Ouvrages techniques relatifs aux accumulateurs électriques.   **(PALAIS.)**

243. RICHARD Frères, à Paris, impasse Fessart, 8. — Enregistreurs ; appareils de mesure et de contrôle ; compteurs d'électricité, galvanomètres.   **(PALAIS.)**

Compteurs d'électricité. Galvanomètres, Manomètres. Thermomètres. Hygromètres. Anémomètres. Indicateurs de vitesse. Indicateur de Watt. Transmetteurs à distance des indications. Diplômes d'honneur, Anvers, 1885 ; Bruxelles, 1888.

244. RIVAUD (Charles-M.), à Paris, rue de Rambuteau, 6. — Galvanoplastie des métaux précieux.   **(PALAIS.)**

245. ROUART Frères & Cie, à Paris, boulevard Voltaire, 137. — Charbons pour lumière électrique et pour piles.   **(PALAIS.)**

246. ROUSSEAU-LOYER, à Paris, rue Louis Blanc, 16. — Fournitures pour machines d'électricité.   **(PALAIS.)**

247. ROUSSEL (M. N. F.), à Paris, rue Mazagran, 10. — Appareils d'éclairage pur par l'électricité.   **(PALAIS.)**

248. SAINTE (A.) et MARCH (L.), à Paris, rue Oberkampf, 93. — Compteurs régulateurs. Accessoires pour l'éclairage électrique.   **(PALAIS.)**

249. SALVAING (J.-Albert), à Revel (Haute-Garonne). — Horatéléphore, appareil d'horlogerie électrique. **(PALAIS.)**

250. SAUTTER, LEMONNIER & Cie, à Paris, avenue de Suffren, 26. — Phares électriques, feux de direction, éclairage des côtes, machines dynamo-électriques. **(PALAIS.)**

Maison fondée en 1825. — Palais des Machines. Phares lenticulaires. Machines dynamo-électriques pour l'arc ou l'incandescence, machines Compound, machines multipolaires, turbo-moteur électrique, électro-moteur, dynamo-moteur pour télégraphe ; moteurs pilon Compound pour la conduite directe des dynamos. Installations d'éclairage électrique pour chantiers, ateliers, maisons d'habitation, voies de communication. Appareils photo-électriques locomobiles ; projecteurs sphériques ; projecteurs Mangin avec lampe à main ou automatique, montés sur socle, fixe, châssis demi-fixe, ou chariot mobile. Crayons électriques à lumière avec ou sans mèche, crayons cuivrés.

Récompenses. — 1855, Paris, médaille d'or ; 1867, Paris, médaille d'or ; 1873, Vienne, méd. d'or ; 1878, Paris, 3 médailles d'or, 2 médailles d'argent ; 1885, Anvers, hors concours, Jury.

251. SAUVAJON (J.-E.-Alexandre), à Serrières (Ardèche). — Appareil électrique. Avertisseur-enregistreur automatique de la crue des eaux. **(PALAIS.)**

Receveur des postes et des télégraphes.

252. SCOLA et RUGGIERI, à Paris, rue du Ranelagh, 82. — Amorces et appareils électriques. **(PALAIS.)**

253. SEGUY (Vve H.) et Fils, à Paris, rue Monsieur-le-Prince, 53. — Tubes de Gessler. Soufflage du verre. **(PALAIS.)**

Tubes Plücker, Hittorff, de La Rive, Houzeau, Ganot, Holtz et Crookes. Radiomètre. Lampes à incandescence. Phosphorescence des gaz, Médailles Paris 1867 et 1878.

254. SEILER Frères, à Paris, rue Martel, 17. — Lustrerie et compteurs électriques. **(PALAIS.)**

255. SERRIN (Henri-G.-Ch.), à Neuilly-en-Thelle (Oise). — Piles en bois naturel sans joints ni assemblages, appareils électriques. **(PALAIS.)**

Maison à Paris, 13, boulevard du Temple. Usine à vapeur à Neuilly-en-Thelle (Oise). Spécialité d'appareils électriques tout montés et prêts à fonctionner, brev. S. G. D. G.

256. SIEUR (Eugène), à Paris, boulevard Saint-Marcel, 38. — Appareils divers de téléphonie et de télégraphie, compteur d'électricité. **(PALAIS.)**

257. SIMMEN (Adolphe-G.-L.), à Paris, rue Dombasle, 55. — Accumulateurs électriques. Appareils divers pour l'éclairage électrique. **(PALAIS.)**

258. SIMONNOT (J.-B.), à Dijon (Côte-d'Or), rue de la Gare, 7. — Télégraphe horoscopique. **(PALAIS.)**

259. Société Alsacienne de Constructions mécaniques, à Paris, rue Drouot, 7. — Dynamos, lampes à arc et matériel électrique. **(PALAIS.)**

260. Société anonyme d'appareillages et d'éclairages électriques, (Lampes électriq. Cance), à Paris, rue de Rocroy, 9. — Lampes à arc Cance. Tableaux distributeurs avec appareils, spécimen d'installation d'éclairage électrique. **(PALAIS.)**

261. Société anonyme d'Électricité (Exploitation des Brevets A. Gérard), à Courbevoie (Seine), avenue Marceau, 39. — Matériel pour laboratoires, pour éclairage, dynamos, lampes à arc et à incandescence. **(PALAIS.)**

262. Société anonyme des applications de l'électricité (ancien Établissement **Jarriant**), à Paris, rue Pierre-Charron, 25. — Paratonnerres, sonneries électriques, machines dynamo, accumulateurs, piles, téléphones, télégraphe pneumatique. **(PALAIS.)**

263. Société anonyme des Ateliers de Neuilly (Directeur : **O. André**), à Neuilly (Seine), rue de Sablonville, 9. — Tourelle de concentration pour réseau téléphonique aérien. **(PALAIS.)**

264.   Société anonyme L'ÉCLAIRAGE ÉLECTRIQUE, à Paris, rue Lecourbe, 250. — Dynamos à courants alternatifs. — Bougies Jablochkoff.   **(PALAIS.)**

> Machines Rechniewski à courant continu. — Machines Gramme à courants alternatifs. — Moteurs à courants continus et alternatifs. — Éclairage par arc et par incandescence. — Station de 700 chevaux près du Pont d'Iéna, Jardins et Palais de l'Exposition ; Théâtres du Châtelet, de l'Opéra-Comique, de l'Hippodrome, de l'Eden ; Grands Magasins du Louvre, du Printemps, du Bon Marché ; Parc Monceau ; Avant-Port du Havre ; etc., etc.

265.   Société anonyme pour la transmission de la force par l'électricité, à Paris, rue Lafayette, 13. — Applications de l'électricité.   **(PALAIS.)**

> Machines dynamos à haute tension. Treuil et cabestan mus par l'électricité.
> Manœuvre d'aiguille de chemin de fer par l'électricité. Marteau-pilon électrique.
> Riveuse-poinçonneuse électrique. Appareils de mesure.

266.   Société anonyme pour le travail électrique des métaux, à Paris, rue Lafayette, 13. — Soudures et rivures électriques, accumulateurs, lampes à incandescence.   **(PALAIS.)**

267.   Société des moteurs à gaz français, à Paris, rue Bréda, 15.— Dynamos et lampes.   **(PALAIS.)**

268.   Société du nouveau réflecteur « le Solstice », à Paris, rue Saint-Honoré, 173. — Éclairage électrique.   **(PALAIS.)**

269.   Société Française de matériel agricole de Vierzon (Cher), à Paris, rue de Dunkerque, 5. — Matériel portatif d'éclairage électrique, comprenant machine à vapeur, dynamo et accessoires.   **(PALAIS.)**

270.   Société générale des Téléphones, à Paris, rue Caumartin, 41. — Appareils téléphoniques et télégraphiques, câbles électriques. Produits de l'industrie du caoutchouc et de la gutta-percha.   **(PALAIS.)**

> Ateliers de Construction, 2, rue des Entrepreneurs. Appareils télégraphiques et téléphoniques des Systèmes Digney, Ader, Berthon, etc., brevetés S. G. D. G., et tous accessoires de télégraphie et de téléphonie. — Usines à Bezons (S.-et-O.), anciennes usines Rattier, (maison de vente 4, rue d'Aboukir). Emploi général du caoutchouc et de la gutta-percha, tuyaux, courroies, fils élastiques, clapets, etc., — Câbles et fils pour télégraphie, téléphonie et lumière électrique.

271.   Société Gramme, à Paris, rue Drouot, 15. — Dynamos, régulateurs et appareils divers pour éclairage, galvanoplastie et transmissions électriques. **(PALAIS.)**

272.   Société internationale des Électriciens, à Paris, rue de Rennes, 44. — Publication des travaux de la Société.   **(PALAIS.)**

273.   Société PUVILLAND Frères & Cie, à Paris, rue des Alouettes, 56. — Machine dynamo-électrique et régulateurs pour lumière électrique et appareils s'y rattachant.   **(PALAIS.)**

274.   Syndicat International des électriciens (président : **Hippolyte Fontaine**), à Paris, rue Drouot, 15. — Éclairage électrique public et privé de l'Exposition.   **(PALAIS.)**

275.   TABOURIN (G.-A.), à Paris, rue de Passy, 37.— Candélabre à gaz générateur d'électricité.   **(PALAIS.)**

> Candélabre générateur d'électricité par le gaz dit : Carcel électrique à gaz, contenant dans son socle un moteur rotatif à gaz actionnant une dynamo pour l'alimentation d'un foyer électrique placé au sommet.

276.   TESTU (William-H.), à Paris, rue des Fourneaux, 74. — Téléphone et poste téléphonique, paratonnerre, aimant à cuvette et à pôles concentriques. **(PALAIS.)**

277.   THIERRÉ (Louis), à Paris, rue Vieille-du-Temple, 47. — Vases poreux, vases de verre, isolateurs porcelaine, consoles en fer galvanisé.   **(PALAIS.)**

278.   TROUVÉ (Gustave), à Paris, rue Vivienne, 14. — Appareils électro-médicaux, moteurs électriques et dynamos, lumière électrique, lampes à incandescence, bateaux et tricycles électriques, ballons dirigeables, lampes portatives.   **(PALAIS.)**

279. TSCHIERET, FUCHS (Ch.) & Cie, à Puteaux (Seine), rue Ernest, 1 bis. — Téléphones et accessoires de lumière électrique. **(PALAIS.)**

280. ULLMANN (Jacques), à Paris, boulevard Voltaire, 26. — Allume-gaz électrique, sonneries, téléphones, lampes à incandescence. **(PALAIS.)**

281. VARICLÉ (Antony), à Paris, rue de Rivoli, 104. — Télégraphes autographiques. **(PALAIS.)**

282. VASSEUR (G.-L.-Albert), à Amiens (Somme), rue des Corroyeurs, 96.— Conjoncteur. Disjoncteur. Dynamo-Compound. Déclancheur électrique pour l'arrêt instantané des machines. Commutateur à mercure et appareils divers. **(PALAIS.)**

283. VAUZELLE-COULON (H.-Marie), à Paris, rue Popincourt, 28. — Matériel télégraphique et téléphonique. **(PALAIS.)**

284. VAVIN (Charles), à Paris, avenue de Messine, 15. — Trieurs magnéto-mécaniques pour fonderies et minerais. **(PALAIS.)**

    Électricien-constructeur. — Vienne, 1873, Diplôme de mérite. — Paris, 1878, Médaille de bronze. — Sydney, 1880, Médaille d'argent.

285. VAYSSE (Fernand-F.-H.), à Niort (Deux-Sèvres), rue du Faisan, 8. — Régulateur de lumière électrique. **(PALAIS.)**

286. WARNON (Jules), à Paris, rue Mouton-Duvernet, 70. — Piles électriques. **(PALAIS.)**

287. WEIL (Frédéric), à Paris, rue des Petites-Écuries, 13. — Objets obtenus par ses procédés électro-chimiques. Revêtements métalliques et de polychrose des métaux. **(PALAIS.)**

    Ingénieur-chimiste des Arts et Manufactures. Laboratoire central de chimie, 13, rue des Petites-Écuries. — Chimie industrielle et analytique. Électro-chimie. Nécessaires pour ses procédés de titrage volumétrique du cuivre, du fer, de l'antimoine, du soufre, du zinc et du sucre, publications scientifiques relatives à ses inventions.
    Médaille d'argent, Exposition universelle, Paris, 1867.

288. WEILLER (Lazare) & Cie, à Paris, boulevard Malesherbes, 52. — Fils de cuivre et bronze silicieux pour télégraphie et téléphonie. **(PALAIS.)**

289. WOODHOUSE & RAWSON (Limited), à Paris, rue Taitbout, 44. — Lampes à incandescence, interrupteurs, commutateurs, coupe-circuits et appareils électriques. **(PALAIS.)**

290. ZIGANG (Jacques-P.), Capitaine au 130e d'Infanterie, à Domfront (Orne). — Parleurs, trompettes électriques, postes micro-téléphoniques domestiques, polyphones, trompettes-sirènes, mécanisme d'orgue électrique. **(PALAIS.)**

---

291. POSTES ET TÉLÉGRAPHES (Exposition collective de la Direction générale des), à Paris. **(ESPLANADE.)**

Anizan. — Cryptographe.

Ansault. — Cours d'exploitation postale.

Arnauné. — Manipulateur à double courant.

Aubry. — Appareil Hughes avec clavier mobile.

Audry. — Carte des communications postales et télégraphiques du globe.

Barbaud. — Voies et communications en France, en Algérie et en Tunisie. Extraits de l'Instruction générale sur le service des postes.

Bardez. — Système de transmission multiple pour appareils Morse.

Barnier.— « Traité du service des recouvrements ». « Manuel des postulants ». « Traité de la Caisse d'épargne, » etc.

Baudin. — Grappins étriers en fer servant à monter aux poteaux des lignes télégraphiques. Mâchoires en fer et acier pour tendre les fils des lignes.

BAUDOT. — Appareil télégraphique.

BAYOL. — Instruments de mesure électrique pour la recherche des défauts des câbles sous-marins (en collaboration avec M. Deriès).

BEAU. — Sourdine pour fils télégraphiques et téléphoniques. Fusains représentant la pose des lignes télégraphiques.

BELLOC. — Les postes françaises. Télégraphie historique.

BERGER. — « Manuel de Télégraphie », de Culley. « Électricité et magnétisme », de Jenkin. « Traité des mesures électriques », de Kempe (traductions).

BERTHOT. — Modèle réduit au 1/6 des supports, herses, cages et bois employés dans le Nord pour la construction des réseaux téléphoniques.

BLANQUÉ. — « Origine des Postes », de Lequien de la Neufville (édition de 1708). « Rapport sur les postes » du duc de Biron (1790). Essai historique sur l'établissement des postes.

BONNARDOT. — Cartable compteur de timbres-postes, chiffres-taxes, timbres, épargne.

BORREL. — « Les recettes simples », guides pratiques (hommes, dames). « Traité de rédaction. » Concours préparatoires (hommes, dames). « Courrier des Examens ».

BOUCHARD. — Système de transmission par charge permanente.

BOUQUET. — « Traité du service des recettes des postes ».

BOUTARD. — Potelet métallique pour lignes urbaines.

BOUSSAC. — « Précis de télégraphie électrique ». « Cours de construction », professé à l'École supérieure de télégraphie. « Cours de construction », professé à l'École des contrôleurs.

BRIEN. — « Étude sur la traduction en signaux Morse des caractères latins employés dans la langue annamite » (manuscrit).

BRYLINSKI. — Interrupteur sonore servant à la mesure des courants téléphoniques et à la comparaison des microphones.

CACHELEUX. — Appareils figurant au Musée de l'Administration.

CARÊME. — Cylindres à coller les bandes. Interrupteur automatique pour piles.

CHATONET. — Tapisserie en timbres-postes étrangers.

CHARRIÈRE. — Deux systèmes de réglage appliqués à l'appareil Morse conjoncteur.

CHASSAN. — Sonnerie à trembleur. Appareil Morse portatif (en collaboration avec M. Rault).

CLAVERIE. — Inverseur automatique.

CHAUVASSAIGNE. — Appareil télégraphique à transmission rapide.

COMPAGNIE DES FORGES DE CHATILLON ET COMMENTRY. — Fils de fer.

CORONAT. — Pile Leclanché modifiée.

DAGRON. — Tableau contenant des dépêches sur pellicule, du temps du siège de Paris (1870-1871).

DAVILLÉ. — Système de votation par l'électricité.

DECAMP. — Morse portatif et téléphone vibrateur.

DEJEAN. — Méthode graphique pour la recherche des dérangements.

DELFIEU. — Récepteur Morse. Étude sur l'influence des lignes télégraphiques sur les lignes téléphoniques.

DERIÈS. — Instrument de mesure électrique pour la recherche des défauts des câbles sous-marins (en collaboration avec M. Bayol).

DIGEON. — Système avertisseur.

DORTET. — Réduction d'un wagon-poste complet.

EXPERT. — Guide sur la comptabilité.

ESTAUNIÉ. — Interrupteur sonore servant à la mesure des courants téléphoniques et à la comparaison des microphones (en collaboration avec M. Brylinski).

FARJOU. — Divers appareils destinés à accroître la vitesse des transmissions.

FRAULT. — « Manuel postal » « Manuel télégraphique » « Carte des ambulants français. »

GAUTRET. — Spécimens de reproductions galvanoplastiques (roues de types d'appareils Hughes et Baudot).

GERMAIN. — Cinq modèles de piles diverses. Spécimens de produits extraits de la noix de cocotier. Traité de galvanosynthie.

GILLET. — « Leçons élémentaires de télégraphie » (en collaboration avec M. Michaud)

GODEFROY. — Dispositions nouvelles dans l'agencement des installations télégraphiques.

GRANDMAITRE. — Méthode de relèvement des dérangements.

HAYET. — Commutateur inverseur.

HEC. — « Traité du service des directions » (édition de 1882). « Carnet-guide de la
   vérification des bureaux. »

HENRY. — « Secrétaire des postes et des télégraphes », à l'usage du public.

HÉRODOTE. — Appareil télégraphique.

HOUZEAU. — Interrupteur avertisseur.

HURAULT. — Système de tampon encreur pour l'appareil Hughes.

JACOT. — Poteau avec boîte de coupure pour 16 fils doubles contenant des paratonnerres spéciaux imaginés par M. Jacot, etc.

JACQUEZ. — Céraunomètre.

JORDERY. — Appareil télégraphique écrivant.

KERMABON. — Appareils.

LAGARDE. — Divers appareils employés par l'administration.

LAMBRIGOT. — Téléphonographe.

LANAUD. — Deux boîtes aux lettres.

LAZARE WEILLER. — Fils de cuivre.

LEFILLEUL. — Appareil Morse modifié.

LE GOAZIOU. — Commutateur électro-magnétique. Scrutateur électrique pour assemblées
   délibérantes.

LEMOINE. — Casier pour boîtes du commerce réduit au 1/5 de ses dimensions.

LE VACQUIER DE LIMON. — Casier en bois et verre pour le tri des correspondances.
   Rappel multiple.

LIEBRAY. — Perfectionnement aux distributeurs pour appareils multiples.

LORRETTE. — Paratonnerre à pointes mobiles et à fil préservateur.

MANDROUX. — Appareil microphonique pour lignes à grande distance (en collaboration
   avec M. Pecquet).

MARCILLAC. — Voltascope. Rhéostats. Relais. Électromètre. Téléphone pour postes
   suburbains. Galvanoscope pour poste téléphonique. Divers ouvrages.

MARCELLOT. — Fils de fers.

MERCADIÉ. — Système de transmissions multiples radiophoniques et microphoniques.
   Télémicrophones et téléphones diamagnétiques.

MICHAUD. — « Leçons élémentaires de télégraphie électrique » (en collaboration avec
   M. Gillet).

MICHELIS. — « La téléphonie », ouvrage de vulgarisation.

MOUCHEL. — Fils de cuivre.

MONTPELLIER. — Collection de « la Revue Internationale d'Électricité. ».

MOULET (Mme). — Tampon à timbre dit « Tampon Chaudot. »

MUNIER. — Système de télégraphe imprimeur multiple.

NAGFER. — Manipulateur Morse à manette et à mouvements circulaires.

NAULT. — Perforateur pour transmission automatique avec appareil Hughes compensateur de vitesse.

ONDE. — Nouveau modèle de boussole des sinus

PARMENT. — Appareil télégraphique.

PECQUET. — Appareils microphoniques pour lignes à grande distance (en collaboration
   avec M. Mandroux).

PERRIN. — Élément Leclanché modifié. Élément Marié Davy modifié.

PETIT. — Avertisseurs d'incendie.

PICARD. — Système d'application des machines dynamo-électriques à la télégraphie.

RAMBAUD. — Relai translateur à décharge. Parleur à décharge.

RAULT. — Parleur à relais. Appareil Morse portatif (en collaboration avec M. Chassan).

RAYMOND. — Groupe de l'École supérieure.

RENAULT. — Bobine dérouleuse portative pour fil de bronze.

ROULAND. — « Traité du service des recettes des Postes» (en collaboration avec M. Bouquet.

SAMBOURG. — Relais sans réglage. Indicateur d'appel.

SARCOS. — Douze documents divers (Memento-nomenclatures, Tarifs, Barêmes, etc., se rapportant au service ou intéressant le public).

SCHOEFFER. — Manipulateur à décharge pour lignes aériennes de grande capacité et lignes souterraines.

SELIGMANN-LUI. — Herbier. Gutta-percha. Produits divers de l'île de Sumatra.

SIEUR. — Transmetteur et récepteur téléphoniques. Annonciateurs et commutateurs à crochet. Appel magnétophonique. Sirène magnétique, etc. etc.

SOCIÉTÉ DE COMMENTRY FOURCHAMBAULT. — Fils de fer.

SOCIÉTÉ DES ACIÉRIES ET FORGES DE FIRMINY (LOIRE). — Fils de fer.

SOCIÉTÉ DES FORGES ET ATELIERS DE SAINT-DENIS. — Fils de cuivre.

TERRAL. — Appareil de démonstration de la transmission électrique, double pont.

TESTU. — Téléphones (1 poste avec 2 téléphones seulement).—Aimant à cuvette à pôles concentriques.

THIROUX. — Boîte aux lettres munie d'un système automatique pour indiquer les levées.

TRÉVEDY. — Boîte de pile. Cimaise pour l'installation des câbles sans coton.

VACQUIER DE LIMON. Casier en bois et en verre pour le tri des correspondances. Rappel multiple.

VASCHY. — Divers ouvrages sur l'électricité.

VASSEUR. — Manipulateur Morse à commutation de pile. — Modification à l'appareil Hughes, établissant automatiquement les communications d'attente et de travail.

WILLOT. — Relais divers. Indicateurs d'appel. Installation d'appareils Hughes en communication simultanée avec plusieurs postes, etc.

WUNSCHENDORFF. — Système de décharge automatique pour l'emploi de l'appareil Hughes sur les lignes souterraines à grande distance. Traité de télégraphie sous-marine.

COLONIES.

ALGÉRIE.

1. COHEN BACRI (David), à Constantine, place des Galettes, 51.— Téléphone électrique et magnétique, projet d'éclairage d'une ville par l'électricité, appareils électriques et allume-cigares.   **(ESPLANADE.)**

Appareils électriques divers destinés à l'Algérie. Téléphonie simultanée système Bacri, breveté le 1er décembre 1886. Téléphone multipolaire adressé au ministre des télégraphes le 7 mai 1884. Distributeur élec ro-automatique, breveté, par M. Bacri, le 30 Avril 1889.

2. GUÉRIN (Louis), à Alger, rue Bab Azoun.— Horloge électro-motrice (à force constante, balancier compensateur et isochrone battant la seconde), avec transmission directe sur un ou plusieurs cadrans.   **(ESPLANADE.)**

PAYS ÉTRANGERS.

ALLEMAGNE.

1. Société des Ateliers de Construction de Bitschwiller (ancienne Maison **Stehelin & Cie**), à Bitschwiller-Thann (Haute-Alsace). — Dynamo et son moteur. **(PALAIS.)**

2. STEINLEN & Cie (Anciens ateliers **Ducommun**), à Mulhouse (Alsace) et à Paris, boulevard de Magenta, 18. **(PALAIS.)**

Lampes à arc. Installations complètes. Exposition générale : Pavillon de la maison Steinlen et Cie, cour des générateurs de vapeur dans l'axe du Palais des Machines, côté de l'École militaire.

AUTRICHE-HONGRIE.

1. BORSODI (Docteur **François**) , à M. Banhegyes (Hongrie). — Appareil électro-métallo-mécanique. **(PALAIS.)**

2. NEUMANN (Alexandre), à Vienne, II. Körnergasse, 5. — Galvanisation des métaux et bijouteries. **(PALAIS.)**

BELGIQUE.

1. BARTELOUS (Victor), à Bruxelles, rue de Namur, 11.— Commutateur automatique. **(PALAIS.)**

2. Compagnie de Télégraphie et de Téléphonie internationales, à Bruxelles, rue des Sables, 22. — Télégraphe. Téléphone-Microphone. Appareils électro-médicaux. **(PALAIS.)**

(Ancienne Maison Mourlon et Cie, fondée en 1867).
Directeur : M. Charles Mourlon. Exploitation générale des brevets de Van Rysselberghe.

3. « Électrique » (Société anonyme l'), à Bruxelles, chaussée d'Anvers, 245. — Machines dynamo-électriques. Moteurs électriques. Foyers à arcs et lampes à incandescence, accumulateurs. **(PALAIS.)**

Éclairage par foyer à arc et par lampes à incandescence, directement et par accumulateurs. Systèmes produisant une lumière absolument fixe à l'abri de toute extinction subite.
Transport de force et traction électrique. — Appareils pour l'éclairage et la traction.
Accumulateurs Julien de toutes capacités pour tous usages.
Récompenses : Deux Diplômes d'honneur, Anvers, 1885 ; Diplôme d'honneur, Bruxelles, 1888.

4. GERARD & Cie (Émile), à Liége, rue d'Amercœur, 19. — Appareils de physique et d'électricité. **(PALAIS.)**

5. HEN (Léon) & Cie, à Schaerbeck, rue Stephenson, 10. — Collections de fils et câbles. **(PALAIS.)**

Fabrique de fils et câbles pour toutes les applications de l'électricité.

6. JASPAR (Joseph), à Liége, rue Jonfosse, 12. — Machines dynamo-électriques. Régulateurs électriques et lampes à incandescence, etc. **(PALAIS.)**

  Ateliers de construction mécaniques et électriques et de perforation de métaux.
  Éclairage électrique, ascenseurs, monte-charges, machines outils pour armes, paratonnerres.
  Récompenses obtenues aux Expositions de Londres, Paris, Vienne Bruxelles, Anvers, Barcelone : 1 diplôme d'honneur, 4 médailles d'or, 4 médailles d'argent, 7 médailles de bronze, 1 médaille de mérite, 2 mentions honorables.

7. PIEPER (H.), à Liége, rue des Bayards, 12. — Machines et appareils pour l'éclairage électrique. **(PALAIS.)**

  Dynamos, lampes à arc système Pieper, etc.
  Récompenses :
  Médaille d'or, Anvers, 1885 ; Diplôme d'honneur, Bruxelles, 1888.

8. SCHUBART (Théodore), à Gand, rue du Marais, 27. — Appareils électriques. **(PALAIS.)**

9. Société anonyme belge pour éclairage et transmission électriques à longue distance (Directeur : **L. Gérard**), à Bruxelles, rue de l'Est, 37. — Machines dynamo-électriques. Tableau de chargement. Permutateur de 48 chevaux. Électromoteur. **(PALAIS.)**

10. Société anonyme « Électricité et Hydraulique » (Directeur : **J. Dulait**), à Charleroi. — Dynamos Compound. Moteurs. Lampes. Appareils d'électrométrie, accessoires, etc. **(PALAIS.)**

11. Société anonyme « Le Phœnix », pour la fabrication des machines et mécaniques, à Gand. — Dynamo Edison. **(PALAIS.)**

12. VANDEPLANCKE Frères, à Courtrai, rue de Tournai, 71. — Régulateur et horlogerie électriques. **(PALAIS.)**

13. VAN VLOTEN (Paul E.), à Bruxelles, Montagne-du-Parc, 7. — Maquette de l'installation de chargement, des accumulateurs de la Compagnie des tramways bruxellois. **(PALAIS.)**

14. WEHRLÉ (Eugène), à Bruxelles, place du Petit-Sablon. — Horlogerie électrique. **(PALAIS.)**

15. WICARD (Édouard), à Tournai, rue des Puits-l'Eau, 20. — Appareils électriques divers. **(PALAIS.)**

BRÉSIL.

(Voir son Catalogue spécial.)

CHILI.

1. Administration des Chemins de fer de l'État, à Santiago. — Téléphone, appareils électriques et accessoires de télégraphie. **(PARC.)**

2. Compagnie d'exploitation de Lota et Coronel, à Lota. — Isolateurs en verre, piles en grès verni et verre. **(PARC.)**

DANEMARK.

1. FISCHER (Émile), à Copenhague. — Lampes électriques et instruments de mesurage électrique. **(PALAIS.)**

ESPAGNE.

1. CORMINAS (Ramon), à Barcelone. — Appareil électro-magnétique.
(PALAIS.)

2. PEREZ SANTANO (Miguel), à Madrid. — Système complet de télégraphe.
(PALAIS.)

3. SUAREZ SAAVEDRA (Antonio), à Barcelone. — Appareils télégraphiques.
(PALAIS.)

ÉTATS-UNIS.

1. American Bell Telephone Co., à Boston, Mass.—Téléphones et applications.
(PALAIS.)

2. BURNHAM (E. S.), à Buffalo, N. Y. Main street, 390. — Spécimens de batteries électriques employées dans le service médical.
(PALAIS.)

3. Cobb Vulcanite Wire Co., à Wilmington, Delaware.— Caoutchouc vulcanisé. Fils métalliques isolés pour la lumière électrique.
(PALAIS.)

4. COLNÉ (Charles), à New-York, N. Y.. Broad street, 15. — Piles électriques à pression continue.
(PALAIS.)

5. Commercial Cable Co., (The), à New-York, N. Y. — Modèle du bateau à vapeur « Mackay-Bennett » employé à réparer le câble sous-marin.
(PALAIS.)

6. CONNOLLY Brothers (J. A. A. & Joseph B.), à Washington D. C. 1st street, 927. — Appareils télégraphiques.
(PALAIS.)

7. Consolidated Telegraph & Electrical Subway Co., (The), (Ingénieur en chef : **Léonard T. Beckivith)**, à New-York N. Y., Cortlandt street, 18. — Cartes, dessins, plans et échantillons montrant la construction et l'exploitation des conduits souterrains électriques.
(PALAIS.)

8. CUTLER (Henry H.), à Newton, Mass. — Compteur d'électricité. **(PALAIS.)**

9. DENISON (S.-P.) & MAN (W.-J.), à New-York, 7, Beekmann street. — Le système auto-télégraphique de Denison.
(PALAIS.)

10. DION (Charles), à Paris, rue de l'Arcade, 7. — Machine à faire les solénoïdes en ruban plat pour remplacer les fils métalliques.
(PALAIS.)

11. DION (Charles)& DESSOULES (L.), à Paris, rue de l'Arcade, 7.— Pile électrique.
(PALAIS.)

12. EDGERTON (N. Huntley), à Philadelphie, Pa , North 7th street, 137. — Moteurs électriques.
(PALAIS.)

13. EDISON (Thomas A.), à New-Jersey, Llewellyn Park. — Inventions diverses de Thomas A. Edison.
(PALAIS.)

14. Electrical Collective Exhibition. — Publications et modèles se rapportant à l'électricité.
(PALAIS.)

15. Electrical Supply Co. (The), à Chicago Ill., Randolph street. 171. — Appareils électriques spéciaux.
(PALAIS.)

16. Gardiner Auxiliary Fire Alcoun Co., à New-York, N. Y.. Broadway, 280. — Système de signaux électriques pour donner l'alarme en cas d'incendie.
(PALAIS.)

17.   GRAY (Elisha), à Highlands Park, Ill. — **Télégraphe harmonique, appareils** historiques concernant la téléphonie. Télautographe.   **(PALAIS.)**

18.   HANSON, VAN WINKLE & Co., à Newark, New-Jersey. — Photographies montrant les appareils et les procédés de l'électro-métallurgie du nickel.
                                                                          (PALAIS.)

19.   Heisler Electric Light Co, à Saint-Louis, Mo. South 7th street, 809. — Machine dynamo Heisler à lumière électrique avec régulateur automatique. Lampes en série.   **(PALAIS.)**

20.   HERZOG (J. Benedict), à New-York Broad, street, 30. — Diverses applications de l'électricité.   **(PALAIS.)**

21.   JOHNSTON (W. J.), Co. (Limited) à New-York, N. Y., 168-177, Potter Building. — Livres concernant l'électricité, publiés aux Etats-Unis.   **(PALAIS.)**

22.   Muneon Lightning Conductor Co., à Indianapolis, Indiana. — Modèle de paratonnerre.   **(PALAIS.)**

23.   North american Underground Telegraph and Electric Co, à New-York, 45, Broadway. — Systèmes de conduits souterrains pour conducteurs électriques.   **(PALAIS.)**

24.   O'Konite Company (The), à New-York, 13 Parr row. — Spécimens de fils métalliques et de câbles isolés.   **(PALAIS.)**

25.   PAISTE (H. J.), à Philadelphie, Pa. — Appareillage pour lampes à incandescence, commutateurs, etc.   **(PALAIS.)**

26.   PATLEN (Francis J.), Lieut. U. S. A., à Washington D. C. — Nouveau système de télégraphe multiple synchronique.   **(PALAIS.)**

27.   ROGERS (J. Harris), à New-York, Broadway, 135. — Appareil à synchronisme visuel.   **(PALAIS.)**

28.   Solar Carbon & Manuf. Co, à Pittsburgh Pa., 5th avenue, 69. — Charbon pour la lumière électrique.   **(PALAIS.)**

29.   SPERRY (Elmer A.), à Chicago, Illinois. — Matériel pour la production de la lumière électrique.   **(PALAIS.)**

30.   THOMSON (Elisha), à Lynn, Mass. — Appareils électriques.   **(PALAIS.)**

31.   Thomson Electric Welding Co, à Boston, Mass., Kilby street, 70. — Appareil pour souder le fer par la méthode indirecte et le cuivre par la méthode directe.   **(PALAIS.)**

32.   Thomson Stouston International Electric Co, à Boston Mass., Atlantic avenue, 620. — Générateur, moteur et divers appareils électriques. **(PALAIS.)**

33.   Western Electric Co, à Chicago, Ill. — Appareils électriques.   **(PALAIS.)**

GRANDE-BRETAGNE.

1.   Automatic Electrical Corporation (Limited), à Londres, Winchester House, Old Broad street, 154. — Piles automatiques primaires.   **(PALAIS.)**

2.   CROMPTON & Co., (Limited), à Londres, Mansion House buildings. — Appareils électriques, machines, accumulateurs et accessoires.   **(PALAIS.)**

   Machines de toutes sortes pour l'éclairage électrique, moteurs électriques, grues électriques, etc.
   Eclairage de villes, installations complètes, Stations centrales.
   Machines dynamo système Crompton, lampes à arc, canalisations souterraines, etc.
   Autres machines électriques pour la marine.
   Fournisseurs de lampes à arc projecteur aux Gouvernements Anglais et autres.
   Recompenses :
   Melbourne 1888.

3. Crossley Brothers (Limited), à Londres, Saint-Bride street, 10, Ludgate circus. — Dynamos.   (**PALAIS.**)

4. CUTTING R. C. & Co., à Londres, Wardrobe Chambers, Queen Victoria street. — Paratonnerres.   (**PALAIS.**)

5. DAVIS & TIMMINS (Limited), à Londres, Charles street, 24, Hatton garden. — Vis métalliques et ouvrages en métal tournés, pour l'électricité.   (**PALAIS.**)

6. Eastern telegraph Co. (Limited), à Londres, Winchester house, Old Broad street, 50. — Câble télégraphique sous-marin.   (**PALAIS.**)

7. EDMUNDS (Henry), à Londres, Hatton garder, 10. — Appareils électriques.   (**PALAIS.**)

8. EIDSFORTH & MUDFORD, à Londres, Arrow Electrical works, Holloway. — Appareil électrique pour l'application des synchronismes à l'imprimerie télégraphique et au triage des caractères.   (**PALAIS.**)

9. ELLIOT Brothers, à Londres, Saint-Martin's lane, 101. — Instruments électriques, etc.   (**PALAIS.**)

10. ELLIOT, (Samuel), à Newbury, Metal works, Albert. — Encaissages et couvercles pour fils électriques.   (**PALAIS.**)

11. FOWLER (John) & Co. (Limited), à Leeds.— Conducteurs, câbles électriques, souterrains et sous-marins.   (**PALAIS.**)

12. Globe Electrical & Engineering Co., à Londres, S. W. Carteret street, 7, Westminster. — Appareils électriques.   (**PALAIS.**)

13. GRAY (Joseph) & Son, à Sheffield, New George street. — Appareils magnétiques et électriques   (**PALAIS.**)

14. Henley's (W. T.), Telegraph Works Co., (Limited), à Londres, Saint-Martin's lane, 27, Cannon street. — Échantillons de câbles électriques.
                    (**PALAIS.**)

14. GREENWOOD & BATLEY (Limited), à Leeds (Angleterre). — Machines diverses.   (**PALAIS.**)

    Agent pour la France : Émile Triponé, 35, rue de Rôme, à Paris.
    Constructeurs de machines spéciales pour la fabrication des armes de guerre.
    Matériel d'artillerie, torpilles «Whitehead», cartouches et projectiles.
    Machines-outils en tous genres pour travailler les métaux et le bois.
    Machines à vapeur à grande vitesse, Système Armington-Smis. Chaudières inexplosibles.
    Machines à imprimer, à platine «Le Soleil».
    Compteurs à eau système Roux.
    Dynamos Système Jones ; Lampes à arc, système Hochhansen.
    Installations complètes d'huileries pour graines de toutes espèces et de moulins à farine.
    Machines à peigner et filer la bourre de soie, la schappe, le china-grass.

15. MAYFIELD COBB & Co., (Limited), à Londres, Queen Victoria street, 41. — Machines électriques Wimshurst.   (**PALAIS.**)

16. OWEN (Joseph) & Sons, à Liverpool, Saint-Anne street, 67.— Encaissages de teck pour piles électriques.   (**PALAIS.**)

17. PATERSON & COOPER, à Londres, Pownall road, Dalston. — Instruments à mesurer. Appareils pour le règlement, l'approvisionnement, etc. de la lumière électrique.   (**PALAIS.**)

18. WATERLOW & Sons (Limited), à Londres, Great Winchester street, 25. — Accessoires électriques.   (**PALAIS.**)

ITALIE.

1. GARASSINO (Jean), à Turin, place Venezia, 2. — Plusieurs types d'accumulateurs électriques, système Garassino.   (**PALAIS.**)

2. Société électrique industrielle franco-italienne, à Milan, viale Venezia, 12. — Piles primaires et secondaires universelles.   **(PALAIS.)**

JAPON.

1. Ministère des Communications (Direction du Service technique), à Tokio. — Enregistreur du courant terrestre, tableau-indicateur électrique, Téléphones, microphones, indicateur de l'heure, appareils électriques divers, etc.   **(PALAIS.)**

GRAND-DUCHÉ DE LUXEMBOURG.

1. Administration royale-grand-ducale des Postes, Télégraphes et Téléphones, à Luxembourg. — Cartes des réseaux télégraphiques et téléphoniques du Grand-Duché. Carte des communications postales. Tableaux graphiques. Documents divers.   **(PALAIS.)**

NORVEGE.

1. BRISTOEL (L.), à Bromley (Kent, Angleterre). — Lampes électriques.
                (PALAIS.)

PORTUGAL.

1. BRITO (Alfredo-José de). — Appareils télégraphiques.   **(PALAIS.)**

RUSSIE.

1. ABDUNK-ABAKONOVICZ (B.), à St-Pétersbourg. — Appareils électriques.   **(PALAIS.)**

2. IMCHENETSKY (A. M.), à Saint-Pétersbourg. — Batteries électriques.
                (PALAIS.)

3. MEDKHERST & MOLVO Cadet, à Saint-Pétersbourg. — Machine dynamo-électrique.   **(PALAIS.)**

4. TIMTCHENKO (J. A.), à Odessa. — Horloges électriques.   **(PALAIS.)**

GRAND-DUCHÉ DE FINLANDE.

1. WADEN, à Helsingfors. — Téléphone.   **(PALAIS.)**

SUISSE.

1. ALIOTH (R.) & Cie, à Bâle. — Machines dynamo-électriques, électromoteurs, régulateurs automatiques, mesureurs, compteurs, lampes à arc, appareillages pour lampes incandescentes.   **(PALAIS.)**

2. Ateliers de construction, à Oerlikon (Zurich). — Machines dynamos.
(PALAIS.)

Dynamos brevetées S. G. D. G. pour éclairage électrique par lampes à arc et à incandescence
Transport de force, travaux électrolytiques. Constructions montrant les derniers perfectionne-
ments. Régulateurs automatiques de tension brevetés S. G. D. G. — Lampes à arc bre-
vetées, Transport de force par l'électricité, réglage automatique, effet utile garanti jusqu'à 80%.
Nombreuses installations en fonctions. Chemins de fer électriques. Accumulateurs brevetés
S. G. D. G. Système perfectionné, très grande durée des plaques.

3. AUBERT (Auguste J. J.), à Lausanne. — Compteur d'électricité pour courant continu et pour courants alternatifs.   **(PALAIS.)**

4. BOREL & PACCAUD, à Cortaillod (Neuchâtel). — Compteurs pour courants continus et pour courants alternatifs.   **(PALAIS.)**

5. BURGIN (Émile), à Bâle. — Exploseur électrique de mines.   **(PALAIS.)**

6. CUENOD SAUTTER & Cie, à Genève. — Dynamos.   **(PALAIS.)**

7. Fabrique de télégraphes et appareils électriques. (Directeur **Mathias**), à Neuchâtel. — Horloges électriques. Appareils téléphoniques. Enregistreur.
Instruments électriques pour mesurer.   **(PALAIS.)**

**8. Société Suisse pour la construction de locomotives et de ma-
chines,** à Winterthür (Zurich). — Machine dynamo.   **(PALAIS.)**

**9. Société des téléphones de Zurich. Société anonyme pour les
applications électriques. Usines Aussersihl,** à Zurich. — Appareils et
machines électriques.   **(PALAIS.)**

Machines dynamos et moteurs électriques système « Zurich » de 1/2 à 150 H. P. pour
lumière électrique, transport de force et l'électrolyse. Machines à courants alternatifs. Transformateurs. Lampes à arc, Projecteurs. Accessoires de tout genre pour l'éclairage électrique.
Appareils de mesure et de contrôle. Appareillage complet pour la téléphonie et les signaux
électriques pour chemins de fer, pompiers, etc. Appareils electro-médicaux. Instruments scientifiques. Applications de l'électricité à la mécanique : freins, régulateurs électriques, etc.
Indicateurs de niveau d'eau pour grandes distances. Fabrication de fils conducteurs isolés.
Atelier de galvanoplastie. Exploitation de 16 réseaux téléphoniques en Belgique et en
Italie.

10. WEIBEL, BRIQUET & Cie, à Genève, rue Malagnou. — Manchons
articulés. Multiplicateurs de vitesse.   **(PALAIS.)**

GROUPE VI.

OUTILLAGE ET PROCÉDÉS DES INDUSTRIES MÉCANIQUES. ÉLECTRICITÉ.

Classe 63.

Matériel et procédés du génie civil, des travaux publics et de l'architecture.

FRANCE.

1. AGNÈS (A), à Arras (Pas-de-Calais). — Dessins d'architecture. Écoles normales. Station agronomique d'Arras. Asile d'aliénés de Saint Venant, Sous-Préfecture de Saint-Pol. Prison cellulaire de Béthune. **(PALAIS.)**

2. AIN (Désiré), à Murviel-lez-Béziers (Hérault). — Blocs. Plâtre blanc transparent extrait des carrières de Bellandes. **(PALAIS.)**

3. AIVAS (Alexandre), à Angers (Maine-et-Loire), rue du Bellay, 52. — Dessin d'architecture. **(PALAIS.)**

4. ALBA (Arth.), à Paris, rue de Tronchet, 28.—Dessins d'architecture. **(PALAIS.)**

5. ALBARET, à Liancourt-Rantigny (Oise). — Rouleau compresseur à vapeur, à traction de chevaux (cylindrage des chaussées). Locomotive routière à trois vitesses. **(PALAIS.)**

6. ALBÉRY & PIGNOT, à Cherbourg (Manche), route de la Montagne. — Pavés et mosaïques en grès quartzeux des carrières du Roule. **(TROCADERO.)**

7. AMELOT (Eugène-L,), à Paris, rue de la Grange-aux-Belles, 29. — Stores en tous genres et pièces détachées pour leur fabrication. Assortiment et pose de toile. **(PALAIS.)**

8. AMIOT (J.-E. Alain), à Paris, rue Choron, 20. — Appareil ascenseur dit « Monte-escalier ». **(PALAIS.)**

9. ANCEAU HEUDEBERT (Eugène), à la Ferté-Alais (Seine-et-Oise). — Pavés et blocs de grès. **(QUAI.)**

Classe 63.   1

10. Anciens Établissements CAIL (Société des), à Paris, quai de Grenelle, 15. — Dessins et appareils relatifs aux travaux publics.   **(PARC.)**

Société Anonyme, capital 20,000,000. — Succursales à Denain et à Douai.

Récompenses : 2 grands prix et 7 méd. à Paris 1878 ; 3 diplômes d'honneur, 1 méd. or, Amsterdam 1883 ; 6 diplômes d'honneur, 3 méd. or, Anvers 1885.

Modèle de l'ascenseur hydraulique des Fontinettes (Canal de Neuffossé), pour les bateaux de 300 tonneaux.

Modèles et dessins de travaux divers : ponts, charpentes, portes d'écluses, coupoles d'observatoires.

Photographies des travaux de construction et de montage du Palais des Machines de l'Exposition de 1889 (2ᵐᵉ lot).

Pavillon d'Exposition de la Société, près du Palais des Machines, côté La Bourdonnais.

11. ANTOINE-ANCIAUX (Augustin), à Givet (Ardennes), aux Trois-Fontaines. — Pierres de taille façonnées.   **(TROCADERO.)**

12. AOST & GENTIL, à Paris, rue du Faubourg-St-Denis, 188. — Reproduction de dessins pour les travaux publics, par l'autographie et par différents procédés nouveaux.   **(PALAIS.)**

13. ARCHITECTES DE L'ANJOU (Exposition collective de la Société des), à Angers (Maine-et-Loire). — Dessins et photographies. Spécimens d'architecture civile, religieuse, funéraire, scolaire et rurale.   **(PALAIS.)**

Aïvas (Alexandre), à Angers.	Dussauze (Jules), à Angers.	Renard (Léon), à Cholet.
Ardouin (Ernest), à Saumur.	Goujon (Alexandre), à Angers.	Robin (Ernest), à Angers.
Barré (Eugène), à Angers.	Luson (Théophile), à Angers.	Roffay (Emile), à Saumur.
Beignet (Auguste), à Angers.	Martin (Auguste), à Angers.	Ruault (Félix), à Angers.
Chauveau (Réné), à Angers	Meignan (François), à Angers.	Séjourne (Jules), à Angers.
Chevallier (Fortuné), à Cholet.	Pineau (Henri), à Angers.	Tendron (Léon), à Angers.
Deperrière (Émile), à Angers.	Rabineau (Joseph), à Saumur.	Dainville (Ernest), à Angers.
Dubos (Adrien), à Angers.	Rabjean (Victor), à Cholet.	Fromageau (E.), à Saumur.
Dusouchay (Eugène), à Angers.		Le Mesle (Prosper), à Angers.

14. Ardoisières de Riadan (Ille-et-Vilaine), administrateur : **Paul David,** au Mans (Sarthe), avenue de Paris, 20. — Ardoises pour toitures, carreaux, dalles d'ardoise pour tous usages.   **(TROCADERO.)**

15. Ardoisières de la Rivière, (Duché, Jacobson & Cie), à Rerazé (Mayenne). — Ardoises sous toutes les formes.   **(PALAIS.)**

Ardoises sous toutes les formes pour toitures (modèles français et anglais), pour dalles, urinoirs, escaliers, etc.

Extraction du schiste ardoisier opérée exclusivement à ciel ouvert.

Médaille d'argent, Paris 1878 (Ardoisières de Renazé réunies).

Exposition des produits : classe 63, annexe B, sur la Berge, au Pont d'Iéna, côté du Trocadero.

Exposition dioramique avec vues de l'exploitation des ardoisières de la Rivière, Esplanade des Invalides, près la Station du chemin de fer.

16. ARNODIN (Ferdinand-J.), à Châteauneuf-sur-Loire (Loiret). — Modèle de pont suspendu et pièces détachées. Album de travaux exécutés. Échantillons de câbles métalliques spéciaux pour ponts suspendus.   **(PALAIS.)**

17. ARNOULT-GUIBOURGÉ (H.), à Paris, boulevard St-Jacques, 19. — Fermetures en fer, systèmes à antifriction sans graissage. Persiennes tout en fer, etc.   **(PALAIS.)**

18. ARPÉ (Félix), à Villenoy (Seine-et-Marne). — Rouleau compresseur à vapeur tournant à chevaux à 2 disques. Type ville de Paris à 2 disques pour chevaux et tonneau d'arrosage.   **(ESPLANADE.)**

19. Ateliers de Constructions de Creil, (anciens établissements Le Brun, Daydé et Pillé), à Creil (Oise). — Modèles, dessins et photographies.   **(PALAIS.)**

Siège social et Ateliers à Creil (Oise). Bureaux à Paris, 29, rue de Châteaudun. Portes métalliques de l'écluse des transatlantiques au Havre 30ᵐ50 d'ouverture. — Tablier et pile métalliques du grand pont pour deux voies de chemin de fer sur la Dordogne à Cubzac (longueur du tablier 563ᵐ). Lançage du tablier avec l'emploi d'un moteur à vapeur et d'appareil à galets à double oscillation. Pont portatif démontable en acier laminé. Ferme de tête de 110ᵐ et arcades latérales du palais des machines de l'Exposition universelle de 1889 (Côté avenue de Suffren). — Ripage du tablier métallique du viaduc du Thouet (1ʳᵉ voie) et montage du nouveau viaduc (2ᵉ voie). Dessins de divers ouvrages. — Récompenses : Médailles d'or, Exposition universelle de 1878. Diplôme d'honneur, Anvers, 1885. Médaille d'or, Barcelone, 1888. Nomination dans l'ordre national de la Légion d'honneur, 1886-1888.

20. AUBERT Frères, à Villiers, par Vendôme (Loir-et-Cher). — Marbre en pierre dure.   **(QUAI.)**

21. AUBURTIN (E.-A.-Émile), à Paris, rue de Mézières, 6. — Dessin d'un hôtel, sis rue d'Assas, 36, à Paris.   **(PALAIS.)**

22. AUCLAIR (Jean), à Savigny-sur-Orge (Seine-et-Oise). — Blocs pierre à plâtre.   **(QUAI.)**

23. AUDEBERT (Antoine) & BARBIER (George), à Paris, rue de Saint-Quentin, 8. — Plâtre en pierre et en poudre pour la construction et les arts.   **(TROCADERO.)**

24. AUGÉ (Édouard-J.-B.), à Paris, avenue Laumière, 35. — Voies et wagonnets malaxeurs bétonnière. Treuils.   **(ESPLANADE.)**

25. AUGIER (P.-Frédéric), à Château-Renaud (Charente). — Calcaire et chaux hydraulique.   **(TROCADERO.)**

26. AUTISSIER (Alexandre), Directeur des Ardoisières de Rochefort-en-Terre, à Rochefort-en-Terre (Morbihan). — Réduction d'une carrière d'ardoises, tables-ardoises, spécimens de couvertures. Blocs naturels.   **(TROCADERO.)**

27. AVON (Vincent), à Grenoble (Isère), rue de Strasbourg, 20. — Divers travaux de mosaïque.   **(PALAIS.)**

Travaux de mosaïque du Lycée, de l'Hôtel des Postes, du Groupe scolaire de Grenoble et de l'École nationale de Voiron.

Mosaïque pour appartements, églises, communautés.

Exécution de dessins en mosaïque. Entrepreneur des villes de Grenoble, Valence, Vienne, Voiron et du département de l'Ardèche.

28. BAGILET (Hugues), à Allanche (Cantal). — Serrure sans clef incrochetable.   **(PALAIS.)**

29. BAIL POZZY et Cie (Forges de Persan), à Paris, quai de Valmy, 143. — Modèles d'escaliers mixtes en fer et bois.   **(PALAIS.)**

Anciens établissements Pétin Gaudet et Cie, Remery Gautier et Cie. Maison fondée en 1832. 143, quai de Valmy, Paris. Escaliers brevetés fer et bois, fer et pierre. 1800 escaliers exécutés. Spécialité d'appareils pour les chemins de fer.

30. BALLIÈRE (E.-Achille), à Clermont-Ferrand (Puy-de-Dôme), avenue de Royat, 75. — Plans et élévation d'un théâtre pour Clermont-Ferrand.   **(PALAIS.)**

31. BARAT (J.), à Paris, rue Saint-Jacques, 350. — Robinet d'incendie flotteur à boulet, garde-robes à levier, et de chasse.   **(PALAIS.)**

Garde-robes à levier vertical. Robinets flotteurs à double pression. Réservoirs de chasse pour le tout à l'égout. Pompes d'essai à air et à eau. Robinets d'incendie à manœuvre instantanée. Robinets 1/4 de tour. Récompense. Anvers 1885. Médaille de bronze.

32. BARATOUX (Jules et Charles), à Saint-Brieuc (Côtes-du-Nord). — Port de Boulogne en eau profonde, dessins et photographies d'outillage de travaux.   **(PALAIS.)**

33. BARBIER & Cie, à Paris, rue Curial, 82. — Appareils lenticulaires pour phares. **(E. C.) (PALAIS.)**

34. BARLATIER de MAS, Ingénieur en chef des Ponts-et-Chaussées, à Paris, Ministère des Travaux publics. — Spécimen du barrage de Port à l'anglais. **(TROCADERO.)**

35. BARREAU (Henri), à Paris, impasse du Châtelet, 36. — Croisée à goutte d'eau et ventilation, plusieurs porte-manteaux collés sur glace, casier à bulletin de vote. **(PALAIS.)**

36. BARTAUMIEUX (Charles), à Paris, rue de La Boëtie, 66. — Photographies et dessins de constructions diverses. **(PALAIS.)**

37. BAUCHE (G. & H.), à Reims (Marne). — Coffres-forts incombustibles et coffres-forts meubles. **(PALAIS.)**

Récompenses aux Expositions universelles : Paris 1867 et 1878 ; Anvers 1885, deux Médailles d'or ; Barcelone 1888, Médaille d'or ; Bruxelles 1888, Diplôme d'honneur ; Melbourne 1888, Diplôme de 1er ordre de mérite avec mention spéciale. Membre du Jury, Exposition universelle de Bruxelles 1888. Croix de Léopold.

38. BAUDET, DONON & Cie, à Paris, rue Saussure, 139. — Modèles et dessins de travaux publics. **(PALAIS.)**

Baudet ✠, Donon et Cie, Ingénieurs-Constructeurs, à Argenteuil et à Paris, rue Saussure, 139 et 141. — Photographies de Constructions métalliques pour travaux publics et particuliers : Ponts, portes d'écluses, bateaux, portes, hangars, magasins, grilles, fondations pneumatiques etc.
Echantillons du rivetage par pression hydraulique, applique à tous les travaux exécutés dans leurs ateliers.
Persiennes de tous systèmes.
Paris 1878, (Hors Concours, Jury).
Bruxelles 1888, Diplôme d'honneur.
Barcelone 1888, (Hors Concours, Jury).

39. BAUDRIT (Léon-V.-A.), à Paris, rue Michel-Bizot, 78. — Grilles fer forgé, entrée Desaix, entrées quai de Billy, rue de Magdebourg, rue Saint-Dominique et rue de Constantine. **(PARC.)**

40. BAUDRY & Cie, à Paris, rue des Saint-Pères, 15. — Ouvrages sur le Génie Civil, les travaux publics et l'architecture. **(PALAIS.)**

41. BAYARD (Julien-F.), à Paris, rue Bonaparte, 1. — Dessins d'architecture. **(PALAIS.)**

42. BEAUFILS Frères, à Paris, rue Malar, 35. — Binard (système Beaufils) à engrenages, à bascule et à plateaux mobiles pour le transport de la pierre. **(ESPLANADE.)**

43. BEAUME (Léon), à Boulogne-sur-Seine (Seine), avenue de la Reine, 66. — Pompes d'épuisement. Tonneaux pour transport d'eau, moteurs à vent pour faire mouvoir les pompes et les outils. Pompes à vapeur. Pulsomètres. **(ESPLANADE.)**

44. BÉLIARD (George-A.), à Paris, rue Choron, 18. — Petits chemins de fer fixes et portatifs. Wagons, wagonnets, voies rivées mécaniquement. **(PALAIS.)**

45. BERGEOTTE & DAUVILLIER (ancienne Maison J. ROY), à Paris, avenue de la Grande-Armée, 44. — Grilles, balcons, rampes, pentures fer forgé, ornements forgés et martelés. Photographies de travaux. **(PALAIS.) (QUAI.)**

Maison fondée en 1844.
Serrurerie d'art en fer forgé. Spécialité de grilles en fer forgé pour parcs et châteaux.
Rampes d'escaliers, balcons, marquises pour perrons. Galeries vitrées, jardins d'hiver, serres chaudes et tempérées, ponts, passerelles, kiosques, poulaillers, faisanderies, clôtures légères. Construction de combles en fer pour cours et magasins.
Croisées en fer pour vitraux de couleurs. Pentures et ferrures de portes, serrures de styles.
Grand choix de grilles anciennes et modernes, et portes cochères vitrées en fer.
Récompenses : Médailles or et argent : Paris 1878.
Londres 1862.
Paris 1867.

46. BERGÈS (Aristide), à Lancey (Isère). — Captation de hautes chutes hydrauliques. Matériel spécial, plans, reliefs et dessins.   **(PALAIS.)**

47. BERGEVIN (George), à Paris, rue Oberkampf, 143. — Serrures mécaniques comprenant neuf modèles depuis le cadenas jusqu'à la serrure.   **(PALAIS.)**

48. BERJEANT Père (Jean), à Toulouse (Haute-Garonne), rue Riquet, 4. — Nouvelle toiture économique en plaque de zinc.   **(PALAIS.)**

49. BERJOT (C.-Victor), à Paris, rue Louis-Blanc, 60. — Serrures, coffresforts, systèmes A. Becht.   **(PALAIS.)**

50. BERJOT (V.-C.), à Paris, rue Louis-Blanc, 60. — Coffres-forts et serrures.   **(PALAIS.)**

51. BERNARD (Antoine), à Paris, rue des Écuries-d'Artois, 35. — Fers forgés et repoussés, balcons, rampes, grilles, consoles, lanternes, lampadaires et enseigne.   **(PALAIS.)**

52. BERNARD (Joanny), à Paris, rue Mozart, 63. — Dessins d'architecture.   **(PALAIS.)**

53. BERNARD Frères (C.-Léon et C.-Eugène), à Besançon (Doubs), rue de Belfort, 50. — Système de croisées empêchant l'écoulement de l'eau à l'intérieur.   **(PALAIS.)**

54. BERNARDI (Charles) & MERCIER (François), à Avignon (Vaucluse), rue Campane, 16. — Plans et dessins de cité ouvrière.   **(PALAIS.)**

55. BERNÈS (Camille), à Rébénacq (Basses-Pyrénées). — Chaux hydrauliques, chaux grasse pour l'agriculture, marnes pulvérisées, marbres.   **(TROCADERO.)**

56. BERTHAUX (Edmond-J.-B.), à Coignières (Seine-et-Oise). — Briques et tuiles.   **(TROCADERO.)**

57. BERTHELEMOT Fils (Gédéon), à Chamesson (Côte-d'Or). — Blocs de pierres des carrières de Pierchèvre et côteau de Chamesson.   **(QUAI.)**

58. BERTHIER (Camille) & Cie, à la Ferté-St-Aubin (Loiret). — Tuiles placées sur le pavillon de la République Dominicaine et sur les annexes de la cl. 63.   **(TROCADERO.)**

59. BERTRAND, à Diélette (Manche). — Granits taillés.   **(TROCADERO.)**

60. BERTRAND (Auguste-T.), à Buffon (Côte-d'Or). — Chaux hydraulique, chaux blanche et chaux grise, travaux en chaux, moulage.   **(TROCADERO.)**

61. BERTRAND (Jean), à Taponat (Charente). — Calcaires, chaux en pierre et en poudre.   **(TROCADERO.)**

62. BESSIN Frères (Émile et Alfred), à Lagny-sur-Marne (Seine-et-Marne). — Kiosque en fer, grilles fer et fontes, marquise fer et fonte.   **(QUAI.)**

63. BEZAULT(T.), Successeur de **Rivain (P.) et Bezault**, à Paris, rue de la Folie-Méricourt, 82. — Boutons, crémones, serrures de luxe, verrous, vases de rampe.   **(PALAIS.)**

64. BIDAULT DE L'ISLE (Albert), à l'Isle-sur-le-Serein (Yonne). — Coupe des carrières de pierres à ciment de Vassy.   **(TROCADERO.)**

65. BIGOT-RENAUX (Jules), à Paris, boulevard de l'Hôpital, 122. — Gouttières et cheneaux.   **(TROCADERO.)**

66. BINE (A.-A.), à Paris, boulevard de la Villette, 165. — Robinets.   **(PALAIS.)**
    Robinets intermittents et à repoussoir, les seuls ne pouvant se caler, robinets rotatif fermant seul, donnant l'eau en tous sens. Robinets pour lavabos, pierre à laver, pompe à bière, poste d'eau, d'arrêt et de puisage, récipients et nourrices, etc. Brev. S.G.D.G. en France et à l'étranger.

67. BLANCHET (Paul-C.-J.), à Paris, rue Guy-de-la-Brosse, 13. — Serrure de sûreté incrochetable, à détonations.   **(PALAIS.)**

68. BLANDEAU (Joseph), à Angoulême (Charente), rue du Sauvage, 37. — Voûte en coupe de pierres.   **(PALAIS.)**

69. BLOCH et Cie, à Paris, rue de Maubeuge, 43. — Colonnes, vases et monuments funéraires.   **(QUAI.)**

70. BLOT (C.-Léon), à Paris, rue Dulong, 9. — Machine balayeuse modèle de la ville de Paris, machine balayeuse ramasseuse, tombereau métallique pour boues liquides.   **(ESPLANADE.)**

   Un appareil mesurant l'effort de traction des dites machines.
   Récompenses aux Expositions universelles :
   Médaille d'argent, Paris 1867.
   Mérite, Vienne 1873.
   Progrès, Vienne 1873.
   Médaille d'argent, Paris 1878.
   Diplômes d'honneur en participation avec la ville de Paris, Vienne, 1873, et Paris 1878.

71. BOCUZE (Antoine), à Paris, rue du Rocher, 101. — Outils pour travaux publics et maçonnerie.   **(PALAIS.)**

72. BOIGEGRAIN, à Paris, rue Sedaine, 28. — Modèle d'usine réduit au dixième.   **(PALAIS.)**

73. BOILEAU Fils (L.-C.), à Paris, rue du Bac, 142. — Photographies et plans divers de maisons, magasins, écuries, moulins, écoles, mairies, chapelles, monuments.   **(PALAIS.)**

74. BOILEAU (L.-A.), à Paris, rue de Sèvres, 11. — Constructions ferronnières architecturales.   **(PALAIS.)**

75. BOILEAU Fils (Charles) & LELONG (Léon), à Paris, rue du Bac, 142. — Éclairage électrique des magasins du Bon Marché. Installation des machines. Plan d'ensemble. Vues photographiques.   **(PALAIS.)**

76. BOISSE (J.) & PETITPRÊTRE Frères. — Pierres dures de Villery-Euville, provenant des carrières contiguës à la grande carrière d'Euville.   **(QUAI.)**

   Bureaux à Paris, Faubourg-St-Denis, 203 ; à Stainville-Commercy (Meuse).

77. BOIVIN (Ernest-H.), à Paris, boulevard de Magenta, 40. — Sonneries aéro-mécaniques.   **(PALAIS.)**

78. BOLLET OLIVIER et Cie, Usine de la Roche-Noire, à Jujurieux (Ain). — Ciments et chaux hydrauliques. Produits bruts et manufacturés. **(TROCADERO.)**

79. BON ET LUSTREMANT, à Paris, rue du Faubourg-Poissonnière, 25. — Dessins : Appareil (Titan) pour la manœuvre des blocs artificiels, pont roulant pour la pose des blocs, portes d'écluses, pont pour écluses.   **(PALAIS.)**

80. BONNEFILLE (Frédéric-A.-J.), à Massy (Seine-et-Oise). — Carreaux rouges de terre cuite, carreaux de grès cérame, de ciment de mosaïques, briques, tuiles et poteries.   **(TROCADERO.)**

   Dépôt vente : Maison de carrelage à Paris, avenue du Maine, 228.

81. BONNEFILLE (Frédéric-A.-J.), à Massy (Seine-et-Oise). — Carreaux rouges de terre cuite, de grès cérame, de ciments et mosaïques. Briques, tuiles et poteries.   **(E. C.) (TROCADERO & PARC.)**

82. BONNEFOY (L.-A.), à Levallois-Perret, rue Chevallier, 52. — Petite construction en cailloux et ciment.   **(PALAIS.)**

83. BONNET (Antoine), à Paris, rue des Marais-Saint-Martin, 52. — Dessins et photographies d'architecture.   **(PALAIS.)**

84. BORDENAVE (Jean), à Paris, rue de Miromesnil, 101. — Tuyaux, canalisations et conduites, libres ou forcées, d'eau, de gaz, etc., bassin, réservoir, château d'eau, galerie filtrante, égout.   **(QUAI.)**

   Voûtes, planchers, dallages, escaliers, passerelles, colonnes pleines ou creuses. (Constructions en « sidero-ciment » constituées avec ossatures en acier en **I** recouvertes de ciment).

85. BORDRON (Isidore), à Pouzauges (Vendée). — Serrure de sûreté. **(PALAIS.)**

86. BOSSOT (Jean), à Ciry-le-Noble (Saône-et-Loire). — Couvertures en tuiles émaillées ou non. Carreaux, briques, etc. **(TROCADERO.)**

87. BOUGAVEL (P.-E.-F.), à Paris, rue de Dunkerque, 24. — Dessins relatifs à l'assainissement des habitations des villes. **(ESPLANADE.)**

88. BOULANGER (Eugène), à Montevrain, près Lagny (Seine-et-Marne). — Chaux hydraulique naturelle. **(TROCADERO.)**

    Médaille d'argent à l'Exposition universelle de Paris, 1878.

89. BOULÉ, Ingénieur en chef des Ponts-et-Chaussées, à Paris, Ministère des Travaux publics. — Spécimen du barrage de Suresnes. **(TROCADERO.)**

90. BOULET (A.) & BOULANGER, à Saint-Pierre-lez-Nemours (Seine-et-Marne). — Tuiles, briques pleines et creuses, carreaux, faîtières, etc.

    (TROCADERO & PARC.)

91. BOULET (J.) & Cie, (ancienne Maison **Hermann-Lachapelle**), à Paris, rue Boinod, 31. — Dessins d'excavateur, dessins de pompes centrifuges et machines à vapeur pour épuisements. **(PALAIS.)**

    Médaille d'or 1878. — Médailles d'or et Diplômes d'Honneur aux Expositions d'Amsterdam 1883, Anvers 1885. — Membre du Jury aux Expositions de Paris et de Barcelone 1888. Croix de la Légion d'honneur en 1888.

92. BOURDOISEAU (Henri), à Aubigny (Cher), rue des Dames. — Charpente d'art. **(PALAIS.)**

93. BOURDRON (Auguste), à Paris, rue du Faubourg-Poissonnière, 128. — Modèle en plâtre à modeler, de maison bourgeoise, et plan. **(PALAIS.)**

94. BOURGEOIS (Vve Marie), à Paris, rue Lafayette, 69. — Mosaïques par incrustation à base de chaux hydraulique. **(PALAIS.)**

95. BOURNICQUE (E.) & Cie, (Docks du bâtiment), à Nancy (Meurthe-et-Moselle), pont des Tiercelins. — Plan en relief des Docks, sables et cailloux de la Moselle, pierres de taille, produits de la briqueterie de Villers-lez-Nancy. **(PALAIS.)**

96. BOUVAIS (Émile), à Paris, rue des Petits-Champs, 13. — Nouveaux spécimens de lettres en relief en bois et en cylocristal. Tableaux originaux. **(PALAIS.)**

    Unique Méd. d'argent en 1878, la plus haute récompense décernée à l'Enseigne d'Art.

97. BOUVAIS (Mme), à Bordeaux (Gironde), rue Sainte-Catherine, 146. — Outils de plâtriers, mouleurs en sablerie, cimenteurs couvreurs. **(PALAIS.)**

98. BOUVAIS aîné & gendre, à Paris, boulevard Voltaire, 142. — Spécialité d'outils pour plâtriers et plafonneurs. **(PALAIS.)**

99. BOUVARD (J.-Antoine), à Paris, rue de Verneuil, 55. — Dessins d'architecture. **(PALAIS.)**

100. BOUWENS VAN DER BOYIEN (William), à Paris, rue de Lisbonne, 45. — Tracés et photographies d'architecture. **(PALAIS.)**

101. BOYER Aîné (Arthur-J.), à Paris, carrefour de l'Odéon, 13. — Deux systèmes de fermeture défiant toute effraction. **(PALAIS.)**

    A. Verrou de sûreté à pompe et tringle arc-boutant mobile. *B.* Appareil de sûreté à tringle arc-boutant mobile s'adaptant à toutes serrures et verrous de sûreté existant.

102. BOYER (Romain) & Cie, à Marseille (Bouches-du-Rhône), rue Cannebière, 5. — Ciments de Portland. Ciments romains. **(PALAIS.)**

103. BRANCOURT (Félix), à Étaves-et-Bocquiaux (Aisne). — Chasse-neige.

    (E. C.) (PARC.)

104. BRAULT Fils (Alfred), à Choisy-le-Roi (Seine). — Produits céramiques appliqués à la construction et à la décoration architecturale. **(PARC.)**

Dépôt à Paris, 30, rue Jacob, (anciennement, 31, rue Bonaparte). Terre cuite, blanche, rouge, polychrome. Emaux grand feu, faïences décoratives. Fournisseur de l'Etat et de la Ville de Paris. Chargé de la décoration céramique des porches centraux et des pavillons d'angle des Palais des Arts à l'Exposition universelle de 1889.
Récompenses : Paris 1855, Paris 1867, Paris 1878, Médaille d'argent.

105. BRAULT Père (A.) & Cie, à Choisy-le-Roi (Seine). — Tuiles à emboîtement et à recouvrement, faîtières, poinçons, rives, chéneau, hourdis système Perrière, briques pleines, creuses, poteries. **(PARC.)**

Produits céramiques pour constructions et industries. Tuiles à emboîtement et à recouvrement de toutes formes suivant commande et de toutes couleurs. Tuiles grand et petit moule. Tuiles vitrées, tuiles marches, tuiles en verre. Tuiles écailles grandes et petites, tuiles de ventilation, tuiles pour passage de cheminée. Accessoires et pièces spéciales pour couvertures. Faîtières simples, faîtières ornées, poinçons et épis-arêtiers. Mitrons, lanternes, boisseaux, ventouses, cheminées. Briques pleines ordinaires, briques creuses de formes et de dimensions différentes. Carreaux hexagones et carrés, garnitures de jardins balustrades et pièces d'ornements de dessins différents. Tuiles chaperons, tuiles selles pour mur. Châssis en tôle galvanisée. Tuyaux ordinaires ou grésés pour conduite d'eau. Seuls fabricants de hourdis Perrière, pour planchers de tout écartement et pour combles formant lattis.

106. BRÉBANT-CROUZET, à Méru (Oise). — Craie brute, blanc de craie en pains et en poudre. **(PALAIS.)**

Exploitation des carrières de l'Oise. Blanc de méru. Usine à vapeur. Blanc surfin pulvérisé pour mastic, peinture, papiers peints, caoutchouc, toile cirée, eaux gazeuses, verreries.

107. BREUZIN (Alfred), à Paris, rue Morand, 28, — Cafetières, lampes à souder, réchauds à esprit de vin pour le voyage, burettes à graisser. **(PALAIS.)**

108. BRIAUD (François), à Nieul-sur-Mer (Charente-Inférieure). — Chaux hydraulique, briquettes en chaux pure, en chaux avec un tiers de sable et avec moitié ciment. **(TROCADERO.)**

Carrière nouvellement exploitée. Usine fondée en 1850.

109. Briqueterie de la Garenne, à Vanves (Seine), rue Voie-Petite, 11. — Briques et poteries pour le bâtiment et pour le jardinage. **(PARC.)**

110. Briqueterie mécanique de Pey-Martin, (Directeur : **Ducourt Julien**), à Pessac (Gironde). — Briques réfractaires. Pavés en grès céramique. **(TROCADERO.)**

111. BROCHARD Père et Fils, à Paris, rue Sauval, 5 et 7. — Châssis à tabatière en fer laminé, à fermeture de sûreté, modèle de maison fer et briques. **(TROCADERO.) (PALAIS.)**

Châssis à tabatière pour tous les genres de couvertures.
Châssis à gouttières, à coffres, pour tuiles à emboîtement à double recouvrement des tuileries Muller, Montchanin, Vilquiez, Pannes, Marseille etc., pour tuiles métalliques.
Châssis à bascule pour école. Abris. Châssis de couches, marquises.
Serres, verandahs, vitrines, devantures, balcons, portes et croisées en fer.
Crémaillères articulées, poulies, pivots depuis le début de la fabrication, crochets de service.

112. BROCHOCKI (Thomas de), à Paris, rue des Cérisoles, 6. — Modèle de pont portatif et démontable en acier, à articulations sans boulons, système tubulaire, à articulations sans boulons. **(PALAIS.)**

Dernière récompense obtenue : En 1888, Légion d'honneur.

113. BROSSER (Charles), à Rolampont (Haute-Marne). — Tuiles, briques, tuyaux, boisseaux, accessoires pour construction de bâtiment. **(PARC.)**

114. BROSSER (Charles), à Rolampont (Haute-Marne). — Tuiles, briques, tuyaux, boisseaux, accessoires pour construction de bâtiment. **(E. C.) (PARC.)**

115. BROUSSET-MATHEU (Jean), à Montaud (Basses-Pyrénées). — Chaux hydraulique. **(PALAIS.)**

116. BRUDENNE (Jules), à Vitry-sur-Seine (Seine), boulevard Lamouroux. — Produits de liège agglomérés applicables à la construction.   **(PALAIS.)**

117. BRUN (Isidore), à Fons, par Saint-Mamert (Gard). — Monument en pierre de Lens.   **(QUAI.)**

118. BRUN-COTTAN Frères (ancienne Maison **R. Garnier**), à Paris, boulevard de la Contrescarpe, 30. — Crémones, serrures, cuivrerie et bronze d'art pour bâtiments.   **(PALAIS.)**

119. BUIGNET (Henri), au Havre (Seine-Inférieure), place de l'Hôtel-de-Ville, 21. — Machines d'essai des matériaux de construction.   **(PALAIS.)**

120. BUISSON (Victor-A.), à Paris, rue des Solitaires, 12. — Reproduction en pierre d'un monument construit au cimetière de l'Est. Projet de manutention pour société coopérative.   **(PALAIS.)**

121. BUFFET (Eugène-L.-E.), à Paris, rue Saussure, 14. — Outillage pour maçonnerie, stuc et ciments.

> Outillage pour entrepreneurs de maçonnerie, travaux publics.
> Applicateurs de stuc, sable, mortier et ciment. Outillage pour tailleurs de pierre, ravaleurs, granitiers, marbriers et sculpteurs. Calibres pour modèles d'architecture et de sculpture.
> Moules pour carreaux pleins ou creux, wagons et tuyaux en plâtre, pour dalles et tuyaux en ciment.

122. BUNNETT & Cie (successeurs de M. **Clark**), à Paris, impasse Boileau, 25. — Fermetures de boutiques en acier, roulant d'elles-mêmes pour devantures de boutiques.   **(PALAIS.)**

123. BUTIN & Cie, à Paris, rue Saint-Martin, 248. — Serrures et articles de style pour bâtiment.   **(PALAIS.)**

124. CACHEUX (Maison MULLER E. et CACHEUX E.), à Paris, quai St-Michel, 25. — Ouvrages avec plans sur crèches, écoles, habitations ouvrières, bains, lavoirs, cercles d'ouvriers, hôpitaux, etc.   **(PALAIS.)**

125. CACHEUX (Jules), à Paris, quai St-Michel, 25. — Plans et photographies de maisons ouvrières.   **(PALAIS.)**

126. CADET (Achille), à Paris, rue de la Roquette, 69. — Bornes, fontaines, vannes, robinets. Appareils pour canalisation. Distribution d'eau dans les villes. Jeux d'eau, pulvérisation, hydrothérapie.   **(PALAIS.)**

127. CAFFORT Frères, à Caunes (Aude). — Marbres rouges du Languedoc.   **(TROCADERO.)**

128. CAHEN (Alphonse), à Paris, boulevard Edgar-Quinet, 22. — Marbrerie funéraire, construction de caveaux de familles.   **(TROCADERO.)**

129. CAHEN (Edouard), à Paris, rue Lepeletier, 35. — Collection des « Annales des Travaux publics ».   **(PALAIS.)**

130. CAILLARD Frères, au Havre (Seine-Inférieure). — Grue à vapeur.   **(PALAIS.)**

131. CAILLETTE (Faustin), à Paris, rue de Bercy, 151. — Couverture en ciment à dilatation libre pour terrasses et remparts. Nouveau système de planchers en fer pour les grandes portées.   **(QUAI.)**

> Récompenses : Paris 1867, 1878. — Anvers 1885, Médaille de bronze.
> Bruxelles 1888, Médaille d'argent.

132. CALINAUD (Louis-F.), à Paris, rue Papou, 17. — Projet d'un hôpital pour 200 lits.   **(PALAIS.)**

133. CALLET (Eugène), à Paris, rue St-George, 6. — Barème Callet ou tables de calculs tout faits, pour l'établissement des rôles de paye d'ouvriers.   **(PALAIS.)**

134. CAMBIER (Ernest), à Pont-à-Vendin (Pas-de-Calais). — Ciment Portland artificiel.   **(TROCADERO.)**

135. CAMION Frères, à Vivier-au-Court (Ardennes). — Serrurerie pour travaux publics.   **(PALAIS.)**

136. CAMPS & Cie, à Annemasse (Haute-Savoie). — Parquets en tous genres.   **(PALAIS.)**

137. CAMUS (Léon), à Paris, rue Sédaine, 14. — Becs-de-cane, béquilles, boutons pour serrures. Boules et vases de rampes. Coulisseaux de sonnettes, etc. **(PALAIS.)**

Crémones, espagnolettes, marteaux de portes ; paumelles, plaques de propreté, poignées de portes, porte-chapeaux serrures de styles, verrous, etc. Médailles aux Exp. de 1855 et 1878.

138. CAMUT (J.-F.-Émile), à Paris, rue d'Alger, 10. — Plans et photographies de constructions élevées depuis cinq ans.   **(PALAIS.)**

Médaille d'argent à l'Exposition universelle d'Amsterdam. (Voir Beaux-Arts.)

139. CANCALON (François), à Roanne (Loire). — Tuiles et briques.

140. CANTINI (Jules), à Marseille (Bouches-du-Rhône), avenue du Prado, 135. — Travaux de marbrerie, blocs et échantillons.   **(TROCADERO.)**

141. CARANINI (Alexandre), à Paris, rue de Sambre-et-Meuse, 26. — Tringles pour couvertures en verre, système hermétique Caranini, et ventilation tempérée.   **(TROCADERO.)**

142. CARETTE (Henri), à Paris, rue du Faubourg-Saint-Martin, 95. — Outils pour le bâtiment.   **(PALAIS.)**

143. CARON (Léon), à Paris, rue du Cherche-Midi, 58. — Enduits contre l'humidité des murs ; peintures en poudre, siccatifs pour parquets.   **(PALAIS.)**

Fabrique à Malakoff (Seine). Peinture sur ciments et mortiers. — Enduits spéciaux. Récompenses : 1878 Paris, 1885 Anvers, 1888 Barcelone et Bruxelles.

144. CAROUZET (Eugène-A.), à Paris, boulevard Malesherbes, 60. — Stores en tous genres, bannes, serrurerie, tiroirs en fer, sonneries électriques, quincaillerie.   **(PALAIS.)**

145. CARPENTIER (Henri), à Paris, boulevard Soult, 73. — Toitures métalliques en tôle ondulée. Ardoises métalliques.   **(PALAIS.)**

146. CARRÉ (J.), Fils ainé & Cie, à Paris, quai d'Orsay, 127. — Travaux en ciment Portland et bétons agglomérés ; modèles et plans.   **(TROCADERO.)**

147. CARREAUX (Henry), à Paris, boulevard Voltaire, 21. — Maison de rapport quai de Valmy, 21. Plan, façade, intérieur.   **(PALAIS.)**

148. CASSARD (André), à Paris, rue Championnet, 236. — Parquets de luxe. Parquets ordinaires, etc.   **(PALAIS.)**

Spécialité de parquets riches et ordinaires. Menuiserie, mobilier scolaire.
Récompenses : Paris 1855, 1867 ; médaille 1re classe 1878.
Londres 1851 ; 1862, Prize medal.
Sydney 1880 et Melbourne 1881, 1er degré de mérite, mention spéciale.
Diplômes d'honneur, Amsterdam 1873 ; Anvers 1885.

149. CAVALLIER (Jean), à Troyes (Aube), rue de la Vallée-Suisse, 13. — Blocs de pierre de taille des carrières d'Etrochey, Ampilly, Cerilly, Magny-Lambert, Chamesson-sur-Seine et Vanvey (Côte-d'Or).   **(QUAI.)**

Les pierres dures d'Etrochey, Ampilly (pierre-chèvre), Cerilly et Magny-Lambert sont employées dans les travaux de ponts, écluses, socles de bâtiments, etc. La pierre demi-dure de Chamesson, la pierre tendre de Vanvey s'emploient en élévation ; la Chamesson (coteau) est employée par les marbriers ; cette pierre s'exporte en Belgique. — Gisements très puissants.

150. CAZAUBON (D.) & Fils, à Paris, rue Notre-Dame-de-Nazareth, 43. — Robinetterie pour eau, vapeur et gaz.   **(PALAIS.)**

151. CÉLIER (Jacques dit Victor), à Nevers (Nièvre), place du Champ-de-Foire, 7. — Crochet à échappement.   **(PALAIS.)**

Spécimen de couverture en ardoises exécuté à l'aide du crochet à échappement pour démontrer les avantages du système. — Crochets à échappement de divers types en fer galvanisé, cuivre, etc.

152. CHABAT (Pierre), à Paris, boulevard Montparnasse, 172. — Dessins d'architecture.   **(PALAIS.)**

153. CHABREDIER (Charles) VINCENT (Marien) & CHAUVOT (Lucien), à Paris, rue Montagne-Sainte-Geneviève, 47. — Nouveaux genres de wagons à emboîtement en terre cuite.   **(TROCADERO.)**

154. Chambre de Commerce de Bayonne, à Bayonne (Basses-Pyrénées). — Plan du port de Bayonne.   **(QUAI.)**

155. Chambre de Commerce de Bordeaux, (Gironde). — Plans en relief et dessins des installations du port, documents statistiques divers.   **(QUAI.)**

156. Chambre de Commerce de Boulogne-sur-Mer, à Boulogne-sur-Mer (Pas-de-Calais). — Plan en relief de Boulogne-sur-Mer et de ses environs.   **(QUAI.)**

157. Chambre de Commerce de Calais, (Pas-de-Calais). — Plan en relief du port de Calais. Modèles des Écluses du nouveau bassin à flot et de la forme de radoub.   **(QUAI.)**

158. Chambre de Commerce de Cherbourg, (Président : **Léon Mauger**), à Cherbourg (Manche). — Plan du port de commerce de Cherbourg, avec coupes. Carte de la rade.   **(QUAI.)**

159. Chambre de Commerce de Dieppe, (Président : **Pourpoint**) à Dieppe (Seine Inf͞ᵉ) — Plan du port et de la ville de Dieppe.   **(QUAI.)**

160. Chambre de Commerce de Dunkerque, (Nord). — Plans panoramique en relief du port, dessins des principaux aménagements : écluse, formes de radoub, outillage etc., documents statistiques.   **(QUAI.)**

161. Chambre de Commerce du Havre, au Havre (Seine-Inférieure). Palais de la Bourse. — Plan en relief de la ville et du pont du Havre, vues photographiques des hangars et des engins de déchargement mis à la disposition des navires.   **(QUAI.)**

162. Chambre de Commerce de la Rochelle, (Président : **Morch**), à la Rochelle (Charente Inf͞ᵉ). — Un plan en relief du port en eau profonde de la Pallice.   **(QUAI.)**

163. Chambre de Commerce de Marseille, à Marseille (Bouches-du-Rhône). — Plans en relief et dessins d'installation du port, Documents statistiques divers.   **(QUAI.)**

164. Chambre de Commerce de Nantes, (Président : **Riveron**), à Nantes. (Loire Inf͞ᵉ) — Tableau et plans du port de Nantes et de la Loire-Inférieure.   **(QUAI.)**

165. Chambre de Commerce de Rouen, (Palais des Consuls), à Rouen (Seine-Inférieure). — Plans en relief, tableaux, profils et plans de la Seine et du port de Rouen.   **(QUAI.)**

166. CHAMEROY (Augustin-E.), à Paris, rue Erlanger, 7. — Robinets supprimant les coups de bélier.   **(PALAIS.)**

   Les robinets et appareils hydrauliques Chameroy sont en usage dans le service des eaux de la Ville de Paris depuis 1873, et dans un grand nombre de villes de France et de l'étranger.
   N. B. — Pour renseignements et achats, s'adresser rue d'Allemagne, 147, à Paris, à M. Edmond Chameroy Fils, ingénieur-constructeur, concessionnaire des brevets Chameroy et successeur de son père depuis 1885. — Médaille d'or en 1878.

167. CHANTEMILLE & Cie, à Moutot, par Noyers (Yonne). — Produits bruts, produits manufacturés, travaux de ciment Portland. Applications diverses.   **(TROCADERO.)**

168. CHARLIER (Jean), à Paris, rue Dutot, 49. — Parquets économiques.   **(PALAIS.)**

169. CHARRON (Vve) et BELLANGER, à Paris, rue de Saint-Maur, 142. — Poignées et marteaux de portes, coulisseaux de sonnettes, poussoirs ciselés et unis pour électricité.   **(PALAIS.)**

170. CHAUDUN (Henri), à Paris, boulevard de Sébastopol, 131.— Coffres-forts.
(PALAIS.)

171. CHAUVIN & MARIN-DARBEL, (anciens établissements), **Maurice Rondet,** successeur, à Paris, rue du Banquier, 25. — Matériel de travaux publics. Appareils de levage. Instruments de pesage.
(ESPLANADE.)

172. CHAVOUTIER (Jacques), à Paris, rue du Faubourg-Poissonnière, 132.— Plans, modèles et dessins d'architecture.
(PALAIS.)

Mention honorable, Exposition universelle, Paris 1878.

173. CHEDEVILLE (Jules-M.) & DUFÈRNE (Armand-A.), à Paris, rue de Tocqueville, 132. — Fermetures métalliques. Persiennes. Monte-plats et monte-charges. Jalousies. Rideaux métalliques pour théâtre.
(PALAIS.)

Fermeture en fer instantanée, à rideaux fermant en 8 tours de manivelle breveté : Fermetures ordinaires. Fermeture roulante en acier silencieuse brevetée. Persiennes fer et bois et tout en fer, brevetées. Monte-plats et monte-charges brevetés. Rideaux en fer pour théâtres.
Récompenses :
Paris 1878.

174. CHENEVIER (Paul), à Verdun (Meuse). — Théâtre de sûreté contre l'incendie. Memento graphique du constructeur et triangle à calcul.
(PALAIS.)

175. CHÉON VENART (J.-B.-Achille), à Rethel (Ardennes). — Agrafes métalliques double pince, mousqueton pour couverture.
(PALAIS.)

176. CHEVALLIER (Hippolyte-E.), à Nice (Alpes-Maritimes), avenue de la Gare, 40. — Thermes de Berthemont (Alpes-Maritimes). Etablissement médical sur les bords de la Méditerranée.
(PALAIS.)

177. CHEVREL (George), à Paris, rue de la Cerisaie, 11. — Découpures artistiques pour serrurie d'art et architecture.
(PALAIS.)

Découpeur de bois et métaux à la scie mécanique. Usine à vapeur. Maison fondée en 1830. Médaille d'argent à l'Exposition universelle 1878, médaille d'or, Anvers 1885.

178. CHEVRY (Mme Augustine), à Paris, rue Beaubourg, 41. — Métaux découpés pour serrurerie d'art, ornements d'architecture, joaillerie, orfévrerie etc.
(PALAIS.)

179. CIVET, CROUET, GAUTIER & Cie, à Paris, rue de l'Aqueduc, 5. — Exploitation de carrières : Liais, Corgoloin, Senlis, Larrys, Combebrune, Saint-Joire, Reffroy. — Roches : Comblanchien.
(QUAI.)

Roches : Comblanchien, Euville, Lérouville, St-Remy, St-Maximin, Ravière, Vilhonneur Souppes.
Roches douces : St-Maximin, St-Vaast, la Ferté-Milon.
Libages : Vergelé ferré de St-Maximin.
Banc franc : Villers-Adam, Abbaye-du-Val, Palotte, Charentenay, Savonnières.
Banc Royal : St-Vaast, St-Maximin, Vassens, Palotte, Mery, Vierzy, Charentenay.
Pierres tendres : Vergelé, St-Vaast-Vergelé, St-Maximin, Parmain, Laigneville.
Carrières : St-Denis, Vierzy, Vassens.

180. CLARCK, BRUNNET & Cie, à Paris, impasse Boileau. — Fermeture roulant d'elle-même, pour devantures de boutiques.
(PALAIS.)

181. COCHEPAIN (Léon), à Chartres (Eure-et-Loir), boulevard de la Courtille, 26. — Clefs articulées pour renverser les tombereaux.
(ESPLANADE.)

182. COCHOIS Fils (Paul), à Paris, quai de Jemmapes, 132. — Pierres de Bourgogne en blocs, sciées, taillées ou façonnées.
(QUAI.)

Maison d'Exploitation Générale, à Lezinnes (Yonne).
Usines pour sciage et taille à Argentenay (Yonne). Carrières principales : *Tonnerre, Lezinnes, Ravières, Larrys, Ancy-le-Franc.*
Comblanchien, Villars, Nuits, Grimault, Austrudes, etc. Pierres marbrières de l'Ain de la Franche-Comté.

183. COIGNET (Edmond), à Paris, rue des Mathurins, 3.— Mélangeur-malaxeur pour bétons agglomérés et bétons ordinaires de cailloux. Appareil à polir mécaniquement les dallages en mosaïques de marbre. Produits divers.   **(JARDIN.)**

184. COIGNET (Edmond) & Cie, à Paris, rue des Mathurins, 3. — Bétons agglomérés, de François Coignet. Bétons polychromes. Mosaïques Coignet, mosaïques artistiques en émaux et en marbres.   **(JARDIN.)**

Usine à Asnières (Seine). — Principaux travaux exécutés en bétons agglomérés : Aqueduc de la Vanne (55 kil.), égouts (300 kil.) ; Phare de Port-Saïd, église du Vésinet, murs de soutènement, (Trocadéro et cimetière de Passy). — Cuves de gazomètre, etc. — Principaux travaux exécutés à l'Exposition : Fontaine monumentale, perrons et balustrades de la terrasse des Beaux-Arts et des Arts libéraux, des portes Rapp et Suffren, perrons et carrelages des Palais de l'Annam, du Tonkin, du Cambodge, des Colonies, de l'Hygiène, des Manufactures de l'Etat, du Mexique, couronnements des murs des serres du Trocadéro, 5,000 mètres de tuyaux de tous diamètres pour les canalisations, etc. — Polissage mécanique, breveté S. G. D. G., des dallages en mosaïques de marbre. — Voir galerie des machines, classe 63, les appareils de M. Edmond Coignet.—Réc. : Londres 1862, Paris 1867, Barcelone 1888 (hors concours, Jury).

185. COLLIN-MULLER, à Auneuil (Oise).— Tuiles et briques. **(E. C.) (PARC.)**

186. COMBES (Jean), à Saint-Paul-des-Fonts (Aveyron). — Chaux et ciments.   **(PALAIS.)**

187. COMBES (Jean), à Saint-Paul-des-Fonts (Aveyron). — Chaux et ciments.   **(E. C.) (TROCADERO.)**

188. Commission des ardoisières d'Angers, Gérant : **Larivière,** à Angers (Maine-et-Loire), boulevard du Château, 34. — Ardoises. Dalles d'ardoises. Couverture des annexes de la classe 63.   **(TROCADERO.)**

Scierie mécanique pour le travail du schiste ardoisier sous toutes formes utiles aux Arts et à l'Industrie.

Urinoirs, siéges et cabinets d'aisance, revêtements hydrofuges, carrelages, tables et tablettes de lampisterie et laiterie, cuves à bière, à eau et à acides, éviers, mangeoires, plinthes, billards, abat-son de clocher, pierres tumulaires, etc., etc.

Médaille unique de 1re classe.

Expositions de 1855, 1867. Médaille d'or. Exposition de 1878.

Ch. Fouinat, représentant, 178, quai de Jemmapes, Paris.

189. Commission des ardoisières de Renazé, Gérant : **M. V. Fourcault,** à Renazé (Mayenne). — Ardoises pour toitures.   **(TROCADERO.)**

190. Compagnie de Fives-Lille, à Paris, rue Caumartin, 64. — Ponts métalliques. Ponts démontables. Ponts tournants. Appareils pour la pose des blocs pour jetées en mer.   **(PALAIS.)**

Modèle du pont de la Saf-Saf (Algérie) ; modèle du pont tournant de la passe d'Arenc (Marseille) ; modèle du Titan pour la construction des jetées du port de Leixoès (Portugal). Éléments de ponts démontables.

Divers dessins et photographies.

191. Compagnie des ardoisières de la Corrèze, Directeur. **F. G· Gaston,** à Brive (Corrèze). — Ardoises pour couvertures. Blocs de schiste ardoisier ayant subi toutes transformations. Outillage.   **(TROCADERO.)**

Ardoises pour couvertures.

Blocs ayant subi toutes transformations. Outillage. (Annexe B en amont sur la berge du Trocadéro).

Exposition universelle, 1878. Médaille de bronze.

192. Compagnie des Chemins de fer de l'Est, rue et place de Strasbourg, à Paris ; M. **Celler,** Ingénieur en chef de la Construction ; M. **Martin,** Ingénieur en chef de la ligne de Vincennes. — Photographies, dessins et modèles d'ouvrages d'art.   **(PALAIS.)**

193. Compagnie des Ciments et Chaux du Bassin d'Argenteuil, à Argenteuil (Seine-et-Oise). — Ciments et chaux.   **(E. C.) (PARC.)**

194. Compagnie des Entrepôts et Magasins Généraux de Paris, à Paris, boulevard de la Villette, 204. — Plans, albums, cartes.   (PALAIS.)

195. Compagnie des Fonderies et Forges de l'Horme, (Chantiers de la Buire), à Lyon (Rhône), rue Rachais, 32. — Charpentes métalliques et appareils divers pour travaux publics.   (PARC.)

Constructeurs d'Usines pour la filature et le tissage de la soie. (La partie du Pavillon dans laquelle fonctionnent les métiers à tisser et à filer, est exposée comme spécimen de construction d'usines). — Travaux de menuiserie riches et ordinaires de toutes sortes pour bâtiments d'habitation et pour usines. (Les portes et fenêtres du Pavillon sont exposées comme spécimen de fabrication). — La menuiserie du Musée Guimet à Paris, faite par les Chantiers de la Buire, est désignée comme spécimen).

196. Compagnie des Forges de Champagne et du Canal de St-Dizier à Wassy, à St-Dizier (Haute-Marne). — Carreaux, briques et ciments.(**TROCADERO.**)

197. Compagnie du Canal des Deux-Mers, Société d'Études de Travaux français, à Paris. — Avant-projet du Canal des Deux-Mers, carte, plan panoramique.   (**PALAIS.**)

198. Compagnie du Chemin de fer et du Port de la Réunion, à Paris, rue de Provence, 31. — Plans en relief, cartes, photographies, etc.   (**PALAIS.**)

199. Compagnie française de Matériel de Chemins de Fer, à Ivry-Port (Seine), rue Nationale, 57. — Pont démontable (Système Seyrig).   (**PARC.**)

Ponts et charpentes en fer, ponts démontables, système Seyrig, b. s. g. d. g. constructions métalliques. — Matériel fixe et roulant, tramways, signaux, plaques, grues, chargements, croisements. — Distinctions aux Expositions internationales. — 1867 Médaille d'argent. — 1873 Diplôme d'honneur. — 1878 Médaille d'or.

200. Compagnie générale des Asphaltes de France, Directeur : **M. Delano (William-Henri),** à Paris, quai de Valmy, 117.—Asphalte en roche, poudre et mastic des mines de Seyssel. Bitume naturel épuré pour travaux publics.
                    (**PALAIS.**)

Propriétaire unique de la concession des mines Seyssel reconstituée par décret du Conseil d'État du 8 Mai 1888. Mines de Chavaroche, Forens-sud, Bastennes, Ragusa (Sicile).
Adjudicataire des travaux des villes de Paris, Lyon, etc.
Succursale à Lyon, 29, rue Bat-d'argent.
Adresse télégraphique : Delano Asphalte Paris. (Téléphone).

201. Compagnie générale de Filtrage, DAVID (Amédée-J.), Successeur, à Paris, rue du Bac, 83. — Appareils et procédés de filtrage.   (**PALAIS.**)

202. Compagnie générale des Chaux hydrauliques, à Saint-Astier (Dordogne). — Chaux et ciments.   (**TROCADERO.**)

203. Compagnie générale des Eaux, à Paris, rue d'Anjou, 52. — Cartes, plans, photographies.   (**PALAIS.**)

204. Compagnie générale des Matériaux de Construction, Union des Entrepreneurs), à Paris, boulevard de Magenta, 84. — Plâtre, chaux, ciments, briques poteries.   (**TROCADERO.**)

205. Compagnie générale des travaux publics et particuliers, en participation avec **P. Magnac Aîné,** à Paris, rue de Provence, 56. — Dessins et documents relatifs à des travaux maritimes.   (**PALAIS.**)

Travaux du port de Patras (Grèce).
Construction au large sur un sol compressible d'une digue en enrochements de 910m de long et de 20m de hauteur.
Môles et quais. Dragages.
Expos. univ. 1878 : Médaille d'or pour les travaux du port de Marseille (participation entre la Compagnie générale de travaux publics et particuliers et MM. L. Dupuy et P. Magnac aîné.

206. Compagnie générale de travaux publics et particuliers, Directeur : **P. Terrier,** à Paris, rue de Provence, 56. — Dessins et documents relatifs à des entreprises de travaux publics.   (PALAIS.)

> En France : Travaux de fortifications dans l'Est. Casernements. Chemins de fer. Ponts et autres ouvrages en rivière. Ports de mer. Constructions de maisons à Paris.
> A l'Etranger : Travaux hydrauliques et ports de mer en Italie et en Grèce.
> Exposition universelle de 1878 : Médaille d'or.

207. Compagnie Industrielle du sable-mortier coloré, à Paris, rue Caumartin, 62. — Echantillons de sable-mortier coloré. Ses applications diverses.
(PALAIS.)

208. Compagnie nouvelle des Ciments Portland du Boulonnais, à Desvres (Pas-de-Calais). — Ciments Portland.   (TROCADERO.)

> Siége social : Rue du Havre, 2 bis, Paris.

209. Compagnie parisienne des Asphaltes, Directeurs : **E. Coppin & E. Tissot,** à Paris, rue Curial, 16. — Roches asphaltiques. Bitumes. Produits des mines de garde-bois Seyssel et de St-Jean de Marvejols. Emplois divers de l'asphalte.
(PALAIS.)

210. Compagnie universelle du Canal Maritime de Suez, à Paris, rue Charras, 9. — Cartes graphiques, photographies, plans et modèles en relief se rapportant à la construction et à l'exploitation du canal.   (PARC.)

211. Compagnie universelle du Canal intérocéanique de Panama, à Paris, rue Caumartin, 46. — Plans en reliefs, modèles, etc.   (PALAIS.)

212. Construction industrielle, (successeur : **Cassard A.**), à Paris, rue Championnet, 236. — Parquets de luxe et ordinaires. Menuiserie d'art, escaliers de style, mobilier scolaire.   (PALAIS.)

213. CORBINEAU Ainé et Fils, à Paris, rue d'Austerlitz, 7. — Colonnes mosaiques, vases, chapiteaux, balustres.   (TROCADERO.)

214. CORDIER (Charles), à Taverny (Seine-et-Oise).— Couvertures en ardoise et zinc, garniture d'arrêtiers, faitage et chêneaux.   (TROCADERO.)

215. CORROYER (Édouard), à Paris, rue de Courcelles, 14. — Dessins d'architecture.   (PALAIS.)

216. COULON-BORDEAUX, à Château-La-Vallière (Indre-et-Loire).— Clefs de toutes espèces.   (PALAIS.)

217. COULON (Léon-J.-B.) et SAUVELET (Charles-J), à Paris, rue Pelleport, 96.— Briques et poteries en tous genres, pour le bâtiment   (TROCADERO.)

> Briques creuses et pleines ; ordinaires et décoratives,
> Tuyaux wagons à emboîtement, et poteries à parois creuses, brevetés S. G. D. G. spécialement employés pour conduits de chaleur et de fumée.

218. COURTOIS (Joseph), à Paris, rue Dareau, 93. — Ferme-porte Courtois.
(PALAIS.)

219. CROIZEMARIE (A.), à Angoulême (Charente), rue de la Grand-Font. — Différents systèmes pour la ventilation et l'aération des appartements.   (PALAIS.)

220. CROS-PUYMARTIN (Adolphe), à Périgueux (Dordogne). — Plans et modèle d'une croisée de la classe d'école. Plans et modèle de stalles d'écuries.   (PALAIS.)

221. CROSNIER, à Paris, chemin des Carrières, 12. — Guichets de caisse. Ferme-porte automatique. Serrurerie.   (PALAIS.)

> Fabrique spéciale de Châssis à Tabatière pour zinc, ardoises et tuiles de tous modèles. Grilles, persiennes en fer, serres, châssis de couche. Construction en fer.

222. CUAU (Eugène), à Paris, rue du Débarcadère, 8. — Plans d'un chauffage à vapeur du Comptoir d'Escompte de Paris. Plan d'un chauffage mixte à eau et à air.
(PALAIS.)

223. CUQUENELLE & L'HOTEL, à Sorcy (Meuse). — Calcaires, chaux-grasse pour produits chimiques. Pierre pour sculpture. **(TROCADERO.)**

224. CUSSAC (Eugène), à Clermont (Oise). — Modèles de charpentes et escalier exécutés en bois. Plans en relief, dessins des combles exécutés en papiers, indiquant les coupes et assemblages de la charpente et le jeu des toitures. **(PALAIS.)**

225. DAGUZAN (Léon) & Cie, à Mirande (Gers). — Dalles, bordures, pierres factices. Tuyaux en béton hydrofuge, pavages et dallages en bois, fer et béton hydrofuge. **(QUAI.)**

226. DAMIGNET (Eugène), à Paris, rue Baudin, 24. — Projets de travaux publics. **(PALAIS.)**

227. DANCÉ Jeune (Étienne), à St-Étienne (Loire), rue César-Bertholon, 54. — Nouvelle serrure inouvrable. **(PALAIS.)**

Serrures inouvrables (brevetées), sans ouverture au passage. La présence intérieure de la clef à fond de sa longueur fait découvrir le passage, ensuite, en tournant, la manœuvre s'opère.

228. DARCOURT (Omer), à Péronne (Somme). — Plans d'écoles, presbytères, abattoirs. **(PALAIS.)**

229. DAULT (Théodore-S.-A.), à Pléneuf (Côtes-du-Nord). — Fermetures mécaniques pour fenêtres, fermant hermétiquement. **(PALAIS.)**

230. DAUMY (Ch.), à Jouet-sur-l'Aubois (Cher). — Chaux hydraulique. **(TROCADERO.)**

231. DAVAL (Alfred), à Paris, rue St-Luc, 7. — Pierres des Tuileries restaurées avec le ciment métallique. **(PARC.)**

Fabrique de ciments métalliques raccordant toutes les natures de pierres. Entreprise générale de ravalements. Restauration de pierres au moyen du ciment métallique. Silicatisation, moules de sûreté brevetés, filets de sauvetage.

232. DAVID (A.), à Paris, rue du Bac, 83. — Appareils de filtrage des eaux. **(PALAIS.)**

233. DEBAUSSAUX (Émile), à Amiens (Somme), rue Gresset, 7. — Machines à percer pour branchements de prises d'eau en pleine charge. **(PALAIS.)**

234. DEFLERS (A.), à Paris, rue de Cambrai, 20. — Charpente en fer creux, Couverture en tuiles de zinc. **(ESPLANADE.)**

235. DEFONTAINE (A.-P.), à Vernon (Eure). — Sabots pour pilotis à branches en fer et culot en fonte et en tôle; Roues de brouettes métalliques et élastiques sans trépidation ni sonorité. **(PALAIS.)**

Maison fondée en 1858, plusieurs brevets d'invention et de perfectionnements, usine à vapeur Fournisseur des Ponts et Chaussées, de la navigation, des ports et travaux publics.
Médaille d'argent à l'Exposition universelle de Paris 1878.
Admis au Pavillon spécial du Ministère des Travaux publics en 1873 pour les sabots de pilotis.
Nouveaux procédés de fabrication breveté, s. g. d. g., permettant de vendre à plus bas prix.

236. DEFRANCE (A.) et Cie, à Pont-Sainte-Maxence (Oise). — Carrelages en jaune, noir, brun, rouge et blanc. Pavages de luxe. Briques de revêtement. Plinthes. Pavage d'écurie. **(TROCADERO.)**

Récompenses :
Médaille d'argent Exposition universelle, Paris 1878.
Médaille d'or. Amsterdam 1883.

237. DEIT (Joseph-E.-J.), à Amélie-les-Bains (Pyrénées-Orientales). — Espagnolettes-crémones, pour portes et fenêtres. **(PALAIS.)**

238. DEJOUX (J), à Vichy (Allier). — Escalier en relief. **(PALAIS.)**

Reproduction au dixième, de l'escalier monumental du Hamman de Vichy.

239. DELARUE, à Paris, boulevard de Sébastopol, 127. — Coffres-forts. **(PALAIS.)**

240. DELISLE (Jules-Th.), à Paris, rue Drouot, 27. — Détails des restaurations des châteaux de la Bretèche (Seine-et-Oise), et de la Farge (Corrèze).   **(PALAIS.)**

241. DEMOGET (L.-Charles), à Bar-le-Duc (Meuse). — Dessins d'ensemble et détails de construction de deux kiosques de musique à Angers et Bar-le-Duc. **(PALAIS.)**

242. DENEUX-HUGUEVILLE(L.-P.-Adalbert), à Paris, boulevard de la Villette, 139. — Châssis à tabatière et persiennes en fer.   **(PALAIS.)**

243. DENIS (P.-Vincent), à Petit-Fresnes (Seine). — Briques, tuiles, carraux, tuyaux, etc.   **(E. C.) (PARC & TROCADERO.)**

244. DÉPENSIER Freres et BOCQUENTIN, à Paris, rue Sedaine, 19. Serrurerie, quincaillerie pour meubles.   **(PALAIS.)**

245. DERVILLÉ et Cie, à Paris, quai Jemmapes, 164. — Échantillons des marbres des carrières exploitées par Dervillé et Cie.   **(TROCADERO.)**

246. DESBAINS (Gustave), à Paris, rue du Caire, 20. — Coffres-forts incombustibles. Réfractaire et caisses. Meubles.   **(PALAIS.)**

247. DESCHAMPS & Cie, à Paris, rue Lafayette, 212. — Pierre de taille des carrières d'Euville, mise en œuvre au Palais des Beaux-Arts et des Arts libéraux.
          (PALAIS.)

   J. J. Deschamps. — Usines et carrières de Belvoye, tous travaux de luxe en pierre et en marbre blanc.
   Cheminées de tous styles.

248. DESCHAMPS & FAUH (G.), à Issy (Seine), rue des Moulineaux, 23. — Chaux hydraulique en poudre des Moulineaux et ciment Portland du bassin de Paris.
          (PALAIS.)

249. DESCHAMPS & FAUH (G.), à Issy (Seine), route des Moulineaux,23. — Chaux hydraulique en poudre des Moulineaux et ciment Portland du bassin de Paris.   **(E. C.) (PARC.)**

250. DESFEUX (Pierre-A.), à Paris, rue Meslay, 40. — Cartons-cuirs et cartons bitumés pour toitures.   **(PALAIS.)**

   Applications diverses des cartons-cuirs pour toitures de longue durée, et des cartons bitumés pour toitures provisoires, pour plafonnement sous la tuile, protégeant contre toutes les infiltrations de pluie, de neige, de poussière, etc. ;
   Pour revêtement des murs et des cloisons en planches ;
   Pour application sous les parquets afin de les garantir contre l'humidité du sol et des dégâts causés par la vermine.
   Mention honorable à l'Exposition universelle de Paris 1867.
   Mention honorable à l'Exposition universelle de Paris 1878.
   Médaille d'argent à l'Exposition universelle de Barcelone 1888.

251. DESLIGNIÈRES (Marcel), à Paris, rue Demours, 13. — Dessins d'architecture.   **(PALAIS.)**

252. D'ESPINE, ACHARD & Cie, à Paris, quai de la Marne, 52. — Tuyaux flexibles à blindage métallique. Pavage hexagonal en bois.   **(PALAIS.)**

253. DESROCHES (Paul) & BARREAU (Hippolyte), à Paris, boulevard Rochechouart, 108. — Nouvel avant-projet d'un réseau d'ensemble du chemin de fer métropolitain parisien, brochure explicative.   **(PALAIS.)**

254. DESTÉRACT (J.-Aimé), à Paris, passage des Rondonneaux, 10. — Tableaux synoptiques donnant instantanément la cubature et la superficie de tous matériaux, l'équarrissage des bois en grume ; etc.   **(PALAIS.)**

255. DEVILLERS (Alphonse), à Paris, rue Doudeauville, 80. — Treuil circulaire pour stores, fonctionnant par vis.   **(PALAIS.)**

   Mention honorable, Exposition universelle de Paris 1878.

256. DEYDIER (M.-J.-Augustin), à Nyons (Drôme). — Spécimens de matériaux pour construction inaltérable, obtenus par un revêtement en verre opaque et de diverses couleurs, fixé sur briques ou sur bois.   **(PALAIS.)**

   Classe 63.   2

257. DÉZERMAUX (Gaston), à Paris, rue Blanche, 80. — Dessins d'architecture. **(PALAIS.)**

258. DOLMAS (L.-D.), à Limoges (Haute-Vienne), boulevard de la Cité, 10. — — Terrassements. Tables des surfaces, des profils et des largeurs d'emprise. **(PALAIS.)**

259. DORGANS (Auguste), à Tarbes (Hautes-Pyrénées), rue du Cimetière Saint-Jean. — Raccords pour tuyaux de pompes. **(PALAIS.)**

260. DOUMAUX (Louis), à Paris, rue Chabannais, 9. — Tringles pour tapis et tableaux. **(PALAIS.)**
    Médaille d'argent, Barcelone 1888. — Médaille d'or, Bruxelles 1888.

261. DOYEN (Denis), à Lille (Nord), boulevard Victor Hugo, 29. — Ferme-porte à air comprimé. — Ferme-porte va-et-vient. Bec-de-cane, Gâchette mobile. Paumelles régulatrices. Roulettes sphériques. Targettes. **(PALAIS.)**

262. DRAULLETTE (Edmond-J.), à Paris, rue Philippe-de-Girard, 42. — Serrure de sûreté avec clef de vingt millimètres. **(PALAIS.)**

263. DROUIN (Réné), à Tours (Indre-et-Loire), rue du Gazomètre, 9. — Serrures incrochetables. **(PALAIS.)**

264. DUBOIS-DESROUSSEAUX, à Roubaix (Nord), rue Blanchemaille. — Systèmes de fermetures mécaniques. **(PALAIS.)**

265. DUBOS (Paul-A.), à Paris, rue de Miromesnil, 92. — Bétons agglomérés et bétons polychromes. **(QUAI.)**
    Bétons agglomérés pour le revêtement de la base de la Tour Eiffel.
    Bétons polychromes (B. S. G. D. G). panneaux pour le dôme central des industries diverses.

266. DUBUISSON (Réné), à Paris, rue de Belleville, 99. — Dessins d'architecture. **(PALAIS.)**

267. DUCHESNE (Léon), à Évreux (Eure), rue des Murs-Saint-Louis, 8. — Modèle en plâtre de pont biais et appareil hélicoïdal. **(PALAIS.)**

268. DUCLOS & Cie, à Paris, rue des Cloys, 59. — Modèle de la charpente du grand amphithéâtre de la Sorbonne. **(PALAIS.)**
    Duclos et Cie, Ingénieurs constructeurs.
    Constructions métalliques, ponts, charpentes.
    Matériel de chemins de fer. Serrurerie.
    Constructions mécaniques, constructions économiques pour l'exportation.
    Charpentes démontables. Maisons en fer pour les Colonies.

269. DUCOURNAU (Jean), à Paris, boulevard Morland, 14. — Échantillons de pierres artificielles. **(TROCADERO.)**

270. DUCOURT (J.), à Pey-Martin, par Pessac (Gironde). — Pavés en grès céramique, briques réfractaires. **(TROCADERO.)**

271. DUFÉTEL (Eugène), à Glatigny, près Versailles (Seine-et-Oise). — Briques pleines et creuses et poterie de tous modèles et dimensions. **(E. C.) (PARC.)**

272. DUFÉTEL (Eugène), à Glatigny, près Versailles (Seine-et-Oise). — Briques pleines et creuses et poterie de tous modèles et dimensions. **(PARC.)**

273. DUFLOT (Ch.), à Lille (Nord), rue des Meuniers, 101. — Types d'escaliers en bois. **(PALAIS.)**
    Spécialité d'escaliers en tous genres pour hôtels particuliers et à doubles évolutions pour magasins. Rampes en bois fer et carton-pâte.

274. DUMAST (Lucien) et Fils, à Paris, cité Prost, 5. — Malaxeur mu par force motrice, ou à bras. Treuil applique, à briqueteur. Caisse à couler le béton, wagonnet, etc. **(PALAIS.)**

275. DUMESNIL (Amédée-J.), à Paris, rue Marcadet, 129. — Application en général des ciments. **(QUAI.) (TROCADERO.)**

276. DUNET (Alphonse), à Paris, rue Bargue, 28. — Pierre pour filtrer les eaux. Bouteilles filtrantes à goulot céramique, filtres divers. **(PALAIS.)**

277. DUNNETT (Sidney), à Paris, rue de Maubeuge, 95. — Dessins d'exécution et photographies des gares et stations de chemins de fer.   **(PALAIS.)**

278. DUPRAT (Sosthène), à Paris, rue du Faubourg-St-Denis, 23. — Tuiles métalliques et chéneaux en tôle d'acier.   **(PALAIS.)**

279. DUPRAT (Victor) à Paris, rue Biot, 27. — Produits céramiques, Pavés Duprat, Poteries de bâtiment pour cheminées et ventilateurs.   **(TROCADERO.)**

   Pavés Duprat, fabriqués dans les départements de La Gironde, Seine-Inférieure, Cher, Saône-et-Loire, Seine, Vaucluse, Seine-et-Marne, Nord, Seine-et-Oise et à San-Isidro, (république Argentine).— Pavés Duprat, après 24 années d'usage sur les voies publiques des villes de France. — Nouvelles poteries, à cloisonnement, système V. Duprat. La Grande Briqueterie de Courbeton, concessionnaire de la fabrication des dites pour la France. (Voir classe 20).

280. DURU (E.-Gustave), à Paris, rue de Passy, 17.— Plinthe automatique, bas de porte fixe, bande de caoutchouc.   **(PALAIS.)**

281. DUTTENHOFER (C.-Hippolyte), à Paris, cité Trévise, 2. — Dessins d'architecture, modèles en relief.   **(PALAIS.)**

282. ÉDOUX (F.-Léon), à Paris, rue Lecourbe, 72. — Grand ascenseur de la tour de 300 mètres ; perfectionnements à l'ascenseur du Trocadéro. Rideaux de fer de théâtres à manœuvre hydro-électrique.   **(PARC.) (TROCADERO.)**

   Constructeur concessionnaire du premier ascenseur, Paris, 1867 : Médaille d'argent ; du grand ascenseur du Prater, Vienne, 1873 : Médaille de progrès ; du grand ascenseur du Trocadéro, Paris 1878 : Légion d'honneur ; du Grand ascenseur du Palais des machines et de l'ascenseur à manœuvre hydro-électrique du Palais des Industries du Gaz, Paris, 1889.
   Constructeur des rideaux de fer des théâtres, de la piste mobile du nouveau cirque.
   Inventeur de la manœuvre électrique. Constructeur des ascenseurs des grands magasins et des principaux hôtels, hôpitaux, maisons d'habitation, établissements publics, etc., etc.

283. EIFFEL (Gustave), à Levallois-Perret (Seine), rue Fouquet, 42. — Modèles photographiques et dessins de ponts métalliques, écluses à grande dénivellation, coupole d'observatoire, ponts portatifs économiques.   **(PARC.)**

284. ESQUIRON (Tristan), à Gasny (Eure). — Durcissement des pierres, marbres, plâtres.   **(TROCADERO.)**

285. ESTÉVANEZ (François), à Paris, rue Sainte-Beuve, 8. — Dessins d'architecture.   **(PALAIS.)**

286. FAIVRE (Victor), à Paris, rue Pétrarque, 14.— Mains courantes en bois, en fer, pour rampes ; perfection de la presse d'établi ; composition de couleur pour le chêne.   **(PALAIS.)**

287. FALLETTY (Eugène), à Gap (Hautes-Alpes), rue Villars. — Chaux hydraulique, plâtre, ciment prompt et ciment lent.   **(TROCADERO.)**

288. FAURE (J.-Esprit), à Saint-Jean-Thisy (Yonne). — Travaux en ciment, ciment cru, cuit, surcuit et en poudre.   **(TROCADERO.)**

289.   FAURE-KESSLER & Cie, à Clermont-Ferrand (Puy-de-Dôme).— Fluatation, pierres durcies et polies.   **(TROCADERO.)**

291. FERRY-MORIN (C.-H.), à Colombes (Seine), rue Saint-Hilaire, 14. — Pierres moulées pour constructions économiques.   **(QUAI.)**

290. FEUILLU Père (Philippe), à Vermenton (Yonne). — Briques de Bourgogne, briques réfractaires.   **(TROCADERO.)**

   Briques dures pour travaux apparents.

292. FÉVRIER (P.-V.-B.-Jules), à Paris, rue de la Terrasse, 3.—Plans, coupes élévations d'hôtels, châteaux, maisons particulières, constructions industrielles et de rapport.   **(PALAIS.)**

293. FÉVRIER & Cⁱᵉ, à Aspres-sur-Buëch (Hautes-Alpes). Usine de Pont-la-Dame. — Ciments naturels, ciments cuits, ciments en poudre, moulages divers, briquettes.   **(TROCADERO.)**

   Usine de ciments fondée en 1887.
   Application faite par la maison Testet, rue de Tocqueville, 124, Paris.

294. FICHET, (Charlier et Guénot Successeurs), à Paris, rue Richelieu, 43.
— Coffres-forts incombustibles et sûreté.   **(PALAIS.)**

Maison fondée en 1825. — Coffres-Forts incombustibles en tous genres, tout en Acier, sans joints aux angles, fermés par Serrures de Sûreté à Rondelles Mobiles ; Combinaisons Invisibles, portes sans entailles, Feuilles Croisées, Coffres-Forts forme Meubles tout en fer, Coffrets, Coffres-Forts blindés d'Acier trempé, Chambres fortes et caveaux blindés, Serres de Titres, Serrures de Sûreté et de Précision en tous genres, Roues et numéros pour Loteries et Emprunts. — Récompenses : Paris 1855 ; Londres 1862 ; Paris 1867 ; Vienne 1873 ; 1re Médaille d'or, Paris 1878 ; deux Diplômes d'Honneur, Anvers 1885.

Succursales : Lyon, Marseille, Lille, Bordeaux. — Dépôts ; Bouchez à Arras ; Chartier à Laval ; Lejus à Nantes ; Kuntz à Nancy ; Messonnier à Nice ; Berbezier à Nîmes ; Bétin Frères à Rennes ; Lazard à Alger ; Baartmans à Anvers ; Chapon à Buenos-Ayres.

295. FIGAROL Frères, à Paris, rue des Fourneaux, 163. — Appareils de canalisation à l'égout.   **(TROCADERO.)**

296. FIGUIÈRE (J.-B.), à la Tour-d'Aigues (Vaucluse). — Outils divers. **(PALAIS.)**

297. FISSON (Ch.) & Cie, à Xeuilley (Meurthe-et-Moselle). — Chaux hydraulique naturelle. Plan général des usines, échantillons de mortiers, échantillons de calcaires, blocs de béton, Machines d'essai.   **(TROCADERO.)**

Type de sac, type de toile, Briquettes d'essai, Briques en laitiers de Hauts-Fourneaux et chaux hydraulique de Xeuilley, Gryphées, Attestation d'emploi dans les travaux de fortification de l'Est, dans les canaux et les chemins de fer, Notices spéciales sur les Usines, etc.

298. FLEUR (Louis), à Paris, rue J.-J. Rousseau, 68. — Projet de théâtre et modèle en relief.   **(PALAIS.)**

299. FLICOTEAUX (Achille), à Paris, rue du Bac, 83. — Système de tuyaux en fonte pour distribution d'eau et de gaz.   **(PALAIS.)**

300. FOLLIOT Fils (Albert), à Laval (Mayenne). — Blocs, tranches, produits manufacturés.   **(TROCADERO.)**

301. FONTAINE (Maison **Louis),** à la Madeleine-lez-Lille (Nord). — Chalet en fer abritant les chaudières du groupe 4, Charpente métallique pour appareils de distillerie de la classe 50.   **(PARC.)**

302. FONTAINE-SOUVERAIN Fils, à Dijon (Côte-d'Or), rue des Roses, 9. — Jalousies en bois montées sur plaques en fer, s'arrêtant seules ; ornements en bois découpé ; treillage en perspective.   **(PALAIS.)**

Caisses à fleurs, claies pour serres, clôtures, échelles à coulisses et d'appartement, escabeaux fruitiers, jeux et meubles de jardin, kiosques, treillages en tous genres, menuiserie de bâtiment.

303. FORESTIER Frères, à Valines (Somme). — Serrures de sûreté pour appartements, meubles et coffres-forts, Combinaisons, coffrets, cadenas, sécateurs.   **(PALAIS.)**

304. FOUCHER (Eugène), à Paris, rue Dupetit-Thouars, 16. — Serrurerie fine, boîtes aux lettres pour villes et communes, boîtes aux lettres mobiles pour gares.   **(PALAIS.)**

305. FOURCADE-ABBLARD (J.) & Cie, à Perpignan (Pyrénées-Orientales). — Porte monumentale à quatre faces simulant un arc de triomphe, construite entièrement en mosaïque.   **(PALAIS.)**

306. FOURCHÉ (Théodore-C.), à Saint-Mandé (Seine), rue de Charonne, 6. — Supports articulés cuivre et fer et arrêts de portes.   **(PALAIS.)**

307. FOURNIER (Ernest), à Paris, rue Cardinet, 56. — Maison à loyer et hôtel particulier.   **(PALAIS.)**

308. FRANÇOIS (Ch.-A.-X.-Gustave), à Ennemain par Athies (Somme). — Un panneau parquet sur bitume.   **(PALAIS.)**

309. FROMENTIN (Théophile), à Paris, boulevard Richard-Lenoir, 57. — Serrurerie et quincaillerie artistiques et ferrures pour le bâtiment. **(PALAIS.)**

Maison fondée en 1853. Marque des Produits T. F. (Voir aussi l'Exposition de la classe 63 et dans le pavillon de la ville de Paris les ferrures exécutées pour le nouvel Hôtel de Ville.

310. FUSENOT (André), à la première écluse d'Écuisses (Saône-et-Loire). — Carreaux émaillés pour revêtements. **(PALAIS.)**

311. GABERT (Paul), à Paris, Avenue de Châtillon, 52. — Marbre artificiel, dit « de Paris ». **(PALAIS.)**

312. GABERT Frères (ancienne maison), successeur : **Pinguely (A.),** à Lyon (Rhône), rue Bugeaud, 65. — Dragues, bateaux, excavateurs, pompes et accessoires. **(PALAIS.)**

313. GADAU (Paul), à Paris, rue Oberkampf, 114. — Chalet en charpente et menuiserie. **(PARC.)**

314. GADAUD (Ernest), à Paris, rue du Chemin-Vert, 140.—Dessin d'un tout à l'égout rationnel pour maison de rapport. **(PALAIS.)**

315. GAGET-GAUTHIER & Cie, à Paris, rue de Chazelles, 25.—Baignoires. Water-closets, Toilettes, Robinets et appareils divers de plomberie, ornements et modèles de couverture. **(PALAIS.)**

316. GAILLANDRE (Alban), à Épernay (Marne), boulevard de Cubey. — Dessins d'architecture. **(PALAIS.)**

317. GAILLARD (R. M. Ferdinand), à Paris, rue du Faub.-St-Honoré, 54 — Dessins et photographies d'architecture. **(PALAIS.)**

318. GALLET (Victor), à Paris, boulevard de Magenta, 66. — Coffres-forts. **(PALAIS.)**

Coffres-forts, fabrication, nouvelle invention ; brevetées s. g. d. g.
Avertisseur électrique adopté par la Compagnie des chemins de fer de l'Est.
Coffres-forts avec presse, coffres-forts meubles tout fer et coffres-forts avec enveloppes bois, de tous styles, Coffrets à bijoux, roues de loterie.

319. GALOY & Cie, à Paris, place de la Nation, 10.—Serrure de sûreté incrochetable et à combinaisons multiples. **(PALAIS.)**

320. GAUBEY & DEVAUX, à Paris, rue de Sévigné, 6. — Barres de sûreté pour fermer les portes. **(PALAIS.)**

321. GAUCHER (Adolphe), à Bondy (Seine), Pont-de-la-Forêt. — Appareil à couper les herbes dans les canaux et rivières. **(PALAIS.)**

322. GAUDON & LŒWENBRUCK, au Havre (Seine-Inférieure), rue Ferdinand, 25. — Grilles. Barrières. Serres. Charpentes économiques. Articles d'écurie, de jardins, ponts, kiosques. **(QUAI.)**

323. GAUDU (J.-B.), à Saint-Brieuc (Côtes-du-Nord). — Croisée fermant hermétiquement, menuiserie mixte, fer et bois. **(PALAIS.)**

324. GAUJARD (Émile), à Sens (Yonne). — Dessins des travaux de la dérivation des sources de Cochepies exécutés, pour le compte de la Ville de Paris. **(PALAIS.)**

325. GAUTIER, à Paris, rue Cambon, 5. — Projet de la Passerelle exécutée dans l'enceinte de l'Exposition universelle au-dessus de la chaussée du carrefour de l'Alma. **(PALAIS.)**

326. GAYER-LEGENDRE, à Paris, boulevard de Charonne, 168. — Châssis grillagés pour bureaux-caisse, marchés, poulaillers ; grilles légères pour jardins. **(PALAIS.)**

327. GAYMOND-OUDET, à Clermont-Ferrand (Puy-de-Dôme), place de Jaude, 22. — Jalousie avec ses accessoires formant deux ouvertures. **(PALAIS.)**

Ferrures perfect., système sans cordages. Méd. bronze Sydney 1880, argent Anvers 1885.

328. GENAIRON & CHAMONARD, à Saint-Romain, par Romanèche (Saône-et-Loire). — Produits céramiques, tuiles, briques, etc. **(PALAIS.)**

329. GENAIRON & CHAMONARD, à Saint-Romain, par Romanèche (Saône-et-Loire). — Produits céramiques pour le bâtiment. **(E. C.) (PARC.)**

330. Génie Civil (Le), Revue générale des Industries Françaises et Etrangères, à Paris, rue de la Chaussée-d'Antin, 6. — Publication périodique. **(PALAIS.)**

331. GENTILLON Aîné, à Paris, rue Bargue, 23. — Un panneau décoratif, et plusieurs échantillons de parquet économique. **(PALAIS.)**

332. GEOFFROY (Noël), à Troyes (Aube), rue Beaujan, 9. — Différents modèles de couvertures ardoises. **(QUAI.)**

333. GEORGES (Léopold-A.-M.), à Paris, boulevard Beaumarchais, 169. — Cours de descriptive. Épures de coupe de pierres autographiées et dessinées pour les élèves de 1882 à 1889. **(PALAIS.)**

Cours professés à la Société civile du bâtiment par L. George, architecte, membre de la Société centrale des architectes.

334. GÉRARD (Victor), à Paris, rue Roussin, 87. — Travaux d'art en charpente. **(PALAIS.)**

335. GERMOND & FRITEAU, à Versailles (Seine-et-Oise), rue Montbauron, 7. — Crochets en zinc pour couvertures. Appentis en ardoises, agrafe pour lesdits crochets en zinc et cuivre. **(TROCADERO.)**

336. GIBAULT (Charles-A.), à Paris, avenue Philippe-Auguste, 68. — Appareils pour la canalisation et la distribution des eaux et du gaz. **(PALAIS.)**

337. GIL (Pascal), à Domène (Isère). — Parquets massifs et plaqués. **(PALAIS.)**

338. GILLET (François), à Paris, rue Fénelon, 9. — Lave émaillée et lave reconstituée. Céramique architecturale. **(TROCADERO.)**

339. GIRARD (Pierre), à Paris, rue de Rennes, 74. — Vitraux et décoration d'appartements. **(PALAIS.)**

Collaborateur de la Maison Vve Charles et Emmanuel Champigneulle, à Bar-le-Duc (Meuse).

340. GISSLER & BEMBER, à Marseille (Bouches-du-Rhône), cour Lieutaud, 37. — Carreaux mosaïques en ciment et bois asphalté. **(TROCADERO.)**

341. GOBRON (André), à Paris, boulevard de Strasbourg, 59. — Boutons céramiques, bois pour portes. Becs-de-cane pour portes. Treuils universels à engrenage rochet pour stores, bonnes, etc. **(PALAIS.)**

342. GOLLOT Frères (Claude & Charles), à Paris, boulevard Barbès, 14. — Serrurerie fine. **(PALAIS.)**

343. GORGE (Alphonse-L.), à Paris, boulevard Edgard-Quinet, 75. — Marbrerie d'églises, marbre et pierre tournés ; Filtres mobiles. **(PALAIS.)**

344. GOSSET (Alphonse), à Reims (Marne). — Dessins de construction, Églises, Hospices, Théâtres, Écoles, Hôtels, Châteaux, Villas, Usines, Chais, Fermes, Cité ouvrière, ouvrages d'architecture et de construction. **(PALAIS.)**

345. GOURGUECHON (Alphonse-L.), à Paris, boulevard Saint-Jacques. — Parquets sur bitume dits parquets Gourguechon. Lambris sur bitume. Parquets en tous genres. **(PALAIS.)**

Expositions universelles 1855, 1867, 1878, 2 Mentions honorables, 1 médaille de 2ᵉ classe.
Panneaux massifs, riches et ordinaires. Bois d'essences diverses. — Lambourdes scellées à bain de bitume. — Lambris enduits de bitume.

346. Grande Briqueterie et Tuilerie mécaniques de Courbeton, à Paris, rue Caumartin, 39. — Briques, tuiles, poteries de bâtiment. **(TROCADERO.)**

Société anonyme au capital de 275,000 francs. Siège social, 39, rue Caumartin, Paris. Usines à Courbeton, près Montereau (Seine-et-Marne). Production journalière de 100,000 kilos de produits cuits, pour maçonnerie, couvertures et canalisations. La Société de Courbeton est seule concessionnaire en France, des poteries de bâtiment à cloisonnement, à joints coupés et à double liaisonnement système V. Duprat. Voir classe 20.

347. Grande Tuilerie mécanique de Normandie, à Fresne-d'Argence (Calvados). — Produits céramiques de construction.   **(E. C.) (PARC.)**

348. GRANET (A.-Louis), à Paris, rue de Clichy, 64. — Photographies du Pavillon des Forges du Nord de la France.   **(PALAIS.)**

349. GRANGER (Albert), à Paris, boulevard de Magenta, 8. — Plans, dessins, photographies d'un hôtel.   **(PALAIS.)**

350. GRAVIGNY (Ulysse), à Paris, rue du Temple, 174. — Dessins d'architecture.   **(PALAIS.)**

351. GRILLOT (Augustin-L.-G.), à Paris, rue Oberkampf, 62. — Rouleaux compresseurs pour macadam.   **(ESPLANADE.)**

Projets et devis sur demande.
Maison fondée en 1840, par M. Bouilliant,
Tonneaux d'arrosage, balayeuses mécaniques.
Chariots basculeurs étanches pour le transport des boues, des neiges, etc.
Tombereaux sableurs, grosses fontes pour routes. Matériel pour cantonniers, nivelettes Boillé.
Pilons en fonte trempée, guidons, etc.
Plaques et poteaux indicateurs pour routes.
Récompenses : Paris 1855. Paris 1878. Médaille d'argent. Barcelone 1888, médaille d'arg.
Fonderies et ateliers à Pont-l'Évêque, près Noyon (Oise).
Exposant dans les classes 49, 61, 63 et 64.

352. GROS (J.-Ferdinand), à l'Isle-sur-Serein (Yonne). — Ciment de Vassy (marque Rotton) et travaux en ciment.   **(TROCADERO.)**

Ciment de Vassy (marque Rotton).
Gros, fabricant à Chouard-Angely (Yonne). — Bureaux, à l'Isle-sur-Serein (Yonne).
Mention honorable à l'Exposition universelle de 1878.

353. GROSJEAN (Ernest), à Sannois (Seine-et-Oise). — Systèmes de couvertures par sous-joints métalliques et serres instantanées.   **(PALAIS.)**

354. GUERBIGNY-GERMEUIL, à Villiers-le-Bel (Seine-et-Oise). — Plan d'un projet de lignes métropolitaines dans Paris.   **(PALAIS.)**

355. GUÉRIN (Émile), à Paris, rue Laugier, 34. — Parquets sans clous. Pavages et hourdis en bois.   **(PALAIS.)**

356. GUEUDON (Émile), à Sanvic (Seine-Inférieure), route d'Etretat, 73. — Panneau décoratif en fer forgé et ciselé. Serrures simples incrochetables. **(PALAIS.)**

357. GUIBAL (François), à Nantes (Loire-Inférieure), rue des Olivettes, 13. — Pavillon en charpente et menuiserie de la République Dominicaine. **(PARC.)**

358. GUIMET (Benoit), à Grenoble (Isère), quai Perrière, 62. — Rideaux en tôles de fer, à fermeture instantanée, pour théâtres. Modèle d'ouvrage pour assainir les ports de mer.   **(PALAIS.)**

359. GUIPET (L.-A.), à Paris, boulevard Gouvion-St-Cyr, 85. — Baies métalliques et appuis de fenêtre en fonte.   **(PALAIS.)**

360. GUSTIN ainé & fils, à Deville (Ardennes). — Produits ardoisiers, ardoises de couverture.   **(TROCADERO.)**

361. HAAG (Paul), à Paris, rue des Pyramides, 29. — Projet de chemin de fer métropolitain dans Paris.   **(PALAIS.)**

Propriété de la « Société civile d'études du chemin de fer métropolitain de Paris, (projet Haag) », 29, rue des Pyramides.
Administrateur délégué : M. Émile Monteaux.
Directeur des études : M. P. Haag, ingénieur en chef des Ponts et Chaussées.
Secrétaire général : M. Douglas-Read.
Collaborateurs : MM. Eug. Chardon, Aug. Moreau, ingénieurs.
MM. P. Benard, P. Monduit, architectes.
MM. A. de Royou, L. Bellem, experts, chargés des études d'expropriation.

362. HAFFNER Aîné (P.-L.-Armand), à Paris, rue Laffitte, 9. — Coffres-forts, coffres-meubles, serrurerie de sûreté. **(PALAIS)**

Ingénieur constructeur, ci-devant 18, boulevard Montmartre. Ne fabrique spécialement et uniquement que des coffres-forts tout en fer, coudés aux quatre angles, garnis de matières réfractaires. Ils sont absolument incrochetables. Applications spéciales, serrures clefs plates, à combinaisons invisibles placées dans l'épaisseur des portes. Cols de cygnes pour le développement des portes. Plaques de garantie sur la serrure et les empénages. Ébénisterie appliquée sur le fer pour les coffres-meubles. Serrurerie fine. Chambres en fer, installation de banques. Blindage de caves. Coffres démontables, portes à emboîtures (breveté s. g. d. g.)

Succursales et ateliers de construction à Lyon, Bordeaux. Usine à Paris, 40, rue Curial. Récompenses : 1855, Paris ; 1862, Londres ; 1867, Paris ; 1873, Vienne ; 1876, Philadelphie, (Médaille unique) ; 1878 Paris ; 1883 Amsterdam.

363. HALLET (J.) & Cie, à Paris, rue Javel, 61. — Balais en piassava avec manches en bois et en fonte malléable. Raclettes en caoutchouc, brosses pour machines balayeuses. **(PALAIS.)**

364. HALLU (Lucien-E. d'), à Paris, rue de Belleville, 24. — Store, banne, fermeture de vérandah. **(PALAIS.)**

365. HAMON (Pascal), à Paris, rue Alphonse-de-Neuville, 28.—Décorations en stucs et simili-pierre. **(PALAIS.)**

366. HARDY (Jules), à Rouen (Seine-Inférieure), avenue du Mont-Riboudet, 146. — Constructions diverses de toitures, chéneaux, etc. **(TROCADERO.)**

367. HARET Frères, à Paris, rue de Bruxelles, 16.—Appareil, dit « meuble tournant », avec châssis doubles pour collections de dessins, gravures, photographies, etc. **(PALAIS.)**

Installations dans le Palais : 1° Palais des arts libéraux. Exposition du ministère de l'Instruction publique et des Beaux-Arts.

2° Classe 61. — Exposition du Syndicat des Chemins de fer de Ceinture ;

3° Économie sociale, VI° section. — Caisses d'amortissement et des Dépôts et Consignations. Modèle des Musées du Louvre, de l'École des Beaux-Arts, etc.

Hors Concours. Exposition Internationale de Bruxelles, 1888.

368. HARLINGUE (Lucien), Architecte-Expert, à Paris, rue Notre-Dame-de-Lorette, 41. — Plans et dessins d'architecture. **(PALAIS.)**

Exposant à Paris, 1878. — Mention honorable à Amsterdam 1884.

369. Hauts-Fourneax et Fonderies de Fréteval, Gérant : **M. Genevée.** à Fréteval (Loir-et-Cher). — Lucarnes et châssis de toiture en fonte. **(TROCADERO)**

370. HENARD (Gaston), à Paris, rue de Beaujolais, 9. — Étude et décoration d'une tour de 300 mètres. **(PALAIS.)**

371. HENRION (P.-Alexandre), à Perpignan (Pyrénées-Orientales). — Projets de reconstruction d'une église et de construction de maisons d'école. **(PALAIS.)**

372. HENRY (Louis), à Paris, boulevard du Montparnasse, 9.—Dessin représentant un nouveau barrage, pour rivières navigables. **(PALAIS.)**

373. HENRY, GONOD & GIRARDOT, à Doujeux (Haute-Marne).—Ciment de laitier et autres produits fabriqués avec le laitier ; carreaux ordinaires, incrustés et mosaïques, tuyaux, pierres artificielles, etc. **(TROCADERO.)**

374. HENRY-LEPAUTE Fils, à Paris, rue Lafayette, 6.—Phares et fanaux lenticulaires. **(PALAIS.)**

375. HÉRITIER (Jules-C.), à Paris, boulevard Voltaire, 67. — Rampe, Balcon. Panneaux de tout style. Marbre et pierre. **(PALAIS.)**

376. HERMANT (P.-A.-Achille), à Paris, rue Legendre, 10. — Projet de reconstruction de la Mairie du 8e arrondissement. Diverses photographies d'édifices. **(PALAIS.)**

Voir Beaux-Arts et Exposition de la Ville de Paris. — Médaille d'or, Paris 1878.

377. HERMANT (R.-Jacques), à Paris, rue Legendre, 10.—Photographies de différentes œuvres exécutées. Ensembles et détails. (**PALAIS.**)

378. HERSENT (Hildevert-P.), à Paris, rue de Londres, 60.— Travaux exécutés au moyen de l'air comprimé. Pan et description du pont de Lisbonne. (**PALAIS.**)

Ingénieur civil, entrepreneur de travaux publics.
Plans, photographies, dessins et ouvrages sur les travaux publics. Fondations au moyen de l'air comprimé, pour ponts, écluses, quais, bassins de radoub, puits filtrants, etc. Dérochements sous-marins, au moyen de cloches automobiles, exécutés aux ports de Brest, Cherbourg, Lorient, etc. Dragages ordinaires et de roches. Débarquement par dragage ; transport par tubes, etc. Récompenses : Vienne, 1873, Médaille de progrès ; Paris, 1878, grand prix ; Anvers, 1885, Diplôme d'honneur. Chevalier de la Légion d'honneur ; Chevalier de la Couronne de fer d'Autriche ; Chevalier de l'Ordre de Léopold ; Commandeur de l'Ordre du Cambodge ; Commandeur de l'Ordre de Bolivar ; Commandeur de l'Ordre du Dragon de l'Annam.

379. HETTE (Alfred), Successeur de **Jacquot Frères,** à Paris, rue du Chemin-Vert, 35. — Ferme-portes. Pivots va-et-vient, et pivots simples, à bain d'huile. Ressorts à boudin. (**PALAIS.**)

Actuellement rue Sedaine, 31 et 33.   Mention honorable à l'Exposition universelle de 1878.

380. HONNARD (P.-Henri), à Paris, rue des Gravilliers, 69.—Clés pour portefeuilles, nécessaires, malles, sacs de voyage, meubles, bâtiments et tout ce qui concerne la clé. (**PALAIS.**)

Anneaux de styles divers en cuivre et en fer.
Paris 1878, Mention honorable.

381. HORNEZ (Désiré), à Soulac (Gironde). — Briques et terre cuite. (**PALAIS.**)

382. HUART (d') Frères, à Paris, rue Paradis, 42. — Revêtement céramique, décoration architecturale. (**PALAIS.**)

383. HUBERT (Casimir-M.-T.), à Vichy (Allier).— Presse à agglomérer pour la fabrication de pierres ou blocs artificiels par l'emploi des cendres et machefers, poussier de coke, graviers, etc. (**TROCADERO.**)

384. HUBLET (Eugène-L.), à Paris, boulevard de Belleville, 13. — Cuivres et cristaux pour le bâtiment. (**PALAIS.**)

385. HUGUET (George), à Paviers, par l'Ile-Bouchard (Indre-et-Loire). — Pierres à chaux, chaux, ciments, briques agglomérées. (**TROCADERO.**)

386. JACOB (Émile), à Navilly (Saône-et-Loire). — Produits céramiques pour le bâtiment. (**E. C.**) (**PARC.**)

387. JACOB Frères & Cie, à Pouilly-sur-Saône (Côte-d'Or). — Tuyaux et appareils sanitaires en grès vernissé. (**E. C.**) (**PARC.**)

388. JACOB Frères et Cie, à Pouilly-sur-Saône (Côte-d'Or). — Tuyaux et appareils sanitaires en grès vernissé. (**PARC.**)

389. JACQUIER (Francis & Aimé), à Caen (Calvados), rue Desmoueux. — Bloc de pierre de Quilly ; balustrade. (**QUAI.**)

390. JANDIN (Henry), à Lyon (Rhône), cours Morand, 22.—Dessins de matériel pour travaux publics, dragages, tunnels et dérochage sous-marins, fondations pneumatiques, travaux de ports, dévasement des barrages-réservoirs, etc. (**PALAIS.**)

Dragues et transporteurs divers, bateaux à clapets, à caisson plongeur, remorqueurs, excavateurs. Perforatrices, compresseurs d'air. Pompes, installations hydrauliques. Systèmes brevetés s. g. d. g. de dragues, refouleurs, transporteurs hydropneumatiques, tuyaux en fer à joints instantanés. Tuyaux métalliques flexibles à articulations extérieures. Couloir pneumatique éclusé pour couler le béton sous l'eau. Appareils de chasse et de dévasement pour barrages-réservoirs. (Système adopté par le Ministère de l'Agriculture). — Médaille d'argent, Barcelone 1888.

391. JAUSSERAN (Baptiste), à Paris, rue de la Chapelle, 9. — Serrures à gorges, avec ou sans timbre avertisseur, à crémone et verrous. Becs-de-cane avec ou sans timbre avertisseur. **(PALAIS.)**

392. JAVELLE (François-A.), à Damparis (Jura). — Marches et limons en pierre de Damparis pour les départs d'escaliers du palais des machines. **(PALAIS.)**

393. JAVON & RIVIÈRE, à Paris, rue Popincourt, 10. — Lucarnes, vases, épis, motifs plomb, balustrades. **(PALAIS.)**

394. JEAN (H.-L.), à Paris, rue Boulard, 36. — Croix mécanique pour la mise au point pour sculpteur. Compas à trois pointes articulées. **(PALAIS.)**

395. JEANDET (J.-M.) & Cie, à Paris, rue Roussin, 89. — Escaliers à balustres et divers travaux d'art. **(PALAIS.)**

396. JEANNIN (Jules-F.-D.), à Paris, rue de Grenelle, 64.—Modèle de chaire à prêcher et autre. **(PALAIS.)**

397. JOACHIM (Ernest), à Paris, rue Meynadier, 14. — Briques diverses.
(E. C.) (PARC.)

398. JOLIBOIS (P.-F.) & Cⁱᵉ, à Billancourt (Seine), route de Versailles, 137. — Rocher, rivière, réservoirs en fer et ciment. Pont rustique, aquarium, vases, corbeilles, bacs à fleurs. Dallage et mosaïque. **(ESPLANADE.)**

399. JOMAIN (J.-M.), à Paris, rue des Écluses-St-Martin, 12.—Persiennes en fer, fermetures de magasin, monte-plats et monte-charges. **(PALAIS.)**

400. JOURDAIN (Frantz), à Paris, rue de Clichy, 14. — Cadre renfermant des photographies de constructions diverses. **(PALAIS.)**

401. JOVENET (H.-D.), à Suresnes (Seine), boulevard de Versailles. — Briques ordinaires et émaillées. **(TROCADERO.)**

402. JULIEN (P.-Félix), à Paris, avenue Marceau, 55.—Façade et plan des nouveaux bâtiments de la Caisse des Dépôts et Consignations. **(PALAIS.)**

403. JULIOT (Ch.), à Paris, rue des Écoles, 22.—Ouvrages divers sur l'architecture. **(PALAIS.)**

404. JULLIENNE (F.-Armand-J.), à Brunoy (Seine-et-Oise). — Modèles d'escaliers en bois. **(PALAIS.)**

405. KAHENN (Freddy), à Paris, rue Clausel, 22. — Monument élevé à Miron Costin, historien Moldave, inauguré à Jassy (Roumanie). **(PALAIS.)**

406. KERBOL (Joseph), à Châteaubriant (Loire-Inférieure).—Barrage automatique en fer. **(TROCADERO.)**

407. KŒFFER & Cⁱᵉ (ancienne Société franco-suisse), à Paris, rue de Flandre, 55. Chalet et parquets mosaïques. **(PARC.)**

408. LABORDE (Achille), à Montpellier (Hérault), rue du Général-Réné, 4. — Modèle de machinerie théâtrale (construction bois). **(PALAIS.)**

409. LACAMPAGNE (Jean), à Fontainebleau (Seine-et-Marne), rue du Conventionnel-Geoffroy, 10. — Objets en ciment, puits, etc. **(QUAI.)**

410. LACHATRE (Ph.-Fénelon), à St-Yrieix (Haute-Vienne).—Blocs-briques ornementés pour ouvertures. Blocs-briques ornementés pour pilastres, bandeaux, frises et corniches. **(PALAIS.)**

411. LACHATRE (P.-Fénelon), à Saint-Yrieix (Haute-Vienne). — Produits céramiques pour le bâtiment. **(E. C.) (PARC.)**

412. LACOMBE (Adolphe,-A.), à Buenos-Ayres, calle Rivadavia, 1958. — Modèle de drague extractrice. **(PALAIS.)**

413. LACOTE (Étienne), à Paris, rue Boulard, 53. — Wagons solidaires pour conduites de fumée.   (TROCADÉRO)

Invention de M. E. Lacote, brevetée S. G. D. G.
Interruption de toutes communications de fumée d'un conduit de cheminée à un autre.

414. LACOUR (Gustave) & DECOUT-LACOUR (Eugène), à la Rochelle (Charente-Inférieure). — Trépan à vapeur pour dérochements, sonnette à pilotis à mouton automateur. Appareils de sondage.   (PALAIS & QUAI.)

415. LACROIX & Cie, à Paris, avenue de Choisy, 70. — Sapine articulée en madriers boulonnés.   (QUAI.)

416. LAFOLIE (J.-B.-Hyacinthe), à Morley (Meuse).— Pierres brutes et taillées provenant des carrières de Morley, dites : Liais de Lorraine.   (TROCADÉRO.)

417. LAFOREST (Ernest), à Paris, rue Meslay, 16. — Ferme-porte automatique, va-et-vient, roulette sphérique pour meubles, avertisseur détonant.   (PALAIS.)

Nouveau ferme-porte automatique à ressort et à air comprimé.
Va-et-vient pour portes à double action.
La paumelle régulatrice (permettant de régler les portes susceptibles de jeu).
Nouvelle gâche à empênage mobile.
Le vilebrequin de poche (permettant de percer d'une seule main).
Nouvelle roulette sphérique pour meubles (agissant en tous sens).
Avertisseurs à détonation.
Le verrou à percuteur à ressort et la bombe de poche à percuteur mobile.
Systèmes brevetés et marques déposées. Propriétés de la maison.

418. LAGO (Eugène), à Auch (Gers), rue Alin.—Chargeur économique n'exigeant pour moteur que le poids d'un ouvrier, pour charger et décharger des véhicules, des navires, etc., etc.   (PALAIS.)

Machine en bois, de construction facile, sans le concours d'un *ouvrier spécial*, grâce aux *instructions* publiées par l'inventeur dans une brochure *illustrée*, d'un prix *très modique*.

419. LAGOGUÉ Père & Fils, à Paris, rue du Chemin-Vert, 23. — Échantillons. Objets en plâtre.   (TROCADÉRO.)

Plâtre et albâtre pour artistes, mouleurs et stucateurs, plâtre spécial pour marbriers, tuileries mécaniques, fabriques de porcelaines et faïences, cristalleries et verreries ; pour plafonds en staff, ornements en carton pierre.
Ornements et moulures pour cadres, plafonds, etc.
Plâtre extra-fin à prise lente ou rapide pour appareil chirurgical et dentaire.

420. LAGUEYRIE Aîné & Fils, à Bordeaux (Gironde), rue du Hautoir, 71.— Thèse sur l'art de construire et de corriger les cheminées.   (PALAIS.)

421. LALIS (Léon), à Liancourt-Rantigny (Oise). — Tonneau pour arrosage des voies publiques et Ponts et Chaussées.   (ESPLANADE.)

422. LANDREAU (Ernest), au Bouscat (Gironde), chemin de Lamothe, 8. — Projet de château, application de la coupe des pierres à l'architecture.   (PALAIS.)

423. LANG (Léon), à Paris, avenue de La Bourdonnais, 9.—Photographies, dessins et plans de châteaux, villas, etc.   (PALAIS.)

424. LARCHER (Julien), à Louvigné-du-Désert (Ille-et-Vilaine). — Granit, portique de chapelle.   (QUAI.)

Médaille d'argent, Paris 1878.

425. LARMANJAT (Jean), à Paris, rue Lafayette, 69. — Presse pour la fabrication des carreaux mosaïques.   (PALAIS.)

Robinetterie nouvelle à siège libre sans fuites ni rodages. Outillage pour la fabrication des carreaux mosaïques, système J. Larmanjat, breveté S. G. D. G.
Médaille d'argent, Exposition universelle de Paris 1878.

426. LAROUSSE (J.-Edmond), à Paris, cité Germain-Pilon, 12. — Scène de théâtre machinée avec décors et installation d'eau en cas d'incendie.   (PALAIS.)

427. LAUREAU (J.-B.), à Paris, rue Royale, 20. — Coffres-forts réfractaires à fermetures incrochetables.   **(PALAIS.)**

428. LAUREILHE (L.-J.), à Paris, quai de Jemmapes, 196.— Modèles de charpente, menuiserie et serrurerie.   **(PALAIS.)**

429. LAURENT (Félix), à Domgermain (Meurthe-et-Moselle). — Presses niveau à bulle d'air monté sur tréteaux   **(PALAIS)**

430. LAVAUD (J.-P.), à Paris, rue Fontaine-Saint-Georges, 14. — Serrurerie d'art et d'horticulture.   **(PALAIS.)**

431. LAVENELLE (Raymond), à Paris, rue Saint-Charles, 185.—Charpente et escalier.   **(PALAIS.)**

432. LE BLANC (Jules), à Paris, rue du Rendez-Vous, 52. — Pompes à vapeur de grand débit et distributeurs pour liquides comprimés, tuyaux à rotule pour traverser les cours d'eau.   **(PALAIS.)**

   Médaille d'or aux Expositions : Paris 1878, Amsterdam 1883.

433. LEBLANC (A.) Fils & Cie, à Paris, rue Cail, 25. — Pierres de taille ouvragées. Cheminée d'après les dessins de M. Louis Parent, architecte.   **(PALAIS.)**

   Les pierres de Maximin (roche fine, demi-roche et banc royal) forment tout le corps de la cheminée ; celles de Conflans (banc royal) les sujets ; celles de la Jeunesse, les colonnettes et les pierres ouvragées.

434. LE BLANC, GEORGI & Cie, Usines métallurgiques de Marquise, (Pas-de-Calais), à Paris, rue du Rendez-Vous, 52. — Grands tubes d'écluses pour le canal de Panama, tuyaux, vannes, candélabres, bornes-fontaines.   **(ESPLANADE.)**

   Compteurs, articulations de gazomètres. Travaux, système Somzé.
   Voir à la galerie des Beaux-Arts et à celle des Arts Libéraux, les colonnes en fonte faites aux Usines de Marquise.
   Médailles d'or . Amsterdam 1883.

435. LE BRETON (Louis), à Orléans (Loiret), quai Neuf, 27.— Vannes à boulets (système L.-L. Le Breton) pour moulins, étangs, barrages, déversoirs, réservoirs avec vannes et appareils se vidant et remplissant automatiquement pour usines et water-closets, tuyaux, vannes à glissières.   **(QUAI.)**

   Médaille de bronze aux Expositions universelles de Paris 1878 et de Barcelone 1888.

436. LECLAIRE Père et Fils (Julien et Louis-F.), à Paris, quai de Marne, 28. — Plâtres, pierre à plâtre, chaux, ciments.   **(TROCADERO.)**

437. LE CŒUR, à Paris, rue de Humboldt, 23. — Dessins d'architecture.   **(PALAIS.)**

438. LE COUTEUR (Isaac), à Saint-Lô (Manche), rue du Château, 3. — Dessins d'architecture.   **(PALAIS.)**

439. LE DENMAT (Vve), à Mûr-de-Bretagne (Côtes-du-Nord). — Ardoises échantillonnées de toutes dimensions.   **(TROCADERO.)**

440. LÉGER Père et Fils, à Paris, boulevard Richard-Lenoir, 13. — Pierre de Lezinnes, dite de Tonnerre, pierre d'Anstrude blanche et roche jaune, dite Souillats.
                                                                                      (TROCADERO.)

   Blocs, dalles, carreaux pierre et marbre, pierres d'éviers, marches et semelles pour escaliers. Vasques pour jardins, pierres à chocolat et enfin tous travaux qui peuvent s'exécuter en pierre. Scieries hydrauliques à Fulvy et Argenteuil (Yonne). Siège social à Fulvy, près Ancy-le-Franc (Yonne).

441. LEGORGEU Ainé (A.) & Cie, à Vire (Calvados). — Granits sciés, taillés, sculptés et polis.   **(PALAIS.)**

442. LEGRAND (Alphonse), M. Duvivier, Successeur, à Paris, rue de Londres, 44. — Ciments Portland et autres poudres silicieuses et produits pour la céramique.   **(QUAI.)**

443. Le Matériel de l'entreprise, à Paris, rue de Richelieu, 62. — Matériel pour travaux publics.   **(ESPLANADE.)**

Ateliers (ancienne maison Camuzat), 57, boulevard Picpus, Paris. Systèmes brevetés pour : Voies portatives et démontables ; Traverses métalliques et accessoires ; Machine à relever la voie ; Bétonnière ; Wagon à ballast à caisse basculante et wagonnet ; Sabots de pieux.
Application de la bielle Bonicard.

444. LEMÉNIL (Émile), à Paris, rue de Logelbach, 7. — Plans, coupes et élévations de bâtiments à Paris, quartier de la Plaine Monceau.   **(PALAIS.)**

445. LENCAUCHEZ (Alexandre), à Paris, boulevard de Magenta, 156.— Dessins d'excavateur, de wagon, de grue locomobile et de plan incliné pour travaux publics. Spécimen de terre durcie par la baryte.   **(PARC.)**

446. LENOIR (L.), à Nantes (Loire-Inférieure), rue Contrescarpe, 11.— Plans et dessins d'édifices exécutés.   **(PALAIS.)**

447. LEPAGE (Ferdinand-J.), à Paris, rue des Moines, 89. — Pavillon en bois démontable de l'Union des Femmes de France.   **(ESPLANADE.)**

448. LEPASLIER Fils Ainé, à Cherbourg (Manche), rue du Champ-de-Mars, 19. — Matériaux de construction.   **(TROCADERO.)**

449. LEPERCHE (Paul-L.), à Courbevoie (Seine), boulevard Bineau, villa des Bruyères, 7. — Devantures et fermetures de boutiques. Ascenseur, monte-charges, monte-plats hydrauliques et à main. Persiennes fer et bois.   **(PALAIS.)**

450. LEPROVOT (Pierre), à Paris, rue Haxo, 85. — Imitation marbre et stuc. Colonnes, vases, socles, piédestaux.   **(TROCADERO.)**

451. LEQUEUX (Jacques), à Paris, rue du Cherche-Midi, 44. — Hôtel de M*** à Paris, plans, façades, détails, monument élevé au général Yusuf au cimetière d'Alger.   **(PALAIS.)**

452. LEROUX (Lucien-H.), à Châteaulin (Finistère). — Ardoises et schiste ardoisier.   **(TROCADERO.)**

453. LESQUIVIN (F.-Lucien.), à Paris, rue du Château-d'Eau, 27.— Tuiles-chaperons en fonte pour couverture de mur.   **(TROCADERO.)**

454. LETACQ (Ernest), à Paris, boulevard Serrurier, 147. — Rouleaux de chanvre bitumé pour toitures. Spécimen de couvertures.   **(PALAIS.) (TROCADERO.)**

455. LÉVÊQUE (Auguste), à Versailles, (Seine-et-Oise), rue de Magenta, 10.— Meulière artificielle pour revêtement sur brique, bois et pierre.   **(QUAI.)**

456. LÉVY (Maurice), à Paris, boulevard Saint-Germain, 258. — Modèle de barrage mobile établi sur la Seine et sur l'Yonne. Barrage à aiguille manœuvré mécaniquement, établi sur la Marne.   **(TROCADERO.)**

457. L'HERMITTE (B.), à Paris, boulevard Beaumarchais, 64. — Coffres-forts incombustibles blindés, serrures à clé inimitables, pênes à T. contre l'effraction, (système B. l'Hermitte) serrures de sûreté.   **(PALAIS.)**

Serrures de sûreté pour appartement (système breveté l'Hermitte. Portes en fer pour caveaux de sûreté. — Récompenses aux Expositions universelles de 1867, Paris 1878. Médaille d'argent ; nommé quatre fois membre du Jury aux Expositions.

458. LHEUREUX (Louis-E.), à Paris, rue Largillière, 4. — Dessins et photographies des magasins, des entrepôts de Bercy. Plans d'ensemble, façade coupe et plans, coupes transversales et longitudinales.   **(PALAIS.)**

459. LIVREL Père et Cie, à Elbeuf (Seine-Inférieure), rue Thiers, 6. — Briques blanches et rouges moulurées fabriquées à la machine Bertel et cuites au four Hoffmann.   **(TROCADERO.)**

460. LONGUEMARE (Vve L.), à Paris, rue du Buisson-Saint-Louis, 12. — Lampes et fers à souder pour plombiers.   **(PALAIS.)**

461. LORAIN (J.-B.-Paul), à Paris, rue d'Enghien, 24.— Plans de constructions
diverses. **(PALAIS.)**

462. LORCET (Alfred-E.-H.-A.),   à Argenteuil (Seine-et-Oise), boulevard
Héloïse, 42. — Balai articulé en caoutchouc. Canne Gabarit pour le mesurage des tas
de pierres cassées. Gabarit de poche pour pavés. **(PALAIS.)**

Balai articulé en caoutchouc. — Longueur 0^{m}60 ; pouvant être employé sur toutes chaussées ; travaillant par grandes poussées continues et produisant plus que les autres balais qui se
manœuvrent à petits coups ; pas de temps perdu, supprimant le retour du balai sur lui-même ;
nettoyage plus parfait ; pas de détériorations des chaussées, car le caoutchouc glisse et ne
pénètre pas ; économie sur la main-d'œuvre ; fatigue moins grande pour l'ouvrier.
Canne-gabarit pour le mesurage des tas de sable et de pierres cassées. — Calibre ordinaire
de 0^{m}50 au mètre courant, renfermé dans une canne, contenant une règle divisée en centimètres,
une équerre et les deux anneaux de cassage les plus usités de 0^{m}06 et 0^{m}07 de diamètre.
Gabarit de poche pour Pavés, se repliant et très portatif, mesurant deux dimensions à la
fois, et utilisable pour tous les échantillons.

463. LOUET (J.-B.-F. Casimir), à Issoudun (Indre). — Grilles, ponts, kiosques
en fer plein, profilés et demi rond creux. **(QUAI.)**

464. LOYER (Alph.), à Paris, rue de l'Échiquier, 42. — Serrure-chaîne.
(PALAIS.)

Serrure-chaîne de sûreté, brevetée en France et à l'étranger. — Serrure-chaîne de sûreté incrochetable et ineffractible, la seule chaîne reliant la porte avec le dormant sans laisser le
moindre espace, est mise et tendue étant sorti de chez soi, la même chaîne servant de chaîne de
sûreté ordinaire en laissant la porte entrebâillée. — Serrure-chaîne pour portes-cochères, navires, banques, appartements, armoires, caves, etc., ainsi que sur tous les systèmes de serrures
adoptés par tous les pays étrangers.

465. MABILLE (Isaac), à Limoges, (Haute-Vienne). — Carrelages mosaïques
imitation marbres, balustrades, colonnes, vases. **(TROCADERO.)**

466. MAHOUDEAU (A.-J.), à Blois, (Loir-et-Cher), rue Pierre-de-Blois, 5.—
Faïences artistiques de Blois. **(TROCADERO.)**

467. MALLET (E.-Louis), à Marseille (Bouches-du-Rhône), boulevard d'Accès,
(gare du Prado). — Matériel pour travaux publics. **(ESPLANADE.)**

Un wagon de terrassement de 2^{m}3 à bascule, caisse et truc en bois. Un wagonnet pour tunnel
de 0^{m}750 à bascule, caisse et truc en bois. Un wagonnet caisse et truc en fer de 0^{m}500 à bascule
sur voie portative. Un wagonnet tournant à bascule de 0^{m}500 (sur voie portative). Un wagonnet
plateforme de 0^{m}50 pour travaux d'enrochement. Un rouleau compresseur pour cylindrage des
routes. Un tombereau à bascule de 1^{m}500. Un baquet de 5 à 7 tonnes pour transport des blocs
et enrochements. Six brouettes de terrassement de divers types.

468. MALNEAU (Pierre-F.), à Paris, rue des Boulets, 45. — Serrures et verroux, serrures de sûreté et verroux, nouveau modèle. **(PALAIS.)**

469. MALO (Léon), à Pyrimont-Seyssel (Ain). — Fondation asphaltique pour
supprimer les vibrations des machines. **(PARC.)**

470. MANIER (André), à Oxford (Angleterre), Beaumont street, 15. — Mode
de transport sur rails des navires de tous tonnages. **(PARC.)**

471. MANSION (Charles), à Bougival (Seine-et-Oise). — Colliers-chaînes
d'échafaudages à serrage automatique. Châssis fer ouvrant à bascule et à soufflet.
(QUAI.)

472. Manufactures de l'État (Direction générale des), à Paris, au Ministère des
Finances. — Architecture industrielle de la Régie des Tabacs. Ensemble du pavillon
spécial de l'Exposition, charpentes métalliques. Plans en relief à l'échelle de 1/50 des
bâtiments d'une manufacture de tabacs en feuilles (Marmande) collection de plans.
(PARC.)

473. Manufactures des glaces et produits chimiques de Saint-Gobain, Chauny & Cirey, à Paris, rue Sainte-Cécile, 9. — Glaces brutes pour vitrages, revêtements. Dalles brutes. **(PALAIS.)**

Fondée en octobre 1665.

Produits exposés. — Glaces brutes de toutes dimensions pour vitrages et revêtements. — Dalles brutes unies de toutes épaisseurs. — Verres bruts minces unis et à reliefs, matés ou non, pour toitures et vitrages. — Dalles à reliefs pour planches et plafonds. — Pavés en verre. — Hublots. — Pièces moulées pour le bâtiment. — Tuiles en verre.

Récompenses aux Expositions Internationales :

Paris 1855, grande médaille d'honneur, médaille d'or, — 1867 médaille d'or, — 1878 rappel de médaille d'or, Hors concours (Jury). — Londres 1862, 2 médailles de bronze. — Vienne 1873, diplôme d'honneur. — Philadelphie 1876, diplôme d'honneur. — Melbourne 1880, médaille d'or. — Anvers 1885, diplôme d'honneur. — Barcelone 1888, médaille d'or.

474. MAQUENNEHEN (E.) & IMBERT, à Escarbotin (Somme). — Serrures. **(PALAIS.)**

Fabrique de Serrurerie pour le bâtiment, la marine et les chemins de fer.

Serrures et verrous de sûreté, incrochetables, à garnitures à gorges, à pompe.

Serrures pour appartement, portes-cochères, grilles, caves, etc., et voitures.

Cadenas, clés, loqueteaux, verrous, targettes, paumelles estampées. J. P. M.

Médailles : Expositions, Londres, 1862 ; Paris, 1855 ; argent, 1867 ; or, 1878.

475. MARCEAU (Henri), à Paris, rue de Vaugirard, 192. — Cheminée monumentale en pierre sculptée. **(PALAIS.)**

476. MARCEAU (J.) & BERTRAND (G.), à Paris, rue Yvon-Villarceau, 9. — Brouettes nouveau système. Semeuses et voitures. **(PALAIS.)**

477. MARCHAND (Joseph.-Ch.-C.), à Paris, rue Saint-Lazare, 100. — Plan de construction économique avec projet de statuts. **(PALAIS.)**

Plan pour cession de la propriété aux locataires après 25 ans d'occupation directe ou par ayants-droit. Les loyers seront remboursés moins les charges.

478. MARGUERITE-DELACHARLONNY (Paul), à Urcel (Aisne) — Chemins de fer économiques pour tous transports à voie démontable et wagonnets en bois. **(ESPLANADE.)**

479. MARLETTE-BANCE (Vve Ch.), Lavion, successeur, à Paris, rue Rébeval, 38. — Cadenas incrochetables et automobiles. **(PALAIS.)**

480. MARMET (H.-J.-Ferdinand), à Lons-le-Saulnier (Jura). — Éboueur à main pour le service des cantonniers. **ESPLANADE.)**

481. MARNEZ, à Paris, rue de Rennes, 161. — Projet d'Hôtel de ville. **(PALAIS.)**

482. MARTINET (Eugéne), à Paris, rue d'Alésia, 125. — Croisées. **(PALAIS.)**

483. MAS (S.-Fernand-B. de), à Auxerre (Yonne). — Barrage de Port-à-l'Anglais sur la Seine. **(TROCADERO.)**

1° Hausses de 4m45 du pertuis, système Chanoine, avec fermettes de 5m20 de hauteur ;

2° Hausses de la passe navigable de 3m55 ;

3° Fermettes de 2m80 du déversoir avec aiguilles à crochet ;

Exécutées sous la direction de MM. Boulé et Lavollée, ingénieurs des ponts-et-chaussées.

484. MASQUELIER (Valérie), à Saint-Maur-sur-Indre (Indre). — Chaux grasse pour agriculture et industrie. Pierres calcaires, chaux. **(TROCADERO.)**

485. MATHELIN & GARNIER, à Paris, rue Boursault, 26. — Appareils pour distribution d'eau, de gaz et de vapeur. Bronzes phosphoreux. Métal Roma. Tuyaux de chauffage. **(PALAIS.)**

Méd. d'or : Paris 1878. — Anvers 1885. — Dipl. d'hon. : Anvers 1885. — Bruxelles 1888.

486. MATHIEU (Charles-J.-B.), à Bruyéres (Vosges). — Four à chaux. **(PALAIS.)**

487. MATHON & Cie, à Cayeux-sur-Mer (Somme). — Serrurerie pour bâtiment. **(PALAIS.)**

488. MATRINGHEN (Paul), à Montreuil-sous-Bois (Seine). — Plâtres pour moulage. **(TROCADERO.)**

489. MAYER (Salomon), à Paris, rue de l'Université, 223. — Photographies de dessins d'une restauration d'un château exécutée en Pologne russe et appartenant à M. le Comte Sobanshie, à Varsovie. **(PALAIS.)**

490. MAYET (Auguste), à Asnières (Seine), Grande-Rue, 47. — Carreaux mosaïques : incrustation en ciment avec alliage, pâte siliceuse, dalles spéciales pour revêtements. **(TROCADERO.)**

Usine, 29, rue du Conseil. Carreaux Mosaïques. Incrustation en ciment avec alliage de pâte siliceuse vitrifiée. Dalles spéciales pour revêtement, carreaux, pavés quadrillés pour passages.

491. MAZELLET (Jean-J.), à Paris, rue Lafayette, 221. — Devantures, portes et croisées en fer, vérandahs, etc. **(PALAIS.)**

492. MAZOT et Cie, au Clos, par Thenon (Dordogne). — Pierre de taille dure **(QUAI.)**

493. MÉDARD (Jules), à Verdun (Meuse). — Briques, tuiles et tuyaux de drainage. **(TROCADERO.)**

494. MÉGY, ECHEVERRIA & BAZAN, à Paris, boulevard Haussmann, 72. — Grue et sonnette à vapeur. **(QUAI.)**

Appareils de levage sans retour des manivelles, avec frein automoteur et régulateur de vitesse automatique, syst. Mégy. Treuils à bras et à vapeur. Ascenseurs et monte-charges. Ponts roulants à bras, par câble, électriques. Grues fixes et roulantes. Embrayages sans chocs et limiteurs de force. Machines à vapeur à grande vitesse. Sonnettes à vapeur sans déclic pour battage des pieux. Treuils pour sacs à air. Outillage pour fondations à l'air comprimé. Eclairage électrique. Transport de force. Electrolyse. Electrométallurgie. Appareillage électrique.

495. MÉLINE (Edmond-J.-B.), à Paris, rue de Saint-Maur, 66. — Massif en ciment pour l'usine élévatoire d'eau de MM. de Quillac et Meunier. **(PARC.)**

496. MENANT (Paul), à Paris, rue Bichat, 52. — Tuiles mécaniques en tous métaux. **(TROCADERO.)**

Tuiles mécaniques, panneaux portatifs de couverture toute montée.
Chéneaux, gouttières, conduits, caniveaux, rigoles, bacs, auges, mangeoires et récipients divers en tous métaux, démontables, avec joints sans soudures ni rivures. Application à l'Exposition sur les Pavillons de l'Administration, du Ministère de la Guerre, du Paraguay, Belleville, Deutsch, des téléphones. Médaille d'argent à l'Exposition universelle d'Anvers, 1885.

497. MENETEAU (Pierre), à Paris, rue du Faubourg-Saint-Denis, 28. — Systèmes de ferme-portes et serrurerie d'art. **(PALAIS.)**

Breveté en France et à l'Étranger. — Ferme-portes automatiques, fermant hermétiquement les portes, sans choc et sans bruit, ressorts va-et-vient à hélice intérieure dits Bains d'huiles.

498. MERCERY (Félix), à Paris, boulevard Voltaire, 88. — Robinetterie. **(PALAIS.)**

499. MERCIER (Alfred), à Paris, avenue Philippe-Auguste, 7. — Jalousies à ruban métallique. **(PALAIS.)**

500. MESNARD (Jules-A.), à Paris, boulevard Saint-Michel, 74. — Caserne de sapeurs-pompiers. **(PALAIS.)**

501. MICHELET (Émile), à Paris, quai de Jemmapes, 180. — Décorations en zinc du dôme central du Palais de l'Exposition et de la Tour Eiffel. **(PALAIS.)**

Ornements en zinc, cuivre et plomb.
Têtes de lion, de lynx, guirlandes et écusson. — Médaille d'argent à l'Exposition universelle de 1878.

502. MICHELIN (André,-J.), à Paris, avenue de la République, 174. — Grille monumentale en fer forgé avec feuillages en tôle repoussée. Pilastres et guichets. **(PALAIS.)**

503. MICHELIN (Félix), à Paris, rue de Clichy, 21. — Dessin et détails d'une cheminée construite dans l'hôtel de M. Le Grix, à Lorient (Morbihan). **(PALAIS.)**

504. MILINAIRE Frères, à Paris, rue de la Goutte-d'Or, 16. — Petits modèles de constructions, grilles, serrurerie d'art, installation d'écuries et d'étables.

(PARC QUAI.)

Serrurerie d'art et de bâtiment, serres, vérandahs, marquises, grilles. Voir la grille, avenue de La Bourdonnais, 16, fermant une des entrées de l'Exposition et celles fermant les autres entrées. Charpentes économiques en fer et bois. Voir les annexes de l'agriculture (section étrangère), ainsi que les charpentes du Palais des produits alimentaires, quai d'Orsay, construit par MM. Milinaire, a l'entreprise générale. — Constructions économiques montables et démontables. Voir type de maison en face le Palais des produits alimentaires dans laquelle MM. Milinaire exposent de nombreux produits de leur fabrication. Installations complètes d'écuries de luxe, industrielles, de labeur et d'étable en fer ou fer et bois. Voir ces installations Porte-Rapp, près la direction des travaux de l'Exposition.
Récompenses : Paris 1878, deux médailles d'argent ; Barcelone 1888, médaille d'or.

505. MINARD (Bélonie), à Paris, avenue de Ségur, 71. — Dessin et modèle de charpente du Dôme de l'Institut. **(PALAIS.)**

506. Ministère du Commerce, de l'Industrie et des Colonies, Administration des Colonies. (Commissaire de l'Exposition coloniale, **Henrique**). — Palais Central des Colonies. **(ESPLANADE.)**

507. Ministère de l'Intérieur, Direction de l'Administration départementale et communale. Bureau de la construction et de la comptabilité des Chemins vicinaux. — Principaux ouvrages d'art construits de 1878 à 1889 ; dessins, photographies, albums et modèles. — Machines et instruments en usage dans le service vicinal : dessins et modèles. Atlas et cartes géographiques dressés par les agents-voyers. — Publications et mémoires relatifs aux travaux de la vicinalité. — Documents statistiques et administratifs. Tableaux de statistique graphique. **(PALAIS.)**

508. MINISTÈRE DES TRAVAUX PUBLICS (Exposition collective des services du). **(TROCADERO.)**

ROUTES ET PONTS.

MM. Bernard (Henri), ingénieur en chef ; Guiard, ingénieur ordinaire ; Lesierre, Simonet et Lavallez, conducteurs. — Pont d'Austerlitz sur la Seine (Seine).

MM. Bernard (Henri), ingénieur en chef ; Lax, ingénieur ordinaire ; Warest, Boucher et Joannès, conducteurs. — Pont au double sur la Seine (Seine).

MM. Chanson, Mengin et de Dartein, ingénieurs en chef ; Juncker et Cadart, ingénieurs ordinaires ; Porcher, conducteur. — Pont sur la Seine, à Rouen (Seine-Inférieure).

MM. Kerviler, ingénieur en chef ; Jean Résal, ingénieur ordinaire ; Fouget, conducteur. — Pont de Barbin sur l'Erdre, à Nantes, canal de Nantes à Brest (Loire-Inférieure).

MM. Thurninger et Potel, ingénieurs en chef ; Capuron, sous-ingénieur ; Giron, conducteur. — Pont suspendu de Tonnay-Charente sur la Charente, route Nationale n° 137 (Charente-Inférieure).

MM. Vidalot, ingénieur en chef ; Hivonnait et Le Cornec, ingénieurs ordinaires ; Bonhoure et Azéma, conducteurs. — Pont St-Michel sur la Garonne, à Toulouse (Haute-Garonne).

MM. Girardon, ingénieur en chef ; Tavernier (Henri), ingénieur ordinaire ; Amalric, Vial et Villefranche, conducteurs. — Ponts Morand et Lafayette sur le Rhône, à Lyon (Rhône).

MM. Ribaucour, ingénieur en chef. — Appareils servant à la taille des ponts biais.

NAVIGATION INTÉRIEURE.

MM. Bertin et Gruson, ingénieurs en chef ; Cêtre, ingénieur ordinaire ; Delachienne, Charton, Massin, conducteurs. — Ascenseur des Fontinettes sur le canal de Neuf-fossé (Nord).

MM. Guillemain et Rougeul, ingénieurs en chef ; Lavollée, ingénieur ordinaire ; Bertouche et Lambert, conducteurs. — Porte de l'écluse d'Ablon, sur la Haute-Seine.

Classe 63.   3

MM. Boulé, ingénieur en chef ; Nicou et Luneau, ingénieurs ordinaires ; Bosselet et Lemoine, conducteurs. — Barrage éclusé de Suresnes, sur la Seine.

MM. Boulé, ingénieur en chef ; Jozan, ingénieur ordinaire ; Moreau, conducteur. — Barrage de Marly, sur la Seine.

MM. De Lagrené et Boulé, ingénieurs en chef ; De Préaudeau, ingénieur ordinaire ; Moreau, conducteur. — Nouvelles écluses de Bougival, sur la Seine.

MM. De Lagrené et Caméré, ingénieurs en chef ; Clerc, ingénieur ordinaire. — Barrage éclusé de Poses, sur la Seine.

MM. De Lagrené et Caméré, ingénieurs en chef ; Cheysson et Garreta, ingénieurs ordinaires. — Barrage éclusé de Port-Villez, sur la Seine.

MM. Fontaine, ingénieur en chef ; Desmur, Résal, ingénieurs ordinaires ; Variot, sous-ingénieur ; Gibassier, conducteur. — Réservoir de Torcy-Neuf, pour l'alimentation du canal du Centre (Saône-et-Loire).

MM. Fontaine, ingénieur en chef ; Résal, ingénieur ordinaire ; Moraillon et Variot, sous-ingénieurs ; Gireau et Bonnard, conducteurs. — Ecluses à grande chute du canal du Centre, avec vannes cylindriques (Saône-et-Loire).

MM. Lévy (Maurice), ingénieur en chef ; Pavie, ingénieur ordinaire ; Elquinet et Vaudescal, conducteurs. — Halage funiculaire.

MM. Buffet, ingénieur en chef ; Lévy (Maurice), ingénieur ordinaire ; Clérin, conducteur. — Siphon du pont Morland.

MM. Frécot, Holtz, Bizalion et Thoux, ingénieurs en chef ; Collier et Adamistre, faisant fonctions d'ingénieurs ordinaires. — Amélioration du souterrain de Mauvages. Bief de partage du canal de la Marne-au-Rhin (toucurs sur chaîne noyée).

MM. Volmerange, Holtz, Poincaré, Bizalion et Thoux, ingénieurs en chef; Picard et Siegler, ingénieurs ordinaires ; Roth, faisant fonctions d'ingénieur ordinaire. — Usines alimentaires du canal de la Marne-au-Rhin et du canal de l'Est.

MM. De Mas, ingénieur en chef. — Pont oscillant sur l'Écluse des Dames (canal du Nivernais).

MM. Dellon et Lenthéric, ingénieurs en chef ; Guibal, ingénieur ordinaire ; Birot et Pierrot, conducteurs — Portes équilibrées du Lez, sur le canal du Rhône-à-Cette (Hérault).

MM. Boeswilwald, ingénieur en chef ; Guillou (du cadre auxiliaire) et Pigache, ingénieurs ordinaires ; Roche et Cantecor, conducteurs. — Fonçage des puits et emploi de l'air comprimé pour la construction du souterrain de Braye, canal de l'Oise-à-l'Aisne.

MM. Boulé, Caméré et Mengin-Lecreulx, ingénieurs en chef. — Navigation de la Seine, de Paris à la mer.

MM. Remise et Girardon, ingénieurs en chef. — Navigation de la Saône et du Rhône.

MM. Caméré, ingénieur en chef ; Clerc, ingénieur ordinaire. — Échelle à poissons du barrage de Port-Mort.

PORTS ET TRAVAUX MARITIMES

Port de Calais. — MM. Stœcklin, Plocq, Guillain et Vétillart, ingénieurs en chef ; Vétillart et Charguéraud, ingénieurs ordinaires ; Delabie, Delannoy, Th. Ravin, Lisse, Walle, Dominois, Ringot et Schneder, conducteurs.

Port de Boulogne. — MM. Stœcklin, Plocq, Guillain et Vétillart, ingénieurs en chef ; Barreau et Monmerqué, ingénieurs ordinaires ; Leroy, Court, L. Ravin, conducteurs.

Port de Dieppe. — MM. Bellot et Alexandre, ingénieurs en chef ; Gérardin et Colmet-Daage, ingénieurs ordinaires ; Foubert et Gossel, conducteurs.

Port du Havre, écluse Bellot. — MM. Bellot et Quinette de Rochemont, ingénieurs en chef ; Renaud, Ed. Widmer, Desprez, ingénieurs ordinaires ; Buignet, Jacquey, conducteurs.

Port du Havre, estacade métallique du brise-lames. — MM. Bellot, ingénieur en chef ; Quinette de Rochemont, Widmer, ingénieurs ordinaires ; Decolliveaux, conducteur.

Porte à un vantail de l'Écluse du canal de Tancarville. — MM. Bellot et Quinette de Rochemont, ingénieurs en chef ; Widmer, ingénieur ordinaire ; Soclet, conducteur.

Port de Rouen. — MM. Chanson, Lavoinne & Mengin, ingénieurs en chef ; Juncke et Cadart, ingénieurs ordinaires ; Porchez, conducteur.

Bassin de retenue des chasses de Honfleur. — MM. Leblanc et Boreux, ingénieurs en chef ; Ed. Widmer et L. Picard, ingénieurs ordinaires.

Pont roulant des écluses de Saint-Malo et Saint-Servan. — MM. Mengin, ingénieur en chef ; Robert, ingénieur ordinaire.

Port de Saint-Nazaire. — MM. De Carcaradec et Kerviler, ingénieurs en chef ; Kerviler et Préverez, ingénieurs ordinaires ; Labussière, Lauru, Le Gal, Troussey, Jouaud, Kermasson, conducteurs.

Canal maritime de la Basse-Loire avec l'écluse du Carnet. — MM. Bourdelles, Joly et Lefort, ingénieurs en chef ; Joly, Rigaux et Charron, ingénieurs ordinaires ; Pelletier, Bechtold, Paviot et Relier, conducteurs.

Vanne tournante du Chenal de la Perrotine (la Rochelle). — MM. de Beaucé, ingérieur en chef ; Drouet, ingénieur ordinaire ; Buso, conducteur.

Porte tournante du Chenal de la Perrotine, (la Rochelle, Charente-Inférieure). — MM. de Beaucé et Potel, Ingénieurs en chef ; Drouet, ingénieur ordinaire ; Buso, conducteur.

Porte d'écluse avec ses appareils hydrauliques de manœuvre, (Rochefort, Charente-Inférieure). — MM. de Beaucé et Potel, ingénieurs en chef ; Polony et Crahay de Franchimont, ingénieurs ordinaires ; Saignes, Terrieu, Laurent et Michel, conducteurs.

Appareils employés pour les grands blocs de fondation de la jetée, (la Pallice, Charente-Inférieure). — MM. de Beaucé et Potel, ingénieurs en chef ; Thurninger et Coustolle, ingénieurs ordinaires ; Gossevin, Maynard et Robin, conducteurs.

Port de Bordeaux. — M. Pasqueau, ingénieur en chef ; de Volontat, ingénieur ordinaire ; Kerbrat, Piton-Bressant et Chopis, conducteurs.

Travaux d'amélioration de la Garonne maritime et de la Gironde supérieure. — MM. Fargue et Pasqueau, ingénieurs en chef ; Boutan, Perrin, Crahay de Franchimont, ingénieurs ordinaires ; Elie, conducteur.

Travaux de défense de la côte de l'Aiguillon, — MM. Proszynski et Lasne, ingénieurs en chef ; Ribière, Berges, Charron, Don, ingénieurs ordinaires ; Cloitre et Gaudin, conducteurs.

Aménagement et outillage des nouveaux bassins de la gare maritime et du bassin national, cale de halage, à Marseille (Bouches-du-Rhône). — MM. Pascal, Bernard (Émile) et Guérard, ingénieurs en chef ; André, Bernard (Émile), Denamiel, Guérard, Delestrac, Robert, ingénieurs ordinaires ; Sébillotte, sous-ingénieur ; Guinaud et Baudin, conducteurs.

PHARES ET BALISES.

M. le Vice-Amiral **Martin,** Vice-Président de la Commission des Phares.

Feu supérieur d'Isigny (Calvados). — MM. Boreux, ingénieur en chef ; de Larminat, Bunau-Varilla et Godart, ingénieurs ordinaires.

Phare de la Vieille (Finistère). — MM. Fenoux et Considère, ingénieurs en chef ; de Miniac, ingénieur ordinaire ; Probestau, conducteur.

Phare des Grands-Cardinaux (Morbihan). — MM. de Froissy, ingénieur en chef ; Bourdelles, ingénieur ordinaire ; Gouezel, conducteur.

Phare du Grand-Charpentier (Loire-Inférieure). — MM. Kerviler, ingénieur en chef ; Préverez, ingénieur ordinaire ; Butat, conducteur.

Phare métallique de Port-Vendres (Pyrénées-Orientales). — MM. Bourdelles et Parlier, ingénieurs en chef ; Cutzach, faisant fonctions d'ingénieur ordinaire ; Fricero, conducteur.

Phare électrique de Planier (Bouches-du-Rhône). — MM. Bernard (Émile) et Guérard, ingénieurs en chef ; André, ingénieur ordinaire ; Sébillotte, faisant fonctions d'ingénieur ordinaire ; Lévens, Viollier et Séguran, conducteurs.

Appareil de 2m 66 de diamètre intérieur dit hyper radiant, destiné au cap d'Antifer. — M. Bourdelles, ingénieur en chef.

Amélioration des appareils employés dans les phares éclairés à l'huile minérale. — MM. Bourdelles, ingénieur en chef ; d'Ivanoff et Ciolina, conducteurs.

Phares électriques (Nouvelles installations). — MM. Bourdelles, ingénieur en chef ; Meurs, d'Ivanoff, Ciolina, conducteurs.

Signaux sonores associés aux phares électriques. — MM. Bourdelles et Vétillart, ingénieurs en chef ; Challiot et Chaudoye, ingénieurs de la marine.

Éclairage à la gazoline des tours balises et dangers isolés en mer. — M. Bourdelles, ingénieur en chef.

Tours balises en béton. — MM. de Froissy, ingénieur en chef ; Bourdelles, ingénieur ordinaire ; Boudvilain, conducteur.

CHEMINS DE FER.

Viaduc de Syam, sur la rivière d'Ain, ligne de Champagnole à Morez. — MM. Picquenot et Moron, ingénieurs en chef ; Favier, faisant fonction d'ingénieur ordinaire ; Bayard, conducteur.

Pont de Lavaur, chemin de fer de St-Sulpice à Castres (Tarn). — MM. Robaglia et Bauby, ingénieurs en chef ; Séjourné, ingénieur ordinaire ; Campet Borrel, conducteurs.

Pont-Antoinette, ligne de St-Sulpice, à Castres (Tarn). — MM. Robaglia et Bauby, ingénieurs en chef ; Séjourné, ingénieur ordinaire ; Anglade, conduc- teur.

Pont du Castelet, ligne de St-Sulpice à Castres (Tarn). — MM. Robaglia etBauby, ingénieurs en chef ; Dieulafoy et Séjourné, ingénieurs ordinaires ; Anglade, conducteur.

Viaduc de la Liane, ligne d'Amiens à Calais (chemin de fer du Nord). — MM. Boucher, ingénieur en chef ; Lefebvre, ingénieur ordinaire ; Contamin, ingénieur du matériel des voies de la Compagnie du Nord.

Pont-tournant de l'Écluse de St-Valéry-sur-Somme (chemin de fer du Nord). — MM. Boucher, ingénieur en chef ; Lefebvre, ingénieur ordinaire ; Contamin, ingénieur du matériel des voies de la Compagnie du Nord.

Principaux ouvrages de la ligne de St-Cloud à l'Étang-la-Ville (chemins de fer de l'Ouest. — MM. Cabarrus, de Villiers, du Terrage, ingénieurs en chef ; Luneau, ingénieur ordinaire.

Gare de Fougères, ligne de Mayenne à Fougères. — MM. de la Tournerie, Hétier et Rigaux, ingénieurs en chef ; Clavenad et Sentilhes, ingénieurs ordinaires ; Guilloird, Robin et Fouqué, conducteurs.

Pont de 57ᵐ,00 avec tablier en acier sur la Braye, ligne de Tours à Sargé (Loir-et-Cher). — MM. Viollet du Breil et Faure, ingénieurs en chef ; Heude et Humbert, ingénieurs ordinaires.

Viaduc du Blanc, chemin de fer de Civray au Blanc (Indre). — MM. Dupuy, ingénieur en chef ; Bleynie, ingénieur ordinaire.

Viaduc de la Tardes, ligne de Montluçon à Eygurande (Allier). — MM. Daigremont, ingénieur en chef ; Guillaume, sous-ingénieur ; Godard et Brun, conducteurs.

Viaduc de Garabit, ligne de Marvejols à Neussargues (Cantal). — MM. Bauby et Lefranc, ingénieurs en chef ; Boyer, ingénieur ordinaire ; Thibeaud et Vinay, conducteurs.

Viaduc de Crueizes, ligne de Marvejols à Neussargues (Cantal). — MM. Bauby, ingénieur en chef ; Boyer, ingénieur ordinaire ; Lamothe et Dubernard, conducteurs.

Viaduc de St-Laurent-d'Olt, de Mendeligne à Sévérac-le-Château (Aveyron). — MM. Robaglia et Pacull, ingénieurs en chef ; Strohl, ingénieur ordinaire ; Deltour, conducteur.

Pont sur l'Aude à Puicherie, (Aude), chemin de fer de Moux à Cannes. — Julien et Bouffet, ingénieurs en chef ; Cornac, ingénieur ordinaire.

Pont d'Oloron sur le gave d'Oloron chemin de fer de Pau à Oloron. — MM. Lemoyne, ingénieur en chef ; La Rivière, ingénieur ordinaire ; Caralp, conducteur.

Pont de Cubzac sur la Dordogne (Ligne de Cavignac à Bordeaux). — MM. Prompt, ingénieur en chef ; Maudon, Lagatu et Musseau, conducteurs.

Traversée de la Garonne à Marmande, ouvrages de la plaine submersible de la Garonne (Chemin de fer de Marmande à Casteljaloux). — MM. Faraguet, Chardard, Pugens et Pettit, ingénieurs en chef ; Séjourné, Guibert, ingénieurs ordinaires ; Bernadeau, sous-ingénieur ; Marchand, Lapeyrère, Machalski et Malou, conducteurs.

Pont de Céret Chemin de fer d'Elne à Arles-sur-Tech (Pyrénées-Orientales). — MM. Tastu et Parlier, ingénieurs en chef ; Velzy, faisant fonctions d'ingénieur ordinaire.

Viaduc sur la Saône à Collonges (Ligne de Collonges à Lyon-Saint-Clair chemin de fer P.-L.-M). — MM. Ruelle, directeur de la construction ; Geoffroy et Perret, ingénieurs en chef ; Albaret, sous-ingénieur ; Berton, ingénieur de la Compagnie ; Four, chef de section.

Chemin de fer d'intérêt général à voie étroite de Saint-Georges-de-Commiers à la Mure (Isère). — MM. de Tournadre et Courtois, ingénieurs en chef ; Rivoire-Vicat, ingénieur ordinaire ; Buissière, Gouy, Revol, conducteurs.

Consolidation de la tranchée de la Plante (Ligne de l'hôpital du Gros-Bois à Lods) MM. Chatel, ingénieur en chef ; Barrand, ingénieur ordinaire ; Chevennement, conducteur.

Viaduc de la Brême Ligne de l'hôpital du Gros-Bois à Lods (Doubs).— Chatel, ingénieur enchef ; Berquet, ingénieur ordinaire ; Chevennement, conducteur.

Souterrain du col de Cabre Chemin de fer de Crest à Aspres-les-Veynes (Hautes-Alpes). — MM. Berthet, ingenieur en chef ; Pesselon, ingénieur ordinaire.

Pont de la Gravona (Ligne d'Ajaccio à Corte). — MM. Gay, Dubois et Margerid, ingénieurs en chef ; Descubes et Fouan, ingénieurs ordinaires ; Ilari et Lavabre, conducteurs.

Matériaux et appareil de la voie et matériel roulant de la Compagnie du Midi. — MM. Blagé, directeur ; Glasser, ingénieur en chef.

Ligne de Firminy à Annonay. — MM. Delocre et Petit, ingénieurs en chef ; Michaud Pinat et René Tavernier, ingénieurs ordinaires.

Chemin de fer sous-marin entre la France et l'Angleterre. — MM. Léon Say, président ; Raoul Duval, A. Lavalley, administrateurs ; Pottier, de Lapparent, ingénieurs des mines ; Larousse, ingénieur hydrographe ; Breton, ingénieur.

Pont de Romorantin sur la Loire. — MM. Viollet du Breil et Faure, ingénieurs en chef ; Heude, Humbert, Mazoyer et Leroux, ingénieurs ordinaires.

Viaduc du Gour-Noir sur la Vézère. — MM. Daigremont, ingénieur en chef ; Draux, ingénieur ordinaire ; Laclôtre, conducteur.

509. MOHS (Louis), à Reims (Marne), rue de Clairmarais, 28. — Coffres-forts incombustibles. **(PALAIS.)**

510. MOISANT, LAURENT, SAVEY et Cie, à Paris, boulevard de Vaugirard, 20. — Dessins et photographies. Passerelle, au pont de l'Alma. **(PALAIS.) (QUAI.)**

Médaille d'or à l'Exposition universelle de 1878 et croix de Chevalier de la Légion d'honneur

511 MONDUIT Fils (P.), à Paris, rue Poncelet, 31. — Outillages et procédés du couvreur et du plombier. **(PALAIS.)**

Entrepreneur des monuments historiques, édifices diocésains, bâtiments civils, palais nationaux du Sénat et de la Chambre des députés. Principaux travaux : Hôtel de Ville de Paris ; Lion de Belfort, place Denfert-Rochereau ; Comptoir d'Escompte de Paris ; Nouvelle gare St-Lazare ; Hôtel Terminus. Cathédrales : Amiens, Langres, Laon, Moulins, Paris, Reims, Soissons, Toul et Troyes. Eglises : Chablis, Chambou, Marle, Poissy, Pruilly, Vailly, Scelles, Loir-et-Cher, St-Hilaire et Ste-Radegonde, de Poitiers, St-Benoist-sur-Loire, Ste-Catherine d'Honfleur ; Ste-Mémie, à Châlons-sur-Marne ; St-Nicolas, à Blois ; St-Remy et St-Martin, à Troyes ; Mont St-Michel ; Théâtre des Célestins, à Lyon ; Nouveau Palais de Justice de Bruxelles. Exp. un. 1889 : Palais beaux-arts et arts libéraux, etc, etc. Méd. Sydney, 1880 ; Diplômes d'hon. Amsterdam 1883, Anvers 1885. Chevalier de l'Ordre Léopold, 1886.

512. MONIER Fils (Joseph), plaine Saint-Denis (Seine), avenue de Paris, 126. — Bassins, réservoirs, planchers et divers travaux en ciment avec ossature en fer. **(QUAI.)**

513. MONNIER (Antoine), à Gap (Hautes-Alpes).— Briques, tuiles, tuyaux, etc. **(TROCADERO.)**

514. MONNIER (J.-Eugène), à Paris, rue des Vosges, 16. — Divers dessins d'architecture et modèles de constructions. **(PALAIS.)**

515. MORANE aîné (Paul-F.), à Paris, rue du Banquier, 10. — Presse hydraulique pour fabriquer les carreaux de ciment. **(PALAIS.)**

516. MOREAU (H.), à Châteauroux (Indre), rue de la Gare. — Spécimens de charpente. **(PALAIS.)**

517. MOREAU Frères, à Paris, rue de Château-Landon, 56. — Rampes. Balcons. Lanternes. Chenets. Pelles et pincettes. Ferrures fer et cuivre. Reproduction d'objets anciens. Dessins. Projets. **(PALAIS.)**

518. MOREL (Auguste), à Montreuil-sous-Bois (Seine), rue de Paris, 114. — Echantillons de plâtres pour les arts, l'industrie et l'agriculture ; plans de l'exploitation et de l'usine, outillage servant à l'exploitation. **(TROCADERO.)**

   Procédés d'exploitation d'une carrière à plâtre, de la fabrication des plâtres pour les arts, l'industrie et l'agriculture.
   Membre du jury à l'Exposition universelle d'Anvers. Rapporteur des classes 60, 61 (Génie civil).
   Médaille d'argent à l'Exposition universelle de 1878 , la plus haute récompense décernée.

519. MOREL (Charles), à Grenoble, (Isère). — Broyeur à boulets et à force centrifuge. Tamis conique. **(PALAIS.)**

520. MOREL (Claude), à Paris, rue de la Roquette, 19. — Bottes imperméables à l'usage des entrepreneurs de canalisation. **(PALAIS.)**

521. MORER (Sauveur), à Perpignan (Pyrénées-Orientales), rue André-Bosch, 1. — Appareils de ventilation de cheminées. **(TROCADERO.)**

522. MORIN (H.) & GENSSE, à Paris, rue Boursault, 3. — Tachéomètres, théodolites, niveaux. **(PALAIS.)**

523. MOURLON (Alfred), à Saint-Florentin (Yonne). — Tableau mosaïque, marbre, la Bastille avant 89. **(TROCADERO.)**

524. MOUTON (H.-E.), à Chartres (Eure-et-Loir), rue des Petits-Blés, 26. — Briques, tuiles et carreaux, poteries briques blanches. **(PALAIS.)**

525. MOUTON (Henri-E.), à Chartres (Eure-et-Loir). — Briques, tuiles et carreaux, poteries de bâtiment. **(E. C.) (PARC.)**

526. MULLER (Émile) & Cie, à Ivry-Port (Seine), rue Nationale, 6. — Tableau de ce qui est exposé en nature dans diverses autres classes. **(PALAIS.)**

527. MUNIER (les fils de Ch.), à Nancy (Meurthe-et-Moselle), rue Grégoire, 23. — Photographies et dessins de travaux exécutés au Palais des Beaux-Arts, gazomètre de 20,000 mètres cubes, etc. **(PALAIS.)**

528. MURAT (J.-Henri-J.), à Paris, boulevard Malesherbes, 66. — Châssis vitré avec système de tringle en zinc rejetant au dehors la buée du vitrage. **(PALAIS.)**

   Horizontales de châssis de toit, combles, courettes, marquises vérandahs, hangars. Ateliers d'artistes et de photographies, panoramas. Musées galeries, etc. Ce système de vitrerie consistant en une tringle en zinc adapté à chaque recouvrement de verre est celui appliqué sur les galeries des Expositions diverses, à l'Exposition de 1889, sur une superficie de 80,000 mètres, travaux de vitrerie dont cette maison a été déclarée concessionnaire.

529. MUZEY (François-Joseph), à Auxerre, (Yonne). — Rouleau compresseur à attelage tournant à double articulation. **(ESPLANADE.)**

530. NATHAN BLOCH & BREGER (C.), à Paris, rue de l'Entrepôt, 17. — Sabots de pieux. Boulons et ferrures pour mécaniques et travaux publics. **(PALAIS.)**

531. NÉNOT (Henri-Paul), à Paris, rue Saint-Jacques, 124. — Dessins de la nouvelle Sorbonne. **(PALAIS.)**

532. NEUT (L.) & Cie, à Paris, rue Claude-Vellefaux, 66. — Pompe centrifuge pour épuisements et travaux publics. Pompes émaillées pour liquides acides. Pompes de cale et de circulation pour navires. **(PALAIS.)**

533. NIGRON (Toussaint), à Chantilly (Oise), rue des Cascades, 31. — Travaux en ciment.   **(QUAI.)**

534. NIVET (J.-B.-Albin), à Marans (Charente-Inférieure). — Pierres et fossiles. Chaux et briquettes de chaux. Appareil d'essai des chaux et ciments à la traction.   **(TROCADERO.)**

535. NOTHOMB & Cie à Denain (Nord). — Criques et pierres blanches, ciments de fer.   **(PARC.)**

536. OUSTAU et Cie, à Aureilhan, près Tarbes (Hautes-Pyrénées). —Briques, tuiles, carreaux, produits réfractaires, poterie de bâtiment, Pièces d'ornements. tuyaux en grès.   **(PALAIS.)**

   Carreaux et pavés en grès cérame. Récompense : médaille d'argent, Paris, 1878.

537. OUSTAU & Cie, à Aureilhan, près Tarbes (Hautes-Pyrénées). — Briques, tuiles, carreaux, produits réfractaires, poteries de bâtiment. Pièces d'ornement, tuyaux en grès.   **(E. C.)** **(PARC.)**

538. PACCARD Jeune (Joseph), à Lyon, (Rhône), place Bellecour, 21. — Nouvelle fermeture en tôle d'acier ondulée, se manœuvrant de l'intérieur et sans bruit   **(QUAI.)**

539. PALAU (Laurent), à Paris, rue de Lancry, 12. — Anti-pince monseigneur, contre les effractions.   **(PALAIS.)**

540. PANARD (Anatole), à Paris, boulevard de l'Hôpital, 111. — Escalier.   **(PARC.)**

541. PAPIN (Joseph), à Paris, passage Tournus, 2. — Scie mobile à scier la pierre dure.   **(QUAI.)**

542. PAPINOT (Ernest-M.-A.), à Paris, rue du Faubourg-Saint-Denis, 141. — Entrepôts d'alcools, eaux-de-vie et vins à Charenton. Communs à Vulaines-sur-Seine, (Seine-et-Marne).   **(PALAIS.)**

543. PARIS (Charles), à Gy (Haute-Saône). — Pierre travaillée des carrières de « La Jeunesse » pour bâtiment, marbrerie, monuments funèbres.   **(TROCADERO.)**

544. PARIS Jeune (A.-.D), à Paris, boulevard Richard-Lenoir ,59. — Matériel pour travaux publics.   **(PALAIS.)**

545. PARIS (Service des voies publiques, promenades et plantations de la Ville de), à Paris. — Matériel employé et types de travaux.   **(PALAIS.)**

546. PARIS (Service vicinal de la Ville de), LÉVY (Théodore), Agent-Voyer en chef, à Paris. — Types de travaux. Reconstruction du pont de Courbevoie, ponts de la Grande-Jatte, de Suresnes, des Docks de Saint-Ouen.   **(PARC.)**

547. PARISE (Achille), à Paris, rue de Charonne, 100. — Serrures à gorges captives sans ressorts et coffres-forts incombustibles à serrures combinées. **(PALAIS.)**

548. PAUBLAN (J.-Édouard), à Paris, rue St-Honoré, 366. — Coffres-forts et serrures. Coffres-forts meubles.   **(PALAIS.)**

549. PAUMIER (Louis), à Paris, rue de Lyon, 10. — Crochets ou agrafes automatiques pour tuiles ou ardoises.   **(PALAIS.)**

550. PAUPY (B.) & Fils, à Paris, boulevard de la Gare, 65. — Carreaux pour cloisons de toutes espèces. Wagons et tuyaux pour cheminées. Hourdis pour plancher, etc.   **(TROCADERO.)**

   Breveté s. g. d. g. Grande fabrique de carreaux et tuyaux, maison fondée en 1859. Ancienne maison B. Paupy, rue du Charollais, 29. Innovateur et inventeur des carreaux de plâtre ferrugineux pour cloisons la plus ancienne et la plus importante Maison de son genre.

551. PAVIN DE LAFARGE (J. et A.), à Viviers (Ardèche). — Chaux hydraulique, ciment Portland, ciment blanc, matériaux artificiels, plan en relief de l'exploitation.   **(PALAIS & QUAI.)**

552. PELLETIER (Louis), à Paris, rue Bailly, 5. — Diamants pour couper le verre et la glace et outillage complet pour vitriers et miroitiers.   **(PALAIS.)**

Fournisseur de la Marine et des Chemins de fer français et étrangers.
5 Médailles, bronze, argent et vermeil, Paris 1878.

553. PELLETIER (Lucien), à Paris, rue de Chabrol, 69.—Dallages en carreaux de grès cérame.   **(TROCADERO.)**

Carrelages en grès cérame, unis et décorés, de tous genres et de tous styles, pour monuments publics, églises, théâtres, buffets de chemin de fer, restaurants, vestibules, magasins, cuisines et offices, réfectoires, hospices, lycées, laboratoires, lavabos.
Carreaux d'Auneuil et de Marseille. Mosaïque italienne. Pavages céramiques pour cours, passages de portes cochères, écuries, remises, terrasses, gares de chemins de fer. Revêtements en faïence unie et décorée, pour salles de bains, cuisines, offices, lavabos et réfectoires. Frises pour décoration de façades.

554. PELLOUX Père et Fils et Cie, Société des ciments Portland de Valbonnais, à Grenoble (Isère). — Applications diverses du ciment Portland.   **(TROCADERO.)**

555. PERGOD (Ernest), à Paris, rue de Lancry, 9. — Dessins d'architecture.   **(PALAIS.)**

556. PÉRIN Frères (A.-H.-E.), à Charleville (Ardennes). — Aqueducs, tuyaux, auges, mangeoires, abreuvoirs, revêtements de puits, couverture de mur en béton comprimé.   **(QUAI.)**

557. PERIN-GRADOS (Félix-L.), à Paris, boulevard Richard-Lenoir, 106. — Campanile, épis, crêtes.   **(PARC.)**

558. PERRIÈRE ainé (F.-L.), à Paris, avenue de Suffren, 44. — Hourdis et tuiles creux en terre cuite.   **(QUAI.)**

559. PERSIN, au domaine de Boulancourt (Haute-Marne). — Briqueterie belge et moulin à farine. Produits de l'agriculture de la briqueterie et du moulin. Plans par parcelles et plan général.   **(QUAI.)**

560. PERRUSSON Père et Fils & DESFONTAINES (Marius.) à la 9e Écluse, commune d'Écuisses (Saône-et-Loire). — Kiosque construit avec les produits des usines.   **(PARC.)**

Produits céramiques pour les constructions, usine principale à Écuisses ; succursale à Sancoins (Cher) et à Saint-Léger-sur-Dheune (Saône-et-Loire). Un kiosque construit avec les produits des usines et renfermant des spécimens de tous les genres fabriqués, tuiles et briques de tous modèles produits, réfractaires, tuyaux, poteries, etc. Carrelages de luxe en grès cérame et autres.
Exposition située sur le bord du bassin au pied de la Tour Eiffel.

561. PETIT (Émile), à Saint-Denis (Seine), route du Landy, 104. — Coffre-fort blindé.   **(PALAIS.)**

Médaille d'argent à l'Exposition universelle de Barcelone 1888.

562. PETIT (Jules-E.-T.), à Saint-Just-en-Chaussée, (Oise). — Plans et détails d'une construction économique pour habitation.   **(PALAIS.)**

563. PETIT (Victor), DUSSOURT & POIX, à Rambervillers, (Vosges). Tuyaux de grès. Tuiles mécaniques.   **(TROCADERO.)**

564. PETIT DIDIER LAMIDÉ, à Saint-Nicolas-du-Port (Meurthe-et-Moselle). — Système de couronnement de cheminées.   **(PALAIS.)**

565. PETITJEAN (Henri Chaudun, successeur), boulevard de Sébastopol, 131. — Coffres-forts, coffres-forts meubles, et coffrets muraux, tabernacles et troncs d'églises.   **(PALAIS.)**

566. PETITPRÊTRE Frères, à Stainville (Meuse). — Pierres blanches et tendres de Savonnières-en-Perthois (Meuse). Banc royal de sculpture. Fin blanc de sculpture, ordinaire pour constructions.   **(PALAIS.)**

567. PEZET, à Cahors (Lot). — Panneau en stuc.   **(PALAIS.)**

568. PHILIBERT (Justin), à Nice (Alpes-Maritimes), place Grimaldi, 1. — Les villas de Nice et du littoral méditerranéen, ouvrage d'architecture.   (**PALAIS.**)

569. PICARDIE (Exposition collective de la), Représentant **Gislon,** à Fréville (Somme). — Serrurerie et quincaillerie.   (**PALAIS.**)

BEAURAIN (A.), à St-Blémont. — Serrures et coffrets.

BEAUVAL & ACOULON, à Escarbottin. — Cuivrerie, combinaisons et pièces pour serrures de coffres-forts.

BIGNARD et Fils, à Béthencourt-sur-Mer. — Cadenas, serrures de malles, pupitres et auberonnières.

BONTEMPS, à Béthencourt-sur-Mer. — Serrure de devanture et cadenas à combinaison.

DELABIE-LABARRE, à Escarbottin. — Cuivrerie de bâtiment.

DERLOCHE-CANTERELLE, à Ault. — Serrures.

DUCASTEL & COUILLET, à Yzengremer. — Serrures et targettes.

GILSON & STACOFFE, à Fréville. — Fonte malléable et pièces de petite quincaillerie.

GOURDAIN Fils (C.), à Dargnies. — Clefs.

LEBARBIER, à Escarbottin. — Robinetterie et instruments de précision.

MATHON-CORON, à Béthencourt-sur-Mer. — Sécateurs et outils pour jardinage.

OPAIX-SIMON, à Bourseville. — Vis à métaux et décollage.

SINOQUET Fils (Eugène), à Dargnies. — Clefs de pendule.

TESSIER Frères, à Saint-Quentin-la-Motte, Croix-au-Bailli. — Serrures et articles pour la marine.

WINCKLER (A.) & Cie, à Escarbottin. — Limes et râpes.

570. PICQ (Henri-P.), à Paris, rue de la Chaussée-d'Antin, 58 bis. — Bâtiments en fer, Canal de Panama, bibliothèque Schœlcher, ateliers Briquet, pavillon du Chili, architecture, décoration.   (**PALAIS.**)

571. PIGNOT (Charles), à Cherbourg (Manche), chemin de la Montagne.—Pavés et mosaïques en grès quartzeux.   (**PALAIS.**)

572. PILLIVUYT-DUPUIS & Cie, à Paris, rue Paradis, 46. — Outillage, procédés et appareils à l'usage des plombiers. Plomberie sanitaire.   (**PALAIS.**)

573. PILLON (L.-M.), à Issy,(Seine), rue Naud, 6. — Jalousies à lames biseautées, guides pour maintenir la jalousie en tableau.   (**PALAIS.**)

574. PINCHERAT (Eugène), à Paris, quai de Jemmapes, 92.—Chaux hydraulique et chaux grasse.   (**QUAI.**)

575. PINGUELY (A.), à Paris, rue Bugeaud, 65. — Dessins et plans de machines diverses. Dragues, excavateurs, etc.   (**PALAIS.**)

576. POIRRIER (Sylvain), à Paris, boulevard de Vaugirard, 42. — Passerelles reliant les plates-formes entre les quais de Billy et de Passy.   (**PARC.**)

577. POITRINEAU (Victor-E.), à Paris, rue de Clichy, 58. — Chalet-mobile.   (**ESPLANADE.**)

Inventeur breveté, constructions mobiles démontables et fixes.

578. POMBLA (Albert-G-.J.), à Paris, avenue de Saint-Ouen, 68. — Hangars, charpentes à constructions économiques, bois et fer.   (**PALAIS.**)

579. PORNET (E.) & Cie, à Villequier, par Caudebec-en-Caux, (Seine-Inférieure). — Produits céramiques pour le bâtiment.   (**PARC.**)

580. PORNET (E.) & Cie, à Villequier, par Caudebec-en-Caux (Seine-Inférieure).— Produits céramiques pour le bâtiment.   (**E. C.**) (**PARC.**)

581. POUPARD Ainé (Zacharie-H.-G.), à Paris, rue du Cherche-Midi,
23. — Couverture, plomberie, water-closets, urinoirs, travaux d'assainissement,
toilettes, baignoires etc.   **(PALAIS.)**

> Anciennes Maisons réunies Renaudat-Poupard-Anquetil.
> Travaux d'art. Gaz. Eau chaude et froide.
> Travaux d'assainissement intérieur des habitations et des édifices publics.
> Drainage des eaux-vannes jusqu'à l'égout.
> Appareils de salubrité en grès fin et porcelaine française, à émail dur, water-closets, communs, ordinaires et riches. Latrines.
> Appareils de chasse. Vidoirs. Toilettes. Baignoires et hydrothérapie, etc.
> Récompenses :
> Médaille de bronze Paris, 1867.
> Médaille d'argent Anvers, 1885.

582. POURCHEIROUX (Antoine), à Paris, rue Spontini, 49. — Briques,
poteries, mitrons, etc.   **(TROCADERO.)**

583. POUSSY (Auguste), à Souppes (Seine-et-Marne). — Pierre extraite de la
carrière de Roziers, commune de Poligny, près Souppes.   **(QUAI.)**

584. POUYFERRIÉ (Théodore), à Tarbes (Hautes-Pyrénées), rue de
Gonnes, 4. — Ensemble d'escaliers pour théâtres, aboutissant près des portes de
sortie et assurant la descente et l'évacuation rapides.   **(PALAIS.)**

585. PRADELLE Frères (A.-Paul & J.), à Chomérac, (Ardèche). —
Fontaine monumentale, surmontée de monolithe. Plaques en marbre polies et grésées.
Blocs, pierres brutes et ébauchées.   **(PALAIS.)**

586. PROVEUX (Vve J.-Émilienne), à Paris, passage d'Angoulême, 22.
— Crémones et espagnolettes.   **(PALAIS.)**

587. PUCEY (Henri), à Paris, rue de Monceau, 76.—Dessin d'architecture. Étude
de charpente. Escalier du château de X.   **(PALAIS.)**

588. PUISEUX (André), à Trébillet, commune de Montanges (Ain). — Échantillon de dallage en asphalte.   **(QUAI.)**

589. QUESNEL Fils (Pascal-A.), à Meulan (Seine-et-Oise). — Pierres de
tailles calcaires dures de : Damply, Tessaucourt, Saillaucourt, pierres meulières de
Lainville.   **(QUAI.)**

590. QUILLOT Frères, à Frangey par Lezinnes, (Yonne). — Ciment Portland
artificiel.   **(TROCADERO.)**

> Usine fondée en 1868 et brevetée S. G. D. G. en 1871, pour sa fabrication par sa méthode
> dite par voie sèche. Chevalier de la Légion d'honneur ; Médaille d'or à l'Exposition Universelle de Paris 1878. Fournisseur de la Ville de Paris, des Ponts-et-Chaussées, du Génie militaire, de la Cie parisienne du gaz, des Cies de Chemins de fer.

591. RABOIN (Eugène), à Saint-Étienne (Loire), place Dorian, 6. — Flèche,
modèle de couverture en ardoise.   **(PALAIS.)**

592. RADOT (Émile), à Essonnes (Seine-et-Oise). — Tuiles, briques et poteries
pour le bâtiment.   **(E. C.) (PARC.)**

693. RAOULT (Jules), à Paris, boulevard Bonne-Nouvelle, 9. — Coffres-forts
serrurerie.   **(PALAIS.)**

594. RATY (Gustave) et Cie, à Saulnes, (Meurthe-et-Moselle). — Ciment des
laitiers de hauts fourneaux.   **(TROCADERO.)**

595. RAYNAUD (Joseph), à Toulouse (Haute-Garonne), rue de l'Industrie, 8.
— Treuils et ferrures pour tentes et store-banne.   **(PALAIS.)**

596. RAYNAUD (Vve), à Narbonne (Aude). — Carreaux mosaïques par
incrustation, carreaux en ciment comprimé.   **(TROCADERO.)**

597. RÉAL-MICHEL (Auguste), à Origny-en-Thiérache (Aisne). — Briques
et tuiles.   **(E. C.) (PARC.)**

598. REGAI(P.-V.-Lucien), à la Faucille (Ain). — Serrures et roulettes pour meubles.   **(PALAIS.).**

599. REGNARD Frères, à Paris, rue Bayen, 50. — Métaux découpés à la scie. Jalousies en fer, à ressort. Plans en reliefs. Modèles.   **(PALAIS.)**

600. REGNIER (Pierre), à Paris, rue du Champ-d'Asile, 37. — Escaliers en fer modèle de grue mobile, agrafe tendeuse pour cercles en fer, clef française pour tous écrous, serrure de sûreté incrochetable, serrure avec avertisseur détonant.   **(PALAIS.)**

Nouveau système d'escaliers en fer à T remplaçant la tôle. Serrurerie et ferronnerie d'art. Galeries de foyer en fer forgé au marteau. Lustres divers en fer forgé brut.

601. RENARD & FÉVRE, à Paris, rue Lafayette, 237. — Pierres brutes et sciées.   **(QUAI.)**

602. RENAULT (Alfred), à Paris, boulevard Arago, 31. — Petits hôtels construits à Paris 17 et 17 bis, rue de Coulmiers ; plans, coupes, façades, détails.
(PALAIS.)

603. REVOIL, (A.-H.) à Nîmes (Gard). Esplanade, 8. — Dessins d'architecture.
(PALAIS.)

604. REY (J.-M.-Eugène-J.), à Toulouse (Haute-Garonne), boulevard Montelos, 2. — Jalousies sans cordes.   **(PALAIS.)**

605. RIARD (Eugène), à Paris, rue de Poissy, 25. — Serrure de sûreté à têtière mobile.   **(PALAIS.)**

606. RIELLE Frères, à Saint-Dié (Vosges). — Menuiseries diverses. Parquets, chêne et sapin, mobilier scolaire. Baguettes dorées pour encadrements et tentures.
(PALAIS.)

607. RIMPAULT Jeune (Alph.), à Veaux, Commune de Lussac-les-Châteaux (Vienne). — Pierre des carrières de Lussac-les-Châteaux.   **(QUAI.)**

608. RINJARD-BOISSET (F. J. Edmond.), à Briare (Loiret). — Chaux hydraulique, ciment Portland, chaux grasse.   **(TROCADERO.)**

609. ROBERT (Théodore), à Paris, rue Mornay, 6. — Plan et modèle d'une charpente en bois.   **(PALAIS.)**

610. ROCLE (Armand), à Paris, rue de la Roquette, 170. — Monuments funéraires, marbre, granit et pierre pour travaux d'art, autels d'église, etc.   **(QUAI.)**

Armand Rocle, Successeur de son père, 14 et 16, rue Gerbier, rue de la Folie-Regnault, 35. Spécialité de granit scié et poli (poli inaltérable). Scierie, tour et polissoir mécaniques. Exposition universelle 1878, Mention honorable.

611. ROLLAND (Germain), à Cambous près Sauveterre-de-Fumel (Lot-et-Garonne). — Ciment à prise lente et ciment à prise prompte.   **(TROCADERO.)**

612. RONDELEUX (Paul) & Cie, à Paris, boulevard de Strasbourg, 35. — Produits céramiques, pierres de construction, dalles de schiste, spécimens de produits, accessoires.   **(TROCADERO.) (QUAI.)**
Mention honorable Exp. Univ. Paris 1867. — Médaille d'argent Exp. univ. Paris 1878.

613. RONDET (Maurice), à Paris, rue du Banquier, 25. — Voie et wagonnets.
(PALAIS.)

614. RONSSIN fils, à Meaux (Seine-et-Marne). — Tonneaux d'arrosage.
(ESPLANADE.)

615. ROSSIN (Henri-L.-G.), à Orange (Vaucluse). — Tuyaux en terre cuite à joints parallèles et flexibles en caoutchouc vulcanisé pouvant résister à cinq atmosphères, pour conduite d'eau forcée et de gaz.   **(PALAIS.)**

616. ROTH (C-.B.), à Paris, boulevard de Clichy. 4. — Treuil pour monter les matériaux. Treuil à engrenage.   **(PALAIS.)**

617. ROTHSCHILD (J.), à Paris, rue des Saints Pères, 13. — Publication sur les travaux publics en France et à l'étranger. **(PALAIS.)**

618. ROUART, Frères et Cie, à Paris, boulevard Voltaire, 137. — Télégraphe à air comprimé. **(PALAIS)**

619. ROUEN (la ville de), à l'Hôtel de ville à Rouen (Seine-Inférieure). — Plans concernant le service de la distribution générale des eaux (M. C. Gogeard, ingénieur-voyer, représentant la ville). Dessins de marchés construits par la ville : marché aux bestiaux, cinq châssis ; marché Saint-Marc, un châssis (M. J. Touzet, architecte, représentant la ville). **(PALAIS.)**

620. ROUGEAULT & Cie, à Sannois (Seine-et-Oise). — Briques et tuiles. **(E. C.) (PARC.)**

621. ROUILLARD (Léon) & LAPLACE (Charles), à Paris, rue des Épinettes, 30. — Crémones et serrurerie de luxe. **(PALAIS.)**

622. ROUSSEL (J.-L.), à Apremont-la-Forêt (Meuse). — Borne-entrave. Avertisseur de sûreté par la sonnerie inflexible, fixe, empêchant l'ouverture des portes et fenêtres. **(PALAIS.)**

623. ROUSSET (Edmond), à Paris, rue Rochechouart, 7. — Bulletin des travaux, organe officiel du syndicat des entrepreneurs, paraissant 3 fois par semaine. **(PALAIS.)**

624. ROUSSI (C.-George), à Paris, boulevard Voltaire, 47. — Caserne de Sapeurs-Pompiers, rue Chaligny et boulevard Diderot, (détails), voir à l'Exposition de la Ville de Paris. **(PALAIS.)**

625. ROYAUX Fils (Maison), à Leforest (Pas-de-Calais). — Tuiles et accessoires de couvertures. **(PARC.)**

626. ROYER Fils et FAITOUT, à Gagny (Seine-et-Oise). — Plâtres. Chaux. Pierres. **(TROCADERO.)**

627. SABOYE (Pierre), à Angles, par Mont-Louis (Pyrénées-Orientales). — Chasse-neige. **(ESPLANADE.)**

628. SAINTIER (Eugène), à Paris, rue Mayran, 7. — Projets divers et détails d'architecture. **(PALAIS.)**

629. SAINT-VIDAL (Françis de), à Paris, rue Martin-les-Ternes, 6. — Fontaine monumentale. **(PARC.)**

630. SAIVE (L.-Antoine), à Paris, rue Pelleport, 77. — Carrelage mosaïque. (Panneau). **(TROCADERO.)**

631. SANDROT (Joseph-P.), à Grenoble (Isère), boulevard de Bonne, 2. — Carreaux mosaïques incrustés, lithoïdes et polychromes. **(TROCADERO.)**

632. SATRE (Henri), à Lyon (Rhône), cours Rambaud, 8. — Plans et photographies. Appareils de dragage et de navigation fluviale et maritime. Modèles de dragues et porteurs. Machines diverses. **(PALAIS.)**

Anciens Établissements Louis Combe et Cie.

Henri Satre, ingénieur-constructeur. Ateliers de constructions mécaniques à Lyon. Chantiers de Constructions navales à Arles-sur-Rhône. Maison fondée en 1840.

Matériel de dragage de tous systèmes. — Dragues marines à hélice. — Dragues marines porteuses.

Dragues à longs couloirs. — Dragues à succion. — Excavateurs-transporteurs.
Bateaux-porteurs à vapeur. — Chalands à Clapets. — Appareils de débarquement.
Remorqueurs à hélice et à roues. — Steamers pour voyageurs.
Bateaux-pompes à grand débit. — Navires. Yachts. Steam-Launches.
Récompenses : Paris, 1878.

633. SAUTTER-LEMONNIER et Cie, à Paris, avenue de Suffren, 26. —
Dessins et photographies de phares.   **(PALAIS.)**
> Maison fondée en 1825. — Palais des Machines.
> Feux de port. Feux de passe. Signaux sonores, sirènes mues par l'air comprimé ou par la
> vapeur.
> Compresseurs d'air, système Colladon, pour l'ascension des liquides, le transport de la force,
> la perforation mécanique.
> Récompenses : 1878, Paris, 3 médailles d'or, 2 médailles d'argent.
> 1855, Anvers (Hors concours, Jury).

634. SAUVAGET (Alexis), à Lignières (Cher). — Dessin d'un pont vicinal.
                                                                (PALAIS.)

635. SAUVARD (Martin), à la Guerche (Cher). — Tuiles, briques, carreaux
                                                        (E. C.) (PARC.)

636. SAUVARD (Martin), à la Guerche (Cher). — Briques, tuiles, carreaux.
                                                                (PARC.)

637. SAVIGNAT (J.-M.), à Paris, impasse de la Tour-de-Vanves, 8.—Plate forme
mobile pour échafaudages.   **(QUAI.)**

638. SAZERAC (Henri.-P.-A.) et Cie, à Péruzet, près La Rochefoucault
(Charente). — Tuiles, briques, carreaux, accessoires du bâtiment, ornements en terre
cuite, produits réfractaires.   **(PARC.)**

639. SAZERAC (Henri), à Péruzet, près La Rochefoucauld (Charente). —
Tuiles, briques, carreaux, accessoires du bâtiment, ornements en terre cuite, produits
réfractaires.   **(E. C.) (PARC.)**

640. SCHLOSSER & MAILLARD, à Paris, rue de la Roquette, 39. —
Charnières, fiches et paumelles.   **(PALAIS.)**
> Récompenses : Médaille d'argent, Paris, 1855. — Médaille d'or, Paris, 1867-1878. — Fa-
> brique de charnières en fer et en cuivre. *Paumelles en acier*, brevetées S. G. D. G. dites de
> *Paris*. Paumelles en tôle roulée, dites Espagnoles, Fiches Chanteau. Fiches chanfreinées à
> broches tournées. Charnières pour tables et coulisses de lit. Fiches à dégonder, de vasistas.
> Paumelles à charnières. Paumelles pour persiennes en fer. Paumelles de grilles. Charnières gros
> nœuds à broche cuivre dites Havraises. Charnières pour cotes mobiles façon Nantes et façon
> Rouen. Articles spéciaux pour la République Argentine, l'Uruguay, le Brésil, le Chili et le Pérou.
> Charnières gros nœuds à broches tournées (pour portes). Charnières d'écrans (pour volets).
> Charnières ordinaires (pour armoires). Charnières à ailes de volet. Charnières pour portes-
> cochères. Charnières de verrous. Charnières roulées. *Fiches en fer à boules et bagues cuivre.*

641. SCHNEIDER et HERSENT, à Paris, rue de Londres, 60. — Plans et
modèle du pont sur la Manche.   **(PALAIS.)**

642. SCHROO, à Paris, rue des Acacias, 5.— Robinet vanne pour eau et gaz.
                                                                (PALAIS.)

643. SCHRYVER (I. de) et Cie, à Hautmont (Nord). — Partie métallique du
Théâtre des Folies-Parisiennes. Construction en acier, système Danly breveté. **(PARC.)**
> Pont démontable en acier, système de Schryver breveté (quai d'Orsay).
> Pavillon métallique de l'Exposition des Forges du Nord de la France (Jardins).
> *Classe 41.*
> Pièces de forge, roues, essieux, tôles embouties galvanisées (Palais).
> Exposition Universelle d'Anvers 1885, Diplôme d'honneur, classe 38.

644. SEGUIN-SAULNIER, à Bourbon-l'Archambault (Allier). — Nouveau
système de couverture diagonale en ardoises à crochet sur volige ou liteau.   **(PALAIS.)**

645. SEVIN (Salvator-A.-M.), à Paris, rue des Martyrs, 33. — Serrures de
sûreté.   **(PALAIS.)**

646. SIMON (Louis), à Paris, rue de Charonne, 3 — Quincaillerie de luxe et
ordinaire pour bâtiment, Serrures, Crémones, Espagnolettes, Paumelles, Boutons,
Verrous, Coulisseaux, Poignées, tous styles pour appartement.   **(PALAIS.)**
> Serrurerie et Cuivrerie de luxe et ordinaire pour Meubles.

647. SIMON (Th.), SOHET (L.), CAHN (A.), à Ligny-en-Barrois (Meuse).
— Pierre de taille des carrières de Jolibois et de Savonnières.   **(QUAI.)**

648. SIMONS et Cie, au Cateau (Nord). — Carreaux unis et incrustés en grès pour carrelages et revêtements. Mosaïques romaines en grès. **(TROCADERO.)**

Maison fondée en 1868. — Médaille à l'Exposition universelle de Philadelphie 1876. — Médaille d'argent à l'Exposition universelle de Paris 1878.

649. SINSON (A.) SAINT-ALBIN et Fils, à Paris, rue du Terrage, 11. — Appareils hydrauliques d'éclairage électrique. **(PALAIS.)**

650. Société anonyme de Commentry-Fourchambault, à Paris, place Vendôme, 16. — Modèles et dessins de travaux métalliques. **(PALAIS.)**

Houillères de Commentry et de Montvicq, Hauts Fourneaux, Forges, Aciéries, Fonderies et Ateliers de construction de Montluçon, Fourchambault, Imphy et la Pique.

Récompenses aux Expositions universelles de Paris : 1855, médaille d'argent; 2 médailles d'or et 2 d'argent; 1878 un Grand Prix, 4 Médailles d'or, 2 d'argent.

Voir autres expositions de la Société : même Groupe, cl. 48. Exploitation des mines de houille, et Groupe V, cl. 41. Spécimens des produits des divers établissements de la Société.

651. Société anonyme de Contes les Pins, Directeur : **Maubert,** à Nice (Alpes-Maritimes), rue Gubernatis, 1. — Chaux, ciments cuits, crus, blutés et non blutés. Mortiers, fragments de maçonnerie et briquettes d'essai. **(TROCADERO.)**

Maçonneries détachées d'ouvrages construits avec la chaux de la Société pour l'Administration des Ponts-et-Chaussées. Certificat à l'appui. Applications diverses du ciment de la Société dans diverses fabrications.

652. Société anonyme de la Grande Tuilerie mécanique de Plagny, à Plagny, près Nevers (Nièvre). — Produits céramiques de construction.

(E. C.) (PARC.)

653. Société anonyme de pavage en bois, à Paris, rue de Provence, 31. — Pavage en bois perfectionné et ses applications aux voies de tramways. **(PALAIS.)**

654. Société anonyme des Ateliers de Neuilly, Directeur **M. O. André** à Neuilly (Seine), rue de Sablonville, 9. — Procédés de construction, assemblages bois et fer. **(PALAIS.)**

655. Société anonyme des Carrières du Poitou, à Paris, avenue de Viliers, 10. — Echantillons de pierre de constructions des carrières du Poitou.

(TROCADERO.)

656. Société anonyme des Carrières de Saint-Raphaël, Directeur : **A. Cornez,** à Saint-Raphaël-Dramont. (Var). — Pavés taillés, blocs, pierres cassées en macadam, ballast, gravier. **(QUAI.)**

657. Société anonyme des chaux hydrauliques naturelles de l'Ouest, à Laigle (Orne). — Chaux hydraulique, ciments, briques. **(TROCADERO.)**

Usine et fourneaux réunis de Senonches (Eure-et-Loir), Laigle (Orne).

Chaux hydrauliques employées par l'Administration des Ponts-et-Chaussées, les Chemins de fer, le Génie militaire et le service des travaux maritimes. A. Rouzet, directeur, 3 Bd Bourdon, Paris.

Médailles or et argent, Paris 1855, 1867, 1878.

658. Société anonyme des Ciments et Chaux hydrauliques de Beffes. Administrateur: **M. Roger de Bouteyre,** à Beffes, par Jouet-sur-l'Aubois (Cher) Produits bruts et manufacturés. **(TROCADERO.)**

659. Société anonyme des Ciments français et des Portland de Boulogne-sur-Mer et de Desvres, Administrateur-Directeur, **M. Edm. Famchon,** à Boulogne-sur-Mer, (Pas-de-Calais). — Ciment Portland. **(TROCADERO.)**

Société au capital de vingt-deux millions. Récompenses : 1878 Paris, grand Prix, Croix de la Légion d'honneur, 1888 Barcelone ; hors concours, Croix d'Officier de la Légion d'honneur.

660. Société anonyme des Forges de la Franche-Comté, à Besançon (Doubs). — Modèles de charpentes métalliques et de ponts métalliques. Photographies et plans. **(PALAIS.)**

661. Société anonyme des Forges et Chantiers de la Méditerranée, à Paris, rue Vignon, 1. — Appareils d'épuisement des formes de radoub de la ville du Havre. **(PALAIS.)**

662. Société anonyme des Forges et Fonderies de Montataire, à Paris, rue Béranger, 21. — Ardoises métalliques. Tôles ondulées galvanisées. Fers et aciers en barres et en tôles.   (QUAI.)

663. Société anonyme des Granits de Normandie, à Paris, rue Moncey, 2 — Objets en granit ouvré.   (QUAI.)

664. Société anonyme des Marbreries et Ardoisières de Laruns et Gère-Bélesten (Vallée d'Ossau, Basses-Pyrénées), à Paris, rue Richer, 20. — Pavillon édifié avec les marbres tirés des carrières de la Société.   (PARC.)

Voir : Palais des Beaux-Arts (Groupe V. Classe 41) les blocs et produits ouvrés exposés par la Société.

665. Société anonyme des produits céramiques de Jeanmenil et Rambervillers, Administrateur : **M. Jacquot**, à Rambervillers (Vosges). — Tuyaux et appareils sanitaires.   (TROCADERO.)

666. Société centrale des Architectes français, à Paris, boulevard St-Germain, 268. — Dessins d'architecture.   (PALAIS.)

667. Société centrale des Briqueteries de Vaugirard, à Paris, rue Croix-Nivert, 127. — Briques et produits en terre cuite pour le bâtiment. (TROCADERO.)

668. Société civile de Paris-Port-de-Mer. Président : **M. l'Amiral Thomasset**, à Paris, rue de la Sourdière, 20. — Plan, profil et plan en relief de la Seine approfondie entre Paris et Rouen.   (PALAIS.)

669. Société civile d'instruction du Bâtiment, à Paris, rue Monge, 12. — Epures et modèles exécutés par les élèves.   (PALAIS.)

L. George, architecte, membre de la société centrale des architectes, professeur. Cours rue Monge, 12, à Paris.

670. Société Decauville Aîné, à Petit-Bourg (Seine-et-Oise). — Voies et wagonnets pour entreprises de travaux publics.   (ESPLANADE.)

671. Société de Construction des Batignolles, précédemment **Ernest Gouin & Cie**, à Paris, avenue de Clichy, 176. — Treuil d'appontement à 4 vitesses. Modèle du port de Tunis. Modèle de pont métallique. Dessins et albums.   (PALAIS.)

672. Société de Constructions économiques, à Paris, rue Michel-Bizot, 127. — Construction du Palais des Enfants au Champ-de-Mars.   (PARC.)

673. Société de Travaux publics et de Construction, à Paris, rue Louis-le-Grand, 15. — Modèle de pont-écluse.   (PALAIS.)

674. Société de l'Union des Quincailliers du Bâtiment, à Paris, place des Vosges, 9. — Serrures et quincaillerie.   (PALAIS.)

675. Société des Ardoisières de Baccara, à Fumay (Ardennes), à Paris, cité d'Antin, 4. Ardoises et produits ardoisiers.   (TROCADERO.)

676. Société des Ardoisières de Boischevaux (La), à Monthermé (Ardennes). — Ardoises sous toutes ses formes.   (TROCADERO.)

677. Société des briques et pierres blanches, ciments de fer Nothomb et Cie, à Denain (Nord). — Briques et pierres blanches, ciments de fer.   (PARC.)

678. Société des Charpentiers du Devoir et de Liberté, Président : **Jacquignon Joseph**, à Lyon (Rhône), rue Mazenod, 97. — Charpente d'art.   (PALAIS.)

679. Société des Chaux hydrauliques, Gérant : **Bijard**, à Marseille-lez-Aubigny, par Jouet (Cher). — Chaux hydraulique en poudre. Calcaire, incuits, sur-cuits, grappiers, briquettes.   (TROCADERO.)

Produits venant de nos carrières et provenant de notre fabrication : chaux hydraulique en poudre acceptée à la série de la ville de Paris

680. Société des Chaux hydrauliques et Ciments de l'Aube, à Troyes
(Aube). — Chaux-Ciment, blocs de mortier.   **(TROCADERO.)**

681. Société des Ciments d'Allas, à Paris, boulevard Richard-Lenoir, 106.
— Ciments et leurs applications.   **(TROCADERO.)**

682. Société des Compagnons Charpentiers de Paris, à Paris, rue
Mabillon, 10. — Charpente d'art, école pratique du trait.   **(PALAIS.)**

**683. Société des Compagnons, passant Charpentiers du Devoir
de la Ville de Paris (La),** à Paris, rue d'Allemagne, 161. — Charpente d'art.
                                                                   (PALAIS.)

684. Société des Ingénieurs civils, (Président : **G. Eiffel),** à Paris, cité
Rougemont, 10. — Publications et dessins relatifs au génie civil. **(PALAIS.)**

685. Société des Ouvriers Charpentiers de la Villette, (Directeur :
L. Favaron), à Paris, rue Saint-Blaise, 49. — Charpente du bâtiment du Cercle
de la Presse, des Postes et Télégraphes.   **(PARC.)**

686. Société des Platrières du Sud-Est, à St-Jean-de-Maurienne, (Savoie).
— Plâtres alunés, gypses, etc.   **(TROCADERO.)**

687. Société des Ponts et Travaux en Fer (anciens établissements
H. Joret), à Paris, rue Taitbout, 80. — Modèles et dessins de travaux publics.
                                                                   (PALAIS.)

> Modèle à 1/40 du viaduc des Chenacha sur la ligne de Ménerville, à Tizi-Ouzou (Algérie),
> cintres en fer et procédés de montage.
> Installation des grands chantiers de terrassement du canal de Corinthe.
> Profils et ouvrages d'art des chemins de fer de Beni-Amran à Dra-el-Mizan et de Méner-
> ville à Tizi-Ouzou (Algérie), et de Saïgon à Mytho (Cochinchine). Dessins de grands ponts et
> viaducs, halles, marchés métalliques, pont sur le canal de Corinthe (Grèce), viaduc de Marly-
> le-Roi, réfection du viaduc de Castejon sur l'Ebre (Espagne), marché de Moulins, caissons de
> fondation du bassin de radoub de Saïgon, dômes des palais des Beaux-Arts et des Arts Libé-
> raux à l'Exposition universelle de 1889.
> Deux Médailles d'or à l'Exposition universelle de 1878.

688. Société des Produits Céramiques et Réfractaires, à Boulogne-
sur-Mer (Pas-de-Calais). — Produits réfractaires, pavés en grés artificiel, carreaux
céramiques.   **(TROCADERO.)**

> Tuyaux en grès vernissé et poteries pour le bâtiment.

689. Société des Usines de Lavazières, à Albi (Tarn). — Chaux hydraulique, ciments, travaux en ciment.   **(TROCADERO.)**

690. Société française de Matériel agricole de Vierzon (Cher),
à Paris, rue de Dunkerque, 5. — Machine à broyer et casser les pierres, avec trieur-
classeur.   **(ESPLANADE.)**

691. Société générale des Forges et Ateliers, à Saint-Denis (Seine). —
Constructions métalliques diverses.   **(PALAIS.)**

**692. Société l'Espérance, Syndicat des ouvriers carriers du
Poitou,** à Chauvigny (Vienne). — Pierres du Poitou, des carrières de Chauvigny.
                                                       (QUAI.) (TROCADERO.)

693. SOHIER (E.-George), à Paris, rue Lafayette, 121. — Grilles d'entrée de
la porte du quai d'Orsay.   **(PALAIS.)**

694. SOLLIER (Eugène) & Cie, à Neufchâtel, près Boulogne-sur-Mer (Pas-
de-Calais). — Ciments.   **(PARC.)**

695. SORG (H.-Henri), à Paris, avenue Richerand, 14. — Serrures de sûreté
pour appartements et pour wagons.   **(PALAIS.)**

696. SORGUE (Philippe), à Paris, passage Corbeau, 9. — Tubes, tuyaux et
garnitures à extérieur métallique flexible pour hautes pressions. **(PALAIS.)**

> Breveté S. G. D. G., en France et à l'Étranger.

697. SOTY (F.-Étienne), à Paris, rue de Douai, 13. — Distilleries de M. Delizy à Pantin et de M. Mouchotte à Saint-Mandé. Restauration du Pavillon de Hanovre. Escalier en bois, hôtel de M. Godillot. **(PALAIS.)**

698. STRACTMAN (Charles), à Belfort (Territoire de Belfort). — Dessin d'une drague avec laveur. **(PALAIS.)**

699. SUC (Arsène), à Paris, rue Bichat, 50. — Monte-charges, ascenseurs, grues, treuils, chemins de fer, roue sans essieu, crapaud roulant pour gros fardeaux, bascules. **(PALAIS.)**

700. SUDROT (Joseph-D.), ancienne Maison **Sudrot et Périer**, à Paris, rue Lafayette, 189. — Albums de photographies de constructions. **(PALAIS.)**

    1885, Délégué par M. le Ministre du Commerce à l'Exposition d'Anvers ; médaille de bronze d'argent comme exposant.
    1888, Membre du Comité d'installation, Classe 63, à l'Exposition de 1889.
    — Président de Groupe au Jury des récompenses, Exposition de Barcelone.
    — Diplôme hors concours. — Chevalier de la Légion d'honneur.

701. TAILLANDIER (Marc-A.), à Paris, rue de la Charbonnière, 38. — Armature de puits en fer forgé, style gothique. **(PALAIS.**

702. TAINDILLIER (L.), à Paris, rue Laugier, 61. — Travaux de plomberie, chauffage de bains. **(PALAIS.)**

703. TATÉ (Émile) et Cie, à Charenton (Seine), rue Jean-Pigeon, 10. — Ciment anglais (plâtre aluné) et applications. **(TROCADERO.)**

704. TAUSIN (Henri), à Saint-Quentin (Aisne). — Carreaux mosaïques en ciment comprimé. **(PARC.)**

705. TAUSIN (Henri), à Saint-Quentin (Aisne). — Carreaux mosaïques, en ciment comprimé. **(E. C.) (PARC.)**

706. TESSIER (Alfred), à Beaupréau (Maine-et-Loire). —Dessins d'architecture. **(PALAIS.)**

707. TESSIER (J.-George-E.), à Grenoble (Isère), boulevard de Bonne, 9. — Tableau représentant les figures d'une brochure intitulée « L'air comprimé appliqué à la fondation d'un pont. » **(PALAIS.)**

708. TESTET (François), à Paris, rue de Tocqueville, 124. — Applications de ciments moulés à diverses constructions dans l'enceinte de l'Exposition. **(PALAIS.)**

709. THIBAUD (Joseph), à Grenoble (Isère), rue Lesdiguières, 30. — Modèle de charpente. **(PALAIS.)**

710. THOMÉ, ARMANET & Cie (Grande Tuilerie du Rhône), à Sainte-Foy-l'Argentière (Rhône). — Toitures industrielles en tuiles de montagne. **(TROCADERO.**

711. THORRAND et Cie, à Voreppe, près Grenoble (Isère). — Ciment et ses diverses applications. **(TROCADERO.)**

712. THURIAULT (J.-B.), à Fourchambault (Nièvre). — Outils de tailleurs de pierre. **(PALAIS.)**

713. TISON (François-J.), à Lille (Nord), rue Colbert, 77. — Tuiles à emboîtement à surface extérieure complètement plane. **(TROCADERO.)**

714. TOPART (Alphonse), à Paris, avenue de la République, 8. — Fournitures pour travaux et administrations, bottes pour curage d'égouts, d'étangs, de rivières, etc. **(PALAIS.)**

715. TORT (Pierre), à Guérigny (Nièvre). — Ciments et chaux hydrauliques, calcaires, pilastres colonnes et balustres décoratifs en chaux et et en ciments, briquettes d'essais. **(TROCADERO.)**

    Classe 63.   4

716. TOURNIER (Joseph), à Poissy (Seine-et-Oise), boulevard Naud. — Parquets, système Tournier, sur lambourdes et bitume, parquets mosaïques non plaqués. **(PALAIS.)**

717. TRANCHART-RIFFART & Cie, à Rimogne (Ardennes). — Pièces en fonte brute et émaillée pour le bâtiment. **(PALAIS.)**

718. TRIPIER (C.-Antoine), à Venarey-les-Laumes (Côte-d'Or). — Ciments de Bourgogne, applicables aux travaux publics, à l'agriculture et aux arts décoratifs. **(TROCADERO.)**

719. TROLLIET-POCHET, à Chazey (Ain). — Ciments à prise lente et chaux hydrauliques. **(TROCADERO.)**

720. UNION CERAMIQUE ET CHAUFOURNIERE de France (Exposition collective de l'). — Produits céramiques. **(PARC.)**

BONNEFILLE (F.).
BOULET (A.) & BOULANGER.
BROSSER (Ch.).
CANCALON (F.).
COLLIN-MULLER.
COMPAGNIE DES CIMENTS & CHAUX DU BASSIN D'ARGENTEUIL.
DENIS (V.).
DESCHAMPS & FAUH (G.).
DUFÉTEL (E.).

GENAIRON & CHAMONARD.
GRANDE TUILERIE MÉCANIQUE DE NORMANDIE.
JACOB (E.).
JACOB Frères & Cie.
JOACHIM (E.).
LACHATRE (F.).
MOUTON (H.).
OUSTAL & Cie.
PORNET (E.) & Cie.
RADOTÉ (E.).

REAL MICHEL (A.).
ROUGEAULT & Cie.
SAUVARD (M.).
SAZERAC (H.) & Cie.
SOCIÉTÉ ANONYME DE LA GRANDE TUILERIE MÉCANIQUE DE PLAGNY.
SOLLIER (E.) & Cie.
TAUSIN (H.).

721. UNION DU BATIMENT (Exposition collective de l'). — A. Decroix, président. — A Paris, rue de Lyon, 45. — Spécimens de travaux de toutes natures pour le bâtiment. **(PALAIS.)**

BARDIN, à Courbevoie, rue d'Essling, 10. — Modèle de mécanique.

BARRIER, à Paris, avenue Daumesnil, 255. — Tapisseries et sièges.

BASSON et Cie, à Paris, rue du Faubourg-St-Denis, 99. — Enseignes et stores.

BERTIN, FOUCHER et Cie, à Paris, rue Etienne-Marcel, 12. — Emaux pour bâtiments

CARLIER, à Paris, boulevard Voltaire, 234. — Menuiserie artistique.

CODONI, à Paris, avenue Parmentier, 62. — Miroiterie, encadrements.

COUVERT (CHAMBRETTE, administrateur), à Paris, rue du Maroc, 26. — Chaux du Seilley

DECROIX, à Paris, rue de Lyon, 45. — Plans et façades.

DEJEAN, à Saint-Mandé, rue de Bérulle, 8. — Installation modèle de salle de bains.

DENIAU, à Billancourt, rue Thiers, 57. — Ouvrages en ciment.

DUNON, à Paris, rue du Faubourg-St-Denis, 33. — Kiosque en fer et zinc.

FILLIATRE, à Paris, avenue Daumesnil, 74. — Ciments de la Porte de France.

FLAMANT, à Saint-Mandé, rue Allart, 6. — Plans de constructions de divers styles.

GRAY, à Paris, boulevard de Magenta, 35. — Peintures préparées (l'albastine et la prismatique).

HARTMANN, à Paris, rue de Turbigo, 69. — Tapisseries et sièges.

JOUGIER, à Estissac (Aube), (DUBUISSON, représentant à Paris, rue de Babylone, 60. — Papier chimique pour la salubrité.

KAHN DE CHAUMESNIL (représentant de YVONNET), à Paris, boulevard Richard-Lenoir, 20. — Bronzes d'art.

LATOUR, à Paris, rue Chapon, 23. — Escaliers artistiques.

LENOIR, à Paris, rue de Fourcy, 7. — Grille en fer forgé.

LEROUX et MICHOU, à Paris, rue Oberkampf, 72. — Appareils à gaz.

LEYRAT, à Ivry-Port, rue Coutant, 6. — Intérieur de cheminée monolithe.

MARATORI, à Paris, rue Oberkampf, 84. — Ferblanterie de bâtiments.

MAYER, à Paris, avenue Parmentier, 51. — Photographies et vues de monuments.

MÉNETEAU, à Paris, rue du Faubourg-St-Denis, 28. — Ferme-portes à ressorts.

Noël Chadapoux, à Paris, rue des Vinaigriers, 15. — Appareils sanitaires.

Paupy, à Paris, boulevard de la Gare, 67. — Carreaux de plâtre et poteries.

Pérégo, à Paris, rue des Sablons, 2. — Ouvrages en ciments.

Praeger et Fils, à Paris, rue de Turenne, 35. — Peintures et décors, attributs.

Rouget, à Paris, rue des Juifs, 18. — Menuiserie artistique.

Taindillier, à Paris, rue Laugier, 61. — Couverture et plomberie d'art.

Thomassin, à Paris, rue du Faubourg-St-Antoine, 99. — Ameublements.

Verneau, à Paris, rue Oberkampf, 114. — Vitraux imitation.

Veysset et Dufeyrou, à Paris, rue du Faubourg-St-Denis, 99. — Marquises en fer forgé.

722. Union Syndicale des Carriers, à Souppes (Seine-et-Marne). — Socle en pierre des carrières de Souppes.   **(QUAI.)**

723. Usine de Briques de Soulac, (Propriétaire : **M. Hornez (Désiré)**, à Soulac-les-Bains (Gironde). — Briques pour façades à joints apparents. **(TROCADERO.)**

724. VACHÉ, à Paris, rue de la Roquette, 9. — Robinets divers.   **(PALAIS.)**

725. VACHETTE Frères, à Paris, rue de Charonne, 51. — Serrurerie pour meubles.   **(PALAIS.)**

    Articles spéciaux, brevetés S. G. D. G., tels que cadenas automatiques de sûreté, targettes automatiques, poulies de rideaux, etc. Marque de fabrique V. F. — Paris, Médailles aux Expositions universelles, Paris 1867, Vienne 1873, Philadelphie 1876, Paris 1878.

726. VAILLANT (H. & E.), FONTAINE & QUINTART, à Paris, rue Saint-Honoré, 181. — Bronzes et articles de bâtiment. Serrurerie fine.   **(PALAIS.)**

    Médailles, Paris, bronze 1878. Mérite, Vienne 1873. Or, Amsterdam, 1883. Or, Anvers, 1885. Spécialité de ferrures pour le bâtiment. Quincaillerie sans ornements.

727. VALABRÈGUE (André-L.), à Bollène (Vaucluse). — Pavés en granit artificiel.   **(QUAI.)**

    Ingénieur des Arts et Manufactures. Médaille argent, Paris 1878.

728. VALLERANT (Albert), à Sailly-le-Sec (Somme). — Serrurerie et quincaillerie pour meubles et bâtiments.   **(PALAIS.)**

729. VALLIN (Henry), à Paris, quai Voltaire, 11. — Système de régénération du vieux plâtre en plâtre neuf.   **(TROCADERO.)**

730. VAN PRAAG (Édouard), à Paris, rue des Petites-Écuries, 23. — Diamants pour vitriers.   **(PALAIS.)**

731. VAUDOYER (Alfred), à Paris, avenue de Villiers, 132. — Plans et élévation du Pavillon de la Presse et des Postes et Télégraphes à l'Exposition universelle de 1889.   **(PALAIS.)**

732. VAZON-BARRET (Eugène), à Airvault (Deux-Sèvres). — Chaux en pierres, chaux blutée.   **(TROCADERO.)**

733. VERNA ROBERTO, à Cavalaire, commune de Garin (Var). — Vases et bloc de serpentine.   **(PALAIS.)**

734. VERNAUDON Frères & Cie, à Bordeaux et à Paris, 6, rue St-George. — Photographies, dessins et modèles, engins employés pour les travaux d'amélioration de la Garonne maritime et de la Gironde.   **(PALAIS.)**

    Travaux des passes du Bec d'Ambès et de Beychevelle, des rescindements des îles Cazeau et du Nord. — Matériel maritime consistant notamment pour le rescindement des îles en deux dragues aspirantes et refoulantes de leur système ; trois dragues à godets avec refoulement ; excavateurs, locomotives, wagons, voies ferrées, ateliers de construction et de réparations, etc.

    Pour les dragages des passes : deux dragues marines à hélices, de 120 chevaux, trois grands bateaux-porteurs à vapeur, dix chalands, trois remorqueurs, des gabarres, des pontons, etc.

    Photographies, modèle de tuyaux flexibles pour conduites de refoulements et modèle de la drague « Eurêka », système Vernaudon Frères, breveté S. G. D. G., qui a obtenu la plus haute récompense à l'Exposition universelle de Barcelone 1888.

Classe 63.   4*

735. VERNAUDON (Jules), à Paris, rue Saint-George, 6. — Modèles et plans de travaux publics.   **(PALAIS.)**

736. VERNIER (Louis), à Beaumont (Seine-et-Oise). — Toile bitumée appliquée par fer chaud afin de préserver les menuiseries de l'humidité des murs.   **(PALAIS.)**

737. VERRIER (Pierre), à Paris, rue de Jussieu, 21. — Ciment métallique et simili-pierre, jardinières avec balustre, petit monument funèbre et pierres polies.
(QUAI.)

738 VERSHAUE (E.) & Fils, à Paris, rue Pavée-au-Marais, 17 bis. — Appareil pour fermer les persiennes de l'intérieur des appartements.   **(PALAIS.)**

739. VESSERON (L.), à Meaux (Seine-et-Marne). — Plâtre cuit : demi-fin, fin blanc bluté, fin blanc tamisé. Plâtre broyé cru pour l'agriculture. Pierres à plâtre.
(TROCADERO.)

740. VEYSSEYRE Frères, à Brioude (Haute-Loire). — Dessins et photographies de travaux.   **(PALAIS.)**

741. VEZET (Bénini-A.), à Paris, rue Violet, 62. — Systèmes d'escaliers mixtes en fer et bois et fer et pierre.   **(PALAIS.)**

742. VICAT et Cie, à Grenoble (Isère). — Objets divers en ciment.   **(TROCADERO.)**

743. VIGIÉ (Camille), à Saint-Mandé (Seine), avenue de la Tourelle, 9 bis. — Système de charpente.   **(PALAIS.)**

744. VIGIER (J.-B.-Louis), à Pont-Saint-Esprit (Gard). — Carreaux mosaïques en ciment comprimé, et carreaux striés pour trottoirs et terrasses.   **(TROCADERO.)**

745. VILLEJEAN (Léon), à Mussy-sur-Seine (Aube). — Chaux hydraulique, échantillons de calcaire des carrières de l'Usine, échantillons différents de chaux, échantillons de béton obtenu avec cette chaux.   **(TROCADERO.)**

746. VILLEREL (Onésime), à Paris, boulevard Bonne-Nouvelle, 7 bis. — Coffres-forts pour bureaux, coffres-forts meubles pour salons. Caisses murales, coffrets à bijoux, coffres-forts à deux vantaux pour administrations.   **(PALAIS.)**

747. VINCENT Frères (Charles et Fernand), à la Grève (canton de Courçon d'Aunis, Charente-Inférieure). — Tuiles, briques, etc.   **(TROCADERO.)**

748. VOYET (Albert), à La Folie-Gasville, près Chartres (Eure-et-Loir). — Tuiles, accessoires de bâtiment, poterie de bâtiment et de conduite d'eau, carreaux rouges, briques pleines et creuses, produits réfractaires.   **(TROCADERO.)**

749. WEIDKNECHT (D.-Frédéric), à Paris, rue Paradis, 47. — Locomobiles-tambours pour plans inclinés, extraction de puits, etc. Broyeurs à sable, à plâtre, à chaux, à ciment, pulvérisateurs.   **(ESPLANADE.)**

    Constructeur. — Ateliers, 1, boulevard Macdonald. (Voir classes 48 et 52).

    Matériel fixe et roulant pour travaux publics. Treuils à vapeur, grues, ponts roulants, sonnettes, locomotives à voies étroites et normale de toutes forces, locomobiles, machines à vapeur, broyeurs pour macadam, sable de maçonnerie, plâtre, chaux, ciment, pulvérisateurs.

750. WEYLAND (Édouard-Charles), à Paris, rue Lavoisier, 22. — Hôtel, rue Fortuny, tombeaux, Villa à Lion-sur-Mer (Calvados).   **(PALAIS.)**

751. WEITZ (Jules), à Lyon (Rhône), cours du Midi, 17. — Matériel pour entrepreneurs de travaux publics, pour Mines et Plantations.   **(ESPLANADE.)**

    Construction de matériel et fourniture de matériaux pour entrepreneurs de Chemins de fer et et de Travaux Publics.

    Constructeur du porteur Jules WEITZ, breveté pour son assemblage et son système de plaques-tournantes.

    Fournisseur des Manufactures Nationales, des Arsenaux et des Poudreries de l'État.

752. YVON Frères, à Angers (Maine-et-Loire), rue Franklin, 133. — Monument funèbre, meules et foyers pour chanvres et papier. **(QUAI.)**

> Entreprise de monuments funèbres et de travaux publics.
> Socles, marches, dalles, bordures, pavés de tout échantillon, e c.
> Médaille d'argent, Exposition universelle de Paris 1878.

753. ZSCHOKKE (C.) & TERRIER (P.), Ingénieurs, Entrepreneurs de Travaux publics, à Paris, rue de Londres, 34. — Dessins de travaux publics et procédés de construction ; modèle d'écluse pour fondations pneumatiques. **(PALAIS.)**

> Travaux hydrauliques, fondations pneumatiques, ponts métalliques, dragages, dérochements sous-marins exécutés depuis 1886, savoir :
> Entreprises Zschokke : Ports de St-Malo, St-Servan, Cherbourg, Fécamp, Paimbœuf, Nantes et la Ciotat. Ecluses de Poses ; barrages de Meulan et de Port-Mort ; viaduc de Marly ; 11 ponts sur la Moselle, la Meuse, la Somme, la Seine, la Marne, l'Allier et la Durance ; Magasins du Printemps (fondations).
> Entreprises C. Zschokke et P. Terrier : Ports de la Pallice (la Rochelle), Bordeaux et Bayonne ; barrage de Méricourt ; ponts de Rangiport ; quais, égouts et dragages du Tibre, à Rome ; ponts Garibaldi, Cestio et Palatino, à Rome ; bassin de radoub de Livourne, bassins de radoub et quais du port de Gênes (V. Ministère des trav. publics, voir aussi sections étrang., Italie.)

COLONIES.

ALGÉRIE.

1. BURGAY (Louis), à l'Oued-Athménia (Constantine). — Cube de marbre des carrières d'Oued-Athménia, cube de pierre blanche des carrières de Bou Melek. **(ESPLANADE.)**

2. DI MARCO (François), à Souk-Ahras (Constantine). — Croisée avec persienne et cadre, style grec, cintrée en plan et en élévation. **(ESPLANADE.)**

3. DURANTÉ (Charles), à Oran, boulevard Charlemagne. — Articles de serrurerie. **(ESPLANADE.)**

4. École d'apprentissage de Téniet El Haad, à Téniet El Haad (Alger). — Pavillon style mauresque en bois de cèdre. **(ESPLANADE.)**

5. FAYET (Édouard), à Aïn Beïda (Constantine). — Projet d'un grand filtre se dévasant par lui-même et pouvant filtrer une rivière de 10,000 litres d'eau à la seconde. **(ESPLANADE.)**

6. GABELLE & Fils, à Marseille. — Photographies de travaux en fer exécutés en Algérie. **(ESPLANADE.)**

7. GALINET (Louis), à Constantine, rue Nationale, 48. — Réduction en plâtre du pont de Perregaux, réduction de wagon à terrassement et de voies fixes et portatives, engins de travaux divers. **(ESPLANADE.)**

8. LANDRE Fils aîné, à Oran. — Asphalte, spécimens divers, pavage aggloméré. **(ESPLANADE.)**

9. LEROUX (S.-C.), à Mustapha (Alger). — Plans d'un nouveau système de barrage réservoir. **(ESPLANADE.)**

10. LESUEUR (George), à Philippeville (Constantine). — Photographies des travaux des ports de Philippeville et de Bône, de la gare maritime de Bougie et autres. Pièces en marbre, granit et autres roches. **(ESPLANADE.)**

11. MICOUT (Charles), à Constantine, route Bienfait.— Chaux et ciment, échantillons de pierre crue et cuite, plan et coupe des fours et de l'usine, analyse des produits. **(ESPLANADE.)**

12. PALLU (Étienne), à Paris, rue Taitbout, 63. — Marbres façonnés pour la décoration architecturale. **(ESPLANADE.)**

    Société Pallu et Cie, siège social, à Paris, rue Taitbout, 63.
    Etienne Pallu, Directeur.
    Honorez, marbrier, représentant, rue Saint-Sabin, 16, Pavillon de l'Algérie.
    Carrières de marbre onyx d'Algérie.
    Carrières de l'Isser, province d'Oran.
    Monolithes d'onyx blanc et d'onyx cachemires.

13. PONTESTA (Marius), à Constantine. — Nouveau système de tuyau en fonte à joint étanche sans le secours de plomb ni de caoutchouc. **(ESPLANADE.)**

14. Service des Ponts et Chaussées, à Constantine.— Photographies de travaux publics. **(ESPLANADE.)**

15. TERRA (L.), à El-Kantour (Constantine). — Chaux hydraulique. **(ESPLANADE.)**

16. TERRADE Freres, à Oran, rue de l'Évêché. — Carreaux en ciment et en mosaïque. **(ESPLANADE.)**

17. TOUCHE (Jules), à Constantine, faubourg El Kautara. — Robinet régulateur pour le mesurage de l'eau à distribuer. **(ESPLANADE.)**

18. VAGUÉ (Joseph), à Constantine, boulevard Victor Hugo. — Matériaux bruts et ouvrés (balustrades), échantillons de plâtre du Chettaba et du Hamma. **(ESPLANADE.)**

COCHINCHINE.

1. Administration des Douanes et Régies, à Saïgon. — Modèle des bâtiments de la manufacture d'opium et accessoires pour la fabrication. Fumerie d'opium et accessoires. **(ESPLANADE.)**

2. Administration locale (Foulhoux, Architecte). — Palais. **(ESPLANADE.)**

3. BEER (Paul), à Saïgon. — Pagode en bois sculpté avec panneaux en ivoire et écaille. **(ESPLANADE.)**

GABON CONGO.

1. SCHLUSSEL (Laurent), à Libreville (Gabon). — Brouette d'arpenteur. **(ESPLANADE.)**

GUADELOUPE.

1. LELUBEZ, à Paris. — Pavillon de la Guadeloupe, et maison modèle. **(ESPLANADE.)**

GUYANE FRANÇAISE.

1. Service local. — Maison cayennaise. **(ESPLANADE.)**

INDE FRANÇAISE

1. Comité d'Exposition.—Chaumière d'Yanaon, tenaille de fer, outils de tailleurs, carreaux de stuc. **(ESPLANADE.)**

MADAGASCAR.

1. HENRIQUE & BLONDEL, à Madagascar. — Habitation. **(ESPLANADE.)**

NOUVELLE-CALÉDONIE.

1. Affaires indigènes (Service des), à Nouméa. — Modèle de case indigène. **(ESPLANADE.)**

RÉUNION.

1. BRUNIQUEL (Jules), à Saint-Gilles. — Chaux.   (**ESPLANADE.**)

2. GRUCHET (Augustin), à Saint-Paul. — Chaux vive, chaux éteinte.
(**ESPLANADE.**)

3. LEBRETON (Léopold), à Saint-Gilles. — Chaux éteinte, chaux vive.
(**ESPLANADE.**)

4. POTIER (Julien), Directeur du Jardin botanique colonial, à Saint-Denis. —
Porte d'entrée de vérandah.   (**ESPLANADE.**)

5. VINSON (Auguste), à Saint-Denis. — Habitation créole.   (**ESPLANADE.**)

SÉNÉGAL.

1. AMADY NATAGO, Lam Toro, Chef du **Toro,** (protectorat du Toro). —
Portes de cases.   (**ESPLANADE.**)

2. AMAR SALEUM, Roi des **Maures Trarza.** — Cadenas.   (**ESPLANADE.**)

3. NOIROT (Ernest), Administrateur colonial. — Cadenas maures.   (**ESPLANADE.**)

4. Service local. — Tour de Saldé.   (**ESPLANADE.**)

TAHITI.

1. Service local, à Papeete. — Cases indigènes avec dépendances.   (**ESPLANADE.**)

PAYS DE PROTECTORAT.

ANNAM-TONKIN.

1. Corps du Tonkin. — Pagode de Dap-Cau. Pavillons pour deux officiers (Nam-
Dinh).   (**ESPLANADE.**)

2. Protectorat de l'Annam et du Tonkin. — Cadenas. Palais, (Architecte
Foulhoux); pagode.   (**ESPLANADE.**)

3. VEZIN & Cie (Usine de Houc-Chay). — ciments (échantillons).   (**ESPLANADE.**)

4. Vice-résidence de Quang-Yen (Tonkin). — Modèle de maison annamite.
(**ESPLANADE.**)

CAMBODGE.

1. PLANTÉ, à Phnom-Penh. — Maison Cambodgienne.   (**ESPLANADE.**)

2. Protectorat du Cambodge. (Architecte : **Fabre**). — Pagode. (**ESPLANADE.**)

TUNISIE.

1. Direction des Travaux publics, à Tunis. — Plans et dessins.
(**ESPLANADE.**)

2. Municipalité de la ville de Tunis, à Tunis. — Plans et dessins.
(**ESPLANADE.**)

PAYS ÉTRANGERS.

RÉPUBLIQUE ARGENTINE.

1. **AYERZA (R.) & Cie**, à Buenos-Ayres. — Tuiles. (PARC.)

2. **BÉRRI (Charles) Frères**, à Mendoza. — Carreaux. (PARC.)

3. **CABRIÉ (P.) & Cie**, à Buenos-Ayres. — Plâtre en poudre et briques pour voûtes. (PARC.)

4. **CERRANO (L.), & Cie**, à Buenos-Ayres — Chaux. (QUAI.)

5. **ENCINAS (Modeste)**, 9 de Julio (Mendoza). — Briques. (PARC.)

6. **FIORDA Frères**, à Buenos-Ayres. — Siphon pour citernes. (PARC.)

7. **JUNOR (Alexandre W.)**, à Buenos-Ayres. — Tuiles. (PARC.)

8. **MORALES (Jean 2.)**, à Las Heras (Mendoza). — Chaux. (PARC.)

9. **RAIMONDI & VETERE**, à Buenos-Ayres. — Serrures pour caisses en fer. (PARC.)

10. **SPINEDI & Frères (Benoit)**, à Buenos-Ayres.— Collection de mosaïques. (PARC.)

11. **VILLAR (Joseph)**, à Jujuy. — Matériaux de construction, chaux. (PARC.)

12. **YNGO (Pierre I. de)**, à Santa-Lucia (Santiago-del-Estero). — Ciment hydraulique. (PARC.)

AUTRICHE-HONGRIE.

1. **VAGO (Ignace)**, à Budapest, VIII. Staffenberger-Uteza, 12. — Articles de serrurerie. (PALAIS.)

BELGIQUE.

1. **Administration communale de la ville de Gand.** — Plans, photographies, diagrammes, notices relatives aux installations maritimes du port de Gand (PALAIS.)

2. **ANVERS (La ville d')**. — Plan en relief des bassins d'Anvers. (PALAIS.)

3. **Association commerciale Maritime, Industrielle et Agricole**, à Ostende. — Plans de travaux en cours au port d'Ostende ; plans de digue de mer, etc, etc. (PALAIS.)

4. **BAUDELET (Pierre)**, à Écaussines-d'Enghien. — Monuments. (PALAIS.)

5. **BERHAUT (Charles)**, à Liége, rue Gragnée, 20. — Compteurs à eau. (PALAIS.)

6. **BLATON-AUBERT**, à Bruxelles, rue du Pavillon. — Spécimens d'égouts et de trottoirs en béton. (PALAIS.)

7. BONNARDEAUX (Charles-L.), à Linglé (Herbeumont). — Ardoises.
(**PALAIS**

8. BORDIAU, à Bruxelles, rue Joseph II, 268. — Transformation de la partie N. E. du quartier Léopold, etc. Musée d'Art monumental et industriel. Travaux divers.
(**PALAIS.)**

9. BOUCHEZ BERU, à Ecaussines. — Chapelle granit ; colonne cannelée, granit.
(**PALAIS.)**

10. BOUSSART-DELHAYE (Émile), à Mons, rue de Nimy, 3.— Jalousies de différents systèmes. Parquets en bois et claies de serres.   (**PALAIS.)**

11. CAMBRELIN (Alfred-L.), à Gand, quai des Moines, 43.— Vanne d'écluse automatique.   (**PALAIS.)**

12. CASSE & LACROIX, à Bruxelles, rue du Gouvernement Provisoire, 7. — Drague à godets avec château qui s'incline.   (**PALAIS.)**

13. CHRISTIAENS (Émile), à Bruxelles, rue Vandermeersch, 7. — Matériaux de construction et documents divers qui s'y rattachent.   (**PALAIS**)

14. Consortium Van Mullem (J.) et Deswarte (F.-F.), à Nieuport. — Système de rouissage du lin : Notices, plans, spécimens.   (**PALAIS.)**

15. DAMAS (Henri-G.), à Bruxelles, rue de l'Éclipse, 9. — Objets pour découper le verre.   (**PALAIS.)**

16. DAMMAN & WASHER, à Bruxelles, rue de la Clinique, 75. — Parquets hydrofuges sur carreaux. Parquets hydrofuges sur voûtelettes.   (**PALAIS.)**

17. DANDOIS (Henri), à Bruxelles, rue de la Rivière, 5. — Articles pour bâtiments, luxe et ordinaire ; crémones, menottes, boutons, etc.   (**PALAIS**)

18. DE JAIFFE-DEVROY (T.), à Masy. — Pavillon hexagonal, formé d'échantillons de marbres belges et de carrelages en marbre.   (**PALAIS.)**

·19. DELECOURT-WINCQZ (Jules), à Bruxelles, rue de la Pépinière, 12. — Tribune de courses adaptée à la construction d'une dépendance du château. (**PALAIS.)**

20. DEMANY (Émile), à Liége, boulevard de la Sauvenière, 93.— Plans d'églises et de constructions civiles.   (**PALAIS**
Récompenses obtenues : Paris 1878. — Anvers 1885.

21. DESMEDT (Pierre), à Bruxelles, rue Thérésienne, 8. — Ferronnerie d'art.
(**PALAIS.)**

22. DOULCERON & VAN MEERBEECK, à Ixelles (Bruxelles), rue de la Longue-Haie, 22. — Douche laveuse.   (**PALAIS**)
Médaille d'argent, Bruxelles 1888.

23. DUFOSSEZ & HENRI, à Confestu (Morlanvelz). — Colonne en ciment.
(**PALAIS.)**

Médaille d'or, Amsterdam 1883 et Anvers 1885.

24. DUPONT (Émile), à Schaerbeck. — Bâtiments et murs démontables.
(**PALAIS.)**

25. ESCOYEZ (Louis), à Tertre (Hainaut), rue de Chièvres. — Cornues à gaz. Produits réfractaires et céramiques, etc.   (**PALAIS.)**

26. FIÉVÉ (Gustave) & Cie, à Gand, boulevard Lousberg, 12. — Carreaux en ciment comprimé.   (**PALAIS.)**

27. FONDU (J.-B.), à Bruxelles. — Accessoires de voitures pour chemins de fer et tramways. Boulons, serrures, etc., et grosse quincaillerie en général.   (**PALAIS.)**

28. GETS (Joseph), à Bruxelles, rue du Moulin, 116.— Châssis et portes à fermeture hermétique.   (**PALAIS.)**

29. GROULART (Frères de L.), à Angleur-lez-Liége. — Voies en rails, plaque tournante, wagonnets, etc. **(PALAIS.)**

30. GRUWÉ (Léopold), à Anderlecht. — Produits pulvérisés. **(PALAIS.)**

31. HAMBRESIN (E.), à Saint-Josse-ten-Noode, rue des Moissons, 9. — Stores en bois. **(PALAIS.)**

32. HANREZ (Prosper), à Bruxelles. — Dessin d'une écluse à grande dénivellation. **(PALAIS.)**

33. HASSE (Jean-L.), à Anvers, rue Osy, 58. — Façades et plans de rez-de-chaussée d'hôtels. Pavillon de la collectivité belge des fabricants de tabacs et de cigares. **(PALAIS.)**

34. HENROZ (Camille), à Floreffe. — Pierre à étendre le verre, dalles, pavés, plinthes, briques moulurées en grès artificiel, etc. **PALAIS.)**

35. Industrie moderne (Société anonyme), à Bruxelles, rue Royale, 15. — Collection du journal de ce nom. **(PALAIS.)**

36. JANLET (Émile), architecte de la section belge, à Ixelles, rue de la Concorde, 54. — Installations générales du compartiment belge ; pavillon du commissariat général de Belgique ; façade du Palais des Arts industriels. **(PALAIS.)**

37. JONCKHEER (Antoine), à Anvers, chaussée Saint-Bernard, 83. — Monument funéraire. **(PALAIS.)**

38. LALLEMAND (Désiré), à Andenne. — Tuiles, faîtières. **(PALAIS.)**

39. LEGRAND (Achille), à Mons, rue Terre-du-Prince, 13. — Wagons de terrassements.

40. LELIÈVRE (Félix), à Bruxelles, rue de Spa, 79. — Appareil pour le tirage des cheminées. **(PALAIS.)**

41. LEROY (Nicolas), à Marchienne-au-Pont. — Maisons ouvrières transportables **(PALAIS.)**

42. MAILLÉ-DEWEZ (H.), à Schaerbeek, rue Vanderlinden, 85-87. — Escalier. **(PALAIS.)**

43. MARCHAND (Achille), à Gand, Courte-Rue des Pierres, 8. **(PALAIS.)**

44. MAUFROID (Frères et Sœur), à Bourlers. — Carreaux céramiques incrustés. **(PALAIS.)**

45. MERCIER (Fleurice), à Houding-Aimeries. — Coffres-forts incombustibles, imperforables et indestructibles. **(PALAIS.)**

46. MINNE (Camille), à Gand, Coupure, 142. — Persiennes. **(PALAIS.)**

47. MONSEU (Joseph) & Cie, à Haine-Saint-Pierre. — Produits céramiques. **(PALAIS.)**

48. MOUSSET-THIBAUT (A.), à Bouffioulx. — Poteries et tuyaux en grès. **(PALAIS.)**

49. PATERNOTTE (Octave), à Laeken, parvis Notre-Dame, 21. — Chapelle funéraire. **(PALAIS.)**

50. PETITBOIS (Ernest), à Morlanvelz. — Grille syphoïde pour bouche d'égout. **(PALAIS.)**

51. PIRE (Joseph), à Marchienne-au-Pont. — Carreaux céramiques. **(PALAIS.)**

52. POULET (Victor) & Sœurs, à Forges-lez-Chimay. — Carreaux et pavés céramiques. **(PALAIS.)**

53. RICHALD (Émile), château de Saint-Quentin (Ciney). — Granit, marbres chaux grasse et hydraulique. **(PALAIS.)**

54. SCHRYVERS (Prosper), à Saint-Gilles, rue du Métal, 28. — Objets d'art en fer forgé. **(PALAIS.)**

55. SMEDT (François de), à Bruxelles, rue de l'Étuve, 39. — Plaques en marbre pour églises, enseignes, etc. **(PALAIS.)**

56. SMITS (Constantin), à Forest, chaussée d'Alsemberg, 336. — Parc du Midi, avec grandes voies de communication. **(PALAIS.)**

57. Société anonyme des Ardoisières de Bois-Chevaux, Terre Noblesse et St-Jean d'Haybes réunies, à Bruxelles, rue de la Bourse, 32. — Ardoises diverses. **(PALAIS.)**

58. Société anonyme de l'Ardoisière Saint-Joseph d'Oigny-lez-Fumay, à Bruxelles, rue Bara, 72. — Ardoises pour toitures et revêtements. **(PALAIS.)**

59. Société anonyme des Briqueteries de la Sambre, à Lobbes. — Briques et briquettes mécaniques, pleines et creuses, de toutes couleurs et vernissées. **(PALAIS.)**

60. Société anonyme des Carrières du Hainaut, à Soignies. — Monument funéraire. Bloc brut, comprenant diverses tailles. **(PALAIS.)**

61. Société anonyme des carrières et fours à chaux et à ciment du Coucou, à Antoing (Hainaut). — Chaux et ciments. **(PALAIS.)**

Succursale: 21, quai de l'Oise, Paris. — Ciment Portland. Ciment romain. Chaux éminemment hydraulique. Chaux hydraulique. — Récompenses : Amsterdam 1883, médaille d'or ; Anvers 1885, médaille d'argent. Bruxelles 1888, médaille d'argent.

62. Société anonyme de Construction et des Ateliers, de Willebroeck. — Drague en réduction. Dessins et photographies. **(PALAIS.)**

63. Société anonyme des Fours de Laeken, à Laeken, quai des Usines. — Plâtre et ciment. Dalles tubulaires pour cloisons liquides. **(PALAIS.)**

64. Société anonyme internationale de Construction et entreprise de travaux publics) (Directeur : **Rolin H.,** à Braine-le-Comte. **(PALAIS.)**

65. Société anonyme de Niel-on-Rupell, à Anvers. — Ciment Portland et produits en béton. **(PALAIS.)**

66. Société anonyme des Papiers cirés imperméables (Directeur : **H. Van Vreckom),** à Quaregnon. — Toile bitumée hydrofuge pour toitures. **(PALAIS.)**

67. Société anonyme de Produits réfractaires (Directeur : **H. Van Vreckom),** à Quaregnon. — Pavés et carreaux céramiques, briques émaillées et vernissées pour la bâtisse. **(PALAIS.)**

68. Société anonyme des Produits réfractaires et terres plastiques de Seilles-lez-Andennes et de Bouffioulx, à Seilles. — Briques réfractaires diverses. **(PALAIS.)**

69. Société civile du Charbonnage d'Aiseau Presles, à Farciennes. — Hôtels pour ouvriers. **(PALAIS.)**

70. Société pour l'exploitation des Carrières de Petit Granit, à Soignies. — Pierres pour bâtiments, fondations de machines, etc. Monuments funéraires. **(PALAIS.)**

71. STOCKMAN-WUILBERT (E.-J.), à Basècles. Carreaux en marbre à placer dans les cheminées. **(PALAIS.)**

72. TERLINDEN (Edmond), (Ardoisière La Plet), à Bruxelles, rue de la Charité, 33. — Ardoises. **(PALAIS.)**

73. VAN DEN ABEELE (William) et Cie, à Anvers, avenue des Arts, 147. — Outils pour travaux publics. **(PALAIS.)**

74. VAN DER PERRE (F.-H.), à Bruxelles, rue Grétry, 21.— Vitrines pour
expositions.   (**PALAIS.**)

   Entreprise à forfait de location à types de kiosques, vitrines, tables, bijouteries. Récompenses : Amsterdam 1883. — Anvers 1885. — Bruxelles 1888. — Barcelone 1888.

75. VANDER SWAELMEN (L.-L.), à Ixelles, rue de Stassart, 80. (**PALAIS.**)

76. VAN HECKE (Gustave), à Gand, quai du Petit-Dock, 7. — Pompes.
                                                                   (**PALAIS.**)

77. WINCQZ (Grégoire) & Cie, à Soignies. — Chapelle gothique en petit
granit. Pierres pour pavillons.   (**PALAIS.**)

REPUBLIQUE DE BOLIVIE.

1. BRESSON (André), à Paris, rue Lafayette, 1. — Projets de voies de communication et de pénétration.   (**PARC.**)

2. Compagnie de Huauchaca, à Huauchaca. — Plan et matériel de distribution
d'eaux potables.   (**PARC.**)

BRÉSIL.

(Voir son Catalogue spécial.)

CHILI.

1. CARLUCCI Frères & ARMEZANI, à Santiago. — Marbre artificiel.
                                                                   (**PARC.**)

2. Commissariat de l'Exposition du Chili, à Santiago. — Plans divers.
                                                                   (**PARC.**)

3. HERMOSILLA (Nicolas-A.), à Quillota. — Chaux.   (**PARC.**)

4. IZQUIERDO (Vicente), à Santiago. — Chaux.   (**PARC.**)

5. PIZARRO (Julio R.), à Ancud. — Briques de Cancagua.   (**PARC.**)

6. RIED (A.) & Cie, à Concepcion. — Tuiles et briques.   (**PARC.**)

7. TANCO (Nicolas), à Santiago. — Pierres de construction (échantillons). (**PARC.**)

8. TRAVERSO (Jorse), à Quillota. — Chaux.   (**PARC.**)

9. VALENCIA (José M. 2ᵉ.), à Quillota. — Chaux.   (**PARC.**)

DANEMARK.

1. DOBERCK (Fr.-W.) & Fils, à Copenhague. — Carquois, lustres, chandeliers, etc., etc.   (**PALAIS.**)

2. SCHŒBEL (Ferd.), à Copenhague. —Vitrine en fer forgé. Garnitures de portes
et de fenètres.   (**PALAIS.**)

ESPAGNE.

1. COLL (Juan), à Cortés (Barcelone). — Lambris   (**PALAIS.**)

2. MARTI (Pedro), à Las-Reibas (Gerona). — Carrelages   (**PALAIS.**)

3. PUJOL, à Barcelone. — Porte en acier. **(PALAIS.)**

4. QUINTERNA Y BORRAS, à Las-Reibas (Gerona). — Carrelages **(PALAIS.)**

5. SERRADELL (Ramon), à Las-Reibas (Gerona). — Carrelages. **(PALAIS.)**

ÉTATS-UNIS.

1. Buffalo International Fair Association, à Buffalo, N. Y., 47, Chopin Block. — Plan du bâtiment principal de l'Exposition. etc. **(PALAIS.)**

2. Empire Granite Company, à New-York, 625, East 15th street.— Cuves pour buanderies en granit artificiel. **(PALAIS.)**

3. GESNER (John F.), à New-York, 15, State street. — Spécimens de pierres et de bois artificiels. **(PALAIS.)**

4. HAYES (George), à New-York, 71, 8th avenue. — Systèmes Hayes de lattes et de fourrures métalliques résistant au feu. **(PALAIS.)**

5. HEISSINGER (Frank H.), à New-York, 196, Braodway. — Projets et plans pour train de villes, villages, parcs publics, etc. **(PALAIS.)**

6. HERRING & Co., à New-York, 251, Broadway. — Coffres-forts résistant au feu et à l'effraction. **(PALAIS.)**

7. International Gas and Fuel Co., à Chicago, Illinois. — Système de répartition de combustible fluide. **(PALAIS.)**

8. KENSETT (James W.), à Boston Mass., 272, Federal street. — Lattes et fondations métalliques pour empêcher la propagation du feu. **(PALAIS.)**

9. Keystone Lock Work, à Lancaster. Penn. — Serrures, cadenas. **(PALAIS.)**

10. Lehigh Valley Creosoting Co. (The) sup't : **(W.-G. Berg)**, à Perth, Amboy, New-Jersey. — Photographies et description de l'usine pour la préparation des bois par la créosote. **(PALAIS.)**

11. Miller Lock Company, à Frankfort, Philadelphia Pa. — Serrures sans clef et cadenas. **(PALAIS.)**

12. Standard Paint Co. (The), à New-York, 59, Maiden lane. Peintures et composés électriques, papiers résistant à l'eau. Toitures diverses. **(PALAIS.)**

13. TURNER (I. Jackson), à Princeton, N. J., Princeton Collège. — Ventilateur, aspirant ou chape de cheminée. **(PALAIS.)**

14. VIZET (V.), à New-Rochelle, N. Y. — Appliques pour gaz en métal fondu. **(PALAIS.)**

15. WILSON (James G.), à New-York, 907, Broadway. — Stores, jalousies, volets à enroulement. **(PALAIS.)**

16. WITT (John) & Brother, à New-York, 75, Chambers street. — Ressorts de porte. **(PALAIS.)**

17. Yale & Toune Manufacturing Company, à Stamford, Conn. — Construction de bureau de poste, boîtes de poste. **(PALAIS.)**

GRANDE-BRETAGNE.

1. ALLEN (N. B.) & Co., à Londres, Cannon street, 110. — Briques réfractaires, blocs et ciment de silice (Dinas). **(PALAIS.)**

2.   AVELING & PORTER, à Rochester. — Rouleau à vapeur de routes, locomotives routières, grues mobiles, mécanique pour labourage à vapeur.   **(PALAIS.)**

3.   AYLMER (R.), à Londres, Parliament street, 42. — Planches pour architectes, pour tendre à sec, papier à dessiner, papier à calquer, toile à calquer, etc. Compteur d'eau Schonheyder.   **(PALAIS.)**

4.   British Stone & Marble Co. (Limited), à Londres, Yeoman street, Rotherhithe. — Trottoirs, bordures de pavés, gouttières de route.   **(PALAIS.)**

5.   BROOKE & Sons (Edward), à Huddersfield, Fieldhouse Fire Cay Worksl. — Briques vernies blanches et de couleur.   **(PALAIS.)**

6.   Chatwoods Patent Safe & Lock Co. (Limited), & Lancashire Safe Lock works. — Coffres-forts, serrurerie fine.   **(PALAIS.)**

7.   Chubb & Sons Lock & Safe Company (Limited), à Londres. Queen Victoria street, 128. — Serrures « Detector » et en tous genres. Coffres-forts portes d'acier de différentes espèces, etc.   **(PALAIS.)**

8.   DOULTON & Co., à Londres, Lambeth. — Poterie dans son rapport avec l'architecture, terres cuites et poteries de grès.   **(PALAIS.)**

9.   ELLIOT (Samuel Albert), à Newbury. Metal works. — Système pour exclure l'humidité et les courants d'air des portes et fenêtres.   **(PALAIS.)**

10.   FARMER & BRINDLEY, à Londres, Westminster Bridge road, 63. — Marbres.   **(PALAIS.)**

11.   FARMILOE (George) & Sons, à Londres, Saint John street, 14, West Smithfield. — Outils de plombier, de peintre et de vitrier.   **(PALAIS.)**

12.   Farnley Iron Co. (Limited), à Leeds. — Tuiles ; briques vernies, blanches et de couleur, briques de surface, couleur chamois.   **(PALAIS.)**

13.   FRANCIS & Co. (Limited), à Londres, Bridge Foot Vauxhall. — Échantillons de ciment et spécimens de différentes espèces de travaux en ciment. **(PALAIS.)**

14.   FRANCIS (Charles) Son & Co., à Londres, Gracechurch street 17. — Ciment de Portland et de Médina.   **(PALAIS.)**

15.   Glenboig Union Fire Clay Co. (Limited), à Glasgow, West Regent street, 4, et à Glenboig, près Coatbridge. — Briques réfractaires.   **(PALAIS.)**

16.   HAMBLET (Joseph), à Staffordshire, West Bromwich. — Chaperons en briques, tuiles de toutes espèces, vases, etc.   **(PALAIS.)**

17.   HELLWELL (Thomas William), à Londres, Westminster Chambers, 5, et à Brighouse Yorkshire.— Système Hellwell, pour toitures en verre sans mastic et en zinc, sans attaches extérieures ou soudure.   **(PALAIS.)**

18.   HERRING Brothers, à Londres, East road, City road, 124. — Outillage pour sculpteurs et autres.   **(PALAIS.)**

19.   HORNE (W. C.), à Londres, Dowgate Hill, 6. — Hutte en bois, peinte pour montrer les systèmes Balmain, Martin et Freeman.   **(PALAIS.)**

20.   HOWATSON (Andrew) & Co., à Londres, Westminster Chambers, 4, Victoria street. — Appareil pour adoucir l'eau.   **(FALAIS.)**

21.   HUMPHREYS (James Charlton), à Londres, Albert gate Hyde Park. — Constructions en fer, d'églises, chapelles, écoles, chaumières, toitures.   **(PALAIS.)**

22.   HUNTER & ENGLISH, à Londres, Bow Road, 202. — Modèle de grue flottante et photographies de mécanique à draguer.   **(PALAIS.)**

23.   Improved Industrial Dwellings Co. (Limited), à Londres, Finsbury circus, 34. — Modèles de maisons d'ouvriers.   **(PALAIS.)**

24. Jeyes Sanitary Compounds Co). Limited), à Londres, Cannon street, 43.
— Désinfectants.   **(PALAIS.)**

25. London Water Meter Company (Limited), à Londres, Chancery
lane, 2. — Compteur d'eau différentiel et positif.   **(PALAIS.)**

26. LOWOOD & Co., (J. Grayson), à Sheffield, Attercliffe road. — Briques,
terres réfractaires et objets pouvant résister au feu.   **(PALAIS.)**

27. Oakeley Slate Quarries Co. (Limited), à Westminster, Old Palace
yard, 3. — Dalles et ardoises.   **(PALAIS.)**

28. Paris Earthenware Crystal Hardware Co. (Limited), à Paris, faubourg Saint-Denis, 76, et à Londres, Cheapside King street, 28. — Installations sanitaires.   **(PALAIS.)**

29. Pen Yr Orsedd slate Quarry Co. (Limited), à Nantlle, North Wales
— Ardoises pour toitures et objets fabriqués en ardoise.   **(PALAIS.)**

30. QUIRK BARTON & Co., à Londres, Gracechurch street, 64. — Tuyaux de
plomb et composition.   **(PALAIS.)**

31. SCOTT (James & John G.), (Limited), à Glasgow, Crown colour works
Dobbies loan, 220. — Brosses à peindre et outils de décorateur. **(PALAIS.)**

32. SELIG, SONNENTHAL & Co., à Londres, Queen Victoria street, 85.
— Sonnette démontable et portative pour travaux de port, construction de ponts et
de chemins de fer.   **(PALAIS.)**

   Indispensable pour les travaux de port, le règlementdes fleuves, la construction de canaux, de
ponts et de chemins de fer.
   Indispensable pour palissades, fortifications ou pour la construction de ponts temporaires,
pour les opérations de troupes, etc. Voir aux annonces.

33. Silicated Carbon Filter Co., à Londres, Church road, Battersea. —
Appareils servant aux distributions d'eau.   **(PALAIS.)**

34. SKELSEY (Geo H.), à Hull, High street, 21. — Modèle d'une villa entièrement construite en ciment de Portland fin.   **(PALAIS.)**

35. SPORTON (Henry) & Co., à Enfield Middlesex, Glen Works, chase Side
— Compteurs d'eau positifs et rotatoires.   **(PALAIS.)**

36. STOTHERT & PITT (Limited), à Bath. — Grue à vapeur locomobile
avec tous accessoires ; exavateur fonctionnant avec n'importe quelle grue. **(PALAIS.)**

37. Votty & Bowydd Slate Quarries (Limited), à Portmadoc, North
Wales, — Dalles et ardoises.   **(PALAIS.)**

38. WADSWORTH (Henry) & Son, à Halifax, Yorkshire. — Matériel
d'entretien des routes, roues.   **(PALAIS.)**

39. WILSON & Co., à Londres, Charterhouse street, 117. — Système d'éclairage à verres prismatiques de caves, souterrains, etc.   **(PALAIS.)**

GRÈCE.

1. LAMBROS (Michel), à Athènes. — Plan de la ville d'Athènes.   **(PALAIS.)**

2. Ministère de l'Intérieur, à Athènes. — Plans et dessins des travaux publics.
                                                                (PALAIS.)

3. Ministère de la Marine, à Athènes. — Plans et dessins des phares.
                                                                (PALAIS.)

4. Société du Canal maritime de Corinthe, à Paris. — Plans-reliefs, coupes et dessins du canal.   (**PALAIS.**)

5. Société des chemins de fer de Thessalie. — Tracé de la ligne, travaux d'art, etc.   (**PALAIS.**)

RÉPUBLIQUE DE GUATEMALA.

1. APARICIO (Ernesto), à Guatemala. — Plan de la ville de Guatemala,
                                                                         (**PALAIS.**)

ITALIE.

1. BOCCA (Victor), à Rome, via Crociferi. 18, — Projet du canal maritime de la mer Tirrhène à l'Adriatique.   (**PALAIS.**)

2. IMODA (Joseph), à Turin, 104, corso Vittorio-Emmanuele. — Machine à pétrir le mortier avec fournisseur d'eau automatique.   (**PALAIS.**)

3. ZSCHOKKE-CORRADO & P. TERRIER, à Rome, via Tomacelli. — Dessins et descriptions de grandes constructions à Rome, Livourne et Gênes et des machines employées pour ces constructions.   (**PALAIS.**)

JAPON.

1. HASHIMOTO (Tatsusaburo), Tokio-fu, Kiobashi-Ku. — Ciments.
                                                                         (**PALAIS.**)

2. Tokio Choko-Kai, Tokio-fu, Asakusa-Ku. — Bois ouvrés pour chambranles. Loquets de porte en corne.   (**PALAIS.**)

3. YASUOKA (Umakichi), Kochi-Ken, Tosa-Kori.—Chaux-mortiers. (**PALAIS.**)

GRAND-DUCHÉ DE LUXEMBOURG.

1. Administration royale grand-ducale des travaux publics, à Luxembourg. — Carte routière du Grand-Duché en 1839 (traité de Londres). Carte routière en 1889. Plan de la ville de Luxembourg avant le démantèlement (1867). Plan de la ville de Luxembourg après le démantèlement (1889). Dessins de divers ouvrages d'art. Chasse-neige.   (**PALAIS.**)

2. HARTMANN (A.), à Diekirch. — Modèle combiné de chasse-neige et de balayeuse pour routes.   (**PALAIS.**)

3. PÉPING (Jean), à Paris. — Réduction en bois de l'Opéra de Paris.   (**PALAIS.**)

NORVÈGE.

1. DIGRE (Jacob), à Trondhjem. — Bois ouvrés : corniches, moulures, menuiseries, portes, fenêtres, balustrades, colonnes, sculptures, photographies et dessins de villas construites par l'exposant.   (**PALAIS.**)

2. EGEBERG (Einar V.), à Christiania. — Façade d'un grenier (dit Stabur) norvégien.   (**PALAIS.**)

  Le bois employé provient des forêts de l'exposant.
  Maison fondée en 1800 par le grand-père de l'exposant.

3. Fabrique de produits de bois de Stroemmen, à Strœmmen station. — Façade de la section norvégienne. **(PALAIS.)**

4. FAY (P. Joh.), à Christiania. — Cartes, plans, photographies et mémoires relatifs à la Société de logements d'ouvriers de Christiania. **(PALAIS.)**

5. FOSS (A. P.), à Christiania. — Coffre-fort en fer; serrures de coffres-forts. **(PALAIS.)**

6. THAMS (Chr.), à Paris. — Dessins et modèles de constructions en bois. **(PALAIS.)**

7. THAMS (M.) & Cie, à Orkedalen, près Trondhjem. — Bois de construction et matériaux pour la menuiserie. Porte entre les sections de la Norvège et du Luxembourg. Pavillon en bois. Pavillon de Dahls Pure Milk Syndicate. **(PALAIS.) (PARC.)**

PAYS-BAS.

1. Compagnie des Eaux, à Amsterdam. — Plans des ouvrages pour la distribution des eaux des dunes et des eaux de la rivière Vescht. **(PALAIS.)**

2. HOOGEWINKEL (Hendrik), à Gorinchem. — Tectorium, substitut de verre pour toiture, vérandahs, ateliers, serres, kiosques, expositions. **(PALAIS.)**

3. Institut Royal des Ingénieurs de Hollande, à la Haye. — Collections de plans et dessins. **(PALAIS.)**

4. SCHIMMEL (Gérard W.), à Amsterdam. — Système de pont, projeté pour le grand canal d'Amsterdam avec lifts et passage pour trains, voitures et piétons. **(PALAIS.)**

PORTUGAL.

1. COSTA (Manoel-Francisdo da) & Ca. — Outillages divers. **(PALAIS.)**

ROUMANIE.

1. MANOEL (Ernest), à Comarnic (Prahova). — Chaux hydraulique. Ciment romain, pierre calcaire. Vues de la fabrique de Prahova. **(PALAIS.)**

2. PIDROSCAR (Moritz), à Bucharest, strada Sfti-Apostoli, 25. — Robinets de cuivre pour le gaz et installation d'eau. **(PALAIS.)**

RUSSIE.

1. EGER à Wisoka (Gouvernement de Piotrkow). — Ciments. **(PALAIS.)**

2. PHIETTA, à Saint-Pétersbourg. — Modèles d'architecture. **(PALAIS.)**

3. RYCERSKI (F.), à Varsovie. — Plans d'architecture. **(PALAIS.)**

4. Société Moscovite pour la fabrication des Ciments et autres matériaux à bâtir, à Podolks (Grand-duché de Moscou.) — Ciments. **(PALAIS.)**

GRAND-DUCHÉ DE FINLANDE.

1. AHLSTRAND (Fredr.), à Helsingfors. — Monument. **(PARC.)**

2. BERGMAN (K. V.), à Helsingfors. — Monument. **(PARC.)**

3. Fabriques de pâte de bois d'Eneso, à Imatra-Eneso. — Cartons pour bâtiments. **(PARC.)**

4. Forges de Billnaes, à Karis. — Outils et instruments d'acier pour l'agriculture et l'exploitation des forêts. **(PARC.)**

5. Forges de Varesjoki, à Salo. — Produits de la fabrication. **(PARC.)**

6. Forges et fonderies d'Aminnefors, à Karis. — Tôles, aciers, outils **(PARC.)**

7. FRENCKELL (J.-C.) et Fils, à Helsingfors. — Cartons pour bâtiments. **(PARC.)**

8. GRANIT, à Hangoe. — Colonnes monolithes, marches, monuments et pavés. **(PARC.)**

9. NORDQVIST (Alexis), à St-Michel. — Maisons transportables exécutées en débris de bois. **(PARC.)**

10. Société anonyme de Kuménéné (Directeur **Dahlstroem Erneste**), à Asbo. — Cartons pour bâtiments. **(PARC.)**

11. Société anonyme de Sandviken, à Helsingfors. — Planches sciées et bois de construction. **(PARC.)**

12. Société anonyme de Tammerfors, à Tammerfors. — Cartons pour bâtiments. **(PARC.)**

13. Société anonyme de Vakiakoski, à Lembois. — Cartons pour bâtiments. **(PARC.)**

14. STIGELL (H.-J.), à Helsingfors. — Monument. **(PARC.)**

SAINT-MARIN.

1. FRANCINI Frères (Pietro et Marino), à Saint-Marin. — Tuiles et carreaux, ciment hydraulique. **(PALAIS.)**

SALVADOR.

1. BOUINEA U (Augusto), à San Salvador. — Modèle de maison pour tremblements de terre. **(PARC.)**

2. FLAMENCO (Manuel), à San Salvador. — Objets de serrurerie. **(PARC.)**

3. HERRADOR (Aparicio), à San Salvador. — Objets de serrurerie. **(PARC.)**

4. MONTOYA (Manuel), à San Salvador. — Objets de serrurerie. **(PARC.)**

SERBIE.

1. Manufacture royale d'armes et fonderie de canons, à Kragouyevatz. — Briques réfractaires. **(PALAIS.)**

SUISSE.

1. BAUER (François), à Zurich. — Coffres-forts à cuirasse. **(PALAIS.)**

2. BEHRNDT (Léon), à Coire (Grisons). — Coffre-fort incombustible, blindé cuirasse en matière trempée. **(PALAIS.)**

3. BOSSI (Gaetano) & Fils, à Locarno (Tessin). — Pressoir en fer, forte et bois, de 1m,20.   **(PALAIS.)**

4. FISCHER (George), à Schaffhouse. — Raccords en fonte malléable pour conduites d'eau, de gaz et de vapeur, compteurs à gaz, outils pour installations.   **(PALAIS.)**

5. Geneve (Ville de) — Plans des installations, barrages, machines, etc. Utilisation des forces motrices du Rhône.   **(PALAIS.)**

6. GROSSMANN (J.-G.), à Reisbach (Zurich). — Crochets d'échafaudage, outils.   **(PALAIS.)**

Specialité de construction de crochets d'échafaudage de sûreté en acier. Nouveau système à l'usage des entrepreneurs de bâtiments et des entrepreneurs de peinture.

7. SCHUPPISSER (A.) & MEYER, à Zurich. — Granit serpentin du Gotthardt.   **(PALAIS.)**

Concessionnaires des carrières du Granit serpentin du Gotthardt. Ce granit se distingue par la beauté de ses teintes et de son poli ; il résiste aux intempéries et se prête à tous les travaux d'architecture et de sculpture.
Pour tous renseignements, s'adresser à M. Schuppisser, à Zurich.

8. STEIMER (Édouard), à Wasen (Berne). — Fers à repasser, à braise, vis de char pour enrayer, articles de bâtiment, articles de ménage.   **(PALAIS.)**

9. STIERLIN (Godefroi), à Schaffhouse. — Charnières ferme-portes simples et doubles.   **(PALAIS.)**

Ferrures automotrices pour vasistas, ferme-portes pneumatiques ; ferrures pour portes va-et-vient.

10. THURNEER-ROHN, (Successeur de **Alais Rohn),** à Baden (Argovie). — Echantillons de parquets de tous genres et de toutes essences de bois.   **(PALAIS.)**

11. USTERI - REINACHER (Théophile), (successeur de **Hottinger et Cie),** à Zurich. — Appareils pour la classification des éléments hydrauliques.   **(PALAIS.)**

Appareils de pilonnage pour former les briquettes de ciment à l'arrachement et à l'ecrasement, aiguilles de Vicat, appareils à tamiser et à entasser, dynamomètres et accessoires, appareils pour l'essai à pénétration d'eau, hydromètres etc. Instruments de precision, etc. (Voir Cl.15)

12. WAMBOLD (F.-Martin), à Morges (Vaud).— Casiers à billets pour chemins de fer et pour bâteaux à vapeur.   **(PALAIS.)**

URUGUAY.

1. ALVARETZ (Ramon), à La Paz. — Granit.   **(PARC.)**

2. CORDOBA Téofilo) à Salto. — Terre réfractaire, verres.   **(PARC.)**

VÉNÉZUÉLA.

1. Commission de l'État Zulia et de la ville de Maracaibo. — Modèle de maison indienne.   **(PARC.)**

2. Société « El Cojo » (R. Nones et Cie), à Maracaïbo. — Modèles d'habitations lacustres des indiens du Lac de Maracaïbo.   **(PARC.)**

GROUPE VI.

OUTILLAGE ET PROCÉDÉS DES INDUSTRIES MÉCANIQUES.
ÉLECTRICITÉ.

CLASSE 64.

Hygiène et assistance publique.

FRANCE.

1. Amiens, (Bureau d'hygiène municipal d'), à Amiens (Somme). — Diagrammes et rapports annuels. **(ESPLANADE.)**

2. AMIENS (Hospice d') Maison **Cozette**, à Amiens (Somme). — Plans et comptes moraux. **(ESPLANADE.)**

3. Anciens Établissements Cail (Société des), à Paris, quai de Grenelle, 15. — Appareils de filtration et d'épuration des eaux. **(ESPLANADE.)**
   Société Anonyme. — Succursales à Denain et à Douai.
   Récompenses : 2 grands prix et 7 médailles à Paris 1878 ; 3 diplômes d'honneur, 1 médaille d'or, Amsterdam 1883 ; 6 diplômes d'honneur ; 3 médailles d'or, Anvers 1885.
   Appareil purificateur d'eau, système Easton et Anderson, breveté S. G. D. G.
   Pavillon d'exposition de la Société, près du Palais des Machines, côté La Bourdonnais.

4. APPERT Frères (Adrien-A. & Léon-A.), à Clichy-la-Garenne (Seine), rue des Chasses, 34. — Appareils pour le soufflage des verres, verres perforés pour ventilation, pièces soufflées en verre. **(ESPLANADE.)**

5. Ardoisières de Riadan (Ille-et-Vilaine), Administrateur : **Paul David**, au Mans (Sarthe), avenue de Paris, 29. — Urinoirs, éviers, cuves, bassins, gargouilles, table de dissection en ardoises, etc. **(ESPLANADE.)**

6. ASTORGIS (A.) Fils Aîné, à Paris, rue du Foin, 8. — Appareils de ventilation pour les fosses d'aisances. **(ESPLANADE.)**

7. AVOYNE & BONAMY (Successeur de **Avoyne-Bainée et Sibillat**), à Paris, rue de l'Arbalète, 39. — Lits, sommiers et meubles en fer. **(ESPLANADE.)**
   Literie pour hôpitaux, hospices, asiles d'aliénés et de nuit, maisons d'instruction, de bienfaisance, prisons, casernes, ambulances, entrepreneurs. Fournisseurs de l'assistance publique de Paris et des Ministères et d'un grand nombre d'établissements en province et à l'étranger. Médailles Londres 1851 et 1862, Paris 1855, 1867 et 1878.

8. BEAUVALET Frères, à Paris, rue de Rivoli, 89. — Robinetterie, appareils de water-closets. **(ESPLANADE.)**

9. BELLOT (Henri), à Paris, rue de Lourmel, 58. — Appareils de ventilation. **(ESPLANADE.)**

10. BERL (Achille), à Paris, rue des Trois-Bornes, 11. — Lits et meubles en fer.
(ESPLANADE.)

11. BERTRAND (D. A.), à Chalon-sur-Saône (Saône-et-Loire). — Projet d'asile pour les enfants assistés du premier âge. (ESPLANADE.)

12. BESSON & Cie, à Paris, boulevard des Capucines, 35. — Chauffage par circulation d'air. (ESPLANADE.)

13. BONNEFOY (D'), à Paris, faubourg Saint-Honoré, 215. — Appareils pour les blessés, malades et infirmes. (ESPLANADE.)
   Appareils du docteur Eugène Bonnefoy. Fractures, coxalgies, maladie de Pott. Résections, reproductions osseuses.
   Médaille d'argent et 2ᵉ Prix de Progrès à l'Exposition internationale de Bruxelles 1888.

14. BOUCHER (Vve E.) & Cie, à Fumay (Ardennes). — Appareils à bascule, mangeoires pour chevaux, urinoirs, lavabos scolaires, postes et réservoirs d'eau, tuyaux de descente, pompes. (ESPLANADE.)
   Londres 1851, Prize medal ; Paris 1855, une médaille d'argent ; Londres 1862, Prize medal; Paris 1867, deux médailles d'argent ; Vienne 1873, deux médailles d'argent ; Paris 1878, deux médailles d'argent ; Amsterdam 1883, une médaille d'argent ; Anvers 1885, une médaille d'or.

15. BOUDARD (Auguste), à Gannat (Allier). — Brochures concernant l'hygiène. (ESPLANADE.)

16. BOUGAREL (P.-E.-F.), à Paris, rue de Dunkerque, 24. — Dessins relatifs à l'assainissement des habitations des villes. (ESPLANADE.)

17. BOULET (J.) & Cie, (ancienne Maison **Hermann-Lachapelle**), à Paris, rue Boinod, 31. — Appareil continu pour fabrication des boissons gazeuses, filtres Chamberland, système Pasteur. (ESPLANADE.)
   Médaille d'or, 1878. — Médaille d'or. Diplôme d'honneur aux Expositions d'Amsterdam, 1883 ; Anvers 1885. — Membre du Jury à l'Exposition de Barcelone 1888. — Croix de la Légion d'honneur en 1888.

18. BOURRY (Émile-C.), à Paris, rue Taitbout, 80. — Fours pour l'incinération des cadavres, four crematoire de Zurich. (ESPLANADE.)
   Médaille de bronze, Exposition universelle de 1878. (Voir classes 20, 48 et 51.)

19. BRETON & Cie, à Paris, quai de la Rapée, 58. — Poêle Cadé, chauffage et combustion vive. (ESPLANADE.)

20. BRUNET (Daniel-J.), à Évreux (Eure), Asile d'aliénés. — Plans.
(ESPLANADE.)

21. BUHRING (Charles) & Cie, à Paris, rue des Pyramides, 19. — Filtres en charbon, pipes en charbon. (ESPLANADE.)

22. BURON (Alcide), à Paris, boulevard St-Martin, 8. — Filtres de fontaine.
(ESPLANADE.)

23. CARRÉ, Fils et Cie, à Paris, quai d'Orsay, 127. — Appareils pour la filtration des eaux. (ESPLANADE.)

24. CAZAUBON (D.) & Fils, à Paris, rue Notre-Dame-de-Nazareth, 43. — Appareils de chasse pour appartements et ateliers, garde-robes, siéges à bascule.
(ESPLANADE.)

25. CHABRIER Jeune (François), à Paris, rue de Maubeuge, 63. — Filtres.
(ESPLANADE.)

26. CHADAPEAUX (Noël), à Paris, rue des Vinaigriers, 15. — Tuyaux et appareils en fonte et en grès vernissés pour l'assainissement des villes et des maisons. Siphons en tous genres. (ESPLANADE.)

27. CHAMEROY (Hippolyte B.), au Vésinet (Seine-et-Oise) avenue Centrale 89. — Robinets intermittents, empêchant tout écoulement constant, réservoir de chasse. (ESPLANADE.)
   Adopté par le service des eaux de la ville de Paris, par arrêté préfectoral du 21 avril 1885.

28. CHASLES, à Paris, rue de Montreuil, 77. — Étuves à désinfection, buanderies ;
plans.   (ESPLANADE.)

29. CHASLES (C.-Henri), (ancienne maison **J. Decoudun et Cie**), à Paris,
rue Friant, 9. — Dessins et plans d'installations d'appareils divers pour buanderies,
blanchisseries, etc.   (ESPLANADE.)

> Spécialité de matériel de buanderies, blanchisseries, lavoirs, teintures et apprêts pour l'indus-
trie et l'économie domestique. Organisation et montage d'usines.
> Fournisseur des hôpitaux et grands établissements civils et militaires.
> Quelques installations faites par la Maison :
> Hospices civils de Lyon, Assistance publique de Paris, Hôpitaux de Chartres, Angers,
Dreux, Châlons-sur-Marne, Cahors, Boulogne-sur-Mer, Rodez, Tourcoing, Bordeaux, Toul,
Clermont-Ferrand, Dijon, Aurillac, Rennes, Vitré, Chantilly, etc.
> Asiles d'aliénés de : Ville-Evrard, Vaucluse, Villejuif, Aix, Auch, Lehou, Maréville, Blois,
Bourges, etc. — Nombreuses références de communautés, pensionnats, collèges, châteaux,
établissements thermaux, casinos, hôtels, etc., etc.

30. CHÉROT (Albert), à Paris, avenue Victoria, 1. — Plan de l'assainissement
des grands magasins du Bon Marché. (Installation du tout à l'égout).   (ESPLANADE.)

31. CHONNAUX-DUBUISSON, à Villers-Bocage (Calvados). — Travaux
scientifiques sur l'hygiène.   (ESPLANADE.)

32. COIGNET (Edmond) & Cie, à Paris, rue des Mathurins, 3. — Tuyaux
pour canalisation et produits divers pour l'assainissement, en bétons agglomérés et en
mosaïques de marbre.   (ESPLANADE.)

> Usine à Asnières (Seine). — Tuyaux en bétons agglomérés. — Carrelages et revêtements.—
Vasques, postes d'eau en bétons agglomérés ou en mosaïques de marbres. — Travaux de cana-
lisations, égouts, réservoirs en bétons agglomérés, brevetés S. G. D. G., etc. Voir le pavillon
Coignet (jardin central) et les appareils Coignet dans la galerie des machines. — Récompenses :
Londres 1862, Paris 1867, Barcelone 1888 (hors concours, Jury).

33. Commission des Ardoisières d'Angers (La) Gérant, **M. G.
Larivière**, à Angers (Maine-et-Loire). — Dalles d'ardoises pour cabinets d'aisances, etc.   (ESPLANADE.)

> Urinoirs, sièges et cabinets d'aisances. — Revêtements hydrofuges. — Kiosques et pavillons
pour la salubrité des villes.
> Ardoiserie émaillée. — Revêtements et panneaux décoratifs de toutes dimensions.
> Médaille unique de 1re classe aux Expositions de 1855, 1867. — Méd. d'or, Exp. de 1878.
> Ch. Fouinat, représentant, 170, quai de Jemmapes, Paris.

34. Compagnie des eaux de Constantinople, à Paris, rue d'Anjou, 52. —
Cartes et plans de la distribution d'eau de Constantinople.   (ESPLANADE.)

35. Compagnie des Grès (Jacob Frères), à Pouilly-sur-Saône (Côte-d'Or).
— Grès français.   (ESPLANADE.)

36. Compagnie de Ventilation (L'Aérophore), à Paris, rue des Petits-
Hôtels, 4. — Ventilation mécanique.   (ESPLANADE.)

37. Compagnie de vulgarisation du vaccin charbonneux Pasteur,
à Paris, rue Laffitte, 47. — Matériel complet d'un laboratoire pour la préparation du
vaccin charbonneux Pasteur.   (ESPLANADE.)

38. Compagnie du gaz du Mans, de Vendôme et de Vannes, Directeur, **Séguin (Léon E.)**, au Mans (Sarthe). — Modèle de poste de secours.
                                                                      (ESPLANADE.)

39. Compagnie Générale des Eaux pour l'Étranger, à Paris, rue d'Anjou, 52. — Distribution d'eau des villes de Venise, Naples, Vérone, Bergame, Spezia et
Porto.   (ESPLANADE.)

> Plans et photographies de distribution d'eau ; *Italie* : Venise, Naples, Vérone, Bergame et
Spezia. *Portugal* : Porto.

40. Compagnie générale de filtrage (Amédée David Successeur), à
Paris, rue du Bac, 83. — Appareils et procédés pour la clarification et l'assainissement des eaux.   (ESPLANADE.)

41.   Compagnie The Wenham, à Paris, rue de La-Rochefoucauld, 58.— Lampes à gaz servant à l'éclairage et à la ventilation.   **(ESPLANADE.)**

42.   CORPATAUX (P.-B.), à Paris. boulevard Voltaire, 188 bis. — Appareils inodores portatifs et toilettes-lavabos.   **(ESPLANADE.)**

43.   COURTOIS (Jules), à Chartres (Eure-et-Loir). — Tonneau dit « tonneau roulant des écoles » pour engrais.   **(ESPLANADE.)**

44.   DAMENJON Frères, à Grenoble (Isère), rue Thiers, 6. — Plans de travaux d'assainissement.   **(ESPLANADE.)**

45.   Dames françaises (Association des), à Paris, boulevard des Capucines, 24. — Matériel d'ambulance et moyens d'enseignement pour les ambulancières et les garde-malades.   **(ESPLANADE.)**

> Association pour les secours aux Militaires, en cas de guerre, et aux Civils dans les calamités publiques, reconnue d'utilité publique et rattachée, en temps de guerre, aux Ministères de la Guerre et de la Marine.
> Diplômes d'honneur à l'Exposition d'Anvers 1885.

46.   DAVID (Léon-L.), au Havre (Seine-Inférieure), rue de Fécamp, 3. — Plans et façades du nouvel hôpital du Havre.   **(ESPLANADE.)**

47.   DEHAITRE (Fernand), à Paris, rue d'Oran, 6. — Étuves de désinfection en tous genres, à vapeur sous pression, à circulation d'air chaud et de vapeur d'eau, à vapeur libre, fixes et mobiles.   **(ESPLANADE.)**

> Matériel spécial pour désinfection, épuration, bains, hydrothérapie, buanderies, lavoirs, chauffage, ventilation. — Médailles d'or, Vienne, 1873 ; Paris, 1878.

48.   DELAFOLLIE, BASTIDE, CASTOUL & Cie, à Paris, rue Martel, 6. — Lampes à gaz pour ventilation.   **(ESPLANADE.)**

> Médaille d'argent, Paris 1878 ; Médaille d'or, Melbourne 1881.

49.   DELAFON (Maurice), à Paris, quai de la Râpée, 14. — Appareils hygiéniques d'évacuation.   **(ESPLANADE.)**

> Directeur de l'agence de la Compagnie des Grès français de Pouilly-sur-Saône.
> Appareils sanitaires en grès vernisse et émaillé.
> Etudes d'appareils et de travaux d'assainissement.
> Projets de canalisation à petite section.

50.   DELISLE (Jules-T.), architecte, à Paris, rue Drouot, 27. — Projet d'hospice-hôpital présenté à la ville de Vichy (Allier) en 1883 et d'hôpital thermal dit « de consomption ».   **(ESPLANADE.)**

> Application du « tout à l'égout », Maison : rue d'Assas, 78 et rue Vavin, 1 et 3, à Paris.
> Médaille d'argent, Anvers, 1885.

51.   DOUCET (Dr A.-H.), à Paris, rue Caulaincourt, 26. — Culture du vaccin antivariolique.   **(ESPLANADE.)**

52.   DOULTON & Cie, à Paris, rue de Paradis, 6. — Appareils pour l'assainissement général des habitations et des villes : water-closets, siphons de chasses, etc.   **(ESPLANADE.)**

53.   DUPONT (Alexandre-A.-E.), à Paris, rue Hautefeuille, 10. — Lits, fauteuils et appareils mécaniques pour malades et blessés.   **(ESPLANADE.)**

> Maison fondée en 1847.
> Appareils mécaniques pour malades et blessés : lits, fauteuils articulés, à roues et à élévations, voitures, portoirs et brancards, tables et pupitres pour lits, garde-robes de tous systèmes, cannes et béquilles, chariots et siéges pour coxalgie.
> Fauteuils et tables à opérations pour médecins et dont l'usage peut se dissimuler.
> Plates-formes et brancards roulants pour hospices et cliniques.
> 17 brevets. Fournisseurs des hôpitaux de France et de l'Étranger.
> Exposition universelle, Paris 1878. Médaille d'argent (la plus haute récompense accordée à cette industrie).

54.   DURAND-CLAYE (Mme Ernestine), à Paris, rue de Clichy, 69. — Œuvres de feu Alfred Durand-Claye.   **(ESPLANADE.)**

55. EGROT, à Paris, rue Mathis, 23. — Cuisines à vapeur pour hôpitaux, etc.
(ESPLANADE.)

56. FAURE Père et Fils, à Revin (Ardennes). — Appareils inodores, garde-robes, éviers, postes d'eau, mangeoires, articles divers de plomberie et de bâtiment.
(ESPLANADE.)

57. FISCHER & Cie, à Chailvet, par Urcel (Aisne). — Produits antiseptiques.
(ESPLANADE.)

58. FLICOTEAUX (Ach.), à Paris, rue du Bac, 83. — Appareil de water-closets dit « le Sanitaire ». Assainissement et distribution d'eau.   (ESPLANADE.)

Assainissement des villes et des habitations. Projets, études et devis. Réservoirs de chasse pour égouts et drainage. Tuyaux de chute en fonte avec joints au plomb, serrés à froid. Appareils de water-closets à siphon « Le Sanitaire ». Siéges communs, latrines, urinoirs. Siphons en plomb et en cuivre. Éviers, réservoirs de graisse. Appareils pour hôpitaux. Lavabos d'opération et chauffage d'eau pour ovariotomie. Épurateur d'air. Lavabo d'hôpital. Vidoirs avec chasse. Distribution d'eau pour villes et pour habitations, robinets, clapets, bouches d'arrosage, bornes-fontaines. Robinetterie, système Bonnin. Lavabos pour écoles et pour administrations. Lavabo-toilette à chauffage. Chauffe-bains au gaz. Bains et douches. Entrepreneur et fournisseur de la ville de Paris, des Ministères, des Compagnies de Chemin de fer, des hôpitaux de Paris. Récompenses : Paris 1878, Anvers 1885, médailles d'argent.

59. FOURNIAUD (Léonard), à Marseille (Bouches-du-Rhône). — Fosse à appareils diviseurs, inodore, hygiénique.   (ESPLANADE.)

60. FURTADO-HEINE (Mme Cécile), à Paris, rue de Monceau, 28. — Modèle en plâtre du dispensaire avec quatre dessins.   (ESPLANADE.)

Dispensaire Furtado-Heine fondé et doté par Mme Furtado-Heine, chevalier de la Légion d'honneur. Établissement d'utilité publique, consacré au traitement gratuit des maladies des enfants pauvres sans distinction de nationalité ni de culte.

61. GAUTTARD, née **Sanson (Mme Camille),** à Paris, rue Bouret, 21. — Le « sauton, » levier nouveau système permettant aux malades de se soulever ou de se déplacer eux-mêmes dans leur lit.   (ESPLANADE.)

62. GENESTE HERSCHER & Cie, à Paris, rue du Chemin-Vert, 42. — Spécimens en nature, dessins d'installations réalisées et appareils.   (ESPLANADE.)

Pavillon spécial, appareils en fonctionnement à l'Esplanade des Invalides. Systèmes spéciaux de ventilation et de chauffage pour les diverses sortes d'établissements publics et particuliers ; écoles, lycées, laboratoires, amphithéâtres, salles d'assemblées, théâtres, hôpitaux, asiles, casernes, prisons, églises, musées, grandes serres, halles, administrations, ateliers, etc. Appareils de désinfection pour les objets de literie, linges, vêtements, chiffons, instruments de chirurgie, crachoirs et crachats de tuberculeux, parois et matériel des hôpitaux, casernes, écuries, wagons à bestiaux, abattoirs, etc. Types spéciaux d'étuves pour lazarets, hôpitaux, prisons, asiles de nuit, établissements sanitaires municipaux, navires ; types locomobiles pour désinfection sur place. Appareils et matériel des travaux d'assainissement des villes, établissements publics et maisons particulières. Dessins d'installations réalisées. Études. Expériences.

63. GERSON (Dr), à Hambourg, représenté par **M. Beltz,** à Paris, rue Daru, 9. — Filtres.   (ESPLANADE.)

64. GIBERT (Dr J.-H.-A.), au Havre, rue de Séry, 41. — Dispensaire.
(ESPLANADE.)

65. GILLOT Père (Auguste), à Asnières (Seine), rue de Bretagne, 30. — Hôpital modèle, construction et aménagement d'une chambre d'isolement pour les maladies contagieuses et épidémiques.   (ESPLANADE.)

Solution concernant la suppression complète de toutes les matières poreuses sans exception.

66. GODIN (ancienne Maison), **Société du familistère de Guise, Dequenne & Cie,** à Guise (Aisne). — Appareils inodores, urinoirs, baignoires, évier en fonte émaillée, cuvettes, lavabos, pots de siége, obturateurs, siphons, mangeoires
(ESPLANADE.)

67. GRAGNIC, à La Plaine-Saint-Denis, avenue de Paris, 118. — Sommier perfectionné. **(ESPLANADE.)**

68. GRILLOT (Augustin-L.-G.), à Paris, rue Oberkampf, 62. — Bouche d'égoût inodore en fonte, à fermeture hydraulique syphoïde. **(ESPLANADE.)**

69. HARO (Dr F.-Auguste), à Montpellier (Hérault). — Instruction résumant l'hygiène de la femme enceinte, de la femme en couches et du nouveau-né jusqu'au sevrage. **(ESPLANADE.)**

Annexée depuis peu au livret de famille que la ville de Montpellier délivre gratuitement au moment du mariage, à tous les nouveaux époux.

70. HAVARD Frères, à Paris, quai Conti, 19. — Appareils de garde-robes pour réservoir et pour eau forcée, siéges communs à bascule à effet d'eau et sans effet d'eau, appareil à fermeture hermétique et à siphon. **(ESPLANADE.)**

71. HERBET (L.-J.-H.), à Paris, avenue de Wagram, 155. — Appareils pour garde-robes à chasses d'eau. **(ESPLANADE.)**

72. HERPE (F.), à Paris, rue de Leibnitz, 46. — Kiosque-urinoir. **(ESPLANADE.)**

73. HIBLOT (Xavier), à Boulogne-sur-Seine (Seine), rue Fessart, 51. — Un filtre en charbon concentré pour les eaux ménagères et de campagne. **(ESPLANADE.)**

74. HOWATSON (Andrew), à Londres S. W., Westminster Chamber, **Courtonne**, à Paris. — Appareil pour l'épuration des eaux domestiques. **(ESPLANADE.)**

75. JACQUEMIN (J.-Amédée), à Paris, rue Saint-Paul, 9. — Appareils sanitaires. Installation du tout à l'égoût. **(ESPLANADE.)**

Tampons hermétiques de dégorgement pour tuyaux en fonte et en grès. Siphons obturateurs en S pour colonnes horizontales ou verticales ; regards hermétiques à fermeture à clef. Regards d'entrée d'eau et siphons à panier, cones, châssis à plaque et striés ; siéges siphoïdes à réservoirs de chasse sans chaine de tirage pour siéges communs et d'appartements, la chasse s'opère seule après le départ.

76. KATZ (Marc), à Paris, rue du Faubourg-St-Martin, 94. — Enlèvement du gaz méphitique dans les usines et de l'air vicié dans les hôpitaux. **(ESPLANADE.)**

77. KULA (J.-Charles), à Paris, rue de Maubeuge, 27. — Toilettes, lavabos, salles de bains, water-closets. **(ESPLANADE.)**

78. LALIS (Léon), à Liancourt-Rantigny (Oise). — Un tonneau à suspension centrale à vidanges inodores. **(ESPLANADE.)**

79. LE BLANC (Jules), à Paris, rue du Rendez-Vous, 52. — Étuves et appareils de stérilisation et de désinfection des objets ayant été au contact des malades. **(ESPLANADE.)**

Médaille d'or aux Expositions : Paris, 1878, Amsterdam 1883.

80. LE BRETON (Louis), à Orléans (Loiret). — Réservoir à chasse d'eau pour water-closets. **(ESPLANADE.)**

81. LHUILLIER (Mme Amélie), à Paris, rue Lauriston, 55. — Dossier-lit articulé pour malades. **(ESPLANADE.)**

82. LIOT (Firmin), à Paris, boulevard Beaumarchais, 98. — Appareils de cabinets, siphons. **(ESPLANADE.)**

83. LORIOT (Léon-E.), à Paris, rue du Faubourg-St-Denis, 50. — Vaporisateurs et projeteur de tous les liquides. **(ESPLANADE.)**

84. MAIGNEN (P.-A.), à Paris, place de l'Opéra, 4. — Filtres de fabrication française. **(ESPLANADE.)**

Filtres à eau diminuant le degré hydrotimétrique, réduisant la matière organique, arrêtant les sels de plomb, etc. Filtres spéciaux pour le menage, pour l'exportation, pour les voyageurs, pour la table, pour attacher à la conduite et mettre dans les reservoirs. Filtre glacière, etc.

Anti-calcaire Maignen (poudre pour adoucir les eaux dures des puits et des sources, pour la cuisson des legumes, la toilette, la lessive. Procede pour le traitement des eaux menageres.

85. MALLIÉ (Vve Juliette), à Paris, rue du Faubourg–Poissonnière, 155.
— Filtres de ménage, application des théories Pasteur, par la pression de l'eau ; filtres
de campagne.   **(ESPLANADE.)**

Anti-microbes. L'Aérifiltre Mallié, est breveté en France et à l'étranger.

86. MARSEILLE (Ville de), représentée par **A. CARTIER,** Agent-Voyer
des Bouches-du-Rhône, à Marseille, (Bouches-du-Rhône). — Projet d'assainissement
de la ville de Marseille.   **(ESPLANADE.)**

87. MASSON (Louis-A.), à Paris, avenue Parmentier, 22. — Études sur l'assainissement des villes et des habitations.   **(ESPLANADE.)**

**88. MINISTÈRE DE L'INSTRUCTION PUBLIQUE (Exposition
collective organisée par le):**   **(ESPLANADE.)**

Béquet (Mme), à Paris, rue Jacob, 33. — Exposition de la Société d'allaitement ma-
ternel.

Bérard, à Quimper (Finistère). — Collection d'objets infantiles en usage en Bretagne.

Brousse (Dr P.), à Bourganeuf (Creuse). — Collection d'objets infantiles marchois
modernes.

Chervin Aîné, à Paris, avenue Victor Hugo, 82. — Tableaux et documents sur les
bègues.

Congrégation des Sœurs de Saint-Vincent-de-Paul, à Paris. — Maquette de la crèche
de la rue de la Glacière.

Duchêne (Mme), à Paris, rue Pétrarque, 6. — Maquette de crèche.

Faucompré, à Besançon, rue de la Préfecture, 4. — Maquette de crèche.

Faucon (Mme), à Paris, rue Notre-Dame-de-Lorette, 56. — Berceaux auvergnats.

Fernand, à Paris, place du Trocadéro, 4. — Collection d'objets infantiles en usage dans
l'Ariège.

Floquet (Mme), à Paris, avenue Marceau, 82. — Modèle de crèche.

Guichard, à Neyssouze (Ain). — Collection de coiffes d'enfants assistés de l'Ain.

Hospice de Bordeaux, à Bordeaux (Gironde). — Plans de l'hospice des Enfants-
Assistés.

Landrin (Mme), à Paris, Palais du Trocadéro. — Carnets d'inspections, moustiquaires,
berceaux, etc.

Lebrigand, à Pontivy (Morbihan). — Berceaux bretons et poupées.

Lefevre (Docteur), à Morlaix (Finistère). — Modèles de meubles infantiles bretons.

Lesourd, à Tours (Indre-et-Loire). — Maquette de crèche.

Lottin, à Selles-sur-Cher (Loir-et-Cher). — Biberons.

Mathias (Mme), à Paris, rue de Dunkerque, 29. — Maquette de crèche.

Metton (Docteur), à Rouen (Seine-Intérieure). — Collection d'objets infantiles en usage
en Normandie.

Ministère de l'Intérieur (Inspecteurs départementaux des Enfants-Assistés), à Paris.
— Collections d'imprimés, layettes et vêtures du service des Enfants-Assistés.

Piviou, à Tours (Indre-et-Loire). — Collection d'objets infantiles de la Touraine.

Rollet, à Bourg (Ain). — Collections d'objets infantiles de la Bresse et du Bugey.

Sain (Mme), à Paris, rue des Réservoirs, 13. — Objets infantiles en usage dans le Rhône
et l'Ain.

Sausserotte, à Lille (Nord). — Collection infantile du département du Nord.

Sébillot (Mme), à Paris, rue de l'Odéon, 10. — Collection infantile bretonne moderne.

Sellier, docteur, à Versailles (Seine-et-Oise). — Collection d'objets infantiles en usage
dans Seine-et-Oise.

Société de protection de l'Enfance, à Marseille (Bouches-du-Rhône. — Collections
d'objets infantiles provençaux modernes et plans de crèches.

Supérieure des Sœurs de l'Hôpital Français, à Athènes (Grèce). — Objets infantiles.

Suthls (Docteur), à la Chapelle-la-Reine (Seine-et-Marne). — Pèse-bébés et tableaux
divers.

Texereau, à Auch (Gers). — Collection d'objets infantiles en usage dans le Gers.

89. MINISTÈRE DE L'INTÉRIEUR (Exposition collective des Services du), à Paris. — Direction de l'assistance publique. Asile d'aliénés, hospices et hôpitaux, services de l'hygiène, services de l'enfance et établissements nationaux, établissements divers. **(ESPLANADE.)**

ASILE ET DÉPÔT DE MENDICITÉ DE PERRON (Isère). — Plans de l'établissement.

ASILE NATIONAL DE CONVALESCENCE DE VINCENNES, à Saint-Maurice (Seine). — Plan et vues photographiques de l'établissement. Maquette d'une chambre de convalescent.

ASILE NATIONAL DE CONVALESCENCE DU VÉSINET (Seine-et-Oise). — Plans, croquis et vues photographiques de l'établissement.

ASILE PUBLIC D'ALIÉNÉS D'AIX (Bouches-du-Rhône). — Cellule d'aliénés avant la Révolution.

ASILE PUBLIC D'ALIÉNÉS D'ARMENTIÈRES (Nord). — Plan en relief de l'établissement.

ASILE PUBLIC D'ALIÉNÉS DE BAILLEUL (Nord). — Plan en relief de l'établissement.

ASILE PUBLIC D'ALIÉNÉS DE BASSENS, près Chambéry (Savoie). — Plans de l'établissement.

ASILE PUBLIC D'ALIÉNÉS DE BONNEVAL (Eure-et-Loir). — Plans du nouveau pensionnat de cet établissement.

ASILE PUBLIC D'ALIÉNÉS DE BORDEAUX (Gironde). — Plans du nouveau bâtiment réservé aux aliénés.

ASILE PUBLIC D'ALIÉNÉS DE DURY (Somme). — Plans et vues.

ASILE PUBLIC D'ALIÉNÉS DE PRÉMONTRÉ (Aisne). — Plan en relief de l'établissement ; photographies.

ASILE PUBLIC D'ALIÉNÉS DE QUIMPER (Finistère). — Trois plans du dernier pavillon de l'établissement.

ASILE PUBLIC D'ALIÉNÉS DE VILLE-ÉVRARD (Seine-et-Oise). — Cellule modèle.

ASILE PUBLIC DE SAINTE-GEMMES-SUR-LOIRE (Maine-et-Loire). — Plans de l'établissement.

ASILE PUBLIC D'ALIÉNÉS DE SAINT-ROBERT (Isère). — Plan de l'établissement.

ASILE PUBLIC D'ALIÉNÉS DE SAINT-YON (Seine-Inférieure). — Plan en relief de l'établissement.

BUREAU DES INSTITUTIONS DE PRÉVOYANCE DE PARIS. — 1° Statistique du personnel de l'avoir et des caisses de retraites des sociétés de secours mutuels. Tableaux, cartes, rapports et documents relatifs à ces sociétés. 2° Documents relatifs aux Monts-de-Piété. Maquette d'un bureau auxiliaire.

DISPENSAIRE DE LA FONDATION PÉREIRE, à Levallois-Perret (Seine). — Plan en relief.

DISPENSAIRE GRATUIT DU 1ᵉʳ ARRONDISSEMENT DE PARIS, rue Jean-Lantier, 15. — Plans de l'établissement. Tableaux montrant les services rendus.

ESCARRAGUEL, à Ambès (Gironde). — Plan en relief de l'hospice d'Ambès.

HÔPITAL D'ANET (Eure-et-Loir). — Plan de l'établissement.

HÔPITAL D'AVIGNON (Vaucluse). — Plans du dispensaire de l'hôpital d'Avignon et des nouvelles infirmeries de l'asile public d'aliénés de Montdevergues.

HÔPITAUX ET HOSPICES DE BORDEAUX (Gironde). — Plans et vues photographiques des établissements et en particulier de l'hospice général de Pellegrin.

HÔPITAL DE CHARLEVILLE (Ardennes). — Plans de l'établissement.

HÔPITAL DE CHARTRES (Eure-et-Loir). — Plans de l'établissement. Salle d'opérations dudit hôpital.

HÔPITAL DE CONDOM (Gers). — Plans de l'établissement.

HÔPITAL DE DUNKERQUE (Nord). — Plans de l'établissement. Plan en relief d'un pavillon.

HÔPITAL DU HAVRE (Seine-Inférieure). — Plans du nouvel hôpital et modèle en relief d'un des pavillons.

HÔPITAL DE MÉZIÈRES (Ardennes). — Plans de l'établissement.

HÔPITAL DE MIRANDE (Gers). — Plans de l'établissement.

HÔPITAL CIVIL ET MILITAIRE DE MONTPELLIER (Hérault). — Plan en relief de l'établissement par M. Tollet.

HÔPITAL DE ROSENDAEL (Nord). — Plans de l'établissement.

Hôpital de Versailles (Seine-et-Oise).— Plans et vues photographiques de l'établissement.

Hôpital de Vichy (Allier). — Plan en relief de l'ensemble de l'établissement et vues photographiques.

Hôpitaux et Hospices de Grenoble (Isère). — Plans de ces établissements.

Hôpitaux et Hospices de Lyon (Rhône). — Plans de ces établissements.

Hospice d'Agen (Lot-et-Garonne). — Plan du quartier des aliénés de cet établissement.

Hospice d'Aix-les-Bains (Savoie). — Plans de l'établissement.

Hospice d'Armentières (Nord). — Plans et vues de l'établissement.

Hospices de Cherbourg (Manche). — Plan de l'établissement.

Hospices de Condé (Nord). — Plan de l'établissement.

Hospice de Dampierre (Haute-Saône). — Plan de l'établissement.

Hospice de Dourdan (Seine-et-Oise). — Plan de l'établissement.

Hospices de Granville (Manche). — Plan de l'établissement.

Orphelinat Agricole Royer d'Anctoville (Calvados). — Plan de l'établissement.

Service de l'hygiène publique, à Paris. — Plan en relief du lazaret de Trompeloup (Gironde). Plan général et vue d'ensemble de la consigne sanitaire à Marseille, du lazaret de Frioul à Marseille, du lazaret de Mindin (Loire-Inférieure), appareils de désinfection fixes et locomobiles pour les hôpitaux, navires, sur la voie publique et à domicile. Documents sanitaires, cartes des eaux minérales de France. Plans, coupes et vues d'ensemble de l'établissement d'Aix-les-Bains, photographies des appareils balnéaires et des cabinets de douches.

Services de l'enfance, à Paris. — Tableaux et documents concernant le service de la protection des enfants du premier âge et le service des enfants assistés. Modèles vêtures, de lits et de biberons pour l'élevage des enfants dans toutes les parties de la France et à diverses époques.

Société Marseillaise des ateliers d'aveugles à Marseille (Bouches-du-Rhône) boulevard de la Corniche. — Plans des nouveaux ateliers et divers objets (brochures, machine à écrire).

Hospice de Guines (Pas-de-Calais).— Plans et vues photographiques de l'établissement.

Hospice d'Issoire (Puy-de-Dôme). — Photographies d'ensemble de l'établissement.

Hospice de Laval (Mayenne). — Plans du dispensaire établi à l'hospice Saint-Louis et à l'hôpital Saint-Julien.

Hospice de Luré (Haute-Saône). — Plan de l'établissement.

Hospice de Luxeuil (Haute-Saône). — Plan de l'établissement.

Hospice de Méteren (Nord). — Plans de l'établissement.

Hospice de Nieppe (Nord). — Plan de l'établissement.

Hospice de Nuits (Côte-d'Or). — Vues photographiques de l'établissement.

Hospice de Perpignan (Pyrénées-Orientales). — Plans et vues photographiques de l'établissement.

Hospice de Rambouillet (Seine-et-Oise). — Plans du nouveau pavillon.

Hospice de Roubaix (Nord). — Plan de l'établissement.

Hospice de Saint-Jammes-sur-Sarthe (Sarthe). — Plans de l'établissement.

Hospices civils de la Rochelle (Charente-Inférieure). — Plan de l'établissement.

Hospice civil et militaire de Cette (Hérault). — Plans de l'établissement.

Hospice des vieillards de Cognac (Charente). — Plan de l'établissement.

Hospices et Hôpitaux de Marseille (Bouches-du-Rhône)—Dessins et plans de ces établissements.

Hospice et Hôpital de Saint-Pierre-lez-Calais (Pas-de-Calais). — Plans et vues photographiques de ces établissements.

Hospice général de Tours (Indre-et-Loire). — Plans et vues photographiques de l'établissement.

Hospice National des Quinze-Vingts et Clinique ophthalmologique, à Paris, rue de Charenton. — Documents tirés des archives de l'hospice National, plans et photographies, carte et tableau statistiques. Clinique ophthalmologique, documents scientifiques, dessins, pièces anatomopathologiques, préparations microscopiques, etc.

Hospice Sainte-Marguerite a Marseille (Bouches-du-Rhône). — Plan en relief de l'établissement.

Hospice Saint-Martin a Troyes (Aube). — Plans de l'établissement.

Hospice Saint-Nicolas a Troyes (Aube). — Plans de l'établissement.

Hôtel-Dieu de Beaune (Côte-d'Or). — Plans et vues photographiques de l'établissement, de la salle d'opération, du séchoir et de l'étuve à désinfection.

Hôtel-Dieu de Troyes (Aube). — Plans de l'établissement.

Institution Nationale des jeunes aveugles à Paris, boulevard des Invalides, 56. — Plans et vues, notices, catalogues, livres servant à l'enseignement, collection d'appareils à écrire, livres et plaquettes de musique, trophée des instruments enseignés à l'institution, produits des ateliers, piano, etc, etc.

Institution Nationale des sourdes-muettes de Bordeaux (Gironde). — Plans et vues photographiques de l'établissement, plan général par étages, modèle réduit du mobilier scolaire en usage, travaux des pensionnaires.

Institution Nationale des sourds-muets de Chambéry, commune de Cognin (Savoie). —Plans, albums de photographies. Documents divers. Objets fabriqués par les élèves.

Institution Nationale des sourds-muets, à Paris, rue Saint-Jacques, 254. — Documents divers. Travaux des élèves. Objets du musée pédagogique, maquettes d'une chambre, d'une salle à manger et d'une cuisine avec le mobilier spécial à chacune d'elles. Meubles établis et sculptés par les élèves. Produits du jardinage et des ateliers de cordonnerie, typographie, etc. etc.

Maison Nationale de Charenton, à Saint-Maurice (Seine). — Vues photographiques. Plan géométral de l'établissement.

Mont-de-Piété du XVIIe arrondissement, de Paris,— Plan en relief de l'établissement.

Œuvre Nationale des Hôpitaux-Marins de Paris, rue de Miromesnil, 61. — Plans et vues photographiques de l'Hôpital de Pen-Bron (Loire-Inférieure), du Sanatorium de Banyuls (Pyrénées-Orientales), du Sanatorium d'Arcachon (Gironde) et du Sanatorium de la Boulerie-Saint-Raphaël (Var).

90. MONDUIT Fils (P.), à Paris, rue Poncelet, 31. — Plans d'appareils sanitaires. **(ESPLANADE.)**

Entrepreneur de la Ville de Paris, des bâtiments civils et Palais nationaux, du Sénat, de la Chambre des députés et de la Compagnie des chemins de fer de l'Ouest (Nouvelle gare Saint-Lazare et hôtel Terminus). Nombreux travaux d'assainissement, publics et particuliers.
Récompenses : Médaille de Sidney 1880. Diplômes d'honneur : Amsterdam 1883, Anvers 1885. Chevalier de l'ordre de Léopold 1886. — Voir classes 25 et 63.

91. MOTTE (Vve A.), à Paris, rue des Écluses-Saint-Martin, 1. — Pompes à soufflet pour vidange. **(ESPLANADE.)**

92. MULLER (Émile) & Cie, à Ivry-Port (Seine). — Drains, siphons, filtration. Appareils de crémation. **(ESPLANADE.)**

93. NORI (L.-Alcime), à Colombes (Seine), rue St-Hilaire, 31. — Matelas cloisonné hygiénique. **(ESPLANADE.)**

94. Œuvre de l'hospitalité de nuit, à Paris, rue de Tocqueville, 59. — Spécimens d'une salle d'attente, d'un dortoir, des lavabos, salle d'épuration, vestiaire et atelier de réparations de vêtements et chaussures. **(ESPLANADE.)**

95. PARIS (Administration Générale de l'assistance publique de la Ville de), Directeur : **Peyron,** à Paris. — Documents financiers et administratifs. Appareils et instruments, matériel hospitalier, plans, dessins, photographies et aquarelles diverses. Travaux scientifiques. **(PARC.)**

96. PARIS (Affaires Municipales de la Ville de), Sous-Directeur : **Menant,** à Paris. — Tableaux graphiques des consommations de Paris. Plans et documents divers relatifs aux inhumations, pompes funèbres, etc. **(PARC.)**

97. PARIS (Laboratoire municipal de la Ville de), Chef : **Girard,** à Paris. — Matériel et appareils divers. **(PARC.)**

98. PARIS (Ville de), Observatoire municipal de Montsouris, à
Paris. — Appareils et documents, Instruments d'observation. Instruments d'analyse.
(PARC.)

**99. PARIS (Préfecture de Police de Paris, service de l'hygiène et
des secours publics)** Chef : **Bezançon**, à Paris. — Instruments, matériel, appareils et documents divers. Appareils frigorifiques de la Morgue. Travaux du Conseil et
des Commissions d'hygiène et de salubrité.   (PARC.)

100. PARIS (Service des Eaux et Égouts de la Ville de), Ingénieurs
en chef : **Humblot et Bechmann**, à Paris. — Plans et modèles de bassins,
canaux, écluses, ponts tournants et machines diverses. Carte relative aux dérivations.
Modèles et plans d'aqueducs, bassins de captation, usines, réservoirs. — Plans généraux
de canalisation des eaux. Plans et modèles d'égouts. Appareils pour le service des
égouts. Assainissements des habitations.   (PARC.)

101. PARIS (Service des logements insalubres de la Ville de),
Chef : **Jourdan**, à Paris. — Rapports et documents divers.   (PARC.)

102. PILLIVUYT et Cie, à Paris, rue de Paradis, 40. — Appareils sanitaires en
grès cérame.   (ESPLANADE.)

103. PORET (Édouard), à Paris, rue Royer-Collard, 15. — Chaise longue pour
malades.   (ESPLANADE.)

104. PORTES (Gustave), à Nevers (Nièvre). — Calorifère-lavabo cosmopolite.
(ESPLANADE.)

105. POUPARD Aîné (Zacharie-H.-G.), à Paris, rue du Cherche-Midi, 23.
— Water-closets, urinoirs, toilettes, baignoires, etc.   (ESPLANADE.)

 Anciennes Maisons réunies Renaudat-Poupard-Anquetil.
 Travaux d'art. Gaz. Eau chaude et froide.
 Travaux d'assainissement intérieur des habitations et des édifices publics.
 Drainage des eaux-vannes jusqu'à l'égout.
 Appareils de salubrité en grès fin. Porcelaine française à émail dur, water-closets, com-
muns, ordinaires et riches. Latrines.
 Appareils de chasse. Vidoirs. Toilettes. Baignoires et hydrothérapie, etc.
 Récompenses :
 Médaille de bronze Paris, 1867.
 Médaille d'argent Anvers, 1885.

106. RADIGUET (Jules-A.), à Paris, rue de St-Quentin, 22. — Obturateur
siphoïde en caoutchouc pour pierre d'évier.   (ESPLANADE.)

107. RAINAL Frères (Léon & Jules), à Paris, rue Blondel, 23. — Appareils
pour blessés.   (ESPLANADE.)

108. REIMS (Ville de) Maire : D' H. Henrot, à Reims (Marne). —
Travaux du Bureau municipal d'hygiène et de statistique. Épuration de la totalité des
eaux d'égout. Plan en relief de la ville, des champs d'épuration par irrigation sur
500 hectares de terres, dont 150 hectares appartenant à la ville et concédés pour 36 ans
à la Compagnie des Eaux-Vannes ; profils des égouts collecteurs, plan d'assainissement
de la ville.   (ESPLANADE.)

109. RÉTIF (Jules), à Lyon (Rhône), rue des Culottes, 56. — Filtres pour l'eau,
filtres pour tous liquides.   (ESPLANADE.)

110. ROBERT (E.-Louis), à Troyes, (Aube), rue Notre-Dame, 115. — Filtres
épurateurs.   (ESPLANADE.)

111. ROGIER & MOTHES, à Paris, cité Trévise, 20. — Siphons obturateurs
automatiques, garde-robes, réservoirs de chasse pour l'assainissement des villes et des
maisons.   (ESPLANADE.)

112. ROUART Frères et Cie, à Paris, boulevard Voltaire, 137. — Appareils
frigorifiques, plans et documents concernant la morgue de Paris.   (ESPLANADE.)

113. ROUEN (La ville de), Représentée par **M. Clément Gogeard**, à Rouen
(Seine-Inférieure), Hôtel de ville. — Plans et documents relatifs à l'assainissement de
la ville de Rouen.   (ESPLANADE.)

114. ROUSSEL (F.-X.), à Paris, rue de la Victoire, 94. — Lits et sommiers hygiéniques à bandes d'acier volutes, entrecroisées mobiles et indépendantes.

115. RUEL (X.-F.), à Paris, rue de Rivoli, 54. — Dispensaire médical pour les enfants.   **(ESPLANADE.)**

116. SCELLIER, à Voujaucourt (Doubs). — Fontes émaillées pour bâtiments. Appareils sanitaires. Réservoirs de chasse, éviers, lavabos, siphons.   **(ESPLANADE.)**

117. Société agricole d'Assainissement des Bouches-du-Rhône, Directeur : **H. de Montricher,** à Marseille (Bouches-du-Rhône), rue des Récollettes, 5. — Travaux d'assainissement de Marseille, suppressions des dépotoirs d'immondices.   **(ESPLANADE.)**

118. Société anonyme des ateliers de Neuilly, (Directeur **M. O. André**), à Neuilly (Seine), rue de Sablonville, 9. — Pavillon d'isolement pour maladies contagieuses.   **(ESPLANADE.)**

119. Société anonyme des produits céramiques de Jeanménil & Rambervillers, à Rambervillers (Vosges). — Tuyaux en grès, appareils sanitaires.   **(ESPLANADE.)**

120. Société centrale des architectes français, à Paris, boulevard St-Germain, 168. — Procès-verbaux. Rapports divers, etc.   **(ESPLANADE.)**

121. Société contre l'abus du tabac, à Paris, rue Jacob, 38. — Tableaux, affiches, bulletin mensuel, brochures, appareils anti-nicotiques.   **(ESPLANADE.)**

122. Société d'assainissement et fertilisation (Système **Chabanel**), à Paris, rue Montmartre, 62. — Appareil de vidange, appareil vaporisateur, désinfectant.   **(ESPLANADE.)**

123. Société de l'Œuvre des Ambulances Urbaines. (Dr Nachtel Henri, Fondateur), à Paris, rue Scribe, 3. — Voiture d'ambulance construite sur les indications et les plans de M. le docteur Nachtel.   **(ESPLANADE.)**

124. Société de Médecine publique et d'hygiène professionnelle, à Paris, rue du Rocher, 68. — Livres et tableaux.   **(ESPLANADE.)**

125. Société de protection des Alsaciens-Lorrains demeurés Français, à Paris, rue de Provence, 9. — État détaillé des sommes reçues et dépensées.   **(ESPLANADE.)**

126. Société des crèches, à Paris, rue de Londres, 27 — Modèles, plans, publications diverses.   **(ESPLANADE.)**

127. Société des Manufactures de glaces et produits chimiques de St-Gobain, Chauny & Cirey, à Paris, rue Ste-Cécile, 9. — Pièces en verre pour revêtements.   **(ESPLANADE.)**

Glaces et verres bruts pour vitrages, planches et pour revêtements de murs dans les salles d'hôpitaux, pièces en verre de toutes forces pour urinoirs, cabinets d'aisance, égouts, éviers, cuves à bière et à vin, laiteries, fromageries, etc.

Récompenses :
Médaille d'argent, Exposition universelle de 1878.

128. Société Française de secours aux blessés militaires (Président : **Le Maréchal de Mac-Mahon**), à Paris, rue Matignon, 19. — Matériel de secours et train sanitaire.   **(ESPLANADE.)**

129. Société française d'hygiène, Président : Dr **O. Marié Davy,** à Paris, rue du Dragon, 30. — Publications, ouvrages et brochures relatifs à l'hygiène.   **(ESPLANADE.)**

130. Société Franklin, pour la propagation des bibliothèques populaires, à Paris, rue Christine, 1. — Bibliothèques à l'usage des hôpitaux.   **(ESPLANADE.)**

131. Société Nouvelle de constructions, système **Tollet,** à Paris, rue Caumartin, 61. — Tentes pour hôpitaux provisoires et pour ambulances. Plans et types d'hôpitaux, etc.   **(ESPLANADE.)**

Breveté s. g. d. g. Étude et entreprise de tous logements collectifs. Médaille d'or, Exposition, Paris 1878. — Médaille d'or, Anvers 1885.

132. Société protectrice de l'enfance, (Président : le Docteur **Marjolin),** à Paris, rue des Beaux-Arts, 4. — Statuts et travaux de la Société.   **(ESPLANADE.)**

133. SORET & LEBLOND, à la Cachette, par Nouzon (Ardennes). — Lits et sommiers en fer pour hôpitaux et lycées, système Herbet.   **(ESPLANADE.)**

134. THÉVANNE (Auguste), à Paris, rue de la Folie-Méricourt, 6. — Seaux-hygiéniques, garde-robes, bains de pieds, bidets.   **(ESPLANADE.)**

135. THIVET-HANCTIN (M.-Alfred-E.), à Saint-Denis (Seine), rue du Port, 18. — Bouche d'égoût inodore à clapet mobile, système Hanctin.   **(ESPLANADE.)**
> Fonderie de fer et ateliers de constructions de broyeurs-pulvérisateurs, br. s. g. d. g.
> Médaille d'argent, Paris 1878. (Voir à la classe 53.)

136. TISON, à Lille (Nord), rue Colbert, 77. — Travaux maintenant l'hygiène des habitations, hospices, écoles, casernes. Aération, température convenable et uniforme.   **(ESPLANADE.)**

137. TRÉLAT (Émile), à Paris, boulevard Montparnasse, 136. — Tableaux et plans d'installations pour la salubrité des hôpitaux.   **(ESPLANADE.)**

138. TRÉLAT (Gaston), à Paris, rue du Val-de-Grâce, 9. — Hospice d'aveugles à Amiens. Plans et dessins.   **(ESPLANADE.)**

139. Union des Femmes de France, à Paris, rue de la Chaussée d'Antin, 29. — Secours aux blessés et malades de l'armée en temps de guerre, secours aux victimes des désastres publics.   **(ESPLANADE.)**
> Pavillon et matériel d'hôpital temporaire ; organisation, Paris, départements et colonies.

140. Union mutuelle des propriétaires lyonnais pour les vidanges, à Lyon (Rhône), rue Gasparin, 20. — Canalisations pour transport des vidanges et leur utilisation dans l'agriculture.   **(ESPLANADE.)**

141. VACHÉ (Michel), à Paris, rue de la Roquette, 9. — Siéges à bascule.   **(ESPLANADE.)**

142. VALABRÈGUE (André-L.), à Bollène (Vaucluse). — Tuyaux en grès vernissé, siphons et appareils de toute nature pour l'assainissement des villes et des habitations.   **(ESPLANADE.)**
> Médaille d'argent, Paris 1878.

143. VALDO (Jean), à Paris, rue du Chemin-Vert, 129. — Appareils inodores de tous systèmes et appareils pour hygiène.   **(ESPLANADE.)**
> Usine à vapeur. Fonderie et manufacture de cuivrerie, bronze et tôlerie. (Voir cl. 27 et 52.

144. VALLIN (Henri), à Paris, quai Voltaire, 11. — Imperméabilisation des murs.   **(ESPLANADE.)**

145. VINCENT Fils & Neveu, à Paris, rue du Château-d'Eau, 29 bis. — Fauteuils roulants pour malades.   **(ESPLANADE.)**

146. VIVILLE (J.-A.), à Paris, avenue Parmentier, 16. — Lessiveuses, laveuses, essoreuses, poêles hydrauliques.   **(ESPLANADE.)**

147. VUILLOT (Paul) Successeur de **M. Guinier,** à Paris, rue Jean-Jacques Rousseau, 23. — Garde-robes, siéges communs, siphons obturateurs. Réservoirs de chasse d'eau.   **(ESPLANADE.)**

148. WARALL (William) & BRESSE (Frédéric), à Paris, rue de Belzunce, 26. — Filtres.   **(ESPLANADE.)**
> Filtres W. Warall-Bresse, appareils à filtrations multiples par surfaces filtrantes combinées (système Bresse) en céramiques. Charbon et autres natures de préosite égales ou différentes fonctionnant avec ou sans pression, breveté S. G. D. G. en France et à l'Étranger.

149. WOHL (Joseph), à Paris, boulevard Denain, 9. — Ameublements, literie et sommiers Tucker, sommiers-lits entièrement métalliques.   **(ESPLANADE.)**

ANNEXE A LA CLASSE 64.

EAUX MINÉRALES.

1. **Alet (Commune d'),** représentée par le maire d'Alet (Aude). — Eau minérale.
(**ESPLANADE.**)

2. **Argelès-Gazost** (Hautes-Pyrénées), **M. de St-Quentin,** à Argelès. — Eaux minérales.
(**ESPLANADE.**)

3. **Aulus (Établissement thermal d'), Chabaud Lombard & Cie,** à Paris, rue Poussin, 10. — Eau minérale d'Aulus (Ariège).
(**ESPLANADE.**)

4. **Bagnères - de - Bigorre et source sulfureuse de Labassère (Thermes de),** à Bagnères-de-Bigorre (Hautes-Pyrénées). — Eaux minérales.
(**ESPLANADE.**)

> Médaille d'or Exposition Paris 1878.
> Établissements thermaux ouverts toute l'année (altitude 550 m.).
> Eaux sulfatées, calciques, arsenicales, ferrugineuses en bains, douches, boissons, pulvérisation, humage. — Grande piscine. — Piscines à bains prolongés.
> Eau sulfureuse de Labassère, éminemment propre à l'exportation.

5. **Bagnères-de-Luchon (La ville de),** représentée par le maire de Bagnères-de-Luchon (Haute-Garonne). — Eaux minérales.
(**ESPLANADE.**)

6. **Bagnoles (Société anonyme des eaux de),** Administrateur : **Duparchy,** à Paris, rue Lamennais, 12. — Eaux minérales.
(**ESPLANADE.**)

7. **Balaruc-les-Bains (Eaux thermales de),** Directeur : **Lafont,** à Narbonne (Aude). — Eau minérale, boue minérale, roches, eaux-mères, sels, plans, photographies, documents divers.
(**ESPLANADE.**)

8. **Barèges et Saint-Sauveur (Société thermale des Eaux de),** Administrateur : **Lalaque,** à Pierrefitte (Hautes-Pyrénées). — Eaux minérales.
(**ESPLANADE.**)

> Récompense obtenue : Médaille à l'Exposition universelle de Paris, 1878.

9. **Bondonneau (Société française des Eaux minérales),** à Paris. — Eaux minérales.
(**ESPLANADE.**)

10. **Bourbon-l'Archambault (Station thermale de),** Directeur : **Dr Noir,** à Bourbon-l'Archambault (Allier). — Eaux minérales, sels minéraux, plans et coupes de l'établissement thermal, produits géologiques et industriels.
(**ESPLANADE.**)

11. **Bourbonne-les-Bains** (Haute-Marne) **MM. Maynard, Maranget.** — Eau minérale.
(**ESPLANADE.**)

> 1° Source Maynard, (située à 507 mètres de la ville de Bourbonne) bicarbonatée, sulfatée calcique et magnésienne — autorisée du 8 février 1862 — mention honorable à l'Exposition de Paris, 1878, sous le titre de 2° établissement de Bourbonne. — 2° Source ferrugineuse, bicarbotée, sulfatée calcique et magnésienne nouvellement captée.

12. **Bourbonne-les-Bains (Société anonyme des eaux thermales de), M. Borssat,** à Bourbonne-les-Bains (Haute-Marne). — Eau en bouteilles, sel en bocal, pastilles en boîte ; vues de la station.
(**ESPLANADE.**)

13. Bourboule (Puy-de-Dôme) **(Compagnie des eaux minérales de la),** à Paris, rue St-George, 30. — Eau minérale de la Bourboule; plans et vues.
(ESPLANADE.)

14. Bully-les-Bains (Barthélemy Gimaux-Sachetti, à Bully-les-Bains (Rhône). — Eaux minérales.
(ESPLANADE.)

15. Bussang (Compagnie des eaux minérales de), Directeur : **Zimmermann,** à Bussang (Vosges). — Eaux minérales.
(ESPLANADE.)

16. Caldane (Établissement de), Représentant **M. Renaudin,** à Marseille (Bouches-du-Rhône), rue Bel-Air, 5. — Eau minérale naturelle, gazeuse ferrugineuse de Caldane (Corse).
(ESPLANADE.)

17. Cambo (Basses-Pyrénées), **MM. Teillery Frères.** — Eaux sulfureuses, eaux ferrugineuses. Plans de captage de la source sulfureuse et des aménagements. Vues.
(ESPLANADE.)

18. Capvern (Société des eaux minérales de) Administrateur : **M. Lhez,** à Bagnères-de-Bigorre (Hautes-Pyrénées). — Eau minérale de Capvern (Hautes-Pyrénées).
(ESPLANADE.)

19. Cauterets (Société des eaux minérales de) Directeur: **M. Desmons.** à Paris, quai d'Orsay, 25. — Plans et vues des thermes.
(ESPLANADE.)

20. Chabetout (Puy-de-Dôme) **M. N. Pascal,** à Paris, rue Delaroche, 6. — Eau minérale et plans.
(ESPLANADE.)
Eaux minérales de Chabetout, source l'Evêque.

21. Challes (Société anonyme des eaux minérales de), à Challes-les-Eaux (Savoie). — Eau minérale naturelle, sulfureuse forte, bicarbonatée, sodique, iodurée et bromurée.
(E. C.) (ESPLANADE.)

22. Châteauneuf (Établissement thermal de), Directeur : **M. Louis Viple,** à Paris, rue de Bellechasse, 42. — Eaux minérales de Châteauneuf (Puy-de-Dôme).
(ESPLANADE.)

23. Châtel-Guyon (Société des eaux de), Administrateur : **M. Brocard,** à Paris, rue Drouot, 5. — Eaux minérales de Châtel-Guyon (Puy-de-Dôme).
(ESPLANADE.)

24. Condillac (Drôme), **M. A. Laplace.** — Eau minérale.
(ESPLANADE.)

25. Contrexéville (Société anonyme des eaux minérales de), Secrétaire-général : **M. Monnet,** à Paris, rue de la Chaussée-d'Antin, 6. — Eaux minérales de Contrexéville (Vosges).
(ESPLANADE.)

26. Cruzy (Société des eaux minérales de), à Cruzy (Hérault). — Eau minérale purgative.
(ESPLANADE.)

27. Cusset (Eaux minérales de Vichy) Directeur : **M. D. Laburthe,** à Paris, rue de Vintimille, 22. — Sources Tracy, St-Jean et Lafayette.
(ESPLANADE.)

28. Cusset (Eaux minérales de Vichy) Directeur: **M. Albert Bertrand,** à Paris, boulevard des Batignolles, 78. — Eaux minérales naturelles de Vichy (Allier), source Elisabeth et Ste-Marie, pastilles digestives, sels naturels.
(ESPLANADE.)

29. Dax (Ville de) représentée par le Maire, à Dax (Landes). — Eaux minérales.
(ESPLANADE.)

30. Dax (Société des Thermes de), Président : Dᵣ **Delmas,** à Dax, (Landes). — Eaux minérales. Plans, etc.
(ESPLANADE.)
1º Échantillons de 28 sources minérales et de 12 eaux potables du département des Landes, des eaux, des boues minérales et de la flore thermale de Dax et de ses Grands-Thermes ; 2º Roches et fossiles des divers terrains d'où émergent les sources minérales du département des Landes. Sel gemme et eaux-mères de la saline de Dax ; 3º Tableau schématique des produits d'analyse recueillis dans les eaux minérales de Dax. Sels. Gaz. Flore thermale ; 4º Carte géologique et hydrologique de l'arrondissement de Dax ; 5º Plans, coupes et vues des Grands-Thermes de Dax et de leur Hospice annexe, à l'usage des Enfants-Assistés. Service des indigents de la Ville et de l'Etat ; 6º Carte climatérique du Sud-Ouest hivernal de la France ; 7º Catalogue, analyses, débit et température des principales sources minérales du département et publications scientifiques ; 8º Pins et produits resineux des Landes. — Argent, Paris, 1878,

31. Eaux-Bonnes (Commune des), représentée par le Maire, aux Eaux-Bonnes (Basses-Pyrénées).— Eaux minérales et eaux thermales.   **(ESPLANADE.)**

32. Eaux-Chaudes (Établissement thermal des), à Laruns (Basses-Pyrénées). — Sources du Clot, Esquirelle, Rey, Baudot, Larresecq et Minvielle.
(ESPLANADE.)

33. Encausse-les-Bains (Commune d'), à Encausse-les-Bains (Haute-Garonne). — Eaux purgatives et diurétiques.   **(ESPLANADE.)**

34. Evian (Société anonyme des Eaux thermales d'), Directeur : **Besson,** à Évian (Hte-Savoie).— Eaux minérales, plans, brochures, etc. **(ESPLANADE.)**
Sources Cachat exploitées depuis 1789.
Sources Guillot et Mont-Masson.
Sources Bonnevie et Vignier.
Récompense :
Médaille de bronze, Exposition universelle 1878.

35. Farette & la Boisse (Eaux minérales de) (Savoie). — Eaux miné-rales.   **(E. C.) (ESPLANADE.)**

36. Fourchambault (Nièvre), **M. François Montupet.** — Eau minérale.
(ESPLANADE.)

37. Gazost (Hautes-Pyrénées), **M. J. L.-Danos,** à Tarbes (Hautes-Pyrénées). — Eau minérale sulfureuse froide, source Nabias.   **(ESPLANADE.)**

38. Haut-Rocher (Loire-Inférieure), **M. P. Pelletier,** à Nantes (Loire-Inférieure), rue Saint-André, 52. — Eau minérale naturelle.   **(ESPLANADE.)**

39. Heucheloup (Vosges), **M. Eusèbe Jacquemin,** à Paris, rue François Miron, 40. — Eaux minérales naturelles. Fontaine du Coin-du-Bois.   **(ESPLANADE.)**
E. Jacquemin, propriétaire à Heucheloup par Dompaire, (Vosges).

40. La Caune (Tarn), **Vicomte Ludovic de Naurois.** — Eau minérale.
(ESPLANADE.)

41. Lamalou l'Ancien (Établissement thermal de), à Lamalou (Hérault). Eau minérale.   **(ESPLANADE.)**

42. La Vallière (Puy-de-Dôme), **D' Bonnet Delaville.** — Eau minérale au goudron minéral.   **(ESPLANADE.)**

43. Luxeuil (Société fermière des eaux thermales de), à Luxeuil (Haute-Saône). — Eau ferrugineuse, eaux alcalines, boues ferrugineuses. **(ESPLANADE.)**

44. Marcols (Ardèche), **M. Emmanuel Luquet.** — Eaux de Marcols, source Saint-Janvier, dite Saint-Jean, sirop d'eau minérale de Marcols.   **(ESPLANADE.)**

45. Marlioz (Savoie), **M. Alphonse Mottet,** à Marlioz, près Aix-les-Bains (Savoie). — Eau minérale sulfureuse, alcaline, iodurée et bromurée.
(E. C.) (ESPLANADE.)

46. Martres-de-Veyres (Commune de), représentée par le Maire, à Martres-de-Veyre (Puy-de-Dôme). — Eau minérale.   **(ESPLANADE.)**

47. Miers (Lot), **M. Baysson.** — Eau minérale.   **(ESPLANADE.)**

48. Montbrun-les-Bains (Drôme), **Comte de Suarez d'Aulan.** — Eaux minérales.   **(ESPLANADE.)**

49. Mont-Dore (Puy-de-Dôme), **M. Jean Chabaud,** à Paris, rue Poussin, 10. — Eaux minérales.   **(ESPLANADE.)**
Médaille d'argent à l'Exposition universelle de Paris 1878.

50. Montégut-Ségla (Société des eaux minérales de), M. A. Merdès, France & Cie, à Paris, rue Drouot, 21. — Eaux minérales de Monté-gut-Ségla (Haute-Garonne). — Plans de l'établissement.   **(ESPLANADE.)**

51. Montmirail (Vaucluse). **Léopold Desplans.** — Eau purgative française, eau sulfureuse, eau ferrugineuse.   (ESPLANADE.)

52. Montrond (Société anonyme de sondages du Forez et du Roannais), Président : **M. Boucherie,** à Montrond (Loire). — Eaux minérales.   (ESPLANADE.)

53. Orezza (Concession d'), M. E. Arger, à Paris, boulevard de Sébastopol, 131. — Eau minérale naturelle ferrugineuse d'Orezza (Corse).   (ESPLANADE.)

54. Pardina (Société des eaux minérales de), à Marseille (Bouches-du-Rhône), rue Beauvcau, 2. — Eau minérale de Pardina (Corse).   (ESPLANADE.)

55. Plombières (Compagnie des thermes de), Administrateur : **M. P. Gentilhomme,** à Plombières (Vosges). — Eaux des diverses sources, bains, sel échantillons minéralogiques, plans, photographies.   (ESPLANADE.)

56. Pougues (Compagnie des eaux minérales de), Administrateur : **M. Jéramec,** à Paris, rue de la Chaussée-d'Antin, 22. — Eaux minérales de Saint-Léger-Pougues (Nièvre).   (ESPLANADE.)
   Hors concours à l'Exposition universelle de Paris 1878.

57. Prades (Ardèche), **M. Auguste Pellier.** — Eau minérale.   (ESPLANADE.)

58. Preste (Société des thermes de la), M. Joseph Bouny, à Prats, (Pyrénées-Orientales). — Eaux minérales, alcalines, sulfurées, sodiques.   (ESPLANADE.)

59. Puits-Salé (Jura), **M. Paul & Charles Monnot,** à Lons-le-Saulnier (Jura), rue Richebourg. — Eaux minérales du Puits-Salé.   (ESPLANADE.)

60. Reine-du-Fer (Société française des eaux minérales), à Paris. — Eau minérale.   (ESPLANADE.)

61. Renlaigne (Puy-de-Dôme), **M. Bonnet Delaville,** à Paris. — Eau minérale ferrugineuse.   (ESPLANADE.)

62. Rocher-de-Foix (Ariège), **D' Ernest Morfaing,** à Saint-Mandé (Seine), Grande-Rue, 188. — Bouteilles d'eau minérale (sulfuro-ferrugineuse) du Rocher-de-Foix.   (ESPLANADE.)

63. Royat (Société des eaux de), Administrateur : **M. Jéramec,** à Paris, rue Drouot, 5. — Eaux minérales des diverses sources, plans, vues, etc.   (ESPLANADE.)

64. Sail-les-Bains (Établissement thermal de), Représentant : **M. Eugène Paz,** à Paris, rue Le Peletier, 37. — Eau minérale.   (ESPLANADE.)

65. Sail-sous-Couzan (Administration des grandes sources de), Propriétaire : **M. Gavell,** à Sail-sous-Couzan (Loire).— Eaux minérales, pastilles.   (ESPLANADE.)

66. Sail-sous-Couzan, MM. G. Brault, Courbière, Béclère & Cie, à Sail-sous-Couzan (Loire). — Eaux minérales.   (ESPLANADE.)

67. Saint-Alban (Établissement de), MM. Puy & Cie, à Roanne (Loire). — Eau minérale, limonade gazeuse et eau gazeuse obtenues avec le gaz naturel des sources minérales.   (ESPLANADE.)

68. Saint-Amand-les-Eaux (Nord). **MM. Grégoire (A.) & Cie.** — Eaux minérales.   (ESPLANADE.)

69. Saint-Fortunat (Ardèche), **D' Lebel,** à Paris, rue de l'Échiquier, 4. — Eau minérale.   (ESPLANADE.)

70. Saint-Christau (Établissement thermal de), Gérant : **M. Pouydebat,** à Saint-Christau (Basses-Pyrénées). — Eaux minérales.   (ESPLANADE.)

71. Saint-Galmier (Loire), Président du conseil d'administration : **M. Cherbouquet-Badoit.**— Eaux minérales des sources Badoit et de la ville.   (ESPLANADE.)
   Expositions universelles, Paris 1878, mention honorable ; Amsterdam 1883, médaille de bronze ; Barcelone 1888, médaille d'or de 1re classe.

   Classe 64.   2

72. Saint-Galmier (Loire). **M. Richarme Frères.** — Grande source Noël.
(ESPLANADE.)

73. Saint-Honoré-les-Bains (Nièvre), **Comte d'Espeuille.** — Eau
minérale. (ESPLANADE.)

74. Saint-Jean-de-Maurienne (Savoie). **M. Florimond Truchet.** — Eaux
minérales, boues, roches, photographies, notices. (ESPLANADE.)

75. Saint-Julien (Hérault), **M. Joseph Martin.** — Eau minérale.
(ESPLANADE.)

76. Saint-Nectaire (Puy-de-Dôme), **M. Boette.** — Eau minérale. (ESPLANADE.)

77. Saint-Nectaire-le-Bas (Puy-de-Dôme), **M. Alphonse Bauger-
Mazuel.** — Eaux minérales naturelles, lithinées, froides. (ESPLANADE.)

78. Saint-Romain-le-Puy (Loire), **M. François Porot.** — Eau minérale.
(ESPLANADE.)

79. Saint-Simon (Savoie), **M. Victor Caillet.** — Eau minérale alcaline et
magnésienne. (E. C.) (ESPLANADE.)

80. Saint-Yorre (Allier), **MM. Guerrier Père & Fils.** — Eaux minérales.
(ESPLANADE.)

81. Saint-Yorre (Administration des eaux minérales **Reignier**), Administrateur :
M. Blanchonnet, à Saint-Yorre, près Vichy (Allier). — Eaux minérales.
(ESPLANADE.)

82. Saint-Yorre (Allier), **M. Michel Richerolles**, à Paris, rue Montmartre,
49. — Bouteilles d'eau minérale de Saint-Yorre, sources Saint-Louis et Saint-George.
(ESPLANADE.)

83. Salies-de-Béarn, MM. Saint-Guily, Lombard & Cie, à Salies-de-
Béarn (Basses-Pyrénées). — Eaux minérales, eaux-mères pour bains, compresses et
toilette, sels d'eau salée naturelle. Sels d'eaux-mères. (ESPLANADE.)

84. Salins (Haute-Savoie), **M. Deville,** à Moutiers (Haute-Savoie). — Eau
minérale. (E. C.) (ESPLANADE.)

85. Santenay (Eau minérale naturelle lithinée de), Directeur :
M. Daumas, à Santenay (Côte-d'Or). — Eau minérale. (ESPLANADE.)

**86.   SAVOIE (Exposition collective des Eaux minérales, organisée
par le comité départemental de la),** à Chambéry (Savoie). (ESPLANADE.)
   EAUX MINÉRALES, de Farette et de la Boisse.
   EAUX MINÉRALES, de Marlioz.
   EAUX MINÉRALES, de Saint-Jean-de-Maurienne.
   EAUX MINÉRALES, de Saint-Simon, Coise, Les Mottets.
   EAUX MINÉRALES, de Salins.
   SOCIÉTÉ ANONYME DES EAUX MINÉRALES, de Challes.

87. Sentein (Ariège). **M. Jean Claverie.** — Eau minérale. (ESPLANADE.)

88. Sermaize-les-Bains (Marne), **MM. Charles Varnier et Cie.** — Eau
minérale naturelle. (ESPLANADE.)

89. Sierck (Société française des Eaux minérales de), à Paris. — Eau
minérale de Sierck (Lorraine). (ESPLANADE.)

90. Thonon (Ville de), à Thonon (Haute-Savoie). — Eaux minérales alcalines,
résineuses, benzoïques de la Versoie. (ESPLANADE.)

91. Ternant (Puy-de-Dôme), **MM. Flayolle & Cie**, à Paris, rue Bréguet, 5. —
Eau minérale et poudre ferrugineuse. (ESPLANADE.)

92. Tramezaygues (Hautes-Pyrénées), **M. J. Valentian.** — Eaux minérales.
(ESPLANADE.)

93. Vals (Société générale des Eaux minérales de), à Paris, rue de Greffulhe, 4. — Eaux minérales de Vals (Ardèche).   **(ESPLANADE.)**

94. Vals-les-Bains : MM. H. & M. Pradelle, à Vals-les-Bains (Ardèche), villa Alexandrine. — Eaux minérales, sources Alexandrine, Victoire et Amélie.
(ESPLANADE.)

95. Vals (Ardèche), **M. E. Pouydebat**, à Paris, rue des Tournelles, 84. — Eau minérale, source Pavillon.   **(ESPLANADE.)**

96. Vals (Ardèche), **MM. Croze Cartayrade et Cie**, à Alais (Gard). — Eau minérale, source Philomène.   **(ESPLANADE.)**

97. Vals (Les Perles de), — Société française des Eaux minérales.
— Eaux minérales de Vals (Ardèche).   **(ESPLANADE.)**

98. Vergèze, MM. Louis Rouvière & Cie. — Eau minérale gazeuse de Vergèze (Gard).   **(ESPLANADE.)**

99. Vernet (Le), M. Raoul Bravais, à Paris, rue de Chabannais, 1. — Eau minérale du Vernet (Ardèche).   **(ESPLANADE.)**

> M. Raoul Bravais, chimiste à Paris, propriétaire des eaux du Vernet.
> Récompenses :
> Paris 1875.
> Amsterdam 1883.

100. Vichy (Compagnie fermière de l'Établissement thermal de), à Paris, boulevard Montmartre, 8. — Eaux des différentes sources, sels, pastilles, sucres d'orge.   **(ESPLANADE.)**

> Principales sources :
> Grande Grille, Hôpital, Célestins, Hauterive, Lucas, Mesdames, Puits Chouel.
> Sels pour bains.
> Pastilles préparées avec les sels extraits des sources.

101. Vichy-la-Tour (Administration de la source minérale thermale), Administrateur : **M. Gaunat**, à Vichy-la-Tour. — Eaux minérales et thermales.   **(ESPLANADE.)**

102. Vichy (Allier), **M. A. Mallat**, à Vichy. — Eau minérale.   **(ESPLANADE.)**

103. Vichy (Allier), **Mme Vve Tabardin**, à Vichy (Allier), rue des Mines, 67. — Eau minérale.   **(ESPLANADE.)**

104. Vittel (Société des Eaux de), Administrateur : **M. Bouloumié**, à Vittel (Vosges). — Eau minérale.   **(ESPLANADE.)**

EAUX ARTIFICIELLES.

105. SCHMOLL (Ernest), à Paris, rue des Quatre-Fils, 20. — Eaux gazeuses artificielles en siphons et en bouteilles.   **(ESPLANADE.)**

COLONIES.

ALGÉRIE.

1. ARLÈS DUFOUR (Alphonse), à Hammam R'hira. — Eaux minérales, photographies, cartes et brochures concernant l'établissement thermal d'Hammam R'hira.   **(ESPLANADE.)**

2. BURGAY (Louis), à l'Oued-Athménia (Constantine). — Eaux thermales de Hammam-Grouss.   **(ESPLANADE.)**

3. GENNEQUIN (J.-A.), à Mostaganem (Oran). — Lessiveuse dite : Mostaganemoise.   **(ESPLANADE.)**

4. GERBAT (Célestin), à Bel-Abbès (Oran). — Vanne autodynamique pour chasse d'eau dans les égouts.   **(ESPLANADE.)**

5. HAMOUD Fils et Cie, à Alger, boulevard de la République. — Limonade gazeuse, limonade à l'orangeade, à la mandarine, à la citronnade.   **(ESPLANADE.)**

6. JAUBERT (Édouard), à Castiglione (Alger). — Mémoire sur l'assistance hospitalière en Algérie.   **(ESPLANADE.)**

7. ROUSSIN (Charles), à Bône (Constantine). — Têtes de siphons. **(ESPLANADE.)**

8. ROUYER (Léon), à Guelma (Constantine) — Eau thermale de Hammam Keskoutine, échantillons des concrétions voisines des sources. Vues des sources et des cascades.   **(ESPLANADE.)**

9. Société de secours mutuels des Arts et Métiers (Le Président de la), à Blidah (Alger). — Brochure sur la Société.   **(ESPLANADE.)**

10. Société de secours mutuels « La Prévoyante », à Bône (Constantine). — Documents divers.   **(ESPLANADE.)**

11. TOUATI (David), à Mascara (Oran). — Plan de l'établissement du Hammam-bou-Hanifia, eau minérale du Hammam-bou-Hanifia.   **(ESPLANADE.)**

12. TROMBERT, à Oran. — Eaux minérales du Hammam bou Hadjar, plan et élévation de l'établissement thermal.   **(ESPLANADE.)**

13. VOINOT (L.-H.), à Alger, rue de Joinville, 6. — Plan, coupe et élévation de l'hôpital civil d'Alger-Mustapha. Vue d'ensemble.   **(ESPLANADE.)**

NOUVELLE-CALÉDONIE.

1. Penitencier, à Fonwhary. — Cases canaques.   **(ESPLANADE.)**

RÉUNION.

1. AMBELLE (d'), à la Plaine des Palmistes. — Eaux thermales du Bras-Cabot.   **(ESPLANADE.)**

2. JULLIDIÈRE, à Saint-Denis. — Eaux sulfureuses de Mafatte, eaux minérales Besalazu, eaux ferrugineuses de Cilaos, eaux minérales de la plaine des Palmistes.   **(ESPLANADE.)**

PAYS DE PROTECTORAT.

ANNAM-TONKIN.

1. Corps du Tonkin. — Hôpital de Viétri (modèle).   **(ESPLANADE.)**

2. Protectorat de l'Annam et du Tonkin. — Cercueil commun.
                                                                   (ESPLANADE.)

CAMBODGE.

1. Ministre de la Marine, à Phnom-Penh. — Paillon crématoire à l'usage du peuple.   **(ESPLANADE.)**

2. OKNHA SREY TOMBÉS REACHEA, à Phnom-Penh. — Lieux d'aisances de mandarin cambodgien.   **(ESPLANADE.)**

PAYS ÉTRANGERS.

ALLEMAGNE.

1. GERSON (Dr George), à Hambourg. — Appareils de filtrage. (**PALAIS.**)

AUTRICHE-HONGRIE.

1 DŒRY (Michaël), à Fanesika (Hongrie).— Préservatif contre la migraine et le mal de mer. (**ESPLANADE.**)

2. HAY (Moritz), à Vienne, IX, Alserstrasse, 18.—Instruments pour la vaccination. Plans et modèles. (**ESPLANADE.**)

3. HUNYADI-JANOS, à Budapest.— Eaux minérales naturelles amères. (**ESPLANADE.**)

4. KISS (Nicolaus de Nemesker), au Domaine Veghlès (Hongrie). — Eaux minérales. (**ESPLANADE.**)

5. LOSER Frères, à Budapest, IV, Karoly Korut, 14.—Eau purgative « Rakoczy ». (**ESPLANADE.**)

6. RUMMEL (Joseph), à Czernowitz. — Bonbons de malt, conserve d'herbes, extrait de malt. (**ESPLANADE.**)

7. ULBRICH (Constantin), à Püllna (Bohème). — Eaux minérales naturelles, amères de Püllna. (**ESPLANADE.**)

BELGIQUE.

1. BEAUPIED (J. H.), à Bruxelles, chaussée d'Anvers, 76. — Seau inodore et couvercles de cabinets inodores. (**PALAIS.**)

2. CABAY (Jean), à Ixelles. — Dessins d'appareils pour assainissements. (**PALAIS.**)

3. Compagnie fermière des eaux de Spa. — Eaux minérales. (**PALAIS.**)

4. Croix-rouge de Belgique, Secrétaire-général : **Sigart (F.)**, à Bruxelles, rue de l'Arbre-Bénit, 97. — Voiture d'ambulance. (**PALAIS.**)

5. DEMOL (Pierre), à Bruxelles, rue Masui, 101, et **GERKEN (Auguste)**, à Molenbeeck, rue Ulens, 19. — Filtres. (**PALAIS.**)

6. FÉLIX (Jules), à Bruxelles, rue Marie-de-Bourgogne, 22. — Hôpitaux en tôles d'acier imaginés par l'exposant et construits par **J. Danly**, à Aiseau. (**PALAIS.**)

7. FRANKEN-VILLEMAERS (Édouard), à Bruxelles, rue Malibran, 125. — Plans, coupes et élévations d'hospices. (**PALAIS.**)

8. GENESTE HERSCHER & Cie, à Bruxelles, rue Terre-Neuve, 132. — Maquettes et appareils de chasses d'eau et de démonstrations pour siphons. **(PALAIS.)**

9. HABAY & FALISSE, à Liége, rue des Clarisses, 58. — Borne-fontaine.
(PALAIS.)

10. HENRICOT & Cie (Compagnie des Eaux arsenicales), à Court-Saint-Étienne. — Eau minérale. **(PALAIS.)**

11. HUBERT (Joseph), à Mons, rue de la Terre du Prince, 17. — Plan du nouvel hôpital de Mons. **(PALAIS.)**

12. JANSSENS (Eugène), à Bruxelles, rue du Lombard, 21. — Publications, plans et diagrammes relatifs à l'hygiène et à la statistique démographique. **(PALAIS.)**

13. LAFONTAINE (Ch.-J.), à Bruxelles, rue de Saint-Quentin, 2.— Appareils pour latrines et coupe-air pour conduite d'eau. Excréteur à évent monté. Vases en faïence et en grès, etc. **(PALAIS.)**

14. MOULY (F.-Victor), à Bruxelles, rue Marie-Thérèse,56. — Différents appareils de chauffage et de ventilation. **(PALAIS.)**

15. SCHAEFFER (Florent), à Anvers, place de Meir, 54. — Plans d'appareils de chauffage et de ventilation. **(PALAIS.)**

16. SCHOENFELD (Dr Henri), à Bruxelles, chaussée de Charleroi, 13. — Publications sur l'hygiène. **(PALAIS.)**

17. SIMON (Alexandre), à Namur. — Plans, coupes et façades de bâtiments scolaires avec appareils de chauffage et de ventilation combinés. **(PALAIS.)**

18. Société anonyme de chauffage et de ventilation combinés, à Liége, quai Orban, 13. — Différents appareils de chauffage et de ventilation. **(PALAIS.)**

19. Société anonyme Verviétoise pour la construction de Machines, Administrateur : **Houget (F.)**, à Verviers. — Appareil automatique de chasse pour égouts. **(PALAIS.)**

20. Société Royale de Médecine publique de Belgique, à Bruxelles, rue de l'Enseignement, 55. — Cartes, bulletins, compte-rendus, appareils. **(PALAIS.)**

21. VAN HECKE (Gustave), à Gand, quai du Petit-Dock, 7. — Ventilateurs.
(PALAIS.)

BRÉSIL.

(Voir son Catalogue spécial).

RÉPUBLIQUE DOMINICAINE.

1. Commission provinciale de Azua. — Eau minérale. **(PARC.)**

ESPAGNE.

1. AGUIRRE Frères, à Areyns-de-Mar (Barcelone). — Eaux minérales.
(PALAIS.)

2. BOFILL (Gustavo de) et Cie, à Barcelone. — Eaux minérales Rubinat Coudal. **(PALAIS.)**

3. CHILLIDA ANSUATEGUI (Emilio), à Zuazo (Alava). — Eaux minérales et mémoires scientifiques.
(PALAIS.)

4. DILLET Y PRATS. à Caldas-de-Malavella (Gerona). — Eaux minérales.
(PALAIS.)

5. Établissements Balnéario, à Caldas-de-Biscaya (Santander).— Eaux minérales.
(PALAIS.)

6. FUREST (Modesto), à Gerona. — Eaux minérales.   **(PALAIS.)**

7. GRINO (José), à Barcelone. — Planches chauffées au gaz.   **(PALAIS.)**

8. MAYORAL ZALDIVAR (Diégo), à Grabatos (Logrono). — Eaux minérales.
(PALAIS.)

9. MENJONETEL & DAVILA (Conception & Joaquin), à Carratraca (Malaga). — Eaux minérales.   **(PALAIS.)**

10. MOUTAGAT, à Ribas (Barcelone). — Eaux minérales.   **(PALAIS.)**

11. MUSET (Vicente), à Castelloli (Barcelone). — Eaux minérales.   **(PALAIS.)**

12. POREAR (Manuel), à Barcelone. — Eaux minérales.   **(PALAIS.)**

13. SALETA à San-Hilario (Barcelone). — Eaux minérales.   **(PALAIS.)**

14. SALMERON (José), à la Caroline. — Eaux minérales.   **(PALAIS.)**

15. SARASUA Frères (Aguirre), à Uberuagua-de-Ubilla-Marquina (Biscaïe).
— Eaux minérales.   **(PALAIS.)**

16. SLORACHE (Pablo), à Rubinat (Lérida). — Eaux minérales.   **(PALAIS**

17. Société Française de l'eau de Villacabras, à Villacabras. — Eaux minérales.   **(PALAIS.)**

18. TORO (Rafael de), à Vuevos-Banos-de-Alhama-de-Grenade. — Eaux minérales.   **(PALAIS.)**

ÉTATS-UNIS.

1. REARDON & ENNIS, à Troy, N. Y. 311, River street. — Ventilateur électrique, haut de cheminée.   **(PALAIS.)**

2. WING (Levi J.), à New-York, 50, Cliff street. — Ventilateur en mouvement.
(PALAIS.)

Disques ventilateurs à ailes et machines à vapeur à grande vitesse.
Employés dans toutes les industries pour sécher, blanchir, enlever la vapeur, les gaz, la fumée, etc.
Pour la ventilation en général, le chauffage et la production du froid dans tous les genres de construction, mines, tunnels, navires à vapeur, etc.
Récompenses :
Melbourne (Australie). 1881.
Bruxelles (Belgique). 1888.

GRANDE - BRETAGNE.

1. Apollinaris Co., (Limited), à Londres, Regent street, 19.— « Apollinaris », eau de table naturelle, effervescente et de pureté absolue.   **(PALAIS.)**

2. AYLMER (R), à Londres, S. W. Parliament street, 4.— Planches pour architectes pour tendre à sec papier à calquer, toile à calquer, etc.   **(PALAIS.)**

3. Banner Sanitation Co., à Londres, Northumberland avenue. — Drainage et ventilation, appareils de ventilation et hygiéniques ; closets sans eau, désinfectant et déodorant, sans odeur.   **(PALAIS.)**

4. BARSTOW (Jacob) & Sons, à Pontefract. — Filtres avec pierre naturelle, charbon préparé et parties mobiles. **(PALAIS.)**

5. BINGHAM (G. C.), à Londres, Holland works, Alscot road, Bermondsey. — Appareil de désinfection. **(PALAIS.)**

6. Blackman Ventilating Co. (Limited), à Londres, Fore street, 63. — Moteur à air et fanneaux de toutes grandeurs, mus par la vapeur, pour tous usages. **(PALAIS.)**

7. BOYLE (Robert) & Sons, à Londres, Holborn viaduct, 64 et à Glasgow, Bothwill street, 110. — Appareils pour l'aération des habitations. **(PALAIS.)**

8. BRADFORD (Thomas) & Co., à Salford, Manchester. — Matériel à vapeur pour blanchissage. **(PALAIS.)**

    Machines « Bradford » pour le blanchissage y compris la machine à laver « Wowel » ; lessiveuses, baquets pour rincer et mettre au bleu, chambre à sécher, calandres, machines « Crescent » à repasser, dont la réputation est universelle et reconnues comme les meilleures, les plus efficaces et les plus durables.

    Le système Bradford assure le nettoyage et rend d'une pureté parfaite toute espèce de linge surtout le linge de corps, si essentiel à la santé. Toutes les personnes qui s'occupent du blanchissage ont intérêt à demander le catalogue illustré.

    Récompense de première classe à Melbourne 1888.

    Première récompense, Anvers 1885.

    Médaille d'or, Amsterdam 1883 ; 3 médailles d'argent, Paris 1878.

9. BROOKE (Edward) & Sons, à Huddersfield, Fieldhouse Fire Clay works. — Éviers, bains, etc. **(PALAIS.)**

10. BROTHERHOOD (Peter), à Londres, Belvedere road, 14, Westminster Bridge. — Fanneaux à ventilation, avec machine à vapeur. **(PALAIS.)**

11. CANTRELL & COCHRANE, à Dublin. — Eaux minérales, eaux gazeuses et autres boissons. **(PALAIS.)**

12. DOULTON & Co., à Londres, Lambeth. — Poterie dans ses applications à l'hygiène, installations sanitaires, architecture et chauffage, planchers incombustibles. **(PALAIS.)**

13. FARMILOE (George) & Sons, à Londres, Saint John street, 34, West Smithfield. — Lavabos, water-closets, pompes, citernes, soupapes, urinoirs, éviers, etc. **(PALAIS.)**

14. Farnley Iron Co. (Limited), à Leeds. — Bains et porcelaines, éviers, cuvettes, closets. **(PALAIS.)**

15. Glenboig Union Fire Clay Co. (Limited), à Glasgow, West Regent street, 4. — Conduites pour les égouts et appareils souterrains. **(PALAIS.)**

16. House Sanitation Co., à Londres, Upper Baker street, 43. — Installations sanitaires. **(PALAIS.)**

17. HOWATSON (Andrew) & Co., à Londres, Westminster Chambers, 4, Victoria street. — Appareil pour adoucir et purifier l'eau. **(PALAIS.)**

18. KIRKALDY (John). Limited, à Limehouse, West India Dock road, 40. — Matériel pour distillation coopérative, et appareil pour chauffer l'eau. **(PALAIS.)**

19. MACFARLANE, STRANG & Co. (Limited), à Glasgow, Lochburn Iron works. — Compteurs à eau, système Bonna. **(PALAIS.)**

20. Maignen's Filtre Rapide & Anti-calcaire Co. (Limited), à Londres, Saint Mary-at-Hill, 33. — Appareil pour adoucir l'eau et anticalcaire. Filtres précipitateurs, pour séparer le solide du liquide. **(PALAIS.)**

21. O'BRIEN & Co., à Dublin, Henry place, 5. — Eaux minérales et gazeuses.

(PALAIS.)

22. Paris Earthenware Crystal & Hardware Co. (Limited), à Paris, faubourg Saint-Denis, 76, et à Londres, Cheapside, King street, 20. — Accessoires pour plombiers et entrepreneurs. **(PALAIS.)**

23. PHALP OLIVER, à Cardiff, Almora, Richmond road. — Ventilateurs. **(PALAIS.)**

24. QUIRK, BARTON & Co., à Londres, Gracechurch street, 61. — Tuyau de plomb doublé de zinc. **(PALAIS.)**

25. Reginaris Co. (Limited), à Londres, Great Saint-Helens, 18. — « Reginaris », eau minérale naturelle. **(PALAIS.)**

26. Salutaris Water Co., à Londres, Fulham road, 236. — Eau « salutaris ». **(PALAIS.)**

27. SANDERS (Frederick), à Londres, Finsbury Chambers, Finsbury Pavement, 76. — Modèle montrant le système Sanders, pour nettoyer les villes par pression d'eau. **(PALAIS.)**

28. SCOTT & Co., à Londres, Gracechurch street, 51. — Tuyaux (arches), pour drains et égouts. **(PALAIS.)**

29. Silicated Carbon Filter Co., à Londres, Church road, Battersea. — Filtres. **(PALAIS.)**

30. Spratt's Patent (Limited), à Londres, Henry street, Bermondsey et à Paris, rue des Mathurins, 14. — Désinfectants. **(PALAIS.)**

31. TAYLOR (John), à Nottingham, Middland Foundry & Engineering works, Queens road. — Appareil pour consumer la fumée. **(PALAIS.)**

32. United Asbestos Co., (Limited), à Londres, Queen Victoria street, 161. — Toile d'Asbeste pour filtres. **(PALAIS.)**

GRÈCE

1. LACHANOCARDIS LAMIE (Phtiotide et Phocide). — Eaux minérales d'Hypata. **(PALAIS.)**

2. VLASTO (I.), à Lyra (Cyclades). — Eaux minérales de Milos. **(FALAIS.)**

GUATEMALA.

1. CHEVEZ (Dᵣ S.), à Retalculeu. — Eaux gazeuses. **(PARC.)**

2. LAINFIESTA (Francisco), à Guatemala. — Eaux minérales. **(PARC.)**

3. Municipalité de San-Juan-de-Sacatepequez (dépⁱ de Guatemala). — Cordes. **(PARC.)**

ITALIE.

1. Compagnie générale des Eaux pour l'Étranger, Ingénieur : **M. Philippe Lavezzari**, à Venise, S.-Benedetto, palais Mocenigo, 3980. — Tableaux illustrés d'aqueducs ; modèles en bois des systèmes de distribution d'eau dans les maisons. **(PALAIS.)**

2. NAPLES (Ville de). — Plans des travaux d'assainissement de la ville. **(PALAIS.)**

GRAND-DUCHÉ DE LUXEMBOURG.

1. Administration des Prisons du Grand-Duché de Luxembourg.
— Spécimens des travaux exécutés par les prisonniers. **(PALAIS.)**

2. Administration royale-grand-ducale des bains de Mondorf, à
Luxembourg. — Eaux minérales, plan de l'établissement des bains, coupe géologique
des puits de forage, échantillons des roches en provenant. **(PALAIS.)**

PRINCIPAUTÉ DE MONACO.

1. CRUZEL (J.-Léon), à Monte-Carlo. — Produits hygiéniques. **(PARC.)**

NORVÈGE.

1. Commission sanitaire communale de Christiania, à Christiania. —
Cartes graphiques relatives à l'état sanitaire de Christiania. **(PALAIS.)**

PORTUGAL.

1. Aguas d'Amieira (Companhia das). — Eaux minérales. **(QUAI.)**

2. Aguas das Pedras Salgadas (Companhia das). — Eaux minérales.
(QUAI.)

3. Aguas de Vidago (Empraza das). — Eaux minérales. **(QUAI.)**

4. Compagnie des Eaux de Porto, à Paris, rue d'Anjou, 52. — Dessin de
distribution d'eaux et d'assainissement. **(PALAIS.)**

COLONIES PORTUGAISES.

1. Association industrielle Portugaise, à Lisbonne. — Eau minérale de la
source du Vinagre(Ile Brava, Cap-Vert). **(PALAIS.)**

2. Commission l'Ile de Santiago, à l'Ile de Santiago (Cap-Vert). — Eaux
minérales ferrugineuses. **(PALAIS.)**

3. CURTO (D' A. D. R.), à Lisbonne. — Tableaux du mouvement de malades à
l'hôpital Maria-Pia de Loanda, à Angola. **(PALAIS.)**

4. Direction générale des Colonies, à Lisbonne. — Mémoires sur l'organisation des hôpitaux, l'organisation du service de santé d'outre-mer, etc. **(PALAIS.)**

5. Ribeiro (D' M. F.), à Lisbonne. — Livre sur l'hygiène coloniale, la médecine
préventive, etc. **(PALAIS.)**

**6. Ministère de la Marine et des Colonies (Section de l'acclimata-
tion),** à Lisbonne. — Mémoires sur l'acclimatation des Européens dans les pays
chauds, la statistique des hôpitaux, etc. **(PALAIS.)**

ROUMANIE.

1. CANTEMIR (D' D.), à Piatra (Neamtzu). — Eaux minérales et sels de Baltzat-
zesti. **(PALAIS.)**

2. DELATTRE (Charles), à Bucharest, impasse Catunului.— Extincteurs instantanés d'incendies. **(PALAIS.)**

3 KONYA Frères, à Iassy. — Vins médicamentaux. Médicaments composés et divers articles pour l'hygiène du corps. **(PALAIS.)**

4. KONYA (Dr **S.),** à Iassy. — Publications contenant les analyses de quelques eaux minérales du pays. Publications scientifiques. **(PALAIS.)**

5. PARASCHIVESCU (C. V.) & Cie, à Iassy. — Eaux minérales purgatives et sels extraits de ces eaux trouvées dans la vigne de Breazu près de Iassy. **(PALA.S.)**

RUSSIE.

1. BITCHOUNSKY (O.), à Saint-Pétersbourg.— Eaux minérales artificielles. **(PALAIS.)**

2. FEDOROFF (E.), à Saint-Pétersbourg.— Closet, système différentiel. **(PALAIS.)**

3. Goudronite A. CISZEWSZI, Architecte & Cie **,** à Varsovie, Wierzbowa, 6. — Dessiccatifs pour sécher les murs et les bâtiments. **(PALAIS.)**
  Conservation des bois de construction, des traverses, des poteaux télégraphiques, etc., etc., contre l'humidité et la moisissure (Champignon du bois).

4. LITOVSKY (S.), à Odessa. — Siphon et filtre perfectionnés. **(PALAIS.)**

5. NADEINE (M.), à Saint-Pétersbourg. — Appareil pour séparer les immondices durs et liquides. **(PALAIS.)**

6. SMIRNOFF (N.), à Saint-Pétersbourg. — Plans et dessins de chauffage et de ventilation. **(PALAIS.)**

7. SWIECIANOWSKI (J.), à Varsovie. — Études sur l'architecture et l'hygiène. **(PALAIS.**
  Essai sur l'échelle musicale comme loi de l'harmonie dans l'univers et dans l'art
  La loi de l'harmonie dans l'art grec et son application à l'architecture moderne (Œuvres couronnées. Appareils de dessiccation pour les matières fécales. Médaille d'argent, Bruxelles 1888.

8. ZIMINE (N.), à Saint-Pétersbourg. — Modèle schématique pour adapter la canalisation d'eau de la ville à l'extinction des incendies. **(PALAIS.)**

SUISSE.

1. Bains du Grand-Hôtel des Salines, Gérant : **Kussler,** à Bex (Vaud). — Eaux salées, eaux-mères, eaux sulfureuses, cristaux de sel, pierres salées, vues diverses, etc. **(PALAIS.)**

2. BALZER (Herman), à Alvanen-les-Bains (Grisons). — Eaux minérales d'Alvanen, de Casti et de Solis. **(PALAIS.)**

3. CHESSEX, à Territet (Vaud). — Reliefs, tableaux, vues photographiques, cartes. **(PALAIS.)**

4. Curverein de la Haute-Engadine, à St-Moritz (Grisons). — Relief de la Haute-Engadine et des vallées avoisinantes, vues photographiques, plantes alpines. **(PALAIS.)**

5. EGLI-SINCLAIR, (Dr Théodore), à Zurich. — Stérilisateur du lait pour les nourrissons. **(PALAIS.)**

6. Maitres d'hôtels (Les), à Lausanne. — Reliefs, tableaux, vues photographiques, cartes. **(PALAIS.)**

7. **Société de développement,** à Lausanne. — Reliefs, tableaux, vues photographiques, cartes, etc.   (**PALAIS.**)

8. **Société des eaux minérales alcalines de Montreux,** (Gérant **J. Allamand),** à Montreux (Vaud). — Eaux saturées et non saturées d'acide carbonique.   (**PALAIS.**)

9. **Société des eaux de Romanel,** à Lausanne (Vaud). — Eau minérale alcaline naturelle et gazeuse.   (**PALAIS.**)

10. **STIERLIN (Godefroi),** à Schaffhouse. — Ferrures automotrices pour vasistas, ferme-portes pneumatiques, ferrures pour portes va-et-vient.   (**PALAIS.**)

TURQUIE.

1. **Compagnie des Eaux de Constantinople,** à Paris, rue d'Anjou, 52. — Cartes et plans de la distribution d'eau à Constantinople.   (**PALAIS.**)

URUGUAY.

1. **FERNANDEZ (Manuel),** à Santa-Lucia. — Eaux minérales.   (**PARC.**)

2. **REY Y FALCO,** à Montevideo. — Eaux minérales.   (**PARC.**)

VÉNÉZUÉLA.

1. **Commission de l'État Zulia.** — Eaux minérales diverses.   (**PARC.**)

2. **Gouvernement de Vénézuéla.** — Eau minérale naturelle de San-Casimiro, eau ferrugineuse de la Pénita, près Ciudad-de-Cura, eau sulfureuse de Campo-Allegre, près Ciudad-de-Cura. Sources froides : Eau minérale naturelle de Guarume, eaux minérales de Canales, de Uvero, de Caldero, de Aceite, eau sulfureuse de San-Juan-de-los-Morros.   (**PARC.**)

GROUPE VI.

OUTILLAGE ET PROCÉDÉS DES INDUSTRIES MÉCANIQUES.
ÉLECTRICITÉ.

CLASSE 65.
Matériel de la navigation et du sauvetage.

FRANCE.

1. Anciens Établissements CAIL (Société des), à Paris, quai de Grenelle, 15. — Canot avec moteur à vapeur de naphte, système de Quillfeldt.　**(PARC.)**

Société anonyme. Succursales à Denain et à Douai.
Récompenses : 2 Grands prix et 7 médailles, Paris 1878.
Trois diplômes d'honneur, 1 méd. or, Amsterdam 1883.
Six diplômes d'honneur, 3 méd. or, Anvers 1885.
Dessins et photographies de torpilleurs, avisos, canots, lance-torpilles, etc.
Pavillon d'Exposition de la Société, près du Palais des Machines, côté La Bourdonnais.

2. ANDREYS (Hippolyte), à Rouen (Seine-Inférieure), enclave Grammont, 4.
— Modèle de vaisseau.　**(QUAI.)**

3. Ateliers Fraissinet et Cie, Directeur : **d'Allest,** à Marseille (Bouches-du-Rhône), chemin de la Madrague, 40. — Chaudières multitubulaires à 15 k. système Lagrafel et d'Allest. Chaudières différents systèmes.　**(QUAI.)**

1° Chaudières multitubulaires à 15 k. — Ces chaudières contiennent l'eau à vaporiser dans les tubes ; elles sont à retour de flamme et munies d'une boîte à feu. 2° Chaudière pour torpilleur chauffée au pétrole, système d'Allest, B. S. G. D. G. La combustion y est opérée par tirage forcé, la pulvérisation du naphte est effectuée par l'air comprimé ou par la vapeur ; cette chaudière peut évaporer 70 litres d'eau par mètre carré de surface de chauffe. 3° Chaudière à combustion sous pression, système d'Allest, B. S. G. D. G, évacuant les produits de la combustion sous l'eau, quelle que soit la hauteur de charge ; destinée à la navigation sous-marine.

4. AUDEMAR-GUYON, à Dôle (Jura). — Pompes à incendies.　**(QUAI.)**

5. AURIOL (A.), à Levallois-Perret, rue de Gravel. — Bouée de sauvetage.　**(QUAI.)**

6. BAILLY (Louis), à Paris, rue du Bac, 38. — Extincteurs d'incendie, système Zapple. Pompes à main, à liquide extincteur.　**(QUAI.)**

7. BARBIER (F.) & Cie, à Paris, rue Curial, 82. — Fanaux, phares Barbier et Fenestre.　**(QUAI.)**

8. BATIFOULIER (E.), à Besançon (Doubs), quai de Strasbourg, 27. — Pompes à incendie. Appareils de sauvetage. **(QUAI.)**

9. BEAUME (Léon), à Boulogne-sur-Seine, avenue de la Reine, 66. — Matériel de sauvetage. Pompes à incendie. Dévidoirs, avant-trains, seaux et accessoires pour l'incendie. **(QUAI.)**

Pompes à incendie, système Beaume, à démontage instantané, sans aucun outil.
Tuyaux spéciaux pour pompes à incendie, en caoutchouc, en cuir et en toile.

10. BELLEVILLE & Cie, à Saint-Denis (Seine). — Groupes de générateurs Belleville pour navires et divers services. **(QUAI.)**

11. BERNHEIM (G.), à Reims (Marne), rue du Pont-Neuf, 4. — Pompes de divers systèmes pour incendies. Avertisseurs d'incendies. **(QUAI.)**

12. BLANC (Henri), à Negrepelisse (Tarn-et-Garonne). — Pompe à incendie montée sur chariot à flèche. **(QUAI.)**

13. BLON (Charles), à Paris, rue des Messageries, 12. — Extincteurs automatiques français. Appareils portatifs. **(QUAI.)**

14. BOISSY, à Paris, rue Louis-le-Grand, 26 — Corsets de sauvetage en tissu caoutchouté. **(QUAI.)**

15. BON & LUSTREMANT, à Paris, rue du Faubourg-Poissonnière, 25. — Dessins de grands appareils d'embarquement. **(QUAI.)**

16. BOSSELUT (Louis), à Paris, quai de Valmy, 9. — Appareils d'éclairage pour navires. **(QUAI.)**

17. BOSSIÈRE (Henri), au Havre (Seine-Inférieure), rue du Bastion, 9.—Treuils à vapeur. Transmetteurs d'ordres. **(QUAI.)**

18. BOUCERET (Louis), à Châtillon-sur-Seine (Côte-d'Or). — Échelles à coulisse à supports articulés. **(QUAI.)**

19. BOURBLANC (A.-E.-M. de), à Neuilly-sur-Seine (Seine), avenue de Neuilly, 91. — Canon porte-amarre et mousqueton porte-amarre. **(QUAI.)**

20. CAILLARD Fréres, au Havre (Seine-Intérieure). — Grue à vapeur. **(QUAI.)**

21. CALLET (H.-Louis), à Nantua (Ain). — Appareil de sauvetage. Costume de bain avec poches d'air comprimé. **(QUAI.)**

22. CANON (Théodore), à Paris, rue Deguerry, 8. — Modèle d'une machine à carder l'étoupe pour calfatage des navires. **(QUAI.)**

23. CARRICHON, à Vitry-sur-Seine (Seine), rue des Prêtres, 34. — Une bouée gaffe. **(QUAI.)**

24. CASASSA Fils (Frédéric) & Cie, à Pantin (Seine), rue Jacquart, 10. — Appareils de natation, de plongeurs et de sauvetage, scaphandre, tuyaux en caoutchouc, etc. **(QUAI.)**

25. Cercle Nautique de France, (Président : **Fleuret Adrien),** à Paris, avenue de Wagram, 41. — Modèles de bateaux, tableaux et cadres, trophées aux armes du Cercle. **(QUAI.)**

26. CHARTIER & SCHROEDER, à Paris, boulevard Voltaire, 141. — Appareil de sauvetage, dit cou de cygne, en cas d'incendie. **(QUAI.)**

Appareil de sauvetage pouvant servir au bâtiment pour le badigeonnage et tous autres travaux. Petit appareil de poche complet, breveté S. G. D. G.

27. CHATEAU Père & Fils, à Paris, rue Montmartre, 118.—Horloges marines, marégraphes, fluviographes, paratonnerres. **(QUAI.)**

28. CHRETIENNOT & BABEL, à Essoyes (Aube). — Appareil de sauvetage pour les navigateurs. **(QUAI.)**

29. COMMANDEUR (A.-R.) & GUINAUD, à Lyon (Rhône), quai de la Vitriolerie. — Appareil balnéaire et de sauvetage dit « ha ne flottant ».   (QUAI.)

30. Commission des Ardoisières d'Angers (Gérant : **G. Larivière**). à Angers (Maine-et-Loire), boulevard du Château, 34. — Câbles ronds et plats en fils métalliques, aussières flexibles, filets pare-torpilles.   (QUAI.)

    Médaille d'argent Exposition 1867.
    Médaille d'or Exposition 1878.
    Fournisseur de la Marine Nationale. Représentant à Paris, C. Fouinat, 170, quai Jemmapes.

31. Compagnie continentale d'exploitation des Locomotives sans foyer, (Directeur : **M. Léon E. Francq**), avenue Kléber, 15. — Modèles, plans et photographies de bateaux toueurs à vapeur sans feu.   (QUAI.)

32. Compagnie du préservateur d'incendie Cléétès, à Paris, rue des Combes, 12. — Extincteurs automatiques.   (QUAI.)

33. Compagnie de Fives-Lille, à Paris, rue Caumartin, 64. — Pompe à incendie à vapeur à trois corps.   (QUAI.)

34. Compagnie Française des peintures chimiques liquides, au Raincy (Seine-et-Oise). — Peintures sous-marines pour carènes de navires et peintures d'intérieur de navire.   (QUAI.)

35. Compagnie générale Transatlantique : (Président du Conseil d'administration : **M. E. Péreire**), à Paris, rue Auber, 6. — Aménagements intérieurs pour un paquebot transatlantique.   (QUAI.)

36. Compagnie des Messageries fluviales de Cochinchine, à Paris, rue Bergère. — Modèles et dessins de navires, cartes et plans.   (QUAI.)

37. Compagnie des Messageries Maritimes, à Paris, rue Vignon, 1. — Modèle du paquebot-poste « La Plata » affecté aux lignes du Brésil et de la Plata.   (QUAI.)

    Modèle du palier de butée et de l'hélice du paquebot-poste « Portugal » affecté également aux lignes du Brésil et de la Plata.
    Modèle de la machine du paquebot-poste « Australien » affecté aux lignes d'Australie.
    Modèle du mouvement de gouvernail du même navire.
    2 plans d'emménagements du paquebot-poste « La Plata ».
    Salon de musique du paquebot-poste le « Polynésien » affecté aux lignes d'Australie.
    Carte murale du service de la Compagnie.
    Le service de Messageries maritimes est un service général de navigation. (Paquebots-poste français et services libres.)

38. CROUZILLAT (P.-L.), à La Chaume, près Les Sables d'Olonne (Vendée). — Appareils de sauvetage insubmersibles.   (QUAI.)

    Patron de canot de sauvetage.

39. CUGGIA (Jean), à Nice (Alpes-Maritimes), rue de l'Escarcenne, 36. — Echelles ascenseurs pour sauvetage en cas d'incendie.   (QUAI.)

40. DAMEY (Alexis), à Dôle (Jura). — Bateau à vapeur, nouveau système flottant sur la Seine.   (PALAIS.)

    Bateau à vapeur voyageur pour canaux et rivières (faible tirant d'eau). Nouveau propulseur (breveté) permettant de naviguer dans les algues marines, jones, etc., présentant une grande surface d'appui par son aubage multiple. Pas de roulis et sécurité par sa disposition à deux coques ayant 34 compartiments étanches. Atténuation des vagues contre les berges. Quatre gouvernails équilibrés. Le pilote règle facilement de sa place la marche de la machine. La maison expose aussi au grand Palais des Machines. Bureaux, avenue Rapp, 16.

41. LAMON (Alfred) & Cie (ancienne maison **Kriéger**), à Paris, rue du Faubourg-Saint-Antoine, 74. — Spécimens de revêtements en ébénisterie pour intérieur de navire.   (QUAI.)

42. DANJOU (D^r du gymnase des Sapeurs-Pompiers), à Rennes (Ille-et-Vilaine). — Echelles à crochet de sauvetage.   (QUAI.)

43. DAVID (Henri S.-J.), à Orléans (Loiret), rue de l'Échelle, 3 — Pompe à incendie sur chariot, corps bronze, mouvement en fer forgé, tamis tôle, bâche cuivre. **(QUAI.)**

44. DESPREZ (D^r), à Saint-Quentin (Aisne), rue du Collége, 27. — Couchette maritime, applicable aux torpilleurs. **(QUAI.)**

45. DIBOS (Maurice), à Paris, rue de Rennes, 153. — Bouées armées de suspensions intérieures et extérieures à fanal inextinguible. **(QUAI.)**

46. DIENERT (J.-B.), à Saint-Mandé (Seine), place de la Mairie, 8. — Appareils de sauvetage, descenseurs en cas d'incendie. **(QUAI.)**

 Frein-double à formation spirale spontanée.
 Frein-lunette. Médaille d'argent à l'Exposition universelle de 1878.

47. DOSSUNET (H.-C.), à Paris, quai de la Râpée, 12. — Canot de course et de plaisance. **(PALAIS.)**

48. DOSSUNET (Louis), à Joinville-le-Pont (Seine). — Bateaux à aviron. **(QUAI.)**

 Fournisseur des principaux Cercles et Sociétés nautiques en France et à l'Étranger, des Ministères des Travaux Publics et des Beaux-Arts, de la Ville de Paris et des Palais de Fontainebleau, etc. — Un outriger de course à 8 rameurs de pointe et barreur, un outriger de course à 4 rameurs de pointe et barreur, une yole gig de course à 2 rameurs de pointe et barreur, un skiff, un canot et une embarcation de plaisance à 2 rameurs, pouvant tenir six personnes, y compris les rameurs. Médaille d'or. Exp. univ. Paris 1878.

49. DUBOIS, à Marseille (Bouches-du-Rhône) rue de la République, 9. — Peinture spéciale pour carènes de navires. **(QUAI.)**

50. DUHAMELET (Gustave), à Fécamp (Seine-Inférieure). — Coffre à médicaments dit pharmacie maritime. **(QUAI.)**

51. DUMOULIN-FROMENT, à Paris, rue Notre-Dame-des-Champs, 85. — Compas de marine. Instruments divers de navigation. **(QUAI.)**

52. DUPUY (Jean), à Alais (Gard), Faubourg du Soleil, 59. — Appareil de sauvetage d'incendie composé d'une arbalète porte-amarre et d'une échelle. **(QUAI.)**

53. DUVAL (Philippe), à Corbeil (Seine-et-Oise). — Descenseur pour sauvetage en cas d'incendie. **(QUAI.)**

54. ELWELL Fils, à la Plaine-Saint-Denis, avenue de Paris, 194. — Compresseur d'air à haute pression et son réservoir ventilateur avec moteur adhérent. **QUAI.)**

55. EVRARD (Alf.), à Asnières (Seine), avenue de Courbevoie, 16. — Appareil de sauvetage dit « Descenseur automatique », à frein régulateur de vitesse. **(QUAI.)**

 Appareil pouvant se mettre en poche et permettant aux personnes menacées par un incendie de descendre en toute sécurité d'une fenêtre ou d'un balcon, sans avoir à exercer une action quelconque. — Expériences concluantes par les sapeurs-pompiers de Paris, Gand, etc., et par l'administration du théâtre de la Monnaie, à Bruxelles.

56. FARCOT (Joseph), à Saint-Ouen (Seine). — Appareils hydrauliques pour manœuvre de culasses. Affûts hydrauliques. **(QUAI.)**

 Maison Farcot fondée en 1823.
 Affûts hydrauliques avec appareils de manœuvre pour canons de tous calibres, affûts de batterie, tourelles-barbettes, tourelles tournantes, affûts sur pivot, etc., et appareils servo-moteurs.
 Machine hydraulique de compression avec compensateur-régulateur.
 Appareil de fermeture de culasse (système Farcot), manœuvré hydrauliquement.
 Servo-moteur à décalage d'excentrique pour la manœuvre des gouvernails. Servo-moteur à renversement de courants pour manœuvre de gouvernails.
 Voir classe 52, Palais. Quai. Machines à quatre tiroirs, Machines-pilons à double et triple expansion, pompes, etc. — Récompenses : Grande Médaille d'honneur, Paris 1855 ; Grand Prix, Paris, 1867 ; Diplôme d'honneur, Vienne 1873 ; deux Grands Prix, Paris 1878.

57. FERNEZ-ARMAND, à Paris, boulevard Morland, 3. — Cordages et fournitures générales pour la marine, les travaux publics et la construction.   **(QUAI.)**

58. FERRÉ (Valentin), à Paris, rue des Petits-Champs, 19. — Gilet de sauvetage.   **(QUAI.)**

59. FIALON, à Paris, rue de la Roquette, 40. — Machine Compound à condensation par surface pour yachts.   **(QUAI.)**

60. FLEURET (Adrien), à Paris, avenue Wagram, 41. —Modèles et plans de bateaux à vapeur de mer et de rivière. Hélices pour bateaux électriques.   **(QUAI.)**

61. FONTAINE (Maison Louis), à la Madeleine-lez-Lille (Nord) — Appareil extincteur d'incendie à triple effet et à jet continu.   **(QUAI.)**

62. FOREST (Pierre-F.), à Paris, passage Saint-Sébastien, 9. — Canot actionné par un moteur à pétrole.   **(QUAI.)**

63. FOURNIER, à Argenteuil (Seine-et-Oise), rue de la Pierre. — Bouée de sauvetage.   **(QUAI.)**

64. FRAISSINET & Cie, (Cie Marseillaise de navigation à vapeur), à Marseille, place de la Bourse, 6. — Modèles de navires, dessins, plans et cartes relatifs aux différents services de la Compagnie.   **(QUAI.)**

65. FRANÇOIS (Eugène), à Thoiry (Seine-et-Oise). — Modèle d'un nouveau système pour appareil de sauvetage.   **(QUAI.)**

66. FREBOURG (E.) au Petit-Gennevilliers (Seine). — La voiture complète d'un petit côtre sur mâture.   **(QUAI.)**

67. GALIBERT, à Paris, boulevard Bonne-Nouvelle, 31. — Appareils respiratoires permettant de respirer dans les milieux délétères.   **(QUAI.)**

68. GALLAS (L.), à Paris, avenue de Saint-Ouen, 95. — Ceinture de sauvetage.   **(QUAI.)**

69. GAUTIER (Louis), au Mans (Sarthe), rue Basse, 104.— Plans d'un bateau plongeur destiné à relever les bâtiments échoués.   **(QUAI.)**

70. GEMY Cadet (Laurent), à Marseille (Bouches-du-Rhône), boulevard National, 36. — Casier à sacs pour la marine de l'Etat.   **(QUAI.)**

71. GENESTE, HERSCHER & Cie, à Paris, rue du Chemin-Vert, 42. — Ventilateur Ser et son moteur. Étuve à vapeur pour la désinfection à bord. Four de bord. Dessins de ventilateurs et d'installations de désinfection.   **(QUAI.)**

  Spécimens en nature à la classe 65 et appareils fonctionnant à l'esplanade des Invalides : Pavillon spécial, cl. 64 (Hygiène) et cl. 66 (Art militaire). Étuve à désinfection par la vapeur. Appareils d'assainissement. Ventilateurs mécaniques spéciaux. Fours de bord. Types de la Marine de l'Etat. Etudes et expériences.

72. GROS (George), à Bordeaux (Gironde), route de Toulouse, 11. — Embarcation de service. Système de bouées de sauvetage.   **(QUAI.)**

73. GROSOS (Eugène), au Havre (Seine-Inférieure).— Modèles de bateaux à vapeur à hélice.   **(QUAI.)**

74. GUÉROULT, à Deville-lez-Rouen (Seine-Inférieure). — Échelle française, système Guéroult, pour le sauvetage.   **(QUAI.)**

75. GUGUMUS Frères, à Nancy (Meurthe-et-Moselle) rue de Boudonville. — Échelle de sauvetage. Pompes à incendie.   **(QUAI.)**

76. GUIBILLON (F.) & FOURMENT (M.), Ingénieurs-chimistes, à Paris, rue de l'Aqueduc, 57. — Extincteurs et autres appareils concernant la protection contre l'incendie.   **(QUAI.)**

  Produits extinctifs et charges pour extincteurs divers (anciens et nouveaux systèmes). Produits ininflammabilisants pour bois, tissus, papiers, etc.

77. GUILLAUME (E.-C.), à Charly-sur-Marne (Aisne). — Dessin d'un propulseur pour la navigation.   **(QUAI.)**

78. HARET (Charles), à Levallois-Perret, rue Gide, 58. — Matériaux et objets rendus incombustibles par l'ignituge Martin.   **(QUAI.)**

79. HOURDEQUIN (Émile), à Valenciennes (Nord). — Réduction ou 1/10 de tous les engins propres à combattre les incendies.   **(QUAI.)**

80. HUTINET & FÉLIX, à Paris, rue de Chaillot, 20. — Avertisseurs d'incendie. Contrôleurs de ronde. Téléphones et signaux électriques pour la marine.
(QUAI.)

81. JACQUEMIER (M.-J.-Raoul), à Paris, rue Saint-Honoré, 267. — Intégromètre pour la mesure du travail dans les machines, cinémomètre, indicateur de vitesse.   **(QUAI.)**

82. JOBERT, à Paris, rue des Croisades, 10. — Cerf-volant de sauvetage.
(QUAI.)

83. JOURDAIN (Théophile E.), à Paris, rue de la Quintinie, 22 bis. — Appareil de sauvetage ascenseur oblique.   **(QUAI.)**

84. LABAT (H. J.-Théophile), à Bordeaux (Gironde), place Richelieu, 8. — Dessin d'un bateau à hélice permettant d'utiliser une grande hélice avec un faible tirant d'eau.   **(QUAI.)**

85. LABISCARRE (Jean), à Paris, rue du Texel, 36. — Bouée balise avec refuge et avertisseur électrique pour correspondre à terre en cas de naufrage.   **(QUAI.)**

86. LACOUX, à Bessines (Haute-Vienne). — Échelle de sauvetage.   **(QUAI.)**

87. LAJOUS (Jean), à Saint-Livrade, par Bellegarde, Sainte-Marie (Haute-Garonne). — Appareil nautique de nouvelle invention.   **(QUAI.)**

88. LAVERGNE & DELBEKE, à Dunkerque (Nord). — Petits bateaux recouverts d'enduit métallique.   **(QUAI.)**

89. LE BLON, à Paris, rue Lafontaine, 86 bis. — Téléphonie sous-marine   **(QUAI.)**

90. LEMALE (A.-G.), au Havre (Seine-Inférieure), rue de la Douane, 3. — Annuaire de la marine et du commerce français.   **(QUAI.)**

91. LETESTU (Maurice), à Paris, rue du Temple, 118. — Pompes à incendie à vapeur montées sur chariot.   **(QUAI.)**

92. LORET & Cie (Société), à Paris, rue Sainte-Croix-de-la-Bretonnerie, 37. — Tuyaux en toile sans couture, seaux en toile pour incendie.   **(QUAI.)**

   Loret J. et Cie, ancienne Maison Veuve Fuchot et Cie, bandagistes.

93. MARTIN-PACCARD (V.-Albert), à Paris, rue Barye, 2. — Tableau de dessin, modèle au 1/10. Bateau de plaisance actionné par quatre cylindres creux à aubes cloisonnées, substituant la marche roulante à celle traînante.   **(QUAI.)**

94. MAUCLERC (de) à Paris, rue Saint-Lazare, 56. — Extincteur instantané d'incendie dit « l'Incomparable »   **(QUAI.)**

95. MAX RICHARD, SEGRIS, BORDEAUX et Cie, à Angers (Maine-et-Loire). — Toiles à voiles, cordes, cordages.   **(QUAI.)**

   1851 Londres, prize Medal ; 1855 Paris, Médaille d'argent ; 1867 Paris, Médaille d'or et croix de Chevalier de la Légion d'honneur ; 1873 Vienne, Médaille de progrès.
   1878 Paris, hors concours et croix d'Officier de la Légion d'honneur.

96. MÉHU, à Saint-Malo (Ille-et-Vilaine). — Amarrage métallique. Bague pour focs. Pouliage.   **(QUAI.)**

97. MÉTAYER, à Paris, rue Saint-Antoine, 86. — Cuivrerie et articles spéciaux d'armement pour la navigation de plaisance et la marine.   **(QUAI.)**

Ancienne maison Quinier, 60 ans d'existence. Quincaillerie générale pour la marine. Spécialité de fournitures pour bateaux de plaisance. Cuivrerie, clouterie, ferrures, gréements, outils, pouliage, cordages, feux, pavillons, bouées, ancres, etc. Récompenses Paris 1867.

98. MICHOT (Charles.-M.), à Quimperlé (Finistère). — Marine, types Dévastation, Astrée, Némésis et divers (marine moderne et ancienne ; petits modèles). **(QUAI.)**

99. MILDÉ Fils (Charles) & Cie, à Paris, rue Laugier, 26. — Tableaux électriques pour les indications d'ordres, postes téléphoniques. Service d'avertissement d'incendie.   **(QUAI.)**

100. MILLET (Félix), à Persan (Seine-et-Oise).—Étambot de canot et son hélice. Podoscaphe à hélice.   **(QUAI.)**

101. Ministère de la Marine, à Paris. — Modèles de navires (échelle de 15 m/m Formidable, Hoche, Trident, Magenta, Surcouf, Sfax, Dupuy-de-Lôme, Coudan, Mitraille, Jean-Bart, Davout). Coupes transversales au 1/10 des mêmes navires, modèles de machines, Hoche, Davout, Tourville, Inconstant. Modèles de chaudières, ancres de 6,000 kil. avec chaînes et accessoires, transmetteur d'ordres, modèle de la forme de radoub n° 5 à Cherbourg.   **(QUAI.)**

102. MOESAN, à Bordeaux (Gironde), quai de Queyries, 49. — Voile latine et foc, installés sur une mâture.   **(QUAI.)**

103. MONCEAU & Cie, à Petit-Gennevilliers (Seine). — Yacht à vapeur.
                                                                (QUAI.)

104. MONFRONI, à Marseille (Bouches-du-Rhône), rue Latil, enclos Cler. — Machine en os, d'art maritime.   **(QUAI.)**

105. MONSEAU (Bernard), à Saint-Hilaire par Saint-Cirq (Lot-et-Garonne). — Modèle de bâtiment pour navigation fluviale et maritime.   **(QUAI.)**

106. MORS Frères (Louis et Émile), à Paris, avenue de l'Opéra, 8. — Yacht à vapeur, machine Compound, condensation à surface, machine amovible.   **(QUAI.)**

Constructeurs d'appareils électriques et mécaniques.

107. MOURAILLE & Cie, à Toulon (Var). — Canot à vapeur.   **(QUAI.)**

108. NOEL Frères, à l'Ile de Groix (Morbihan).— Spécimens de bateaux et d'engins de pêche maritime.   **(QUAI.)**

109. NORMAND et Cie (Augustin), au Havre (Seine-Inférieure), rue du Perrey, 67. — Modèles, plans et photographies de navires et de machines. Appareils entrant dans l'armement des navires.   **(QUAI.)**

Distillateurs brevetés S. G. D. G, 61 applications. — Ejecteurs plus légers et dépensant moins de vapeur que tous les autres appareils fonctionnant par jet. En service sur la plupart des torpilleurs français et sur un grand nombre de navires étrangers. — Réchauffeur d'eau d'alimentation, breveté S. G. D. G. Economie réalisable 6 à 8 0/0. Appliqué sur torpilleurs n°s 130 à 135, Marine nationale.

Dégraisseur d'eau d'alimentation, breveté S. G. D. G. Appliqué sur torpilleurs 126 à 135 et avant-garde. — Soupapes de sûreté de cylindres, brevetées S. G. D. G. Appliquées sur torpilleurs n°s 126 à 135 et avant-garde. — Purgeur d'eau de condensation, breveté S. G. D. G. fonctionnant indépendamment des trépidations et des mouvements du navire. Appliqué sur torpilleurs n°s 126 à 135 et avant-garde.

110. PANHARD & LEVASSOR, à Paris, avenue d'Ivry, 19. — Canot mû par un moteur à pétrole.   **(QUAI.)**

111. PARADIS (L.-E.), à Charly-sur-Marne (Aisne). — Lanternes.   **(QUAI.)**

112. PARIS Jeune, à Paris, boulevard Richard-Lenoir, 50. — Cabestan, vérin.
                                                                (QUAI.)

113.   PARIS (service des Sapeurs-Pompiers de la ville de), Colone Ruyssen, à Paris. — Machines, appareils et objets en usage dans le régiment des Sapeurs-Pompiers pour le service d'extinction des incendies. Plan en relief indiquant la hauteur des eaux de production dans différents quartiers de Paris. Plan indiquant le réseau télégraphique de secours. Exposition rétrospective du système de défense contre les incendies en 1789.   **(QUAI.)**

114.   PARIZE (E.), à Morlaix (Finistère). — Appareil à godille.   **(QUAI.)**

115.   PERIGNON (E.-A.), à Paris, rue du Faubourg-Saint-Honoré, 105. — Modèles et dessins de yachts.   **(QUAI.)**

116.   PERRIN (Raoul), au Mans (Sarthe), rue Erpell, 5. — Bateau toueur automoteur.   **(QUAI.)**

117.   PIGEON, à Paris, rue du Cherche-Midi, 33. — Matelas flottants pour sauvetage.   **(QUAI.)**

118.   PILTER (Th.), à Paris, rue Alibert, 24 — Extincteurs d'incendies. « La sentinelle ».   **(QUAI.)**

119.   POMBAS (Eugène), à Reims, rue Macquart, 15. — Propulseur pour canots de plaisance.   **(QUAI.)**

120.   PONTHUS (B.), à Saint-Jean-d'Aulphe (Haute-Savoie). — Dessins concernant l'application de l'air comprimé dans les navires et dessin de bateau sous-marin.   **(QUAI.)**

121.   POTEL, à Paris, boulevard Voltaire, 185. — Appareil porte-amarre pour sauvetage.   **(QUAI.)**

122.   POUARD (Auguste), à Alfort (Seine), rue de l'Amiral-Courbet, 6. — Canot mécanique.   **(QUAI.)**

123.   REGNARD Frères, à Paris, rue Bayen, 59. — Extincteur parisien d'incendie, système E. Tabouet.   **(QUAI.)**

124.   Revue des Sports (Directeur : **Tétard George**), à Paris, rue Saint-Honoré, 257. — Collection de la Revue depuis l'année de la fondation (1875). Photographies nautiques.   **(QUAI.)**

125.   RIBEROLLES (Gilbert), à Clermont-Ferrand. — Appareil de sauvetage en cas d'incendie. Échelle.   **(QUAI.)**

126.   RICHARD (M.-Louis), à Nantes (Loire-Inférieure), rue Contrescarpe, 13. — Système de propulseur universel à surface mixte, système de mise à l'eau pour les navires de grand tonnage.   **(QUAI.)**

127.   RIVIÈRE & Cie, à Rouen (Seine-Inférieure), rue Sotteville. — Toiles à voile en coton écru.   **(QUAI.)**

128.   ROBERT, à Paris, rue de Reuilly, 50. — Descenseur Robert pour sauvetage dans les incendies.   **(QUAI.)**

129.   ROELANDTS (Ferdinand), à Paris, avenue Mac-Mahon, 1. — Pompes portatives pour les incendies.   **(QUAI.)**

130.   ROTHSCHILD (Baron Arthur de), à Paris, faubourg Saint-Honoré, 33. — Modèle de yacht. « Eros ».   **(QUAI.)**

131.   ROUART Frères & Cie, à Paris, boulevard Voltaire, 137. — Canot actionné par un moteur Lenoir à essence de pétrole.   **(QUAI.)**

132.   ROUSSY (Jean), à Paris, rue des Amandiers, 89. — Modèle d'une échelle de sauvetage et d'un bateau insubmersible.   **(QUAI.)**

133. ROUX GUICHARD & Cie, à Paris, rue de la Douane, 24. — Fanaux et lampes pour navires.   **(QUAI.)**

> Appareils d'éclairage pour la Marine. Ancienne Maison Chatel jeune, fondée en 1832. Maison Faucon frères, Roux Guichard et Cie, successeurs.
> Spécialité d'appareils d'éclairage pour la Marine militaire, la Marine marchande, le Yachting, signaux exigés par les règlements de mer et de rivière, suspensions marines, etc, Appareils d'éclairage pour chemins de fer, villes et mines.

134. SAMAIN & Cie, à Paris, place d'Alleray, 6. — Moteur hydraulique actionnant un cabestan, élévateur hydraulique.   **(QUAI.)**

135. SANTI (George-A.-A.), à Marseille (Bouches-du-Rhône), rue Sainte-Ferréol, 6. — Taximètre azimutal, habitacle avec son compas de route, compas liquide pour embarcation.   **(QUAI.)**

> Paris 1855, Exposition universelle, médaille de bronze ; Londres 1862, Prize medal.
> Paris 1867, médaille d'argent.

136. SARTRE (P.), à Bordeaux, cours du Médoc, 142. — Treuil à vapeur fonctionnant par friction.   **(QUAI.)**

137. SATRE (Henri), à Lyon (Rhône), cours Rambaud, 8. — Modèles de navires. Machines marines. Plans et photographies.   **(QUAI.)**

> Anciens Établissements Louis Combe et Cie.
> Henri Satre, ingénieur-constructeur. Ateliers de constructions mécaniques à Lyon. Chantiers de Constructions navales à Arles-sur-Rhône (Rhône-Maritime). Maison fondée en 1840.
> Matériel de draguage de tous systèmes. — Dragues marines à hélice. — Dragues marines porteuses.
> Dragues à longs couloirs. — Dragues à succion. — Excavateurs-transporteurs.
> Bateaux-porteurs à vapeur. — Chalands à Clapets. — Appareils de débarquement.
> Remorqueurs à hélice et à roues. — Steamers pour voyageurs.
> Bateaux-pompes à grand débit. — Navires. Yachts. Steam-Launches.
> Récompenses : Paris, 1878.

138. SAUTTER LEMONNIER et Cie, à Paris, avenue Suffren, 26. — Matériel d'éclairage électrique pour navires.   **(QUAI.)**

> Maison fondée en 1825. — Annexe de la Marine.
> Éclairage des navires. Dynamo Duplex et Triplex actionnée par un moteur central Compound, dernier type de la marine française. — Turbo-moteur, faible poids, volume réduit. Fanaux électriques : feux de position et de remorquage ; fanaux colorés pour signaux. — Installation complète de fanaux électriques pour navires de guerre. Manipulateur de signaux à touche, à cadran pour cuirasse, avertisseur automatique d'extinction. Tableau de distribution et accessoires. Éclairage de protection et d'attaque pour cuirasses et croiseurs. Projecteurs à commande directe ou à distance. Lampe mixte. Installation d'accumulateurs.
> Récompenses : 1855, Paris, médaille d'or ; 1867, Paris, médaille d'or.
> 1878, 3 médailles d'or, 2 médaille d'argent ; 1885, Anvers (Hors concours, Jury).

139. SCAL, à Paris, rue Moreau, 3. — Nouveau modèle de pagaie pour la navigation de plaisance.   **(QUAI.)**

140. SCHINDLER Frères, à Paris, rue de Chalon, 40. — Chaloupe à vapeur et différents types de machines marines.   **(QUAI.)**

141. SEYLER (George) et Fils, à Courbevoie (Seine), quai de Seine, 47. — Constructeurs d'embarcations de plaisance.   **(QUAI.)**

> Exposition Paris 1878. Médaille argent. Yacht à voiles et vapeur. Yoles de courses, outriggers, skiffs, périssoires, canots pour familles et pièces d'eau.

142. SIMONETON & Fils, à Paris, rue d'Alsace, 41. — Tuyaux et seaux en toile pour incendies.   **(QUAI.)**

143. SMITTER & Cie, à Paris, rue Labat, 18. — Appareil de sauvetage et de combat pour incendies, monté sur chariot.   **(QUAI.)**

144. Société anonyme des Chantiers et Ateliers de la Gironde à Paris, rue de Provence, 56. — Modèles du chantier de la société et de divers navires.
                                                                          (QUAI.)

145. Société anonyme des Forges et Chantiers de la Méditerranée, à Paris, rue Vignon, 1. — Modèles de bâtiments de guerre et de commerce, appareil à vapeur à triple expansion pour torpilleurs. **(QUAI.)**

Constructions navales militaires, bâtiments cuirassés, avisos à grande vitesse, bâteaux-torpilleurs, porte-torpilles et lance-torpilles, canots vedettes. Artillerie de gros calibre, de côte, de campagne et de montagne. Canons à tir rapide. Affûts. Tubes lance-torpilles et affûts lance-torpilles. Bâtiments de commerce. Paquebots à voyageurs. Chaudières et machines marines. Appareils à vapeur de toutes sortes. Matériel de draguage. Machines d'épuisements pour bassins de radoub. Bâteaux-portes. Mâtures fixes et flottantes. Machinerie hydraulique pour le service des ports maritimes. Appareils hydrauliques.

Phares. Machines à fabriquer les briquettes d'agglomérés de charbon par la pression hydraulique. Machines dynamos pour éclairage électrique.

Machines motrices électriques. Machines-outils.

146. Société anonyme des spécialités mécaniques, à Paris, rue St-Ambroise, 25. — Appareils, pompes et vêtements pour plongeurs. **(QUAI.)**

Manufacture de caoutchouc et de gutta-percha.
Appareils plongeurs Denayrouze et de tous autres systèmes.
Appareils respiratoires pour pompiers et professions insalubres.
Médailles d'or aux Expositions universelles de Paris 1867 et 1878.
Anvers 1885 ; Barcelone 1888.

147. Société anonyme du Métal Delta et des Alliages métalliques, à Paris, rue de la Victoire, 56. — Fournitures pour la marine en métal Delta. **(QUAI.)**

148. Société Centrale de Sauvetage des naufragés, à Paris, rue de Bourgogne, 1. — Canot de sauvetage sur son chariot, canon porte-amarre sur son affût. **(QUAI.)**

Cette Société, soutenue par des dons et souscriptions volontaires, a été reconnue d'utilité publique en 1865. Elle a pour but de pourvoir toutes les côtes françaises d'engins de sauvetage perfectionnés permettant aux populations du littoral de secourir les naufragés dans les circonstances les plus périlleuses. Son matériel, d'un prix d'achat et d'un entretien très coûteux, comprend au 1er avril, 74 canots et 128 postes de porte-amarres. Manœuvré par des hommes dévoués et exercés, il a contribué à sauver la vie à 5,368 pers. et à sauver ou secourir 762 nav.

149. Société de l'Incombustibilité, à Paris, boulevard Magenta, 3. — Produits spéciaux pour l'inflammabilisation des navires, théâtres, etc. **(QUAI.)**

150. Société des Ateliers et Chantiers de la Loire, à Paris, boulevard Hausmann, 11 bis. — Modèles de navires, torpilleurs et machines marines. **(QUAI.)**

Capital : 19.300,000 fr.
Nantes, Saint-Nazaire, Saint-Denis, Le Havre. — Administration centrale, 11 bis, boulevard Hausmann, Paris. — Exposition universelle d'Anvers 1885, diplôme d'honneur.
Constructions maritimes et fluviales : Navires de guerre et de commerce, cuirassés, croiseurs et torpilleurs, paquebots, cargos-boats et remorqueurs, machines et chaudières de marine. Constructions mécaniques. Machines fixes, demi-fixes et locomobiles, dragues, chalans, excavateurs et wagonnets, machines-outils, grues à vapeur et hydrauliques, marteaux-pilons, pompes Decœur. Matériel de chemin de fer : Locomotives, ponts-tournants. Constructions métalliques : Ponts et charpentes en fer et chaudronneries et fonderies de fer et de cuivre, chaînes et ancres. — Galvanisation, bassins de carenage à Paimbœuf et à Saint-Nazaire.

151. Société des Chargeurs Réunis, à Paris, boulevard des Italiens, 11. — Modèles de bateaux à vapeur, cartes et plans de navigation. **(QUAI.)**

152. Société des Générateurs à vaporisation instantanée, à Paris, rue des Cloys, 28. — Bateau avec générateur, système Serpollet. **(QUAI.)**

153. Société générale des peintures sous-marines, à Marseille, rue de Paradis, 48 — Modèles de navires. Produits divers. Peintures. **(QUAI.)**

154. Société des Forges et Ateliers de Saint-Denis, à Saint-Denis (Seine). — Constructions navales. **(QUAI.)**

155. Société Nautique de la Marne, (Président : **George Dufour**), à Paris, rue du Sentier, 45. — Cadres contenant divers documents, un plan, un trophée. **(QUAI.)**

156. Société des régates Rochelaises, à La Rochelle (Charente-Inférieure). — Tableau indicateur des opérations de la société, photographies et plans de yachts, pavillons de la société.   (QUAI.)

157. Société du Rowing-Club, (Président : **B.-A.-Vicira)**, à Paris, rue Lafayette, 43. — Tableaux, photographies, prix gagnés, médailles, enseignes, pavillons, trophées, etc.   (QUAI.)

158. Société des Sauveteurs du Havre (Président : **Grosos)**, au Havre. (Seine-Inférieure). — Canots de sauvetage.   (QUAI.)

159. Société internationale d'éclairage par le gaz d'huile, à Paris, rue Ordener, 162. — Éclairage des bouées, phares, balises, feux flottants.   (QUAI.)

> Usine pour la fabrication du gaz d'huile.
> Lanternes de phares et de bouées.
> Bouée à queue de 16ᵐ , bouée à balancier de 5ᵐ3.
> Balise de 13ᵐ de hauteur avec lanterne et optique de 375ᵐ/ᵐ.
> Réservoirs de chargement.
> Plans et dessins.

160. Société Lyonnaise de constructions mécaniques et de lumière électrique, à Paris, avenue Suffren, 40. — Pompes à incendie, type Paris, dévidoirs, accessoires divers.   (QUAI.)

> Injecteurs Giffard, Gresham. Éjecteurs. — Chevaux alimentaires. Pompes à vapeur. Élévations d'eau. Machines à vapeur horizontales, à pilou. Machines à vapeur et hydrauliques à 3 cylindres. Système Brotherhoad. Régulateurs Buss. Ascenseurs hydrauliques. Chaudières à vapeur. Grosse chaudronnerie. — Éclairage des gares, usines, forges, mines, par arc voltaïque et par incandescence, syst. Brush et Lontin.

161. Société parisienne de Sauvetage, à Paris, avenue Henri-Martin. 71, à la Mairie du 16ᵉ arrondissement. — Matériel d'un poste de secours.   (QUAI.)

162. STAPFER DE DUCLOS & Cie (Daniel-A.), à Marseille (Bouches-du-Rhône), boulevard Maritime, 42. — Manipulateur hydraulique. Gouvernail servo-moteur. Treuil silencieux. Moteur spécial pour manœuvrer les pankas.   (QUAI.)

> Médailles d'or aux Expositions de Paris 1878 et d'Amsterdam 1883.

163. STEIN (Adolphe), à Danjoutin (territoire de Belfort). — Câbles et filins en fils d'acier pour la marine, pour gréements, amarres, remorques, drosses.   (QUAI.)

164. STOCK (Pierre V.), à Paris, galerie du Théâtre-Français. — Collection du journal « l'Aviron ». Photographies.   (QUAI.)

165. SUC (A.), à Paris, rue Bichat, 50. — Modèle de chariot spécial pour transport d'embarcations.   (QUAI.)

166. TELLIER (Auguste), à Paris, quai de la Râpée, 52. — Grande embarcation de mer à l'aviron et à la voile. Embarcations insubmersibles.   (QUAI.)

167. THIRION (A.-R.), à Paris, rue de Vaugirard, 160. — Pompes à incendie à vapeur et matériel d'incendie. Pompes marines.   (QUAI.)

> Paris 1867, Médaille argent ; Paris 1878, Médaille or.

168. TURBOT (E.-Jules-L.), à Anzin (Nord). — Chaînes. Câbles et ancres.   (QUAI.)

> Médaille d'argent, Paris 1878 ; médaille d'or, Amsterdam 1883 ; Barcelone 1888.

169. Union des Sociétés de l'Aviron de France, (Président : **A. Fleuret)**, à Paris, rue Delaborde, 50.— Exposition collective des sociétés adhérentes.   (QUAI.)

170. VIDEAU (V.), à La Chaume, Sables d'Olonne (Vendée). — Modèle de côtre pour la grande pêche.   (QUAI.)

171. VUILLAUME (R.), à Paris, rue Pigalle, 24. — Cartes de navigation des voies navigables de la France.   (QUAI.)

172.   Yacht Club de France (Le), à Paris, boulevard des Capucines, 1. — Trophées. Modèles de yachts.   **(QUAI.)**

173.   «YACHT» (Le), Journal de la Marine, à Paris, rue Chateaudun, 55. — Tableaux de dessins de marine. Plans divers. Collection du journal le « Yacht ». **(QUAI.)**

COLONIES.

ALGÉRIE.

1.   CORRÉGES (J.-B.), à Oran, quai Sainte Marie. — Modèle de bateau à trois mâts, avec ses embarcations.   **(ESPLANADE.)**

COCHINCHINE.

1.   DELESCHAMPS (Édouard), Lieutenant de vaisseau, à Saïgon. — Jonque mandarine cambodgienne avec accessoires.   **(ESPLANADE.)**

2.   Exposition permanente des Colonies, à Paris. — Modèles de barques.
                                                                                       (ESPLANADE.)

3.   HUYNH QUAN MIEN, à Baria. — Modèle de barque de rivière, modèle de Sampan.   **(ESPLANADE.)**

4.   LAM VAN RUONG, à Baria. — Modèle de bateau de pêche avec filet.
                                                                                       (ESPLANADE.)

5.   LE VAN HOI, à Baria. — Modèle de bateau de commerce.   **(ESPLANADE.)**

6.   LUCCIANA, à Baria. — Modèle de bateau de pêche avec filet.   **(ESPLANADE.)**

7.   NGUYEN VAN SANH, à Baria. — Modèle de bateau de pêche avec filet.
                                                                                       (ESPLANADE.)

8.   Service local, à Saïgon. — Modèles de bateau de charge cambodgien, de bateau de service, de jonque, de sampan, de barques diverses.   **(ESPLANADE.)**

9.   RUEFF (Messageries fluviales de Cochinchine), à Paris, rue Bergère, 9. — Modèles réduits de paquebots, cartes des services.   **(ESPLANADE.)**

GABON CONGO.

1.   AVINENC, au Gabon. — Pirogue de Batanga.   **(ESPLANADE.)**

2.   PECQUEUR (Léona), au Gabon. — Pirogue, canot.   **(ESPLANADE.)**

INDE FRANÇAISE.

1.   Comité d'Exposition. — Barque bengala de Chandernagor.   **(ESPLANADE.)**

2.   POULAIN. — Chelingue, Kattimarou.   **(ESPLANADE.)**

3.   Exposition permanente des Colonies, à Paris. — Modèles de barques
                                                                                       (ESPLANADE.)

MAYOTTE ET COMORES.

1. **Exposition permanente des Colonies,** à Paris. — Modèles de barques.
(**ESPLANADE.**)

NOSSI-BÉ.

1. **Service Local.** — Boutre, pirogue. (**ESPLANADE.**)

NOUVELLE-CALÉDONIE.

1. **Affaires indigènes (service des),** à Nouméa. — Pirogues simple, double, et voile en natte, pirogue en santal, etc. (**ESPLANADE.**)
2. **BERTHIER,** à Nouméa. — Plan et modèle de navire. (**ESPLANADE.**)
3. **Exposition permanente des Colonies,** à Paris. — Modèles de barques.
(**ESPLANADE.**)
4. **LAURIE,** à Canala. — Planches pour bateaux. (**ESPLANADE.**)

RÉUNION.

1. **Exposition permanente des Colonies,** à Paris. — Plan du port de la Réunion. (**ESPLANADE.**)

SAINT-PIERRE ET MIQUELON.

1. **Administration locale,** à St Pierre. — Modèle de goëlette de pêche avec son gréement. (**ESPLANADE.**)
2. **Exposition permanente des Colonies,** à Paris. — Modèles de barques.
(**ESPLANADE.**)
3. **LEDRENEY (E.-A.),** à St Pierre. — « Dory » Embarcation pour la pêche de la morue. (**ESPLANADE.**)

SÉNÉGAL.

1. **Exposition permanente des Colonies,** à Paris. — Modèles de barques.
(**ESPLANADE.**)

TAHITI.

1. **Exposition permanente des Colonies,** à Paris. — Modèles de barques.
(**ESPLANADE.**)
2. **Service local,** à Papeete. — Pirogue à pêche à voile, pirogue double.
(**ESPLANADE.**)
3. **VIENOT (Charles),** à Papeete — Pirogues, pagaies. (**ESPLANADE.**)

PAYS DE PROTECTORAT.

ANNAM-TONKIN.

1. Corps du Tonkin. — Plan en relief du port de Phu-Ly.   (**ESPLANADE.**)

2. Exposition permanente des Colonies, à Paris. — Modèles de barques.
(**ESPLANADE.**)

3. FONTAINE, à Paris. — Jonque de mer (modèle).   (**ESPLANADE.**)

4. Province de Phu-Yen. — Jonque. Modèles de jonques.   (**ESPLANADE**)

5. Vice-Résidence de Quang-Yen (Tonkin). — Modèle de jonque annamite.   (**ESPLANADE.**)

CAMBODGE.

1. Exposition permanente des Colonies, à Paris. — Modèles de barques.
(**ESPLANADE.**)

2. PLANTÉ, à Phnom-Penh. — Barque du Tonkin, bateau en bambou, bateau
laotien, ghe-luang ou bateau ordinaire, jonque de mandarin, jonque du roi, pirogues
et jonques diverses.   (**ESPLANADE.**)

PAYS ÉTRANGERS.

BELGIQUE.

1. HENRY (Émile F. A.), Officier au corps des Sapeurs-Pompiers, à Bruxelles, place du Jeu-de-Balle, 54. — Appareil respirateur en cas d'incendie. **(QUAI.)**

2. LÉONARD (F.-J.), à Verviers, rue des Raines, 79. — Appareil de sauvetage. **(QUAI.)**

3. STEYAERT (Charles), à Gand, boulevard du Béguinage, 54. — Plan de bateau à vapeur. **(QUAI.)**

4. VAN OYE (Albert), à Bruxelles-Midi, rue Coenraets, 75. — Matériel de sauvetage. **(QUAI.)**

5. WASHBURNE, NIEUWENHUYS & WYNS, à Bruxelles, rue de l'Activité, 2. — Appareil de sauvetage. **(QUAI.)**

BRÉSIL.

(Voir son Catalogue spécial.)

DANEMARK.

1. ANDERSEN (Christoffer), à Fisted. — Modèle d'un bateau pêcheur. **(PALAIS.)**

2. BORCH (Carl), à Copenhague. — Modèle d'une baleinière à voile. **(PALAIS.)**

3. Comité Danois, à Copenhague. — Modèles de bateaux pêcheurs et d'appareils pour la pêche. **(QUAI.)**

4. Fabrique d'appareils de sauvetage (Becock Klixbüll), à Copenhague. — Ceintures de sauvetage. **(PALAIS.)**

5. IVERSEN (N. N. J.), à Copenhague. — Modèle d'un bateau pêcheur. **(PALAIS.)**

6. MEYER (M. W.), à Copenhague. — Abat-vagues, système Olaf F. Larsen. **(QUAI.)**

7. MULLER (H.), à Thorshavn (Iles de Feroë). — Modèle de bateau feroën. **(PALAIS.)**

8. SCHIONNING (Jul.), à Copenhague. — Matérie de sauvetage, ceintures système Halstein. **(PALAIS.)**

9. WEIL ACH (J. S. V.), à Copenhague. — Pavillons danois. **(QUAI.)**

10. WITTIG (G.), à Copenhague. — Abat-vagues. **(PALAIS.)**

ESPAGNE.

1, SANTAOLAYA (Lorenzo) à Madrid. — Appareils de sauvetage maritime. **(PALAIS.)**

ÉTATS-UNIS.

1. ALLEN (Frederick S.), à Cutty hunk Island, Mass. — Modèle de bateau de sauvetage. **(PALAIS.)**

2. BADIA & DUBOIS, à Philadelphie, Pa., 332, South 4th street. — Ceintures de sauvetage automatiques de formes, de tailles et de matériels différents. **(PALAIS.)**

3. CHRISTIE (G. R.), à New-York, N. Y., 224, Greenwich street. — Signaux acoustiques pour la navigation. **(PALAIS.)**

4. DOLLIVER (James W.), à Boston, Mass., 5, Broad street. — Bateau de sauvetage, genre bycle. **(PALAIS.)**

5. HOLMES (Eben), à Marion, Mass. — Bateau modèle. **(PALAIS.)**

6. OS'GOVA (N. A.), à Battle breek, Mich. — Bateau portatif, en toile, pouvant se plier, avirons, sièges, planche du fond. **(PALAIS.)**

7. TEMPLE (Louis), à New-Bedford, Mass., 92, Union street. — Yacht. **(PALAIS.)**

8. WRIGHT (Peter) & Sons, à New-York, N. Y., 6, Bowling Green. — Modèles des bateaux à vapeur « City of Paris » « Jurman » et « Friesland » (Red Star). **(PALAIS.)**

GRANDE-BRETAGNE.

1. ARMSTRONG, MITCHELL & Co, (Limited), à Newcastle-on-Tyne. — Modèle d'un vaisseau de guerre. **(QUAI.)**

2. AYLING (Edward) & Sons, à Londres, Vauxhall. — Rames, godilles, pagaies et bouton pour attacher aux rames et godilles. **(QUAI.)**

3. BOYLE (Robert) & Sons, à Londres, Holborn viaduct 64, et à Glasgow Bothwell street, 110.— Appareil pour l'aération de vaisseaux. **(QUAI.)**

4. BROCK & Co., (C. T.), à Londres, South Norwood. — Signaux marins et militaires pyrotechniques et feux d'artifices. **(QUAI.)**

5. BROTHERHOOD (Peter), à Londres, Belvedere road, 15, Westminster Bridge. — Compresseurs d'air à haute pression pour torpilles. **(QUAI.)**

6. Cotton powder Co., (Limited), à Londres, Queen Victoria street, 162 A.— Signaux optiques et acoustiques, signaux de jour, de nuit et de détresse. **(QUAI.)**

7. Cunard steamship Co., (Limited), à Liverpool, Water street, 8. — Modèle du bateau à vapeur « Etruria » 8,000 tonnes. **(QUAI.)**

8. CURRIE, DONALD & Co., Managers of the Castle Mail Packets Co,(Limited), à Londres, Fenchurch street, 3. — Modèle du bateau à vapeur « Castle ». 4280 tonnes « Roshin ». **(QUAI.)**

9. DENNY & Co., à Dumbarton, Engine works. — Modèle des machines du bateau à vapeur « Buenos Ayres » (Compania Transatlantica Barcelona). **(QUAI.)**

10. ELLIOTT (Brothers), à Londres, Saint-Martin's Lane, 102. — Système télégraphique pour service à bord. **(QUAI.)**

11. Fairfield Shipbuilding & Engineering Co., (Limited), à Govan, Glasgow. — Modèles de bateaux à vapeur et de vaisseaux de guerre « Magicienne » et « Marathon » **(QUAI.)**

12. Farnley Iron Co, (Limited), à Leeds.— Bains, éviers, bains de pieds, cuves à lessive en porcelaine blanche, etc. **(QUAI.)**

13. FLEMING & FERGUSON, à Paisley, (Écosse), Phœnix Park. — Modèle du dragueur « Auckland » et du Yacht « Skeandhu ». Photographies de dragueurs et de machines à vapeur.   **(QUAI.)**

Modèle de la drague à trémie « Auckland » avec commande indépendante brevetée, pour actionner la chaîne à godets et permettre à la drague de faire elle-même son passage.

Modèle du yacht à vapeur à hélice, avec coque en acier, « Skeandhu », avec machine perfectionnée, équilibrée, à quadruple expansion. Photographie du yacht à vapeur 250 tonnes : « Grace Darling » avec machine brevetée à 4 cylindres, d'une puissance de 400 chevaux indiquée.

Photographie d'une drague porteuse à 2 hélices. Photographie d'une drague porteuse à simple hélice, avec chaîne à godets se projetant en avant de la coque, pour qu'elle puisse faire elle-même son passage. Photographie de machines de 1800 chevaux, perfectionnées, équilibrées, à quadruple expansion, à 4 cylindres sur le même plan horizontal, et deux manivelles directement opposées.

14. FINN, MAIN & MONTGOMERY, à Liverpool, James street, 24. — Modèle du bateau à vapeur « Vancouver » de la ligne Dominicaine de Canada.   **(QUAI.)**

15. FORREST & Son, à Londres, Norway Yard, Limehouse, Wyvenhoe, Essex, The ShipYard. — Mécanique pour chaloupe à vapeur et modèles.   **(QUAI.)**

16, Harden Star Lewis Sinclair Company, à Londres, Cannon street, 114, et à Paris, rue des Capucines, 22. — Harden Star. Grenades extincteurs et appareils pour éteindre l'incendie.   **(QUAI.)**

17. ISMAY IMRIE & Co., à Liverpool. — Modèles de deux bateaux à vapeur de la ligne « White Star ».   **(QUAI.)**

18. JOY (David), à Londres, Victoria Chambers, 9, Westminster. — Modèle en carton et photographies de machines à vapeur avec soupapes, système Joy.   **(QUAI.)**

19. LAIRD Brothers, à Birkenhead. — Modèles du transatlantique « Columba » et du bateau à tambour « Ireland. »   **(QUAI.)**

20. Leeds Forge Co., à Seeds. — Tôles, etc., pour chaudières de marine   **(QUAI.)**

21, NAPIER & Sons, à Glasgow, Lancefeld house. — Collection de modèles de vaisseaux de guerre et marchands, photographies de machines à vapeur.   **(QUAI.)**

22. Palmer's Shipbuilding Co.,(Limited), à Jarrow-on-Tyne. — Modèles et photographies de bateaux à vapeur ; vue des chantiers ; spécimens de fer et d'acier.   **(QUAI.)**

23. PHALP (Oliver), à Cardiff, Almora, Richmond road. — Signaux et matériel de la navigation et du sauvetage.   **(QUAI.)**

24. PITT & SCOTT, à Londres, Cannon street, 23.—Modèles illustrant le transport de marchandises par express, avec cartes et livres.   **(QUAI.)**

25. Royal Mail Steam Packet Co., à Londres, Moorgate street, 18. — Modèle du bateau à vapeur « Orinico » 4.478 tonnes.   **(QUAI.)**

26. SHEPHERD & DEE, à Henley-on-Thames, Oxfordshire, Red Lion Hôtel. — Canot à deux avirons, modèle d'un « punt ».   **(QUAI.)**

27. SIMONS (William) & Co, à Renfrew, près Glasgow. — Modèles de dragueurs perfectionnés, modèle d'un ponton à vapeur.   **(QUAI.)**

28. SIMPSON STRICKLAND & Co., à Dartmouth, S. Devon. — Machines à vapeur pour chaloupes, yachts, etc.   **(QUAI.)**

29. SWAN & HUNTER, à Newcastle-on-Tyne, Wallsend. — Modèles de vaisseaux marchands et passagers.   **(QUAI.)**

30. TAGG (T. G.) & Son, East Molesey, Surrey. — Modèle d'un canot, spécimens d'attaches de gouvernail et de calfatage.   **(QUAI.)**

31. TURK (Richard John), à Kingston-on-Thames. — Modèle d'un canot avec accessoires. Semelle pliante.   **(QUAI.)**

32. Union Steamship Co., (Limited), à Londres, Leadenhall street, 11. — Modèles des bateaux à vapeur « Mexican, » « Tartar, » « Athenian, » « Moor, » « African. »   **(QUAI.)**

33. United Asbestos Co., (Limited), à Londres, Queen Victoria street, 161 et à Paris, boulevard Sébastopol, 91 — Toile d'Asbestos, rubans, toiles, etc.   **(QUAI.)**

34. Vacuum Brake Co., (Limited), à Londres, Queen Victoria street, 32. — Matériel de sauvetage.   **(QUAI.)**

35. WOLF (S. M.), à Southampton, High street. 76. — Code international signaux.   **(QUAI.)**

36. YARROW & Co., à Londres, Isle of Dogs, Poplar. — Chaloupe à vapeur.   **(QUAI.)**

GUATEMALA.

1. BUCHANAM (Henry) & Co., à Guatemala. — Modèles de raíl en bois.   **(PARC.)**

2. LOPEZ (Vicente), à Tajabon. — Riz.   **(PARC.)**

3. Municipalité de Livingston, Département d'Izabal. — Bateaux, goëlettes, bateaux de pêche.   **(PARC.)**

ITALIE.

1. ALESSANDRO (Benoît), à Paris, rue Lord-Byron, 11 bis. — Appareils de sauvetage.   **(PALAIS.)**

2. DAMIANO (François), à Turin. — Modèle d'un navire avec un propulseur à hélice.   **(PALAIS.)**

GRAND-DUCHÉ DE LUXEMBOURG.

1. CHRISNACH (Pierre), à Harlange. — Appareils de sûreté pour couvreurs et pour le nettoyage des fenêtres ; brochures concernant le sauvetage.   **(PALAIS.)**

PRINCIPAUTÉ DE MONACO.

1. MONACO (Albert H. C., prince héréditaire de), à Paris, rue Saint-Guillaume, 16. — Types et modèles de gréement.   **(PARC.)**

NORVÈGE.

1. Ateliers mécaniques d'Aker, à Christiania. — Modèle de baleinier à vapeur. Modèle de navire de transport à vapeur.   **(PALAIS.)**

2. BING (Nicolay C.), à Christiania. — Appareil pour apaiser les vagues au moyen de l'huile.   **(PALAIS.)**

3. CAMMERMEYER (F. Albert), à Christiania. — Modèle d'un navire de Vikings découvert à Gokstad, près de Sandefjord.   **(PALAIS.)**

4. **Commission Norvégienne de l'Exposition Universelle de 1889,** à Paris. — Bateau pour la pêche de la morue aux îles Lofoten et à Finmark. Le spécimen exposé est employé à la pêche de la morue à la ligne à la main et à la palancre; une forme de plus grandes dimensions s'emploie à la pêche de la morue au filet. Bateau pour la pêche du hareng sur la côte occidentale de Norvège. Le bateau s'emploie à la pêche au filet ordinaire près de la côte; un autre, 4 à 5 fois plus grand, du même type, pousse au large et fait en pleine mer la pêche au filet dérivant et à la seine dans les fiords. Bateau pour la petite pêche côtière.   **(PALAIS.)**

5. **Compagnie de bateaux à vapeur de Bergen.** (Bergenske Dampskibs-felskab) à Bergen. — Modèles, dessins et photographies de bateaux de la Compagnie.
                                                                        (PALAIS.)

6. **Compagnie de bateaux à vapeur du Nord de la Norvège,** à Trondhjem. — Modèles et dessins de bateaux de la Compagnie.   **(PALAIS.)**

7. **SELSVIK (Johannes),** à Bodoe. — Modèles de bateaux.   **(PALAIS.)**

8. **Société de pêcheurs de Nordland, de Tromsoe et de Finmark,** formée sous la direction de **Dahl (Jens O.),** à Bodoe. — Bateau à dix rames avec appareillage complet pour la pêche.   **(QUAI.)**

    Ce bateau, sous différentes dimensions, est employé, dans les contrées septentrionales de la Norvège, par au moins 59,000 pêcheurs, qui font une capture annuelle de 40 million de morues et des grandes quantités d'autres poissons.

PAYS-BAS.

1. **BERNOSKI (A. J.),** à Rotterdam. — Modèle en cuivre d'un bateau à vapeur de rivière. Roues à godets de bateau à vapeur.   **(PALAIS.)**

PORTUGAL.

1. **LEMOS (Julio-Braz de).** — Armement.   **(PALAIS.)**

2. **RELVAS (Carlos).** — Appareils de sauvetage.   **(PALAIS.)**

3. **SANTOS PEREIRA (Domingos dos).** — Appareils de sauvetage.
                                                                        (PALAIS.)

4. **VIEIRA (Raymundo-Paes).** — Matériel de sauvetage.   **(PALAIS.)**

COLONIES PORTUGAISES.

1. **Musée des Colonies,** à Lisbonne. — Collection de modèles de bateaux des indigènes de Saint-Thomas et Prince, Mozambique, Macao et Timor et Inde portugaise.
                                                                        (PALAIS.)

RUSSIE.

1. **TROETZER (A.),** à Varsovie. — Pompes à incendie.   **(ESPLANADE.)**

    Récompenses aux Expositions universelles : Médailles de progrès, Vienne 1873 ; Philadelphie 1876 ; Paris 1878 ; Anvers 1885, diplôme d'honneur.

GRAND-DUCHÉ DE FINLANDE.

1. **Amis touristes (Les),** à Helsingfors. — Dessins et modèles de bateaux à vapeur, de yachts, de chaloupes et de canots.   **(PARC.)**

SUISSE.

1. CHAILLET (Gustave), à Clarens-Montreux (Vaud). — Échelle pliante pour magasins, bureaux et appartements. **(PALAIS.)**

2. ESCHER WYSS & Cie, à Zurich. — Launch à naphte. **(PALAIS.)**

Machine à vapeur de 150 chevaux, distribution Corliss, système « Frikart » breveté S. G. D. G. (machine en marche). Machine à vapeur 25 chevaux. Machine à vapeur de 4 à 6 chevaux, pour actionner des dynamos. Pompe à vapeur. Turbine de 140 chevaux, à axe horizontal avec groupe de pompes à haute pression (500 mètres). Machine à papier de 2200 m/m largeur utile. Calandre à 12 rouleaux, en fonte trempée et papier. Epurateur vertical, breveté S. G. D. G. Défibreur tangentiel, breveté S. G. D. G. avec assortisseur rotatif. Moulin à cylindres en fonte coquille. Machine à polir et canneler automatiquement les cylindres.

Spécialités : Bateaux à vapeur et machines marines (exécutés 450). Machines fixes, chaudières, turbines (exécutées 1800), pompes, machines à papier (exécutées 160), machines pour fabrication du papier, moulins à cylindres, machines pour meunerie.

3. GUBLER (Henri), à Turbenthal (Zurich). — Extincteurs. **(PALAIS.)**

4. MARROGINI (Joseph), à Berzona (Tessin).— Échelle de sauvetage. **(PALAIS.)**

5. SUTER (Robert), à Thayngen (Schaffhouse). — Tuyaux chanvre imperméables, sangles et ceintures pour pompiers. **(PALAIS.)**

6. WURGLER (Charles-A.), à Feuerthalen (Zurich). — Tuyaux en chanvre. **(PALAIS.)**

VENEZUELA.

1. Commission de l'État Zulia. — Cajuco ou turiara (embarcation indienne avec son gréement). **(PARC.)**

GROUPE VI.

OUTILLAGE ET PROCÉDÉS DES INDUSTRIES MÉCANIQUES.

ÉLECTRICITÉ.

- - - - - - - - - - - -

CLASSE 66.

Matériel et procédés de l'art militaire.

FRANCE.

1. Anciens Établissements Cail (Société des), représentée par le Colonel **de Bange,** à Paris, quai de Grenelle, 15. — Bouches à feu, affûts, projectiles. **(PARC.)**
    Société anonyme. — Succursales à Denain et à Douai.
    Récompenses : 2 Grands prix et 7 médailles, Paris 1878.
    Trois diplômes d'honneur, 1 méd. or, Amsterdam 1883.
    Six diplômes d'honneur et 3 méd. or, Anvers 1885.
    Matériel d'artillerie, système de Bange, pour la guerre et la marine.
    Canons et affûts de montagne, de campagne, de siége et de place de $80^{m/m}$ à $155^{m/m}$.
    Mortiers de **155** et de **270**$^{m/m}$ (à frettage bi-conique). Canon de $320^{m/m}$ à frettage biconique, sur affût de côte. Canon de $155^{m/m}$ long, sur affût de bord.
    Canons à tir rapide, système Engstrom, breveté S. G. D. G. (concession exclusive).
    Pavillon d'Exposition de la Société, près du Palais des Machines, côté La Bourdonnais.

2. ANDRIEUX-MERLIN, à Paris, boulevard de Grenelle, 73. — Voiture dite « Cantinière-Vivandière », **(ESPLANADE.)**

3. ANGLADE (Achille), à Paris, rue de la Feuillade, 3. — Boutons, boucles, plaques, passementeries et articles accessoires pour le vêtement et l'équipement militaires. **(E. C.) (ESPLANADE.)**

4. AUPHELLE (Jean), à l'École d'Application de l'Artillerie et du Génie de Fontainebleau (Seine-et-Marne). — Maréchalerie : Ferrures, ferrures à glace et instruments divers. **(ESPLANADE.)**

5. AUREGGIO (Eugène), vétérinaire en 1er au 11e d'Art., à Versailles (S.-et-O.). — Stalles et box syst. de déclanchement automatique pour chevaux embarrés, coffres-compteurs d'avoine, ustensiles d'écurie, pavage à rigoles obliques. **(ESPLANADE.)**

6. AVIZARD (René-G. & Charles X.) à Paris, rue de Rambuteau, 57. — Instruments d'optique. **(ESPLANADE.)**

7. BARBIER, VIVEZ & Cie, (ancienne Maison **A, Enfer Jeune**), à Paris,
rue du Buisson-Saint-Louis, 16. — Maréchalerie militaire, forges de campagne.
(**ESPLANADE.**)

8. BARDOU (D.-Albert), à Paris, rue Chabrol, 55. — Jumelles, longues-vues,
télégraphe optique.   (**ESPLANADE.**)

9. BARIQUAND & Fils, à Paris, rue Oberkampf, 127. — Mitrailleuses,
canons automatiques et à tir rapide. Pièces d'armes. Instruments vérificateurs pour
la construction des canons.   (**ESPLANADE.**)

    Les mitrailleuses et canons sont des systèmes Maxim et Nordenfelt. (brevets de « The
Maxim Nordenfeldt guns and ammunition Co. Limited ».)

10. BAUDOIN (L), & Cie, à Paris, rue et passage Dauphine, 30. — Livres,
cartes et plans militaires.   (**ESPLANADE.**)

    Maison fondée en 1736.— Connaissances générales : Théories, manuels, ouvrages à l'usage
des Ecoles militaires ; lecture des cartes, topographie, reconnaissances militaires, cartographie,
etc. Armes portatives, tir. Art de la guerre; art militaire des anciens et des mod▾nes, tactique,
stratégie, services techniques. Artillerie et génie. Histoire militaire ancienne et oderne. Géographie militaire. Organisation de l'armée. Législation et administration militaires. Arts aca-
démiques. Médecine et chirurgie militaires. Journaux et revues militaires: Journal militaire ;
journal des sciences militaires : Revue militaire de l'étranger ; Bulletin de bibliographie militaire ; Mémorial de l'artillerie de la marine : Revue maritime et coloniale, etc.

    Récompense : Médaille d'argent à l'Exposition universelle de 1878.

11. BAUDOT (Jules), à Bar-le-Duc. — Chemises de flanelle de coton pour
l'armée.   (**ESPLANADE.**)

    Inventeurs de la chemise de flanelle de coton, adoptée par les ministères de la Guerre et de la
Marine et par le sous-secrétariat des Colonies.

12. BEAUME (Léon), à Boulogne-sur-Seine, avenue de la Reine, 66. — Pompes
pour puits instantanés.Pompes à doucher, moteurs à vent pour élever l'eau, pompes
d'épuisement.   (**ESPLANADE.**)

13. BERLIOZ (George), à Lyon (Rhône), cours de la Liberté, 84. — Malles-lits,
lit-ambulance portatif. Caisse à bagages réglementaires en toile à voile.   (**ESPLANADE.**)

    Étuis pour 3 képis, sacoches d'officiers, malles, effets d'officiers ; Spécialité pour l'armée.

14. BESSON (F.), Fontaine-Besson, à Paris, rue d'Angoulême, 96.—Clairons
trompettes, tambours pour les armées françaises et étrangères.   (**ESPLANADE.**)

    A Londres, 198, Euston road. — Voir cl. 13.

15. BEYRIÈRE (J.), sergent d'Infanterie, élève-officier à l'école militaire d'Infanterie. — Eclimètre pour le nivellement topographique.   (**ESPLANADE.**)

16. BIDAULT (Frédéric-L.), lieutenant-colonel au 39ᵉ régiment de Ligne à
Rouen (Seine-Inférieure). — Presse typographique portative pour l'armée. Pont militaire portatif, pesant un kilogramme par mètre courant.   (**ESPLANADE.**)

17. BILLARD (Ch.-Marie) (A. D.) successeur, à Paris, rue Croix-des-Petits-
Champs, 25. — Bijoux d'ordres militaires.   (**ESPLANADE.**)

18. BLANCHECAPE (George), à Paris, avenue de la République, 14. —
Bouclerie, ferronnerie et cuivrerie militaires.   (**ESPLANADE.**)

    Fabrique de quincaillerie pour sellerie et équipements militaires, éperons, mors, étriers, bou-
clerie, modèles spéciaux pour l'exportation et les colonies, fournisseur de l'armée.

19. BLIN & BLIN, à Elbeuf (Seine-Inférieure). — Draps militaires. (**ESPLANADE.**)

20. BOHUNON (J.-P.-F.), gardien de batterie au Fort de l'Est. — Bât-flanc pour
la séparation des chevaux.   (**ESPLANADE.**)

21. BONVALLET (P.-J.-Emmanuel), à Paris, rue du Bourgtibourg, 26. —
Plans et modèles de fours de boulangerie et biscuiterie pour l'armée.   (**ESPLANADE.**)

22. BORREL (Théophile), à Paris, rue Saint-Denis,136. — Aigrettes et panaches en crins, pompons, glands de chéchias, épaulettes distinctives, galons, passementeries, soie, mohair et laine.
(ESPLANADE.)

23. BOULOGNE (Louis-M.), à Barisis (Aisne). — Fort locomotif servant aux transports.
(ESPLANADE.)

24. BOURELLY (Jules), Colonel breveté, commandant le 28e régiment d'Infanterie, à Rouen.— Le Maréchal de Fabert. Deux campagnes de Turenne.
(ESPLANADE.)

25. BOUVIER (Gaston) & Cie, à Paris, rue de Babylone, 38. — Douilles et étuis de cartouches en papier.
(ESPLANADE.)

26. BRANVILLE (de) & Cie, à Paris, rue Montagne-Sainte-Geneviève, 25. — Postes téléphoniques et micro-téléphoniques divers. Appareils télégraphiques ; câbles et dévidoirs pour lignes volantes. Piles électriques.
(ESPLANADE.)

27. BRUN (N.-Julien), maître d'escrime au 8e Cuirassiers, a Senlis (Oise). – Fausse baïonnette. Bidon individuel.
(ESPLANADE..)

28. BRUNON (B.), à Rive-de-Gier (Loire). —Roues métalliques pour affûts; obus.
(PALAIS.)

29. BUSTIN (Jean), à Paris, boulevard de la Chapelle, 5. — Glacières domestiques et fontaines réfrigérantes pour l'abaissement instantané de la température de toutes les boissons sous tous les climats.
(ESPLANADE.)

30. CAHEN Frères, à Paris, boulevard Magenta, 162. — Brosserie pour l'armée.
(ESPLANADE.)

Médailles Paris, 1867, 1878. (Voir classes 29 et 60 et aux annonces.

31. CALVET (C.), à Paris, rue du Cherche-Midi, 97 — Effets de petit équipement.
(E. C.) (ESPLANADE.)

32. CAMILLE Jeune (Alphonse-A.), à Paris, rue de Château-Landon, 24. — Harnachements militaires pour la France et l'Étranger.
(ESPLANADE.)

Équipements militaires. — Fournisseur des Ministères et des Gouvernements Étrangers. Riche album illustré. — Téléphone.

33. CAMILLE Jeune (Alphonse A.), à Paris, rue de Château-Landon, 24.— Harnachements militaires.
(E. C.) (ESPLANADE.)

34. CAUVIN-YVOSE (E.), Petit-Fils et Successeur de **Yvose-Laurent,** à Paris, rue de Lyon, 55. — Bâches et tentes.
(ESPLANADE.)

Fournisseur des Compagnies des chemins de fer et du Ministère de la Guerre. Diplôme d'honneur à l'Exposition d'Anvers 1885. Médaille d'or (la plus haute récompense), Barcelone 1888. Tissage, filature et corderie à Saleux-Salouel, (Somme). Usine à Amfreville-la-Mivoie, (Seine-Inférieure). Tentes de campement, des subsistances, d'ambulance ; coniques d'officier, abri, etc. etc. Bâches pour l'artillerie, bissacs, musettes, etc. etc. Toiles enduites, toiles chinées, etc. etc. Cordages, couchage articulé pour campement.

35. CAUVIN-YVOSE (Ernest), à Paris, rue de Lyon, 55. — Tente militaire de campement.
(E. C.) (ESPLANADE.)

36. Cercle national des armées de terre & de mer, à Paris, avenue de l'Opéra, 49. — Publications du Cercle militaire.
(ESPLANADE.)

37. CHAMPIOT (J.-F.), capitaine au 37e régiment d'Artillerie, à Bourges (Cher). — Ferrures pathologiques diverses. Habillement, harnachement, paquetage, équipement et armement d'artillerie.
(ESPLANADE.)

38. CHAPPÉE, au Mans (Sarthe). — Four démontable pour l'armée. **(ESPLANADE.)**

Exposition universelle d'Amsterdam 1883, médaille d'or.
Usines à Autoigné (Sarthe) et à Port-Brillet (Mayenne).
Diplôme d'honneur: Amsterdam 1883. — Anvers 1885.

39. CHATEAU, Pére & Fils, à Paris, rue Montmartre, 118. — Contrôleurs de rondes, téléphones et microphones, paratonnerres.
(ESPLANADE.)

40. CHAUTARD (Jules), à Paris, rue de Château-Landon, 28. — Casques en liége.   **(E. C.) (ESPLANADE.)**

41. CHEVALIER (P.-Émile), à Paris, quai de Grenelle, 61. — Voiture régimentaire métallique.   **(ESPLANADE.)**

> Médaille d'argent aux Expositions universelles de 1867 et 1878. — Médaille d'or à l'Exposition universelle d'Amsterdam, 1883. — Voir classes 61 et 63.

42. CLERMONT (F.-Alphonse), à Paris, rue du Temple, 104. — Jumelles de campagne.   **(ESPLANADE.)**

43. COGENT (Capitaine en retraite), à Paris, rue Nollet, 83. — Effets d'habillement, d'équipement et de harnachement.   **(ESPLANADE.)**

44. COLIN (Charles), brigadier, maréchal-ferrant, à Paris, 6e régiment de Cuirassiers. — Pièces de maréchalerie.   **(ESPLANADE.)**

45. COLLIN (Louis-M.), à Paris, rue Jean-Jacques-Rousseau, 53. — Effets d'habillement, objets d'équipement de chaussures pour officiers et soldats.   **(E. C.) (ESPLANADE.)**

> Successeur de Vve Collin et fils.
> Entrepreneur du service de l'habillement, de la chaussure et du grand équipement des 4e, 9e, 10e et 11e corps d'armée. — Magasins à Paris, 53, rue J.-J.-Rousseau. — Usines à vapeur, à Nantes et à Rennes.
> Médaille de bronze, Paris 1878. — Médaille d'or, Bruxelles 1888.

46. Compagnie anonyme des Forges de Châtillon & Commentry, à Paris, rue de La Rochefoucault, 19. — Produits militaires en fer et en acier. Blindages, canons, obus.   **(ESPLANADE.)**

47. Compagnie de Fives-Lille, à Paris, rue Caumartin, 64. — Pont militaire et canon de 12 c.m. et affût à frein hydraulique modèle de tourelle.   **(ESPLANADE.)**

> Éléments de pont démontable avec pièces interchangeables pour voie de chemin de fer. — Canon et affût pour la marine du gouvernement Japonais.
> Divers dessins et photographies.

48. Compagnie des Hauts-Fourneaux, Forges & Aciéries de la Marine & des Chemins de Fer, à Saint-Chamond (Loire). — Produits métallurgiques.   **(PALAIS.)**

> Canons et affûts. — Freins. — Blindages. — Tourelles cuirassées, etc. exposés dans la cl. 41.

49. COUPOIS (P.-Théodore), officier d'administration, à Châlons-sur-Marne (Marne). — Ouvrages divers de procédure et de jurisprudence militaires.   **(ESPLANADE.)**

50. CRÉPIN-CLÉRY (Auguste), à Paris, boulevard de Magenta, 144. — Effets de petit équipement.   **(E. C.) (ESPLANADE.)**

51. DAGRON et Cie, à Paris, rue Amelot, 74. — Encre à marquer le linge et papier mixtionné pour la reproduction de l'écriture.   **(ESPLANADE.)**

> Manufacture d'Encres et de Cires à cacheter.
> Encre, à marquer le linge complètement indélébile, adoptée par MM. les Ministres de la Guerre, de la Marine et des Colonies ; la seule employée pour le marquage de tous les objets de grand et de petit Équipement et du linge dans les Hôpitaux Militaires ; (Voir Journal Militaire Officiel N° 47 du 4 Juin 1884, N° 3 du 11 Janvier 1886, et Bulletin Officiel de la Marine N° 333 du 28 Juillet 1886). — Papier mixtionné Autographe Dagron, pour reproduire sans presse, l'écriture, le dessin, etc. — Fournisseurs de l'État, des Préfectures de la Seine, des Compagnies de Chemins de Fer et des Grandes Administrations.
> Récompense : médaille à l'Exposition d'Amsterdam 1883.

52. DALIFOL (M.) & Cie, à Paris, quai de Jemmapes, 172.—Culots d'obus, pinces débouchoirs, calibres en acier moulé, pièces d'artillerie et de marine.   **(ESPLANADE.)**

53. DECOUT-LACOUR (Eugène), à la Rochelle (Charente-Inférieure). — Mouton automoteur pour battage des pilotis en campagne.   **(ESPLANADE.)**

54. DÉCUGIS (Cyprien-M.), à Vernon (Eure), lieutenant à la 10e Cie d'ouvriers d'Artillerie. — Hausse pour canon de montagne, de 80m/m servant à corriger automatiquement la dérive.   **(ESPLANADE.)**

55. DÉGLISE (Edmond), à Paris, rue Oberkampf, 6. — Appareils culinaires, cafetières.   **(ESPLANADE.)**

   Seul fournisseur agréé des ministres de la Guerre, de la Marine et de l'Intérieur ; de la marine royale italienne, de la préfecture de la Seine, de Sir W. Amstrong Mitchell & Co. (Newcastle), des Cies de Chemins de fer d'Orléans, Est, etc, des Bouillons-Duval, de la Cie générale transatlantique, etc., etc. Cafetières, « La Meilleure » à circulation tube mobile, inexplosibles (syst. Mallen b., s. g. d. g.) 4 M. ; Marque déposée pour la table, la cuisine, de 2 à 50 tasses. Poêlons, réchauds, chocolatières, etc. Cafetières à double paroi (dites percolateurs) de 1 à 500 litres, pour cafés, bars, hôtels, restaurants, châteaux, yachts Chauffage à l'esprit-de-vin, au gaz, au bois, au charbon de terre, et par liquéfaction de la vapeur, syst. Déglise. b., s. g d. g. Nouvel appareil culinaire, multiple portatif b., s. g. d. g. (Cl. 66, Exp. du ministère de la Guerre). — Réc. : Londres, 1862.

56. DEHAITRE (Fernand), à Paris, rue d'Oran, 6. — Matériel pour blanchissage d'effets, de literie, d'habillement, de campement, décatissage et éventage des draps de troupe. Machines pour blanchisseries, buanderies, lavoirs.   **(ESPLANADE.)**

57. DELIRY Père & Fils, à Soissons (Aisne). — Pétrin mécanique à biscuit ; biscuiterie mécanique, système Bernadou.   **(ESPLANADE.)**

58. DENNERY (Justin), chef de bataillon breveté, à Châlons-sur-Marne (Marne). — Cours pratique de topographie à l'usage des sous-officiers ; guide du capitaine-major d'Infanterie.   **(ESPLANADE.)**

59. DREYFUS (Anatole), à Paris, rue de Trévise, 28. — Couvertures. Escot et serge. Flanelles. Satin turc et lasting pour cravates. Etamines pour pavillons. Molletons pour vareus.   **(E. C.) (ESPLANADE.)**

60. DUCHER (H.-J.), à Paris, rue Richelieu, 42. — Vêtements d'uniformes pour officiers français et étrangers.   **(E. C.) (ESPLANADE.)**

   Ancienne maison Gerbeaud.

61. DUMAS-GARDEUX (Antoine), à Paris, rue Geoffroy-Langevin, 17. — Brosses pour l'entretien du matériel de la guerre et de la marine.   **(ESPLANADE.)**

62. EIFFEL (Gustave), à Levallois-Perret (Seine), rue Fouquet, 42. — Pont portatif démontable pour le service des armées en campagne et pour le rétablissement de voie ferrée à voie normale.   **(ESPLANADE.)**

63. ENTZ (Vve), à Vincennes (Seine), rue Daumesnil, 9. — Fourneau-cuisine ambulant.   **(ESPLANADE.)**

64. ESPITALLIER (George-F.), Maison **Adt,** à Pont-à-Mousson (Meurthe-et-Moselle). — Baraque démontable.   **(ESPLANADE.)**

65. FAREZ & BOULANGER, à Douai (Nord), rue du Magasin-à-Poudre. — Oléo-carbure pour entretien des armes et des métaux.   **(ESPLANADE.)**

66. FAUCON (Théophile) & Cie, à Marseille (Bouches-du-Rhône). — Effets pour armées de terre et de mer; ateliers pour la production des effets d'habillement de grand et de petit équipement.   **(ESPLANADE.)**

   Maison fondée en 1872.
   Succursales à Paris, rue Saint-Dominique, 112, et à Lille, rue Masséna, 39.
   Production mécanique des effets d'habillement, de chaussures, de grand et petit équipement, de coiffures, pour les Ministères de la Guerre et de la Marine française.
   Uniformes spéciaux pour troupes coloniales.
   Fournisseur des gouvernements de la Grèce, de la Tunisie et des États de l'Amérique du Sud.
   Récompenses :
   Exposition universelle internationale de Paris 1878, médaille d'argent.
   Annexe de l'Exposition des travailleurs indépendants.

67. FELBERT (Charles), à Paris, boulevard Haussmann, 163. — Voiture militaire, spéciale pour chef d'état-major ou commandant de corps d'armée. (**ESPLANADE.**)

68. FERRET (Claude), Capitaine-trésorier au 92e de Ligne, à Clermont-Ferrand (Puy-de-Dôme). — Subsistances militaires. (Alimentation des officiers et de la troupe en campagne).   (**ESPLANADE.**)

    Alimentation variée des officiers en campagne. Soupe au bœuf instantanée.
    Conserves de légumes et de viande ; préparation rapide.
    Cartouches de liquide. Alimentation variée de la troupe en campagne.
    Soupe, potages, bœuf au jus naturel — Alimentation préparée par la maison Mignot (Paris), suivant les études de l'exposant.

69. FOURNITURE MILITAIRE (Exposition collective de l'Industrie nationale de la), à Paris.   (**ESPLANADE.**)

Anglade (A.).	Dreyfus (A.).	Levesque (Ch.).
Blanchecape (G.)	Ducher (H.).	Marchand, Bignon, Ammer & Cie.
Calvet (C.).	Franck (B.).	
Camille (A.).	Girrès (Th.) & Cie.	Olivier, Dacosta & Cie.
Cauvin-Yvose (E.).	Hadengue (E.).	Santoni (J.) & Cie.
Chautard (J.).	Helbronner & Cie.	Sauvayre (M.).
Collin (L.).	Hubert de Vautier	Société Générale de Fournitures militaires.
Crépin-Cléry (A.).	& Fils.	
Dagron & Cie.	Lefebvre (H.) & Cie.	Thiriet (G.).

70. FRANCK (Bernard), à Paris, rue Claude-Vellefaux, 48. — Effets d'habillement, équipement, harnachement, campement, matériel d'ambulance.

(**E. C.**) (**ESPLANADE.**)

71. FRAYSSE (Antoine-E.), à Nîmes, (Gard) au 55e Régiment de Ligne. — Chariot roulant sur câble.   (**ESPLANADE.**)

72. FROGER (Édouard), à Saint-Rémy (Calvados). — Coton, étoupe, ramie, gaze et étoffes pour pansement septiques et antiseptiques.(Procédés Weber et Thomas.)

(**ESPLANADE.**)

    Fournisseur des ministères de la Guerre, de la Marine, de l'Assistance publique, des deux Sociétés françaises de secours aux blessés militaires et des principaux hôpitaux.

73. GATTE (Émile-L.), à Tarascon (Bouches-du-Rhône). — Étude de reliefs, pour servir à la démonstration de la topographie à l'école régimentaire des sous-officiers.   (**ESPLANADE.**)

74. GAUCHOT (E.), à Vincennes (Seine), Petit-Parc. — Machines à fabriquer les cartouches de guerre.   (**ESPLANADE.**)

75. GAVOY (Émile-Alex.), médecin principal à l'hôpital militaire de Limoges (Haute-Vienne). — Appareil axial pour le transport des blessés en campagne. Signaleurs optiques de poche pour la transmission des signaux Morse.   (**ESPLANADE.**)

76. GENESTE HERSCHER & Cie, à Paris, rue du Chemin-Vert, 42. — Matériel de la boulangerie de campagne, système Geneste Herscher et Somasco.

(**ESPLANADE.**)

    Fours roulants de la Boulangerie militaire, chariots-fournils pour la fabrication des levains pendant la marche. Fours démontables et fours de campagne dits « à augets » transportables à dos de mulets. Voitures spéciales pour le transport des fours et du matériel nécessaire à la fabrication du pain. Appareils adoptés par l'Administration française de la Guerre. Hygiène des Troupes : Ventilation des Casernes et des Hôpitaux, chauffage, étuves à désinfection par la vapeur sous pression (types spéciaux fixes pour Hôpitaux et autres Établissements; types locomobiles pour corps d'armée. Appareils pour désinfecter les parois des casernes, hôpitaux, écuries. Appareils et matériel des travaux d'assainissement. Divers : Séchoirs à poudre. Ventilateurs mécaniques, pour ateliers, forges,ventilation, enlèvement des vapeurs et gaz insalubres. Etuves spéciales pour la désinfection des caisses à biscuits.

77. GÉRARD (Charles), à Paris, rue de la Folie-Méricourt, 8. — Roues métalliques démontables pour artillerie et voitures diverses. Poulies démontables, fer et acier, en une ou deux parties.   (**ESPLANADE.**)

78. GIROULT (André), à Paris, rue Coquillière, 16. — Différentes tenues de sapeurs-pompiers, depuis 1830 jusqu'à 1889 (officiers et soldats).   (**ESPLANADE.**)

79. GIRRÈS (Th.) & Cie à Pouru-Saint-Rémy (Ardennes).— Draps de troupe, couvertures.   **(E. C.) (ESPLANADE.)**

80. GOUDINOUX (Jules). à la Guerche-sur-Aubois (Cher). —Enrayage adapté à une pièce d'artillerie. Arrêtoir de sûreté adapté à une charrette. Mors de bride servant à arrêter un cheval emporté.   **(ESPLANADE.)**

81. Grande Chancellerie de la Légion d'Honneur, à Paris, rue de Solfé-rino, 1. — Décorations et médailles françaises.   **(ESPLANADE.)**

82. GRANIE (Jules), à la Plaine-Saint-Denis (Seine), avenue de Paris, 118. — Sommiers élastiques à l'usage de l'armée.   **(PALAIS.)**

83. GROUARD (Alfred), à Paris, rue Morand, 6. — Cafetières pour l'armée, marine, hôpitaux.   **(ESPLANADE.)**

84. GROUAZEL (Romain), à Paris, rue de la Tombe-Issoire, 12. — Harnache-ment militaire.   **(ESPLANADE.)**

85. GUELDRY, Grimault & Tillier, à Paris, rue Amelot, 64. — Four-reaux d'épée-baïonnette. Casques. Pièces détachées pour fusil Lebel. Leviers et appa-reils de pointage. (Guerre et Marine).   **(ESPLANADE.)**

> Anciens ateliers de Paris de la Compagnie des forges d'Audincourt.
> Guerre : Enveloppes d'obus en acier, ceintures d'obus en cuivre.
> Leviers de manœuvres. Brancards, essieux en fer creux garni de bois.
> Pelles Pinard à manche extensible.
> Marine : Pièces diverses. Chaînes Galle pour manœuvres de gouvernails ou de tourelles de cuirassés.

86. GUÉRIN (Eugene), à Grenoble. — Frein pour voiture militaire.
                                                                     (ESPLANADE.)

87. GUILLOTON (G.-Théophile), à Paris, passage Feuillet, 8. — Arçons. Jockey. Chevalet.   **(ESPLANADE.)**

88. GUILLOUX (Edmond), à Paris, rue Montmartre, 131. — Tentes et cou-chages pour l'armée, officiers et explorateurs. Ratelier d'armes. Hamacs. Lits por-tatifs.   **(ESPLANADE.)**

> Manufactures de tentes et bâches, campements, équipements militaires (Exposition : classe 39, Palais des sections industrielles et annexe, Esplanade des Invalides).
> Usine à Montreuil-sous-Bois (Seine); succursale à Oran (Algérie).

89. HADENGUE (Émile), à Paris, rue de Lancry, 16. — Petit équipement militaire.   **(ESPLANADE.)**

> Fabrique à Béthune (Pas-de-Calais), impasse Centrale, 6.

90. HELBRONNER (Alphonse) & Cie, à Paris, place Levis, 7. — Habille-ment militaire ; grand et petit équipement, chaussures, harnachement, campement.
                                                        (E. C.) (ESPLANADE.)

91. HENRY, chef de bataillon du Génie, à Paris, rue Gounod, 4. — Appareils microphoniques, élévateurs et observatoires, transportables en campagne.
                                                                     (ESPLANADE.)

92. HOLTZER (Jacob) & Cie, à Unieux (Loire). — Cuirasses de cavalerie en acier chromé. Tôles et blindages en acier chromé pour masques et abris sur les navires. Tubes et frettes pour canons. Obus de rupture en acier chromé. Outils. **(ESPLANADE.)**

> Aciéries et forges d'Unieux (Loire). Mines de fer et hauts-fourneaux au bois, à Ria (Pyré-nées-Orientales). Dépôts à Paris, 43, rue des Marais et à Lyon, 7 rue du Plat. Obus de rupture en acier chromé de tous calibres pour la France, la Russie, l'Angleterre, la Grèce, l'Italie, l'Espagne, le Japon. Canons de fusil forgés. Aciers pour pièces d'armes, sabres, baïonnettes, etc. Outils de parc pour le Génie et l'Artillerie. Outils et aciers chromes tungstenes et autres pour arsenaux, cartoucheries, etc. Pièces coulées en acier ou fer. Fontes au bois extra-résis-tantes fournies à la Marine pour corps de canons et projectiles et pour la fabrication de plaques de blindages en fer. Récompenses : Paris 1855, Médaille de 1re classe. Paris 1867, 1re Médaille d'or. Paris 1878, grand prix. Barcelone 1888, 1re Médaille d'or pour projectiles et blindages en acier chromé.

93. HUBERT DE VAUTIER & Fils, à Marseille (Bouches-du-Rhône), rue de la République, 114, et à Paris, rue Lacuée. 12.— Vêtements civils et militaires confectionnés. **(E. C.) (ESPLANADE.)**

Maison fondée en 1846. Ex-fournisseur d'habillements des 14e et 15e corps d'armée et G.Mre de Lyon. Fournisseur de tout le réseau Paris-Lyon-Méditerranée, Est. Lyon-Arles à Saint-Louis, la Corse. Habillement, équipement, petit équipement, gendarmerie, marine ; douanes, Marseille, Lyon, Nice, Bastia, Chambéry, Besançon, Montpellier, île de la Réunion, St-Pierre, Martinique, Cie des Messageries Maritimes, Cie Gle française de Tramways ; Lycées ; Marseille, Toulon, Bastia, Aix, Avignon, Nîmes, Alais ; Institutions diverses, administrations municipales, pompiers, octrois et gardiens de la paix publique de Marseille, Cannes, Menton, Grasse etc. ; administrations diverses, Banque de France, Crédit Lyonnais, Société Marseillaise de Crédit, Gaz et Hauts-Fourneaux, Jardin Zoologique, Forges et chantiers de la Méditerranée, Ecole Mousa, Exportation.

94. JAPY Frères & Cie, à Beaucourt (Territoire de Belfort). — Boulons et vis pour l'armurerie militaire. **(ESPLANADE.)**

Maisons : à Paris, 7, rue du Château-d'Eau et à Toulouse, 1 et 12, rue Aubuisson.

95. JEANSON (Charles-C.), à Armentières (Nord), rue de l'École et rue Nationale, 68. — Tissus de tous genres pour l'armée et pour la marine. **(ESPLANADE.)**

96. JOACHIM (E.-D.), à Paris, rue Meynadier, 14. — Modèle de baraquement militaire. **(ESPLANADE.)**

97. LAGOUTTE (Paul-Félix), Caporal premier ouvrier cordonnier au 38e d'Infanterie, à St-Etienne (Rhône). — Bottes, bottines et souliers militaires. **(ESPLANADE.)**

98. LAMOTTE (L.-Victor), Capitaine au 13e régiment d'Infanterie, à Decize (Nièvre). — Progression du travail des plans en relief avec brochure explicative. Profilographe-pochette topographique. **(ESPLANADE.)**

99. LAMOUREUX (Sylvain), à Paris, quai d'Anjou, 7. — Façade de four à chauffage mixte, appareils divers pour construction de fours. **(ESPLANADE.)**

Entrepreneur général de l'État et de l'Assistance publique de Paris.
Médaille d'or, 1er prix, Exposition de Barcelone 1888.

100. LAPORTE (Louis-C.), chef de bataillon d'Infanterie, à Paris. — Toises d'habillement donnant les types et subdivisions de types des effets nécessaires à l'homme à habiller. **(ESPLANADE.)**

101. LASNE (Auguste), à Paris, rue de Penthièvre, 19. — Harnachements pour chevaux d'officiers. **(ESPLANADE.)**

102. LE BLANC (Jules) à Paris, rue du Rendez-Vous, 52. — Affût de montagne et de débarquement, roues et limonières d'artillerie. Etuves à vapeur de stérilisation et de désinfection des effets et objets mobiliers. **(ESPLANADE.)**

Champs de tir et affûts de canons.
Exposition universelle 1878, Médaille d'or. Amsterdam 1883, Médaille d'or.

103. LEBOIS (Gaston), à Paris, rue du Faubourg-Saint-Denis, 188. — Harnachements pour chevaux d'officiers. Porte-cartes d'Etat-Major. Modèle de sangle et selle de troupe. **(ESPLANADE.)**

104. LECERF (Vve Léon), à Paris, rue de l'Arbre-Sec, 16. — Sangles et galons pour la sellerie, l'équipement militaire, la ceinture de gymnastique, etc. **(ESPLANADE.)**

Usine à vapeur, rue de Vanves.

105. LECOMTE (Arsène) & Cie, à Paris, rue Saint-Gilles, 12. — Clairons trompettes et tambours. **(ESPLANADE.)**

106. LEDOUX (Arthur-L.), à Paris, rue Laugier, 44.— Harnachement militaire. **(ESPLANADE.)**

107. LEFEBVRE (H.) & Cie, à Paris, rue Erard, 10. — Selle et harnachement de troupe. **(E. C.) (ESPLANADE.)**

108. LEGOUX (Marc-C.) à Paris, rue Popincourt, 39. — Tour à décolleter automatique ; articles décolletés et tournés.   **(ESPLANADE.)**

109. LÉON, à Paris, rue Daunou, 21. — Coiffures militaires.   **(ESPLANADE.)**

110. LESTABLE (Claude), à Montaignet (Allier). — Caisse de tambour. Nouveau système d'attache de peau.   **(ESPLANADE.)**

111. LEVESQUE (Charles), à Paris, rue du Sentier, 10. — Couchage de soldat. Service général.   **(E. C.) (ESPLANADE.)**

Négociant, fabricant, entrepreneur du service des lits militaires en Algérie et Tunisie. Fourniture du lit de soldat.

112. LOUVET, à Paris, rue Réaumur, 16. — Coiffures militaires et objets de cuivrerie.   **(ESPLANADE.)**

113. MAIGNEN (P.-A.), à Paris, place de l'Opéra, 4. — Filtres de fabrication française.   **(ESPLANADE.)**

114. MAILLET (Vve), à Paris, rue des Boulets, 18. — Sac-valise pour officiers ou adjudants.   **(ESPLANADE.)**

115. MALEN (Louis), à Paris, rue Oberkampf, 10. — Cafetières percolateurs nouveau système, à double circulation. Appareil de cuisine militaire portatif avec ou sans train de roues.   **(ESPLANADE.)**

Ateliers et usines à vapeur, passage Saint-Sébastien, 11, Paris. Fournisseur de l'armée et de la marine. Appareils de cuisine perfectionnés, portatifs et à repos variés, brevetés s. g. d. g. en France et à l'Étranger. Cuisine militaire sur train de roues pour troupes en marche ou en campagne, brevetée s. g. d. g. Nouvelle cafetière à circulation ininterrompue à double direction dite cafetière à double circulation, brevetée s. g. d. g. en France et à l'Étranger. Percolateur, modèle 1888. Nouveau fourneau-réchaud dit « Le Pratique », breveté s. g. d. g., au charbon, au pétrole ou à l'alcool. Appareils spéciaux brevetés, cafetières, cuisines pour tous grands établissements : pensions, hôpitaux, prisons, grandes industries, grands magasins, communautés, restaurants, limonadiers, cercles, etc. Cafetières en tous genres, chocolatières, réchauds régulateurs et de voyage, etc. Voir aux exp.: chauffage, cl. 27, gr. III ; quincaillerie, cl. 41, gr. V.

116. MARCHAND, BIGNON, AMMER & Cie, à Paris, boulevard Poissonnière, 14 bis. — Boutons et emblèmes militaires pour les armées de terre et de mer de tous les pays.   **(ESPLANADE.)**

Manufacture fondée en 1811 — Anciennes maisons : Trélon, ✳ ; Weldon et Weil, ✳ ; Hartog, ✳ ; Marchand et Cie.
Médailles : Prize Medal, Londres 1851. — 1re Classe 1855.— 1re Médaille Argent 1867. — Or collective 1867. — Hors Concours, Membre du Jury 1878.
                (Voir Classe 35, Exposition Militaire).

117. MARREL Frères, à Rive-de-Gier (Loire).—Canons, tubes, frettes, projectiles, obus de rupture, enveloppes d'obus.   **(PALAIS.)**

118. MATHIAS (Léopold), à Paris, rue Perdonnet, 17. — Sommiers, lits, siéges dits « Super ».   **(QUAI.)**

Siéges, sommiers bois ou métal, lits articulés, voyage, campement, arçons de selle, dits « Super ». Systèmes applicables à tous les genres de sièges ou literies.

119. MAURIN (André-H.), à Paris, rue des Bourdonnais, 12.— Cols, faux-cols et manchettes militaires. France et Étranger.   **(ESPLANADE.)**

120. MILDÉ (C.) Fils & Cie, à Paris, rue Laugier, 26.— Voiture militaire pour transmissions téléphoniques en campagne. Appareil micro-téléphonique pour la cavalerie   **(ESPLANADE.)**

Appareil téléphonique de campagne, installé dans une voiture métallique étanche et démontable, système H. Lefebvre et Cie, 10, rue Erard, Paris.

121. MILLION (Oncle & Neveu), à Paris, rue de Bondy, 36. — Selles de cavalerie et d'artillerie.   **(ESPLANADE.)**

122.   MINISTÈRE DE LA GUERRE:

ÉTAT-MAJOR GÉNÉRAL. Communications électriques et par voie aérienne. — Matériel de télégraphie militaire (électrique, optique et téléphonique): matériel d'aérostation. Pigeons-voyageurs.

Bibliographie militaire. — Publications militaires faites par le Ministère de la Guerre ou sous le contrôle du Ministère.

SERVICE GÉOGRAPHIQUE DE L'ARMÉE. — Instruments de géodésie et de topographie; topographie, cartographie, photographie appliquées à la confection des cartes; géographie militaire (cartes et plans).

DIRECTION DE LA CAVALERIE. — Harnachement, arçonnerie, art vétérinaire, maréchalerie.

DIRECTION DE L'ARTILLERIE. — Instruments employés dans la réception du matériel d'artillerie, appareils de visite et d'exploration des bouches à feu, des projectiles et des armes portatives, matériel roulant; épreuves photographiques. Fabrication et montage des armes portatives.

DIRECTION DU GÉNIE. — Outils et modèles relatifs aux travaux du Génie en campagne: Fortification de campagne, ponts, sapes et mines. Matériel des parcs du Génie. Spécimens de photographies. Atlas de bâtiments militaires; casernement des forts.

DIRECTION DES SERVICES ADMINISTRATIFS. — Effets d'habillement, de grand et de petit équipement; objets de campement (tentes et ustensiles divers); produits et matériel des subsistances militaires.

DIRECTION DES POUDRES ET SALPÊTRES. — Reproduction d'une usine double du type réglementaire; plans à vol d'oiseau et en relief des poudreries nationales; appareils, instruments, modèles réduits, échantillons, albums, bibliographie.

DIRECTION DU SERVICE DE SANTÉ. — Matériel en usage à l'intérieur et en campagne (infirmeries réglementaires, hôpitaux militaires, ambulances, hôpitaux de campagne, services des évacuations).   **(ESPLANADE.)**

(Voir le Catalogue spécial de l'Exposition du Ministère de la Guerre.)

123. Ministère de la Marine et des Colonies, à Paris. — Cartes hydrographiques et instruments nautiques; effets d'habillement, d'équipement et d'armement des équipages de la flotte et des troupes de la marine. Service de santé. Objets et matériel de l'artillerie et du laboratoire Central.   **(ESPLANADE.)**

124. MOREAU-TEIGNE (Charles-N.), à Paris, rue du Faubourg-du-Temple, 50. — Longues-vues, terrestres et astronomiques.   **(ESPLANADE.)**
Longues-vues doubles. Jumelles et Microscopes. — Fournisseur du Ministère de la Guerre.

125. MOREL (H.), à Saint-Nicolas, près Revin (Ardennes). — Fonte moulée, projectiles divers.   **(ESPLANADE.)**

126. MOYSE (Alfred), à Paris, rue de la Mare, 23. — Affûts, palans, hausses, attaches de projectiles, corps de fusées, obturateurs, pièces détachées, tubes à tir.
                (ESPLANADE.)

127. NICOLLE (P.-Léon), à Paris, rue des Vinaigriers, 11. — Pièces d'équipement et de harnachement.   **(ESPLANADE.)**

128. NOUGUÈS (Raymond), à Paris, rue Desaix, 1. — Voitures militaires.
                (ESPLANADE.)

129. OLIVIÉ (M.-Louis), Lieutenant au 98e Régiment de Ligne, à Lyon (Rhône). — Carte topographique gravée en six couleurs.   **(ESPLANADE.)**

130. OLIVIER, DACOSTA & Cie, à Paris, rue Jacques-Kablé, 1. — Effets d'habillement militaire. Coiffure, chaussure, passementerie, petit équipement.
                (E. C.) (ESPLANADE.)

131. OSSOLA (J.-C.), à Grasse (Alpes-Maritimes). — Cosmétique hygiénique du marcheur   **(ESPLANADE.)**

132. PAILLARD (A.) & Cie, CARNAUD (J.-J.) Successeur), à Paris, rue de Montmartre, 74. — Boîtes et étiquettes métalliques. **(ESPLANADE.)**

133. PAPA (Jules-A.), Maréchal des Logis Chef de Gendarmerie, à Brioude (Haute-Loire). — Appareil de tir réduit ; moulin pour les armées en campagne ; niveau de pointage. **(ESPLANADE.)**

134. PARIS (Jeune), à Paris, boulevard Richard-Lenoir, 59. — Appareils pour les manœuvres de force de l'artillerie. **(ESPLANADE.)**

135. PÉRIER (Alphonse), à Paris, rue Beaubourg, 17. — Spécimens de pain de conserve à l'usage des armées de terre et de mer. **(ESPLANADE.)**

136. PERRON (Ferdinand), à Paris, rue Combe, 6. — Chaussures pour l'armée. **(ESPLANADE.)**

137. PHILIPPE (V.), à Clermont-Ferrand (Puy-de-Dôme), avenue Charras, 11. — Képis, casquettes et cols. **(ESPLANADE.)**

Deux brevets S. G. D. G. pour coiffures et pour emporte-pièces ; nouveau système de col militaire déposé. Récompense : Amsterdam 1883. (Voir emporte-pièces, classe 56.)

138. PIOCH (Gustave-J.), adjoint de 1re classe du Génie, à Versailles (Seine-et-Oise), rue de Satory, 21. — Tabouret à l'usage de la troupe casernée dans les forts. **(ESPLANADE.)**

139. PIRARD (A.), à Puteaux (Seine), rue des Sablons, 7. — Outils divers pour terrassements militaires, sommiers élastiques. **(ESPLANADE.)**

140. PONS (Édouard-L.), à Paris, rue du Temple, 36. — Casques, képis. **(ESPLANADE.)**

141. RÉAUX (George), Lieutenant au 134e régiment d'Infanterie à Mâcon (Saône-et-Loire). — Relief surhaussé de fort à un étage de feux, à deux étages de feux. **(ESPLANADE.)**

142. RENARD (P.-George), chef de bataillon du Génie, à Fontainebleau (Seine-et-Marne). — Appareils de ventilation automatiques employés dans les établissements militaires, casernes, hôpitaux. **(ESPLANADE.)**

143. RENAULT (Albert-A.-F.), à Paris, rue Riquet, 73. — Camion à deux chevaux pour l'artillerie. **(ESPLANADE.)**

144. REYMOND (L.), à Neuilly-sur-Seine (Seine), avenue de Neuilly, 164. — Filtres. **(ESPLANADE.)**

145. RHEIMS & BARRIÈRE, à Paris, rue Saint-Sabin, 111. — Fusées, projectiles, obturateurs et accessoires. **(ESPLANADE.)**

146. RICHARD (M.-Louis), à Nantes (Loire-Inférieure), rue de la Contrescarpe, 13. — Canon silencieux, sans recul, se chargeant par la culasse, muni d'un obturateur mobile et automatique. **(ESPLANADE.)**

147. RODOLPHE (A.-J.-C.), lieutenant-colonel d'Artillerie, à Poitiers (Vienne), rue de la Tranchée, 9. — Canon, tube à tir réduit pour canon. **(ESPLANADE.)**

148. ROFFY (Marius-J.), à Crépy-en-Valois (Oise). — « Le Rapide », vêtement militaire. **(ESPLANADE.)**

149. ROGIER & MOTHES, à Paris, cité Trévise, 20. — Appareils sanitaires portatifs pour hôpitaux et établissements hospitaliers. **(ESPLANADE.)**

150 RONDET (Maurice), à Paris, rue du Banquier, 25. —Dynamomètre Chevety pour l'essai des draps, toiles, cuirs, tissus, cordages, fils télégraphiques. **(ESPLANADE.)**

151. SANTONI (Jules-M.) & Cie, à Marseille (Bouches-du-Rhône), rue Saint-Jacques, 68 — Habillements et équipements militaires, France et étranger, mannequins habillés.   **(E. C.) (ESPLANADE.)**

> Mannequins : 1° Infanterie de ligne, grande tenue de campagne ;
> 2° Hussards, tenue de campagne ;
> 3° Sergent-major de zouaves, tenue de ville ;
> 4° Soldat d'infanterie de ligne, tenue de corvée avec gamelles ;
> 5° Divers effets de petit équipement.
> Maisons à Paris et à Alger.

152. SAUTTER LEMONNIER & Cie, à Paris, avenue de Suffren, 26. — Locomobile électrique et projecteur Mangin sur chariot pour l'éclairage des travaux de fortifications.   **(ESPLANADE.)**

> Maison fondée en 1825. — Ministère de la Guerre. — Esplanade des Invalides.
> Projecteurs militaires pour défense des places fortes, des forts et des camps retranchés, fixes, demi-fixes ou mobiles, jusqu'à 1m 50 de diamètre. — Appareils pour la défense rapprochée.
> Récompenses ; 1878, Paris, 3 médailles d'or, 2 d'argent.
> 1885, Anvers (Hors concours. Jury).

153. SAUVAYRE (Marie), à Avignon (Vaucluse). — Lit avec sommier tout en fer et sa table-siège individuelle, équipements militaires.   **(E. C.) (ESPLANADE.)**

154. SERRANT (Émile), à Paris, rue Lauriston, 70. — Bispain.   **(ESPLANADE.)**

155. SÉVÉRAC (J.-Paul), à Paris, rue Lauriston, 80. — Voies métalliques pour chemins de fer militaires.   **(ESPLANADE.)**

156. SIBUT Ainé (P.-M.), à Amiens (Somme). — Fers à cheval et fers à mulets.   **(ESPLANADE.)**

157. Société anonyme des Anciens Établissements Hotchkiss & Cie, à Paris, rue Royale, 21. — Canons révolvers et à tir rapide, affûts, munitions, accessoires et torpilles.   **(ESPLANADE.)**

> Médaille d'or, Exposition internationale, Paris, 1878.

158. Société anonyme des Applications de l'Électricité, (ancien établissement) **Jarriant,** à Paris, rue Pierre-Charron, 25. — Paratonnerres.   **(ESPLANADE.)**

159. Société anonyme des Forges & Chantiers de la Méditerranée, à Paris, rue Vignon, 1. — Artillerie, système Canet. Canons et affûts. Tourelles pour navires.   **(ESPLANADE.)**

> Matériel de guerre, de montagne, de débarquement et de campagne, de siège et de place, de côte et de bord, tourelles à chargement central dans toutes les positions et appareils de manœuvre hydrauliques, canons à tir rapide, tubes lance-torpilles, munitions.

160. Société anonyme du Métal Delta et des alliages métalliques, à Paris, rue de Rougemont, 5. — Matériel de guerre, fournitures militaires, équipement, casques, sellerie, cuivrerie, outillage de poudreries, affûts, instruments de musique.   **(PALAIS.)**

161. Société DECAUVILLE Ainé, à Petit-Bourg (Seine-et-Oise).—Chemins de fer portatifs pour le transport du matériel de guerre et l'approvisionnement des places fortes.   **(ESPLANADE.)**

162. Société de constructions mécaniques spéciales, à Paris, rue Lecourbe, 242.—Appareil frigorifique du système Fixary pour la conservation des produits alimentaires militaires.   **(ESPLANADE.)**

> Construction des moteurs à gaz Otto, de 1 1/2 de cheval, à 100 chevaux. — Exposés par la Compagnie Française des moteurs à gaz, propriétaire des brevets.
> Balances automatiques Reutcher, pesage automatique des grains, malts, etc., poinçonnées par l'État.
> Ascenseurs hydrauliques Crouan. Applications depuis 1885. Manœuvre automatique à cordes.
> Chauffage Leeds par la vapeur, à basse pression, modérable à volonté.
> Applications en France et à l'étranger.

163. Société des Aciéries & Forges de Firminy, à Firminy (Loire). — Pièces diverses pour l'armée et la marine.   **(PALAIS.)**

164. Société des reliefs géographiques, (Directrice : **Mme Giorgio**), à Paris, rue de Seine, 54. — Reliefs de cartes d'état-major, et plans divers en relief. Dépôt des cartes d'état-major.   **(ESPLANADE.)**

165. Société générale de Fournitures militaires (ancien établissements **Godillot (Alexis),** à Paris, rue Rochechouart, 54.— Effets d'habillement et de campement.   **(ESPLANADE.)**

 Confections militaires et civiles de toute nature pour la France et l'Étranger. — Matériel et fournitures pour hôpitaux et ambulances. — Ustensiles de ferblanterie en tout genre. — Campement et tentes.

166. Société générale de Fournitures militaires (anciens établissements **Alexis Godillot),** à Paris, rue Rochechouart, 54. — Effets d'habillement et de campement.   **(E. C.) (ESPLANADE.)**

167. Société nouvelle de constructions, système Tollet, à Paris, rue Caumartin, 61. — Tentes pour hôpitaux provisoires, ambulances et campement. Plans et types d'hôpitaux, etc.   **(ESPLANADE.)**

 Étude et entreprise de tous logements collectifs.
 Médaille d'or, Exposition de Paris 1878. — Médaille d'or, Anvers 1885.

168. Société pour la Fabrication des Munitions d'Artillerie, au Bas-Meudon (Seine-et-Oise), route de Vaugirard, 42. — Douilles embouties, en laiton, pour canons.   **(ESPLANADE.)**

169. TELLIER (Auguste), à Paris, quai de la Râpée, 52. — Chaloupe pliante à enveloppe mobile, pour ponts de bateaux.   **(ESPLANADE.)**

170. THÉRON (Florent), maréchal des logis, au 23e régiment d'Artillerie, à Toulouse (Haute-Garonne). — Ferrures à glace.   **(ESPLANADE.)**

171. THIRIET (H.-Gustave), à Raucourt (Ardennes). — Bouclerie et ferrures pour équipements militaires.   **(ESPLANADE.)**

172. THIRIET (H.-Gustave), à Raucourt (Ardennes). — Bouclerie et ferrures pour équipements militaires.   **(E. C.) (ESPLANADE.)**

173. THOUVENIN (F.-E.), Capitaine d'Artillerie adjoint à la Direction d'Artillerie, à Vincennes (Seine). — Phonotélémètre, garniture de tête à mors parleur, divers ustensiles.   **(ESPLANADE.)**

174. TIRARD (Vve) & QUINTON, à Nogent-le-Rotrou (Eure-et-Loir). — Coiffures, cartouchières et chaussures pour l'armée.   **(ESPLANADE.)**

175. TRÉPIED (Henri-L.), à Paris, boulevard des Batignolles, 39.—Vocabulaire militaire espagnol français.   **(ESPLANADE.)**

176. VAURY (Auguste), à Paris, rue de Marengo, 6.— Biscuits pour la troupe.   **(ESPLANADE.)**

 Médaille d'or, Exposition universelle 1867 ; Médaille d'or, Exposition universelle 1878.
 Biscuit de troupe et d'équipage. Biscuit-pastille à l'abri de l'invasion des vers. Pain-biscuit de conserve pour l'armée et la marine.

177. VERNET (Félix-J.), chef-armurier au 16e bataillon d'Artillerie de forteresse, à Rueil (Seine-et-Oise). — Bidons.   **(ESPLANADE.)**

178. VITRY Frères (Maison), **Fernand Schwob,** successeur, à Paris, boulevard Sébastopol, 106. — Instruments de chirurgie. Coutellerie.   **(PALAIS.)**

 Méd. d'argent et bronze, Paris 1855 ; Prize medal, Londres 1862 ; 2 Méd. d'argent, Paris 1867 ; 2 Méd. d'argent, Paris 1878 ; Méd. d'argent, Melbourne 1885. Usines à Nogent.

179. VORUZ Ainé (J.), à Nantes (Loire-Inférieure). — Bouches à feu et affûts d'artillerie de campagne.   **(ESPLANADE.)**

180. VUITTON (Louis), à Paris, rue Scribe, 1. — Lits de campement.
(ESPLANADE.)

Nous sollicitons de la part de MM. les Officiers et de MM. les **Explorateurs**, un examen sérieux de notre lit de campement qui peut être monté ou démonté en moins de trois minutes.

181. WOHL (Joseph), à Paris, boulevard Denain, 9. — Sommiers-lits métalliques pour casernes et hôpitaux, presse à fourrages. **(ESPLANADE.)**

182. YON (L.-Gabriel), à Paris, boulevard Beaumarchais, 28. — Ballon captif transportable, générateur à hydrogène pur sur chariot ; treuil à vapeur, avec câble à réseau télégraphique. **(ESPLANADE.)**

COLONIES.

COCHINCHINE.

1. BOURDON, à Paris, rue de Clignancourt, 22 bis. — Reproduction de la caserne de Saïgon en bois divers des Colonies. **(ESPLANADE.)**

GABON CONGO.

1. PECQUEUR (Léona), au Gabon. — Musette à munitions. **(ESPLANADE.)**

SÉNÉGAL.

1. LEFEBVRE (Hubert) & Cie, à Paris, rue Evrard, 10. — Voiture métallique pour téléphone militaire aux Colonies. **(ESPLANADE.)**

PAYS DE PROTECTORAT.

ANNAM-TONKIN.

1. Corps du Tonkin. — Caserne, citadelle d'Hanoï (modèle). — Plan en relief de Quang-Yen. **(ESPLANADE.)**

2. JANET, à Guérigny (Nièvre). — Plan en relief du Delta du Tonkin. **(ESPLANADE.)**

PAYS ÉTRANGERS.

RÉPUBLIQUE ARGENTINE.

1. Ministère de la Guerre & de la Marine, à Buenos-Ayres — Collection d'uniformes. **(PARC.)**

BELGIQUE.

1. BESME (Victor), à Bruxelles, rue Jourdan, 36. — Plans divers du nouveau tir national de Bruxelles. Maquettes. **(PALAIS.)**

2. Compagnie de bronzage des armes de guerre & des armes de chasse (TOMBEUR), à Saint-Gilles-Bruxelles, rue Berckmans, 5. — Armes de guerre bronzées. **(PALAIS.)**

3. FALK (Th.), Librairie militaire, **Muquardt (C.),** à Bruxelles, rue des Paroissiens. — Ouvrages militaires, bibliothèque internationale d'histoire militaire. **(PALAIS.)**

4. FONSON (Auguste), à Bruxelles, rue des Fabriques, 49. — Objets d'habillement, de petit et grand équipement; harnachement; armes blanches; broderies et croix d'ordres. **(PALAIS.)**

Voir page-annonce, Groupe IV.

5. FONTAINE OLINGER (Adolphe), à Bruxelles, rue du Midi, 149. — Équipements militaires. **(PALAIS.)**

6. INGHELS (E.), Major d'Infanterie, à Gand, chaussée de Courtrai, 3. — Couchette militaire. Coffre de campagne pour officiers. **(PALAIS.)**

7. MULLER (I.-E.), Capitaine au 5ᵉ régiment d'Infanterie, au camp de Beverloo. — Havre-sac de fantassin. **(PALAIS.)**

8. PIEPER (H.), à Liége, rue des Bayards, 12. — Armes de guerre. **(PALAIS.)**

9. Poudrerie royale Cooppal & Cie, (Directeur : **(Ch.) Libbrecht),** à Wetteren-lez-Gand. — Produits divers. **(PALAIS.)**

10. ROESTENBERG (Pierre), à Malines, place Ragheno, 17. — Couvertures de chevaux et de campements militaires. **(PALAIS.)**

11. SCHMID (J.-B.), Capitaine d'Infanterie, à Bruxelles, Montagne-aux-Herbes-Potagères, 19. — Tenue de campagne pour fantassin. **(PALAIS.)**

12. Société anonyme de dynamite de Matagne, (Directeur : **A. Van Reeth),** à Matagne-la-Grande. — Produits divers **(PALAIS.)**

13. Société anonyme des forges d'Aiseau, (Administrateur : **Danly J.),** à Tamines. — Petit hôpital de campagne en tôle d'acier. **(PALAIS.)**

14. Société anonyme pour la fabrication des cartouches et projectiles, à Anderlecht-Bruxelles, rue des Goujons, 33. — Cartouches de tous types et calibres, amorces, balles, projectiles. **(PALAIS.)**

15. TRESSE Fils (Albert), à Paris, rue des Lions-Saint-Paul, 9. — Cuisine portative pour le service des armées en campagne. **(PALAIS.)**

16. VAN DEN ABEELE (William) & Cie, à Anvers, avenue des Arts, 147. — Outils pour travaux du Génie militaire. (**PALAIS.**)

17. VAN OYE (Albert), à Bruxelles-Midi, rue Coenraets. — Matériel de transports militaires. (**PALAIS.**)

18. ZBOINSKI (Claude-H-.J.), Capitaine-Commandant d'Artillerie, au Fort de Cruybeke. — L'armée ottomane en 1878. (**PALAIS.**)

BRÉSIL.

(Voir son Catalogue spécial.)

CHILI.

1. CALDERON (Domingo 2ᵒ.), à Concepcion. — Casques de pompiers. (**PARC.**)

ESPAGNE.

1. SERRA (José), à Gracia (Barcelone). — Feux d'artifice. (**PALAIS.**)

2. Sociedad Anonima (Santa-Barbara), à Oviédo (Asturies). — Poudre à canon et de commerce. (**PALAIS.**)

ÉTATS-UNIS.

1. BROWN (E. Parmly), à Long Island, N. Y., Flashing. — Fusil, canon et havre-sac nouveau pour soldats en service actif. (**PALAIS.**)

2. Pneumatic Dynamite Gun Company, à New-York, Broadway, 71. — Système pour lancer de forts explosifs au moyen du canon pneumatique. (**PALAIS.**)

GRANDE-BRETAGNE.

1. GATLING GUN (Limited), à Londres, St., Swithins lane, 30. — Canons Gatling, cartouches, munitions et accessoires. (**PALAIS.**)

2. Maxim Nordenfelt Guns and Ammunition Co. (Limited), à Londres, Parliament street, 53. — Canons à mécanisme et à feu rapide. (**PALAIS.**)

3. Selig Sonnenthal & Co., à Londres, E. C., Queen Victoria street, 85. — Sonnette de Sonnenthal démontable et portative pour la construction de ponts et de chemins de fer. (**PALAIS.**)

 Indispensable pour travaux de port, le réglement des fleuves, la construction de canaux, de ponts et de chemins de fer.

 Indispensable pour palissades, fortifications ou pour la construction des ponts temporaires, et opérations de troupes, etc. Voir aux annonces.

4. GREENWOOD & BATLEY (Limited), à Leeds.   **(PALAIS.)**

> Agent pour la France : Émile Triponé, rue de Rome, 35, à Paris.
> Constructeurs de machines spéciales pour la fabrication des armes de guerre.
> Matériel d'artillerie, torpilles « Whitehead », cartouches et projectiles.
> Machines-outils en tous genres pour travailler les métaux et le bois.
> Machines à vapeur à grande vitesse, système Armington-Sims, chaudières inexplosibles.
> Machines à imprimer, à platine, « Le Soleil ».
> Compteurs à eau, système Roux.
> Dynamos, système Jones. Lampes à arc, système Hochhansen.
> Installations complètes d'huileries pour graines de toutes espèces et de moulins à farine.
> Machines à peigner et filer la bourre de soie, la schappe, le china grass, etc.

GRÈCE.

1. Ministère de la Guerre, à Athènes. — Renseignements divers sur les Écoles militaires.   **(PALAIS.)**

GUATEMALA.

1. AGUILAR (Colonel Manuel), à Guatemala. — Travaux sur l'armée de Guatemala.   **(PARC.)**

2. CARRERA (Emilio), à Guatemala. — Travaux sur l'École Polytechnique.   **(PARC.)**

PORTUGAL.

1. FERREIRA (Augusto-Ribeiro). — Équipement.   **(PALAIS.)**

COLONIE PORTUGAISE.

1. Musée des Colonies, à Lisbonne. — Caitoca, ancien canon des indigènes de l'Inde portugaise. Projectiles en terre employés anciennement par les indigènes de l'Inde portugaise.   **(PALAIS.)**

ROUMANIE.

1. PERNA (Grigore), à Slanic (district de Prahova). — Armes de guerre avec et sans répétition.   **(PALAIS.)**

RUSSIE.

1. BERTENSON (G.), à Saint-Pétersbourg. — Gibernes et havre-sacs.   **(ESPLANADE.)**

SALVADOR.

1. Commission Militaire, à San-Salvador. — Code militaire.   **(PARC.)**

SERBIE.

1. État-major général, à Belgrade. — Réglements, livres et ouvrages militaires. Publications et journaux scientifiques, travaux photographiques, cartes et plans.
(**PALAIS.**)

2.   Manufacture royale d'armes & fonderie de canons, à Kragouyevatz. — Collection de douilles (modèle 80, système Krnka, système Berdam). — Collection de parties de la fusée percutante (modèle 85, fusée Rubin). — Collection de la fusée à double effet (modèle 85, fusée Rubin). — Collection de la fusée concutante (modèle 70). — Collection de l'étoupille (modèle 85). — Collection de l'ancienne étoupille. — Collection de cartouches en plomb durci (modèle 80). — Collection de cartouches en plomb durci, système Berdam et système Krnka. Obus pour les canons de 8 centimètres de montagne (ancienne fabrication). — Obus pour les canons de position de 12 cent, obus pour les canons de siége en bronze 15 c. transformés. Obus à balles pour canons de 80 mill. (M. 85). — Shrapnels pour les canons de 80 mill. (modèle 85).
(**PALAIS.**)

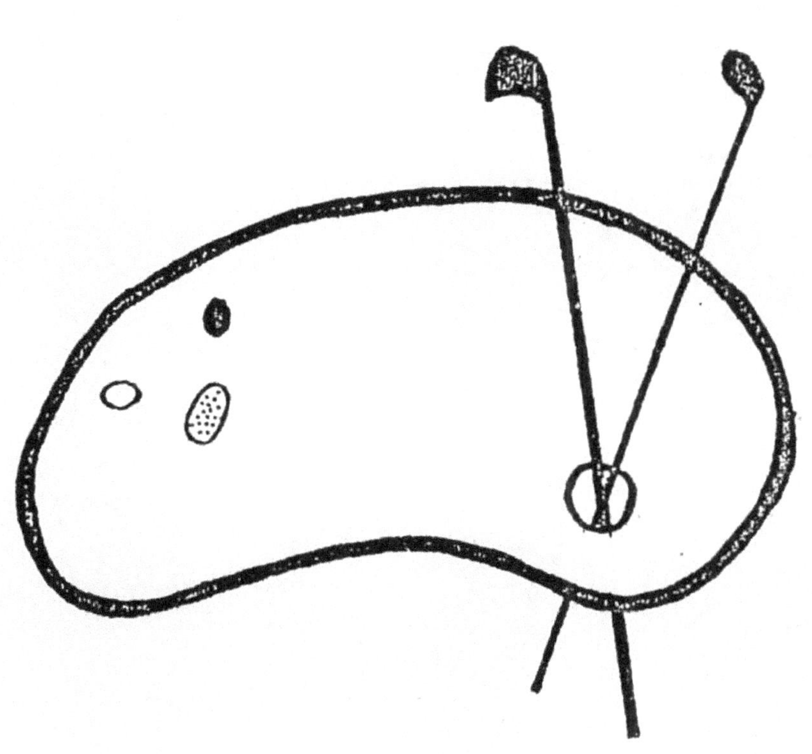

DEBUT D'UNE SERIE DE DOCUMENTS
EN COULEUR

LA MAISON BREGUET.

Abraham Breguet, né à Neuchâtel, en 1747, s'établit à Paris, en 1783, dans une ancienne maison du Quai des Lunettes, maintenant Quai de l'Horloge, où se trouve encore le siège social de la **Maison Breguet** actuelle.

Louis-Antoine Breguet, lui succéda en 1823, et, dès 1833, s'associa son fils, **Louis-François,** qui ajouta la construction des instruments de physique et d'électricité, et devint rapidement célèbre dans la télégraphie.

Il reçut, en 1845, la croix de la Légion d'honneur, fut ensuite élu membre du Bureau des Longitudes et de l'Académie des Sciences, en 1874, et nommé Officier de la Légion d'honneur, en 1878. Il mourut le 27 octobre 1883.

Antoine Breguet, son fils, né en 1852, mourut prématurément le 8 juillet 1882.

Ses travaux sur la machine Gramme, le téléphone de Graham Bell et la part importante qu'il prit à l'organisation et au succès de la brillante Exposition d'électricité de 1881, lui avaient mérité d'être nommé, à trente ans à peine, chevalier de la Légion d'honneur.

A la suite de cette Exposition, MM. Louis et Antoine Breguet constituèrent la **Maison Breguet** actuelle, sous la forme de Société anonyme, au capital de **trois millions de francs.**

Sans rien changer aux ateliers du Quai de l'Horloge qui restent chargés de la construction des instruments de précision, une nouvelle usine fut construite à Paris, 19, rue Didot.

Les ateliers et bureaux couvrent actuellement une surface totale de 3.500 mètres carrés et occupent un personnel d'environ 250 ouvriers et 50 ingénieurs, monteurs-électriciens et employés.

Le moteur principal d'une puissance de 180 chevaux, donne le mouvement à 110 machines-outils de toute grandeur.

L'usine comprend aussi les ateliers de menuiserie mécanique, de modèles, de polissage, de nickelage et enfin les ateliers très importants de bobinage.

Les principaux objets de construction courante de la Maison Breguet sont:

Appareils de télégraphie et de chemins de fer; — télégraphes à cadran — Morse — Hughes — Baudot Duplex — Ordinaire — postes de tous modèles pour chemins de fer — accessoires de télégraphie — isolateurs — sonneries — galvanomètres — commutateurs — paratonnerres — matériel complet pour l'installation des lignes télégraphiques — appareils de correspondance pour chemins de fer — signaux à cloche de pleine voie systèmes Siemens et Leopolder (modèles des Compagnies du Nord, de l'Ouest, de Paris-Lyon-Méditerranée et du Midi) — contrôleurs de la position des disques et des aiguilles — photoscopes — appareils de block — système Regnault (type de la Compagnie de l'Ouest). Rotary (type du chemin de fer Russe-Moscou-Brest — etc., etc....

Appareils de téléphonie — microphones — téléphones-appels magnétiques — tableaux à Jacs-Nives pour bureaux centraux — rosaces d'entrée de poste — paratonnerres de poste — matériel complet pour l'installation des réseaux.

Appareils de précision — appareils de mesure électrique — galvanomètres Thomson — voltmètres industriels Breguet — électromètres Lippmann — caisses de résistances — boussoles des sinus et des tangentes de Pouillet, de Gaugain, de Kempe — rhéostats — pont de Wheatstone — étalons.

Appareils de physiologie du docteur Marey — polygraphes — sphygmographes — explorateurs divers — chronographes — machines à influence système Winshurst et accessoires pour électrothérapie.

Compteurs de tours, enregistreurs de vitesse-indicateurs et enregistreurs de niveau d'eau-anémomètres — sysmographe Angot — régulateurs isochrones de Villarceau — comptes secondaires et machines rhéostatiques de G. Planté.

Horlogerie électrique — régulateurs de précision — remise à l'heure électrique — synchronisation.

Eclairage électrique — machines dynamos Gramme — machines dynamos multipolaires intensives système Desroziers — lampes à arc dynamo-Breguet, Etang — régulateurs Serrin — lampes à incandescence Homogènes françaises système Cance, Swan, Edison,

— voltmètres — ampèremètres — matériel d'éclairage pour usines, châteaux, navires, etc....

Moteurs à vapeur à grande vitesse pour conduite des dynamos — plateaux d'accouplement système Raffard — matériel pour l'éclairage des navires.

Parmi les nombreuses installations faites par la Maison Breguet, nous pouvons citer les suivantes:

NAVIRES. — Le Vengeur, le Formidable, le Requin, le Forbin, le Surcouf et le Hoche pour la Marine de l'Etat.

Dans la flotte de la Compagnie Générale Transatlantique; la Bretagne et la Champagne, ayant chacun 650 lampes; le Canada, la France, le Lafayette, le Saint-Germain, l'Amérique, le Saint-Laurent, le Labrador, le Washington, le Château-Yquem et le Château-Marguaux, dont l'éclairage comporte environ 350 lampes pour chacun de ces paquebots.

ECLAIRAGES INDUSTRIELS. — Les filatures et tissages de MM. Breton, à Louviers, 350 lampes; David et Huot, à Amiens, 24 arcs; Pinel et Fils, à Rouen, 100 lampes; Jules Maistre, à Villeneuvette; Boussus, à Wignehies; les raffineries de Saint-Louis, à Marseille, 18 arcs et 700 lampes; de MM. Lalouette, à Barbery; la tannerie de MM. Goldsmidt, à Paris, les établissements de vins de champagne de MM. Chandon et Cie, à Epernay, 1.100 lampes; Th. Roederer, veuve Heidsieck, veuve Binet et Kunkelmann, à Reims; les teintureries de MM. Camus Tardy et Duran, à Lyon; les établissements de construction, anciens établissements Cail, à Paris, Denain et Douai, 40 arcs; Weyher et Richemond, à Pantin; les ateliers du chemin de fer de l'Est, à Epernay; les arsenaux de la Marine et les manufactures de l'Etat; les châteaux ou hôtels particuliers de MM. Darblay, à Saint-Germain-les-Corbeil; baron de Rothschild, à Ferrières; Cruse à Château-Giscours (Médoc); Géliot, à Ablois Saint-Martin; l'administration des chemins de fer de l'Etat, à Paris; etc., etc....

PRINCIPALES RÉCOMPENSES AUX EXPOSITIONS.

1802,	Paris, médaille d'or.		
1806,	—	—	—
1819,	—	—	— (membre du jury).
1820,	—	Abraham Breguet, chevalier de la Légion d'honneur.	
1823	—	médaille d'or, hors concours.	
1827,	—	—	—
1834,	—	—	—
1844,	—	—	—
1845,	Paris, Louis Breguet, chevalier de la Légion d'honneur.		
1855,	—	médaille d'or (Exp. universelle).	
1862,	Londres, hors concours, (membre du jury).		
1865,	Lisbonne, médaille d'or 1re classe.		
1867,	Paris, médaille d'or (Exp. universelle).		
1869,	Altona, médaille d'or.		
1873,	Vienne, hors concours (Exp. universelle).		
1876,	Philadelphie, hors concours (Exposition universelle).		
1878,	Paris, médaille d'or, (grand prix) Exp. universelle.		
1878,	—	Louis Breguet, officier de la Légion d'honneur.	
1879,	—	médaille d'or (diplôme d'honneur).	
1881,	—	Exp. internationale d'électricité (grand diplôme d'honneur).	
1881,	Antoine Breguet, chevalier de la Légion d'honneur.		
1882,	Bordeaux, diplôme d'honneur.		
1883,	Vienne, Exp. internationale d'électricité, (Croix de l'ordre de François-Joseph).		
1885,	Rouen, diplôme d'honneur.		

SCHNEIDER & Cie

Houillères, Forges, Aciéries et Ateliers de Constructions
Au CREUSOT (Saône-et-Loire)
Et à PARIS, 56, Rue de Provence.

Les origines du Creusot remontent au règne de Louis XVI. En 1782, une Société de capitalistes patronnée par le Roi qu'elle comptait au nombre de ses actionnaires se forma sous la raison sociale Perrier Beltinger et Cie, pour l'application des procédés de Wilkinson (fabrication de la fonte au coke), à la « Fonderie Royale du Creusot. »

Pendant la Révolution et l'Empire, le Creusot fabriqua des canons de fonte et de bronze et des projectiles. Acheté en 1818 par MM. Chagot, ceux-ci le cédèrent en 1826 à la Société Manby-Wilson et Cie. Cette Société n'ayant point prospéré, MM. Coste frères et J. Chagot reprirent l'affaire qui passa en décembre 1836 aux mains de MM. Schneider frères et Cie.

A la mort de M. Ad. Schneider (août 1845) M. Eugène Schneider resta seul à la tête du Creusot; de cette époque date la raison sociale **Schneider et Cie.**

Depuis la mort de M. Eugène Schneider, M. Henri Schneider, son fils, est seul gérant de la Société.

PHASES ET TRANSFORMATIONS PAR LESQUELLES A PASSÉ L'ÉTABLISSEMENT DEPUIS SA FONDATION.

MM. Schneider frères arrivèrent au Creusot au moment où les chemins de fer allaient donner une immense impulsion à l'industrie métallurgique.

Ils comprirent immédiatement l'opportunité d'un développement de l'usine. Un atelier de constructions fut créé, d'où sortait en 1838 la première locomotive. En 1839, l'usine avait déjà fourni des locomotives pour les chemins de fer de Saint-Germain, de Versailles, de Saint-Étienne, des bateaux à vapeur pour la Saône et le Rhône.

Peu de temps après, M. Bourdon, l'ingénieur des ateliers, inventait et construisait le premier marteau-pilon. Avec ce puissant outil, le Creusot pouvait aborder la construction d'appareils à vapeur de 450 chevaux nominaux pour frégates.

A partir de ce moment, d'année en année, le Creusot continua à se développer : En 1855, au moment de la guerre de Crimée, il construisit en 7 mois 17 machines de 150 chevaux pour canonnières et batteries flottantes.

Au moment des traités de commerce de 1860, MM. Schneider et Cie acceptèrent sans hésiter la lutte avec l'industrie étrangère : ils modifièrent et complétèrent leur outillage. Une forge nouvelle fut créée pouvant produire 150,000 tonnes.

Vers 1867, la fabrication de l'acier fit son apparition au Creusot. Peu après s'installèrent les diverses industries qui transforment ce métal, parmi lesquelles il faut citer celle des bandages, celle du matériel d'artillerie. En 1870-1871, dans l'espace de 5 mois, MM.

Schneider livrèrent au Gouvernement de la Défense Nationale :
23 batteries de 7, système de Reffye, en bronze.
2 » » » , en acier,
16 » de mitrailleuses, système de Reffye, soit un total de deux cent cinquante bouches à feu avec tous leurs accessoires.

Depuis, cette industrie de la fabrication du matériel d'artillerie, ou plus exactement du matériel d'armement, est devenue l'une des spécialités les plus importantes de l'usine.

C'est au Creusot, qu'à partir de 1872 furent faites par une commission que le gouvernement nomma à cet effet, les expériences prescrites par le gouvernement Français en vue de rechercher la qualité d'acier la plus convenable pour la fabrication des bouches à feu.

La Commission américaine qui, en 1883, a visité les grandes usines où se construit du matériel d'artillerie en Europe, constate dans son rapport officiel que « la maison Schneider et Cie est la première du monde en fait de fabrication de ce matériel ».

Depuis 1873, la production des usines du Creusot en matériel de guerre pour les Gouvernements français, espagnol, italien, américain, japonais, chinois, etc., a comporté plusieurs centaines de canons ou mortiers de 75 à 270 $^{m}/_{m}$ entièrement finis; les éléments, tubes, jaquettes, frettes, etc., pour environ 8000 bouches à feu de tous calibres, de 8 à 42 $^{c}/_{m}$, destinés à l'artillerie de terre et de marine et aux canons Hotchkiss; 2.225 affûts métalliques pour canons et mortiers, et plus de 800.000 enveloppes de shrapnels, corps d'obus ou projectiles divers de 90 $^{m}/_{m}$ à 240 $^{m}/_{m}$.

C'est du Creusot que sont sortis les premiers canons de 80 et de 90 $^{m}/_{m}$ du système de Bange, les spécimens des divers autres types de 90 et 95 qui n'étaient pas destinés à devenir réglementaires, et enfin divers types de mortiers de 220 et 270 $^{m}/_{m}$ et de canons de 240 $^{m}/_{m}$.

MM. Schneider et Cie viennent de construire de nouveaux et importants Ateliers d'Artillerie augmentant notablement leur capacité de production. Ces ateliers terminés vers la fin de l'année 1888, sont en pleine activité. Il pourra y être usiné des bouches à feu de tous calibres, depuis le 37 $^{m}/_{m}$ jusqu'au canon de 120 tonnes.

Parallèlement à la fabrication des canons, MM. Schneider et Cie ont tout particulièrement étudié la fabrication des blindages de navires qui occupe actuellement au Creusot une place très importante.

C'est en 1876 que les plaques Schneider ont fait leur apparition; les succès qu'elles remportèrent cette même année à Spezia, dans les premiers essais comparatifs où elles furent mises en compétition, valurent à MM. Schneider la commande des cuirassements du « Duilio » et du « Dandolo ».

Depuis, la supériorité des blindages Schneider n'a fait que s'affirmer davantage dans tous les essais comparatifs auxquels a pris part le Creusot, et actuellement la Marine Française et la plupart des Marines étrangères les emploient pour le revêtement de leurs navires.

La Marine Italienne, puis ensuite celle des États-Unis ont décidé de les employer à l'exclusion de tout autre système de blindage.

Depuis 1876, le Creusot a livré environ 25 millions de kilogrammes de plaques de blindage, et actuellement, avec les installations qu'il possède, il est à même d'exécuter 6 millions de kilogrammes de plaques par an ; ces installations lui permettent d'obtenir des plaques des dimensions les plus grandes pouvant être employées et transportées ; il a été exécuté des plaques dont le poids a atteint 65.000 kilogr.

MM. Schneider et Cie se sont occupés également, pour le gouvernement français et les puissances étrangères, des tourelles cuirassées destinées à l'armement des forts ou des navires ; ils sont brevetés pour un grand nombre de ces appareils. Plusieurs coupoles et observatoires sortant de leurs usines ont été installés dans des forts français. En ce moment, un marché d'une grande importance est en voie d'exécution pour le Gouvernement Belge.

Le Creusot fabrique encore une qualité de tôle en acier durci pour l'exécution de boucliers et masques d'affûts, offrant sous une épaisseur relativement faible une résistance remarquable à la pénétration des projectiles.

Le Creusot est l'un des auxiliaires les plus actifs et les plus appréciés de la Marine militaire française pour les divers produits entrant dans la construction des bateaux, pour les chaudières et les appareils moteurs, qu'il a exécutés en très grand nombre.

C'est de ses ateliers qu'est sorti l'appareil du « Formidable » dont les récents essais ont été particulièrement remarqués. Il a actuellement en cours de construction : l'appareil de 12.000 chevaux du cuirassé de station le « Magenta », l'appareil de 8.000 chevaux du croiseur de 1re classe « l'Alger », l'appareil de 4.000 chevaux du croiseur-torpilleur « Wattignies », l'appareil de 6.000 chevaux du croiseur de course le « Lalande ».

La puissance totale des appareils de marine fournis depuis l'origine par le Creusot s'élève à 257.000 chevaux.

MM. Schneider et Cie construisent également dans leur chantier de Chalon s/s des bâtiments de faible tonnage, tels que torpilleurs, chalans, etc. Ils ont actuellement en cours d'exécution 17 torpilleurs pour le Japon et 14 torpilleurs pour la Marine Française.

La fabrication des locomotives comme celle des machines de marine est l'une des plus anciennes industries du Creusot. MM. Schneider et Cie en ont livré à ce jour 2.416. Ils ont construit également des trucks de grande puissance pour le transport des canons lourds et un équipage spécial pour le transport par voie ferrée des torpilleurs.

Ils construisent les chaudières et machines fixes et en particulier celles du type qui a fait l'objet des derniers brevets de l'ingénieur G.-H. Corliss, dont ils sont les concessionnaires exclusifs pour la plus grande partie de la France. A citer parmi les dernières installations faites par eux : l'usine d'éclairage électrique des magasins du Printemps, l'usine pneumatique de l'Hôtel des Postes, les usines nouvelles des Manufactures d'armes de Châtellerault, Tulle, St-Étienne et les nouvelles usines élévatoires de la Cie Générale des Eaux à Lyon.

Enfin ils ont installé récemment un atelier pour la construction des machines électriques.

Indépendamment des industries que nous venons de citer et de la fabrication des produits de forge laminés, tôles et profilés, bruts ou galvanisés, pour laquelle le Creusot est outillé d'une façon exceptionnelle, on doit citer la fabrication des bandages de roues, la fabrication des pièces de forge en fer et en acier brutes ou ajustées des plus grandes dimensions ; (le Creusot a exécuté pour le « Magenta » des arbres porte-hélice forés de plus de 19 m. de longueur), la fabrication des moulages d'acier, de fonte, de bronze des plus grandes dimensions, la construction des ponts fixes et des ponts transportables pour le génie militaire (au chantier de Châlon), des appontements, estacades, charpentes métalliques. A citer parmi les ouvrages en cours d'exécution : le pont Morand sur le Rhône à Lyon, le viaduc du Malleco au Chili, (ces deux ouvrages entièrement en acier), etc., etc.

MM. Schneider et Cie possèdent, en dehors des usines du Creusot, les établissts suivants :

Un chantier de constructions à Chalon s/s. (S. et L.) ; une mine de fer à Mazenay (S. et L.) ; une mine de fer à Allevard (Isère) ; une mine de fer à Aiguebelle (Savoie) ; une mine de houille à Montchanin (S. et L.) ; une mine de houille à La Machine (Nièvre) ; une briqueterie à Perreuil (S. et L.).

De plus ils sont co-propriétaires des mines de houille de Brassac (Puy-de-Dôme), des mines de houille de Beaubrun (Loire), des chantiers et ateliers de la Gironde, à Bordeaux.

Cette dernière association permet aux usines du Creusot de livrer des navires de guerre et de commerce de tous les tonnages et de toutes les puissances.

Ils sont également co-propriétaires des Aciéries de Jœuf (Meurthe-et-Moselle).

Les chiffres suivants donneront une idée de l'importance des établissements du Creusot :

Superficie des divers terrains..	17.156.282mq
Surface couverte................	283.211
Nombre de chevaux vapeur...	20.000
Nombre de machines-outils...	1.170
Nombre de locomotives en service.	29

Parmi les installations on peut citer : le pilon de 100 tonnes ; une presse à gabarier les blindages, de 6000 tonnes ; un laminoir à tôles mû par une machine de 4000 chevaux et pouvant produire des tôles des plus grandes dimensions, le polygone pour l'essai des canons et des blindages.

INSTITUTIONS FONDÉES EN FAVEUR DES OUVRIERS.

MM. Schneider et Cie ont fondé diverses institutions en faveur de leurs ouvriers. Ils ont assuré des retraites à leur personnel au moyen de versements faits par eux à la caisse des retraites pour la vieillesse, ceci sans retenue sur les salaires. Les soins médicaux et les médicaments sont donnés gratuitement à tout le personnel. Les ouvriers reçoivent des indemnités en cas de blessures ou de maladie. Des écoles spéciales gratuites ont été fondées pour le développement de l'instruction. Une caisse d'épargne fondée par l'usine est ouverte aux dépôts de fonds du personnel. MM. Schneider et Cie donnent à leur personnel le chauffage gratuit et fournissent à prix réduit un certain nombre de logements, des jardins et des terrains.

COMPAGNIE DE FIVES-LILLE

64, rue Caumartin, à PARIS.

FONDATION DE LA MAISON. — Les ateliers de la Compagnie de Fives-Lille ont eu pour fondateurs MM. Parent et Schaken auxquels succédèrent MM. Houel et Caillet. La construction de ces ateliers date de 1861. La Société se transforma, à partir du 1er janvier 1866, en Société Anonyme, sous le nom de Compagnie de Fives-Lille, pour une durée de trente années. En 1876 cette durée fut prolongée de dix ans, c'est-à-dire jusqu'au 1er janvier 1906.

Le capital social fixé d'abord à 6,000,000 de francs a été en 1880 porté à 12,000,000 de francs par suite de l'extension des affaires de la Société.

Ce capital a été complété par l'émission de deux séries d'obligations de 6,000,000 de francs chacune.

La Compagnie de Fives-Lille est administrée par un Conseil d'Administration composé de dix membres et représentée au siège social par un directeur général.

Le siège social est à Paris, 64, rue Caumartin.

NATURE DES TRAVAUX. — Les travaux que la Compagnie exécute dans ses ateliers de construction sont les suivants : Usines complètes et appareils détachés pour la fabrication et le raffinage du sucre et la distillerie.

Machines à vapeur fixes et locomobiles, locomotives pour chemins de fer et tramways, matériel fixe et roulant de chemins de fer, dragues à godets et dragues à succion, gabarres, etc.

Appareils hydrauliques, grues à vapeur, treuils, pompes, etc., pour l'outillage des ports et des gares de chemins de fer.

Ponts métalliques fixes et portatifs, fondations à l'air comprimé, charpentes métalliques et autres travaux de même nature.

Matériel de guerre et marine. — Artillerie, cuirassements etc.

USINES. — La Compagnie de Fives-Lille possède les établissements suivants :

1° Les ateliers de construction de Fives (Nord).

2° Les ateliers de construction de Givors (Rhône).

3° Les sucreries d'Abbeville (Somme), de Coulommiers (Seine-et-Marne), de Neuilly-St-Front (Aisne).

Les ateliers de Fives emploient 2.000 à 2.500 ouvriers et occupent une surface d'environ 10 hectares 1/2, dont 5 hectares 1/2 en bâtiments couverts ; ils utilisent une force motrice de plus de 700 chevaux.

Indépendamment des ateliers, la Compagnie possède à Fives, des maisons d'habitation pour les agents de la Direction, des logements d'ouvriers, un économat où les ouvriers trouvent au prix de revient toutes les denrées nécessaires à l'existence de leurs familles, un réfectoire, une boulangerie, une école pour les apprentis et les adultes.

L'établissement de Givors emploie de 500 à 600 ouvriers et occupe une superficie de deux hectares 1/2, dont un hectare de bâtiments couverts et un hectare 1/2 de cours ; il utilise une force motrice d'environ 100 chevaux et construit spécialement des roues montées pour véhicules de chemin de fer, le matériel fixe de la voie, les appareils d'enlevage, le matériel de traitement mécanique des minerais, la chaudronnerie de fer, les ponts et charpentes métalliques.

Parmi les trois sucreries désignées ci-dessus la plus importante est celle d'Abbeville. Cette sucrerie installée en 1874 peut traiter par campagne près de cent millions de kilogrammes de betteraves ; elle est alimentée par cinq râperies reliées à l'usine centrale par des conduites souterraines pour le refoulement des jus, sur une longueur totale de 56 kilomètres.

TRAVAUX EXÉCUTÉS. — 1° *Sucreries et raffineries*. — La Compagnie de Fives-Lille a installé tant en France qu'à l'étranger un grand nombre de sucreries et de raffineries de sucre de betteraves et de cannes, parmi lesquelles il convient de citer :

En France : les sucreries centrales d'Abbeville et de Coulommiers, la raffinerie de Barbery, etc. A l'étranger : la grande sucrerie de Samalout appartenant à S. A. Le khédive d'Egypte, la raffinerie du Caire, les premières sucreries de betteraves montées en Espagne, au Chili et au Japon, la raffinerie du Rosario dans la République Argentine, la première sucrerie de cannes installée en Espagne avec le procédé de la diffusion directe de la canne, diverses batteries de diffusion de bagasse en Espagne, diverses batteries de diffusion directe de la canne en Australie, à Java, à la Guadeloupe, à Cuba, etc.

2° *Ponts et charpentes métalliques.* — En France : le pont sur la place de l'Europe, à Paris, occupant une surface d'environ un hectare. — Les ponts sur l'Allier et le Cher (ligne de Moulins à Montluçon). — Les viaducs avec piles métalliques de la Creuse, de la Cère, de la Bouble, du Bellon, ayant des hauteurs variables de 35 à 65 mètres. — Les ponts sur la Seine à Vernon, sur l'Yonne à Sens, sur le Rhône à la Voulte et à Culoz. — Le pont en arc de 95 mètres de portée sur l'Erdre à Nantes. — Le pont route sur la Garonne à Langoiron. — Le pont sur le Lot à Cahors (arcs en fonte). — Les fondations pneumatiques du pont de Cubzac. — Le pont tournant permettant de franchir la passe de 50 m. de largeur du bassin d'Arène, à Marseille. — Le pont route en acier sur la Seine, à Rouen. — Divers ponts en Algérie.

Les charpentes métalliques de la moitié de la galerie des machines aux Expositions de 1867, 1878 et 1889 à Paris.

La charpente de l'Hippodrome à Paris ; la charpente de la gare d'Orléans, le pont débarcadère à St-Denis (Réunion) etc.

A l'étranger : Le pont sur le Danube à Tulln (Autriche). — Les ponts monumentaux de l'Augarten et Kaiser Joseph sur le canal du Danube, à Vienne. — Les charpentes métalliques des gares de la Staatsbahn et de la Sudbahn, à Vienne.

Le pont sur le Lümfjord en Danemark, bras de mer entre Aalborg et Norre Sundby (les fondations pneumatiques établies dans la vase ont été poussées à une profondeur de 36 mètres). — Le pont route sur le Nil, au Caire. — Les ponts et viaducs du réseau des Asturies, Galice et Léon (Espagne). — Divers ponts et viaducs sur le Guadiana, le Guadalquivir, le Douro, l'Ebre etc. — La charpente métallique des gares de Madrid (chemin de fer du Nord de l'Espagne et de Madrid à Ciudad Réal).

Le pont sur l'Yssel à Zwolle (Hollande).

Les ponts sur le Pô à Plaisance, Pontelagoscuro et Borgoforte. — La charpente métallique de la gare de Modane (Italie).

Les ponts de l'Abrantes et de Santarem sur le Tage (Portugal).

Les ponts de la ligne Pitesti Bazios et d'Ajud Ocna (Roumanie).

Ponts sur le Don et le Voronège (Russie).

3° *Mécanique générale.* — France et colonies. — Les machines élévatoires pour l'alimentation des eaux de la ville de Lille. Les machines élévatoires pour l'alimentation du canal du Berry. — Les machines élévatoires de la Compagnie générale des eaux à Maisons-Alfort.

Les dragues à succion pour l'amélioration des passes des ports de Dunkerque et de Calais. — Les dragues à godets pour le creusement du port de la Pointe des galets (Réunion).

Le grand appareil de levage pour la construction des jetées de ce port (Titan).

L'appareil hydraulique pour une puissance de 100 tonnes, pour le transbordement des canons (port de Toulon).

Les appareils hydrauliques de manœuvre des ports de Saint-Malo, Cherbourg, Calais, Marseille etc.

Les pontons digues pour les ports de Brest et de Cherbourg.

Les monte-charges hydrauliques de la gare St-Lazare (nouvelle gare de marchandises) et de l'hôtel Terminus.

Etranger. — Installations de pompes sur bateaux pour l'irrigation dans la Haute-Egypte.

Les dragues à succion pour l'amélioration des passes du fleuve Jaune, en Chine.

Appareils de levage pour la construction des môles du port de Leïxoès près l'embouchure du Douro (Portugal).

Les machines élévatoires de Derkos pour l'alimentation de la ville de Constantinople, lesquelles comportent six moteurs de 100 chevaux chacun environ etc.

4° *Matériel de guerre.* — Construction d'affûts de divers types et de toutes dimensions pour les Administrations de la Guerre et de la Marine. Usinage de canons de divers types pour ces deux Administrations. — Canons du système Schulz, dont un de 340$^{m}/_{m}$ de diamètre.

Tourelle cuirassée à éclipse armée de deux canons de 155$^{m}/_{m}$ de diamètre pour le Ministère de la Guerre.

5° *Matériel de chemin de fer.* — Locomotives, tenders et wagons en fer pour les chemins de fer de France et de l'Étranger.

Truc à deux bogies pour le transport des canons de 100 tonnes (Ministère de la Marine).

RÉCOMPENSES. — Récompenses aux Expositions universelles de Paris, Vienne (Autriche) etc. — Grands prix à l'Exposition universelle de Paris (1878). — Grand prix unique pour la sucrerie à l'Exposition universelle de Buenos-Ayres (République Argentine) 1882. — Diplômes d'honneur à l'Exposition universelle d'Amsterdam 1883. — Diplôme d'honneur à l'Exposition universelle de Bruxelles 1888.

ANCIENS ÉTABLISSEMENTS CAIL

Société anonyme au capital de 20,000,000 de francs.

SIÈGE SOCIAL:

à PARIS, Quai de Grenelle, N° 15,

HISTORIQUE. — Les établissements fondés en 1812 par MM. Ch. Derosne et J. F. Cail, passèrent, à la mort de M. Derosne, en 1844, à M. J. F. Cail qui, en 1850, constitua, pour vingt années, la société J. F. Cail et Cie. — A l'expiration de cette Société, en 1870, se forma, sous la raison sociale Cail et Cie, une nouvelle Société, dont M. J. F. Cail et son fils Alfred furent les gérants. A la mort de son père, en 1871, M. Alfred Cail resta seul gérant jusqu'en janvier 1882, époque où fut créée, pour une durée de cinquante années, au capital de 20,000,000 de francs, sous le nom de *Société anonyme des anciens Établissements Cail*, une Société qui racheta tout l'actif de l'ancienne.

Le siège social est à Paris, 15 quai de Grenelle. La Société possède deux succursales en France, l'une à Douai, l'autre à Denain. Elle est administrée par un conseil présidé par M. E. Hentsch, président du Conseil d'administration du Comptoir d'Escompte de Paris, et comprenant douze membres choisis parmi les plus hautes personnalités du commerce, de l'industrie et de la finance. Son directeur général est M. le colonel de Bange dont les travaux remarquables et les récentes découvertes ont apporté de nouveaux éléments de succès aux établissements qu'il dirige, et ont puissamment contribué à consolider une réputation déjà universellement établie.

IMPORTANCE. — Les ateliers de Paris couvrent une surface de près de 80,000 mètres carrés, ils sont reliés par le chemin de fer de l'Ouest, dont un embranchement les traverse, et par le fleuve au bord duquel ils sont assis, avec tout le continent; en outre, au moyen de ses nombreuses agences, la Société assure les résultats de son exploitation et le développement constant de ses relations d'affaires dans toutes les parties du monde. Les ateliers de Denain couvrent 25,000 mètres carrés; ceux de Douai, plus de 5,000. — Ainsi l'ensemble des ateliers couvre plus de 11 hectares pouvant occuper plus de 3,000 ouvriers et possédant une force motrice de plus de six cents chevaux.

La production annuelle dépasse actuellement 15,000 tonnes d'objets ouvrés, nécessitant la mise en œuvre de plus de 17,000 tonnes de matières premières, et environ 16,000 tonnes de combustible. Mais les ateliers sont établis pour une production de 25,000 tonnes qui a même, dans certaines années, été dépassée.

TRAVAUX. — Les ateliers de la Société anonyme des anciens établissements Cail sont outillés de manière à pouvoir exécuter toutes les constructions mécaniques de quelque nature qu'elles soient. L'organisation puissante de son personnel permet à cette Société d'étudier et d'entreprendre tous les grands travaux, tels que : construction et exploitation des chemins de fer, outillage pour exploitation des mines, installations d'usines diverses, ponts, charpentes métalliques, et enfin toute la construction du matériel de l'artillerie de terre et de mer et de la navigation.

On comprend que, dans une note aussi courte, nous ne puissions donner aucun détail sur les progrès réalisés par les établissements Cail depuis leur fondation jusqu'à ce jour, sur les industries auxquelles ils ont, pour ainsi dire, donné naissance, ou dont ils ont au moins facilité l'essor. Citons entre autres : la Sucrerie coloniale et indigène, les chemins de fer, etc ; dans ces dernières années, le matériel de l'artillerie.

Nous ne pouvons procéder qu'à une simple nomenclature de travaux exécutés ; encore nous limiterons-nous à ceux qui ont une importance réelle par leur ampleur ou leur nouveauté, et qui sont devenus classiques, pour ainsi dire.

SUCRERIES. — Principal débouché du début. Une large part revient aux établissements Cail dans les progrès réalisés dans la fabrication du sucre de cannes et de betteraves ; notamment, dans l'épuration des jus ; l'évaporation dans le vide à effet multiple; la cuite en grains, la diffusion, l'extraction du sucre des mélasses, le raffinage en fabrique, etc. Sur plus de 550 fabriques françaises, dont 450 existent encore et produisent annuellement 450,000,000 de kilogr. de sucre, plus de cent ont été entièrement montées, et plus de cent cinquante transformées par les établissements Cail; treize grandes usines ont été construites en Égypte, et plus de cent autres encore à l'étranger.

CHEMINS DE FER. — Il est sorti des ateliers de la Société 2361 locomotives exécutées sur plus de cent types différents, la plupart étudiés ou heureusement modifiés par les ingénieurs de la Société. Elle a propagé les moteurs funiculaires (Agudio), les locomotives sans foyer (Lamm et Francq). Elle a construit tout le matériel roulant de la ligne de Kiew-Balta (600 kilomètres), et fournit toutes les grandes compagnies de chemins de fer français. Elle construit tous les types de locomotives routières.

En outre du matériel roulant, citons les grands travaux d'art.

Le pont de la place de l'Europe; les viaducs de la Cère, de la Creuse, de la Bouble, du Bellon, du Chenu; les ponts de Mauves (600 ᵐ), de Nantes (300 ᵐ), de Blois (576 ᵐ), de Saumur (1050 ᵐ en 14 travées), sur la Loire; le pont de Gordon (170 ᵐ), sur le Rhône, et un pont de 64ᵐ sur le Loir; le grand pont de Pesth sur le Danube, (4 travées de 100 ᵐ chacune); de nombreux ponts en Russie; le pont de Palma, sur le Guadalquivir (208 ᵐ), en Espagne; le viaduc de Palla, sur le Douro, en Portugal; le pont de Stein (256 ᵐ) sur le Rhin, en Suisse; deux ponts sur la Meuse (100 ᵐ chacun), à Rotterdam; le pont de Grenelle et la passerelle de l'île des Cygnes (210 ᵐ), sur la Seine ainsi que les nouveaux ponts du chemin de fer de ceinture et le pont Caulaincourt, sur le cimetière Montmartre, à Paris, etc., etc.

Parmi les grands travaux d'art récemment exécutés, nous citerons l'ascenseur hydraulique des Fontinettes, près St-Omer, sur le canal de Neuffossé, au moyen duquel les bateaux de 300 tonneaux peuvent, en quelques minutes, être élevés ou abaissés entre deux biefs présentant une différence de niveau de plus de 13 mètres; les portes des écluses à sas du bassin de l'Est, à Calais, enfin la moitié de la grande galerie du Palais des machines de l'Exposition actuelle.

TRAVAUX MARITIMES. — Des coques, chaudières et machines de bateaux à vapeur; plus de 1.100.000 kilogr. de chaudières pour la marine française; des portes d'écluses, dragues, toueurs à chaîne; canots porte-torpilles; canots à vapeur, yachts, etc., des avisos, des torpilleurs de haute mer et plus de cent tubes lance-torpilles.

MACHINES OUTILS. — Toutes les machines possibles; marteaux-pilons, ponts roulants, grues, presses hydrauliques, et tout l'outillage que comportent de grands ateliers de construction (levage et montage) de fonderies, de forges, etc., de quelque nature, de quelque type et pour quelque usage que ce soit.

EXPLOITATION DES MINES. — Perforatrices, excavateurs, ventilateurs, compresseurs d'air, machines soufflantes, pompes et machines d'exhaure, locomotives de mines; outillage des puits d'extraction et d'aération, etc., etc.

TRAVAUX DIVERS. — Matériel d'exploitation pour raffineries, distilleries, brasseries, meuneries; machines à vapeur, fixes, demi-fixes, locomobiles, de toute force et de tout système.

MATÉRIEL D'ARTILLERIE. — En 1870, la Société s'est outillée de manière à fournir un contingent considérable et un appoint précieux aux efforts du Gouvernement de la Défense nationale. Depuis, ses moyens d'action se sont multipliés, et elle a donné, depuis plusieurs années, une grande extension aux travaux de ce genre, grâce à la compétence toute spéciale de son Directeur général, le colonel de Bange, dont le système d'artillerie constitue l'armement de l'armée française.

La Société construit, d'après le système de Bange, toutes les bouches à feu de montagne, de campagne, de siège et de place, tous les canons de côte et de marine. À l'heure actuelle, plus de dix mille bouches à feu de ce système existent tant en France que dans divers pays étrangers qui l'ont adopté, tels que l'Angleterre, les États-Unis d'Amérique, ou qui ont commandé du matériel aux anciens Établissement Cail, après essais comparatifs des systèmes Krupp et autres, comme la Serbie, le Mexique, la Suède, la République de Costa-Rica, etc.

RÉCOMPENSES. — Les principales récompenses obtenues par les établissements Cail depuis leur fondation, peuvent se résumer ainsi : de 1812 à 1881, les prédécesseurs des anciens établissements Cail ont obtenu plus de 50 récompenses (grands prix et médailles d'honneur, de mérite, médailles d'or et d'argent, etc.), et il a été décerné à la Société actuelle :

1° A Amsterdam, en 1883 — **3 Diplômes d'honneur** (dont un pour l'artillerie avec mention spéciale de supériorité) et **1 médaille d'or.**

2° A Rouen en 1884 — **1 Diplôme d'honneur.**

3° A Anvers, en 1885 — **6 Diplômes d'honneur** et **3 médailles d'or**

JOSEPH FARCOT (O. ✳)

Ingénieur-Constructeur

Maison FARCOT (fondée en 1823). — FARCOT & ses Fils (1858–1878)

SAINT-OUEN (SEINE)

HISTORIQUE. — Fondée en 1823 par M. J. D. Farcot, cette maison est demeurée depuis 66 ans sous la direction exclusive des membres de la famille Farcot. Elle n'a cessé de s'accroître grâce aux nombreuses inventions et aux perfectionnements réalisés par ses chefs dans les différentes branches de la mécanique.

Le fondateur en est resté l'âme jusqu'à son décès (1875).

Son fils aîné M. Joseph Farcot qui était alors son collaborateur depuis trente ans (1845) en était déjà l'ingénieur en chef depuis 1853 et le co-gérant depuis 1860 ; il est l'auteur de la plupart des découvertes de la maison pendant cette période et jusqu'à ces dernières années. Il est actuellement encore le chef de la maison, et est secondé par ses fils dont l'aîné M. Paul Farcot est son collaborateur depuis 1873 ; ce dernier est l'auteur des grandes installations récentes et des nouveaux types exposés classe 52.

IMPORTANCE. — Les ateliers de St-Ouen couvrent une surface de près de 40,000 mètres carrés ; ils sont reliés par embranchement particulier au chemin de fer du Nord et se trouvent à proximité de la gare d'eau des Docks.

Ils comportent tous les genres de travaux qui concourent à la construction mécanique, y compris modelage, fonderie, forge et chaudronnerie ce qui permet d'exécuter toutes les transformations successives de la matière et de surveiller directement, à tous les degrés d'avancement du travail, la qualité irréprochable des produits employés et le fini d'exécution des plus grosses comme des plus petites pièces.

Une force motrice de 500 chevaux répartie dans les différents ateliers peut alimenter plus de 900 ouvriers. La plus grande partie des bâtiments est de construction récente métallique avec ponts roulants de manœuvre mus mécaniquement. Presque tous les ateliers sont éclairés à la lumière électrique.

PROGRÈS INDUSTRIELS RÉALISÉS.

Travaux. — 314 brevets et additions sanctionnent les nombreuses inventions dues à la maison Farcot. Plusieurs d'entre elles sont universellement connues : la détente Farcot (1836) — le régulateur à cones (1843) — le régulateur à bras et bielles croisées, pendule parabolique à équilibre constant assurant aux moteurs une régularité parfaite (1854 et 1856) — les générateurs à chauffage par gradation (1844) — les générateurs tubulaires (1854) — le servo-moteur (1868) asservissant instantanément la marche des plus puissants moteurs à la volonté de l'homme — les pompes élévatoires à plongeur à grande vitesse (1872) — les pompes centrifuges à grand rendement (1884). Ces brevets et ces diverses inventions ont en outre amené la réalisation de progrès remarquables et très appréciés dans les diverses branches d'industrie développées par la maison Farcot.

Les machines à vapeur ont fait et maintiennent la réputation de la maison Farcot par le fini remarquable de leur exécution et par les solutions avantageuses que les nombreux types créés ont procurées à tous les besoins des diverses industries ; nous rappellerons les plus connus.

Les machines à détente Farcot ont obtenu en 1855 la grande médaille d'honneur, puis en 1867 le grand prix unique des machines à vapeur en raison de leur économie de vapeur jusque là sans rivale, de leur extrême simplicité et de leur parfaite régularité ; ces avantages les font rechercher dans un grand nombre d'applications.

Les machines à quatre distributeurs Farcot (*genre Corliss perfectionné*) ont obtenu à leur tour en 1878 l'un des deux grands prix décernés à la maison Farcot. Cette distinction était motivée par la réunion dans ce moteur des résultats déjà obtenus dans le type Farcot précédent, avec l'avantage des quatre distributeurs tournants et surtout avec ceux réalisés par de nouvelles et importantes dispositions brevetées. Ce type a atteint le maximum d'économie de combustible que l'on ait pu obtenir jusqu'ici, en y joignant une élasticité de puissance telle que l'on peut doubler et au delà sa puissance nominale presque sans augmenter la consommation par cheval et tout en conservant la plus absolue régularité d'allure.

Les machines pilons Compound à double ou triple expansion et à grande vitesse sont la réalisation d'un type nouveau spécialement combiné pour l'économie de vapeur et la régularité en vue des installations électriques, des besoins de la marine et d'un grand nombre d'applications industrielles.

Les générateurs de vapeur ont fait également l'objet d'études suivies de la maison Farcot qui a constitué un grand nombre de types des différents systèmes à bouilleurs, tubulaires et semi-tubulaires; chacun d'eux concourt dans chaque cas spécial à l'excellent rendement des nombreuses installations exécutées.

Les élévations d'eau des villes ont toujours été une des principales spécialités de la maison Farcot qui a introduit dans cette branche de nombreux perfectionnements. Les pompes rapides à corps ovoïde et piston façonné en pointe ont été spécialement imaginées pour les besoins de la Ville de Paris et ont reçu depuis de nombreuses et importantes applications ; elles réalisent une économie considérable de première installation et un rendement maximum d'exploitation.

Les pompes centrifuges, après avoir été notablement perfectionnées depuis 1865, en vue des élévations d'eau d'égouts de la Ville de Paris en particulier, ont été dans ces dernières années poussées aux dernières limites actuelles de la perfection par des études et expériences théoriques et comparatives très précises et multipliées.

Il en est résulté l'obtention pratique d'un rendement, inconnu jusqu'ici pour les pompes centrifuges 81 $^0/_0$, joint à la réalisation d'une série de desiderata que l'on n'avait jamais pu réunir encore. La belle et colossale application du Khatatbeh œuvre de M. Paul Farcot et qui jette dans les canaux de la Basse-Égypte trois millions de litres par minute a permis la constatation d'un rendement de 79 $^0/_0$, sans déduction des pertes du canal ; on ne pouvait désirer plus probante démonstration.

Servo-Moteur. — Cette invention féconde de M. Joseph Farcot dont les applications sont partout si nombreuses et importantes a été deux fois couronnée d'abord par l'Institut en 1875 qui a donné à l'auteur le Grand Prix Plumey puis par la Société d'Encouragement avec la grande médaille des Arts Mécaniques en 1884.

Le Servo-moteur est actuellement appliqué aux gouvernails des plus grands navires de guerre et de commerce, à la manœuvre des machines et des plus puissants engins de guerre de la marine comme aussi à la commande de grandes machines de mines.

Appareils hydrauliques et artillerie. — L'armement de la nouvelle flotte cuirassée française et la manœuvre rapide et précise des canons des plus forts calibres qu'elle comporte a conduit M. Joseph Farcot à créer comme application du Servo-moteur, toute une nouvelle branche de travaux dans laquelle il a spécialisé l'un de ses plus remarquables élèves M. Ch. Marzari qui est depuis longtemps et actuellement encore ingénieur de ce service.

La supériorité des solutions apportées dans cette branche par la maison Farcot et la perfection de l'exécution, lui ont permis d'en éliminer définitivement les constructeurs anglais, jusque là sans rivaux dans ces travaux qui intéressent particulièrement notre défense nationale.

En quelques secondes, et avec un nombre minimum d'hommes, toutes les opérations de chargement sont effectuées automatiquement par des appareils brevetés, y compris l'apport des munitions, l'ouverture et la fermeture de la culasse, le chargement lui-même et le pointage vertical et horizontal dans tous les sens ; le tout pour des appareils en mouvement pesant, avec les pièces, leurs affûts et tourelles cuirassées, jusqu'à 600,000 kil.

Les navires l'Amiral Duperré — Dévastation — Tempête — Fulminant — Vengeur — Tonnant — Furieux — Indomptable — Terrible — Caïman — Requin — Courbet — Redoutable — Formidable — Baudin — Neptune — Magenta — Hoche — Brennus ont leur matériel d'artillerie ainsi construit par la maison Farcot. — Des appareils de ce genre sont exposés classe 65.

Appareils divers. — La maison Farcot construit en outre un grand nombre d'appareils spéciaux ou de mécanique générale. — Marteaux-pilons à vapeur — locomobiles — machines d'épuisement pour mines — machines soufflantes — ventilateurs — machines de laminoirs reversibles — machines de bateaux — transmissions — appareils hydrauliques pour tous usages, etc.

RÉCOMPENSES. — Dans tous les concours où elle s'est présentée, la maison Farcot a toujours obtenu depuis soixante ans les plus hautes récompenses. Nous citerons en particulier :
1844 Médaille d'or.
1849 Médaille d'or.
1849 Grand prix de la Société d'Encouragement.
1855 Grande médaille d'honneur Exposition Universelle.
1867 Grand prix unique de mécanique, Exposition Universelle.
1873 Diplôme d'honneur pour moteurs, Exposition Universelle de Vienne.
1875 Grand prix Plumey de l'Institut.
1878 Deux grands prix, Exposition Universelle.
1881 Médaille d'or unique pour moteurs, Exposition Universelle d'électricité.
1884 Grande médaille des Arts mécaniques, Société d'Encouragement.

COMPAGNIE

DES

FONDERIES & FORGES DE L'HORME

Société anonyme au capital de 5,500,000 francs

Siège social : 8, rue VICTOR HUGO,

LYON.

HISTORIQUE.

Fondée en 1825 par M. Ardaillon père, transformée en société anonyme en 1847, *la Cie des Fonderies et Forges de l'Horme* fut en 1877 constituée en société anonyme libre au capital de onze millions ; en 1886, ce capital a été réduit à 5.500.000 francs.

De 1850 à 1873, sous la présidence de M. Ferrouillat, Président du Conseil d'Administration pendant près de 40 ans, et sous l'habile direction de M. Léonce-Nicolas Makin, la Cie de l'Horme acquit un puissant développement. En 1873, M. Leseure, Ingénieur en chef des Mines, fut nommé Directeur jusqu'en 1886, époque à laquelle M. Augustin Seguin prit la direction générale de la Cie avec le concours de MM. Alexandre et Paul Frossard de Saugy, René de Prandières, Administrateurs et d'un nombreux personnel d'élite.

La Cie des Fonderies et Forges de l'Horme possède actuellement :

1° *Les Chantiers de La Buire*, à Lyon, rue Rachais.

2° *Les Usines de l'Horme*, près St-Chamond (Loire).

3° *Les Mines de Veyras* (Ardèche).

4° *Les Hauts-Fourneaux du Pouzin* (Ardèche).

I. — CHANTIERS DE LA BUIRE.

Les Chantiers de La Buire ont été créés en 1846 par M. Jules Frossard de Saugy, sous la raison « Jules Frossard et Cie » D'abord fusionnés en 1866 avec la Cie des Dombes que MM. Mangini venaient de créer, ils devinrent, en 1877, la propriété de la Cie de l'Horme.

Les vastes ateliers qui constituent *La Buire* furent presque détruits en 1882 par un incendie ; ils ont été depuis reconstruits sur un plan nouveau et munis d'un outillage des plus perfectionné.

La Buire occupe actuellement une superficie de 105.000 mètres carrés, dont 58.900 en bâtiments ; la force motrice totale y est d'environ mille chevaux vapeur ; seize kilomètres de voies ferrées desservent l'intérieur de l'usine.

Sa spécialité est la construction du *Matériel roulant de Chemins de fer*, voitures à voyageurs et wagons à marchandises, construction qui exige le concours de presque tous les corps de métiers.

La *Forge* possède 17 marteaux-pilons, une presse hydraulique de 2.000 tonnes, 80 feux de forges à la main, etc.

Les ateliers d'*Ajustage* sont munis de 250 machines-outils les plus diverses, et d'étaux à main pour 200 ajusteurs, etc.

La *Menuiserie* occupe 150 ouvriers à l'établi et de grands ateliers parfaitement agencés pour tout le travail mécanique du bois.

La *Chaudronnerie* possède une installation des plus complètes pour le rivetage à la presse hydraulique.

La *Sellerie* emploie environ 50 ouvriers pour le garnissage intérieur des voitures à voyageurs.

La *Peinture* peut recevoir dans ses vastes salles plus de 100 véhicules.

Enfin : toute l'usine est éclairée par environ 1.200 becs de gaz, 400 lampes électriques à incandescence, 50 bougies Jablockoff.

Le nombre des ouvriers qu'elle occupe varie de 1.000 à 2.300.

Ces chiffres indiquent son importance.

Production. — La Buire peut livrer par jour : *30 wagons à marchandises et 3 à 4 voitures à voyageurs*. Son chiffre d'affaires annuel s'est élevé à *25 millions*. Différents pays étrangers lui ont demandé une grande partie de leur matériel de chemin de fer.

Elle a livré en particulier le magnifique train de luxe du roi d'Italie, et tout récemment, celui du vice-roi du Petchili, le premier train qui ait apparu en Chine.

Elle construit maintenant en grand nombre, les belles voitures de la Cie Internationale des wagons-lits.

La Buire exécute, en outre, des travaux importants dans tous les genres de *construction mécanique* proprement dite. Pendant, et après la guerre de 1870, elle a pris une part très importante à la fabrication des *armes* et du *matériel d'artillerie*. Elle a livré à la Cie du Chemin de fer des Dombes, 16 locomotives et tous les appareils de la voie nécessaires à un réseau de 600 kilomètres.

Parmi ses fabrications actuelles, nous citerons :

1° — Celles relatives à l'industrie du tissage : *Métiers à tisser*, système perfectionné Laerserson et Wilke, dans toutes ses variétés : *Métiers à velours*, système Charbin ; *Métiers à filer la soie*, système L. Camel ; *Machines à teindre*, système Corron, etc.

2° — Sa *onnellerie* mécanique qui livre annuellement plusieurs milliers de fûts à bière et à liqueurs, des foudres à vin de toutes dimensions jusqu'à 400 hectolitres.

3° — Son atelier de *charronnage* qui fabrique des roues particulières, système Dégrange, pour carrosserie de luxe et pour camionnage, ainsi que tous les types de charrettes, tombereaux etc.

Enfin, les Chantiers de la Buire ont entrepris l'exploitation de plusieurs inventions récentes qui présentent pour l'avenir le plus grand intérêt, entr'autres :

1° — Les *Gazogènes* système Lencauchez pour l'alimentation des moteurs à gaz.

2° — Les nouveaux *Générateurs à vaporisation instantanée*, système Serpollet, qui, tout dernièrement ont vivement attiré l'attention du monde scientifique, par l'originalité de leur conception et par la multiplicité de leurs applications.

II. — USINES DE L'HORME.

L'Horme comprend 4 groupes :

a. — **Fonderie**. — Une fonderie de seconde fusion parfaitement aménagée peut fondre jusqu'à 30 000 kilogs à l'heure et couler des pièces du poids de *120 tonnes*.

Ses spécialités sont : pièces moulées en tous genres ; colonnes, fontes mécaniques, cylindres pour laminoirs etc., etc.

b. — **Ateliers de construction**. — Créés en 1868, et aujourd'hui en voie de grand développement, ces ateliers exécutent toutes sortes de travaux considérables, notamment pour les mines et les usines métallurgiques.

Ils ont le monopole des *Machines à vapeur*, système Bonjour, des *Machines à gaz*, système Delamarre-Deboutteville & Malandin pour le midi de la France, des *Machines à agglomérés ovoïdes*, etc.

c. — **Forges de l'Horme**. — Cette usine qui a fabriqué des quantités énormes de rails et de gros profilés en fer, doit être prochainement appropriée à de nouvelles fabrications.

d. — **Forges de Gier**. — Ces forges voisines de celles de l'Horme, peuvent produire par mois de 1.000 à 1.200 tonnes de fers bruts. Elles livrent des fers fins de moyens et petits profils, réputés pour leur excellente qualité.

III. — MINES DE VEYRAS.

Ces mines, situées près de Privas (Ardèche) exploitent un beau gisement de fer oxydé, du terrain jurassique, donnant au haut-fourneau un rendement de 42 à 45 °/₀ et ne contenant comme impureté que 0,12 °/₀ de phosphore.

L'extraction peut varier de 50 à 100.000 tonnes par an.

IV. — HAUTS FOURNEAUX DU POUZIN.

Ces fourneaux, au nombre de 6, situés à proximité de la mine de Veyras, produisent *toutes les qualités de fontes* demandées par le commerce : fontes d'affinage, de moulage, de fontes extra-fines, obtenues à l'aide d'un appareil spécial, système Lévêque.

Outre les minerais de Veyras, on y traite ceux de Mokta-el-Hadid (Algérie) et de Fillols (Pyrénées Orientales) etc.

Comme on le voit, toutes ces ressources, font de la Compagnie des Fonderies et Forges de l'Horme une société métallurgique de premier ordre.

Récompenses obtenues aux principales Expositions :

15 MÉDAILLES OR et ARGENT.

Représentant à Paris :

M. Max. JOUFFRET, Ingénieur, **32**, Place St-Georges.

Voir Annonce, même Groupe.

SOCIÉTÉ ALSACIENNE

DE

CONSTRUCTIONS MÉCANIQUES.

MULHOUSE, BELFORT, GRAFENSTADEN

(Anciens Ateliers André KOECHLIN & Cie et Société de Grafenstaden)

Au Capital de 12.000.000 de Francs.

Maison de vente & de renseignements : PARIS, 7, rue Drouot

Représentants de la Société :

A Lille.................... MM. Armand Koechlin , 8 , place Richebé ;
  Lyon .... H. Zwinger , 6 , rue Montbernard :
  Épinal................. J. Hofer . 18 , avenue Dutac :
  Rouen.................. F. Zierer , 67 , rue Jeanne-d'Arc ;
  Marseille.............. R. Heilmann , 14 , rue du Loisir :
  Francfort-sur-Mein .. W. Dogny :
  Elberfield............. F. Ziegler , 3 . Erhohlungsstrasse :
  Moscou................ Engels et Duchêne :
  Barcelone.......... A. Lizé , 104 , Alsalto :
  Florence.............. F. Porra , 44 , via della Scala :
  Verviers (Belgique).. X. Hurstel , 32 , rue Donckier :
  Weisenfels (Autriche) Guste-Weiss.

FONDATION DE LA MAISON. — Les grands ateliers de la Société alsacienne de constructions mécaniques ont été créés en 1826 par MM. André Kœchlin, Math. Thierry et Henri Bock, qui s'associèrent à cette époque, sous la raison sociale André Kœchlin & Cie, pour construire à Mulhouse les machines à vapeur, moteurs hydrauliques, machines de filature, de tissage et d'impression, et en général tout le matériel dont l'industrie textile d'Alsace était, jusqu'alors, presqu'exclusivement tributaire des constructeurs anglais.

En 1838, la construction des premières lignes de chemins de fer donna aux ateliers une nouvelle impulsion, et c'est à cette époque que fut commencé la construction des locomotives. Cette branche de fabrication prit bientôt une extension considérable et la maison acquit rapidement une grande réputation dans cette spécialité.

En 1872, la maison André Kœchlin et Cie

de Mulhouse fusionna avec la Société de Grafenstaden pour former la Société anonyme actuelle, sous la raison sociale : « Société alsacienne de constructions mécaniques » au capital de 12 millions de francs, représenté par 3000 actions nominatives de 4000 francs chacune.

La création en 1879 de l'usine de Belfort fut une des conséquences des événements de 1870 et 1871, à la suite desquels les usines d'Alsace furent détachées du marché français.

La nécessité de lui rattacher plus solidement une clientèle ancienne et nombreuse qui tendait à lui échapper, a été un des principaux motifs qui engagea la Société à créer, sur territoire français, une usine autonome, importante et capable de répondre dans une large mesure aux besoins du marché français.

Son importance et son organisation permettent actuellement d'y construire, de toutes pièces, de 60 à 80 locomotives et leurs tenders par an, ainsi que des moteurs à vapeur et hydrauliques de toutes forces, des chaudières à vapeur, transmissions, machines, outils, etc., etc.

On vient d'y introduire récemment la fabrication des machines et appareils pour installations complètes de stations centrales d'éclairage électrique.

L'administration de la Société est attribuée à un Conseil d'administration, déléguant ses pouvoirs à cinq de ses membres, qui prennent le titre d'administrateurs délégués.

Les titulaires actuels sont:

MM. Gaspard ZIEGLER.
    Jules GUTH ......   } à Mulhouse.
    Charles GOERICH..
    Alfred de GLEHN.. à Belfort.
    Charles BRAUER.. à Grafenstaden.

IMPORTANCE. — Les ateliers de Mulhouse occupent environ........ 3.000 ouvriers
ceux de Grafenstaden..... 1.200   »
ceux de Belfort.......... 800   »

       Ensemble....... 5.000 ouvriers

gagnant annuellement un salaire de plus de cinq millions de francs.

Le chiffre d'affaires de la Société varie entre 15 et 25 millions de francs par an.

Le nombre de locomotives construites jusqu'à ce jour, par la Société, est de 4.100, et la production de cette spécialité a atteint le chiffre de 190 locomotives et leurs tenders dans une seule année.

Dans la branche des machines de filature, la production s'est élevée, dans les 15 dernières années, à un total d'environ deux millions de broches, et cette fabrication, qui tend à augmenter journellement, atteindra cette année le chiffre de 200,000 broches.

PRODUCTION. — Les différents produits des usines se répartissent sur 6 branches principales de fabrication, comprenant :

I. *Machines à vapeur*, moteurs hydrauliques, chaudières, transmissions, charpentes en fer, installations d'usines complètes, pompes, locomobiles, tuyaux de chauffage, etc., etc.

II. *Machines de filature et de tissage*, pour coton, laine et soie.

III. *Machines à imprimer*, sur tissus de coton, laine et soie, et appareils pour teinture, blanchiment et apprêt des étoffes.

IV. *Machines outils*, pour le travail du fer et du bois, outils d'alésage, de taraudage et de perçage spéciaux et perfectionnés, crics, verins, dragues, bascules, etc., etc.

V. *Locomotives*, matériel de chemins de fer, locomotives pour voie normale, pour lignes secondaires à voie étroite, pour tramways, usines et mines, changements de voies, bascules, plaques tournantes, etc., etc.

VI. *Machines, appareils électriques*, installations complètes de stations centrales d'éclairage électrique.

Société des Ateliers et Chantiers de la Loire

CAPITAL : 19,300,000 francs.

Bureaux et Administration centrale : **11** *bis*, **boulevard Haussmann** :

PARIS

HISTORIQUE. — La Société anonyme des Ateliers et Chantiers de la Loire a été constituée le 19 avril 1881, au capital de 12 millions de francs, suivant acte passé par Me Dufour notaire à Paris, le 31 mars 1881. La durée de la Société est de cinquante années. La Société, au moment de sa constitution, avait pour objet l'exploitation des établissements de construction maritimes sis à Nantes et appartenant à la maison Jollet et Babin, et la création à St-Nazaire d'un vaste et puissant chantier de construction pour les navires de guerre.

Ultérieurement la Société s'est rendue acquéreur des établissements connus au Havre sous le nom de Société de constructions navales du Havre, et destinés principalement à la réparation des navires.

Enfin en 1886 la Société des ateliers et chantiers de la Loire a absorbé les immeubles industriels appartenant à la Société des anciens établissements Claparède et situés à St-Denis et à Rouen.

Le capital primitif s'est trouvé alors porté à 19.300.000 francs.

NATURE DES TRAVAUX. — La Société peut entreprendre l'exécution de travaux métalliques de toute nature et notamment la construction de cuirassés, croiseurs, torpilleurs, yachts de plaisance, navires de commerce, chaloupes et remorqueurs à vapeur, dragues, chalands, matériel d'entreprises et de travaux publics, caissons métalliques, portes d'écluses, wagonnets système Bél[?]lard, excavateurs, pompes centrifuges système Decœur, ponts et appontements avec pieux à vis, charpentes, hangars métalliques en tôle ondulée, machines fixes, demi-fixes, locomobiles machines élévatoires, appareils d'extraction, ventilateurs, grues, machines-outils, presses hydrauliques, machines électriques, chaudières à haute pression, chaudières marines multitubulaires inexplosibles système Oriolle. — Matériel d'artillerie, affûts, canons tubes lance-torpilles, etc, etc.

ÉTABLISSEMENTS DE LA SOCIÉTÉ :
NANTES, ST-NAZAIRE, ST-DENIS, LE HAVRE.

Nantes : *Les établissements de Nantes* occupent sur la rive gauche de la Loire une superficie totale de 110.000 mètres carrés, à proximité des chemins de fer de l'État avec lesquels ils sont reliés par une voie ferrée et qui les mettent en communication avec les réseaux de l'Ouest et de l'Orléans.

Ils sont bordés en outre par la Loire et par un canal de servitude, sur lesquels sont établis 3 estacades munies de puissants appareils de levage.

Les établissements de Nantes comprennent un groupe d'ateliers pour la construction des machines marines, et un chantier de construction pour les coques des navires de commerce, pour les torpilleurs et bateaux de rivière de toute nature.

Les ateliers de construction de machines sont composés de travées métalliques et comprennent : un atelier d'ajustage et un atelier de grosse chaudronnerie munis de transbordeurs de 50.000 kilos, un atelier de galvanisage, une chaudronnerie de cuivre, une chaînerie, un atelier de forges, le tout représentant une surface couverte de plus de 20.000 mètres carrés. Six moteurs à vapeur du type le plus perfectionné actionnent le puissant outillage des divers ateliers.

Le chantier de construction navale occupe le long de la Loire une superficie de 45.000 mètres carrés. Il comprend l'atelier des tôles avec les machines à cisailler, poinçonner et percer ; l'atelier des cornières et des forges avec 4 fours munis de leurs plaques à cintrer :

3 Grandes cales permettant de construire et de lancer facilement des navires de 100 mètres de longueur ; 7 autres cales de plus petites dimensions servent aux travaux de moindre importance ; ces cales sont reliées par des voies ferrées aux différents points des chantiers.

4 moteurs de puissance variée desservent les ateliers.

St-Nazaire : *Les établissements de St-Nazaire* créés en 1881 en vue de la construction navale, occupent à l'embouchure de la Loire une situation exceptionnelle leur permettant de construire et de mettre à l'eau en pleine sécurité, les plus grands navires de guerre. Les chantiers d'une superficie de 12 hectares renferment 6 cales de construction, bâties en maçonnerie et fondées sur le roc même, ayant chacune de 120 à 160 mètres de long et présentant toute la solidité que réclame la construction des plus gros cuirassés.

Un hangar en charpente métallique d'une longueur de 300 mètres sur 30 mètres de large, réunit les ateliers des forges, de l'ajustage, de la chaudronnerie de fer et de la tôlerie. Ces ateliers sont pourvus d'un outillage entièrement neuf et perfectionné où l'on remarque surtout l'emploi des machines hydrauliques mises en mouvement par 2 accumulateurs de 80 tonnes chacun — 2 puissantes machines Corliss servent à actionner les machines fonctionnant à la vapeur ; un tuyautage complet installé sur l'ensemble du chantier permet en outre d'utiliser sur les cales mêmes la force hydraulique pour le rivetage des coques. L'outillage du grand atelier comprend également 4 fours à gaz système Gormann pour le travail à chaud des tôles et des profilés.

Il faut citer en outre : un atelier de scierie et de menuiserie de 50 mètres de long sur 20 mètres de large, muni d'une étuve pour le séchage des bois

1 atelier de galvanisage comprenant 3 creusets avec bassins à acides, 1 atelier de gréement et de calfatage, 1 atelier de chaudronnerie de cuivre et enfin 1 magasin général de 110 mètres de long sur 20 mètres de large, et relié par différentes voies ferrées à toutes les parties du chantier. Au-dessus et sur toute la longueur du magasin, se trouve la salle des gabarits destinée au tracé des plans et épreuves.

A proximité du magasin se trouvent trois quais de déchargement dont la longueur totale est d'environ 400 mètres sur 10 mètres de largeur. La lumière électrique éclaire non seulement les ateliers, mais encore les cales de construction où la force électrique met en outre en mouvement des machines à percer mobiles et portatives. Un appareil de levage d'une puissance de 30 tonnes, ayant 10 mètres de hauteur et 15 mètres de portée permet d'embarquer et de débarquer les pièces de machines les plus lourdes et les plus encombrantes. Cet engin, assurément le plus puissant que possèdent les chantiers français, est installé sur un des quais du bassin de Penhoët dont la Société est concessionnaire, et où elle achève l'armement de ses navires. Cet appareil a été construit dans les ateliers de la Société à Nantes.

La Société des chantiers de la Loire est concessionnaire du bassin de carénage de Paimbœuf ainsi que des formes de radoub du bassin de Penhoët situées à proximité de ses ateliers.

St-Denis : *Établissements de St-Denis.* Les ateliers de la Société de St-Denis créés et développés par M. Claparède sont situés entre le canal de St-Denis et la ligne du chemin de fer du Nord. Ils occupent un terrain de 33.000 mètres dont 14.000 couverts. Les ateliers sont disposés spécialement en vue de la construction des machines marines et ils se composent d'une fonderie, d'un atelier d'ajustage et de montage, d'une chaudronnerie et d'un atelier de forges. Ces ateliers renferment des tours, des alésoirs, des machines à raboter et à percer d'une grande puissance et capables d'usiner les différentes pièces des plus fortes machines marines. Le voisinage de Paris permet aux Établissements de St-Denis de recruter facilement le personnel d'ouvriers ajusteurs dont ils ont besoin pour les travaux de précision que comportent la construction d'appareils moteurs de 12 à 15 mille chevaux.

Le Havre : *Établissements du Havre.* Cet établissement fondé par M. Nillus, après avoir appartenu à la Société de Constructions navales du Havre, a été acheté par la Société des chantiers de la Loire pour servir à la réparation et à l'entretien des navires de sa clientèle. Il occupe sur le bassin Vauban quai Colbert, une surface de 10.000 mètres dont 7.000 couverts ; il comprend des ateliers de modelage, de fonderie de fer et de cuivre, de forge, de chaudronnerie de fer et de cuivre, de tours et d'ajustage ; l'atelier de forge comporte six marteaux pilons dont un de sept tonnes, l'atelier de fonderie nouvellement reconstruit tout en fer est muni d'un pont roulant de 40.000 kilos dont tous les mouvements sont actionnés par l'électricité.

RÉSUMÉ. — En résumé les établissements de la Société occupent une superficie totale de 23 hectares dont 5 hectares couverts, non compris les terrains de Rouen qui sont inoccupés. Les outils fixes non compris les outils mobiles sont au nombre de 950, et sont mis en mouvement par 62 machines motrices représentant une force de 1.450 chevaux. Cette puissante installation peut donner du travail à 8 mille ouvriers.

TRAVAUX EXÉCUTÉS. — Parmi les principales commandes exécutées par les chantiers de la Loire, il faut signaler comme navires de commerce : 3 grands paquebots transatlantiques pour la Cie des Chargeurs Réunis, l'Uruguay, le Rio Négro de 3.300 tonneaux et 1.550 chevaux, le Paraguay de 3.300 tonneaux et de 1.800 chevaux. 3 paquebots à hélice Ville-de-Maceio, Ville de Maranhao et Ville-de-Victoria de 2.550 tonneaux et de 1.200 chevaux, les 2 cargos Entre-Rios et Santa-Fé ainsi que 4 cargos boats de 3.000 tonneaux et de 1.500 chevaux également pour la Cie des Chargeurs Réunis. — 2 cargos boats de 1.476 tonneaux et de 900 chevaux, pour la Cie Nantaise de navigation à vapeur. 2 bateaux porteurs de vin de 600 tonneaux et de 400 chevaux destinés à faire le service d'Espagne à Paris, le yacht de plaisance le St-Joseph, 1 bateau-feu et plusieurs baliseurs pour les ponts et chaussées, un grand nombre de remorqueurs, dragues, chalands et chaloupes à vapeur de divers tonnages.

Comme navires de guerre il faut citer : pour la marine française l'aviso rapide le Milan, de 1.500 tonneaux et 3.800 chevaux ; les 2 grands transports à hélice le Magellan et le Calédonien de 3.680 tonneaux destinés à la transportation en Nouvelle-Calédonie, le transport à hélice la Drôme de 2.200 tonneaux, le grand croiseur à batterie le Tage de 7.000 tonneaux et 12.000 chevaux qui avec une vitesse de 19 nœuds 1/2, sera le plus puissant croiseur de la flotte française — 2 appareils moteurs de 6.000 chevaux chacun pour les croiseurs le Forbin et le Surcouf. — Un appareil moteur de 11.000 chevaux pour le croiseur blindé le Dupuy de Lôme, — 14 canonniers à 2 hélices pour le Tonkin. — 15 torpilleurs garde-côtes de 34 et 35 mètres. — 3 torpilleurs de haute mer, 5 contre-torpilleurs type Ouragan. — 12 machines pour canots vedettes. — Pour les marines étrangères : un croiseur protégé de 18 nœuds 1/2 de vitesse, de 5.000 tonneaux et de 8.000 chevaux l'Amiral Korniloff pour le gouvernement impérial Russe, — un cuirassé de 5.000 tonneaux et 7.000 chevaux pour le gouvernement hellénique, — un vapeur à aubes Constanda pour la Roumanie. — La Société a également livré à la guerre et à la marine, un nombre considérable d'affûts et elle a exécuté plusieurs ponts métalliques importants pour le service des Ponts et Chaussées. Elle a été chargée par M. Eiffel de l'exécution des portes d'écluses pour Panama ; ces portes ont 10 mètres de haut sur 24 mètres de long et 3 mètres de large.

L'ensemble de ces travaux, parmi lesquels les navires figurent pour un tonnage de plus de 80.000 tonnes et les appareils moteurs pour plus de 100.000 chevaux, représente un total de plus de 75 millions de francs, correspondant à un travail normal de 6 années environ.

L'importance de ces chiffres atteints pendant une période de crise industrielle et par des établissements de création récente, démontre la puissance de production de la Société et l'activité déployée par sa direction. Elle assure également un brillant avenir aux chantiers de la Loire qui ont su par la compétence de leurs services techniques et par la perfection de leurs travaux, se créer une place prépondérante non seulement parmi les chantiers français, mais encore parmi les maisons de construction anglaises les plus réputées.

SOCIÉTÉ COCKERILL

A SERAING (BELGIQUE).

ÉTABLISSEMENTS : Mines de fer en Belgique, dans le Luxembourg et en Espagne. Charbonnages, hauts-fourneaux, fabriques de fer et d'acier ; fonderies de fer, d'acier et de cuivre ; forges et grands martelages ; chaudronneries, ateliers de construction et d'artillerie, fabrique spéciale de roues forgées à Seraing. Chantier naval et cale sèche à Hoboken, près Anvers. — Nombre d'ouvriers : 10,000.

APERÇU HISTORIQUE. — Les établissements Cockerill ont été fondés en 1818. Il est impossible de donner même sommairement, ce qu'ils ont produit depuis leur origine ; on doit se contenter de citer les choses les plus saillantes. — *De 1818 à 1823.* Les premières machines à vapeur construites sur le continent, machines motrices de filatures et autres fabriques, machines d'extraction et d'épuisement pour charbonnages. — *De 1823 à 1830.* Cockerill crée à Seraing le premier haut fourneau au coke (1821) et fait venir des ouvriers anglais pour mettre à feu les premiers fours à puddler, appelés alors fours à raffiner. — Il construit les premières souffleries pour hauts-fourneaux, moteurs pour fabriques de fer, pour moulins, etc. La première machine d'épuisement à rotation et à pistons plongeurs pour charbonnage. Des machines de 160 à 240 chevaux nominaux pour la Marine royale néerlandaise, la dernière, faite en 1824, était la plus forte machine marine de l'époque. — Un bateau à vapeur pour le Rhin. — *En 1835.* La première locomotive et les premiers rails de chemin de fer du continent. — *En 1839.* Les grandes installations des machines pour le service du plan incliné du Haut-pré à Liège. — *En 1845.* La machine pneumatique du chemin de fer atmosphérique de St-Germain. — *En 1848.* Les premiers paquebots pour le service postal belge Ostende-Douvres. Les célèbres machines d'épuisement des mines de Bleyberg (Belgique) les plus puissantes de l'époque. — *En 1851.* Les premières locomotives pour les fortes rampes du Semmering (Autriche). — *De 1854 à 1856.* Les grands steamers transatlantiques : « Leopold Iᵉʳ », « Duc de Brabant » et « Congrès ». — Les machines pour la corvette « Arcona » de la Marine royale de Prusse. — *1858.* A partir de cette année tout l'immense matériel du percement du Mont-Cenis, avec moteurs hydrauliques de toute espèce, compresseurs d'air, aéromoteurs, perforateurs, ventilateurs, conduites d'air etc. — *En 1860.* Des machines pour corvettes et clippers de la Marine impériale de Russie. — *En 1861.* Les moniteurs cuirassés pour la même marine. — Le grand dock flottant de Cronstadt. *En 1865.* Les puissantes machines d'épuisement Woolf, à rotation, des mines de Bleyberg (Belgique) qui ont été le point de départ de toutes les machines d'épuisement modernes. — *De 1866 à 1878.* Sept paquebots avec machines indiquant 1550 chevaux pour le service postal belge Ostende-Douvres. Une série de grands transports maritimes (à marche rapide) avec machines compound et faible consommation. Le steamer du Volga « Alexandre II » avec machine de 1500 chevaux, premier bateau à l'américaine construit en Europe. Création d'une flottille pour le service de ses minerais et le transport de ses produits dans toutes les parties du monde. Cette flottille se compose actuellement de douze navires de 1200 à 2200 tonneaux, et d'autres d'un plus fort tonnage vont y être ajoutés. — *De 1878 à ce jour.* L'importance des produits augmentant de plus en plus, quelques-uns seulement peuvent être mentionnés. — Installations complètes des aciéries de Seraing, de Ruhrort et de diverses compagnies russes ; de celles des forges de Chatillon et Commentry à Beaucaire (France), de celles du Nord et de l'Est de la France à Valenciennes, de celles de la Société de St-Chamond à Boucau ; des usines à hauts-fourneaux et aciéries de la Société des Aciéries de France à Aire ; des aciéries d'Athus, des usines de la Société Vizcaya à Bilbao ; des usines de la Société Dnieprovienne de la Russie méridionale près d'Ekaterinoslaw etc. — La plus grande machine réversible pour laminoir (plus de 5000 chevaux) de la Société du Nord et de l'Est à Valenciennes. — Les compresseurs d'air avec moteurs à colonne d'eau, et le grand pilon à air comprimé de 100 tonnes pour les usines de Terni (Italie). — Un grand nombre de souffleries pour hauts-fourneaux. Le type bien connu de Seraing a atteint la *123ᵉ* machine. — Un grand nombre de souffleries pour aciéries. — La première machine réversible à action directe pour laminoir. — Un grand nombre de ponts importants, entre autres celui de Dniestre à Bendery, tous les ponts pour plusieurs lignes de chemin de fer en Russie, en Espagne et ailleurs, les ponts de Maesyck, de Deventer, ceux de la ligne Zafra-Huelva (Espagne), ceux de la ligne de l'Ourthe (Belgique) etc. — Les estacades de Cadix et de Bilbao. Une partie du matériel du percement de l'isthme de Panama. — Les parties métalliques des halles des expositions de Bruxelles en 1880 et 1888, celles de l'exposition d'Anvers en 1885. — Les entrepôts de la Havane. — Les alimentations de plusieurs villes, entre autres celles de Tiflis avec machines à vapeur et turbines hydrauliques. — La grande bigue hydraulique de 120 tonnes du port d'Anvers. — Les nombreux bateaux à petit tirant d'eau et grande vitesse pour le Volga, le Dnieper, le fleuve Amour et autres fleuves de la Russie et d'autres pays. — Les machines à triple expansion pour la navigation fluviale et maritime. — Les machines de 9.000 chevaux à tirage naturel et 11.250 chevaux à tirage forcé pour le cuirassé russe à deux hélices le « Tchesma ». — Les nouveaux paquebots du service postal belge Ostende-Douvres avec machines de 4.500 chevaux, filant 19 nœuds. — Les ascenseurs hydrauliques de la Louvière remplaçant les écluses et levant une charge de 1.100.000 kilogrammes à une hauteur de 15^{m}397. — Les puissantes machines d'épuisement de 1.000 chevaux des mines de Mansfeld (Allemagne). — De grandes dragues maritimes pour les ports de Rio-Grande (Brésil) de Batoum (Russie) etc. etc.

PRINCIPAUX PRODUITS. — MINES. Charbons industriels et domestiques, cokes métallurgiques. Minerais de fer hématite, manganésifères, oligistes, minettes grises et rouges.

MÉTALLURGIE. Fontes d'affinage, fontes à acier, fontes spéciales de moulage. Lingots, blooms, brames, lopins et billettes en acier Bessemer, en acier Martin, et en fer homogène. — Cornières, poutrelles **I**, barres en **T** et en **⊔** en fer, en acier et en fer homogène, — Tôles de fer, d'acier et de fer homogène pour chaudières et navires répondant aux prescriptions du *Lloyd* et du *Véritas*. — Rails Vignol, rails à gorge pour tramways, voie Humbert, voie Demerbe, rails Dufrane, traverses métalliques. — Éclisses, crampons, boulons, écroux, rivets. — Bandages, essieux, ressorts. — Aciers pour outils et pour armes.

FONDERIES. Pièces coulées les plus difficiles et les plus grandes, en fonte, en acier et en bronze.

FORGES. Pièces de forge des plus grandes dimensions, en fer et en acier. Essieux bruts et finis pour locomotives, tenders et wagons. Roues forgées ordinaires et du système Arbel pour véhicules de chemin de fer ; trains montés pour chemins de fer, roues mixtes en fer et en bois pour l'artillerie, pour chariots, camions, omnibus etc.

CHAUDRONNERIES. *Chaudières à vapeur* pour machines fixes, à tubes réchauffeurs, multitubulaires, à foyers intérieurs, à tubes Galloway, chaudières Field, chaudières inexplosibles à circulation d'eau système Sinclair-Mac Nicol etc. Chaudières pour bateaux de rivière et de mer, chaudières de locomotives et de locomobiles.

CHARPENTES en fer pour bâtiments, hangards, magasins, entrepôts etc. Toitures métalliques. Chassis à molettes. Estacades avec pilotis à vis en fonte et en fer. *Ponts* fixes, tournants et portatifs, *gazomètres, réservoirs* d'alimentation système Intze. Réservoirs à pétrole.

ATELIERS DE CONSTRUCTION. Machines à vapeur pour ateliers et manufactures diverses. A un cylindre, compound, tandem, avec détente variable par le régulateur système Cockerill. Machines à grande vitesse système Doerfel pour éclairage électrique. Locomobiles. — Machines pour distribution d'eau avec moteurs à vapeur ou hydrauliques. — Pompes à vapeur. — Machines d'extraction avec distribution à soupapes système Audemar-Cockerill. Cabestans à vapeur. — Machines d'épuisement à traction directe et à rotation, machines souterraines. — Pompes, maîtresse-tiges métalliques pour mines. — Ventilateurs d'aérage et de soufflerie, Cockerill, Kley, Guibal, Fabry. — Matériel de mines, appareils de fonçage à l'air comprimé. — compresseurs, perforateurs, bosseyeuses du système Dubois-François, aéromoteurs. — Machines soufflantes, système Cockerill et autres, pour hauts-fourneaux et aciéries. Monte-charges. — Machines de laminoir à volant et machines reversibles, laminoirs et tous les appareils au grand complet pour hauts-fourneaux, fabrique de fer et aciéries. — Marteaux-pilons, du plus petit au plus puissant, à vapeur et à l'air comprimé. — Laminoirs à zinc, à plomb et à laiton. — Matériel de chemins de fer. Locomotives et tenders pour grandes voies, locomotives pour usines, tramways et voies portatives. — Machines de bateaux pour navigation fluviale et maritime à roues et à hélice de toute puissance. A haute pression, compound et à expansion multiple. — Grues à vapeur et à air comprimé, grues locomotives, grues dites « Titan » et « Goliath » pour grands travaux publics, bigues, chariots roulants et appareils de levage de toute espèce. — Grues hydrauliques, presses hydrauliques, ascenseurs hydrauliques, machines à colonne d'eau et autres moteurs hydrauliques. — Machines-outils pour ateliers de construction, arsenaux de guerre, et chantiers de constructions navales, machines à fabriquer les boulons, écroux, rivets et crampons. — Machines à emboutir les fonds et autres pièces de chaudières.

ATELIER D'ARTILLERIE. Canons, mortiers, affûts, frettes de canons, coupoles cuirassées.

CHANTIER NAVAL. Bateaux à voile et à vapeur, yachts, Sternwheels, navires de guerre et de commerce de tout tonnage. Dragues à main et à vapeur, fluviales et maritimes. Barges, chalands, embarcations de tout genre. Pontons bigues. Docks flottants. Réparations en cale sèche appartenant à la Société.

RÉCOMPENSES. — La Société Cockerill a obtenu les plus hautes récompenses à toutes les expositions où elle s'est présentée.

PRODUITS EXPOSÉS. — Un compresseur d'air de 400 chevaux. Une soufflerie de 300 chevaux pour hauts-fourneaux, la 123ᵉ du type de Seraing. Modèle de l'ascenseur hydraulique de la Louvière. Locomotive « éclair ». Changement de voie avec rails « Goliath ». Pièces de fonte, de forge d'acier, etc.

SOCIÉTÉ DES CONSTRUCTIONS MÉCANIQUES SPÉCIALES

242-248, Rue Lecourbe, PARIS.

Appareils à glace et à air froid du système Fixary. [1]

(1) La Compagnie Générale pour la production du froid, restant propriétaire des brevets.

Machines à glace Fixary. — Les machines à glace Fixary fonctionnent par la liquéfaction mécanique et la détente du gaz ammoniac anhydre. Ce sont les premières machines de ce genre construites industriellement en France.

Le gaz ammoniac présente l'avantage d'une grande puissance frigorifique sous un faible volume. D'une innocuité absolue, il n'offre aucun danger d'explosion ni d'incendie, ne s'altère pas, et n'exerce aucune action nuisible sur le fer, la fonte et l'acier exclusivement employés dans les machines qui l'utilisent. En outre, le gaz ammoniac peut être fabriqué très facilement en partant de l'ammoniaque du commerce, de sorte que l'on peut réparer presque sans frais les pertes accidentelles des machines, sans être le moins du monde sous la dépendance d'un fournisseur breveté.

La seule objection que l'on pouvait faire à l'emploi du gaz ammoniac était qu'il exige, pour sa liquéfaction, des pressions relativement élevées, conduisant à des garnitures de stuffing-box d'un entretien difficile et rarement étanches. Cette objection a été entièrement levée par l'emploi de la garniture d'huile minérale congelée absolument étanche et sans frottement, ou *joint pâteux*, inventée par M. Fixary.

Les machines Fixary fonctionnent en outre avec des résistances passives moindres que les autres machines à ammoniaque, grâce à la suppression complète des rentrées d'air et des espaces nuisibles, au refroidissement spécial et au graissage automatique des pompes et des pistons.

Ces perfectionnements nouveaux, joints à leur parfaite exécution, justifient le succès des plus remarquables obtenu par les machines Fixary, non seulement en France, leur pays d'origine, mais aussi à l'étranger, en Allemagne, en Belgique, en Italie, en Espagne, en Portugal et en Tunisie.

Glace pure, procédé de Stoppani. — Nous avons annexé, comme complément aux machines Fixary, un procédé nouveau inventé par l'un de nos ingénieurs, M. de Stoppani, qui permet de fabriquer très économiquement de la glace transparente, chimiquement pure et complètement débarrassée des germes organiques que l'on rencontre souvent dans les glaces naturelles ou artificielles, en plus grande abondance même que dans les eaux dont elles proviennent.

Nous exposons dans la galerie des machines une machine à glace Fixary de 500 kil. à l'heure, complète et pourvue de tous ces perfectionnements.

Appareil à air froid — Échangeur de température ou **frigorifère** *Fixary.* — M. Fixary a résolu le premier, croyons-nous, d'une façon complète le problème de la production et de la distribution économique et industrielle de l'air froid sec. Le fonctionnement des appareils, dits Frigorifères, inventés à cet effet par M. Fixary, repose sur une application ingénieuse et nouvelle du principe des régénérateurs de chaleur, qui permet d'utiliser la formation du givre sur les organes de refroidissement, considérée, jusqu'à présent, comme le principal obstacle à la production de l'air froid sec.

La distribution de l'air froid, graduable à volonté, s'opère au moyen de conduites en tôle ou en bois d'un entretien nul, plus faciles à poser et moins coûteuses que les serpentins réfrigérants des appareils ordinaires.

Le frigorifère Fixary a déjà été, malgré sa date toute récente, l'objet d'applications importantes, notamment pour la conservation des viandes et des produits alimentaires, qu'il préserve de toute décomposition, sans les altérer aucunement par un refroidissement excessif; nous citerons parmi ces applications, celles de Bruxelles, de Cologne et de Lisbonne.

Le Frigorifère Fixary peut aussi s'appliquer avec succès au refroidissement des salles, théâtres, hôpitaux, navires, etc; son action est presque instantanée, et il peut s'adapter à tous les appareils producteurs du froid aussi bien qu'aux machines Fixary.

Le Frigorifère Fixary nous semble ouvrir une voie toute nouvelle et des plus importantes aux applications industrielles de l'air froid.

Nous exposons dans la *classe 66*, au département du *Ministère de la Guerre*, un frigorifère en fonctionnement, destiné à démontrer les avantages que présente cet appareil pour l'approvisionnement des forteresses en temps de guerre.

Maison CALLA, FONDÉE EN 1788.

Maison CHALIGNY et GUYOT-SIONNEST, 1868-1887

CHALIGNY & CIE, SUCCESSEURS,

54, rue Philippe-de-Girard, PARIS-LA CHAPELLE.

HISTORIQUE. — La maison Calla, créée vers 1788 par M. Calla père, est l'un des plus anciens établissements industriels de Paris. — A l'origine, M. Calla père s'occupa de l'outillage des filatures; vers 1820, il adjoignit a son atelier de construction une fonderie dont les produits remarquables, tant au point de vue de l'art qu'au point de vue mécanique, présentent encore aujourd'hui de bons modèles à suivre; cette fonderie fut supprimée en 1864. — Dès 1825, la maison s'occupa de la construction des machines à vapeur à haute pression et des machines-outils. — En 1834, M. Calla fils succéda à son père et, pendant les premières années de sa direction, il installa de nombreux moulins à blé et des scieries importantes. — En 1844, M. Calla revint à la fabrication des machines-outils, dont la plupart des modèles furent, à cette époque, pris en Angleterre; tous les grands ateliers de l'Etat, des Compagnies de chemins de fer, des Messageries nationales, du Creusot...... furent en grande partie installés avec les outils de la maison Calla. — En 1848, les ateliers, qui étaient situés faubourg Poissonnière, furent transférés rue Philippe-de-Girard, où ils sont encore aujourd'hui. — En 1852, M. Calla établit, d'après le type anglais, la première machine à vapeur locomobile construite en France, et quelques années plus tard, il avait créé toute une série de nouveaux types de machines qui, bien que très perfectionnées aujourd'hui, portent la dénomination de *Locomobiles Calla*. — MM. Chaligny et Guyot-Sionnest, ingénieurs des Arts et Manufactures, succédèrent en 1868 à M. Calla fils et donnèrent une nouvelle impulsion à la construction des machines à vapeur, en modifiant et augmentant les types créés par leur prédécesseur; ils reprirent en même temps la construction des machines-outils à travailler les métaux, et en renouvelèrent tous les modèles. — En Juillet 1887, M. Guyot-Sionnest abandonna sa position d'associé en nom collectif pour prendre celle d'associé commanditaire et laissa à M. Chaligny seul la gérance de l'établissement.

NATURE DES TRAVAUX. — La fabrication courante de la maison comprend: les machines à vapeur locomobiles, demi-fixes et fixes depuis 2 jusqu'à 100 chevaux; les machines à vapeur Compound, fixes ou demi-fixes, avec ou sans condensation, de 10 à 150 chevaux; les chaudières de tous systèmes; les machines-outils pour travailler les métaux; les appareils de levage; les élévations d'eau pour villes, gares et jardins, les pompes de mines; les pétrins Lebaudy avec ou sans moteur; les outils spéciaux pour ateliers de chemins de fer: tours doubles à roues de wagons et de locomo-tives, presses hydrauliques pour calage des roues, appareils pour reboutage des tubes, machines à descendre les roues, machines à percer intérieurement les bandages, machines à aléser les coussinets, appareils locomobiles pour l'injection des travaux en vase clos, etc., etc.

A l'Exposition universelle de 1878, MM. Chaligny et Guyot-Sionnest présentèrent une machine demi-fixe *Compound*, qui fut le point de départ d'une fabrication très active de ces moteurs si simples et si économiques. — Frappés des avantages de l'application de la condensation à ce type de machine à vapeur, en 1885, ils se faisaient breveter pour un système de *Condensation double à eau régénérée*, qui permet de profiter de ce mode de fonctionnement même dans les endroits où l'eau fait défaut. Cet appareil, qui a fait l'objet, en 1888, d'un rapport très favorable à la société d'encouragement pour l'industrie nationale, a valu aux inventeurs une médaille de platine. De nombreuses installations faites depuis plusieurs années sont venues confirmer la valeur pratique de ce système et l'importance des résultats obtenus; les arsenaux de l'Etat, les ateliers des Compagnies de chemins de fer et des Postes et Télégraphes, les grandes administrations et des particuliers ont employé avec succès ce mode de condensation qui n'exige, compris l'alimentation, qu'une dépense de **9** k^os d'eau par cheval utile et heure.

RÉCOMPENSES. — La maison Calla, qui a figuré à l'Exposition nationale de l'an IX, a constamment obtenu les récompenses de 1re classe dans tous les concours où elle a envoyé ses produits; elle a obtenu 40 médailles d'or et d'argent aux Expositions nationales de 1806, 1819, 1839, 1844 et 1849, aux Expositions universelles de 1855, de 1867 et de 1878, ainsi qu'à l'Exposition internationale d'électricité en 1881, et dans un grand nombre de concours agricoles nationaux et étrangers depuis 1851. Elle a obtenu un diplôme d'honneur à l'Exposition de meunerie, à Paris, en 1885, et plus récemment, en 1887, une médaille d'or à l'Exposition d'Hanoï, au Tonkin. — M. Calla fils fut nommé chevalier de la Légion d'honneur en 1843.

IMPORTANCE ACTUELLE. — La maison Calla produit annuellement pour un million de francs de machines diverses; elle emploie environ 250 ouvriers. — Les transformations et améliorations constantes de son outillage lui a permis d'établir des produits de plus en plus parfaits et de maintenir, en première ligne, son ancien renom, tant en France qu'à l'Étranger.

Vᵛᴱ TAZA-VILLAIN.

FORGES et ATELIERS DE CONSTRUCTION à ANZIN (Nord)

Directeur-Gérant : **M. Malissard-Taza**, Ingénieur des Arts et Manufactures.

La maison Vᵉ Taza-Villain établit toutes les constructions métalliques de quelque nature qu'elles soient. Elle a pour principale spécialité la construction du matériel et de l'outillage des mines.

HISTORIQUE — A l'origine, les grandes compagnies houillères fabriquaient elles-mêmes leur matériel, et, pour alimenter les ateliers qu'elles avaient installés dans ce but, elles sollicitaient des commandes au dehors. Le développement qu'a pris l'extraction du charbon a forcé les sociétés houillères à ne faire que leurs réparations et à s'adresser à des constructeurs spécialistes pour la fourniture de leur outillage.

Parmi les ateliers installés dans cette prévision, l'un des plus anciens a été créé en 1848, à Anzin, par *M. Villain*, habile forgeron, homme d'un jugement sûr et d'une rare énergie. Il s'occupait surtout, à l'origine, de la fabrication des formes à sucre ; mais il se développa et s'outilla surtout en vue de la construction des berlines métalliques, et c'est lui qui construisit les premières berlines métalliques de la Cⁱᵉ des Mines d'Anzin. En 1855, il associa à ses travaux, son gendre, M. Taza, ancien élève de l'école des arts et métiers de Châlons et qui avait été le collaborateur de J. Cail. L'établissement, sous cette nouvelle direction s'augmenta considérablement par l'installation de forges et d'ateliers d'ajustage et de montage. — En 1876, M. Taza intéressa, à son tour, à la maison, son gendre, M. Malissard, ingénieur des arts et manufactures, qui, ayant été ingénieur aux usines du Creuzot et ayant dirigé, à l'étranger, plusieurs entreprises de chemins de fer, ouvrit, dans les travaux publics, de nouveaux débouchés et élargit le champ des entreprises de la maison. — Depuis la mort de M. Taza, en 1883, les établissements sont dirigés, au nom de Mme Vᵉ Taza-Villain, par M. Malissard, qui s'est toujours appliqué à leur conserver leur vieille réputation de bonne construction et de probité.

IMPORTANCE — Travaux. — Les ateliers occupent une superficie de plus de deux hectares situés au milieu d'Anzin, près des houillères d'Anzin, des forges et des hauts fourneaux de Denain et d'Anzin, et près des gares de Valenciennes, Raismes et Beuvrage, sur la ligne du Nord.

Les travaux se répartissent en quatre grandes divisions : — 1° *Matériel de mines et usines* ; — 2° *matériel de chemins de fer* ; — 3° *grosse chaudronnerie* ; — 4° *travaux publics* ; auxquels il faut ajouter des ferrures pour le *matériel de l'artillerie*.

L'usine occupe 250 ouvriers liés entre eux par des institutions philanthropiques, telles que *caisse de secours*, *caisse de retraite*, dotées par la maison même. Ils sont logés, en grande partie, dans 31 maisons ouvrières appartenant à Mme Vᵉ Taza-Villain. Ils forment, pour ainsi dire une grande famille, étroitement unie et dévouée à la maison Taza-Villain. Ce n'est pas un mince éloge pour cette famille et pour les ouvriers eux-mêmes.

EXPOSITION. — La maison, bien connue des entreprises et des sociétés houillères, n'avait pas cru jusqu'ici devoir figurer aux expositions précédentes. Mais M. Malissard a pensé qu'il était convenable de réunir tous les documents, plans et photographies, ainsi que les notices concernant les travaux variés exécutés jusqu'à ce jour par la maison et de les exposer cette année à côté du basculeur des mines de Marles qui figure en grandeur naturelle dans la galerie des machines, classe 48. Les *Grandes usines de Turgan*, dont la réputation est bien connue ont fait tout récemment la monographie de cet important établissement, et ont composé un recueil des plus intéressant accompagné de dessins et de vues des principaux travaux exécutés depuis 1848 jusqu'à ce jour. — Parmi ces travaux, nous signalerons les principaux :

1° Berlines en fer ou en acier pour la Cⁱᵉ des Mines d'Anzin, les houillères du Pas-de-Calais, pour la Russie, l'Amérique, le Tonkin, etc.

2° Wagonnets de terrassement pour Panama.

3° Wagons en fer de 10 tonnes avec fermeture spéciale pour l'embarquement mécanique des charbons aux mines d'Anzin, Lens, Aniche, Nœux, Marles, Courrières, l'Escarpelle, etc.

4° Caissons de M. Hersent, et ses cloches à dérochement.

5° Chaînes à godets pour dragues.

6° Fermettes et ponts en arc de la Meuse.

7° Plan incliné de Somorrostro (Espagne) avec les wagons à minerai qui se vident par le fond et sont destinés à l'embarquement des minerais.

8° Cheminées en tôle de 50ᵐ des aciéries de France.

9° Cages d'extraction et chevalets de mines.

10° Four à phosphate *à sole tournante*, système Biétrix.

11° Wagons citernes pour le transport des pétroles, alcools et autres liquides.

12° Basculeur de wagons de 10 tonnes, pour l'embarquement des charbons au nouveau rivage des *mines de Marles*, système Vᵉ Taza-Villain, breveté s. g. d. g.

E. & PH. BOUHEY FILS

CONSTRUCTEURS-MÉCANICIENS,

43, Avenue Daumesnil,

A PARIS.

HISTORIQUE. — Cette maison de constructions mécaniques, qui est certainement une des plus importantes pour la fabrication des machines-outils, a été fondée, en 1848, par M. Bouhey père. C'est dans la rue Beaubourg qu'il installa ses premiers ateliers devenus rapidement insuffisants et qu'il fut obligé de réorganiser rue des Francs-Bourgeois. Mais cette nouvelle installation ne répondit bientôt plus à l'expansion énorme que son habile direction et la qualité de premier ordre de sa fabrication avaient imprimée à sa maison. C'est en effet à M. Bouhey que l'on est redevable des premiers ateliers de construction, et surtout de la création de magasins importants de machines-outils prêtes à livrer. Ces magasins sont encore les plus grands qui existent actuellement, ce qui permet de satisfaire aussi promptement que possible les besoins de l'industrie. Il fit alors construire les vastes ateliers actuels de l'avenue Daumesnil. Enfin, le mouvement ascensionnel augmentant toujours, M. Bouhey père fut amené à construire à Montzeron dans la Côte-d'Or, une importante usine. En 1884, il céda à ses fils, MM. Étienne et Philippe Bouhey, la suite de ses affaires pour goûter un repos légitimement acquis. MM. Bouhey fils, bien préparés par une éducation théorique et pratique sous les yeux même de leur père, à la tâche importante qu'ils assumaient, ont continué à maintenir la maison au niveau où elle a été placée par son fondateur, sous le rapport de la bonne exécution des travaux et d'une probité commerciale qui ont établi sa réputation.

MM. E. et Ph. Bouhey fils sont, à l'heure actuelle, classés parmi les plus grands producteurs de machines-outils. Ils sont les fournisseurs accrédités des arsenaux de la guerre, de la marine, des manufactures d'armes, des compagnies de chemins de fer, des grandes usines de France (le Creusot, par exemple) ; ils sont également fournisseurs en titre de plusieurs Gouvernements étrangers et font une exportation très importante.

Leurs magasins sont toujours pourvus d'outils de toutes sortes représentant une valeur de plus d'un million de francs.

USINES ET ATELIERS. — L'usine de Paris couvre environ 5000 mètres carrés. — Celle de Montzeron est très importante : sur une superficie de 40 hectares, plus de 15,000 mètres carrés sont occupés par les divers ateliers et fonderies. — Elle est admirablement située en vue des communications et reliée au chemin de fer Paris-Lyon-Méditerranée. Tous les divers ateliers composant les usines sont bien construits, bien éclairés et bien ventilés ; et tout y est prévu et aménagé de façon à réaliser un ensemble parfait au point de vue de l'hygiène et de la santé des ouvriers. L'outillage est des plus perfectionnés et toujours à la hauteur des progrès de l'industrie. Toutes les opérations sont groupées et se succèdent dans un ordre rationnel et méthodique qui évite les fausses mains-d'œuvre et facilite la surveillance.

Les ouvriers, dont la plupart sont très anciens dans l'établissement, ont fondé entre eux une *caisse de secours* pour les deux usines : ils la gèrent et l'administrent eux-mêmes. De leur côté, MM. E. et Ph. Bouhey ont contracté, en faveur de leurs ouvriers, une assurance générale en cas d'accidents ; les primes de cette assurance sont complètement couvertes par la maison.

DÉBOUCHÉS. — Cet important établissement a des représentants dans toutes les puissances du monde entier, notamment aux Colonies françaises, en Belgique, en Espagne, en Portugal, en Italie, en Autriche, en Roumanie, en Turquie, en Chine, au Japon, au Tonkin, dans le royaume de Siam, l'Amérique du Nord, la République argentine, le Pérou, le Chili, le Brésil, etc.

RÉCOMPENSES. — Trop longues à énumérer, nous nous contenterons d'indiquer les suivantes :

Médaille de bronze en 1849, — médaille d'argent en 1867 ; — diplôme d'honneur en 1872 ; — médaille d'or en 1878 ; — diplôme d'honneur en 1886 ; — etc., etc.

J. DURENNE

Constructeur-Mécanicien

A COURBEVOIE (Seine).

La fondation de cet établissement remonte à l'année 1821. Créé rue des Amandiers-Popincourt par M. A. Durenne père, il ne s'occupait alors que de la construction des appareils de chaudronnerie en cuivre pour la distillation et les fabriques de sucre.

L'apparition des chaudières à vapeur et le développement rapide des diverses industries nécessitant des appareils puissants soit à distiller ou chauffer ou évaporer par la vapeur, venait lui donner un nouvel essor. Il fallut improviser de toutes pièces un matériel puissant pour le travail des tôles de fer dont l'emploi venait d'être accepté par tous pour la construction des bouilleurs, des chaudières et de presque tous les appareils en général.

Ce fut alors que M. Durenne fit construire, (en 1824) la première machine poinçonneuse à double levier, puis en 1834 la première machine à cintrer les tôles, et en 1839 la première machine à chanfreiner les rives des tôles.

En 1847, la raison sociale devenait : Durenne père et fils, et depuis 1850 la maison a été continuée par M. J. Durenne fils.

Transporté en 1861 à Courbevoie, sur le bord de la Seine, la position nouvelle de cet établissement lui a permis d'entreprendre de nombreux travaux pour la navigation et les ponts et chaussées, et d'adjoindre à la chaudronnerie un atelier de constructions mécaniques.

Le choix judicieux des matières premières, toutes de marques supérieures, l'outillage puissant de ses ateliers, les soins apportés à la fabrication ont mis cette maison au premier rang et lui ont valu une réputation qu'elle n'a cessé de justifier.

Au courant de tous les perfectionnements les plus récents concernant le travail des tôles de fer et d'acier, cet établissement a appliqué dans ses ateliers l'emploi de fortes machines à cisailler et à poinçonner et de machines à cintrer les tôles jusqu'à 5 mètres 20 de longueur.

Un matériel d'emboutissage pour les fonds de chaudières, des riveuses hydrauliques et à vapeur de différents systèmes complètent son outillage ainsi que plusieurs fours à réchauffer et à recuire.

En 1837 cet établissement construisit les premières coques de bateaux en tôle de fer, puis en 1842 les premières chambres d'équilibre pour le fonçage des piles de ponts à l'air comprimé.

Voici un aperçu des diverses constructions qu'il a exécutées, qui donnent une idée de son importance.

1° Pour l'industrie :

Générateurs de vapeur à bouilleurs, semi-tubulaires, tubulaires à retour de flamme, à foyer amovible, etc.

Réservoirs à air comprimé, à alcool, à pétrole, etc.

Gazomètres ordinaires et télescopiques.

Chaudières de grandes dimensions pour le traitement du pétrole, de la stéarine, des produits chimiques et en général tous les appareils quelconques de chaudronnerie en usage dans les diverses industries.

2° Pour la Marine :

Nombre de bateaux à vapeur, chalands, avisos, chaudières et machines marines, chaudières de torpilleurs, et pour le port de Cherbourg, en particulier : les bateaux-portes des formes de radoub, le ponton-mâture et des grues de chargement ; machines d'épuisement et pompes ; torpilles et carcasses de torpilles.

3° Pour la Guerre :

Nombreux affûts de canon en acier avec roues brevetées, affûts de côtes, affûts marins.

4° Appareils divers de chauffage et de ventilation, notamment pour l'Hôtel-Dieu de Paris et les Manufactures de tabacs et divers autres établissements de parfumerie, produits chimiques, etc.

5° Pour les Chemins de fer :

Chaudières de locomotives, ponts, signaux, barrières, réservoirs, machines et pompes d'alimentation.

6° Ponts et Chaussées :

Portes d'écluses, fermettes pour barrages, ventelles d'aqueducs, caissons à air comprimé, chambres d'équilibre et cheminées, pompes à air et d'épuisement.

7° Pour la navigation :

Chalands, péniches, bateaux et yachts de plaisance à vapeur, avec chaudière brevetée.

8° Matériel d'incendie et de secours :

Pompes à vapeur et leur matériel ; appareil à air comprimé pour feux de cave ; bateau à appareil d'épuisement rapide pour sauvetage, etc.

Tous ces importants travaux ont valu à cet établissement les plus hautes récompenses à toutes les expositions, notamment à Paris en 1839, 1844, 1849, 1855. — Londres 1862. — Paris en 1867. — Le Hâvre 1868. — Amsterdam 1869. — Paris 1878. — Amsterdam 1883. — Sydney et Melbourne ; deux nominations dans la Légion d'honneur et la Croix d'officier du Medjidié à Constantinople en 1864.

BAUDET DONON & Cⁱᵉ

Ingénieurs - Constructeurs.

139, 141, RUE SAUSSURE A PARIS.

HISTORIQUE. — La maison Baudet Donon et Cie, qui compte près de soixante années d'existence, n'était à l'origine qu'un modeste atelier de serrurerie sis rue Miromesnil; mais l'introduction du fer dans la construction des bâtiments et des travaux publics ouvrit bientôt de nouveaux débouchés aux industriels déjà accoutumés au travail du métal; et en même temps que l'importance des ouvrages exécutés s'augmentait, les ateliers de serrurerie, tout en conservant cette spécialité, se développaient en devenant peu à peu ateliers de constructions métalliques.

En 1861, l'usine était transférée rue des Fermiers et occupait une superficie de 3000 m. c. environ. Sous l'impulsion de Monsieur Baudet, ingénieur de l'École Centrale qui venait d'en prendre possession, des travaux importants furent entrepris et conduits avec succès, si bien que dès 1867, de nouveaux agrandissements devenaient nécessaires et les établissements étaient transférés rue du Rocher sur un terrain occupant une surface de plus de 6000 m. c.

Puis à l'approche de l'exposition de 1878, le développement de l'industrie du fer prenant une nouvelle extension et les travaux en province devenant de plus en plus nombreux, M. Baudet créait de toutes pièces à Argenteuil avec un outillage mécanique le plus perfectionné, un nouvel atelier de 10,000 m. c. environ, où se préparaient aussitôt les charpentes de l'un des grands lots de l'Exposition Universelle et les gigantesques poutrages métalliques des caissons destinés à la construction des bassins de radoub de Missiessy à Toulon.

Peu après, en 1879, Monsieur Baudet s'adjoignait Monsieur Donon, également ingénieur de l'École Centrale, depuis plusieurs années chef du bureau des études dans la maison, et la société prenait la forme qu'elle a conservée depuis.

Enfin, en 1881, grâce à l'ouverture d'un troisième atelier de 3,000 m. c. rue Saussure, 139, siège actuel de la Société, les travaux les plus variés pouvaient dès lors être entrepris. La concentration sous une direction unique de tous les moyens de fabrication applicables d'une part, soit à la serrurerie proprement dite, soit à la serrurerie d'art, et d'autre part à la grosse construction métallique ont permis, en effet, l'exécution rapide et précise des œuvres les plus importantes et les plus complexes, telles que le nouvel Hôtel des Postes, les grands magasins du Printemps, le Poste Central des Télégraphes etc, tous travaux de premier ordre qui ont acquis à la maison la juste renommée dont elle jouit actuellement.

IMPORTANCE. PRODUCTION. — L'Usine de Paris possède 2 machines à vapeur de 20 chevaux. On y fabrique la serrurerie d'art, les grilles, vérandahs, jardins d'hiver, ainsi que la grosse serrurerie: poutres, combles, charpentes de bâtiments. Un atelier spécial est réservé à la fabrication des persiennes en fer et en fer et bois. Cette usine peut produire mensuellement 250 tonnes de travaux et 500 paires de persiennes.

L'usine d'Argenteuil possède 2 machines à vapeur de 35 chevaux. On y fabrique les grandes charpentes, les ponts, les ponts tournants, portes d'écluses, bateaux. La fabrication mensuelle est d'environ 700 tonnes. Ces ateliers vastes, bien aérés et ventilés, éclairés à l'électricité, sont munis de l'outillage le plus complet et le plus perfectionné. Toutes les manutentions s'y font à l'aide de ponts roulants mécaniques. Le *rivetage hydraulique* pour les ponts et charpentes y est appliqué à la totalité des travaux depuis 1878. La population ouvrière des diverses usines et chantiers s'élève parfois jusqu'à 1900 ouvriers. Ces ouvriers sont unis entre eux par une caisse de secours spéciale qui les assure contre les accidents et les maladies sans l'intervention d'aucune compagnie d'assurances.

La production des divers ateliers de la maison Baudet Donon et Cie s'élève en moyenne à 12.000.000 de kilogrammes de travaux par an.

PRINCIPAUX TRAVAUX EXÉCUTÉS. — Nous ne pouvons citer ici que les plus importants. Fournisseurs accrédités de toutes les compagnies de chemins de fer de France et des colonies, Messieurs Baudet Donon et Cie ont exécuté sur les diverses lignes du réseau national une quantité considérable de travaux d'art parmi lesquels nous citerons un viaduc de 440 mètres sur la Liane, à Boulogne, pesant 2.050.000 k. Citons en outre : Les portes d'écluses de St-Nazaire et du Havre ; les bateaux-portes du canal de Tancarville ; le phare d'Obock, sur la mer Rouge ; le phare de Walsorarne en Finlande ; les magasins du Printemps; le nouvel Hôtel des Postes ; le poste central des Télégraphes; l'École centrale des Arts et Manufactures, les théâtres de Reims, Genève, des Célestins à Lyon, d'Alger, etc.; la gare du Nord à Paris ; les ateliers de Romilly de 16.000 mètres carrés ; les docks du bassin Bellot au Havre; les ateliers de l'artillerie de Tarbes; le marché des Ternes ; le marché Richard-Lenoir ; le marché de Mayaguez (Porto-Rico) ; le marché de Saint-Pierre (Martinique) ; les caissons de fondation du bassin de radoub à Toulon, d'une surface de 6.000 m. c, et pesant 1.800.000 k. l'un ; les caissons des fondations pneumatiques du port de Saint-Malo, de la Rochelle, des barrages sur la Seine, etc., etc. Les tribunes et les pignons vitrés du Palais des Machines à l'Exposition de 1889, etc., etc.

DÉBOUCHÉS. — La maison Baudet Donon et Cie, a des représentants en Algérie, au Tonkin, à la Martinique, en Espagne, en Bolivie, dans la République Argentine, etc.

RÉCOMPENSES OBTENUES DANS LES EXPOSITIONS. — Parmi les nombreuses récompenses mentionnons les diplômes d'honneur obtenus récemment à l'exposition maritime du Havre en 1887 et à l'exposition de Bruxelles en 1888. Aux expositions de Paris 1878 et de Barcelone 1888, la maison Baudet Donon et Cie a été mise hors concours comme faisant partie du Jury des récompenses. Monsieur Baudet est chevalier de la Légion d'Honneur.

SOCIÉTÉ **DECAUVILLE** AINÉ

USINES de PETIT-BOURG (près Paris) et de DIANO MARINA (Italie)

Agence à Paris : 7, Rue Royale. — Téléphone.

ÉTABLISSEMENTS. — Les ateliers de la Société Decauville aîné situés à Petit-Bourg (Seine-et-Oise) au bord de la Seine entre les gares de Petit-Bourg et de Corbeil (Ligne de Lyon Bourbonnais) à 1 heure de Paris, couvrent 8 hectares, ont un raccordement à la Cie P. L. M. et un port desservi par 2 grues à vapeur ; ils sont incontestablement les plus grands ateliers du monde pour les chemins de fer portatifs, la principale halle a 161 mètres de façade sur 160 mètres de profondeur. — Cette usine est une sorte de machine gigante que à faire les petits chemins de fer, les matières entrent par les 2 extrémités et les produits fabriqués sortent par le milieu chargés par 2 ponts roulants à vapeur dans les wagons de la Cie P. L. M. — Les ateliers occupent actuellement 750 ouvriers avec un outillage de 450 machines-outils qui font le travail de 3000 ouvriers ; — ils peuvent livrer mensuellement 150 kilomètres de voie — 3000 wagonnets et six locomotives.

Les établissements Decauville aîné possèdent une maison d'approvisionnement et une boulangerie qui fournissent aux ouvriers, chaque jour en à comptes sur leur travail, les objets nécessaires à leur nourriture et à leur entretien. — Des maisons confortables sont louées aux ouvriers et contre-maîtres à raison de 6, 8, 10 ou 12 francs par mois avec diminution proportionnelle au nombre d'années de séjour et au nombre d'enfants. — Une société de secours mutuels, une société musicale et une compagnie de sapeurs-pompiers complètent cette organisation.

Les établissements de la société Decauville aîné situés en Italie sont à Diano Marina près de Gênes, Ils couvrent 4 hectares et sont dans une situation industrielle aussi belle que celle des ateliers de Petit-Bourg car ils touchent d'un bout au chemin de fer de Nice à Gênes et de l'autre bout à la mer. — Les ateliers de Diano Marina, récemment créés, occupent 50 ouvriers et 45 machines-outils.

APERÇU HISTORIQUE. — M. Decauville aîné, inventeur des chemins de fer portatifs entièrement métalliques a été le créateur de cette nouvelle industrie, en France aussi bien que dans toute l'Europe ; il avait imaginé ce nouveau moyen de transport en 1876 pour le service de son exploitation agricole de Petit-Bourg et a commencé la construction de ce matériel dans ses ateliers qui servaient aux réparations de ses nombreuses machines de labourage à vapeur, distillerie, élévation d'eau de Seine, etc.

M. Decauville aîné a développé ses ateliers autant qu'il le fallait pour rester en mesure de livrer toutes les commandes ; les ateliers de Petit-Bourg qui occupaient 35 ouvriers en 1876 se présentaient à l'Exposition universelle de 1878 comme venant de livrer dans l'année précédente 500.000 fr. de petits chemins de fer, avec un personnel de 100 ouvriers et 32 machines-outils, le jury encouragea d'une façon exceptionnelle l'inventeur de cette nouvelle industrie en lui décernant 4 médailles d'or et d'argent et la croix de chevalier de la Légion d'honneur.

La progression ne se ralentit pas et les ateliers de Petit-Bourg sous la raison sociale : Société Decauville aîné, (M. Paul Decauville s'étant associé avec ses deux frères dans ces dernières années) se présentent à l'Exposition universelle de 1889 comme ayant livré pour 60 millions de francs de chemins de fer Decauville depuis 1878 et avec des commandes en cours assez importantes pour arriver en 1889 à livrer pour 10 millions de francs de ce matériel. Nous ne croyons pas qu'une progression aussi rapide se soit présentée dans aucune autre industrie comme suite de l'Exposition de 1878.

Dans un banquet qui a eu lieu en 1883 pour fêter le retour d'Australie d'un des chefs de la maison, M. Émile Decauville, le représentant du Creusot, à Paris, a dit qu'il tenait à constater que les ateliers de Petit-Bourg, dont la consommation de fer et d'acier avait sans cesse augmenté depuis 1878, étaient arrivés depuis 1882 à être, de tous les ateliers du monde entier, ceux qui travaillent la plus grosse quantité de métal par jour.

La Société Decauville aîné a pu prendre dans le Champ de Mars une place assez importante et peut montrer en quelque sorte l'apothéose du chemin de fer à voie étroite, puisque 29 kilomètres de voies portatives sont employés pour la manutention des colis des exposants, et 6 kilomètres de voie fixe, mais du même système, servent au transport des visiteurs avec dix locomotives dont les noms rappellent les principaux succès de la Société Decauville aîné :

Turkestan rappelle les 100 verstes (106 kilomètres) de chemins de fer Decauville, voie de 0 m. 50, employés en 1882 par les généraux Annenkoff et Skobeleff pour faciliter la pose du chemin de fer transcaspien.

Kairouan rappelle la ligne de 65 kilom. de voie de 0 m. 60 employés en 1884 pour relier Sousse à Kairouan. Cette ligne, que le génie avait construite pour être exploitée avec des chevaux, vient d'être rétrocédée à la Cie Bône Guelma qui a fait les terrassements nécessaires pour l'exploiter avec locomotives.

Afghanistan rappelle un des problèmes les plus intéressants que la société Decauville a eu à résoudre : fourniture à l'armée anglaise d'un matériel de chemin de fer avec une locomotive devant voyager à dos d'éléphants.

Massouah rappelle la livraison de 5 locomotives livrées au gouvernement italien avec 50 kilomètres de voie de 0 m. 60 pour l'expédition d'Abyssinie.

Homebush est le nom de la plantation de cannes à sucre la plus importante d'Australie à laquelle la Société Decauville aîné a livré 6 locomotives, 1425 wagons et 52 kilomètres de voie de 0 m. 61.

Porto-Rico rappelle 300 kilomètres de voie livrés dans cette île où 74 planteurs font usage du « Decauville » ; il n'y a pas de routes dans ce pays et les planteurs vont de l'un chez l'autre sur leur chemin de fer Decauville.

Dumbarton est le nom d'un des principaux chantiers de construction de la Grande-Bretagne, celui de MM. Denys and Brothers qui, après avoir fait, en 1884, un essai de 500 mètres de « Decauville », voie de 0 m. 61 (2 pieds anglais), ont fini par installer 14 kilomètres, exemple suivi par plusieurs de leurs voisins et par la Compagnie transatlantique, etc.

Madagascar rappelle la ligne de 26 kilomètres de voie de 0 m. 60 qui a été livrée pour organiser le transport du corps d'occupation de Diego-Suarez.

Hanoï rappelle les 50 kilomètres de voie expédiés au Tonkin où 300 autres kilomètres allaient partir au moment où la paix est venue arrêter l'expédition.

Ville de Laon rappelle les expériences si intéressantes que la Société des Ingénieurs civils est allée voir à Laon, où la première locomotive compound, système Mallet, à l'essieux, a pu gravir les escarpements de la route en traînant 150 voyageurs sur une pente de 8 %, la ville étant à 120 m. plus haut que la gare. Cette locomotive a été ensuite livrée dans les forts de l'Est où elle est employée avec 32 autres machines à 4 essieux. Les ateliers de Petit-Bourg terminent en ce moment une commande de 400 kilomètres de voie de 0 m. 60 pour cette destination.

PRINCIPAUX PRODUITS. — Chemins de fer portatifs et fixes entièrement métalliques, — voies rivées ou démontables de 0 m. 40 à 1 mètre d'écartement, — locomotives à vapeur électriques et à air comprimé. — wagons de tous systèmes, — ponts, bascules, grues, etc....

RÉCOMPENSES. — 24 fois le 1er prix dans les 24 concours spéciaux, — 37 médailles d'or, — 24 diplômes d'honneur, — Croix de chevalier de la Légion d'honneur. — Croix de chevalier de la couronne d'Italie. — Croix de chevalier de l'ordre de Charles III d'Espagne. — Croix de commandeur de l'ordre du Nicham de Tunisie. — Croix d'officier de l'ordre Impérial du dragon de l'Annam, etc....

PRODUITS EXPOSÉS. — Tout le matériel fixe et roulant du chemin de fer de l'Exposition.

Voir aussi classes : 30, 48, 49, 50, 52, 61, 63, 66. Exposition coloniale. Exposition d'économie sociale.

A. MOISANT, LAURENT, SAVEY & Cie

20 à 28, Boulevard de Vaugirard, PARIS.

ATELIERS DE CONSTRUCTIONS MÉTALLIQUES

créés en 1866, par M. A. MOISANT.

SPÉCIALITÉS DE LA MAISON. — Grands travaux de bâtiment. — Constructions civiles et industrielles. — Gares de chemins de fer. — Halles et marchés. — Théâtres. — Phares et églises en fer. — Constructions pour la guerre et la marine. — Ponts et viaducs métalliques. — Constructions fluviales et maritimes. — Travaux d'exposition. — Grands travaux pour l'exportation.

La production annuelle des Ateliers est de 8,000 tonnes. Ces ateliers, situés boulevard de Vaugirard, sont pourvus des outils mécaniques les plus perfectionnés : ponts roulants, presses à dresser, machines à cintrer, cisailles, meules, poinçonneuses, riveuses hydrauliques fixes et portatives, machines à raboter, tours, machines à mortaiser, à fraiser, à tarauder, scies à chaud, fours, forges, marteaux pilons, etc., etc.

Parmi les **grands travaux métalliques de la maison Moisant** nous signalerons ceux exécutés pour : l'établissement Ménier, à Noisiel, le Bon Marché, le Comptoir d'Escompte de Paris, les Docks de Bercy-Conflans, le Collège Sainte-Barbe, la Raffinerie Parisienne, la Prison centrale de Rennes, le Grand Hospice de St-Germain-en-Laye, le Lycée Lakanal, les Magasins généraux de Bercy, les Grands Travaux de Ponts et Charpentes en fer de la Compagnie Parisienne du Gaz, au Landy, la Filature Dollfus-Mieg à Belfort, les ateliers de la Compagnie du chemin de fer de l'Est à Romilly, etc.

Les Gares d'Hendaye, Cahors, Narbonne, Niort, etc.

Les Remises de Machines, dites Rotondes de : Givors, La Roche, Sidi-bel-Abbès, etc.

Les Marchés de Sens, du boulevard de Port-Royal (à Paris), de Cherbourg, Rennes, Meaux, Le Puy, Parthenay, Lisieux, Vichy, Pernambuco (Brésil).

Les Cathédrales de Tacna (Pérou), de Rennes, et diverses églises aux Colonies.

Les Théâtres de Pernambuco (Brésil), du Puy.

Les Manufactures d'armes de Saint-Étienne, Châtellerault, Tulle.

La Fonderie de canons de Ruelle.

Les casernes de Saïgon, Baraquements au Tonkin, à la Guyane, à la Nouvelle-Calédonie, à Madagascar, etc.

Les Hangars au Matériel d'artillerie de Charenton, Vincennes, Versailles, Besançon, Clermont-Ferrand, Toulouse, Dôle, Laon.

Ponts et Viaducs : 1° Ponts-Routes, grands ponts de Champtoceaux et de St-Florent, sur la Loire ; Pont de Ham et pont de Château-Regnault, sur la Meuse ; Pont de Trilbardou, sur la Marne ; Passerelle sur le bassin de la Villette. **2° Ponts de chemins de fer :** Ponts de Dion, sur la Loire ; de Chauvort, sur la Saône ; Viaduc de Châteaudun, sur le Loir ; Pont de Châtellerault, sur la Vienne ; Pont sur la Dore ; Pont en arc sur le canal de l'Ourcq ; Ponts portatifs pour les Colonies. Actuellement en cours d'exécution : Le pont du Midi sur le Rhône à Lyon, en acier, en arc et à 3 travées de 65 mètres, etc, etc.

Barrage de Port-Villez, Estacade de Dieppe, Appontement de Saïgon, Écluses diverses.

TRAVAUX D'EXPOSITION. — Exposition de Philadelphie (1876) : Pavillon du Ministère des Travaux publics. Exposition universelle de Paris (1878) : Galeries intérieures ; Annexes de la galerie des Machines ; Pavillon des Travaux publics. Exposition universelle de Paris (1889) : Grand Dôme central et pavillons latéraux ; Annexes de la Galerie des Machines ; la moitié de la toiture de la grande galerie des Machines ; Pavillons des Travaux publics et des Phares, du Chili, etc., etc.

La maison Moisant occupe actuellement 800 ouvriers, tant dans ses ateliers que sur ses chantiers de montage.

INSTITUTION DE PRÉVOYANCE. — Les ouvriers sont assurés aux frais de la Maison ; de plus, une Société de secours mutuels est formée. La maison verse 50 % du montant des cotisations ; le reste est fourni par les ouvriers qui ont la gestion absolue de la Société.

Les Fils de PEUGEOT Frères

FABRICANTS DE VÉLOCIPÈDES

à VALENTIGNEY (Doubs). Dépôt à Paris, 32, avenue de la G^de-Armée

En 1886 MM. Les Fils de Peugeot frères propriétaires des grandes usines de quincaillerie, scies et outils de Valentigney, Beaulieu et Terre-Blanche, ont ajouté à leur fabrique de quincaillerie, de scies et d'outils divers, la fabrication des **Vélocipèdes**.

Frappés du développement considérable que prenait déjà à cette époque, l'usage du vélocipède, ils n'ont pas hésité, après une étude approfondie des meilleurs types existants, à se mettre à fabriquer ces instruments qui jusqu'alors venaient presque tous d'Angleterre.

Ils ont organisé à cet effet à l'usine de Beaulieu de vastes ateliers outillés spécialement pour finir les vélocipèdes. Ils ont pu, pour la préparation d'une grande partie des pièces qui composent ces machines, se servir du puissant outillage de forge et de laminage qu'ils possédaient à Valentigney et à Terre-Blanche.

Les ateliers spéciaux construits à Beaulieu achèvent les pièces ébauchées dans les deux autres usines, assemblent ces pièces, et finissent ensuite complètement les machines.

Les ateliers se composent d'une forge pour le façonnage des tubes en acier qui servent à faire les bâtis des vélocipèdes des jantes de roues, etc. etc., de 4 ateliers d'ajustage et montage, d'une salle de vernissage avec étuve et d'un atelier de polissage et de nickelage.

Ces ateliers occupent actuellement 150 ouvriers, mais leurs dimensions permettront de doubler ce nombre, ce qui arrivera dans un bref délai pour peu que l'usage du vélocipède continue à se développer comme il l'a fait jusqu'ici.

Pour fixer leurs modèles de vélos, ils ont étudié avec la plus grande attention tous les perfectionnements réalisés dans cette branche d'industrie, et les ont appliqués à leur fabrication.

Tous les modèles de vélocipèdes se fabriquent chez MM. Les Fils de Peugeot frères. — Comme **bicycles** ils font des bicycles de 3 genres différents, modèles qui se font remarquer par leur solidité et la douceur de leur roulement.

Ils font 3 types de **bicyclettes**, le N° 1 qui est une machine absolument parfaite sous tous les rapports, et qui résume tous les perfectionnements apportés à ce type admirable de vélocipèdes.

Le N° 2 qui est une machine très roulante et très solide, mais beaucoup moins parfaite dans les détails que la première, et enfin une bicyclette pour enfants.

Leurs types de **tricycles** sont très variés. — Ils font le routier, machine hors ligne, et qui a fait ses preuves. — Le N° 2 qui n'en diffère que par la forme du bâti ; le N° 3, type solide et roulant, mais beaucoup moins soigné dans les détails que les deux autres.

Le type marque Lion, qui est leur dernière création, résume tous les perfectionnements. — Les bâtis de ces divers vélocipèdes sont construits en tubes d'acier étirés à froid, brasés et assemblés très solidement avec des pièces en acier forgé et coulé.

Tous les frottements sont sur billes.

La plupart des machines sont montées sur des roues dont les rayons sont renforcés à la base. Ces rayons fabriqués à Beaulieu par un procédé de tréfilage tout à fait spécial donnent aux roues une solidité absolue et constituent une garantie de premier ordre pour le cavalier.

Toutes ces machines ont un cachet d'élégance, et de fini tout à fait remarquable, et chaque production nouvelle des fabricants français et étrangers étant l'objet d'un examen sérieux et d'une étude suivie, elles réunissent, tout en conservant leur cachet particulier d'originalité, tous les perfectionnements réalisés.

Un an après avoir commencé la fabrication de ces machines MM. Peugeot obtenaient **une médaille d'or** à l'Exposition du Havre de 1887, et **une médaille d'or** leur a été également décernée à l'Exposition de Barcelone de 1888.

APPAREILS

FABRICATION INDUSTRIELLE

des Eaux et Boissons Gazeuses.

Maison MONDOLLOT,

72 , rue du Château-d'Eau , PARIS.

L'établissement qu'exploite aujourd'hui **M. Mondollot**, a été fondé en 1840, par M. Briet. En 1852, ce dernier l'avait cédé à **MM. Mondollot** frères, auxquels le propriétaire actuel a succédé en 1867, après avoir été leur associé pendant trois années.

La spécialité de la Maison fut d'abord la fabrication des appareils gazogènes Briet, pour faire soi-même l'Eau-de-seltz dans les ménages. Le système de cet appareil est trop connu pour qu'il soit utile d'en faire ressortir les avantages. Il est toujours resté le type classique de l'appareil de ménage, celui qui se vend le plus et que préfèrent toujours la plupart des pharmaciens et médecins, grâce aux soins minutieux de sa fabrication et aux perfectionnements successifs apportés par le constructeur dans tous les organes de cet appareil.

Depuis, **M. Mondollot** a ajouté à cette fabrication , celle des siphons et la construction des appareils industriels pour la fabrication de toutes les boissons gazeuses ; c'est actuellement la branche la plus importante de sa maison.

M. Mondollot, s'est particulièrement attaché, dans cette fabrication, à perfectionner les appareils continus, à compression mécanique, les seuls réellement pratiques pour la fabrication industrielle.

Tous les appareils continus, construits jusqu'à ce jour reproduisaient plus ou moins, sauf quelques modifications de détail, le système imaginé par l'ingénieur anglais Bramah. Cependant quoiqu'il ait réalisé un grand progrès dans l'industrie, ce système présente certaines imperfections que **M. Mondollot**, réussit à faire disparaître, comme l'indiquent les extraits suivants d'ouvrages scientifiques :

« A côté de ses avantages marqués, le
» système de Bramah, mérite le reproche
» d'être encombrant et d'un maniement
» assez difficile. Enfin, et c'est là la cause
» principale de ses défauts, il n'est pas
» absolument continu. En effet le gaz s'y
» produit d'une manière intermittente et
» souvent plus rapidement qu'il ne se
» consomme, ce qui nécessite l'emploi en-
» combrant d'un gazomètre, de laveurs
» multipliés ou volumineux, de tuyautages
» compliqués et en outre le service dan-
» gereux d'un robinet à acide.

» Pour faire disparaître ces inconvé-
» nients, il s'agissait de rendre la produc-
» tion du gaz continue et de la régler au-
» tomatiquement sans le secours de l'opé-
» rateur. **M. Mondollot**, a obtenu ce
» résultat au moyen d'une heureuse modi-
» fication du sytème Bramah. Il conserve
» la pompe aspirante et foulante, mais
» tout en l'affectant aux mêmes usages, il
» l'utilise encore à l'aide d'une disposition
» spéciale, de façon à distribuer automati-

» quement l'acide sulfurique sur la craie
» du générateur et à obtenir ainsi un déga-
» gement de gaz carbonique régulier et
» continu. De la sorte, les dangers et les
» difficultés de la manœuvre du robinet à
» acide se trouvent écartés, le gazomètre
» et ses accessoires encombrants sont
» supprimés ; enfin l'épuration est plus
» certaine, grâce à la régularité avec
» laquelle le gaz traverse les laveurs. Pour
» faire comprendre ce système, nous indi-
» querons comment **M. Mondollot,** l'a
» appliqué avec succès à l'appareil que
» nous avons installé à la Pharmacie cen-
» trale des hôpitaux en remplacement de
» celui de Soubeiran. » (*Traité de Pharmacie* de E. Soubeiran, 8ᵉ édition, refondue
par M. J. Regnauld, professeur à la Faculté de Médecine de Paris, etc.).

Ces quelques lignes extraites du chapi-
tre consacré par l'éminent professeur à la
préparation des eaux gazeuses, expliquent
très nettement le principe et les avantages
du système d'appareils continus inventé
par **M. Mondollot.**

La même appréciation est ainsi formulée
dans un autre ouvrage scientifique, dans le
Précis de chimie industrielle de M. A.
Payen, membre de l'Institut, 6ᵉ édition,
revue par Camille Vincent, ingénieur et
professeur à l'École centrale.

« **M. Mondollot,** ingénieur, ancien
» élève de l'École Centrale, modifia en
» 1870, l'appareil Bramah, d'une façon
» profonde et fort ingénieuse, permettant
» de supprimer le gazomètre et de distri-
» buer d'une manière automatique l'acide
» sulfurique pour la production du gaz.
» L'appareil devient ainsi plus simple et
» moins encombrant que les appareils pré-
» cédents dans lesquels le gaz est produit
» d'une manière intermittente et, à certains
» instants en plus grande quantité qu'il
» n'est consommé, ce qui nécessite l'emploi
» de laveurs volumineux et d'un gazomètre

» et complique l'installation. **M. Mon-**
» **dollot,** a rendu la production du gaz
» tout à fait continue, en la réglant auto-
» matiquement par le simple jeu de la
» pompe. On a ainsi l'avantage de ne plus
» se préoccuper de la manœuvre du robinet
» à acide, comme dans les appareils précé-
» dents, d'avoir une meilleure épuration
» du gaz dans des laveurs de très faibles
» dimensions, et enfin, de ne plus avoir de
» gazomètres. »

Dans *Les Merveilles de l'Industrie* par
Louis Figuier, l'auteur termine ainsi la
revue qu'il fait des progrès accomplis dans
l'industrie des eaux gazeuzes depuis 1832
jusqu'à nos jours.

« La découverte la plus originale qui a
» été faite dans la dernière période, c'est-
» à-dire vers 1870, c'est la suppression du
» gazomètre dans l'appareil servant à la
» fabrication des boissons gazeuses. **M.**
» **Mondollot,** est le mécanicien à qui
» l'on doit ce nouveau perfectionnement
» du système de Bramah, qui a réduit le
» matériel pour la fabrication des eaux de
» seltz à une simplicité remarquable et au
» minimum de volume qu'il puisse occu-
» per. »

Enfin, le rapporteur du jury de l'Exposition universelle de Philadelphie 1876
résume ainsi son opinion :

« Le système de **M. Mondollot,** est
» très maniable, occupant peu de place,
» d'un usage commode, avec générateur
» disposé de façon à éviter tout accident
» ou explosion. »

M. Mondollot, a acquis dans son
industrie une telle compétence et une telle
notoriété que le suffrage de ses collègues
le maintient depuis 20 ans dans les fonctions de Président de la Chambre syndicale des Eaux gazeuses.

La maison **Mondollot,** a obtenu
depuis sa fondation les récompenses
suivantes :

Exposition Universelle de	Paris........	**1855.**	**Médaille de 2ᵐᵉ classe.**
—	—	Londres.....	**1862.**	**Mention honorable.**
—	—	Paris........	**1867.**	**Mention honorable.**
—	—	Vienne	**1873.**	**Médaille de Mérite.**
—	—	Philadelphie.	**1876.**	**Médaille de Prix**
—	—	Paris	**1878.**	**Médaille d'Or.**
—	—	Barcelone...	**1888.**	**Médaille d'Or.**

ATELIERS FRAISSINET & CIE

MARSEILLE.

Les ateliers Fraissinet et Cie sont la propriété de la Cie Marseillaise de navigation à vapeur Fraissinet et Cie, dont M. Alfred Fraissinet est le Directeur-Gérant. Ces ateliers, placés actuellement sous la direction de l'ingénieur en chef de la Compagnie, M. J. d'Allest, ont été fondés en 1862, dans le but d'effectuer les réparations et l'entretien de la flotte de la Compagnie ; mais, comme ils répondaient à un besoin général, ils n'ont pas tardé à accepter des commandes étrangères et à acquérir ainsi une importance considérable.

IMPORTANCE. — Ces ateliers occupent aujourd'hui une surface de 30.000 mètres carrés et ont un personnel de plus de 800 ouvriers ; ils construisent des machines et chaudières marines de toutes dimensions, soit pour la Compagnie, soit pour leur clientèle ; depuis plusieurs années ils prennent part aux adjudications de la Marine Militaire, et ont construit pour cette dernière des appareils évaporatoires très puissants pour le Mytho, Bien-Hoa, Victorieuse, Colbert, Foudroyant, etc...

En dehors des constructions neuves, les ateliers Fraissinet effectuent de grandes réparations de navires, non seulement pour la flotte de la Compagnie, mais encore pour tous les clients qui se présentent.

Après avoir réparé soit à flot, soit dans les formes de radoub de Marseille environ 1200 navires de toute nationalité, ils viennent d'effectuer pour le compte de l'État la réparation et la refonte du transport de guerre le Tonkin. Ce navire qui, à la suite d'un échouage à Port-Cros, avait éprouvé des avaries considérables dans ses fonds, a été livré aux ateliers Fraissinet qui ont été chargés de le réparer complètement, de changer ses chaudières et de remettre à neuf l'appareil moteur et tous les accessoires. C'est la première fois qu'une refonte de cette importance est confiée à l'industrie privée.

SPÉCIALITÉS. — En dehors de la construction des machines et chaudières ordinaires, les ateliers Fraissinet ont réussi à se créer plusieurs spécialités importantes. La combustion du naphte et de ses résidus y a été étudiée d'une manière toute spéciale et de ces études et ces essais sont sortis les appareils imaginés par M. d'Allest, pour le chauffage au pétrole des navires de commerce, des torpilleurs et des bateaux sous-marins.

Les difficultés de transport entre la mer Caspienne et la mer Noire, en forçant les négociants en pétrole à vendre ce combustible à un prix élevé, en retardent momentanément l'emploi ; cependant ce mode de chauffage est si avantageux que, malgré cela, le port de Cherbourg a effectué sur ces appareils une série d'essais qui en ont montré le bon fonctionnement et ont permis de conclure à leur adoption définitive.

Enfin, les ateliers Fraissinet construisent des chaudières multitubulaires spéciales timbrées à 15 kilogrammes, qui ont été longuement essayées par l'Administration de la Marine et ont donné les meilleurs résultats ; ces chaudières, imaginées par MM. A. Lagrafel et J. d'Allest, ont été étudiées dans le but de réaliser l'excellente combustion de la chaudière ordinaire à retour de flamme, en évitant les inconvénients que présente cette dernière sous le rapport du poids, de l'encombrement et de la circulation de l'eau.

RECOMPENSES. — Les ateliers Fraissinet ont jusqu'à aujourd'hui rarement exposé leurs produits ; en 1867, cependant, ils prenaient part à l'Exposition Universelle, et obtenaient deux médailles d'argent ; en 1878, la transformation de la flotte de la Compagnie leur imposant un surcroît de travail, les empêchait d'exposer ; et ils reparaissaient seulement en 1884 à l'Exposition de Nice où ils obtenaient un Diplôme d'Honneur.

HENRI SATRE,

Ingénieur - Constructeur.

ATELIER DE CONSTRUCTIONS MÉCANIQUES	CHANTIERS DE CONSTRUCTIONS NAVALES
8 et 9, Cours Rambaud, **LYON**	à **ARLES-sur-Rhône.**

Les ateliers de constructions que dirige M. Henri Satre, sont installés dans le but d'exécuter toutes les commandes qui concernent l'industrie de la grosse et petite machinerie, en général, les moteurs à vapeur, etc., mais elle est spécialement outillée pour les constructions navales, le matériel de dragage et de navigation.

HISTORIQUE. — Fondé en 1840 par M. Louis Combe, cet établissement qui n'était à l'origine qu'un modeste atelier, a progressivement chaque année affirmé sa marche par des progrès et des agrandissements successifs, de telle sorte que, lorsque *M. Louis Combe* s'associa avec *M. Henri Satre*, sous la raison sociale *Louis Combe et Cⁱᵉ*, il avait acquis une grande notoriété que la nouvelle Société devait porter au plus haut degré par son activité et son habile direction.

Depuis cette époque on fut forcé, en présence du grand développement que prenait la maison, du nouvel essor qui lui était imprimé, des nombreuses commandes qui étaient faites et des relations beaucoup plus étendues, d'agrandir considérablement les ateliers primitifs situés à Lyon, et surtout de les agencer convenablement pour répondre aux besoins sans cesse grandissants et à l'augmentation des productions.

En 1880, M. Henri Satre continua à diriger seul la maison pour son propre compte. Se trouvant bientôt en présence d'un accroissement de commandes considérables regardant plus spécialement les constructions navales, M. Satre constata qu'il lui était impossible de rester limité au seul atelier de Lyon. Pressentant avec beaucoup d'à-propos, l'avenir commercial prochain de Saint-Louis-du-Rhône qui vient d'ouvrir au commerce des ports et des docks magnifiques, M. Henri Satre installa, en 1882, dans le voisinage, à Arles-sur-Rhône, en communication avec le Rhône, la mer, et la grande ligne P. L. M., de vastes ateliers, susceptibles de plus grands développements encore, et possédant l'outillage le plus complet et le plus perfectionné pour la construction du matériel de dragage et de navigation.

IMPORTANCE DES ATELIERS. — Les ateliers de Lyon ont une surface de 10.000 mètres carrés, dont 4.450 m. sont couverts. Les ateliers d'Arles, qui ont été construits sur un plan d'ensemble très bien étudié avec 2.500 mètres carrés de surface couverte, peuvent, comme nous l'avons indiqué, recevoir de grands développements, car ils ont une surface totale de 35.000ᵐ, close de toutes parts. — Tous ces ateliers sont bien aérés, bien ventilés et parfaitement éclairés.

MOUVEMENT. — Le mouvement est important, et pour en donner un aperçu, nous ne pouvons mieux faire que d'indiquer les principaux travaux exécutés pendant ces dernières années.

Dragues :

France	75	Suisse	9
Espagne	22	Cochinchine	4
Italie	5	Tunisie	4
Egypte	12	Roumanie	3
Algérie	3	Iles Philippines	7
Angleterre	3	Turquie	2
Russie	5	Amérique	15

Bateaux :

France	130	Tunisie	5
Espagne	14	Cochinchine	1
Italie	2	Sénégal, Congo	3
Egypte	3	Iles Philippines	16
Algérie	2	Amérique	11

Toutes les manœuvres des grosses pièces se font mécaniquement au moyen de ponts roulants et de grues appropriés. La division rationnelle du travail est faite par équipes avec un chef d'équipe responsable envers les contre-maîtres et chefs d'atelier. Chaque équipe fait autant que possible la même spécialité et est à la tâche, conditions de régularité et d'économie dans le travail.

DÉBOUCHÉS. — La maison Henri Satre fournit en France les administrations de l'Etat et toutes les compagnies de navigation. Elle a des débouchés et des représentants en Espagne, aux Antilles Espagnoles, en Egypte, dans la République Argentine, en Turquie, au Tonkin, en Tunisie, au Congo, etc., etc.

RÉCOMPENSES. — Parmi les nombreuses récompenses obtenues par la maison Henri Satre aux différents concours, nous citerons :

Grand prix, médaille d'Or.	Exposition universelle de Paris...	1878	Machines à vapeur.
Diplôme d'honneur	» » de Lyon...	1872	Machines à détente variable et à condensation.
Médaille de Bronze	Exposition d'Anvers...	1882	Matériel naval.
Médaille d'Or	» de Bordeaux...	1883	Constructions navales.
Diplôme d'honneur	» nationale de Marseille...	1886	Matériel de dragage.
Médaille d'Or	» internationale du Havre	1887	Matériel de navigation
Diplôme d'honneur	» de Tunis...	1887	Matériel de dragage et de navigation.

SOCIÉTÉ AGRICOLE & D'ASSAINISSEMENT des BOUCHES-DU-RHONE

5, rue des Récollettes,

MARSEILLE

DATE DE LA FONDATION DE L'ÉTABLISSEMENT ; NOM DU FONDATEUR ET DES DIRECTEURS JUSQU'A L'ÉPOQUE ACTUELLE.

L'entreprise a été fondée le 1ᵉʳ octobre 1887. M. Henri de Montricher, ingénieur breveté de l'école supérieure des mines, obtint de la ville de Marseille la concession du transport dans les plaines incultes de la Crau et régions avoisinantes, par voie ferrée, des produits du nettoiement des rues.

Jusqu'à cette époque, ces matières étaient recueillies sur des mahonnes conduites en pleine mer, et jetées à la mer. Ce procédé était très onéreux, et de plus inefficace, car il infectait la rade, et une grande quantité d'immondices flottant à la surface des eaux, était rejetée sur le rivage.

La ville de Marseille alloua à M. de Montricher, pour éloigner, par voie ferrée, les matières précédemment jetées à la mer, une somme annuelle de 54.000 fr. un peu inférieure aux dépenses de cette dernière opération.

D'autre part, la compagnie P. L. M. a consenti à la ville de Marseille — sur l'initiative du fondateur de l'entreprise — une série de réductions de tarif pour le transport de ses immondices variant suivant l'importance du tonnage, soit par trains complets sur un point déterminé, soit en totalisant les tonnages des expéditions isolées pendant une période convenue.

Enfin, l'une des difficultés de l'exploitation agricole des plaines de La Crau est due à la couche épaisse de cailloux roulés qui règne sur toute sa surface et qui peut être évaluée à 300 mètres cubes au moins par hectare.

M. de Montricher a imaginé de mettre à profit le retour des wagons amenés chargés d'immondices dans la propriété qu'il exploite, et qui seraient ramenés vides à Marseille, pour expédier dans cette ville les cailloux concassés servant à faire un excellent empierrement — un tarif très réduit est appliqué à ce transport, qui constitue pour la compagnie P. L. M. un véritable fret de retour. — La mise des terrains en état d'être cultivés et à recevoir avec profit les engrais exportés de Marseille est ainsi très économiquement obtenue.

Telle est l'économie générale de l'entreprise fondée par M. de Montricher ; elle présente les avantages principaux suivants :

1º Assainissement de la ville de Marseille.

2º Épuration des matières fermentescibles et nocives par le sol.

3º Utilisation agricole de ces matières.

4º Mise en état de culture de terrains incultes et exploitation d'une source abondante de matériaux servant à l'entretien et à la viabilité des voies de communication.

5º Échange entre la ville de Marseille et la Crau de pierres à macadam et d'engrais.

PHASES ET TRANSFORMATIONS PAR LESQUELLES A PASSÉ L'ÉTABLISSEMENT DEPUIS SA FONDATION

Du 1ᵉʳ octobre 1887 au 10 avril 1888, l'entreprise a fonctionné sous la seule direction et avec les ressources de M. de Montricher. — A cette dernière date il a constitué une société anonyme au capital de 450.000 fr. exclusivement représentés par des actions, et ayant pour dénomination « Société agricole et d'assainissement des Bouches-du-Rhône » M. de Montricher continue à diriger l'entreprise en qualité d'administrateur-directeur.

PRODUCTION ET IMPORTANCE DE L'ÉTABLISSEMENT, SA SUPERFICIE, SA PUISSANCE D'EXPLOITATION.

La Société agricole et d'assainissement des Bouches-du-Rhône exploite une surface de terrains de 600 hectares longeant la ligne principale de Paris à Marseille sur une longueur de 4 kilomètres, et reliée à cette ligne au point kilométrique 798 k. 059 entre les gares de St-Martin de Crau et d'Entresson.

Des quais spéciaux de 2ᵐ10 de hauteur et de 80 mètres de développement établis aux gares de Marseille-Prado et de Marseille-Joliette sur des emplacements loués à la Société par la Compagnie P. L. M. constituent des décharges commodes et économiques pour les produits du nettoiement et de vidange.

Les tombereaux des services publics déversent d'un coup leur contenu dans les wagons ouverts amenés à bord de quai sur les embranchements particuliers de la Société. — Les vases clos contenant les vidanges sont chargés sans « dépotage » dans les mêmes wagons et sont calés et recouverts par les matières végétales provenant du nettoiement. L'expédition de ces marchandises a lieu dans la journée même de leur chargement.

Les marchandises destinées à l'exploitation agricole des propriétés de la société ou à être transportées dans les usines qui y sont établies sont amenées par trains spéciaux et déchargées à pied d'œuvre sans rompre charge. Là elles sont réparties sur les différents points des territoires exploités par porteurs Decauville.

Par arrêté préfectoral du 14 août 1887 la Société est autorisée à faire aussi l'épandage des matières de vidange en prenant pour véhicule l'eau de canaux d'irrigation spécialement créés à cet effet. — On obtient de la sorte des effets comparables à ceux de l'exploitation agricole des champs d'expérience de la ville de Paris à Gennevilliers et à Achères.

Pour ces divers travaux, la Société utilise donc tous les systèmes économiques de transport à savoir: le chemin de fer, le porteur Decauville, les canaux — en partant de la source des produits aux points d'utilisation.

SURFACES DE TERRAIN SUR LESQUELLES ON A COMMENCÉ DES ESSAIS DE MISE EN CULTURE.

Luzernes et prairies	75 hectares.
Vignes	100 »
Champs d'avoine et divers	10 »
Cultures maraîchères	20 »
Surface totale de la propriété exploitées	600 »

TONNAGE DES MARCHANDISES TRANSPORTÉES EN 1888

1º Produits du nettoiement et vidanges :

De Marseille aux établissements de la Société en Crau et régions avoisinantes 30.000 tonnes.

De Marseille aux diverses gares desservant des territoires agricoles 18.000 tonnes.

2º **Pierres et pavés** (ce service n'est commencé que depuis le mois d'octobre).

Pierres cassées 2.000 tonnes.

Pavés étêtés 1.500 tonnes.

Cailloux ronds servant au bétonnage des forts de côte (non encore livrés).

SOCIÉTÉ ANONYME
DES CIMENTS FRANÇAIS
ET DES PORTLAND

DE

BOULOGNE-Sur-Mer & de DESVRES

E. FAMCHON (O. ✻), *Administrateur - Directeur.*

La Société des ciments français et des Portland de Boulogne-sur-Mer et de Desvres a été formée en 1881 par la réunion des deux plus importantes usines du Boulonnais :

1° La Société **Lonquéty et Cᵒ**, dont les usines sont situées à Boulogne-sur-Mer et à Nesles, et dont la fondation remonte à 1849 ;

2° La Société **E. Famchon et Cᵒ**, dont l'usine de Desvres remonte à l'année 1873.

Formée par ces deux éléments déjà importants, la nouvelle Société a constamment amélioré et augmenté ses moyens d'action, c'est ainsi qu'elle possède aujourd'hui :

55 fours à cuire à longue cheminée.

36 id.   brevetés, dits "Fours séchoirs."

2 id.   annulaires "Hoffmann" (Grand modèle).

2 id.   coulants, système "Dietsch."

52 paires de meules avec *broyeurs, concasseurs, etc.*

La force motrice est de 1.500 chevaux.

La production annuelle s'élève à **cent quarante millions de kilogr.**

Le nombre des ouvriers employés à l'exploitation est de douze cents.

Le ciment Portland de la Société est adopté depuis 1849 par les grandes Administrations de l'Etat: **Ponts et chaussées, marine, génie militaire, compagnies de chemin de fer.**

Il a été également employé dans ces dernières années en très grande quantité en Roumanie, en Portugal, en Espagne, en Chine et Cochinchine, au Tonkin, et pour les travaux de Suez et de Panama.

C'est dire que pas un seul grand chantier, soit en France, soit à l'Etranger, n'a été ouvert sans que la Société des ciments français de Boulogne-sur-Mer ne l'ait approvisionné soit d'une façon exclusive, soit dans les plus larges proportions.

Les fondations de la **Tour Eiffel** ont été établies uniquement avec le ciment de notre marque.

Les récompenses obtenues par la Société des ciments de Boulogne-sur-Mer et dont la dernière est la " *Croix d'officier de la Légion d'honneur* " (27 décembre 1888), l'importance de ses usines, les nombreux certificats attestant l'importance et la régularité des fournitures qu'elle a faites, démontrent de la manière la plus éloquente qu'elle occupe le *premier rang dans l'industrie des ciments*, sans qu'il soit besoin d'entrer dans de plus amples développements

SOCIÉTÉ ANONYME
Des CIMENTS FRANÇAIS et des PORTLAND
de BOULOGNE-SUR-MER et de DESVRES.

CAPITAL : 22 MILLIONS DE FRANCS.

Production annuelle : 140 millions de kilogrammes.

Fournisseurs du Gouvernement français depuis 1849.

E. FAMCHON (O. ✻), ADMINISTRATEUR-DIRECTEUR.

TABLEAU DES RÉCOMPENSES

Obtenues par les maisons LONQUÉTY et Cⁱᵉ et E. FAMCHON et Cⁱᵉ,

Fusionnées sous la dénomination ci-dessus.

1855	PARIS.........	Exposition internationale	Première Médaille (*Unique pour les ciments*).
1865	BORDEAUX.....	....	Médaille d'Or.
1867	PARIS.........	Exposition internationale	Médaille d'Or (*Unique pour les ciments*).
1868	LE HAVRE.....	....	Médaille d'Or.
1869	BEAUVAIS.....	....	Diplôme d'Honneur. Prime d'Honneur (*la seule décernée à l'Industrie*).
1873	VIENNE.......	Exposition internationale	2 premières Médailles de Progrès. *Décoration de l'Ordre de François-Joseph.*
1875	PARIS.........		Hors concours, avec Diplôme d'Honneur. 2 Médailles d'Argent.
1876	PHILADELPHIE..	Exposition internationale	Première Médaille.
1877	COMPIÈGNE....	....	Diplôme d'Honneur et Médaille d'Or.
1878	PARIS.........	Exposition internationale	Grand Prix, Médaille d'Or. *Croix de la Légion d'Honneur.*
1879	BEAUVAIS.....	....	2 Diplômes d'Honneur.
1880	MELUN........	....	Diplôme d'Honneur, Membre du Jury.
1882	BORDEAUX.....	....	dᵒ
1883	AMSTERDAM...	Exposition internationale	dᵒ
1884	NICE.........	....	dᵒ
1884	ROUEN........	....	dᵒ
1885	PARIS........	Exp. des Arts décoratifs.	Hors concours avec Diplôme d'Honneur.
1885	ANVERS.......	Exposition Universelle..	Diplôme d'Honneur.
1887	LE HAVRE....	Exposition internationale	Diplôme d'Honneur, Membre du Jury.
1888	BARCELONE....	Exposition Universelle..	Membre du Jury, Diplôme Hors Concours. *Croix d'Officier de la Légion d'Honneur.*

SOCIÉTÉ DES ATELIERS DE CONSTRUCTION

DE

BITSCHWILLER

**Bitschwiller-
Thann.**

Ch. MARTINOT-PETERS, Directeur.

**Haute-
Alsace.**

Machines pour **Peignage, Filature, Retordage** et **Tissage** de **Coton, Laine, Soie**, etc.

Machines à vapeur verticales, horizontales, Woolf, Compound, Machines à **Triple Expansion.**
Moteurs à vapeur, **à grande vitesse pour Dynamos** (régularité absolue).

Chaudronnerie de fer et de cuivre.
Générateurs à bouilleurs, semi-tubulaires et multi-tubulaires inexplosibles.

Machines soufflantes, Locomobiles, **Moteurs hydrauliques** (Roues et Turbines).
Transmissions de mouvement, Pompes, Presses hydrauliques, Calandres, Moulins, Scieries, Papeteries, Machines-Outils, etc., etc.

Chauffages à la vapeur, à l'Eau chaude et à l'Air chaud.

Wagons et Matériel de chemins de fer.

Disposition des Machines exposées, Classes 54 et 55.

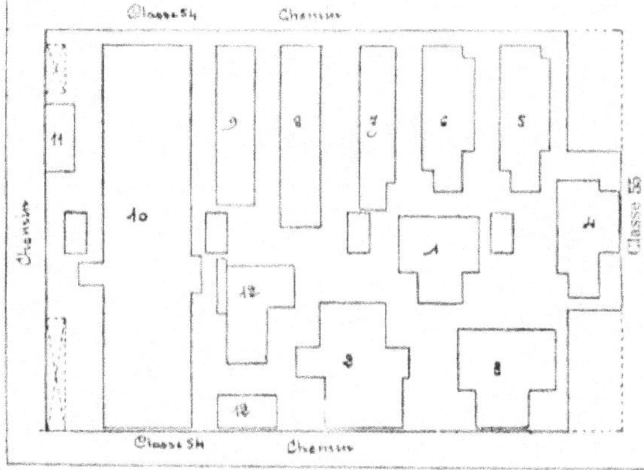

LÉGENDE.

1. Gills . . . . (Laine peignée.
2. Étirage double, à Frottoirs . . . D°
3. Étirage double . . . . D°
4. Étirage à Frottoirs . . . . D°
5. Bobinoir (bobines cylindriq.) . . D°
6. Bobinoir (bob. cylindro-coniq.) D°
7. Banc à broches . . . . D°
Continus (8. A engrenages . . . . D°
à filer
et retordre (9. A tambours . . . . D°
10. Self-acting à engrenages . . . . . D°
11. Specimen de Moteurs à vapeur.
12. Moteur à grande vitesse et dynamo.

SOCIÉTÉ des PONTS & TRAVAUX en FER

Anciens Établissements H. JORET.

Capital : 2 Millions.

SIÈGE SOCIAL : 80 , Rue Taitbout , à PARIS. — ATELIERS à MONTATAIRE (Oise).

La Société des Ponts et Travaux en fer est constituée depuis 1882 ; elle a succédé à la maison H. Joret, fondée en 1857. Elle exécute des entreprises de travaux publics et particuliers en France, dans les colonies et à l'étranger, et exploite les ateliers de constructions de Montataire (Oise) près Creil.

Ces ateliers, qui occupent une surface de 35,000m² dont 8,000m² couverts, ont été fondés en 1857 par M. Henri Joret qui leur adjoignit, en 1866, les ateliers de Bessèges (Gard) exploités en participation avec la Cie des forges de Terre-Noire jusqu'en 1885. Aujourd'hui, la Société des Ponts et Travaux en fer a concentré à Montataire toute sa fabrication d'ouvrages en fer, fonte et acier.

La Société des Ponts et Travaux en fer est dirigée, depuis sa fondation, par M. S. Mauguin, ingénieur de l'École Centrale, et ancien associé de M. Joret depuis 1858, assisté de MM. Marsaux et G. Petit, ingénieurs de l'École Centrale et anciens ingénieurs de la maison Joret.

Les Ateliers de la Société des Ponts ont atteint une production annuelle d'environ 10,000 tonnes.

Une caisse de secours mutuels assure aux ouvriers de ces ateliers et à leurs familles des secours en cas de maladie ; cette caisse, dotée par la Société, est gérée et administrée exclusivement par les ouvriers.

Une participation dans les bénéfices réalisés par les ateliers a été créée en 1886, au profit des ouvriers, et fonctionne régulièrement depuis cette époque.

La Société des Ponts et Travaux en fer a exécuté d'importantes entreprises en France, en Espagne, en Italie, en Roumanie, en Grèce, en Algérie, en Cochinchine ; elle a réalisé, dans les cinq années 1884 à 1888, un chiffre d'affaires qui dépasse 60 millions de francs.

Deux médailles d'or ont été accordées à l'Exposition Universelle de 1878, à M. Joret et à M. Mauguin.

Entreprises générales. Au nombre des entreprises d'ensemble exécutées par la Société, nous citerons : les chemins de fer de Montpellier à Palavas et de Montbazin à Cazouls (90 kilom) dans le département de l'Hérault ; les chemins de fer de Maison Carrée à Ménerville, de Béni Amran à Dra-El-Mizan et de Ménerville à Tizi-Ouzou, d'un développement de 130 kilom. dans la province d'Alger ; le chemin de fer de Saïgon à Mytho d'une longueur de 71 kilom. en Cochinchine ; les avant-ports, les terrassements de la plus grande partie du canal de Corinthe, en Grèce.

Travaux métalliques. Au nombre des grands ouvrages métalliques exécutés par la Société, on peut citer : le Dôme et les Galeries Victor Emmanuel, à Milan, le pont de Borgoforte sur le Pô, les ponts à la traversée des lacs de Mantoue, les halles à voyageurs de Rome, de Vérone, de Bologne, de Plaisance, en Italie ; le grand pont de Castejon sur l'Ebre, en Espagne ; le pont de Goran sur l'Olto, et ceux sur la ligne de Berlad-Vaslui en Roumanie ; le grand pont sur le canal de Corinthe en Grèce ; plus de 20 grands ouvrages sur les Oueds Isser, Djemmaa, Bougdoura, Sebt, Mazafran, Sebaou, Biskra, El Outaïa, Djer, Riou, etc, en Algérie ; les ponts Sully sur la Seine dans Paris ; les ponts de Ris, de Chatou, du Pecq sur la Seine ; de Créteil, de Lagny, de Gournay sur la Marne ; les viaducs de Marly-le-Roi, de Collonges sur le Rhône, de Sully sur la Loire, d'Orgon sur la Durance, de Cazouls sur l'Orb, de Vif sur le Drac, de St-Auban sur la Durance ; les ponts de la poudrerie de Toulouse sur la Garonne, de Thorey sur la Saône, de Port-Galland sur l'Ain, du Guildo sur l'Arguenon ; les ponts tournants de la Joliette à Marseille, avec manœuvre hydraulique ; ceux de Dieppe, de Calais et du Havre ; le pont roulant de Brest ; le théâtre Bellecour à Lyon ; la grande manutention avec les silos en tôle de la Cie générale des voitures, à Paris-Montmartre ; les marchés de Constantine, d'Alger, de Tarbes, de Moulins ; un lot de la grande galerie des machines du Palais de l'Exposition de 1867 ; les dômes des Palais des Beaux-Arts et des Arts Libéraux à l'Exposition de 1889 ; les grands caissons des bassins de radoub de Toulon en France et de Saïgon en Cochinchine ; les ouvrages mobiles de 8 barrages sur la Seine ; une quantité considérable d'appareils de changements et croisements de voies, de plaques tournantes, de chariots roulants, de ponts tournants et de tous les appareils de matériel fixe pour les chemins de fer de France, d'Italie, de Roumanie, de Turquie, d'Algérie et de Cochinchine.

À l'Exposition de 1867, à Paris, la Société a exposé sous le quai d'Orsay un pont en métal Bessemer de 25m00 de portée, qui a été, de là, remonté sur la Vilaine, à Port-de-Roches, où il est toujours en service régulier.

C'est la première application du fer fondu à la construction des ponts qui ait été faite en France.

THE BABCOCK AND WILCOX C⁰

Siège Social à NEW-YORK

(États-Unis d'Amérique).

La maison Babcock et Wilcox a été fondée en 1866 par MM. Georges Herman Babcock et Stephen Wilcox. D'abord société particulière en participation, elle s'est transformée en 1881, en une Société anonyme sous la raison sociale The Babcock and Wilcox C⁰. Elle compte quatorze actionnaires parmi lesquels ont été choisis pour la diriger :

MM. Georges Herman Babcock, *Président.*
Stephen Wilcox, *Vice-Président.*
Nathaniel Pratt, *Trésorier.*
Charles A. Miller, *Secrétaire.*
E. H. Bennett.
Charles A. Knight, directeur-administrateur délégué en Europe.

Les établissements principaux de la Société sont :

1° En Amérique : à Élisabeth port (New-Jersey près New-York) sur une superficie de 10.000 mètres carrés.

2° En Europe : à Kilbowie, près Glasgow (Écosse), sur une superficie de 10.000 mètres carrés également.

Aujourd'hui ces ateliers fournissent le maximum qu'ils peuvent produire, et en raison du nombre toujours croissant des commandes, on est obligé de les agrandir.

En France, M. Lucien Leclerc, ingénieur, représente la Société à Paris, et tout ce qui se consomme en France des chaudières du système Babcock et Wilcox est de construction française. Depuis quatre années seulement la Société compte environ de 55.000 mètres carrés installés.

Le système de chaudières Babcock, si avantageusement connu aujourd'hui, et qui ne contient que du *métal forgé* et aucune partie de fonte, a été perfectionné d'année en année, et s'est imposé à l'attention toute particulière des constructeurs et des industriels. Aussi, a-t-il obtenu les plus importantes récompenses dans toutes les expositions où la Société l'a produit. Nous citerons les principales.

1° Exposition centenniale de Philadelphie 1876. Essais comparatifs de 15 chaudières systèmes différents. La chaudière Babcock et Wilcox a donné l'économie la plus grande — Diplôme d'excellence, la plus haute récompense.

2° Exposition industrielle d'Atlanta, Géorgie U. S. 1883. Chaudière en fonctionnement. Médaille, la plus haute récompense.

3° Exposition Universelle de la Nouvelle-Orléans, Louisiana 1884 et 1885, médaille d'or.

4° Exposition d'électricité de Philadelphie, institut Franklin 1884. Chaudière en fonctionnement. Pas de concours.

5° Réunion et concours des mécaniciens du Massachusetts, Boston 1882, diplôme, plus haute récompense.

6° Exposition du Sud, Louisville, Kentucky 1883 ; médaille de bronze.

7° Institut américain, cité de New-York, New-York 1882 ; médaille de bronze.

8° Concours de l'état de la Caroline du Nord, Raleigh N. C. 1884 — Diplôme, plus haute récompense.

9° Institut des mécaniciens de l'Ohio, Cincinnati, Ohio 1883, médaille d'argent.

10° Exposition internationale de Milan 1886 diplôme d'honneur. Chaudière en fonctionnement.

11° Exposition du travail de Paris 1885, médaille d'or.

12° Exposition de Barcelone 1888, médaille d'or.

13° Exposition internationale de Bruxelles 1888 — Hors concours.

14° Exposition de Melbourne (Australie) 1888 — Décision du Jury en Expectative.

La Société a des débouchés dans le monde entier.

En Amérique, elle a des bureaux à New-York, Philadelphie, Boston, Chicago, Pittsburg, Cincinnati, New-Orléans, San-Francisco.

En Europe, à Londres, Glasgow, Manchester, Paris et Bruxelles ;

En Australie : à Melbourne ;

Dans la Havane : à Cuba ;

Enfin elle a installé des agences sur les points suivants :

Agences : Palerme (Sicile), Bologne (Italie), Barcelone (Espagne), Moscou (Russie), Bâle (Suisse), Lisbonne (Portugal), Vienne (Autriche), Berlin (Allemagne), Buenos-Ayres (République argentine), Montréal (Canada), Mexico (Mexique), Bahia Sergipe, Rio de Janeiro (Brésil), Bombay (Indes anglaises), Colombo (Ile de Ceylan), Yokohama (Japon), Penang (Chine), Straight Settlements (Chine), Tirpoot (Indes orientales), Honolulu (Iles Hawaï), Cape Coast (Colonie du Cap).

Le chiffre des affaires sera facilement évalué si nous indiquons que la Société a installé, pendant les cinq dernières années des générateurs ayant ensemble une surface de chauffe de 325.000 mètres carrés au total.

SOCIÉTÉ GÉNÉRALE DE FOURNITURES MILITAIRES

Anciens Etablissements GODILLOT

52-54, Rue Rochechouart, à PARIS.

HISTORIQUE. — Les vastes établissements consacrés à l'équipement et à l'habillement de nos armées et des administrations publiques actuellement réunis sous une même direction et faisant partie de la *Société générale des fournitures militaires* ont pour origine l'établissement fondé en 1855 par M. Alexis Godillot, et dirigé par lui jusqu'en juillet 1880. C'est à cette date que la maison s'est transformée et est devenue la propriété d'une Société anonyme dont **M. Goddefroy** est actuellement l'administrateur délégué.

Au début de l'exploitation, il n'existait que deux ateliers situés aux n°° 52 et 54 de la rue Rochechouart, à Paris. En 1859 et en 1860 les commandes de chaussures étaient exécutées dans un hangar situé faubourg Poissonnière ; ces ateliers de chaussures furent, en 1861, transférés 61 et 63 rue Rochechouart, et, à la même époque, on installa au n° 65 de la même rue un nouvel atelier annexe pour l'habillement, les anciens étant devenus insuffisants.

ATELIERS. — PRODUCTION. — Les principales branches d'industrie de l'établissement sont les suivantes : effets d'habillement, de coiffure, d'équipement et de chaussures pour l'armée, les municipalités, les compagnies de chemins de fer, les sapeurs-pompiers et toutes les administrations civiles ; — la confection de tous les effets d'habillements militaires et civils pour la France et l'étranger ; — des effets et objets d'harnachement ; — du matériel de campement ; — du matériel des hôpitaux et des ambulances : bidons, marmites, gamelles, etc ; — des ustensiles de ferblanterie en tous genres ; — du matériel spécial à l'artillerie, etc.

L'usine centrale de Paris occupe les n°° 52, 54, 61, 63 et 65 de la rue Rochechouart

et le n° 21 de la rue Pétrelle. Leur superficie totale est de 12.000 mètres.

La Société possède, en outre, des usines à Bordeaux, Toulouse, Nantes, Alger ; et, de plus, une tannerie et une corroierie très importante à Saint-Ouen (Seine).

Tous ces ateliers, toutes ces usines, sont munis d'un matériel mécanique spécial, parfaitement approprié à chaque genre de travail, et tenu constamment au niveau des découvertes et des progrès de la science ; ainsi que des machines les plus perfectionnées.

DÉBOUCHÉS. — La Société générale de fournitures militaires est spécialement désignée pour l'habillement et l'équipement des armées de terre et de mer, et a ainsi pour clients principaux, les ministères de la guerre et de la marine. Mais elle fournit également tous les autres ministères et toutes les administrations de l'État, et des municipalités de la France entière et de ses colonies. Il en est de même à l'étranger, et elle a des représentants accrédités dans toutes les principales villes de l'Europe.

Le chiffre des affaires réalisé est d'environ seize millions de francs par an.

RÉCOMPENSES. — Depuis son origine jusqu'à l'époque actuelle, les établissements Godillot ont constamment reçu *les plus hautes récompenses* dans toutes les expositions où ils ont soumis leurs produits à l'attention du public. On relèverait dans la longue nomenclature de ces distinctions un grand nombre de *médailles d'or* et des *diplômes d'honneur*. Nous rappellerons, en passant, que M. Alexis Godillot, en 1857, et M. Alphonse Brancy, directeur des usines, en 1867, ont été honorés de la Croix de Chevalier de la Légion d'honneur.

EXPOSITION COLLECTIVE
de l'Industrie Nationale
DE LA FOURNITURE MILITAIRE.

Désireux de montrer au pays les ressources considérables que l'industrie nationale de la fourniture militaire peut mettre au service des armées de terre et de mer, et soucieux de faire ressortir les progrès qui s'opèrent chaque jour dans cette industrie, de les mettre en relief, plusieurs fabricants ont pensé à se grouper pour former, sous le patronage de la chambre syndicale des fabricants d'équipements militaires, une exposition collective de leurs produits.

Cette exposition puise son intérêt, non seulement de la valeur des produits exposés, mais aussi des maisons et des personnalités qui se sont groupées en collectivité. Aussi nous semble-t-il intéressant de dire quelques mots sur chacun des exposants faisant partie de cette intéressante exposition collective.

ANGLADE. — Successeur de A. Massé et Anglade, maison fondée en 1855, 3, rue Lafeuillade, à Paris. Usine, rue Fontaine-au-Roi.

Boutons, passementeries, broderies pour uniformes, bouclerie, cuivrerie pour équipements militaires.

OBJETS EXPOSES : Vitrine des objets ci-dessus indiqués.

G. BLANCHECAPÉ FILS. — 14 avenue de la République, à Paris. — Fournisseur du Ministère de la Guerre et de la Marine.

Fabricant de mors, étriers, éperons ; — bouclerie et cuivrerie pour équipements militaires.

Usines à Paris et à Augecourt (Ardennes).

OBJETS EXPOSES : — Vitrine de mors, étriers et éperons ; — Bouclerie et cuivrerie pour harnais et brides d'artillerie et pour la cavalerie (officiers et soldats).

C. CALVET. — 97, rue du Cherche-Midi, à Paris, maison de confection à Châteauroux (Indre). Fabricant d'équipements militaires, effets de petit équipement.

OBJETS EXPOSÉS. — Scène militaire : cuisinier en bras de chemise. — Ordonnance : tenue d'exercice. — Lingerie. — Effets de petit équipement.

Alph. CAMILLE jeune. — 21, rue du Château-Landon, Paris. Fabricant de sellerie et harnachements militaires pour la France et l'Étranger. — Fournisseur des ministères de la Guerre, des Finances ; de la télégraphie militaire, des haras nationaux, etc.

OBJETS EXPOSÉS : Scène militaire : cheval de général harnaché en petite tenue. — Vitrine : selle de général, grande tenue.

E. CAUVIN-YVOSE. — Petit-fils et successeur de Yvose-Laurent. — 59, rue de Lyon, à Paris.

Fournisseur des Compagnies de chemins de fer et du ministère de la Guerre.

Tissage, filature et corderie à Saleux-Salouel (Somme).

Usine à Amfreville-la-Mivoie (Seine-Inférieure).

Tentes de campement, d'ambulances ; Tentes abris, coniques, d'excursions, etc. Vente et location.

OBJET EXPOSÉ. — Scène militaire : tente d'officier.

J. CHAUTARD. — 28, rue Château-Landon, à Paris. Équipements et fournitures militaires. — Fabricant et seul fournisseur des casques en liège en usage dans l'armée. — Linge, charpie, produits à pansements. — Fournisseur des hôpitaux de la Guerre, de la Marine et des Colonies.

OBJETS EXPOSÉS. — Vitrine des objets ci-dessus désignés.

L. COLLIN. — 53, rue Jean-Jacques-Rousseau, Paris. Usines à Nantes et à Rennes.

Habillement, chaussure et équipement pour officiers et soldats.

OBJETS EXPOSES. — Scène militaire : cavalier de Saumur, — élève de Saint-Maixent, — télégraphiste, — polytechnicien, — officier de chasseurs à pied, — soldat d'infanterie, tenue d'exercice, — cavalier de remonte, — infanterie de marine, — officier de chasseurs à cheval, — sous-officier d'artillerie, — artilleur avec manteau, — cavalier de dragons avec selle sous le bras.

A. CRÉPIN-CLERY. — 144-146, boulevard Magenta, Paris. Fabricant de petit équipement.

OBJETS EXPOSES. — Scène militaire : cuisinier en bourgeron, — homme de corvée tenant le pied d'un cheval.

DAGRON ET Cie. — 74, rue Amelot, Paris.

Manufacture d'encres et de cire à cacheter. — Encre à marquer le linge résistant à tous les réactifs du blanchissage et s'appliquant sans l'aide du fer chaud. Cette encre a été adoptée par les ministères de la Guerre, de la Marine et des Colonies pour le marquage de tous les effets de grand et de petit équipement et du linge dans les hôpitaux militaires. — Papier mixtionné (autographe Dagron) pour la reproduction sans presse et sans encre d'imprimerie, de l'écriture, des dessins, etc. — Reproduction en noir et en couleurs.

OBJET EXPOSÉ. — Scène militaire : Table du sergent-major et du soldat marquant le linge.

ANATOLE DREYFUS. — 28 rue de Trévise, à Paris.

Fabricant de tissus de laine en tous genres. — Escots et flanelles pour ceintures. — Couvertures. — Tissus divers pour la marine. — Flanelle Tonkin. — Toile amiantine. — Serges à gargousses. — Étamine pour pavillons.

Usine à vapeur à Bernouville (Eure) : tissage à la main à Béthencourt (Nord).

OBJETS EXPOSES. — Divers types des tissus de sa fabrication.

H. DUCHER. — (Maison Gerbeaud). — 44, rue Richelieu, Paris.

Spécialité d'uniformes.

Succursales : 14 boulevard de la République, à Alger ; — rue d'Orléans, à Saumur ; — 28, rue de l'Orangerie, à Versailles.

OBJETS EXPOSES. — Scène militaire : un officier général, — un chef d'escadrons de spahis (aide de camp).

B. FRANCK. — 18, rue Claude-Vellefaux, à Paris.

Fabricant d'équipements militaires. — Fournisseur des effets de toute nature pour les troupes des armées de terre et de mer. — Habillement. — Grand et petit équipement. — Coiffure. — Chaussure. — Selles de cavalerie. — Harnais d'artillerie et des équipages militaires. — Effets de campement. — Tentes. —

Bidons. — Gamelles, — Matériel d'ambulance : brancards, sacs, sacoches d'ambulance, — Appareils brevetés pour le transport des blessés, — Matériel d'écriture et de gymnastique.

OBJETS EXPOSÉS.— Scène militaire : gendarme grande tenue, — train des équipages : brancardier, — cheval d'artillerie. — Vitrine : divers objets.

TH. GIBBES. — à Poure-Saint-Remy, près Sedan, manufacture de draperies.

Draps de troupes et d'administration, —Couvertures de campement et de harnachement.

OBJETS EXPOSÉS. — Draps et couvertures à l'usage des armées de terre et d' mer.

E. HADENGUE. — Fournisseur militaire, 16, rue de Lancry, Paris.

Usine à Béthune, 6, impasse Centrale.

Chemises — Bourgerons, — Pantalons, — Lingerie, — et en général, tout ce qui concerne le petit équipement.

OBJET EXPOSÉ. — Scène militaire : Maréchal ferrant.

Alphonse HELBRONNER et Cie. — 7 Place Levis, à Paris.

Succursales à Rennes, Alger, Oran, Philippeville. Habillement. — Grand et petit équipement. — Coiffure, — Chaussures, — Harnachement. — Campement, — matériel d'artillerie, d'ambulance et d'hôpitaux.

OBJETS EXPOSÉS. — Scène militaire : Pompier en tenue de feu, — Élève de Saint-Cyr et du Prytanée militaire, — Soldat d'infanterie, grande tenue de service, — Maître d'armes, tenue de salle, — Cuirassier, Chasseur à cheval, grande tenue, — Conducteur d'artillerie monte, — Cheval d'artilleur harnache porteur.

HUBERT DE VAUTIER ET FILS. — 111 rue de la République, à Marseille ; — 12, rue Lacuée, à Paris.

Maison fondée en 1846.— Ex-fournisseurs militaires des 11me et 15me corps d'armée ; — fournisseurs d'habillements et d'équipements des grandes administrations de Marseille, de tout le réseau de la Compagnie du chemin de fer de Paris à Lyon et à la Méditerranée ; — des sapeurs-pompiers ; — des agents de la paix ; — des douanes ; — des octrois ; — des lycées ; — des messageries maritimes, de la marine marchande, — Spécialité de vêtements de melton, — Exportation.

OBJETS EXPOSÉS. — Scène militaire : Officier d'infanterie, — Sous-Officier rengagé, — Soldat d'administration, — Soldat d'infanterie, tenue de de sortie, — Artilleur en faction, — Officier, section technique, — Caporal, section technique, — Soldat, section technique.

H. LEFEBVRE ET Cie. — 10, rue Érard, à Paris.

Fournisseur des armées de terre et de mer, — Sellerie civile et militaire, — Matériel de transport pour les troupes aux colonies et les explorateurs, — Voiture métallique, étanche et démontable, système breveté, adopté par le ministère de la Marine et des Colonies.

OBJET EXPOSÉ. — Scène militaire : Un cheval de porteur.

CH. LEVESQUE. — 10 rue du Sentier, à Paris. Négociant. — Fabrique de toiles à Marquette, près Lille (Nord).

Entrepreneur du service des lits militaires en Algérie et Tunisie.

OBJET EXPOSÉ. — Fourniture de lit de soldat.

MARCHAND BIGNON AMMER et Cie. — Anciennes maisons : Trebon * Weblon et Weil * Hartog * Marchand et Cie.

Première fabrique de boutons créée en France par M. Trebon en 1811, possédant les modèles des boutons d'officiers et soldats des armées de tous les pays. — Fournisseurs des adjudicataires des 12e, 13e, 14e, 15e, 16e, 17e, 18e, 19e, corps d'armée, de la gendarmerie,

de la Garde Républicaine, des Pompiers, des Postes et Télégraphes, etc.

Magasins, 11 bis, boulevard Poissonnière. Usine, 246, rue de Bercy.

OBJET EXPOSÉ. — Vitrine de boutons.

OLIVIER DACOSTA ET Cie. — 1, rue Jacques Kablé, Paris, succursales à Alger et Oran. Habillement. — Grand et petit équipement. — Coiffures et chaussures, — Campement. — Harnachement. — Matériel d'artillerie, — Confection pour hôpitaux. — Passementerie civile et militaire.

OBJETS EXPOSÉS. — Scène militaire : Clairon, Chasseur à pied, — Chasseur à cheval monté. — Marin, — Conducteur d'artillerie à pied, — Officier du génie, — Sergent du génie, — Habillement du sergent-major d'infanterie et du soldat marquant le linge. — Vitrine de Passementerie.

Jules SANTONI ET Cie. — 68, rue Saint-Jacques, Marseille, Maisons à Paris et Alger. Fournitures pour la guerre, la marine, les travaux publics, la gendarmerie, les lycées. — Passementeries et dorures pour officiers.

OBJETS EXPOSÉS. — Scènes militaires : Soldat d'infanterie, tenue de campagne, — Homme de corvée avec gamelle. — Hussard. — Sergent-Major 20 laves rengagé.

SAUVAYRE. — 2, rue du Mont-de-Piété à Avignon, — Succursales à Paris, Alger, Bône. Fabrication de petit équipement, — Linge pour les officiers. — Articles de couchage et de campement.

OBJETS EXPOSÉS. — Lits nouveaux modèles.— Vitrine d'effets divers.

SOCIÉTÉ GÉNÉRALE DE FOURNITURES MILITAIRES. — Anciens établissements Alexis Godillot.

Siège social, 54, rue Rochechouart, — Usines 52, 54 et 61 rue Rochechouart, à Paris, — Usines à Bordeaux Toulouse, Nantes, Alger, — Tanneries à St-Ouen.

Représentants dans les principales villes d'Europe. — Fournitures en tous genres pour l'armée et les grandes administrations. — Habillement. — Équipement, — Harnachement, — Chaussure, — Campement, — Cuivrerie et ferblanterie en tous genres.

OBJETS EXPOSÉS. — Scène militaire : Pompier en grande tenue, — Garde républicain, — Tambour, — Dragon, — Zouave, — Turco. — Spahis à cheval, — Chasseur d'Afrique, — Maréchal logis-chef, — Chasseur à cheval, — Gendarme, petite tenue, — Planton chasseur à cheval, — Deux gardes républicains en faction, — Cheval du cavalier de Saumur, — Cheval de gendarme, — Cheval d'artillerie sous verge.

Gustave THIRIET à Raucourt (Ardennes). Fabricant d'articles en fer et en cuivre pour sellerie et équipements militaires français et étrangers.

Dépôt à Paris, 10, rue de Strasbourg, géré par M. Picard. Maison fondée en 1840. Acquéreur des maisons Guitte-Rouy, Warin-Vainquant, Ledant-Loquet, Lallement-Maréchal.

OBJETS EXPOSÉS. — Ferrure, Bouclerie, Cuivrerie pour harnachements militaires. Hâvre-Sacs, Ceinturons, Cartouchières, etc.

Une exposition de vêtements dans des vitrines ou sur des tables, aurait pu soulever d'un intérêt médiocre, mais grâce au concours et au talent de MM. Marius Roy, artiste peintre, Visseaux, sculpteur, Rube, Chapron et Jambon, décorateurs, E. Clicher, tapissier, la représentation d'une scène militaire, reproduite avec une fidélité qui n'exclut pas le sentiment artistique, permet de montrer les objets exposés sous un aspect agréable et de nature à distraire l'œil du Visiteur.

Les exposants, après s'être ainsi groupés pour former leur collectivité, ont élu un Bureau ainsi composé :

MM. HELBRONNER, Président ;

GODDEFROY, Vice-Président,
Administrateur délégué de la Société générale de Fournitures militaires ;

COLLIN, Trésorier ;

DACOSTA, Secrétaire.

COMPAGNIE GÉNÉRALE DES ASPHALTES DE FRANCE

117 et 119, quai de Valmy, PARIS.

PROPRIÉTAIRE UNIQUE DES MINES D'ASPHALTE DE SEYSSEL

(Concession du 9 fructidor an V, reconstituée par décret du 8 mai 1888).

PAVILLON  D'EXPOSITION

En face de l'entrée nord — **de la halle des machines**

COTÉ DE L'AVENUE — **DE LA BOURDONNAIS.**

Directeur : M. H. DELANO. — Léon MALO, Ingénieur Conseil

La Compagnie générale des asphaltes de France fondée en 1855 est la créatrice de l'industrie asphaltique en France : une notice insérée, groupe 5 classe 44, donne sur le rôle qu'elle a eu dans cette création des renseignements détaillés. Nous nous bornerons à indiquer les principales applications de ses produits; applications dont la presque totalité est due à son initiative et mise en pratique d'après ses procédés.

APPLICATIONS DE L'ASPHALTE EN NATURE
(COMPRIMÉ).

On emploie aujourd'hui à la construction des chaussées un mélange en proportions variable, selon les cas, de minerai asphaltique provenant des mines de Seyssel (France) et de celle de Ragusa (Sicile). Par la similitude de leur bitume d'imprégnation, tous deux très fixes, le grain sec et fin de l'asphalte de Seyssel, atténuant l'excès de bitume de celui de Sicile, l'union de ces deux matières fournit une surface homogène, remarquablement tenace et résistant parfaitement à la circulation énorme des rues de Paris. Il offre au plus haut point les qualités requises pour ce précieux système, introduit en France par la Compagnie, dès 1856 et, depuis, si répandu, non seulement dans les rues de Paris, mais encore dans la voirie des principales villes de province et dans la plupart des capitales étrangères. Insonore, toujours propre, absorbant les trépidations de la rue au grand profit des immeubles riverains, l'asphalte comprimé a, sur le bois, l'avantage d'une imperméabilité absolue qui en fait la chaussée hygiénique et anti-épidémique par excellence.

L'asphalte comprimé est employé depuis quelques années, par un procédé breveté au nom de la Compagnie, comme un absorbant des vibrations des machines. On l'a même utilisé avec plein succès pour amortir les trépidations des marteaux-pilons

APPLICATION DE L'ASPHALTE EN MASTIC.

Le mastic d'asphalte de Seyssel doit sa renommée, non seulement à la nature unique du minerai employé, mais aussi aux soins particuliers et aux appareils perfectionnés usités dans sa fabrication. Ses applications sont aujourd'hui extrêmement nombreuses.

A l'état pur on s'en sert pour les chapes de casemates et de ponts, pour le dallage des capsuleries et poudrières, pour assécher les murs des édifices construits sur des terrains humides, pour isoler les véhicules de fluide électrique, pour préserver les sols d'usines où doivent s'écouler des eaux acidulées. Pour tous ces usages délicats l'emploi du mastic de Seyssel est indispensable à l'exclusion de tous autres.

Mélangé de sable, ce mastic sert à la construction des trottoirs. Il a sur le ciment de nombreux avantages, parmi lesquels la rapidité de sa pose qui permet de livrer en une demi-heure la surface à la circulation, et la faculté qu'il a de pouvoir se réemployer indéfiniment, par une simple refonte dans un peu de bitume. On a trouvé également de grands avantages à l'employer comme ignifuge dans le revêtement des planchers exposés à l'incendie; le coffre-fort de la Compagnie est en mastic d'asphalte mélangé de cailloux. On peut voir au pavillon de la Compagnie (en face de l'entrée de la grande Halle des machines, côté des Invalides) nombre d'échantillons des diverses applications du mastic d'asphalte aux brasseries, aux silos (il est inattaquable aux rongeurs), aux dallages des vacheries et écuries (il est insensible à l'action du purin), aux fondations de machines à trépidation, etc., etc.

Des notices imprimées et renseignements verbaux y sont donnés à toutes les personnes que le sujet intéresse et la Compagnie se fait un plaisir de leur faciliter la visite des mines où s'extrait la matière première (voir la notice).

La Compagnie ne saurait trop prémunir les personnes qui veulent exécuter des travaux sérieux et durables, contre les artifices des imitateurs de l'asphalte de Seyssel. Ces procédés de contrefaçon sont tellement nombreux, et parfois tellement habiles, qu'il n'existe plus d'autre moyen efficace d'obtenir de véritable asphalte de Seyssel que d'exiger sur les pains de mastic la marque de fabrique reproduite en tête de cette notice. — Des explications détaillées et précises seront données sur ce sujet à toute personne qui voudra bien venir les demander au Pavillon de la Compagnie, au Directeur ou à son représentant.

SULZER FRÈRES

WINTERTHUR (Suisse)

Ateliers de Construction mécanique, Fonderie, Fabrique de chaudières à vapeur, etc.

FONDATION ET HISTORIQUE. — Fondé en 1834, l'établissement, alors une petite usine, a commencé à travailler avec 12 ouvriers; en 1850 il en occupait 136. Pendant les vingt premières années, la maison a presqu'exclusivement travaillé pour les besoins de l'industrie suisse, alors très florissante. La faveur qu'obtenaient ses produits exactement et soigneusement exécutés, augmenta sa clientèle de manière qu'en 1858, un agrandissement du triple devint nécessaire et que le nombre des ouvriers fut porté, en 1860, au chiffre de 450. Après avoir, déjà en 1854, commencé à construire des machines à vapeur, la maison a inauguré en 1867, la fabrication d'un nouveau type de machines à vapeur, c'est-à-dire des machines à soupapes dont la première fut exposée, par la maison Sulzer frères, à l'exposition universelle de Paris, de 1867, et obtint une médaille d'or. Par ce succès, la renommée de l'établissement fut établie à l'étranger; le débouché était ouvert et étendu, et en 1870, le nombre des ouvriers avait dépassé le chiffre de 1000.

Pendant les dix années suivantes, l'exploitation de certaines spécialités a de nouveau exigé un agrandissement des ateliers, de sorte qu'en 1880, le nombre des personnes occupées dans l'établissement avait atteint le chiffre de 1.250.

EXTENSION ACTUELLE. — Maintenant au commencement de l'année 1889, l'établissement occupe, en y comprenant sa succursale de Ludwigshafen-sur-Rhin, 2.050 personnes, dont 1.300 travaillent dans les usines mécaniques et 750 personnes dans la fonderie.

L'espace total du terrain exigé par les installations actuelles, est de 92.000 m², dont une surface de 34.500 m² est couverte par les bâtiments. La production a augmenté de la sorte que, pour citer un exemple, les ateliers mécaniques ont produit, dans le courant de l'année 1888, des machines pour un poids approximatif de 5.800 tonnes, tandis que la production de la fonderie, qui travaille aussi pour tiers, était d'environ 5.200 tonnes.

En ce qui concerne les spécialités principales, l'établissement a produit dans le courant de l'année 1888; *machines à vapeur:* 213 pièces, représentant la force de 18.500 chevaux, d'un poids total de 2.800 tonnes; *chaudières à vapeur:* 237 pièces, représentant une surface de chauffe de 6.100 m², d'un poids total de 1.100 tonnes, *chauffage à vapeur:* 108 installations pour un cube total de 457.000 m³, et d'un poids de 710 tonnes.

SPÉCIALITÉS. — La construction des machines à vapeur est actuellement la spécialité principale. En 1867, la première machine à soupapes quitta les usines, et provoqua une révolution complète dans la construction des machines à vapeur fixes; à côté du type Corliss, le système à soupapes est actuellement presqu'exclusivement adopté. C'est l'établissement de MM. Sulzer frères qui, depuis 1877, a également donné une nouvelle impulsion au système Compound pour les machines fixes, comme il a également introduit, en 1887, le système à triple détente pour les machines du même type.

MM. Sulzer frères ont livré, jusqu'au commencement de l'année 1889, sans compter les autres systèmes, 1.160 machines à soupapes d'une force total de 95.870 chevaux, du nombre des ouvriers cités plus haut, 700 sont exclusivement occupés à la construction des machines à vapeur. A la fabrication de ces machines est jointe la construction de locomobiles, de machines pour bateaux à vapeur, de machines hydrauliques, de machines d'extraction, de transmissions et de chaudières à vapeur.

Comme seconde branche principale, la maison Sulzer frères s'occupe des installations de chauffage central et de ventilation. La maison établit, des installations de teintureries, d'ateliers de blanchiment et d'apprêt. En 1877 elle a entrepris la fabrication de machines frigorifiques, d'après le système Linde.

Dans la même année, la maison Sulzer frères a introduit dans le monde technique le système du percement hydraulique des roches, système Brandt.

Pour toutes ses nombreuses spécialités, la maison Sulzer frères occupe, dans son bureau technique, 90 personnes, dont 50 ingénieurs, et tient par conséquent, à la disposition de sa clientèle, un personnel qui est à même de résoudre, d'une manière parfaite, toutes les questions techniques ayant rapport aux spécialités de la maison.

La maison Sulzer frères a obtenu les distinctions suivantes:

1857 à Berne: médaille d'or. — 1867 à Paris: 2 médailles d'or. — 1873 à Vienne: diplôme d'honneur, 2 médailles de progrès etc. — 1876 à Philadelphie: diplôme. — 1878 à Paris: grand prix, 2 médailles d'or. — 1882 à Buenos-Ayres: médaille d'or. — 1883 à Zurich: hors concours. — 1887 à Milan: diplôme d'honneur de 1re classe.

G. DAVERIO, Ingénieur

à ZURICH (Suisse).

NOTIONS HISTORIQUES. — La substitution de la mouture graduelle du blé à la mouture par meules, par l'introduction des cylindres, s'est successivement répandue de la Hongrie, son lieu d'origine, sur presque tous les autres pays du monde, où elle a bouleversé l'ancien système, et conséquemment provoqué l'installation ou la transformation d'une quantité considérable de moulins.

Parmi les ingénieurs qui se sont les premiers préoccupés de cette question et lui ont fait faire les plus rapides progrès, nous pouvons, sans crainte d'encourir le reproche de prodiguer à tort nos éloges, citer M. G. Daverio, de Zurich, l'un des fondateurs des ateliers de constructions mécaniques universellement connus d'Oerlikon. M. G. Daverio créa sa maison actuelle en 1876, pour se consacrer spécialement à la fabrication des moulins à trois cylindres cannelés ou lisses de son invention, et ensuite à l'installation et à la transformation des moulins par l'application de son système de mouture qui réalise, dans une perfection absolue, des résultats surprenants comme travail et comme rendement.

DÉVELOPPEMENT & IMPORTANCE DE LA MAISON.
— Dès l'origine, l'usine fabriquant exclusivement les moulins du système G. Daverio, fut organisée d'une façon assez importante, puisqu'on relève déjà à sa fondation, un mouvement de 50 ouvriers. Ce nombre s'est graduellement accru, avec une rapidité remarquable, et dans une proportion telle qu'il dépasse aujourd'hui 600 ouvriers, et comprend, en outre, une quarantaine de monteurs et de chefs meuniers qui vont au dehors installer et faire fonctionner les appareils, sans compter les ingénieurs et le personnel dirigeant attaché à la maison principale de Zurich.

PRODUCTION. — Cet accroissement de personnel étant la conséquence immédiate d'un accroissement considérable dans les affaires,

M. G. Daverio fut obligé de s'assurer, il y a quelques années, la production d'une seconde usine, non moins vaste que la première où s'opère la construction de toutes les machines autres que les moulins à cylindres.

Depuis ce moment, la maison a pris une extension très marquée : car, tandis que la vente se chiffrait, en 1877, par une trentaine de machines, elle s'est accrue d'année en année de façon que les deux usines opérant simultanément, livrent mensuellement **plus de 400 machines et appareils de meunerie**

Les moulins français et étrangers qui ont adopté les machines et le procédé de M. G. Daverio, sont au nombre de plus de 650, tous installés ou transformés par lui.

On peut compter que la production de tous ces moulins, variable d'ailleurs de 50 à 1650 quintaux métriques par jour suivant leur importance, — dépasse au total **dix millions de kilogrammes** de blé réduit en farine, par 24 heures.

Au point de vue du chiffre d'affaires, on peut suivre d'année en année une progression correspondante, depuis l'époque où ces ateliers ont commencé à fonctionner d'une façon normale, — soit depuis 1882, — jusqu'à ce jour.

	Montant des commandes exécutées
1882...................	500,000 fr.
1883...................	800,000
1884...................	1,000,000
1885...................	1,500,000
1886...................	2,000,000
1887...................	2,500,000

Enfin, en 1888, on avait atteint, au premier novembre, le chiffre énorme de 3,500,000 fr.

— Ainsi dans une période de *sept* années, la production a presque décuplé, et les commandes enregistrées jusqu'à ce jour, annoncent, pour 1889, un rendement encore bien plus considérable.

PROGRÈS RÉALISÉS. — La qualité maîtresse des appareils de M. G. Daverio est de ne demander qu'un minimum de force permettant de moudre un *tiers* de plus, en moyenne, par 24 heures qu'avec l'ancien système. Cette qualité trouve surtout une application avantageuse dans l'installation des petits moulins auxquels les transformations successives des grandes usines ont porté un tort considérable. La situation critique des petits industriels répartis sur tout notre territoire, appelait, en effet, l'attention, et il fallait absolument leur procurer les moyens de lutter contre les produits de nos grandes minoteries sans cependant leur demander plus de sacrifices que ne le permettait leur importance relative. — C'est pour répondre à ce besoin que M. G. Daverio a combiné ces appareils simples, solides, ne prenant que peu de force pour leur fonctionnement, et dont l'emplacement restreint permet, la plupart du temps, de faire l'installation du nouveau système sans démonter les anciens beffrois, et sans arrêter la marche du moulin.

Ingénieur de mérite, innovateur infatigable, M. G. Daverio a fait de cette étude de la mouture graduelle, sa préoccupation constante. C'est qu'en effet, les conditions que doit remplir un bon appareil à cylindres sont si complexes et si multiples que la perfection n'a pu y être atteinte qu'à la suite de transformations successives apportées laborieusement par une étude continue, et une longue expérience. Aussi l'on peut dire que M. G. Daverio a doté la meunerie d'un appareil parfait, *le moulin à trois cylindres*, que l'on peut, sans aucune exagération, appeler le *moulin-type*. Cette machine a pour avantage d'exiger une force moindre et de faire un travail plus efficace que le moulin à deux paires de cylindres ordinaires, grâce à un distributeur particulier qui permet de faire simultanément deux passages tout à fait distincts comme dans les moulins à quatre cylindres. La construction se trouve ainsi de beaucoup simplifiée, et, d'un autre côté la force motrice dépensée est beaucoup moindre.

Les appareils de M. G. Daverio sont construits avec les plus grands soins et avec des matières premières de qualité supérieure; l'attention du constructeur s'est surtout portée à en rendre la conduite aisée et à réduire à la dernière limite la force requise pour chacun d'eux. Les perfectionnements dont ils étaient susceptibles leur ont été appliqués, en un mot l'on peut dire que tout ce qui sort de ses ateliers est *simple, solide, marche bien* et *à peu de frais*.

DÉBOUCHÉS. — Jusqu'en 1884, la plus grande partie des moulins de M. G. Daverio ont été fournis en Angleterre qui ne compte pas moins, à l'heure actuelle, de 189 usines pourvues exclusivement de ces machines. En France, les premiers établissements qui adoptèrent ces appareils furent les importantes maisons de MM. Vachon père, fils et Cie (Lyon), Léon Lavie, (Marseille et Constantine), et Autissier fils (Marseille).

Mais les appareils de M. G. Daverio, non plus que le système de mouture qu'ils réalisent, n'ont en eux rien qui les localise et ne leur permettent pas de s'appliquer partout et sous toutes les latitudes. Aussi des débouchés nombreux se sont-ils rapidement créés dans l'un et l'autre continent. Aussi M. G. Daverio a-t-il été obligé d'installer des **succursales** et des **représentants accrédités** à Paris, Autun, Lyon, Marseille, Alger, Milan, Turin, Naples, Erfurth, Moscou, Odessa, Barcelone, Bilbao, Santander, Valladolid, Séville, Lisbonne, etc.

RÉCOMPENSES. — Cet accroissement rapide et ces succès sont dus à l'excellence du système innové, à la perfection des appareils, à leur construction irreprochable. Aussi, M. G. Daverio, a-t-il, dans toutes les expositions et concours, obtenu les succès les plus éclatants et les moins contestés, ayant réuni l'unanimité des suffrages de tous les jurys de récompenses. Nous citerons entre autres :

Diplômes d'honneur et médailles de première classe à Sydney (1880), Melbourne (1881), Zurich (1883), Odessa (1884), Paris (1878, 1885, 1886), Augsbourg (1886), Milan (1887). — En 1885, médaille de vermeil de la Société des Agriculteurs de France. Enfin, à la dernière exposition internationale de Barcelone (1888), M. G. Daverio a obtenu une médaille d'or.

M. G. Daverio est membre de l'Académie Nationale de Paris.

D'ESPINE, ACHARD & Cie

INGÉNIEURS-CONSTRUCTEURS.

52, Quai de la Marne, PARIS

Anciens Établissements QUÉTEL-TRÉMOIS.

Médailles aux Expositions de 1855, 1867, 1878.

Exposition au Palais des Machines, classes 52, 53, 57 et 63.

CLASSE 57. MACHINES-OUTILS POUR LE TRAVAIL DU BOIS, PARQUETERIE ET MENUISERIE MÉCANIQUE. — La construction des **Machines à travailler le Bois** est la branche la plus importante de l'industrie qu'exploitent à Paris, MM. D'Espine Achard et Cie; elle était déjà exploitée dans la même usine par leur prédécesseur **M. Quétel-Trémois,** qui s'était acquis depuis 30 ans une juste renommée dans cette branche spéciale. Ses successeurs ont largement profité de son expérience et des résultats acquis; mais ils se sont surtout attachés à apporter de nouveaux perfectionnements à leurs types de machines, et ont créé un grand nombre de types nouveaux pour répondre à tous les besoins actuels de la **scierie et de la menuiserie mécanique.** L'importante **parqueterie de La Villette,** qu'exploitent MM. D'Espine Achard et Cie, à côté de leur **Atelier de Construction des Machines,** leur a fourni un champ d'expériences des plus utile pour réaliser constamment de nouveaux progrès.

Scieries verticales, horizontales, circulaires; scies à ruban; raboteuses à une ou plusieurs faces; toupies; moulurières; parqueteuses; dégauchisseuses; tennonneuses; mortaiseuses, etc. forment la partie principale de l'album de machines de MM. D'Espine Achard et Cie, également connus pour leurs types spéciaux et appréciés de **machines à trancher,** et de **machines à dérouler** le bois. L'emplacement restreint d'une exposition n'a permis d'exposer que quelques machines choisies parmi celles qui ont subi ces dernières années le plus de perfectionnements; la **grande parqueteuse,** façonnant le bois sur 4 faces à la fois est particulièrement à signaler, ainsi qu'un nouveau système d'outils à molettes, breveté s. g. d. g., pour la reproduction de tous profils de moulures et contre-moulures; ce nouveau genre d'outils s'applique à une **tennonneuse à disques,** et à une nouvelle **machine à moulures** à 3 faces spéciale pour la **fabrication mécanique des portes et fenêtres.**

CLASSE 63. NOUVEAU PAVAGE HEXAGONAL, **en bois debout breveté s. g. d. g.** — Ce nouveau **pavage hexagonal,** qui est appliqué aux diverses expositions de MM. D'Espine Achard et Cie, est une des fabrications spéciales de leur parqueterie. Il a déjà reçu d'importantes applications, parmi lesquelles nous citerons le pavage des préaux du Lycée Voltaire de la ville de Paris. Il s'applique aussi bien aux pavages extérieurs, qu'aux pavages intérieurs, remplaçant avantageusement dans ce dernier cas les parquets sur bitume. Une application importante est celle de ce pavage aux **écuries.** Une autre non moins intéressante est son emploi comme **pavage isolateur** pour chambre d'électricité.

CLASSE 53. MACHINES A SCIER LES PIERRES DURES, **par procédés nouveaux.** — Ces machines à scier la pierre dure sont basées sur l'emploi du **diamant** comme agent désagrégateur de la pierre; cet agent utilisé depuis fort longtemps pour le travail de la pierre, n'avait pas jusqu'ici été appliqué avec succès au **sciage.** Les machines à scier la pierre dure étudiées et construites par MM. D'Espine Achard et Cie donnent des résultats remarquables, produisant un avancement de sciage 10 à 15 fois supérieur à l'avancement ordinaire de la lame dans l'ancien procédé de sciage au grès. Ce nouveau procédé de sciage s'applique aux **pierres les plus dures,** telles que le granit, la pierre de volvic, le porphyre, le jaspe, etc.

MM. D'Espine Achard et Cie construisent des **scieries à pierres, à lames verticales, horizontales et circulaires,** qui fonctionnent industriellement dans plusieurs usines, notamment à la scierie des carrières de Bucey-les-Gy (Haute-Saône), à la scierie de pierres du boulevard Baille, à Marseille, à la scierie de MM. Combes, Houy, Delalleu et Cie à Souppes (Seine-et-Marne).

CLASSE 52. COMPTEURS D'EAU SCHMID, POUR ALIMENTATION DE CHAUDIERES, **breveté s. g. d. g.** — Le compteur d'eau Schmid pour alimentation de chaudières, dont MM. D'Espine Achard et Cie sont les concession-naires en France, a obtenu, en 1883, la **médaille d'or,** au concours de la **Société Industrielle de Mulhouse** pour le meilleur **compteur d'eau d'alimentation.** Son emploi depuis lors est devenu général en Allemagne, en Suisse, en Italie; en France le compteur Schmid est également fort répandu, et son emploi prend de jour en jour plus d'extension à mesure que les industriels se rendent compte de l'intérêt qu'ils ont à connaître le rapport qui existe entre leur vaporisation et leur consommation de charbon. — Le compteur d'eau Schmid est en effet le seul compteur d'eau pouvant fonctionner industriellement avec les eaux les plus chaudes, et dont les résultats à l'usage aient été pleinement satisfaisants.

On verra fonctionner le compteur Schmid aux principales batteries de chaudières de l'Exposition notamment aux générateurs de MM. Davey Paxman et Cie, de Nayer et Cie, Roser, Cie Hacock, Weyher et Richemond, Dayde et Pille, de la Cie de Fives-Lille, etc., etc.

CLASSE 52. COMPTEURS D'EAU SCHMID, POUR DISTRIBUTION D'EAU DANS LES VILLES, **breveté s. g. d. g.** — Ce nouveau compteur d'eau, dû également à M. Schmid, est aussi construit en France par MM. D'Espine Achard et Cie. C'est le plus exact, le plus simple et le plus robuste compteur de distribution d'eau, construit jusqu'à ce jour. — Sa simplicité est extrême, il ne contient que 2 organes en mouvement; ce sont deux pistons ou balanciers oscillants, se commandant réciproquement par leur propre distribution, et engendrant chacun exactement le volume d'eau qu'il déplacent. — L'absence de toute garniture en cuir ou caoutchouc, est une des causes et conditions de sa bonne marche, et lui permet de fonctionner plusieurs années sans aucune réparation.

CLASSE 63. COURROIES MÉTALLIQUES, **système Liebermann, breveté s. g. d. g.** — Ces courroies fabriquées en fil d'acier de toute première qualité sont employées de préférence à toutes autres comme courroies de **transporteurs** et d'**élévateurs,** dans un grand nombre d'industries : transporteurs de déblais pour travaux publics, transporteurs de charbons, de sable, de blé, etc., transporteurs et élévateurs de betteraves dans la sucrerie. En outre elles s'emploient comme courroies de transmission dans un grand nombre de cas, notamment partout où par suite de la température, de l'humidité ou d'autres circonstances, on ne peut employer la courroie en cuir. MM. D'Espine Achard et Cie qui sont les fabricants exclusifs en France de la courroie métallique ont fabriqué en 1886 une courroie de ce système ayant les énormes dimensions de 1 m. 20 de largeur et 650 m. de longueur, destinée au transporteur de déblai d'un terrassier à vapeur. Ces courroies métalliques s'emploient, suivant les usages à l'état nu, ou bien garnies de caoutchouc.

CLASSE 63. TUYAUX RACCORDS FLEXIBLES A BLINDAGE MÉTALLIQUE, **système Vernaudon, D'Espine et Achard, breveté s. g. d. g.** — Ces tuyaux-raccords flexibles s'appliquent aux canalisations de refoulement des travaux de dragage, où il est indispensable de relier entre eux les tronçons de canalisations par de véritables genouillères permettant à la conduite de s'infléchir et de s'orienter en tous sens. — Ces tuyaux-raccords flexibles ont été expérimentés depuis 3 ans aux importants chantiers de MM. Vernaudon frères, entrepreneurs des travaux d'amélioration du port de Bordeaux et ont depuis été appliqués avec le même succès dans beaucoup d'autres chantiers de dragage; citons entre autres les chantiers de MM. Vignaud, Barbaud et Blandeuil et de MM. Baratoux Letellier au Canal de Panama; ceux de MM. Villetel et Chaumont à Macau (Gironde); de la Cie de Fives-Lille aux grands travaux de Port Arthur; de la Cie de construction des Batignolles; de MM. Thomas Figée, entrepreneurs à Harlem (Hollande), etc., etc. — MM. D'Espine Achard et Cie sont les seuls fabricants de ces tuyaux flexibles à blindage métallique, et se tiennent à la disposition de MM. les entrepreneurs pour toutes expériences. — Ces tuyaux-raccords flexibles se construisent en toutes dimensions de 0m,30 à 0m,60 de diamètre, et peuvent être essayés sous des pressions de 6 atmosphères.

GREENWOOD & BATLEY, Limited

INGÉNIEURS-MÉCANICIENS
ALBION WORKS, à LEEDS (Angleterre).

Agent pour la France : Emile TRIPONÉ, 35, rue de Rome, PARIS.

MÉDAILLE D'OR A L'EXPOSITION UNIVERSELLE DE PARIS EN 1878.

Les ateliers de construction mécanique de MM. Greenwood et Batley, Limited, peuvent être cités comme un des exemples les plus frappants de l'habileté mécanique et de la science pratique qui caractérisent certains constructeurs anglais.

Cette maison a été fondée en 1856 par feu M. Thomas Greenwood, de concert avec M. John Batley, et installée en premier lieu dans East street, à Leeds ; mais l'accroissement rapide de ses affaires l'obligea bientôt à transférer ses usines sur un autre emplacement plus spacieux et surtout mieux approprié à son genre de fabrication, — et l'établissement actuel construit, il y a environ 28 ans, sous le nom d'Albion Works, est en train encore de subir divers agrandissements.

Ces usines occupent une superficie de 11/2 hectares, avec façade sur Armley Road, et sont desservies, par derrière, par un quai très commode sur le canal de Leeds à Liverpool, et par un embranchement spécial sur le Great Northern Railway.

Les bâtiments comprennent d'abord la fonderie principale, mesurant 11 m. 5 sur 11 m. 5, et une autre fonderie plus petite de 20 m. sur 15 m., — toutes deux pourvues de cubilots et de ponts-roulants, capables de rouler des pièces de 30 tonnes ; — leur production par semaine est de 90 à 100 tonnes de moulages, dont la plus grande partie consiste en petites pièces très ouvragées.

A proximité de la fonderie se trouve le magasin des modèles, bâtiment à 3 étages, mesurant 31 m. sur 11 m. 5.

Les principaux ateliers de construction et de montage sont bâtis d'après la forme d'un T, dont la branche longitudinale mesure 111 m. 5 sur 22 m., et la branche transversale 51 m. 5 sur 23 m.; — chaque bâtiment est à 2 étages.

La force motrice est donnée par 2 machines à vapeur horizontales et à condensation, d'environ 120 chevaux de force chacune, et par toute une série de petites machines à vapeur à grande vitesse ; — tous les ateliers sont desservis par de puissants engins de levage, ponts-roulants et autres grues.

L'atelier qui est en bordure sur Armley Road est à 2 étages et mesure 38 m. sur 6 m. 75, — et dans le centre du rectangle formé par tous les divers ateliers, se trouve encore un bâtiment carré de 21 m. de côté, dont le rez-de-chaussée sert d'atelier, et dont le 1er étage est occupé par le modelage et par les bureaux de dessin.

La forge principale comprend 30 feux et est outillée avec divers systèmes de marteaux-pilons, moutons et autres engins de forgeage.

Dans la seconde cour se trouve une rangée de bâtiments, mesurant 101 m. 25 sur 10 m. 75, et servant de magasins, d'atelier de menuiserie, etc.; — de plus, une petite forge de 30 m. 5 sur 9 m., et une fonderie spéciale pour le cuivre et la fonte malléable, mesurant 11 m. sur 9 m.

Enfin, le côté droit de cette seconde cour est occupé par un grand atelier de 85 m. 5 sur 16 m. 75, servant comme atelier de montage pour les plus grosses machines construites par l'usine, et desservi dans toute sa longueur par un pont-roulant de 25 tonnes, actionné par sa propre paire de machines ; — tous les gros outils qui fonctionnent dans cet atelier sont commandés par une machine à grande vitesse, système Armington-Sims.

La surface totale couverte par tous ces divers ateliers et ceux en construction, sera d'environ 4 hectares, et on y emploie actuellement de 1500 à 1600 ouvriers.

La fabrication des usines Greenwood et Batley, Limited, est des plus variées, et tout en construisant tous les genres de machines-outils pour travailler les métaux et le bois, la majeure partie de cet établissement est occupée à la production de machines spéciales et diverses, *pour la fabrication des canons, fusils, munitions de guerre, affûts, torpilles, spécialités industrielles.*

Tout d'abord, nous citerons les machines à vapeur, système *Armington-Sims*, à grande vitesse, si appréciées pour actionner les Dynamos pour l'éclairage électrique, la transmission de force électrique, la galvanoplastie, etc ; — les chaudières inexplosibles, système *Stoffaerk*.

Puis, les machines pour le découpage, l'emboutissage, l'étirage et le forgeage des métaux, entre autres pour faire les boulons, les écrous et les rivets, sans déchet, — ainsi que pour la fabrication des cartouches de guerre et de chasse et des grosses douilles pour canons à tir rapide.

Ensuite, les scies à ruban et les scies circulaires pour scier à froid les métaux ; — les machines à essayer la résistance des matériaux ; — les machines automatiques à fabriquer et à finir les vis à bois et à métaux ; — les machines à tailler les fraises, les forets hélicoïdaux, les engrenages coniques et hélicoïdaux, les roues droites et de vis sans fin, les dents de segments inertes, les limes etc.; — les machines à affûter les fraises, les forets tors, les scies à ruban et circulaires, et autres outils, au moyen de meules d'émeri, etc., etc.

La maison Greenwood et Batley est concessionnaire de diverses machines brevetées d'une réputation bien connue et réunissant tous les perfectionnements réalisés dans ces dernières années, pour *moulins à huiles* d'après le système Anglo-Américain, et pour *moulins à farine* d'après le système à cylindres, « *Buckholz* ».

C'est ainsi que depuis 3 ans environ, les diverses huileries qu'elle a installées tant en Angleterre que sur le Continent, les Indes et les Colonies, sont à même d'écraser plus de 150,000 tonnes de graines oléagineuses par an.

Un des départements les plus intéressants de cet établissement, au point de vue de la mécanique de précision, est celui où on fabrique la torpille « Whitehead » ; — Il occupe à lui seul un espace de 2 135 mètres carrés, son outillage ne comporte que des machines de précision, et ses ateliers sont éclairés à la lumière électrique.

Pour essayer et régler ces torpilles Whitehead, la maison Greenwood et Batley a installé, sur les rives du lac de Lindley Wood, près Otley, un atelier d'ajustage et des pontons pour les lancer à l'eau, — et comme ce lac s'étend sur une longueur de plus d'un mille anglais et a une profondeur d'environ 15 mètres, c'est donc un champ de tir des mieux appropriés pour régler ces engins sous-marins avant de les livrer.

Il nous reste à mentionner les compteurs à eau, système *Rour* ; — les machines à imprimer ; — les machines à coudre les chaussures, les harnais et les courroies de transmission ; — les machines à découper les draps ; — les machines spéciales pour les mines, et enfin, une branche importante de leur fabrication, celle des machines à nettoyer la soie, à peigner et filer la bourre de soie, la schappe, etc., — ainsi qu'à ramollir, peigner et tisser le China-grass et la Ramie.

On peut donc dire que les usines de MM. Greenwood et Batley Limited, constituent le plus grand établissement du genre en Angleterre, — et grâce à l'esprit pratique et à l'initiative des Directeurs de cette maison, qu'on les envisage au point de vue des Arts de la paix, ou comme un établissement pour la construction du matériel de guerre, les usines d'Albion Works, à Leeds, offrent certainement un des exemples les plus frappants de ce que peut l'esprit d'entreprise en Angleterre.

SOCIÉTÉ INTERNATIONALE D'ÉCLAIRAGE
PAR LE GAZ D'HUILE,
162, RUE ORDENER, PARIS.

La *Société Internationale d'Éclairage par le gaz d'huile* a été fondée en 1882, dans le but d'exploiter différents brevets relatifs à la production et à la compression du gaz riche au moyen d'appareils perfectionnés, et à l'emploi de ce gaz pour l'éclairage des voitures de chemins de fer, tramways, etc., ainsi que pour l'illumination des bouées, des phares et des balises.

Elle est actuellement au capital de 1.080.000 francs, représentés par des actions entièrement libérées.

La Société construit ses appareils dans les ateliers qu'elle a installés à Paris, 162 rue Ordener, où se trouve également son siège social.

Les premières années de la fondation de la Société, ont été absorbées par les efforts qu'elle a dû faire pour démontrer l'efficacité de ce nouveau système, mais depuis ces dernières années, les applications ont pris un grand développement ; et le chiffre annuel d'affaires de la Société se monte actuellement à environ 1.250.000 francs.

Les applications faites à la date du 1er janvier 1889 comprenaient :
l'éclairage de 31.000 voitures de chemins de fer ;
— — 177 bouées ;
— — 62 phares ou balises ;
— — 4 feux-flottants ;
— — 138 usines, dont 95 pour les chemins de fer, 16 pour les ports et 27 pour l'éclairage d'établissements particuliers ou de villes.

Eclairage des voitures de Chemins de fer. — Ce mode d'éclairage contitue un progrès évident sur tous les autres systèmes, par l'amélioration de la lumière, les facilités d'exploitation, et l'économie qui en résulte. Chaque voiture emporte, comprimé à 7 k^{os} l'approvisionnement de gaz suffisant pour l'éclairage de la voiture pendant une durée de 20 à 40 heures, selon le nombre et la capacité des réservoirs.

Depuis les nouveaux perfectionnements apportés à l'agencement des lanternes, par suite de l'emploi de brûleurs intensifs, on arrive à donner, avec une consommation de 24 litres de gaz riche, une lumière égale à un bec carcel environ.

Bouées, Phares et Balises. — Ce n'est que depuis quelques années seulement, qu'on éclaire les bouées, qui jusqu'alors ne pouvaient rendre de services que de jour.

Les bouées lumineuses sont construites en tôle soudée, étanches au gaz sous une pression de 10 à 11 k^{os} ; on les charge d'ordinaire à 7 k^{os} ; leur capacité varie entre 2 ^{m3} 500 et 16 ^{m3} ; sous la pression initiale de 7 k^{os}, elles contiennent donc 17 ^{m3} 500 à 112 ^{m3} de gaz, et ont une durée d'éclairage qui varie entre 35 et 155 jours consécutifs.

Les lanternes employées sur les bouées sont de 2 types, l'une avec optique de 200 ^{m}/$_{m}$,
consomme de 22 à 24 litres à l'heure, elle a une intensité de 4 à 5 becs 1/2, et donne une portée comprise entre 5 et 6 milles.

Le second type de lanterne est muni d'une optique de 300 ^{m}/$_{m}$ et on lui fait consommer généralement de 27 à 31 litres ; elle a dans ces conditions une intensité de 8 becs 1/2 à 10 becs, et une portée de 8 milles 1/2 à 11 milles.

On n'emploie cette lanterne que pour les bouées de 7 ^{m3} 500 et au-dessus.

La nature du feu peut avoir un caractère particulier ; scintillement, coloration, etc..

Les phares ou balises sont construits d'après les mêmes principes, mais on augmente, selon les besoins, le débit du brûleur et la puissance de l'appareil lenticulaire.

Ce système présente des avantages exceptionnels en permettant d'installer des feux sur des récifs ou des bancs qui ne découvrent pas et en évitant la nécessité d'y maintenir des gardiens.

USINES. — Les usines qui servent à produire le gaz riche employé à ces différents éclairages, sont établies suivant la quantité de gaz à produire par 24 heures.

Les usines les plus faibles peuvent fabriquer et comprimer 20 ^{m3} par 24 heures, celles destinées à alimenter les voitures de chemins de fer, peuvent dans le même temps fournir 600 ^{m3}, cette puissance de production pouvant encore être augmentée si cela était nécessaire.

L'Exposition de la Société Internationale comprend plusieurs types de bouées avec lanternes munies d'optiques de 200 ^{m}/$_{m}$ et d' 300 ^{m}/$_{m}$; une balise sur pieds à vis portant son réservoir et ayant une lanterne avec optique de 375 ^{m}/$_{m}$; une petite usine du type affecté au service des bouées, enfin les appareils qui servent à l'éclairage des voitures.

Différents modèles de voitures avec l'éclairage au gaz sont exposés par les Compagnies de chemins de fer.

Un régulateur spécial a également été appliqué par la Société d'Éclairage, dans le but de permettre l'emploi de l'air comprimé pour le soufflage du verre. Ce même appareil peut aussi servir à régulariser l'air comprimé pour les sirènes, ou autres instruments analogues.

RÉCOMPENSES. — La Société Internationale a reçu à toutes les Expositions où ses appareils ont figuré, les plus hautes récompenses :
Grande Médaille d'or : Moscou 1872. — Médaille de progrès : Vienne 1873. — Médaille d'or : St-Pétersbourg 1875. — Médaille d'or : Londres 1877. — Médaille d'or : Cincinnati 1881. — Médaille d'or : Bordeaux 1882. — Diplôme d'honneur : Exposition Maritime du Havre 1887. — Médaille d'or : Barcelone 1888. — Diplôme d'honneur : Exposition de Sauvetage, Paris 1888.

ETABLISSEMENT THERMAL
DE VICHY

A 6 heures de PARIS, par la ligne Paris-Lyon-Méditerranée.

PROPRIÉTÉ DE L'ÉTAT.

Administration centrale : 8, B^{ard} Montmartre, PARIS.

Cette station célèbre, dont la réputation est aujourd'hui répandue dans le monde entier, attire chaque année une affluence énorme de baigneurs français et étrangers. Les corps médicaux de tous les pays ont rendu en toute occasion le plus éclatant témoignage à la merveilleuse puissance curative des eaux de Vichy. — Les principales sources de l'État sont : **la Grande Grille, le Puits Chomel, l'Hôpital, Lucas, les Célestins, le Parc, Mesdames, Hautrive**.

Un mot sur chacune de ces sources et ses applications en médecine :

Grande Grille. — Elle contient une grande quantité de bicarbonate de soude. Elle est par conséquent très active. Elle ne communique à l'estomac aucune sensation trop vive et se digère sans effort.

Elle est, avant tout, indiquée dans les affections du foie, dans les engorgements des viscères abdominaux, et surtout contre les coliques hépatiques. Son efficacité est remarquable contre ces terribles souffrances. Des malades, qui avaient des crises presque quotidiennes, partent absolument guéris après une cure de trois semaines.

Puits Chomel — Elle est la plus chaude des eaux de Vichy et légèrement sulfureuse. Elle est surtout recommandée aux personnes atteintes de la gorge ou des bronches. On l'utilise en pulvérisations et en gargarismes. Elle se boit souvent avec du lait, du thé ou des sirops.

L'Hôpital. — Elle contient 5 grammes de soude par litre. — Cette source opère de véritables résurrections dans les maladies de l'estomac et des intestins. — La dyspepsie, sous presque toutes ses formes, est victorieusement combattue par l'eau de la source de l'Hôpital.

Célestins. — Cette source est prescrite contre la gravelle urique et les coliques néphrétiques qui l'accompagnent, contre la goutte et le diabète, et les maladies chroniques des voies urinaires.

Le Parc. — Cette source convient parfaitement pour combattre les troubles gastriques de peu d'importance et stimuler les fonctions du tube digestif.

Mesdames. — L'association du bicarbonate de soude et de l'arsenic, dans cette source, la rend précieuse aux tempéraments débilités qui ont besoin d'une médication fortifiante, spécialement dans le cas d'adynamie, de chlorose, d'appauvrissement général.

Hauterive. — Cette source est située à quelques kilomètres de Vichy, au milieu d'un parc magnifique. Elle est très riche en minéralisation. Elle est ordonnée dans les maladies de l'estomac et de l'appareil urinaire.

Indépendamment de la vertu de ses Eaux, Vichy attire aussi par le charme de son séjour. La ville est dans un site délicieux, sur les bords de l'Allier, dont le cours, à cet endroit, est magnifique. — Les environs sont très pittoresques et offrent aux baigneurs toutes sortes d'excursions charmantes. La ville présente toutes les ressources désirables. Les magasins sont nombreux et parfaitement pourvus, les hôtels très réputés pour leur confortable et la modération de leur prix.

Un splendide **Casino**, dépendant de l'établissement thermal, s'élève au centre même de la ville, au milieu d'un vaste parc, promenade favorite des baigneurs. Il est ouvert du 15 mai au 15 septembre. Les divertissements de toutes sortes s'y succèdent sans interruption : concerts, bals, représentations théâtrales. Chaque saison, quelques-uns des artistes les plus célèbres de Paris viennent s'y faire entendre.

Les personnes que leur éloignement ou leur position de fortune mettent dans l'impossibilité de venir à Vichy, peuvent y suppléer par l'usage des eaux en boisson et par des bains préparés avec des sels extraits des eaux aux sources mêmes et vendus par la Compagnie. Ils obtiennent ainsi un traitement presque semblable à celui qu'ils auraient à Vichy.

La caisse de **50** bouteilles (emballage compris), coûte à Paris **35** fr., à Vichy **30** fr. Les sels préparés pour les bains coûtent **1** fr. **25** le rouleau (un rouleau par bain).

La Compagnie vend aussi des pastilles d'un goût très **agréable**, fabriquées avec les sels extraits des sources, et d'un effet certain contre les aigreurs, et digestions pénibles. Boîtes de **1** fr., **2** fr. et **5** fr.

La Compagnie fermière de l'Établissement thermal a obtenu de nombreuses récompenses à toutes les Expositions.

Grenade Harden.

Grenade Harden.

PROTECTION CONTRE LE FEU

PAR LA

Grenade Extincteur HARDEN

LONDRES : *111, Cannon Street.*

PARIS : *Anciennement, 22, rue des Capucines.*
Actuellement, 98 bis, boulevard Haussmann.

LA GRENADE EXTINCTEUR HARDEN

qui a obtenu les plus hautes récompenses aux principales Expositions, consiste en un flacon bleu, en verre mince ; il suffit de le projeter dans le foyer d'une cheminée ou de tout autre foyer d'incendie de manière à le briser. Le liquide, en se répandant sur le feu, se volatilise et les gaz qui en résultent ont la propriété de se rendre instantanément maître des flammes les plus intenses. Le liquide comme le gaz sont absolument inoffensifs pour les personnes et les objets.

EXTINCTEUR INSTANTANÉ

HARDEN SINCLAIR

Système DICK

adopté par les Grandes Compagnies de Chemins de fer.

Envoi gratuit, sur demande, de Prospectus et Catalogues

La Lumière BEACON portative pour l'éclairage des chantiers à ciel ouvert

Extincteur DICK

A main, N° 3.

Extincteur DICK

A dos, N°s 4, 5, 6.

SOCIÉTÉ ANONYME
DES
CHANTIERS & ATELIERS DE LA GIRONDE

Siège social à Paris, 56, rue de Provence.
Chantiers & Ateliers à Bordeaux (La Bastide).

La Société anonyme des chantiers et ateliers de la Gironde, fondée en 1882, exploite depuis le 1er mai de la même année les chantiers de constructions maritimes créés à Bordeaux par MM. Bichon frères.

Ces chantiers sont situés au centre d'une population considérable d'ouvriers spéciaux : ils sont dirigés par M. Le Belin de Dionne, directeur des constructions navales de la marine militaire en retraite, assisté de Monsieur Baron, ingénieur du même corps, sous-directeur, chef des travaux, et de chefs de chantiers et ateliers, sortant, pour la plupart, des écoles de maistrance de la marine. Ils sont admirablement outillés pour les constructions de coques ; leurs relations avec l'usine du Creusot qui leur fournit la majeure partie des matériaux et des machines et appareils qu'ils emploient, le personnel de choix qu'ils occupent, font qu'ils réunissent, tant au point de vue du matériel, qu'au point de vue du personnel, les meilleures conditions qu'il soit possible de trouver pour la bonne exécution des travaux qui leur sont confiés.

Ils peuvent entreprendre tous travaux de constructions maritimes et livrer, complètement armés, les navires de commerce et de guerre de tous rangs qui leur seraient commandés, Cuirassés compris.

Les chantiers de la Société de la Gironde comptent parmi les plus importants de France.

En effet, depuis sa fondation en 1882, la Société a livré :

A la marine militaire française :

Le cuirassé d'escadre le *Requin*, de 88m25 de longueur et de 7200 tonneaux de déplacement ;

Le transport hôpital le *Vinh-Long*, de 105m de longueur et 5775 tonneaux de déplacement ;

Le transport de troupes la *Gironde*, de 105m de longueur et 5800 tonneaux de déplacement ;

Le croiseur de 3e classe à grande vitesse le *Troude*, de 95m de longueur et 1880 tonneaux de déplacement ;

Le croiseur le *Lalande* de même type et dimensions que le précédent :

A l'industrie privée :

Les deux paquebots le *Château-Margaux* et le *Château-Yquem* l'un et l'autre de 116m de longueur et de 6120 tonneaux de déplacement : ces deux paquebots emménagés avec le plus grand luxe étaient destinés à faire le service de transport de passagers et de marchandises : la marine militaire les a classés dans la catégorie des croiseurs auxiliaires.

Puis divers petits navires, du matériel flottant, et enfin ils ont exécuté des réparations dont il n'y a pas lieu de donner ici le détail.

La Société des chantiers et ateliers de la Gironde a sur ses chantiers, au moment où s'ouvre l'Exposition, un croiseur rapide pour la marine militaire française, des torpilleurs et divers petits navires.

Les chantiers, qui ont une superficie de 97,000 mètres carrés sont compris entre la Garonne et le chemin de fer d'Orléans auquel ils sont reliés par un embranchement qui leur appartient : Sous diverses constructions et divers hangars qui présentent une surface couverte de 9570 mètres carrés sont placés les machines outils, les forges, les ateliers à bois, etc, qui sont desservis par 8 locomobiles et des machines fixes d'une force totale de 125 chevaux.

Les cales de construction, au nombre de quatre, sont en pierres ; elles sont desservies par les nombreuses voies ferrées qui sillonnent le chantier et par des ponts roulants à vapeur. Ces cales ont 103, 121, 125 et 127 mètres de longueur, mais elles peuvent être prolongées bien au delà. En plus de ces quatre cales il existe une avant cale permettant de lancer des bâtiments de 1200 tonneaux environ, et, sur le fleuve devant les chantiers, un appontement relié au quai par des passerelles, pour l'achèvement et l'armement des navires après leur mise à l'eau et pour les réparations qui sont confiées à la Société.

L'effectif du personnel ouvrier, qui varie avec l'importance des travaux, peut facilement être porté à 2000 hommes, quand les travaux l'exigent.

A l'exception de quelques unes d'entr'elles qui seront remplacées au fur et à mesure des besoins, toutes les machines outils sont neuves et présentent tous les perfectionnements apportés à l'outillage des grands chantiers pendant ces dernières années.

A l'Exposition maritime du Havre de 1887, la seule à laquelle la Société des chantiers et ateliers de la Gironde se soit présentée, elle a obtenu une médaille d'or.

ÉCLAIRAGE ÉLECTRIQUE par Arc et Incandescence.

LAMPE à ARC, brevetée S. G. D. G.

TRANSMISSION DE FORCE. — MÉCANIQUE DE PRÉCISION

L. BARDON,

61, boulevard National, à CLICHY (Seine).

Comme l'industrie qu'elle exploite, la maison L. Bardon est de fondation récente, puisqu'elle n'a été fondée qu'en janvier 1887. Deux années lui ont suffi pour prendre rang parmi les usines qui ont entrepris l'éclairage électrique des villes, des ateliers, des chantiers de constructions, etc., et la transmission de la force à distance. Dans ce court espace de temps, ses affaires ont cru avec une telle rapidité que son fondateur a dû songer à réaliser successivement quelques agrandissements.

La maison L. Bardon fabrique spécialement les lampes à arc du système Bardon, breveté s. g. d. g. Les rhéostats de lampes, les douilles, commutateurs, coupe-circuits,

et, en un mot, tout l'outillage de l'éclairage électrique.

La superficie occupée par les ateliers est de 600 mètres carrés.

Déjà des perfectionnements importants ont été successivement apportés aux appareils qui font la spécialité de la maison; notamment aux lampes à arc. Aussi, toute jeune qu'elle est, cette maison qui n'a encore pris part qu'à deux concours importants y a été fort distinguée et a obtenu, dans chacun d'eux, une médaille d'or, à savoir: à l'exposition des Bières françaises (Paris, 1887) et à l'exposition de Sauvetage et d'hygiène (Paris, 1888).

THIBOUT FRÈRES

FABRIQUE DE VOITURES

4, Passage Lathuile, 4, PARIS.

Ateliers de Construction, Usine à Vapeur, rue des Grandes-Carrières, 22

FONDATION. — La maison Thibout n'est pas de fondation récente. Elle est actuellement dans sa soixante-neuvième année d'existence. Depuis 1821 sa fabrication fonctionne sans un instant d'arrêt, et en prenant un développement normal, conséquence nécessaire de ses procédés, de l'excellence de son outillage, du choix intelligent de son personnel et de l'assiduité de sa direction.

Son premier directeur, M. Thibout père, avait abordé les difficultés du début avec la ferme intention de rechercher le succès dans les progrès qu'il pouvait réaliser; et dès le premier moment il voulut se procurer une clientèle solide, et se l'attacher en lui inspirant une sécurité absolue dans la qualité de sa production. C'est ainsi qu'il sut créer à sa maison une tradition dont elle ne pourrait pas se départir. Son bon renom, fortement assis au bout de quelques années, lui permit d'étendre ses affaires. D'importantes commandes lui parvinrent; et bientôt les grosses demandes affluèrent au point de l'obliger à se restreindre à la Commission.

En 1871, MM. Thibout frères succédèrent à leur père. Pendant dix ans ils continuèrent la fabrication dans les mêmes ateliers. Mais en 1881, ils durent, pour donner satisfaction à leur clientèle, agrandir leur établissement dans des proportions considérables. Ils installèrent de nouveaux ateliers, 22, rue des Grandes-Carrières, sur une superficie de 2200 mètres.

PRODUCTION. — Ces ateliers sont exclusivement consacrés à la fabrication des voitures de commerce, et outillés de façon à le faire dans tous ses détails. La force motrice y est installée et se distribue dans toutes les parties des ateliers.

Les ateliers de charronnage exécutent la manipulation des gros œuvres en entier. C'est dans les forges de la maison que sont faits tous les travaux en fer. Enfin l'établissement possède les ateliers de peinture et de sellerie qui complètent l'organisation générale de cette industrie. De la sorte MM. Thibout frères peuvent répondre de toute leur fabrication, puisqu'elle se fait tout entière sous leurs yeux.

Dans ces conditions ils ont pu réaliser une fabrication vraiment supérieure. Les qualités exigées par les transports commerciaux: la légèreté nécessaire à la rapidité de ces transports, la solidité qu'ils réclament sans exclure le cachet d'élégance qui répond aux exigences modernes, sont de rigueur dans leur fabrication; aussi les types qui sortent de leurs ateliers se présentent-ils avec les apparences et les garanties requises par les industriels et les commerçants.

IMPORTANCE. — Nous avons dit que les ateliers installés rue des Grandes-Carrières occupent une superficie de 2200 mètres. Un personnel nombreux y est occupé constamment.

NOMBREUSES & IMPORTANTES RÉFÉRENCES

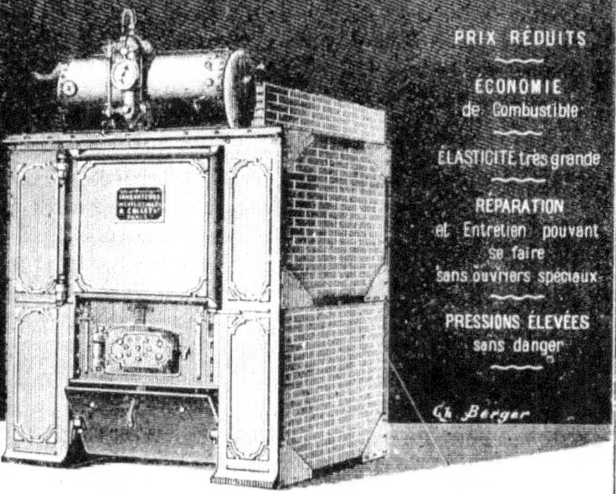

INSTALLATIONS DANS L'EXPOSITION :

FONDERIES & FORGES DE L'HORME

Compagnie Anonyme. Capital : 5.500.000 fr.

SIÈGE SOCIAL : 8, Rue Victor-Hugo, LYON.

CHANTIERS DE LA BUIRE-LYON.

Ateliers de constructions créés en 1846.

Matériel roulant de chemins de fer : **Voitures** à voyageurs, **Wagons** à marchandises. **Tramways**, etc.

Travaux métalliques : charpentes, ponts, etc.

Tonnellerie mécanique. **Charronnage**, **Menuiserie** en tous genres.

Constructions mécaniques, spécialités :

Métiers à tisser pour la soie et les tissus fins. (Système perfectionné Laeserson et Wilke).

Métiers à velours. (Système Charbin).

Métiers à filer la soie. (Système L. Camel).

Machines à teindre. (Système Corron).

Machines à gaz « Simplex » (Système Delamarre-Deboutteville et Malandin).

Gazogènes (Système Leneauchez), pour l'alimentation des machines à gaz.

Construction exclusive et privilégiée des :

Générateurs à vaporisation instantanée. (Système Serpollet), et leurs applications.

Tricycles et voitures routières à vapeur, dites « Serpollettes. »

Eclairage électrique, moteurs domestiques, etc.

USINES DE L'HORME

près Saint-Chamond (Loire).

1° FONDERIE.

Grosses pièces mécaniques jusqu'à 120 tonnes.

Pièces de petites et moyennes dimensions en tous genres.

2° FORGES.

Fers et Aciers laminés de toutes qualités, petits et moyens profils.

3° ATELIERS DE CONSTRUCTION.

Grands travaux de **Construction** mécanique en tous genres.

Toutes machines pour mines et usines métallurgiques.

Pompes élévatoires, machines d'épuisement, machines soufflantes, etc.

Marteaux-Pilons, trains de laminoirs.

Construction privilégiée des :

Machines à vapeur, (Système Bonjour), différents types de toutes puissances.

Machines à gaz « Simplex » Système Delamarre-Deboutteville et Malandin.

Machines à agglomérés ovoïdes.

4° HAUTS-FOURNEAUX DU POUZIN (Ardèche).

Toutes les variétés de fonte pour affinage et moulage.

Fontes ordinaires et fontes extra-fines.

Récompenses obtenues aux principales Expositions :

15 MÉDAILLES OR et ARGENT.

Représentant à Paris : M. Max. JOUFFRET, Ingénieur, 32, Place St-Georges.

Voir la Notice.

CONSTRUCTION DE MACHINES.

E. W. WINDSOR

Ingénieur-Constructeur, à ROUEN.

MAISON FONDÉE EN 1840.

FOURNISSEUR DES MANUFACTURES DE L'ÉTAT

et des Administrations Municipales.

Spécialité pour construction de Machines élévatoires
pour Distribution d'Eau.

Machines verticales à Balancier à deux Cylindres,
à Détente variable et à Condensation.

Machines horizontales Compound, système Tandem ou autres.

Machines horizontales à Cylindre unique

Détente variable par régulateur, brevetée S. G. D. G.,
de Hall & Windsor.

Détente variable par régulateur & à Déclic, brevetée S. G. D. G.
Régulateur Proell.

Moteurs hydrauliques.

Turbines systèmes Larger, brevetées S. G. D. G.

Transmissions de Mouvement en tous genres.

Volants & Poulies à gorges pour Câbles.

Volants & Poulies pour Courroies.

Engrenages, Arbres. Chaises, Paliers graisseurs, etc.

ÉTUDES, DEVIS D'INSTALLATIONS COMPLÈTES.

Renseignements sur demandes.

FOURNITURES GÉNÉRALES POUR MOULINS

BUREAUX : 8 rue du Louvre.
MAGASINS : 39, rue Jean-Jacques Rousseau.

MAISON FONDÉE EN 1837
DIPLOME D'HONNEUR : PARIS 1885
(Exposition spéciale de Meunerie).

SOIES A BLUTER

(1re force et qualité supérieure).

1° Gazes jaunes et blanches, fortes, largeur 0 m 58 c/m

2° Gazes blanches double force, largeur 0 m 86 et 1 m 02 c/m

3° Gazes blanches triple force, largeur 1 m 02 c/m

En pièces. — 1/2 pièces. — Coupons.

En garnitures confectionnées avec accessoires de pose.

En garnitures confectionnées et posées par les soins de la Maison.

OUTILLAGE DIVERS

Tôles rapes et découpées.	Bascules au 10° et Balances à fléau.
Toiles métalliques fer ou laiton.	Presses à plomber et Plombs à sacs.
Toiles épointeuses fil rond ou fil carré.	Sondes à blé et à farine.
Zinc à alvéoles pour trieurs.	Brouettes frêne, roues en fonte.
Marteaux à rhabiller tout acier.	Balais et Brosses crin.
Manches à rhabiller.	Burettes et Lampes diverses.
Régulateurs en fonte.	Graisseurs en Verre.
Godets en peau, tôle ou ferblanc.	Courroies 1re Qualité, en cuir et en chanvre.
Boulons à écrous tête plate fendue.	Boutons de courroies.
Moufles tendeurs pour courroies.	Pinces à sacs à ressort.
Peaux pour Sasseurs à semoules, etc.	Pinces à mâchoires pour la corde, etc.

TARIFS GÉNÉRAUX ET CATALOGUES ILLUSTRÉS
sont envoyés sur demande

HUILES & GRAISSES
MATÉRIEL INDUSTRIEL. — ÉCLAIRAGE ÉLECTRIQUE.

COMMISSION. —— EXPORTATION.

MACHINES POUR LES APPRÊTS DES TISSUS.

GROSSELIN Père & Fils

CONSTRUCTEURS B^{tés} S. G. D. G.

SEDAN

Elbeuf 1862	Société d'Encouragement 1887
MÉDAILLE D'ARGENT.	**MÉDAILLE DE PLATINE.**
Reims 1876	Barcelone 1888
MÉDAILLE DE VERMEIL Ire CL.	**MÉDAILLE D'OR.**
Paris 1878	Bruxelles 1888
MÉDAILLE D'ARGENT.	**MÉDAILLE D'OR.**

Spécialité de Laineuses à chardons métalliques, à énergie variable, B^{tés} S. G. D. G. en France et à l'Étranger, pour draperies en tous genres et pour tissus de laine peignée, coton, soie, etc. — Laineuses à mouvement alternatif, système Martinot B^{tés} S. G. D. G. — Tondeuses à 2, 3 ou 4 cylindres pour tous tissus. — Fouleuses à maillets à ressorts pneumatiques, B^{tés} S. G. D. G. — Fouleuses cylindriques, Épeutisseuses, Décatisseuses, Sécheuses-rameuses, etc.

S.-L. DULAC

Ingénieur-Constructeur,

PARIS. 74. rue des Boulets. 74. PARIS.

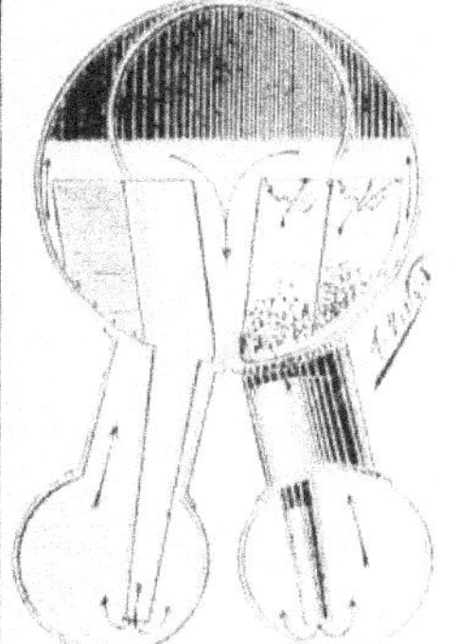

CHAUDIERE A VAPEUR INEXPLOSIBLE

à volume d'eau variable,

Chauffage et Combustion méthodiques.

Rendement : Onze kilos de vapeur
par kilo de houille pure.

FOYER FUMIVORE A COMBUSTION GRADUELLE.

GRILLE SECTIONNELLE

Écart 6 $^{m/m}$ entre barreaux, section vide 50 %

Traitement rationnel et préventif
des incrustations.

SOUPAPE DE SURETÉ A COMPENSATEUR.

Limitant la pression, fonctionnant sans choc.

INDICATEUR BALANCE

Enregistrant le niveau d'eau dans les chaudières.

CONDENSEUR par SURFACES

Épurant et régénérant l'eau d'alimentation.

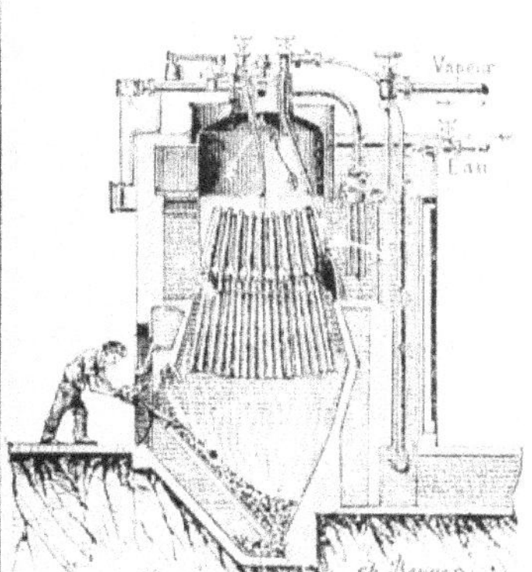

JOINT MINÉRAL

d'usage universel.

SERVICE DE LA FORCE MOTRICE A L'EXPOSITION
GROUPE I

Près de l'Avenue Suffren.

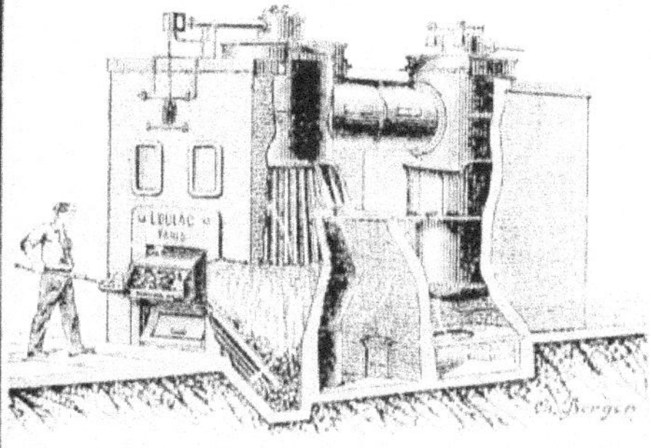

MEDAILLE : Exposition 1878.
DIPLOME D'HONNEUR : Exposition 1883.

POMPES BROQUET

121, Rue Oberkampf, PARIS

POUR TOUS USAGES

180 MÉDAILLES & DIPLOMES D'HONNEUR
aux Expositions et Concours

Plans et Devis pour toutes installations et pour toutes profondeurs.

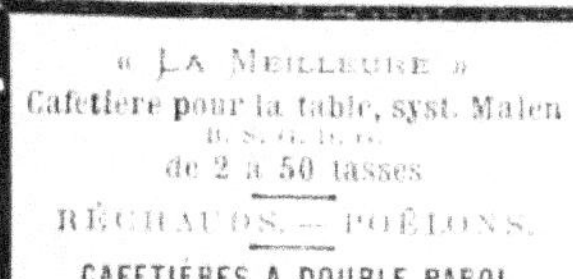

Pompe à double effet, débit depuis 3,000 litres à l'heure.

Pompe à double effet pour arrosage

« LA MEILLEURE »
Cafetière pour la table, syst. Malen
B. S. G. D. G.
de 2 à 50 tasses

RÉCHAUDS. — POÊLONS.

CAFETIÈRES A DOUBLE PAROI
Dites Percolateurs
De 1 à 500 litres , pour Bars, Cafés,
Hôtels, Yachts, Vapeurs, etc.
Téléphone.
Classes 41 et 66.

Anciennes Maisons SIRY et Cie
J. MALEN et Cie, MALEN et DÉGLISE
DÉGLISE
PARIS, 6, rue Oberkampf, PARIS
CAFETIÈRE A CIRCULATION
Tube mobile pour la Table et afos, etc.
« LA MEILLEURE »
Cafetière
BREVETÉE S. G. D. G.
L. M.
MARQUE DÉPOSÉE

NOUVEL
Appareil culinaire multiple
portatif
Breveté S. G. D. G.

Adopté par le Ministre de la Marine,
la Préfecture de la Seine,
les Sapeurs-Pompiers de Paris, etc.

ENVOI DU PROSPECTUS SUR DEMANDE

Se méfier des contrefaçons.

Seul fournisseur breveté et agréé des Ministres de la Guerre et de la Marine, de la Marine Royale Italienne, de l'Intérieur, de la Préfecture de la Seine, de Sir W. Armstrong, Mitchell et Cᵒ (Newcastle), des Cies de Chemin de fer d'Orléans, de l'Est, des Bouillons Duval , etc.

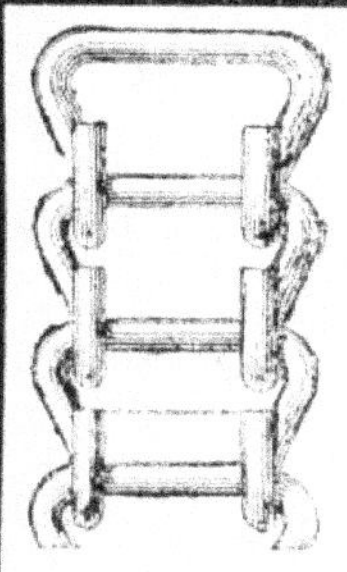

CHAINES GALLE ET VAUCANSON

FABRIQUE SPÉCIALE
33, rue de l'Orillon, 33, PARIS

CH. SEBIN

FOURNISSEUR DE LA MARINE

Chaînes à Aiguilles pour Apprêteurs d'Étoffes,
Chaînes Galle pour Bancs à étirer et Ascenseurs.
Chaînes à Godets et à Lacets de toutes dimensions
sur Dessins et Échantillons.

CATALOGUE GRATUIT

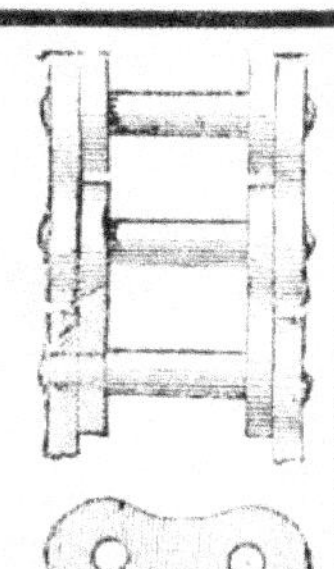

PRESSES A HAUTE DENSITÉ
Fixes ou locomobiles, fonctionnant à bras ou au moteur
PRESSES AGRICOLES
pour compression de Fourrages, Coton, Laine, Jute, Alfa, Tabac, Houblon et toutes matières encombrantes
PRIX D'HONNEUR ET LES PLUS HAUTES RÉCOMPENSES DANS TOUTES LES EXPOSITIONS DEPUIS 25 ANS
J. WOHL
INGÉNIEUR-CONSTRUCTEUR
9, BOULEVARD DENAIN, PARIS
Bureau de Commandes et de Renseignements : 33, Rue Doudeauville, PARIS
LES PLUS SIMPLES
à installer
LES PLUS FACILES
à faire fonctionner
LES PLUS RESISTANTES
à l'usure
LES PLUS DURABLES
25 ANNÉES
de succès constant
affirment
leur supériorité
MODÈLES
suivant les applications
FONCTIONNANT
depuis plus de 20 ans
dans la plupart des
magasins de fourrages
de l'Armée
ADOPTÉES
par la
Compagnie Générale
des Omnibus de Paris
etc.
ATELIERS
à SAINT-DENIS (Seine)

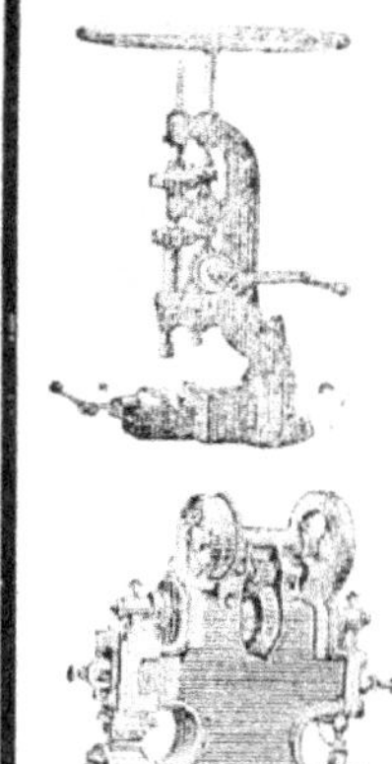
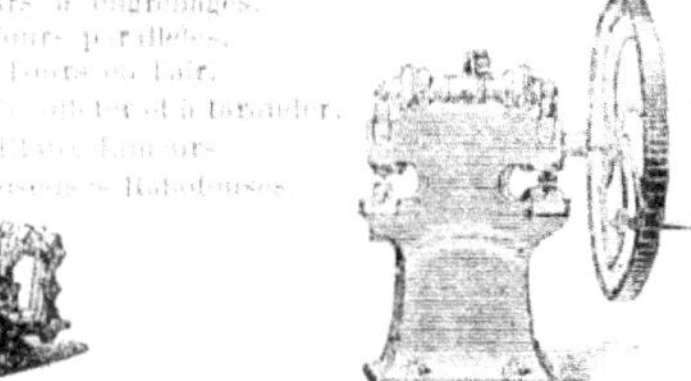

ATELIERS DE CONSTRUCTIONS MÉCANIQUES
Ancienne Maison H. LEFEBVRE, fondée en 1851.
MONGIN-MONNERET
INGÉNIEUR-CONSTRUCTEUR à ALBERT (Somme)
Médailles aux Expositions de Paris 1867 et 1878.
FABRICATION SOIGNÉE & GARANTIE
SPÉCIALITÉ DE MACHINES-OUTILS
Pour travailler les métaux.
MACHINES SUR DESSINS.
MONTAGE
D'USINES, TRANSMISSIONS, PALIERS, CHAISES, POULIES, ETC.
Machines à percer, têtes
tournantes.
Machines à percer à colonne.
Machines à percer, radiales.
Machines à tarauder.
Machines à cintrer.
Poinçonneuses - Cisailles
simples et doubles
à retour rapide
brevetées s. g. d. g.
Machines à fraiser
horizontales et verticales.
Raboteuses - Cisailles
simples et doubles,
à bras et à engrenages.
Tours-toupies tournant au pied,
à bras et au moteur.
Tours à engrenages.
Tours parallèles.
Tours en l'air.
Tours à chariot à fileter et à tarauder.
Étaux limeurs.
Mortaiseuses - Raboteuses.
Envoi franco de l'Album sur demande.

Médailles d'Or a Bruxelles et à Barcelone 1888.

SPÉCIALITÉS BREVETÉES DE LA MAISON.

Tubes de Bancs à Broches système Mason et Tubes ordinaires, avec blindage protecteur en acier étamé ou en cuivre aux extrémités.

Brochettes de Bancs à Broches avec pivot en bois de Buis ou en métal.

Bobines de continus à curseur pour le filage de la chaine et **Cannettes** pour le filage de la trame, avec blindage protecteur aux extrémités.

Bobines de continus à curseur pour doublage, avec blindage protecteur aux extrémités.

Cannettes ordinaires de toutes dimensions, avec extrémités protégées par Blindages métalliques.

Bobines a plateaux, garnies d'un cercle en acier étamé empêchant les deux parties des plateaux de se disjoindre.

Fabrique à TODMORDEN, prés MANCHESTER.

Pour Prix et Échantillons, s'adresser

à T. F. WILSON & CLYMA, 40, Rue de la Gare, LILLE.

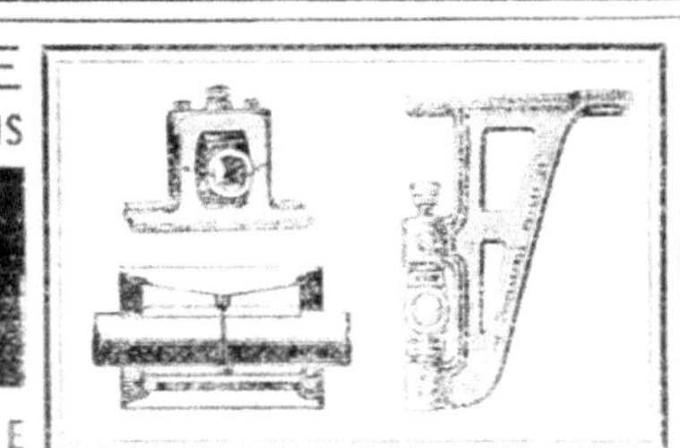
THE "UNBREAKABLE" PULLEY Co.

50 PER CENT. SAVED IN THE
50 POUR CENT D'ÉCONOMIE DANS

TRANSMISSION OF POWER.
LES TRANSMISSIONS DE FORCE MOTRICE.

Specialties
SPÉCIALITÉS, CHACUNE

Each perfect of its kind
PARFAITE EN SON GENRE.

Swivel Bearings
PALIERS A ÉMERILLON

Universal Couplings,
ACCOUPLEMENTS UNIVERSELS

Sensitive Drills,
ALÉSOIRS SENSIBLES

Tool Bars,
PORTE-OUTIL

Tool Smiths' Forges,
FORGES SERVANT A LA CONFECTION D'OUTILS

Shell Reamers
FRAISES POUR CORPS DE POULIE

WELLS UNBREAKABLE PULLEYS

65, OGDEN St-ARDWICK. MANCHESTER, ENGLAND.
65, OGDEN, St-ARDWICK, MANCHESTER, ANGLETERRE.

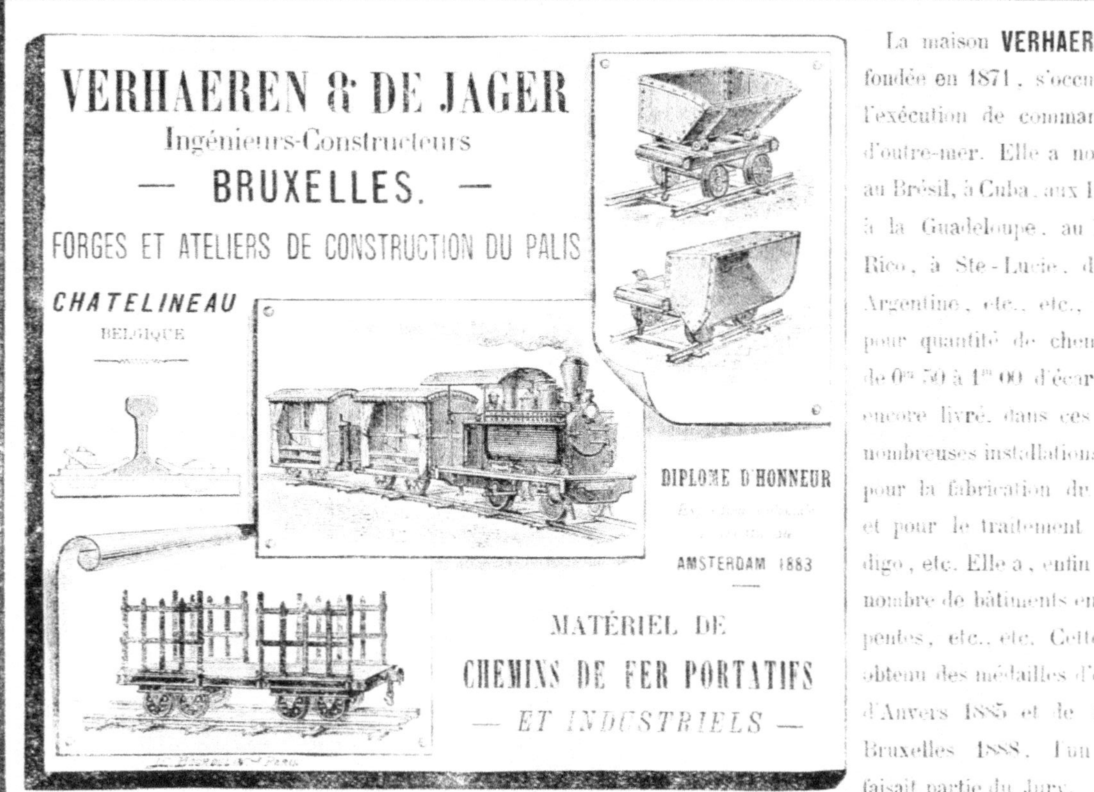

La maison **VERHAEREN & DE JAGER**, fondée en 1871, s'occupe spécialement de l'exécution de commandes pour les pays d'outre-mer. Elle a non-seulement fourni au Brésil, à Cuba, aux Indes Néerlandaises, à la Guadeloupe, au Mexique, à Porto-Rico, à Ste-Lucie, dans la République Argentine, etc., etc., le matériel complet pour quantité de chemins de fer à voie de 0^{m}50 à 1^{m}00 d'écartement, mais elle a encore livré, dans ces différents pays, de nombreuses installations complètes d'usines pour la fabrication du sucre de cannes, et pour le traitement du café, de l'indigo, etc. Elle a, enfin, exécuté un grand nombre de bâtiments en fer, ponts, charpentes, etc., etc. Cette maison a encore obtenu des médailles d'or aux Expositions d'Anvers 1885 et de Barcelone 1888. A Bruxelles 1888, l'un de ses membres faisait partie du Jury.

J. LEVÈQUE & CIE

Ateliers de Constructions Mécaniques et Métalliques,
Fonderie. Chaudronneries. Forges.

HERSTAL. — LIÉGE (BELGIQUE).

Générateurs à Vapeur. — Chaudières à foyer extérieur de tous systèmes. — Chaudières à foyers intérieurs. — Chaudières à tubes Galloway. — Chaudières multitubulaires, locomobiles et autres. — Chaudière à tube d'eau breveté. — Chaudières verticales démontables. — Chaudières Field.

Réservoirs. — Citernes. — Gazomètres. — Bateaux. — Barges à clapets. — Caissons pour fondations. — Portes et vannes d'écluses.

Ponts et passerelles. — Ponts tournants, ponts basculants. — Chevalements. — Estacades.

Charpentes de toute construction. — Halles. — Gares et Marchés couverts.

Machines à Vapeur avec ou sans détente ; simples ou Compound. — Machines demi-fixes. — Locomobiles. — Treuils et grues à vapeur. — Pompes à vapeur. — Compresseur d'air. — Régulateurs Cosinus.

Riveuses Pneumatiques — Système Allen pour ponts, charpentes, réservoirs et chaudières ; pour travail d'usine et chantier de montage.

Appareils pour Malteries et Brasseries — Maltage pneumatique système Galland.

Appareils pour Distilleries et Sucreries.

Matériel d'Entrepreneurs. — Grues à bras et grues à vapeur. — Wagonnets culbuteurs. — Dragueurs. — Excavateurs. — Sas à air et chambres de travail pour fondations à l'air comprimé.

Matériel fixe de Chemin de Fer. — Changements et croisements de voie. — Plaques tournantes. — Ponts à peser. — Pompes et réservoirs d'alimentation. — Grues hydrauliques.

Pièces de Fonderie de toutes dimensions. — Moulage en terre et moulage en sable sans modèles. — Cylindres de laminoirs, etc.

Tuyaux coulés verticalement pour distributions d'eau. — Bouches d'incendie. — Vannes. — Bornes fontaines.

Installations d'usines à gaz. — Études et projets divers.

Les travaux métalliques principaux exécutés dans ces dernières années sont :

En Belgique : La gare couverte de Louvain ; la nouvelle gare de Laeken ; le marché couvert d'Ixelles-Bruxelles ; le gazomètre de Spa ; le gazomètre télescopique de 57,000 mètres cubes de la ville de Bruxelles.

En France : Le Pont au-Double sur la Seine à Paris (pont en arc, en fonte).

En Italie : Grand viaduc de 500 mètres sur la Brenta à Fontaniva.

En Hollande : Nombreux ponts pour l'État hollandais, les villes d'Amsterdam et de Rotterdam ; ponts tournants, ponts basculants.

A Rio Janeiro : La coupole de la Bourse.

BURCKHARDT & CIE

BALE (Suisse)

ATELIERS DE CONSTRUCTION

Spécialité en **Compresseurs d'air** et **Pompes à faire le vide à tiroirs**
fonctionnant *à sec*, à rendement supérieur par la suppression des espaces nuisibles
Système **Burckhardt et Weiss**, breveté S. G. D. G.
Rendement effectif garanti pour tous degrés de compression
ou de vide = 90 $^0/_0$.

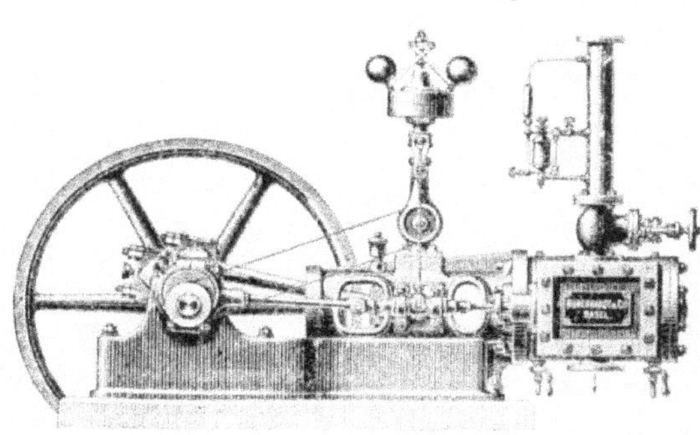

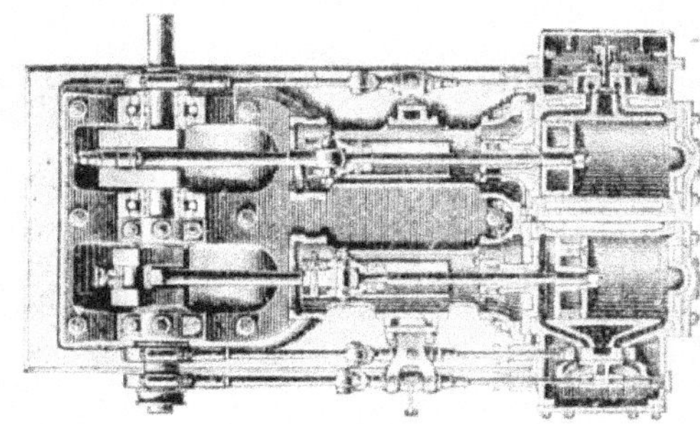

480 MACHINES SUIVANT NOTRE SYSTEME ONT ETE EXECUTEES JUSQU'A FIN MARS 1889.

Machines à vapeur de toutes forces, « *à un cylindre* » et « *Compound* »
  avec distribution à valves (*Collmann*) ou à tiroirs (*Rider*).
Transmissions pneumatiques de forces motrices. — Moteurs à air.
Machines et appareils pour la teinture des soies et cotons en fil.
Machines à l'apprêt des rubans soie et coton.
Machines à élever les eaux, Pompes à eau ; Monte-charges, Lifts, Treuils.
Scieries et machines-outils à travailler le bois. Transmissions système Selle s,
  etc.

Catalogues et Projets gratis et franco. — Représentant à l'Exposition.

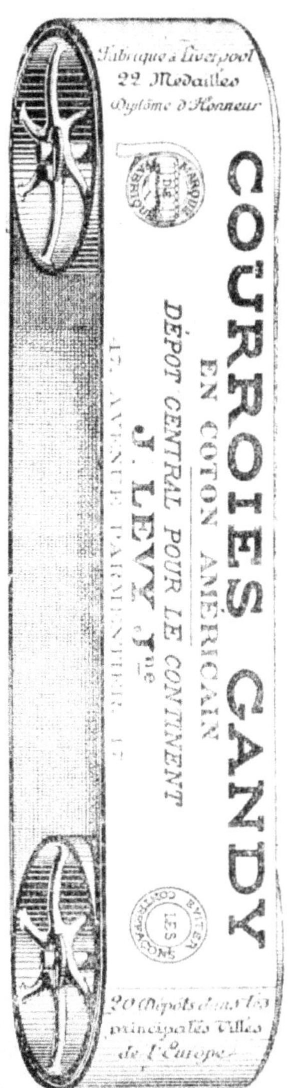

Fabrique à Liverpool
22 Médailles
Diplôme d'Honneur
COURROIES GANDY
EN COTON AMÉRICAIN
DÉPÔT CENTRAL POUR LE CONTINENT
J. LEVY, rue
MARQUE DE FABRIQUE
ÉVITER LES CONTREFAÇONS
20 Dépôts dans les
principales Villes
de l'Europe

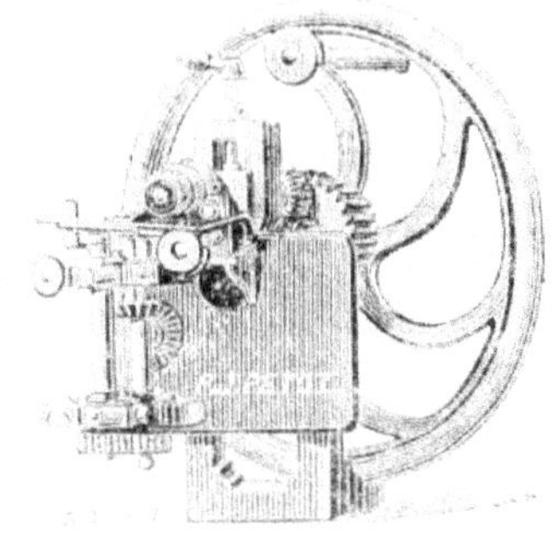

SULZER FRÈRES

WINTERTHUR (Suisse)

Ateliers de Construction mécanique, Fonderie, Chaudronnerie.

SPÉCIALITÉS :

MOTEURS A VAPEUR :

Machines fixes de toutes dimensions, spécialement du système à soupapes.
Machines demi-fixes.
Installations de pompes à vapeur.
Machines pour bateaux.
Générateurs de vapeur de tout genre.
Transmissions.

CHAUFFAGE, VENTILATION, ÉCLAIRAGE :

Chauffage central à vapeur et à eau chaude.
Ventilation.
Éclairage au gaz.

CONSTRUCTIONS DIVERSES :

Machines pour blanchiment, teintureries et apprêt.
Machines réfrigérantes, brevet Linde.
Machines perforatrices hydrauliques système Brandt.
Presses de tous genres, Ventilateurs.
Pompes centrifuges.
Appareils pour la fabrication du lait condensé.
Matériel d'artillerie.

RÉCOMPENSES :

1857 Berne : Médaille d'or.
1867 Paris : Médaille d'or pour machines à vapeur, Médaille d'or pour chauffages.
1873 Vienne : Grand Diplôme d'Honneur, deux Médailles de Progrès, deux Médailles pour le Mérite.
1876 Philadelphie : Diplôme.
1878 Paris : Grand Prix, deux Médailles d'or, deux Médailles d'argent.
1882 Buenos-Ayres : Médaille d'or.
1883 Zurich : Hors concours.
1887 Milan : Grand Diplôme d'Honneur de 1ʳᵉ Classe.

SOCIÉTÉ SUISSE
Pour la construction
DE LOCOMOTIVES & DE MACHINES
WINTERTHUR

LOCOMOTIVES DE TOUS GENRES.
SPÉCIALITÉS.

Locomotives tramways, Locomotives à crémaillère pour montagnes, Locomotives mixtes à crémaillère et à simple adhérence.

Machines à vapeur, Chaudières, Locomobiles, Moteurs à gaz, Pompes, Ventilateurs, etc., etc. Installations d'éclairage électrique, Machines Dynamos et Lampes à arc.

MACHINES EXPOSÉES EN 1889 A PARIS

1 Locomotive compound avec son tender à 3 essieux accouplés et un essieu porteur. Type Mogul à voie normale.

1 Locomotive-tramway à 3 essieux accouplés et à voie de 1 mètre.

1 Locomotive de montagne mixte à crémaillère et à simple adhérence, à voie de 1 mètre, système du chemin de fer du Brünig.

1 Locomotive à crémaillère spéciale, système du chemin de fer du Mont Pilate, à voie de 0ᵐ,80.

1 Machine à vapeur compound de 120 chevaux, à tiroirs circulaires et régulateur automatique, système américain. Cette machine transmet le mouvement dans la section Suisse de la galerie des machines.

1 Machine à vapeur de 40 chevaux à bâti bayonnette, à tiroirs circulaires et régulateur automatique, système américain.

1 Locomobile mi-fixe de 30 chevaux compound, à tiroirs circulaires et régulateur automatique système américain.

1 Moteur à gaz avec distribution à soupapes (Système Koerting).

1 Machine Dynamo, Lampes à arc, etc., etc.

GRANDE SPÉCIALITÉ D'ÉCLAIRAGE

Pour Villes, Communes, Fermes.

ANCIENNE MAISON MASSON

L. AMAIL, Successeur

CONSTRUCTEUR MÉCANICIEN

(Breveté S. G. D. G.)

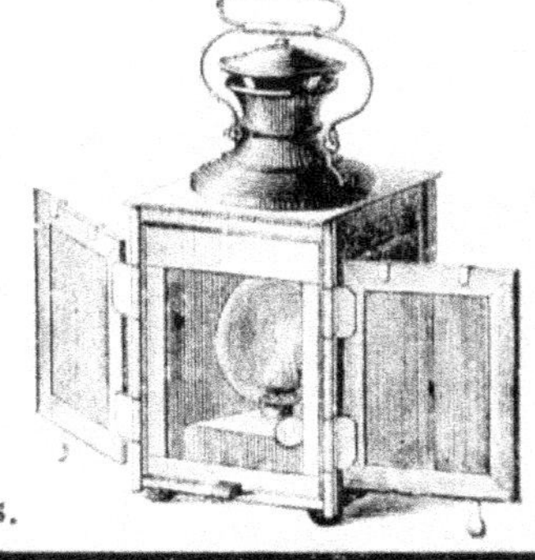

USINE A VAPEUR

7, Avenue LEDRU-ROLLIN, PARIS.

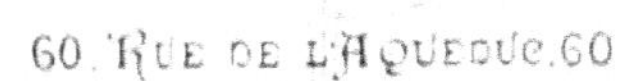

Cette Machine se distingue de ses devancières par une marche absolument automatique.

Elle coupe elle-même ses boutonnières, et, contrairement à tous autres systèmes, la tige reste stationnaire, et la Machine en piquant tourne autour de la boutonnière, ce qui empêche la matière sur laquelle le travail se fait d'être froissée.

Sa capacité est de 9 boutonnières à la minute.

Sa production, absolument prouvée, est au minimum de 3.000 boutonnières par jour.

(Ces machines ne fonctionnent qu'à la force motrice).

La couture faite par cette machine est supérieure à celle faite à la main, et ses principales qualités sont les suivantes : 1° le fil n'est nullement fatigué ; 2° le trou est absolument rempli par le fil ; 3° la poix employée est absolument dure comme celle employée par le cordonnier cousant à la main ; 4° l'alène perce de part en part ; 5° l'alimentation est faite par l'alène même ; 6° la longueur du point peut être changée, la machine étant en marche ; 7° la machine n'est que plus régulière étant faite la forme dans la chaussure ; 8° elle peut être appliquée à la sellerie, le bourrachement, les courroies, etc., et même à piquer la tige au fil poissé ; 9° la navette contient 23 mètres de fil en six branches ; 10° pas de difficulté à la faire marcher, une femme peut la faire fonctionner.

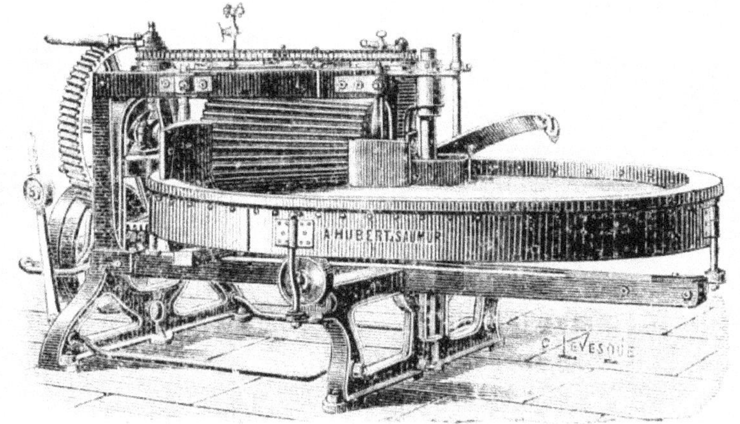

LAURENT-COLAS

BOGNY-SUR-MEUSE (Ardennes).

Spécialité de Ferrures de Voitures,
Brides de Ressorts et de Ranchers,
Menottes de Camion et Menottes brisées,
Jumelles, Charnières, Compas.

GUÉRISON
des Maladies des Voies Respiratoires :

Maux de gorge, Laryngite chronique, Bronchite chronique,
Asthme, Catarrhe, Emphysème, Étouffements, Suffocations, *Tuberculose*,

NOUVELLE MÉTHODE D'INHALATIONS & DE PULVÉRISATIONS

SULFUREUSES

Aromatiques, Balsamiques et Antiseptiques Ozonées.

ÉTABLISSEMENT DYNAMOTHÉRAPIQUE
27, Rue de Londres, PARIS.

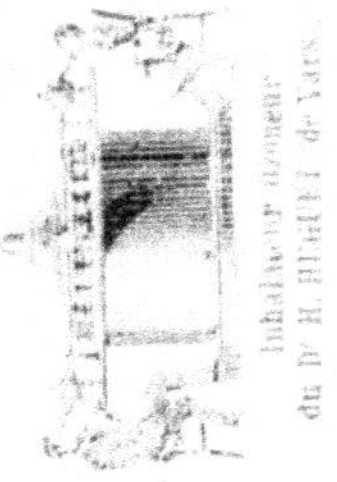

Applications diverses de l'Électricité Médicale.

DIRECTEUR-FONDATEUR : Docteur **H. HUGUET** (de Vars), de la Faculté de Paris,
Ex-interne des Hôpitaux, Membre de la Société française d'hygiène de Paris, Membre-fondateur
de la Société internationale des Électriciens, — Inventeur breveté s, etc., etc.

Nouveau Système d'Inhalations et de Pulvérisations Sulfureuses, Aromatiques, Balsamiques et Antiseptiques OZONÉES.
Mémoire lu à l'Académie de Médecine de Paris, par M. le Dr H. Huguet (de Vars) ; Séance
du 14 juin 1887 et présenté à l'Académie des Sciences de Paris par M. le Prof. Chevreul,
de l'Institut ; Séance du 8 octobre 1887.

NOTA. Cette brochure est envoyée gratuitement à toute personne qui en fera la demande à M. le
Directeur de l'Établissement Dynamothérapique, **27, rue de Londres, Paris.**

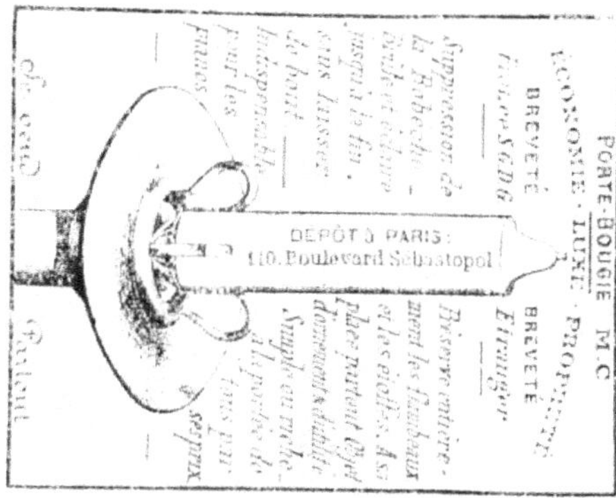

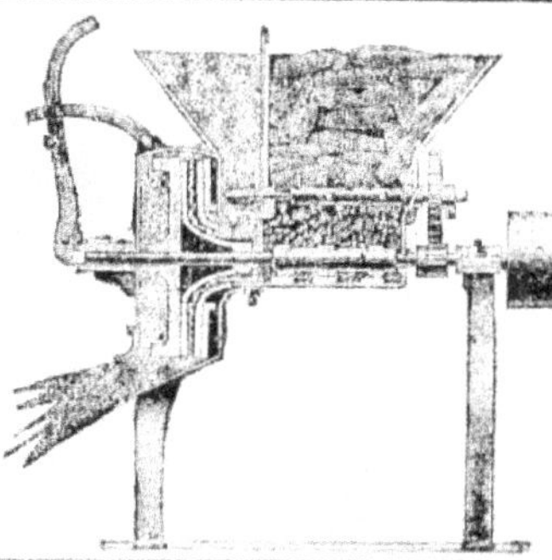

PERREUR-LLOYD & FILS

Brevetés S. G. D. G. en France et à l'Étranger.

PRODUCTION DE L'ÉLECTRICITÉ SANS MOTEUR

Lumière. — Force motrice. — Électrolyse. — Produits chimiques.

Générateurs électro-chimiques de toutes puissances, accumulateurs de grande capacité et de faible poids, stations centrales, éclairage des appartements, lampes à incandescence de toutes intensités, matériel électrique, sulfates et chlorures de fer, cuivre, zinc, etc., pour l'agriculture et l'industrie. Nos appareils ont l'avantage de supprimer tout danger d'explosion et d'incendie et leur direction peut être confiée aux mains les plus inexpérimentées. Au contraire des moteurs, ils ne nécessitent aucune surveillance, une simple manœuvre de commutateur donne la lumière ou la force à toute heure de jour ou de la nuit. Le prix de nos installations est considérablement inférieur à celui d'installations similaires avec moteurs.

Fondée en 1860.

HAIR PATENT BELTING

COURROIES EN CRIN BREVETÉES

PATENTIRTE — HAAR — TREIBRIEMEN

ANT. BRICHOT & CIE

MANCHESTER **PARIS** **BRUXELLES**

Strangeways. *Rue Chabrol, 40* Rue de la Prévoyance, 34.

Solidité, Adhérence, Élasticité, Régularité, Durée, Résistance à l'humidité, à la chaleur et aux acides.

SPÉCIALEMENT RECOMMANDÉES POUR LES

INDUSTRIES CHIMIQUES ET AGRICOLES

Papeterie, Brasserie, Malterie, Sucrerie, Distillerie, Instruments aratoires

ET POUR LES

MOTEURS ÉLECTRIQUES.

A l'Exposition du Centenaire, à Melbourne, toutes les Courroies employées pour les immenses installations de l'Éclairage Électrique étaient de nos **Courroies en crin,** choisies, après un choix très sévère, entre tous les autres genres.

IMPRIMERIE

L. DANEL

à LILLE (Nord).

Travaux de Typographie, de Lithographie, de Chromotypographie
et de Photogravure.

SPÉCIALITÉ D'ÉTIQUETTES.

REPRODUCTIONS ARTISTIQUES.

Concessionnaire du Catalogue officiel de l'Exposition Universelle
de 1889.

Concessionnaire du Catalogue illustré décennal officiel.

Concessionnaire du Plan officiel de l'Exposition.

Éditeur du Guide illustré.

Médaille d'Or à l'Exposition Universelle de Paris 1878.
Hors Concours et Membre du Jury
à l'Exposition Universelle d'Amsterdam 1883.

RED. :

21

MIRE ISO N° 1
NF Z 43-007
AFNOR
Cedex 7 - 92080 PARIS-LA-DÉFENSE

graphicom

0 1 2 3 4 5 6 7 8 9 10